# CORRESPONDANCE

## INÉDITE

# DE BUFFON

PARIS. — IMPRIMERIE DE CH. LAHURE ET C<sup>ie</sup>

Rues de Fleurus, 9, et de l'Ouest, 21

# CORRESPONDANCE

## INÉDITE

# DE BUFFON

A LAQUELLE ONT ÉTÉ RÉUNIES

### LES LETTRES PUBLIÉES JUSQU'A CE JOUR

RECUEILLIE ET ANNOTÉE

PAR

## M. HENRI NADAULT DE BUFFON

son arrière-petit-neveu

### TOME SECOND

## PARIS

### LIBRAIRIE DE L. HACHETTE ET C<sup>ie</sup>

RUE PIERRE-SARRAZIN, N° 14

1860

# CORRESPONDANCE

# DE BUFFON.

## CLXX

### A MADAME DAUBENTON.

Montbard, le 10 janvier 1776.

Je reçois votre lettre, madame et très-chère amie, et je suis enchanté que vous soyez contente de Mme Necker, et je vous conseille de la voir souvent, et de rester à Paris longtemps, quelque plaisir que j'eusse à vous revoir ici.

Les bustes sont arrivés en très-bon état par vos soins[1], et je vous en fais bien des remercîments. Ils sont tous deux dans mon salon; vous en choisirez un à votre retour. Vous ne le verrez jamais d'aussi près que je désire de vous voir.

La charmante Betzy[2] se porte bien, et nous ferons quelque jour faire son joli buste.

Puisque vous voulez bien vous charger du soin de la voiture que j'ai achetée, je vous prie de la faire venir sous la

remise de la maison, et de faire effacer les armes de M. de
Carnégie [3]; mais il est inutile d'y mettre les miennes : il suffira de peindre le tout de la même couleur du fond.

M. de Mussy est venu dîner avec moi avant-hier, et m'a
dit que M. son frère se portait beaucoup mieux; que néanmoins il avait encore quelques étourdissements, mais qu'il
n'en paraissait plus inquiet. La grippe [4] et d'autres maladies,
qui ne laissent pas d'enlever beaucoup de monde, n'empêchent pas qu'à Semur il n'y ait régulièrement des concerts et
des bals. Comme cela durera jusqu'au carême, vous aurez
encore le temps d'assister à quelqu'un, et vous apprendrez,
peut-être avec quelque surprise, que la conduite de Mme de
Florian [5] est tout à fait exemplaire.

M. le Maire de Montbard se porte très-bien. Votre Jeanne-
ton est toujours aussi gaie. Je vais tous les jours à mes forges,
et je ne m'en trouve pas mal. Mes compliments à M. votre
mari, et mille tendres vœux pour vous, ma charmante et
très-chère amie.

BUFFON.

(Inédite. — De la collection de M. Henri Nadault de Buffon.)

## CLXXI

### A LA MÊME.

Montbard, le 16 janvier 1776.

Ma lettre a croisé la vôtre, madame et très-chère amie, et
vous devez l'avoir reçue ces jours derniers. Je vous marquais
de faire effacer les armes sur la petite voiture, et de vous en
servir ensuite pour revenir le plus tôt que vous pourriez.
Mais maintenant je n'ai garde de vous presser; il fait trop
mauvais temps; nous avons un demi-pied de neige, et je vous
conseille d'attendre le dégel. M. le Maire a grande envie
d'aller à Dijon, mais je tâcherai de l'en détourner. Il se porte
très-bien, et peut-être tomberait-il malade s'il s'exposait par

ce mauvais temps. J'ai auprès auprès de moi le chevalier de Saint-Belin, qui, pour être venu d'Étay à Montbard, a été saisi de la grippe le même jour. Pour moi, je suis assez bien, et, quoique j'aille tous les jours à mes forges, je ne me suis point encore enrhumé. Je n'ai point de nouvelles de votre cher oncle, ni même aucune autre de Semur depuis que j'ai vu M. de Mussy. Je suis fort aise que M. votre mari ait vu M. de Malesherbes et qu'il ait été à Versailles, et il vaudrait mieux rester quelque temps de plus pour rapporter les arbres qui lui conviennent, et tirer son argent de M. de Marigny[1]. Vous voyez bien que je parle aussi d'argent, quoique je dusse vous parler d'autre chose. Mais vous connaissez bien toute l'étendue des sentiments d'attachement et de respect que je vous ai voués.

BUFFON.

(Inédite. — De la collection de M. Henri Nadault de Buffon.)

## CLXXII

### AU PRÉSIDENT DE RUFFEY.

Montbard, le 16 janvier 1776.

Je reçois à Montbard, mon cher Président, votre lettre qu'on m'a renvoyée de Paris. Je suis de retour depuis dix jours, pour y passer six semaines ou deux mois. J'ai été enchanté de recevoir de vos nouvelles et d'apprendre la bonne acquisition que vous avez faite à si juste prix pour M. votre fils[1]; je vous prie de lui en faire mon compliment. Il a tout le mérite nécessaire pour remplir dignement cette place honorable; il n'y a qu'une voix sur son excellente réputation comme sur la vôtre, mon très-cher ami, et ces places deviendront encore plus importantes lorsque les parlements seront tout à fait rangés. Ainsi, de toute façon, vous avez fait une très-bonne affaire. Je présente mes respects à Mme la présidente de Ruffey. J'ai eu l'honneur de voir à Paris Mme la marquise de Thiard[2], qui me dit que son projet était d'y rester quelques mois. Puis-je espérer que vous viendrez faire un tour à votre terre de Montfort? Je le désirerais de tout mon cœur, pour pouvoir vous embrasser et vous renouveler de vive voix les sentiments inviolables du tendre et respectueux attachement avec lequel je serai toute ma vie, monsieur et très-cher ami, votre très-humble et très-obéissant serviteur.

                                                    Buffon.

(Inédite. — De la collection de M. le comte de Vesvrotte.)

## CLXXIII

### A M*** OU A MADAME ***.

                                    Montbard, le 18 mars 1776.

Monsieur ou Madame[1], car vos objections marquent également la force et la finesse de votre esprit; on pourrait même en déduire une espèce de système différent de ma théorie; mais permettez-moi de vous observer :

1º Que ce n'est point en raison de l'attraction que les corps s'échauffent, et que votre première conséquence ne suit point du tout de mes principes.

2º Cette attrition est en raison des corps circulants (cela est vrai). Cette action des corps circulants est en raison directe de leur masse et inverse de leur distance. Ceci n'est pas juste; car l'action des corps circulaires qui produit l'attrition est en raison de leur masse et de leur vitesse. Deux corps en repos, quelque près qu'ils soient, ne s'échaufferont jamais. Mais un corps C, autour duquel circulent avec grande rapidité d'autres corps, doit s'échauffer d'autant plus que ces corps circulants sont plus nombreux, plus rapides et plus massifs.

Comme tout le reste de votre écrit, quoique très-ingénieux, porte sur cette conséquence qui n'est pas juste, je crois que ma réponse est suffisante pour quelqu'un qui me paraît avoir autant de pénétration.

BUFFON.

(Cette lettre a été publiée par Sonnini dans son édition des *OEuvres* de Buffon.)

## CLXXIV

### A GUENEAU DE MONTBEILLARD.

Montbard, le 18 mars 1776.

J'ai bien de la joie d'avoir reçu, mon très-cher monsieur, quelques lignes de votre main; cela me prouve que vos yeux ne sont pas aussi malades qu'on nous l'avait dit, et je désire de tout mon cœur que votre santé se rétablisse en entier. Il ne vous faut pour cela qu'un peu de repos. Mais comment en prendre tant que le feu est, comme vous le dites, aux quatre coins du lieu qu'on habite? Vous devriez pendant ce temps venir habiter Montbard avec votre chère dame et votre aimable fils.

Je ne puis penser à la terre de Blancey qu'autant qu'elle pourrait convenir aux dames de Saint-Julien. M. le marquis de Thiard et Mme la comtesse de La Magdelaine[1] peuvent déterminer l'abbesse; mais quelquefois les religieuses ne sont pas de son avis, faute d'entendre leurs véritables intérêts.

J'ai en effet reçu l'*operetta* de M. l'abbé Magnanima, que d'Alembert m'a fait tenir il y a un mois. Je n'ai fait que parcourir cet opuscule, qui ne valait pas la peine d'être envoyé de si loin. D'ailleurs, que répondre à un homme qui, dans sa lettre jointe à son *operetta*, m'annonce, comme une grande et nouvelle découverte faite par l'abbé Fontana[2], les petites anguilles ou serpenteaux du blé ergoté, qu'on peut faire vivre et mourir aussi souvent que l'on veut? Que puis-je répondre en effet, sinon que M. l'abbé Fontana, ainsi que M. l'abbé Magnanima, n'ont jamais lu ce que j'en ai écrit, il y a vingt-cinq ans, dans le second volume de l'Histoire naturelle[3], où ils trouveront mot pour mot tout ce qu'ils annoncent comme une nouvelle découverte?

Je vous embrasse, mon bon ami, bien sincèrement de tout mon cœur.

BUFFON.

(Inédite. — De la collection de Mme la baronne de La Fresnaye.)

## CLXXV

### AU PRÉSIDENT DE RUFFEY.

Montbard, le 27 mars 1776.

Je reçois toujours avec un nouveau plaisir, mon cher Président, les témoignages de votre amitié, et, si quelque chose peut augmenter encore ma satisfaction, c'est l'espérance que vous me donnez de votre séjour en ce pays-ci. Je compte que vous ne prendrez point de logement ailleurs que chez moi, et que vous ne tiendrez point de ménage à Montfort; Montbard en est si près, que vous pourrez aisément y aller pour vos affaires et revenir pour dîner. Je reste ici jusqu'au 20 de ce mois; j'irai ensuite à Paris, et reviendrai au plus tard dans le mois de septembre. Prenez, mon très-cher monsieur, des arrangements relatifs, et, si Mme de Ruffey doit vous accompagner, que cela n'y change rien; car je lui suis aussi dévoué qu'à vous, et je serais enchanté de vous le témoigner à tous deux. C'est de l'un et de l'autre que M. votre fils tient les grandes qualités par lesquelles il commence à se distinguer dans le monde, et je vous en fais compliment du meilleur de mon cœur. C'est dans ces sentiments que je serai toute ma vie, mon très-cher Président, votre très-humble et très-obéissant serviteur.

BUFFON.

(Inédite. — De la collection de M. le comte de Vesvrotte.)

## CLXXVI

### A M. RIGOLEY.

Montbard, le 15 avril 1776.

Je vous envoie, monsieur, six exemplaires que j'ai fait tirer chez le libraire Lambert[1]; il ne veut point en donner, et c'est la meilleure preuve qu'il les vend bien.

On m'a assuré que vous ne vouliez pas prendre la charbonnette du bois d'Étivey; mais vous pourriez, monsieur, me faire le plaisir de me céder celle que vous avez encore au Jailly; je vous rendrais en échange six cents cordes à la Saint-Jean à la forêt d'Arran, et le reste à Noël prochain. Faites-moi, je vous prie, savoir vos intentions à ce sujet.

J'ai l'honneur d'être, avec un sincère attachement, monsieur, votre très-humble et très-obéissant serviteur.

BUFFON.

(Inédite. — Appartient à Mme Morel.)

## CLXXVII

### A M. DE MARIZY,

GRAND MAÎTRE DES EAUX ET FORÊTS, A DIJON.

Montbard, le 4 mai 1776.

Monsieur,

Les propriétaires et seigneurs des terres, moulins et forges situés sur les rivières de Brenne et d'Armançon, se sont réunis pour représenter les vexations et les dommages très-considérables qu'ils souffrent depuis quelques années de la part des marchands de bois qui font flotter à bûches perdues sur ces rivières pour l'approvisionnement de Paris[1]. Nous vous supplions, monsieur, de prendre connaissance de nos griefs par la lecture des mémoires ci-joints, à la vue desquels vous pourriez par votre seule autorité nous faire justice. Comme M. Roettiers de La Tour[1] est venu dans ce pays-ci pour assister à une suite d'expériences utiles à l'État sur la préparation des charbons de terre pour travailler le fer, et épargner en conséquence une immense quantité de bois, il a eu occasion pendant plusieurs jours de visiter les forges et les autres usines situées sur les bords de ces rivières, et il a reconnu par ses yeux les énormes dommages que causent la négligence et la cupidité des marchands de bois. Il a donc bien voulu se charger de vous porter nos plaintes, qui ne sont que trop fondées, et comme je connais en mon particulier toute l'excellence de votre discernement et votre amour pour la justice, je ne doute pas que vous ne donniez à cette affaire toute l'attention qu'elle mérite.

J'ai l'honneur d'être avec beaucoup de respect,

　　Monsieur,

　　　　Votre très-humble et très-obéissant serviteur.

　　　　　　　　　　　　　　　　BUFFON.

(Inédite. — De la collection de M. Henri Nadault de Buffon.)


## CLXXVIII

### AU PRÉSIDENT DE RUFFEY.

Montbard, le 20 mai 1776.

Vous êtes, mon très-cher Président, le plus exact des hommes, et le plus honnête lorsqu'il s'agit de vos amis. Je vous suis en effet très-obligé de vous être occupé tout de suite de ma commission de chevaux, et de m'avoir envoyé le témoignage de votre maréchal. Je prendrai donc sans hésiter ces deux chevaux pour trois cents livres, et je payerai au cocher qui me les amènera sa dépense en route, et lui donnerai encore un louis de gratification. Vous pouvez donc le faire partir avec ces chevaux quand il vous plaira.

Deux jours après votre départ, j'ai été saisi d'un rhume encore plus violent que le vôtre, et comme je ne suis pas si fort que vous, je suis obligé de garder la chambre, la tête et la poitrine étant également affectées. Comme vous ne me dites rien de votre santé, je pense avec plaisir qu'elle est parfaitement bonne.

Vous avez raison, mon cher Président, de prendre intérêt à l'élévation de votre concitoyen et ami Clugny [1]; car c'est son seul mérite, et non l'intrigue ni la cabale, qui le place aujourd'hui. Je ne sais pas encore s'il acceptera sans conditions; mais ce qu'il y a de sûr, c'est qu'il se conduira par les bons principes, et qu'en laissant à chaque intendant des finances leur autorité particulière, et ne voulant pas tout faire par lui-même comme son prédécesseur, il viendra à bout de rendre sa place faisable et même agréable, quoique de toutes les places du royaume ce soit la plus difficile.

A l'égard de M. Amelot [2], la sienne est bien plus aisée, et je suis persuadé qu'en prenant la même méthode que M. de La Vrillière a suivie pendant cinquante-deux ans, il pourra garder sa place autant qu'il le voudra. Au reste, cela ne peut pas manquer d'arriver, parce que cette méthode est celle de M. de Maurepas, qui vient de les placer tous deux.

Mes respects, je vous prie, à Madame et à M. votre fils : j'aime tout ce qui vous appartient; je les respecte aussi par leur propre mérite, et je vous suis profondément et tendrement attaché pour la vie.

BUFFON.

(Inédite. — De la collection de M. le comte de Vesvrotte.)

## CLXXIX

### AU MÊME.

Montbard, le 24 mai 1776.

Je vous remercie, mon très-cher Président; les chevaux sont arrivés en bon état. J'ai donné trois cents livres au cocher pour les remettre à son maître : vingt-quatre livres pour ses épingles, et douze livres pour la dépense de son voyage.

Je suis fâché que votre rhume ait eu des retours. Le mien continue, même assez violemment; cependant, comme on vient de m'écrire que mon fils avait la rougeole, je me détermine à partir pour Paris vers la fin de la semaine prochaine. Je ne connais point l'homme dont vous me parlez. De vingt personnes qui se noient, il y en a la moitié qui ne prennent ce parti qu'après s'être ruinées.

M. de Clugny a prêté serment pour sa place de contrôleur général, et il sera en état de la faire d'autant mieux que M. de Maurepas vient d'être nommé chef et président du Conseil des finances [1].

C'est avec la plus ancienne et la plus inviolable amitié que j'ai l'honneur d'être, mon très-cher Président, votre très-humble et très-obéissant serviteur.

BUFFON.

(Inédite. — De la collection de M. le comte de Vesvrotte.)

## CLXXX

### A GUENEAU DE MONTBEILLARD.

Montbard, le 5 juin 1776.

On ne peut, mon très-cher ami, vous être plus obligé que je le suis de la rescription de trois mille livres que vous avez eu la bonté de m'envoyer. Néanmoins il faut que vous me rendiez encore un service, qui est d'obtenir de M. Salvan une somme de six mille livres en argent pour le 15 de ce mois. Je vous envoie à cet effet ma quittance, à compte du montant de mes ordonnances. J'espère que M. Salvan ne refusera pas de me faire ce plaisir ; c'est pour un payement que j'ai à faire à Paris, et que je ne puis différer au delà du 17 de ce mois. Tâchez donc, mon cher ami, de m'arranger cette petite affaire, comme vous m'avez si bien arrangé toutes les autres.

J'ai balancé pendant quatre ou cinq jours si je partirais ; mais mon rhume est encore si considérable que tous mes amis se sont réunis pour m'en empêcher. Je suis très-fâché que vous soyez dans le même cas, et je vous exhorte à vous ménager sur le travail. Pour peu qu'on s'échauffe la tête, l'embarras de la poitrine et la toux augmentent. J'ai aussi de l'insomnie et des sueurs ; cependant en tout je suis beaucoup moins mal que je n'ai été pendant trois semaines.

J'ai reçu des lettres d'amitié de nos nouveaux ministres, et je voudrais bien à mon retour rendre service, s'il est possible, à notre ami M. Melin[1]. En tous cas, je vous assure que je parlerai de lui comme nous en pensons vous et moi. On m'écrit que Mme Amelot n'est pas tout à fait quitte des suites de sa rougeole, et qu'elle est encore malade dans son nouveau logement du Louvre.

Je ne puis, mon cher bon ami, vous marquer encore le temps précis où j'aurai la satisfaction de vous revoir ; j'espère néanmoins que je pourrai partir le lundi 15 ou le mardi 16. Combien de choses j'aurai à vous dire, et combien de sentiments d'amitié, d'estime et de reconnaissance j'aurai à vous témoigner !

BUFFON.

Je vous prie, mon cher ami, de faire passer le paquet ci-joint à M. Lucas ; il contient des papiers importants pour le Jardin du Roi.

(Inédite. — De la collection du British Museum.)

## CLXXXI

### A MADAME DAUBENTON.

Au Jardin du Roi, le 20 juin 1776.

Madame et chère amie,

Je suis arrivé lundi de bonne heure, après avoir beaucoup souffert de la chaleur, que je n'avais pas prévue et qui était excessive à Paris. Je croyais trouver mon appartement sans odeur de peinture; mais, après m'être couché, j'ai été obligé de me relever au milieu de la nuit, parce que j'en étais suffoqué; et, au lieu d'une nuit de repos, je l'ai passée tout entière à me faire monter un autre lit dans mon galetas de l'année passée, et j'ai été incommodé le lendemain; en sorte que je ne suis pas encore sorti. Cette aventure n'a pas diminué mon rhume, et je me trouve logé d'une manière si incommode, qu'indépendamment d'un motif plus pressant, j'abrégerai mon séjour autant qu'il me sera possible. J'attends *Buffonet* dimanche, et j'ai arrangé toutes ses petites affaires. Il aura une chambre particulière et un cabinet pour lui, et une autre petite chambre pour son domestique. Je lui donne un gouverneur pris dans le collége même, et un petit camarade de son âge; je vois qu'il ne sera point du tout malheureux. Le tendre intérêt que vous avez la bonté d'y prendre m'oblige à vous en rendre compte. Donnez-moi, je vous supplie, de vos nouvelles; ne perdez pas de vue votre voyage d'Auxonne, et songez quelquefois au projet de celui de Paris.

Je vous embrasse, bonne amie, bien tendrement et de tout mon cœur.

Mes amitiés et compliments à toute votre maison.

BUFFON.

(Inédite. — De la collection de M. Henri Nadault de Buffon.)

## CLXXXII

### A M. MARET,

SECRÉTAIRE DE L'ACADÉMIE, DOCTEUR EN MÉDECINE, A DIJON.

Au Jardin du Roi, le 1er août 1776.

L'Académie, monsieur, ne me doit aucun remercîment, tandis que je lui dois tout attachement et respect; je chercherai donc toutes les occasions de lui témoigner ces sentiments, et je suis très-aise qu'elle ait reçu avec bonté le buste et les creusets[1] que j'ai pris la liberté de lui offrir. Je ne puis aussi, monsieur, que vous marquer ma reconnaissance en particulier de l'estime et de l'amitié que vous voulez bien m'accorder, et vous supplie d'être persuadé du retour de toute la mienne et du très-sincère attachement avec lequel j'ai l'honneur d'être, monsieur, votre très-humble et très-obéissant serviteur.

BUFFON.

( Tirée des archives de l'Académie de Dijon et publiée en 1819 par C. X. Girault.)

## CLXXXIII

### A M. RIGOLEY.

Au Jardin du Roi, le 25 août 1776.

Le mémoire que j'ai fait, monsieur, et que vous avez signé avec M. Courtois au sujet de l'importation des fers étrangers, a produit une partie de son effet au moyen des bontés de M. de Clugny. Nous aurons incessamment un arrêt du Conseil par lequel il sera ordonné une perception de trois livres par cent sur les fers qui arriveront dans nos ports. Je vous en donne avis avec empressement, parce que je ne doute pas que ce règlement ne fasse augmenter le prix des fers nationaux, et que vous feriez bien de tenir les vôtres à plus haut prix.

J'ai l'honneur d'être avec un véritable attachement, monsieur, votre très-humble et très-obéissant serviteur.

BUFFON.

(Inédite. — Appartient à Mme Morel.)

## CLXXXIV

### A MADAME NECKER.

Montbard, le 25 octobre 1776.

Ma chère et très-respectable amie,

J'apprends dans le moment que M. Necker vient d'être nommé directeur général des finances[1], pour en rendre compte directement au Roi, sans dépendance du contrôleur général. Cette bonne nouvelle m'a causé un mouvement de joie dont j'avais grand besoin pour me tirer de la profonde affliction que je ressens de la perte de mon respectable ami M. de Clugny[2], dont le mérite et les vertus m'étaient parfaitement connus. Mais je conviendrai partout, et d'abord avec vous, madame, de la supériorité des talents de M. Necker, et j'en ferais volontiers compliment à la nation entière. Faites-lui passer le mien, ma très-chère madame; il en aura plus de grâce, et je suis sûr qu'il le jugera sincère. Il a dû s'apercevoir de la respectueuse estime que j'ai toujours eue pour lui, et je ne puis y ajouter que les assurances du véritable attachement et du respect que je vous ai voués à tous deux, et dont je vous supplie de ne pas douter, madame.

BUFFON

(Inédite.)

## CLXXXV

### FRAGMENT DE LETTRE A GUENEAU DE MONTBEILLARD.

Octobre 1776.

.... Je vous renvoie la mâchoire du prétendu géant, qui n'était qu'un petit âne[1]; car j'ai eu sous les yeux la mâchoire d'un grand homme et la mâchoire d'un ânon, à laquelle celle-ci ressemble en perfection[2]. Je ne vous en remercie pas moins de votre bonne attention.

(Ce fragment a été publié dans la *Vie de Buffon*, jointe à l'édition des *OEuvres* de Buffon, par Bernard d'Héry. Paris, an XI.)

## CLXXXVI

### AU MÊME.

Montbard, le 6 novembre 1776.

Je vous remercie, mon très-cher monsieur, des notices que vous et ma bonne amie avez pris la peine de me quêter sur les géants. Elles ne laissent pas d'être instructives, et j'en tirerai quelque parti en les réunissant avec celles que j'ai pu trouver moi-même; mais il y en a une sur le réveil de Sindonax, roi géant de Bourgogne, dont j'ai entendu parler et que personne n'a pu me communiquer.

Vous auriez bien dû vous égarer de Chevigny à Montbard. Nous avons eu pendant trois jours M. et Mme Allut[1]. C'est une petite femme charmante à mon goût, et qui sûrement aurait été du vôtre. J'aurai aussi vers le 15 ou le 16 de ce mois M. et Mme de Bacquencourt[2] et M. de Morveau, et on me dit aussi que notre cher abbé de Piolenc[3] et les jeunes mariés doivent peut-être venir auparavant. Choisissez, mon très-cher monsieur, les jours qui vous conviendront le mieux; mais choisissez-en deux de suite, car, lorsqu'on ne se voit que pour dîner, l'on n'a pas le temps de digérer son plaisir ni de s'entretenir assez pour causer d'affaires. Dites-moi où en sont vos oiseaux[4], car je reçois tous les jours des espèces d'imprécations de gens qui s'ennuient de recevoir deux ou trois fois par an des planches enluminées, et de ne rien avoir à lire.

Adieu, mon cher bon ami, jusqu'au plaisir de vous revoir et de vous embrasser.

BUFFON.

Si M. de Fenille[5] retourne à Paris, engagez-le à passer par Semur et par Montbard. J'entends dire qu'il n'est pas trop bien avec l'Intendant. Son père se porte aussi bien que le permet son âge. Il a fait une très-grande perte en M. de Clugny, mais nous tâcherons de la réparer, et j'espère que M. Necker voudra bien m'en croire.

(Inédite. — Communiquée par M. Léon de Montbeillard à M. Beaune, qui a bien voulu, à son tour, nous en donner connaissance.)

## CLXXXVII

### A M. FILIPPO PIRRI.

Montbard, le 8 novembre 1776.

J'ai reçu, monsieur, la lettre et le livre que vous m'avez fait l'honneur de m'adresser, et j'ai remis à M. Daubenton le paquet qui était à son adresse.

Je commence par vous remercier, monsieur, de votre beau présent et des sentiments d'estime que vous avez la bonté de me témoigner.

Il m'a fallu quelques jours pour lire votre ouvrage. Quoique je n'entende pas mal votre langue, je n'ai pas entendu d'abord le fond de vos pensées; mais il me semble qu'elles ne s'éloignent pas des miennes, pas même autant que vous le croyez.

Comme votre ouvrage ne présente partout qu'honnêteté,

bonne foi et recherches impartiales de la vérité, il vous a concilié mon estime, et en même temps il m'inspire la confiance de vous parler naturellement.

Tout homme qui n'a pas assez de lumières dans l'esprit pour voir évidemment que la supposition des germes préexistants, renfermés à l'infini les uns dans les autres, est une absurdité, n'est pas un philosophe. Tous les palingénésistes ne sont et ne seront jamais que de très-mauvais raisonneurs, puisqu'ils fondent tous leurs raisonnements sur ce principe absurde.

Vous avez grande raison de dire, monsieur, que le microscope a produit plus d'erreurs qu'il n'a produit de vérités. Il en est ainsi de tous les ouvrages de l'homme, parce qu'il y a plus de gens qui voient mal que bien, plus d'esprits faux que de vrais, plus de gens préoccupés que de personnes sans préjugés. Je vous avoue que je ne fais aucun cas des prétendues découvertes de M. Spallanzani[1], et je suis étonné que vous conveniez qu'il a, sans équivoque, démontré que les vers spermatiques et les vers des infusions sont de véritables animaux d'espèces reconnaissables et différentes entre elles. Rien n'est moins prouvé, ou, pour mieux dire, rien n'est plus faux que cette assertion. M. Spallanzani n'a vu dans les liqueurs séminales que ce que j'y ai vu longtemps avant lui. Seulement il lui plaît d'appeler *animaux* ces corps mouvants qui ne méritent pas ce nom, et qui ne sont en effet que les premiers *agrégats* des molécules organiques vivantes.

N'est-il pas étonnant que M. Fontana, autre microscopiste, ait donné comme une découverte nouvelle, à lui appartenant, tout ce que j'ai écrit il y a près de trente ans sur les anguilles du blé ergoté? Je suis encore surpris de ce que vous paraissez croire de bonne foi que la membrane du jaune de l'œuf forme les intestins grêles du poulet: rien n'est encore aussi faux que cette assertion du docteur Haller[2], si ce n'est peut-être l'assertion de M. Bonnet[3] et de quelques autres, qui prétendent qu'on voit le têtard tout formé dans les œufs de gre-

nouille qui n'ont pas été fécondés par le mâle, comme dans
ceux qui ont été fécondés. Je vous le répète, monsieur, rien
n'est plus faux que toutes ces assertions, et vous le reconnaîtrez vous-même, si vous voulez vous donner la peine de vérifier les faits. Je ne les accuse que de préventions pour leur
système absurde des germes préexistants, système qui, malgré son absurdité, pourra durer encore longtemps dans la
tête de ceux qui s'imaginent qu'il est lié avec la religion. Je
ne suis donc pas trop étonné que des prêtres ou des abbés
tels que MM. Fortis[4], Spallanzani, Fontana, soient palingénésistes; mais je suis surpris que des philosophes et des médecins, et surtout le célèbre M. Haller, cherchent à donner des
forces à une aussi faible chimère.

Tout ceci, monsieur, n'est qu'entre vous et moi, parce que
vous m'avez prié de vous écrire sincèrement, et parce que
votre ouvrage m'a donné pour vous toute l'estime que vous
pouvez désirer de moi. Je vois que vos incertitudes ne sont
fondées que sur votre honnêteté, que vous cherchez à rendre
justice au mérite de tout le monde, que vous respectez les
grands noms, qu'ils vous en imposent même lorsque leurs
opinions sont contraires aux vôtres. Tout cela marque la
meilleure âme et le cœur le plus vertueux; je ne crains donc
pas de vous dire tout ce que je pense. Si j'étais jamais assez
heureux pour avoir quelques heures de conversation avec
vous, monsieur, je suis comme assuré que les idées que vous
appelez trop fortes dans mon système sur la génération vous
paraîtraient non-seulement très-naturelles et très-simples,
mais pleinement confirmées par les ressemblances des enfants à leurs parents et par les ressemblances mi-parties des
mulets, sur lesquels je viens de donner quelque chose de
nouveau dans le troisième volume in-4 de mes Suppléments
à l'Histoire naturelle. Je prends de là occasion, monsieur,
de vous envoyer ci-joint un mandat sur mon libraire pour
qu'il ait à vous donner ce volume, que je vous prie d'agréer.
Je crois que vos libraires de Rome sont en correspondance

avec M. Panckoucke, et qu'ils ne refuseront pas de vous donner ce volume en leur remettant mon mandat, dont M. Panckoucke leur tiendra compte. Je voudrais aussi vous épargner le port de cette grosse lettre; mais je suis à ma campagne en Bourgogne, où je ne puis la faire contre-signer, et j'ai mieux aimé vous l'adresser directement, pour ne pas vous faire attendre plus longtemps ma réponse.

Je suis très-content de votre théorie sur la putréfaction. Vous ne serez peut-être pas d'accord en tout avec les chimistes; mais, comme vous l'insinuez assez, ce n'est point ici une affaire de chimiste, mais de philosophe. Les chimistes ne voient que par leurs lunettes, c'est-à-dire par leur méthode; le philosophe doit voir par ses yeux et juger, comme vous l'avez fait, sans préjugés, par la saine raison. Continuez, monsieur, à vous occuper de cette grande matière. Vos premiers essais me paraissent trop heureux pour ne pas désirer de vous voir suivre cette carrière, qui d'ailleurs convient si fort à votre état, et dans laquelle vous ne pouvez manquer d'acquérir beaucoup de gloire.

Je finis en vous faisant mes remercîments de tout ce que vous avez eu la bonté d'écrire d'obligeant sur mon compte, et en vous assurant des sentiments de ma reconnaissance et de la respectueuse estime avec laquelle j'ai l'honneur d'être, monsieur, votre très-humble et très-obéissant serviteur.

Le comte DE BUFFON.

(Inédite. — De la collection de M. Bourrée, juge à Châtillon-sur-Seine.)

## CLXXXVIII

### A M. DE BURBURE,

LIEUTENANT DE CAVALERIE ET MEMBRE DE L'ACADÉMIE
DE CHALONS-SUR-MARNE.

1776.

Quoique vous étendiez, monsieur, mon système des molécules organiques au delà des bornes que j'ai cru devoir lui
prescrire, je trouve que vous avez mis dans ce grand sujet
l'intelligence du génie et la netteté du style jointes à de grandes recherches. Il m'a seulement paru que, dans le recueil
des faits que vous avez rassemblés, il y en a quelques-uns
qui ne méritent aucune croyance, et je serais fâché, si vous
publiiez cet ouvrage[1], de vous voir taxer d'un peu trop de
crédulité. Je vous renverrai votre manuscrit avec quelques
marques au crayon qui suffiront pour vous indiquer les passages que je trouve hasardés.

J'ai l'honneur d'être, monsieur, votre très-humble et très-
obéissant serviteur.

BUFFON.

(Inédite. — Nous devons la communication de cette lettre à l'obligeance
de M. Deullin.)

## CLXXXIX

### A MADAME NECKER.

Montbard, le 2 janvier 1777.

Je réponds à ma très-respectable amie :

Que je ne crois pas plus qu'elle à la transmigration des
âmes, mais que je ne puis m'empêcher de croire fermement
à leur communication; car je ne reçois pas un billet d'elle
où je ne trouve quelques-unes de mes pensées[1]; or elle sait
que la pensée est l'essence de l'âme. La mienne participe donc

à votre essence divine, et cette communion, qui fait ma gloire, ferait aussi mon bonheur, si nos désirs étaient les mêmes. « Vous exigez trop, me dira-t-elle; a-t-on jamais commencé lettre ou billet par un argument en forme et suivi d'une demande contraignante? Soyez content que je pense comme vous, et tâchez seulement de sentir comme moi! »

Eh bien, dans la dispute avec charmant génie Gonzague[2], je pense et sens comme belle âme Necker: l'esprit sera de son côté, mais toute raison est du nôtre. Il faut bien qu'il y ait plus de grands écrivains que de penseurs profonds, puisque tous les jours on écrit excellemment sur des choses superficielles. Fénelon[3], Voltaire et Jean-Jacques ne feraient pas un sillon d'une ligne de profondeur sur la tête massive des pensées des Bacon[4], des Newton, des Montesquieu; sans compter celui que vous voyez *un peu colosse depuis qu'il fait corps avec le bien public*. Pour moi, je l'ai toujours vu grand, et tout aussi grand qu'il l'est, noble et élevé autant que ses envieux sont petits et rampants. Je supplie ma très-respectable amie de lui faire agréer cet hommage de mon cœur. Je ne pourrai vous faire ma cour à tous deux que dans le mois prochain; la très-mauvaise saison et un peu de mauvaise santé me retiendront ici pendant le gros hiver. Recevez mes regrets et mes vœux avec cette même bonté que vous m'avez si souvent témoignée, et que je ne puis mériter que par le zèle et le respect que je vous ai voués.

BUFFON.

Mme Daubenton, qui a, dit-elle, eu l'honneur de passer un jour entier avec vous, madame, dans son dernier séjour à Paris, me charge de vous présenter ses respectueux hommages.

(Inédite.)

## CXC

### AU PRESIDENT DE BROSSES.

Montbard, le 12 janvier 1777.

Je vous envoie, mon très-cher Président, mon chétif portrait[1] et mon cœur qui dans tous temps fait des vœux pour votre bonheur. M. Panckoucke vous fera sa révérence, et, s'il manque à votre bibliothèque quelqu'un des volumes de mon ouvrage, il pourra vous les faire donner par Frantin. Un bon Anglais de mes amis me prie instamment de vous recommander MM. Cambell. Vous me ferez plaisir de leur dire que je vous en ai parlé. Adieu, mon bon ami; vous savez combien je vous suis tendrement dévoué. Mme Daubenton, qui entre auprès de moi, me prie de vous faire mention d'elle.

Nos respects très-humbles à Mme la Présidente.

BUFFON.

(Inédite. — De la collection de M. le comte de Brosses.)

## CXCI

### AU PRÉSIDENT DE RUFFEY.

Montbard, le 13 janvier 1777.

J'ai reçu de vos nouvelles avec la plus grande satisfaction, mon très-cher Président. En quelque temps que vous me donniez des marques de votre amitié, elles me sont toujours également chères et précieuses; car il y a peu d'hommes que j'aime et que j'estime autant que vous. Ces sentiments sont aussi invariables qu'ils sont anciens chez moi, et je serais comblé de joie si vous pouviez faire encore cet été une petite partie de Montfort, qui m'assurerait de vous posséder quelques jours à Montbard. J'y suis encore retenu par la mauvaise saison et par un peu de mauvaise santé, car je ne l'ai pas aussi ferme que vous, et j'ai été enchanté d'en juger par moi-même et de voir que l'âge n'a rien diminué de vos forces ni de votre activité.

Quoique j'aie pris la plus grande part à l'établissement de M. votre fils [1], je n'ai pu vous la témoigner comme je l'aurais désiré, pendant mon séjour à Paris; car j'ai d'abord été entraîné par une multitude d'affaires, et, comme je commençais à être un peu débarrassé et que j'espérais pouvoir vous voir à mon aise et vous recevoir avec M. votre fils et sa jeune dame, j'appris à votre hôtel que vous étiez parti deux jours auparavant, et j'eus bien du regret d'avoir manqué cette occasion de vous témoigner ainsi qu'à M. votre fils toute la part que je prenais à votre satisfaction.

Je vous remercie bien sincèrement de la part que vous avez la bonté de prendre à cette statue que je n'ai en effet ni mendiée ni sollicitée, et qu'on m'aurait fait plus de plaisir de ne placer qu'après mon décès. J'ai toujours pensé qu'un homme sage doit plus craindre l'envie que faire cas de la gloire, et tout cela s'est fait sans qu'on m'ait consulté [2]. Vous n'avez pas besoin d'exemple pour vous animer à faire le bien; vos monuments de bienfaisance, tant à l'Académie qu'ailleurs, valent mieux qu'une statue, car ils sont vivants dans le cœur de tous les honnêtes gens.

Je vous prie de faire mention de moi à M. votre fils, et de faire passer les assurances de mon respect à Mme de Ruffey. Je leur suis très-sincèrement dévoué comme à vous, mon très-cher Président. C'est avec un véritable et respectueux attachement que je serai toute ma vie votre très-humble et très-obéissant serviteur.

BUFFON.

(Inédite. — De la collection de M. le comte de Vesvrotte.)

## CXCII

### AU PRÉSIDENT DE BROSSES.

Montbard, le 3 mars 1777.

Jamais, mon très-cher et respectable Président, je n'ai reçu un présent qui fût plus selon mon cœur que les trois volumes de votre bel ouvrage[1]. Je devrais cependant vous gronder de ce qu'étant aussi bon par sa personne, vous l'ayez encore si magnifiquement habillé. Il n'avait nul besoin de cette parure, surtout auprès de moi, qui me suis empressé de lire quelques-uns des endroits indiqués par votre lettre. J'ai regret d'être à la veille de mon départ pour Paris, surchargé d'affaires qui m'empêchent d'en faire la lecture entière; car je suis sûr que j'y verrai partout votre âme et votre génie. Et combien n'en fallait-il pas pour une pareille production? C'est une divination qui suppose non-seulement une profonde connaissance des mœurs et du costume, mais encore exige une hauteur de vue et une finesse de discernement que je ne connais qu'à vous. Je ne vous parle pas du style; quoique simple et majestueux, il pourrait ne pas plaire à nos faiseurs d'historiettes ou de contes moraux. Pour moi, je le trouve très-convenable à la chose, et sur le tout je vous fais compliment du meilleur de mon cœur. Je suis persuadé que cet ouvrage vous fera beaucoup d'honneur auprès même des érudits les plus revêches, qui, n'ayant pas entendu votre excellent traité de la mécanique du langage, entendront peut-être mieux la belle langue de Salluste en français. Je vous écrirai de Paris (où je serai dans six jours) tout ce que j'entendrai dire; et pour vous dire d'avance ce que j'en pense, c'est qu'il n'y a pas un seul de nous autres quarante qui eût fait cet ouvrage, non-seulement pour la partie de divination, mais pour celle de la précision et de la combinaison des recherches. Tâchez de venir à Pâques, ou du moins à la

Pentecôte. Je séjournerai tout ce temps avant de revenir à Montbard. Mille respects à Mme la première Présidente, et mille tendresses à votre très-cher fils. Adieu, mon très-illustre et respectable ami ; personne ne vous estime et ne vous aime plus que moi, parce que personne ne vous connaît autant dans toute votre étendue.

BUFFON.

(Inédite. — De la collection de M. le comte de Brosses.)

## CXCIII

### AU PRÉSIDENT DE RUFFEY.

Montbard, le 3 mars 1777.

C'est avec bien de la sensibilité et toute reconnaissance, mon très-cher Président, que j'ai reçu les beaux vers dictés par votre amitié[1]. Si j'ai différé de vous répondre, c'est que j'aurais voulu vous les envoyer imprimés, et je les avais donnés pour les mettre dans un journal ; mais ces MM. les journalistes, surtout ceux qui sont poëtes eux-mêmes, ne se soucient que de leurs propres vers. Cependant je crois que les vôtres le seront, et, assurément, ils méritent bien d'être rendus publics. Quoique trop flatteurs pour moi, vous avez su néanmoins y conserver un caractère de noblesse, de simplicité et de vérité, qui ne peut que faire honneur à votre esprit et à votre cœur. Je vous en réitère tous mes remercîments, sans pouvoir vous exprimer combien j'ai été touché de cette marque éclatante de votre estime et de votre amitié. Je pars dans deux jours pour retourner à Paris ; donnez-moi vos ordres si je peux vous y être de quelque utilité. Si vous vous déterminez à vendre la terre de Montfort, avertissez-moi ; je sais quelqu'un qui pourrait y penser. Mille respects à Mme la présidente de Ruffey et à M. votre fils : c'est dans ces mêmes sentiments que je serai toute ma vie, mon très-cher Président, votre très-humble et très-obéissant serviteur.

BUFFON.

(Inédite. — De la collection de M. le comte de Vesvrotte.)

## CXCIV

### A M. DE FAUJAS DE SAINT-FOND [1].

Au Jardin du Roi, le 28 mars 1777.

A mon retour à Paris, monsieur, j'ai trouvé la collection choisie des matières volcanisées que vous avez eu la bonté de m'envoyer pour le Cabinet du Roi, et j'ai reconnu qu'elle a été faite avec autant de discernement que de connaissances. Cela me donne une grande curiosité de lire votre Mémoire, et je désirerais qu'il fût déjà publié, parce que je profiterais de vos observations et des lumières que vous aurez répandues sur cet objet. J'en ferais même un usage assez prompt, parce que je vais imprimer un volume de supplément à ma Théorie de la terre, dans lequel l'article des volcans tiendra une place assez considérable, et je serais enchanté de vous citer avec les nouvelles découvertes qu'ont produites vos recherches [2].

J'ai eu l'honneur de vous répondre, monsieur, avant d'avoir vu votre collection, et je ne me souviens pas bien si je vous ai envoyé un mandat pour les quatre premiers volumes in-4 de la nouvelle édition de mes ouvrages; en tout cas c'est mon intention, et je vous supplie de me marquer si vous avez reçu ce mandat.

Les deux volumes suivants sont sous presse, et toute l'édition pourra être finie dans dix-huit mois. Je vous l'offre, non-seulement avec plaisir, mais comme un hommage dû à votre mérite. C'est dans ces sentiments et avec une respectueuse considération que j'ai l'honneur d'être, monsieur, votre très-humble et très-obéissant serviteur.

Le comte DE BUFFON.

(Inédite. — De la collection de M. de Faujas de Saint-Fond.)

## CXCV

### A M. SONNINI [1],

CORRESPONDANT DU CABINET DU ROI.

Paris, le 4 avril 1777.

Je viens de recevoir, monsieur, votre lettre datée de Montpellier, du 27 mars, et je joins ici une lettre pour M. Boriès, docteur en médecine à Cette, qui fera encore plus son effet en passant par vos mains. S'il me fait un envoi de poissons préparés, je jugerai mieux de la valeur de son secret.

Vous me ferez plaisir de m'envoyer ce que vous avez écrit sur les kakatoës et les loris, et il ne restera plus que les perroquets proprement dits, et les perruches de l'ancien continent. L'on commence à imprimer le quatrième volume de l'Histoire des oiseaux; il sera fini dans quatre mois, et, si M. Gueneau de Montbeillard se trouve alors en retard, je compte commencer le cinquième volume par le long article des perroquets. Ainsi, ne perdez pas de temps, je vous en prie, à travailler sur ce sujet et à m'envoyer tout ce que vous aurez fait.

Puisque vous ramassez des coquilles sur notre côte de la Méditerranée, vous pourriez m'en envoyer une petite caisse, en ne prenant qu'un individu de chaque espèce, et bien conservé; mais il ne faut pas laisser le poisson dans la coquille, pour éviter l'infection. Nous n'avons pas besoin de matières de volcans, à moins que ce ne fût quelque morceau qui vous parût singulier....

Votre petit ara [2] ne jure plus, mais il ne prononce que

deux ou trois petits mots ; il est bien maigre, et il continue de perdre beaucoup de plumes ; il ne veut manger ni pain, ni soupe, ni graines, et ne veut que du sucre et du biscuit, ce qui pourrait le trop échauffer ; peut-être il se portera mieux lorsque sa mue sera entièrement passée....

J'ai l'honneur d'être, monsieur, votre très-humble et très-obéissant serviteur.

Le comte DE BUFFON.

(Publiée dans l'édition de l'Histoire naturelle donnée par Sonnini.)


## CXCVI

### A M. DE MAUREPAS[1].

Au Jardin du Roi, le 16 avril 1777.

Monseigneur,

Daignez faire attention, je vous supplie, à la situation de M. Sonnini de Manoncour. Jetez les yeux sur son mémoire[2], et, si mes prières peuvent ajouter quelque chose à votre équité bienfaisante, recevez-les avec bonté ainsi que les assurances du dévouement et du respect sans borne avec lequel j'ai l'honneur d'être,

Votre très-humble et très-obéissant serviteur.

Le comte DE BUFFON.

(Inédite. — Communiquée par M. Boilly.)


## CXCVII

### A M. RIGOLEY.

Au Jardin du Roi, le 9 mai 1777.

Comme mon plus proche voisin, monsieur, et comme ayant contribué de vos conseils et de vos soins à l'établissement de mes forges, j'ai l'honneur de vous envoyer la première des affiches que je compte distribuer dans quelques jours pour les affermer[1]. On m'a déjà fait des propositions[2]; mais je ne veux pas les délivrer sans concurrence, et surtout sans que vous soyez averti le premier. Vous connaissez d'ailleurs tous les sentiments de l'estime et du véritable attachement avec lesquels j'ai l'honneur d'être, monsieur, votre très-humble et très-obéissant serviteur.

BUFFON.

(Inédite. — Appartient à Mme Morel.)

## CXCVIII

### A MADAME NECKER.

Montbard, le 22 juin 1777.

Madame et très-respectable amie,

On doit vous présenter de ma part un muet qui ne laissera pas de vous parler de moi, et que dès lors vous recevrez avec bonté. Cependant il ne vous dira jamais ce que mon cœur me dit tous les jours, et que moi-même je ne pourrais vous exprimer. Mais vous suppléerez à notre défaut d'organes par votre céleste intelligence, et vous me pardonnerez ce petit moyen que j'ai cherché de m'approcher de vous, ma tout aimable et très-respectable amie.

BUFFON.

Mille tendres compliments et respects à M. Necker.

(Inédite.)

## CXCIX

### A M. DE FAUJAS DE SAINT-FOND.

Montbard, le 13 juillet 1777.

J'ai toujours différé, monsieur, de répondre à vos lettres très-obligeantes, parce que j'espérais d'abord avoir l'honneur de vous voir à Paris avant mon départ, et ensuite parce que j'imaginais que vous vous aboucheriez avec M. Daubenton, garde du Cabinet, auquel j'ai remis tout ce que vous avez eu la bonté de m'adresser, et que vous pourriez revoir soit au Cabinet, soit entre ses mains.

J'ai déjà une souscription de votre bel ouvrage[1]; du moins j'ai donné ordre au sieur Lucas d'en prendre une chez votre libraire, et cela ne m'empêchera pas de recevoir avec plaisir un autre exemplaire de votre main. Cela fera que votre livre ne me quittera pas, et que je l'aurai à Paris et à la campagne.

J'ai l'honneur de vous envoyer ci-joint un petit mot pour M. le comte d'Angeviller, et je suis persuadé qu'il vous procurera la signature de Sa Majesté comme vous le désirez. J'envoie cette lettre à cachet volant, pour que vous la lisiez.

Si vous êtes encore à Paris vers la fin du mois prochain ou au commencement du mois de septembre, j'espère que j'aurai le plaisir de vous y voir, et de vous assurer de tous les sentiments de la respectueuse estime avec lesquels j'ai l'honneur d'être, monsieur, votre très-humble et très-obéissant serviteur.

BUFFON.

(Inédite. — De la collection de M. de Faujas de Saint-Fond.)

## CC

### A L'ABBÉ BEXON[1].

Montbard, le 27 juillet 1777.

Je suis très-satisfait, monsieur, et même plus que content; car on ne peut se plaindre que du trop de travail qu'a dû vous coûter la composition des articles que vous m'avez envoyés. Il y a en général trop d'érudition, et vous ne voulez pas qu'en comparant ces articles avec ceux qui sont impri-

més, on voie qu'on a redoublé de science mythologique et
d'érudition assez inutiles à l'histoire naturelle. J'en retran-
cherai donc beaucoup, et j'aurai l'honneur de vous envoyer
dans peu le premier cahier corrigé de ma main; cela vous
servira d'exemple pour ceux de la suite. Mais, je vous le répète, monsieur, je suis parfaitement satisfait, et vous pouvez
continuer, attaquer la famille des hérons[1], et suivre ensuite la
classe de tous les autres oiseaux de marais. Vous en avez
pour du temps, et je trouve que vous en avez beaucoup fait
pour le peu de semaines que vous y avez employées. Tâchez,
monsieur, de faire toutes vos descriptions d'après les oiseaux
mêmes; cela est essentiel pour la précision. Je sais bon gré à
M. Daubenton le jeune de vous donner toutes les facilités
nécessaires. Recevez les assurances des sentiments de toute
l'estime et de tout l'attachement avec lesquels j'ai l'honneur
d'être, monsieur, votre très-humble et très-obéissant serviteur.

BUFFON.

(Publiée en l'an VIII dans *le Conservateur*, ou Recueil de morceaux inédits, par François de Neufchâteau; et, en 1844, par M. Flourens.)

## CCI

### A MADAME NECKER.

Montbard, le 4 août 1777.

Ma très-respectable amie,

Comment avez-vous pu douter un instant du vif et très-sincère intérêt que je prends à ce qui vous touche? Personne au
monde n'a peut-être ressenti plus de joie, puisque l'avénement de M. Necker[1] n'a été que l'accomplissement de mes
désirs. Vous devez tous deux en être bien persuadés, et, si
vous vous rappelez notre conversation de la veille du départ,
vous reconnaîtrez que non-seulement je désirais, mais que je
prévoyais tout ce qui est arrivé; et lorsque vous saurez, ma

respectable amie, les motifs qui m'ont empêché de vous écrire, vous ne m'en estimerez qu'un peu davantage.

Il faut que vous sachiez qu'au moment même où j'ai appris cette nouvelle qui m'a fait tant de plaisir, et depuis ce moment, j'ai été tourmenté chaque jour de demandes et de sollicitations par tous les gens qui savent que vous et M. Necker avez des bontés pour moi. Je n'ai trouvé d'autre moyen de défaite, qu'en disant que je n'étais point en relation par lettres avec lui; et, comme je n'aime pas mentir non plus qu'importuner mes amis, je ne vous ai point écrit en effet. Cependant, dans ce grand nombre de gens, il y en a quelques-uns que je ne puis m'empêcher de vous recommander, autant néanmoins que cela pourra s'accorder avec les vues de notre grand homme.

1° M. de Varenne², mon ancien ami, que vous avez vu chez moi, madame, et que vous avez bien voulu recevoir chez vous, homme très-honnête, très-éclairé et très-malheureux. Il craint que M. Necker ne veuille pas se servir de lui, et qu'on ne supprime son bureau; cependant personne, j'ose le dire, ne le servirait plus fidèlement et plus utilement.

2° Deux hommes, M. de Grignon, chevalier de Saint-Michel, et M. d'Antic³, celui-ci recommandé par Mme la duchesse de Villeroy⁴, et le premier par son seul mérite, demandent une inspection des manufactures à feu. Cette partie des arts en a grand besoin, et je joins ici ma prière à leurs demandes. M. de Grignon surtout a fait un ouvrage excellent sur les manufactures de fer, et je ne connais personne en France qu'on puisse lui préférer, si l'on établit une place d'inspecteur des forges, comme cela me paraît nécessaire.

Je m'arrête, ma très-respectable amie, et je jette au rebut vingt autres demandes, quoiqu'il y en ait encore deux ou trois auxquelles je m'intéresse. Mais, je vous le répète, il m'en coûte beaucoup d'importuner mes amis. Sachant d'ailleurs que vous ne vous mêlez d'aucune affaire, je me borne à vous prier de communiquer ma lettre, et je vous laisse ensuite maîtresse de l'oublier. Souvenez-vous seulement, ma très-respectable amie, des tendres sentiments que je vous ai voués, et avez lesquels je serai toute ma vie, madame, votre très-humble et très-obéissant serviteur.

BUFFON.

(Inédite.)

## CCII

### A GUENEAU DE MONTBEILLARD.

Montbard, le 4 août 1777.

Cher bon ami, dont je me fais honneur d'être en même temps le bon voisin, j'ai lu les ortolans avec plus de plaisir que je ne les aurais mangés. Cependant je les ai envoyés tout de suite à la broche de l'Imprimerie royale, et si les bruants et les bouvreuils sont déjà un peu avancés, vous aurez du temps pour les autres; car ceux de ma composition qui suivent immédiatement le bouvreuil feront cent pages d'impression, en y comprenant les cottingas, qui sont de la vôtre, et qui me paraissent entièrement achevés.

Je vous saurai bien bon gré de profiter de ce petit loisir pour achever la traduction du *Progrès de l'esprit humain*[1]. Le prince de Gonzague en petille de joie et d'impatience, et, à tous égards, il mérite qu'on fasse pour lui ce qu'il désire. Il est enchanté de vous et de ma bonne amie; il en parle avec enthousiame, et me charge même de joindre ses hommages à mes respects pour elle; mais vous devriez tous deux faire la partie de nous venir voir. Sur cela je vous embrasse et lui baise les mains.

BUFFON.

Cette lettre est écrite de la main d'un secrétaire, et non signée; les lignes qui suivent sont de la main de Mme Nadault.

Puisque vous avez mis un mot pour la petite bête dans la lettre du grand homme, elle vous remerciera dans sa lettre même et vous dira tout le plaisir que j'ai eu de vous revoir

bien portant et si gai. Je vous renvoie la lettre que j'avais em-
portée hier. En lisant tout haut les caractères de La Bruyère,
nous avons trouvé deux phrases qui allaient à merveille à
notre Apollon, les voici : qu'en pensez-vous?... (*Le reste
manque.*)

(Inédite. — De la collection de Mme la baronne de La Fresnaye. M. Flourens en a publié un extrait.)

## CCIII

### A MADAME DAUBENTON.

Au Jardin du Roi, le 28 novembre 1777.

Le diable se mêle un peu de mes affaires, ma très-chère
enfant, et je ne crois pas que je puisse partir de Paris avant
Noël. J'en suis très-fâché; car, indépendamment du plaisir
que j'aurais à vous revoir, le grand mouvement de ce pays-ci
me fatigue et m'ennuie[1]. Je vous suis obligé des informations
que vous me donnez au sujet du chevalier Bonnard[2]; j'en ai
fait bon usage, et j'ai le meilleur augure du succès de la demande que j'ai faite pour lui. Il m'a chargé de vous faire
mille respectueux compliments; cependant il ignore que je
vous aie consulté sur sa naissance. En tout, c'est un très-bon
sujet, et je serai charmé d'avoir contribué à son avancement.
Je voudrais bien qu'il me fût possible de faire de même quelque chose pour votre cher oncle Potot de Montbeillard; mais,
tant que Gribeauval[3] aura l'autorité, il n'y a nulle justice à espérer ni de bonnes raisons à faire valoir. Cependant je vous
prie de lui dire, lorsque vous aurez occasion de le voir, que
M. de Maillebois m'a promis de parler en sa faveur; et il ferait bien lui-même dans cette circonstance d'écrire au chevalier Bonnard, qui pourrait lui rendre service par M. le duc
de Mortemart[4], chez qui il demeure, et par ses autres amis.
Votre pauvre oncle est dans le cas d'employer toutes les ressources et toutes les personnes qui lui veulent du bien, et

avec cela j'ai grand'peur qu'il n'obtienne rien, par la mauvaise volonté de Gribeauval. Je viens de remettre à Lucas
l'ordre du thermomètre que vous demandez pour M. le Théologal [5]; on l'exécutera avec soin, et j'espère qu'il en sera satisfait. Je vous prie de lui faire faire mille et mille sincères
compliments de ma part. Embrassez aussi la charmante
Betzy; baisez-la, puisqu'elle est si jolie; ce sont là les plaisirs les plus purs de la vie. Recevez aussi mes tendres et
respectueux hommages, ma très-chère bonne amie.

BUFFON.

(Inédite. — De la collection de M. Henri Nadault de Buffon.)

## CCIV

### A M. L'ABBÉ BEXON.

Au Jardin du Roi, le 5 décembre 1777.

M. de Buffon fait ses compliments à M. l'abbé Bexon, et le
prie de ne venir que dimanche, parce que demain, samedi, il
ne pourrait le recevoir. M. l'abbé Bexon en aura d'autant plus
de temps pour arranger les fauvettes.

(Publiée par François de Neufchâteau et par M. Flourens.)

## CCV

### AU PRÉSIDENT DE RUFFEY.

Montbard, le 9 janvier 1778.

J'ai été enchanté, mon très-cher Président, de recevoir de
vos nouvelles à Montbard, où je suis arrivé depuis quelques
jours, et je ne doute pas de la sincérité ni de la constance de
votre amitié; j'en juge par la mienne, qui ne se démentira
jamais. Je voudrais bien que quelque affaire de votre terre

de Montfort vous y appelât pendant mon séjour à Montbard, où je compte rester jusqu'après Pâques; et, à propos de cette terre où M. de Chaumelle est venu cet automne, on croit dans le pays que c'est à lui qu'elle appartiendra. Il me semble cependant, mon cher Président, que ce n'était pas tout à fait là votre intention.

Ce n'est point un traité sur la vieillesse[1], mais seulement quelques réflexions en cinq ou six pages que vous trouverez dans mon quatrième volume de Supplément à l'Histoire naturelle, dont je vous envoie le mandat, que vous pourrez prendre chez M. Frantin. Mille respects, je vous supplie, à Mme la présidente de Ruffey, et mille très-humbles compliments et amitiés à M. votre fils. Je serai toute ma vie, avec les mêmes sentiments que vous m'avez connus, votre très-humble et très-obéissant serviteur.

BUFFON.

(Inédite. — De la collection de M. le comte de Vesvrotte.)

## CCVI

### A MADAME NECKER.

Montbard, le 2 février 1778.

Tous les jours et à presque toutes les heures de ma vie, mon cœur s'élève délicieusement à vous, ma très-respectable et tout aimable amie. Je vous vois au milieu du tourbillon d'un monde inquiet, environnée de mouvements orageux, pressée d'importunités ennuyeuses[1], conserver votre caractère inaltérable de bonté, de dignité, et ne pas perdre ce sublime repos, cette tranquillité si rare qui ne peut appartenir qu'à des âmes fermes et pures, que la bonne conscience et la noble intention rendent invulnérables. Je vous admire tous deux autant que je vous aime; mais je vous dois à tous deux plus que de l'amitié, plus que du respect. Je jouis de ma re-

connaissance autant que vous pouvez jouir de vos bienfaits.
M. Dufresne² m'a prévenu, de la manière la plus honnête,
que mon affaire est comme terminée; vous y avez répandu le
souffle de vie depuis le premier de l'an jusqu'à la fin de mes
jours. Vous animez tout ce qui respire auprès de vous, et
dans l'éloignement vos lettres font mon bonheur. Adieu, mon
adorable amie; mille respects à notre grand homme, et mille
tendresses à votre charmante enfant.

BUFFON.

(Inédite.)

## CCVII

### A L'ABBÉ BEXON.

Montbard, le 5 février 1778.

Je vous envoie, mon très-cher abbé, la copie de tous les
articles sur les pics et martins-pêcheurs, tirée des extraits.
J'ai vérifié que l'*Histoire générale des voyages* n'a été extraite
que jusque et y compris le sixième volume; ainsi vous pouvez commencer votre travail à la Bibliothèque du Roi, en
commençant par le septième volume. Cela nous sera très-
utile; mais il faut vous borner à extraire seulement les articles qui ont rapport aux oiseaux qui nous restent à donner,
et dont je crois vous avoir laissé la liste, en commençant par
les perroquets, qui doivent être à la tête du sixième volume.
Je vous envoie ci-joint le travail que j'ai fait sur cette famille
si nombreuse d'oiseaux, et je vous prie, mon cher monsieur,
de vous en occuper de préférence, lorsque vous serez quitte
des pics et des martins-pêcheurs.

Vous voudrez bien suivre ma distribution et ma méthode
pour les perroquets. Je les divise d'abord en deux grandes
classes : ceux de l'ancien continent et ceux du Nouveau-
Monde. Dans la première classe je place :

1° Les kakatoës, sur lesquels vous trouverez un petit cahier
de six pages ;

2° Les perroquets proprement dits, sur lesquels je n'ai encore rien recueilli, et que vous travaillerez tout à neuf;

3° Les loris, sur lesquels je vous envoie un cahier de six pages.

Dans la classe du nouveau continent, les premiers sont :

1° Les aras, sur lesquels vous trouverez environ vingt-quatre pages d'écriture;

2° Les amazones, un cahier de vingt-huit pages;

3° Les papegais, huit pages. J'y joins un cahier de notes intitulé : *Les perroquets*, et qui a treize pages.

Ensuite viennent les perruches, dont il faut faire un traité séparé, et qui doit suivre celui des perroquets, en distinguant, autant qu'il est possible, les perruches de l'ancien continent de celles du nouveau, et aussi celles qui, dans chaque continent, sont à queue longue ou à queue courte, à queue étagée ou non étagée, etc. Vous trouverez sur cela trois cahiers, l'un de vingt-deux, le second de huit, et le troisième de vingt et une pages.

Voilà une bien longue et bien ennuyeuse besogne, dont néanmoins nous sommes plus pressés que d'aucune autre, et je vous serai très-obligé de ne vous occuper des oiseaux de rivage que quand vous aurez épuisé nos perroquets. Je vous enverrai dans huitaine la copie de tous les extraits qui ont rapport aux perroquets, et qui ne laissent pas d'être considérables. Ce travail me fait peur pour vous aussi bien que pour moi, car je suis persuadé que nous ne nous en tirerons pas à moins de cent trente pages d'écriture. Je travaille au préambule, qui sera court, et qui ne contiendra que les qualités particulières et les rapports qui distinguent ces oiseaux de tous les autres, et qui leur donnent, par la faculté d'imiter la parole, quelque relation avec cette faculté de l'homme. S'il vous vient quelques idées [1] sur la nature en général de ces oiseaux, vous me ferez plaisir aussi de me les communiquer. Surtout ne vous pressez pas, mon très-cher abbé; ménagez vos petites entrailles, et ne vous excédez sur rien, pas

même sur le désir de m'obliger. Je compte que vous en avez
ici pour plus de deux mois; mais, lorsque cet article sera
achevé, j'aurai plus de trois cents pages pour l'impression,
car tous les articles suivants sont faits jusqu'aux hérons, et
il ne faut songer à ces hérons qu'après les perroquets. Le
cinquième volume ne laisse pas d'avancer. M. Mandonnet[2]
doit vous envoyer une épreuve pour rectifier un passage italien d'Oliva[3], qui a été mal copié, et que je n'ai pu vérifier
ici, ayant prêté ce livre à M. de Montbeillard. Je vous prie
de corriger les fautes qui se trouvent dans ce passage.

J'ai reçu vos notes et celles de M. Daubenton sur les
barbus, et j'en fais usage.

Toutes les personnes qui ont entendu lire la belle ode de
M. Lebrun[4] s'accordent à l'admirer; mais toutes conviennent
aussi qu'elle est un peu trop longue, et qu'il y a trois ou
quatre strophes moins belles que les autres, qu'on pourrait
en retrancher. Je n'ai pas besoin de vous avertir, mon cher
monsieur, de ne faire usage de cet avis qu'avec le plus grand
ménagement : c'est pour la plus grande gloire de l'auteur
que nous parlons ici. Je vous renouvelle, avec le plus grand
plaisir, les sentiments d'estime et de véritable attachement
avec lesquels j'ai l'honneur d'être, monsieur, votre très-
humble et très-obéissant serviteur.

BUFFON.

(Publiée par François de Neufchâteau et par M. Flourens.)


## CCVIII

### AU MÊME.

Montbard, le 11 février 1778.

Je viens, mon très-cher abbé, de recevoir nos calaos, sur
lesquels vous avez fait un travail méthodique dont je suis
parfaitement content. J'ai écrit un billet à M. Daubenton le
jeune[1], pour qu'il ait à nommer calao du Malabar, et non

pas calao des Philippines, celui que nous avons vu vivant. Je
le prie de faire aussi une planche enluminée des quatre becs
du calao rhinocéros, du calao à casque rond, du calao des
Philippines et du calao d'Afrique, et, au moyen de cette représentation de bec, tout deviendra plus clair.

Vous comptez onze espèces de calaos; je les réduis à dix,
parce que le calao à bec rouge du Sénégal, qui est le vrai
tock, dont j'avais fait la description à part, est le même oiseau que le calao à bec noir du Sénégal. Celui-ci est l'oiseau
jeune, et l'autre à bec rouge est l'oiseau adulte. Ce fait m'a
été assuré par M. Sonnini, qui m'a dit avoir élevé de ces oiseaux au Sénégal; mais comme vous avez observé un rudi-
ment d'excroissance sur le bec noir que vous n'avez pas vu
sur le bec rouge, il se pourrait que ce fût ce même bec noir
qui fût l'oiseau adulte, et le bec rouge l'oiseau jeune. Ceci
n'est qu'un doute, qui peut-être même n'est pas fondé; car
il y a des oiseaux, tels que les pigeons, qui ont de petites
protubérances sur le bec quand ils sont jeunes, et qui s'effa-
cent en vieillissant. Il se pourrait donc en effet que le calao à
bec noir fût le jeune, et l'autre l'adulte. Quoi qu'il en soit, il
me paraît certain que tous deux ne font que le même oiseau.

Une seconde observation, c'est que le calao décrit par Petiver [2], d'après Kamel [3], dans les *Transactions philosophiques*,
n'est pas le même que notre calao des Philippines. C'en est
une espèce voisine, ou du moins une variété. Vous n'aurez,
pour en être assuré, qu'à comparer la description de tous
deux. Je vous enverrai l'article entier de ces oiseaux dès qu'il
sera copié.

Je vous remercie aussi de la bonne note que vous m'avez
donnée sur le joli touraco; au reste, vous verrez par l'ébauche
de ce travail qu'il y aura encore beaucoup à retoucher, et
j'attendrai vos réflexions et vos observations pour l'achever.
Le préambule même n'est pas encore, à beaucoup près,
comme je le désirerais. J'ai interposé les descriptions du calao à casque rond, du calao d'Abyssinie, etc.

Je viens de recevoir une lettre de M. Lebrun, avec son ode sur la campagne d'Italie du prince de Conti[4]; il y a de très-belles strophes et de magnifiques images; mais en tout cette ode n'est pas aussi sublime que celle qu'il m'a adressée. On y reconnaît néanmoins le pinceau du génie dans plusieurs endroits. J'aurai l'honneur de lui répondre dès que j'aurai quelques moments de loisir; mais actuellement les ouvriers des bâtiments et des travaux de mes forges m'occupent prodigieusement: j'ai bien de la peine à dérober quelques heures pour nos oiseaux.

Je suis très-fâché qu'on ait si mal servi la Bibliothèque du Roi, et je tâcherai, à mon retour, de lui procurer un meilleur exemplaire de mes ouvrages. Vous ferez mes compliments à M. Lebrun, ainsi qu'à M. l'abbé Desaunais[5]. Vous ferez mes hommages très-sincères à Mme votre mère et à Mlle votre sœur, et j'espère que vous ne douterez jamais de tous les sentiments d'amitié avec lesquels j'ai l'honneur d'être, mon cher monsieur, votre très-humble et très-obéissant serviteur.

BUFFON.

*N. B.* — Vous trouverez ci-joint tout ce que j'ai pu recueillir sur les perroquets.

Vous pourriez peut-être me dire, mon cher abbé, ce que c'est qu'un M. Champlain de La Blancherie[6], qui se dit à la tête d'une société littéraire, et qui demeure à l'ancien collége de Bayeux, rue de la Harpe. Il m'a écrit une grande épître, comme si tous les gens de lettres devaient s'intéresser à son entreprise, qui se réduit à une espèce de journal, sous le titre de *Nouvelles de la République des Lettres*. Je crois que tout cela n'est écrit que pour avoir des souscriptions, et je suis étonné que notre ami Panckoucke ne s'oppose pas à tous ces nouveaux journaux qui font du tort au sien[7].

(Publiée par François de Neufchâteau et par M. Flourens.)

## CCIX

### A MADAME NECKER.

Montbard, le 19 février 1778.

Tous les jours, madame et très-respectable amie, vous me donnez de nouvelles marques de vos insignes bontés; tous les jours je vous ai de nouvelles obligations. *Pindare* Lebrun est transporté de l'accueil que vous avez fait à son ode sur le prince de Conti, et il est si flatté de ce que vous avez eu la bonté de lui dire sur la mienne, qu'il me prie de l'aider à vous en marquer sa respectueuse reconnaissance. Je m'en acquitte avec grand plaisir, toutes les occasions de m'entretenir avec vous, mon adorable amie, étant chères à mon cœur. Votre amour pour le bien, votre discernement exquis, toutes vos hautes vertus me sont toujours présentes, et les traits de cette amitié particulière dont vous m'honorez me sont si glorieux, que je n'en échappe aucun[1]. Je vois par une lettre de M. de Schouwaloff[2] que vous avez eu la bonté, madame, de lui parler avec éloge de mon ouvrage sur les *Époques*. Vous voudriez porter ma réputation aux extrémités de la terre. Que ne vous dois-je pas à tous égards, ma tout aimable amie? Je ne pourrai jamais m'acquitter avec vous; mais au moins recevez les assurances des sentiments constants et profonds de mon tendre respect et de mon entier dévouement.

BUFFON.

(Inédite. — Au dos de cette lettre est écrit de la main de Mme Necker :
*Remercier du chevreuil.*)

## CCX

### A M. HÉBERT,

RECEVEUR GÉNÉRAL DES GABELLES ET TRAITES FORAINES, ET TRÉSORIER
DE L'EXTRAORDINAIRE DES GUERRES A DIJON.

Montbard, le 26 février 1778.

M. l'abbé Bossut[1] m'avait prévenu, mon cher monsieur, avant mon départ de Paris, que M. Huvier avait bien travaillé, et qu'il le croyait en état de soutenir l'examen. Il faut l'exhorter à continuer, et je ne doute pas qu'il ne soit reçu l'année prochaine.

Mme Allut m'a écrit que son mari était à Paris et qu'elle croyait que son père s'était enfin rendu à ses instances. J'en serais bien aise, car jamais la machine de la manufacture ne pourra se soutenir que par le concert de tous ceux qui y sont intéressés.

J'ai repris depuis six mois mon travail sur l'histoire des oiseaux, et c'est avec grand plaisir que je trouve souvent l'occasion de citer votre nom. Le quatrième volume in-4° est achevé d'imprimer, aussi bien que les deux cents premières pages du cinquième volume. Je crois, mon très-cher monsieur, que vous feriez bien pour votre santé de reprendre vos anciennes habitudes de chasse et d'exercice; c'est le moyen le plus sûr de diviser la lymphe, car je crois en effet que votre mal vient d'épaississement et de stagnation. Venez à Montbard dès que le temps sera bon. Mme Allut désire d'y venir aussi. Je décrirai des oiseaux et vous en chasserez. Il ne faut pas vous inquiéter de cette interruption dans les pulsations du pouls; toute ma vie le mien a été intercadent; il me manque une pulsation sur quatre. Cette différence, qui dépend de la conformation, ne produit aucun mauvais effet. Je ne craindrais pour votre état que l'affaiblissement de l'estomac par les remèdes, et je suis persuadé qu'en conservant vos

forces vous vous rétablirez; personne ne le désire plus ardemment que moi, par les sincères et tendres sentiments de
l'amitié et de tout l'attachement avec lequel j'ai l'honneur
d'être, monsieur, votre très-humble et très-obéissant serviteur.

BUFFON.

(Inédite. — Appartient à M. Marette, qui a bien voulu nous en donner
communication.)

CCXI

A M. LEBRUN.

Montbard, le 26 février 1778.

Je vous remercie, monsieur, de la charmante lettre que
vous venez de m'écrire[1], et dont je vous renvoie le brouillon
que j'ai respecté, n'ayant pas regardé les ratures[2].

Je n'avais nul doute que vous ne fussiez accueilli et même
recherché par Mme Necker[3]; elle aime les grands talents, et
les estime au delà même de ce qu'ils valent chez les personnes
vertueuses. Vous ne pouvez donc manquer de lui plaire à tous
égards, en vous montrant tel que vous êtes, et lui parlant
toujours vrai. Vous devez avoir reçu, monsieur, une lettre de
moi la semaine dernière; mais je suis toujours enchanté de
chaque occasion qui se présente de vous assurer des sentiments de toute mon estime, de ma reconnaissance et de ceux
du respectueux attachement avec lequel j'ai l'honneur d'être,
monsieur, votre très-humble et très-obéissant serviteur.

Le comte de BUFFON.

(Publiée, en 1811, dans les *OEuvres complètes* de Lebrun.)

## CCXII

### AU MÊME.

Montbard, le 3 mars 1778.

Il n'était guère possible, monsieur, de faire une réponse plus convenable, plus agréable, que celle que vous avez faite à Mme Necker, et je suis persuadé qu'elle en aura été flattée, et qu'elle vous recevra avec empressement lorsque vous vous présenterez[1]. Seulement, j'entends dire que, depuis quelques jours, elle n'a reçu personne, parce que Mlle sa fille est malade. Les vers que vous lui avez adressés dans votre lettre sont d'un bon goût et dignes de vous. Je ne doute pas que votre ode ne vous fasse encore plus d'honneur que celle sur M. le prince de Conti, quoique celle-ci ait été reçue avec applaudissement par tous les connaisseurs.

L'arrivée de M. de Voltaire va faire qu'on s'occupera et qu'on parlera plus de poésie que jamais; ce serait une raison de publier cette magnifique ode plus tôt que vous ne le comptiez, monsieur; je parle ici beaucoup plus pour votre gloire que pour la mienne. Cependant j'avoue que, dans un ouvrage d'une aussi grande sublimité, on gagne toujours en différant. L'idée de rappeler le nom du fils dans la bouche de la mère, ne peut que faire un grand effet; et, comme j'ai commencé à vous parler avec toute liberté, je crois que votre amitié me pardonnera lorsque je lui dirai que je supprimerais la strophe qui commence par :

Là, cédant la richesse, etc.

Elle n'est pas de la beauté des autres. On a aussi trouvé que la narration de la maladie était trop longue, et si l'on pouvait, en effet, des quatre strophes, dont la première commence par : .

L'une au souffle brûlant, etc.

n'en faire que deux, ce bel ouvrage serait également nerveux partout[2].

Je voudrais de tout mon cœur trouver une occasion de vous en marquer ma reconnaissance, et vous ne pouvez me faire plus grand plaisir que de me la procurer; mais je ne connais point le premier président, et très-peu d'autres personnes du Parlement, et je ne sais si je pourrai vous être utile dans votre procès[3].

J'ai l'honneur d'être, avec toute estime et tout attachement, monsieur, votre très-humble et très-obéissant serviteur.

Le comte de BUFFON.

(Publiée, en 1811, dans les *OEuvres complètes* de Lebrun.)

## CCXIII

### A L'ABBÉ BEXON.

Montbard, le 3 mars 1778.

Vous travaillez tant et si bien, mon très-cher abbé, que je dois par tous les moyens vous en marquer ma reconnaissance. Je vous prie donc d'accepter 600 livres que Lucas vous portera dans douze ou quinze jours, et vous m'en enverrez un reçu motivé comme les précédents, pour votre travail sur l'Histoire naturelle jusqu'au 1er juillet prochain. Je serais charmé que cette petite augmentation pût vous faire jouir plus longtemps de la présence de votre chère maman et de votre très-aimable sœur[1].

Je viens de recevoir les pics, et il ne reste que les martins-pêcheurs pour compléter ma partie du cinquième volume. M. Gueneau fera le reste, et, je crois, ne fera rien de plus. Le sixième volume commencera par les perroquets, dont je vous envoie ci-joint le préambule, d'après lequel vous pourrez diriger vos vues particulières. Je vais travailler l'article des pics, dont je n'ai lu que le premier article, qui me paraît très-bien, et j'attendrai celui des martins-pêcheurs, pour voir tout le parti qu'on peut tirer de ces sujets comparés. Je vous embrasse, mon très-cher monsieur, un peu à la hâte, car la poste presse.

BUFFON.

(Publiée par François de Neufchâteau et par M. Flourens.)

## CCXIV

### AU MÊME.

Montbard, le 30 mars 1778.

Je vous envoie, mon très-cher abbé, toutes mes notes sur les hérons, les courlis et ibis, les spatules, le pélican, le cygne, et une petite note sur le martin-pêcheur; et comme ce paquet était assez gros, je vous enverrai une autre fois les oiseaux guerriers, car je crois que ce sont les mêmes que ceux que vous appelez oiseaux combattants. Je joindrai à ce second envoi les notes sur les cigognes, la demoiselle de Numidie, le jabiru, l'oiseau royal; mais je ne conçois pas comment vous avez pu achever les perroquets en aussi peu de temps, et je vous prie d'en bien vérifier les descriptions avant de me les envoyer, car je n'en suis point pressé. Vous me ferez plaisir au contraire de m'envoyer tout de suite l'article des martins-pêcheurs; car, comme ils doivent aller avec les pics, et que j'ai un arrangement à prendre avec M. Gueneau pour les articles qui doivent entrer dans le cinquième volume, il est nécessaire que je sache combien cet article des martins-pêcheurs contiendra de pages, et je vous serai obligé de me l'écrire tout de suite. Vous ne me marquez pas si le préambule des perroquets vous a fait plaisir; il me semble que la métaphysique de la parole y est assez bien jasée[1]. Au reste, vous me faites trop de remercîments, et, quoique je sois très-sensible à la reconnaissance que vous avez la bonté de me marquer, je vous prie de croire que je n'avais pas besoin de nouvelles protestations pour être assuré de votre amitié. Je compte aussi sur celle de votre chère maman et de votre charmante sœur, et, comme vous ne parlez pas de leur départ, j'ai quelque espérance de les retrouver à mon retour, qui cependant ne sera guère que vers le 15 de mai. Faites-leur mes compliments très-humbles, mon cher monsieur, et soyez sûr de tous les sentiments d'estime et d'amitié avec lesquels j'ai l'honneur d'être votre très-humble et très-obéissant serviteur.

BUFFON.

(Publiée par François de Neufchâteau et par M. Flourens.)

## CCXV

### AU MÊME.

Montbard, le 27 avril 1778.

Vous devez avoir reçu, mon cher monsieur, les notes que j'avais recueillies sur les oiseaux-mouches et colibris; il y a quatre ou cinq jours que je les ai adressées par la poste à Lucas. Je viens aussi de remettre à un homme qui part aujourd'hui pour Paris un paquet à votre adresse, où vous trouverez les notes que vous m'avez demandées au sujet des oiseaux d'eau, sur lesquels vous avez travaillé; et ce paquet vous sera aussi remis par le sieur Lucas, qui le recevra dans le courant de cette semaine.

Je suis très-content de tout votre travail, tant sur les perroquets que sur les martins-pêcheurs. J'ai cru devoir changer quelque chose à l'ordre de distribution des perroquets, et ne point mêler ceux de l'ancien continent avec ceux du nouveau; j'ai aussi un peu augmenté le préambule, et voici mon ordre de distribution :

Les perroquets de l'ancien continent.

1° Les kakatoës; 2° les perroquets proprement dits; 3° les loris, qui finissent par les loris-perruches ou loris à longue queue; 4° les perroquets à longue queue également étagée;

5° les perruches à longue queue inégale ; 6° les perruches à courte queue.

Les perroquets du nouveau continent.

1° Les aras; 2° les amazones; 3° les criks; 4° les papegais; 5° les perruches à longue queue et égale (j'ai appelé perriches celles de l'Amérique, pour les distinguer des perruches de l'ancien continent, et ce nom, perriches, est assez en usage); 6° les perriches à longue queue inégale; 7° les perriches à queue courte.

Par cette distribution, l'énumération du grand nombre de ces oiseaux devient très-claire, et on en saisit aisément les différences[1].

Je vais faire à peu près la même chose sur les martins-pêcheurs, en séparant ceux de l'ancien continent de ceux de l'Amérique, et en les divisant en grands, moyens et petits, comme vous l'avez fait.

Au reste ces derniers oiseaux, qui naturellement devraient être mis après les pics, en ne considérant que la forme du bec, ne laissent pas d'en différer par tant d'autres caractères, qu'on ne risque rien de les en éloigner et de les placer ailleurs, et peut-être après les hirondelles-martinets, d'où leur est venu le nom de martinets-pêcheurs ou martins-pêcheurs.

Je crois, mon cher monsieur, qu'on vous remet, de l'Imprimerie royale, les feuilles à mesure qu'on les imprime; car j'ai vu plusieurs corrections de votre main sur les nomenclatures. J'ai écrit à M. Mandonnet que c'était par inadvertance que l'on a mis l'article des todiers entre celui du pitpit et celui du pouillot, et je le prie de me renvoyer cet article des todiers, qui doit aller après celui des martins-pêcheurs.

Mais notre cinquième volume a déjà trois cent cinquante pages d'imprimées, y compris l'article des demi-fins de M. Gueneau de Montbeillard, et il ne peut contenir que les articles suivants: 1° Le pitpit; 2° le pouillot; 3° le troglodyte;

4° le roitelet; 5° les mésanges; 6° le torchepot; 7° les grimpereaux; 8° les pics et les pics-grimpereaux. Ainsi les martins-pêcheurs sont nécessairement rejetés au sixième volume.
Vous avez raison de dire qu'on peut vraiment se plaindre de
la fécondité de la nature en même temps qu'on l'admire;
vous avez mille occasions d'employer cette jolie phrase, qui
est d'ailleurs de toute vérité.

Je vous remercie, mon cher monsieur, du surcroît de
travail que vous m'avez envoyé au sujet des nids du tonquin
et des ours marins. Ce dernier article me servira pour mon
volume de supplément aux quadrupèdes, et je ne serais pas
d'avis de renvoyer le premier à l'article des hirondelles,
parce que nous ne savons pas quelle espèce d'hirondelle fait
ce nid. Il y a même plus d'apparence que c'est un martin-
pêcheur, puisque vous avez si bien établi que l'alcyon est le
même oiseau; et par conséquent les notices que vous avez
déjà recueillies sur ce nid, et celles que vous trouverez dans
le petit paquet que je joins ici, pourront faire un article intéressant à la suite de nos martins-pêcheurs; et lorsque
j'aurai revu cet article, je vous en enverrai la copie corrigée,
à laquelle vous retrancherez, ajouterez ou changerez ce que
vous jugerez nécessaire. Recevez les assurances de ma tendre
amitié, et mes respectueux hommages pour votre bonne et
chère maman et pour votre aimable sœur.

BUFFON.

(Publiée par François de Neufchâteau et par M. Flourens.)

# CCXVI

## FRAGMENT DE LETTRE A GUENEAU DE MONTBEILLARD.

Le 17 mai 1778.

Voilà, mon cher bon ami, vos vers charmants[1] et tels que
je voudrais les envoyer. Ne pourrait-on pas, au lieu de *héros*,
substituer l'*homme vain?* Je l'aimerais mieux que *héros*. Je

ne crois pas qu'il y ait rien à changer dans tout le reste. Ce serait le plus grand dommage du monde de supprimer ce beau vers :

Variant sans dessein leur céleste langage;

car ce vers peint mieux notre nymphe que tous les autres. Le mot *sans dessein* y fait merveille; il n'y a que la parenthèse qui choque peut-être votre critique trop délicate; mais c'est une petite imperfection pour une très-grande beauté.

BUFFON.

(Cette lettre a été publiée par Bernard d'Héry dans son édition des *OEuv* de Buffon. Paris, an XI.)

## CCXVII

### A L'ABBÉ BEXON.

Montbard, le 21 mai 1778.

Je suis enchanté, monsieur le Prieur, de la bonne nouvelle et de ce petit titre[1], en attendant un plus grand; car, quoique sans ambition, vous avez le mérite qu'il faut pour en obtenir les fruits, et tous ceux qui vous connaissent ne peuvent manquer de s'intéresser à votre avancement. Je vois que le petit surcroît de fortune, loin de diminuer votre activité pour le travail, semble au contraire l'augmenter, et je le trouverais bon si je ne craignais pour votre santé. M. Panckoucke, qui vous est sincèrement attaché, le craint aussi bien que moi. Ainsi, par grâce d'amitié, prenez du relâche; au lieu de finir nos oiseaux en six mois ou un an, prenez dix-huit mois ou deux ans, et je serai encore plus que satisfait. Lucas vous remettra mes notes sur les bécasses, les pluviers, les vanneaux, la poule sultane et le messager; je vous apporterai aussi, puisque vous le désirez, tous les autres papiers qui ont rapport aux oiseaux d'eau. Je n'ai que la dixième édition de Linnæus[2], et c'est celle qu'il faudra toujours citer, d'autant que les réformes ou additions qu'il a fait faire sont fort indifférentes. Je ne connais pas l'*Essai de l'histoire naturelle de la Guyane*, en anglais; il faudra prier M. Panckoucke de le faire venir pour mon compte.

Vous auriez dû, mon cher Prieur, me marquer le nom de la personne de Dijon à laquelle vous avez écrit au sujet de la feuille du 7 avril dernier. J'ignore, comme vous, le motif de la demande mentionnée dans cette feuille, et c'est peut-être les gens qui travaillent à une Histoire de Bourgogne[3] qui ont besoin de ces éclaircissements sur votre famille. Je vais en écrire à M. Frantin, imprimeur de ces feuilles, et à M. Mailly[4], qui en est l'auteur, et par lesquels seuls nous pouvons être instruits.

Envoyez-moi toujours vos oiseaux-mouches et colibris; j'aurai le temps de les recevoir et d'y travailler avant mon départ; car je ne suis pas sûr de pouvoir partir avant le 7 ou le 8 du mois prochain. Je vous embrasse et fais mille tendres respects à vos dames.

BUFFON.

(Cette lettre, conservée à Londres dans les manuscrits du British Museum, a été publiée par François de Neufchâteau et par M. Flourens.)

## CCXVIII

### AU MÊME.

Montbard, le 3 août 1778.

J'ai reçu, mon cher monsieur, votre premier et second paquet; et, comme notre *carte*[1] est ce qu'il y a de plus pressé, je vous la renvoie avec mes observations.

1° Il faut que la calotte de glace solide, qui s'étend depuis le pôle jusqu'aux glaces flottantes, soit marquée de hachures d'autant plus noires qu'on approche plus près du pôle; ce qui représentera la vaste étendue de cette portion du globe envahie par les glaces. Je l'ai donc fait ombrer au crayon sur l'épreuve de la carte que je vous renvoie.

2° Il faut marquer sur cette carte les glaces flottantes trouvées par le capitaine Bouvet² aux 48° et 49° degrés de latitude, et qui ne sont pas représentées; et comme ces glaces flottantes sont situées sous les 48°, 49°, 50° et 51° degrés de latitude, et en longitude, de 15 à 30 degrés du cap de Bonne-Espérance, cette partie de la carte serait défectueuse, et ne répondrait pas à l'explication que j'en donne. Ainsi il est absolument nécessaire d'y marquer toutes ces glaces flottantes qui sont vis-à-vis le cap de Bonne-Espérance, et qui se trouvent sous la latitude de 48, 49, 50 et 51 degrés, dans l'étendue de 15 degrés de longitude, c'est-à-dire depuis le 15° au 30° du méridien de Londres à l'Est, qu'il sera aisé de réduire au méridien de Paris.

3° J'ai fait marquer à l'encre quelques îles de glaces flottantes au 49° degré de latitude sous les 55° et 60° de longitude Est, parce qu'on n'avait marqué les glaces flottantes que jusqu'au 50° degré.

4° J'en ai fait de même marquer plus qu'il n'y en avait sur la carte au 58° degré de latitude, et sous la longitude de 80 à 90 degrés Est, et jusqu'au 15° de longitude Est.

5° Il faut marquer par une gravure plus forte les terres de Sandwich et de l'île de Géorgie, sous les latitudes de 55 à 59 degrés, découvertes par Cook³. Je dis qu'il faut que cette gravure soit plus forte, afin que l'on distingue ces terres d'avec les glaces, et il faudra aussi les indiquer par leurs noms, ainsi que toutes les autres terres.

6° J'ai aussi augmenté le nombre des glaces flottantes qui se trouvent sous le 59° degré, à 9 ou 10 degrés de longitude Ouest, ainsi que celles qui se trouvent à peu près sous le même parallèle, depuis le 60° jusqu'au 80° de longitude Ouest, et jusqu'au 180°; en sorte que la carte sera beaucoup moins

imparfaite après ces corrections, auxquelles je vous prie de
ne pas perdre de temps, afin de pouvoir m'en envoyer
promptement une épreuve[4].

Je sens, mon cher monsieur, combien cela vous détourne,
et en même temps j'admire que vous ayez encore le temps
de faire des oiseaux. M. de Montbeillard a voulu terminer le
cinquième volume aux grimpereaux, et il est en effet assez
gros, car il contient cinq cent quarante-six pages, et il y en
aura peut-être trente-quatre de table des matières, à laquelle
je travaille actuellement. Cela fera donc cinq cent quatre-
vingts pages avec vingt-neuf planches; ainsi ce volume sera
plus gros qu'aucun des précédents.

Nos jolis oiseaux-mouches vont donc commencer le
sixième volume, et comme les perroquets doivent suivre immédiatement, je vous les enverrai dans huit ou dix jours,
afin que vous les lisiez attentivement avant de les livrer à
l'impression. Je vous adresserai ce paquet, qui sera gros,
par la diligence, ou plutôt je l'adresserai à Lucas, qui vous le
remettra, et j'y joindrai une vingtaine de dessins d'oiseaux
qu'il faudra donner à M. Desève[5] pour les faire graver; car
ces gravures doivent entrer dans le sixième volume, et quelques-unes dans le cinquième.

Je lirai avec grand plaisir votre article du vanneau, et j'ai
revu ces jours-ci ceux de la cigogne et de la grue[6] avec satisfaction.

Je vous renvoie ci-joint votre cahier d'extraits des voyageurs, dont j'ai fait usage, comme vous verrez par la copie
ci-jointe de l'explication de la carte géographique. Je vous
prie de lire cette explication avec attention, dans laquelle
vous changerez les longitudes par la différence du méridien
de Londres à celui de Paris. Je vous prie aussi d'y faire telles
additions et corrections que vous jugerez à propos; après
quoi vous voudrez bien me la renvoyer; car je ne veux la
livrer à l'impression qu'après la carte, tant australe que bo-
réale, entièrement achevée.

Je suis enchanté que vous soyez content de votre nouveau logement. Mille tendres respects à vos dames.

BUFFON.

P. S. — Faites, je vous prie, mes compliments à M. Daubenton le jeune, en lui disant qu'il me fera plaisir de vous donner une demi-douzaine de colibris et oiseaux-mouches bien équipés, et même d'autres bijoux, si vous en voulez, en échange de vos beaux cailloux des Vosges. MM. Blesseau et Trécourt vous remercient de votre souvenir.

(Publiée par François de Neufchâteau et par M. Flourens.)

## CCXIX

### A M. DE FAUJAS DE SAINT-FOND.

Montbard, le 25 août 1778.

Je viens, monsieur, de recevoir aujourd'hui 25 la lettre que vous m'avez fait l'honneur de m'écrire; et comme vous me pressez pour la réponse, je n'ai eu que le temps de parcourir les feuilles et les planches de votre grand ouvrage sur les volcans [1], qui ne peut que vous faire un honneur infini, tant pour la netteté du style que par la précision de l'exécution des planches. Vos observations sur le courant des laves de Villeneuve de Beri offrent un beau problème aux naturalistes; mais j'ai vu avec plaisir que vous touchez au but pour l'explication des phénomènes. La matière calcaire était en effet dans un état de mollesse lorsque la lave s'y est introduite, et l'on doit regarder ce volcan de Villeneuve comme un volcan sous-marin qui a agi dès le temps que les bancs calcaires se sont formés.

Et à l'égard des morceaux calcaires qui se trouvent dans la lave, on peut croire qu'ils y ont été déposés par l'infiltration de l'eau dans les cavités et boursouflures de l'intérieur de ces laves. Tout cela s'accorde avec la bonne théorie, et vous êtes, monsieur, plus en état que personne de saisir tous les rapports particuliers qui confirment les rapports généraux de cette théorie.

J'ai l'honneur de vous envoyer les feuilles imprimées de ce que j'ai écrit sur les volcans à la suite d'un traité qui a pour titre, *des Époques de la nature.* Ce volume, qui fera le cinquième de mes Suppléments à l'Histoire naturelle, aurait paru depuis plus de six mois, si la gravure d'une carte géographique très-importante n'eût pas retardé la publication, qui ne sera que pour le mois de novembre. Je reste à Montbard jusqu'à la Toussaint, et vous me ferez honneur et un véritable plaisir, si vous voulez bien vous y arrêter à votre retour de Paris. Je serai enchanté de vous renouveler les sentiments de la véritable estime et du respectueux attachement avec lequel j'ai l'honneur d'être, monsieur, votre très-humble et très-obéissant serviteur.

Le comte DE BUFFON.

(Inédite. — De la collection de M. de Faujas de Saint-Fond.)

## CCXX

### A M. DE VAINES.

Montbard, le 10 septembre 1778.

Qu'on serait heureux, monsieur, quand on a le petit malheur d'être auteur, si l'on ne donnait ses livres qu'à des gens qui savent en juger[1], je ne dis pas comme vous, monsieur, dont le discernement est excellent, mais comme je voudrais au moins être jugé, avec justice et bonne foi ! Et cependant rien n'est si rare. Je ne vois que des éloges outrés ou des critiques injustes, et quoique votre lettre soit trop flatteuse, comme vous tirez du fond des choses tout ce qu'elle contient d'éloges, je vous en fais mes très-sincères remerciments, en attendant que j'aie l'honneur de vous voir cet au-

tomne et de vous donner le cinquième volume des Suppléments[2], que vous trouverez peut-être plus intéressant que le
quatrième.

J'ai l'honneur d'être avec un respectueux attachement,
monsieur, votre très-humble et très-obéissant serviteur.

BUFFON.

(Tirée des archives de la Bibliothèque impériale, et publiée par M. Flourens.)


## CCXXI

### A GUENEAU DE MONTBEILLARD.

Montbard, le 11 septembre 1778.

Mon très-cher bon ami, je suis pénétré de reconnaissance
de tout ce que vous avez la bonté de faire pour moi. Vos
premiers vers étaient d'un cœur sublime, et les derniers sont
d'un esprit charmant[1]. Je ne crois pas que vous ayez jamais
gâté personne, et vous ne voudriez pas commencer par votre
meilleur ami. Je reçois donc vos éloges sans m'en enorgueillir; je les reçois comme les sentiments précieux de votre
estime, qui fait la partie la plus essentielle de mon bonheur.

Nous sommes ici tous très-inquiets de la santé de Mme de
Montbeillard. Assurez-la de mon tendre respect, et de la part
que j'y prends en mon particulier.

Je crois que M. Deshayes[2] doit avoir actuellement son brevet, que j'avais fait expédier avant mon départ de Paris, et
que M. Daubenton le jeune s'est chargé de lui envoyer; mais
cela n'empêchera pas qu'à mon retour dans ce pays-là je ne
lui écrive pour lui marquer notre satisfaction des notes et des
mémoires qu'il a bien voulu nous communiquer.

Bonsoir, mon bon ami. Voilà un bon temps pour les ven-
danges de Chevigny; vous voyez que nous y pensons d'avance.

BUFFON.

(Inédite. — De la collection de Mme la baronne de La Fresnaye.)

## CCXXII

### A MADEMOISELLE HÉLENE BEXON[1].

Montbard, le 1er octobre 1778.

Je vous prie, ma charmante enfant, de faire ma paix avec
le méchant abbé, qui me gronde de ce que je ne lui écris pas,
tandis que j'ai mille fois plus de torts avec vous, mademoiselle, et vous étes assez bonne pour ne pas vous en plaindre.
Vous verrez combien je vous en sais de gré lorsque je serai
de retour, et je compte que ce sera avant la fin de ce mois.
Mille tendres respects à votre chère maman, et mille amitiés,
avec ces paperasses, à notre cher abbé, en attendant que j'aie
l'honneur de lui écrire.

BUFFON.

(Publiée par François de Neufchâteau et par M. Flourens.)

## CCXXIII

### A M. DE GRIGNON,

CHEVALIER DE L'ORDRE DU ROI, CORRESPONDANT DE L'ACADÉMIE
DES SCIENCES.

Montbard, le 8 octobre 1778.

M. de Tolozan[1], monsieur, a passé quatre jours à Montbard,
et il a dû vous écrire que nous vous avions regretté. Il a voulu voir M. votre fils, et lui a témoigné tous les sentiments
d'estime et d'amitié que vous méritez. Il lui a fait une exhor-
tation à laquelle je me suis réuni, pour lui faire sentir qu'il
doit se conduire de manière à ne vous pas déplaire ; et il nous
a paru par ses réponses que nous avons au moins réussi à le
faire différer sur un établissement que vous n'approuvez
pas. Il se propose d'aller vous voir à Saint-Dizier lorsque
vous y passerez ; mais avec cela je crains fort qu'il ne per-

siste dans son projet, car il a loué une maison à Rougemont, et les habits de noce sont déjà, dit-on, tous achetés, et il soutient de plus qu'il n'est pas possible de renouer le mariage projeté[2].

M. de Tolozan a dû vous écrire pour vous engager, monsieur, à revenir à Paris plus tôt que vous ne comptiez, et je crois en effet que cela est nécessaire pour avoir le temps de faire vos rapports au conseil et donner de la solidité à votre commission. D'ailleurs je serais très-aise que vous fussiez Paris pendant les mois de novembre et de décembre; car je pars d'ici le 25 ou le 26 de ce mois pour n'y rester que jusqu'à Noël, et, quelques affaires que vous puissiez avoir dans la province, je crois qu'il faut préférer celles de Paris.

Je vous remercie des informations que vous me donnez au sujet des mines de charbon de terre du Dauphiné. Je vois avec regret qu'il n'y aura guère moyen d'en tirer parti. Il faut espérer qu'on sera plus heureux dans la mine de Vassy, dont nous aurons incessamment la concession, et où j'ai dit à M. de Tolozan que vous seriez le maître de l'inspection des travaux. Vous voyez, monsieur, que ceci presse encore votre retour, et que par toutes sortes de raisons vous ferez bien d'arriver à Paris le plus tôt qu'il vous sera possible.

J'ai l'honneur d'être avec tout attachement, monsieur, votre très-humble et très-obéissant serviteur.

BUFFON.

(Inédite. — Appartient à M. de Grignon, qui a bien voulu nous en donner communication.)

## CCXXIV

### A GUENEAU DE MONTBEILLARD.

Au Jardin du Roi, le 5 janvier 1779.

J'étais déjà informé, mon cher bon ami, du décès de M. Potot de Montbeillard[1], et, quoique ce ne soit qu'une queue de mort, je n'en suis pas moins affligé. Nous travaillons à obtenir un traitement honnête pour sa veuve et ses enfants. M. le comte de Maillebois s'y porte de très-bonne grâce, et ce ne sera pas notre faute s'ils ne sont pas bien traités.

Voilà les beaux coucous finis. Suivent trois articles de ma composition; après quoi l'on imprimera vos huppes et guê-piers, que j'ai trouvés très-bien, comme tout ce qui sort de votre plume. Les têtes-chèvres et hirondelles finiront le vo-lume.

Vous vous êtes aperçu, mon bon ami, que dans le qua-trième volume on a très-mal à propos transposé réciproque-ment le verdier à la place du bruant. C'est une faute dont il faut tenir note pour en faire mention à l'errata du cinquième volume, dont les gravures sont presque achevées, et qui doit par conséquent se publier bientôt.

Mon rhume, qui me retient depuis un mois en chambre, est diminué depuis que le froid est augmenté. Cependant, comme nous avions ce matin sept degrés et demi, je n'ose encore m'exposer à prendre l'air; mais dès qu'il s'adoucira, j'irai le respirer sur la montagne de Montbard. Mon fils vous assure de son respect et fait ses compliments à son ca-marade d'il y a dix ans[2]. Permettez-moi de l'embrasser comme notre camarade d'aujourd'hui. J'écris un mot à ma bonne amie sur la perte qu'elle vient de faire.

BUFFON.

(Inédite. — De la collection de Mme la baronne de La Fresnaye.)

## CCXXV

### A MADAME GUENEAU DE MONTBEILLARD.

Au Jardin du Roi, le 5 janvier 1779.

Si je pouvais, madame et bonne amie, tempérer votre affliction en la partageant, je serais moi-même soulagé d'une partie du chagrin que je ressens de la perte que nous venons de faire. Je joins mes sollicitations à celles de tous ses amis pour que les pauvres enfants soient un peu bien traités, et j'ai quelque espérance que nous réussirons. J'écris par ce même courrier à votre cher mari, et je lui marque que je serai dans peu à Montbard. J'espère que j'aurai le bonheur de vous voir tous deux et de vous renouveler les sentiments de tout l'attachement et du respect avec lesquels je serai toute ma vie, ma très-chère madame, votre très-humble et très-obéissant serviteur.

BUFFON.

(Inédite. — De la collection de Mme la baronne de La Fresnaye.)


## CCXXVI

### FRAGMENT DE LETTRE A MADAME NECKER.

Paris, le 15 mars 1779.

Quelle joie, mon adorable amie! Une lettre de votre main dans le temps que je vous croyais trop faible pour écrire! Quel saisissement de plaisir en la lisant! Je la porte de mes lèvres à mon cœur, cette charmante lettre; je lui donne sans nombre ce que votre bonté m'accorde quelquefois. Et ces expressions si touchantes sur ma santé, sur la durée de mes jours, raniment en moi le désir de vivre pour toujours vous aimer....

.... J'irai donc dans quinze jours jouir de tout mon bien en vous voyant[1], et vous protestant, ma tendre et très-respectable amie, que toute mon existence est à vous.

BUFFON.

(Inédite. — Une copie de ce fragment appartient à M. Boutron, qui a bien voulu nous la communiquer.)

## CCXXVII

## A M. RIGOLEY.

Paris, le 8 avril 1779.

Je vous suis très-obligé, monsieur, de tous les mouvements que vous avez bien voulu vous donner pour mes affaires à Autun. J'ai écrit à M. Duchemain[1] que je le priais de faire arrêter la veuve Moleure[2], et il faut espérer que sa détention nous produira quelque remboursement.

Je lui marque aussi d'après votre avis, monsieur, qu'il faut s'arranger avec Dupasquier pour des payements à terme, et je crois que M. de Lauberdière[3] sera comme moi forcé de prendre ce parti, quoiqu'il ait bien peu d'espérance d'être jamais payé de ce mauvais débiteur. Je marque à M. Duchemain de m'envoyer un modèle de procuration que je lui renverrai signé, pour qu'il puisse faire cet arrangement. Comme tout cela coûtera des frais, je vous prie instamment, monsieur, de les faire avancer par votre procureur, et je vous en remettrai le montant, ainsi que les six livres que M. Tomassin a dépensées pour ses frais de visite de la mine de charbon. J'ai enfin la permission de la faire ouvrir, et je ne tarderai pas à y envoyer un ingénieur[4]. Il est bien à désirer que le charbon de cette mine se trouve abondant et de bonne qualité. On n'a pas trouvé les réponses au mémoire suffisantes à quelques égards; mais l'ingénieur sera chargé des recherches et informations qui restent à faire. J'ai l'honneur d'être avec le plus véritable attachement, monsieur, votre très-humble et très-obéissant serviteur.

Le comte de BUFFON.

(Inédite. — Appartient à Mme Morel.)

## CCXXVIII

### A M. MACQUER.

Au Jardin du Roi, le 12 avril 1779.

Je me suis fait un plaisir, monsieur, de déférer à votre recommandation en faveur de M. Brongniard[1], et je l'ai nommé à la place de démonstrateur en chimie aux écoles du Jardin du Roi. Vous devez être persuadé que ma première attention était de vous donner une personne qui vous fût agréable et qui eût en même temps un mérite reconnu du public.

J'ai l'honneur d'être avec un sincère et respectueux attachement, monsieur, votre très-humble et très-obéissant serviteur.

BUFFON.

(Inédite. — Tirée des manuscrits de la Bibliothèque impériale, Supplément français.)

## CCXXIX

### A MADAME NECKER.

Montbard, le 25 juillet 1779.

Madame et très-respectable amie,

Je suis bien arrivé; mais, comme les grands regrets font faire des réflexions profondes, je me suis demandé pourquoi je quittais volontairement tout ce que j'aime le plus, vous que j'adore, mon fils que je chéris. En examinant les motifs de ma volonté, j'ai reconnu que c'est un principe dont vous faites cas qui m'a toujours déterminé: je veux dire l'ordre dans la conduite, et le désir de finir les ouvrages que j'ai commencés et que j'ai promis au public; car je suis ici dans une solitude absolue, sans autre compagnie que celle de mes livres, compagnie fort insipide, surtout les premiers jours. Vous pourriez croire que c'est l'amour de la gloire qui m'attire dans le désert et me met la plume à la main ; mais je vous proteste, ma belle et respectable amie, que j'ai eu plus de peine à vous quitter que la gloire ne pourra jamais me donner de plaisir, et que c'est le seul amour de l'ordre[1] qui m'a déterminé. Je mets mon bonheur à vous faire part de ce qui se passe dans mon cœur, et je demande au vôtre quelques mouvements de tendresse et d'amitié. Mille respects à M. Necker ; je fais tous les jours des vœux pour sa gloire.

BUFFON.

(Inédite.)

## CCXXX

### A GUENEAU DE MONTBEILLARD.

Montbard, le 30 juillet 1779.

Je vous supplie, mon cher bon ami, de lire l'article de ce journal[1] qui me concerne, et la réponse que j'ai projeté d'y faire. Vous me rendrez service de m'en dire votre avis, et je ne doute pas qu'il ne soit excellent.

Si vous pouviez venir ces jours dîner avec notre Intendant[2], je suis persuadé qu'il en serait très-flatté. Nous dînerons à Montbard le dimanche et le mardi, mais le lundi nous irons dîner à la forge. Je vous embrasse, mon très-cher bon ami.

BUFFON.

C'est à M. Guillebert, gouverneur de mon fils, qui m'a donné le premier la nouvelle de cette incartade, que j'adresse la réponse dont j'ai l'honneur de vous envoyer copie.

## CCXXXI

### A MADAME NECKER.

Montbard, le 3 août 1779.

Aidez-moi, ma très-respectable bonne amie; je n'eus jamais plus de besoin de votre secours. On veut enfermer, ombrager, infecter le Jardin du Roi, en plaçant tout auprès tous les chevaux et voitures des fiacres de Paris [1]. J'écris par cet ordinaire une longue lettre à notre grand homme, votre digne mari. Appuyez-moi, je vous supplie; rien ne serait plus douloureux pour moi que de voir, après quarante ans de soins et de travaux pour cet établissement, détruire tout l'agrément et toute l'utilité que je me suis efforcé de lui procurer. M. Amelot a dû lui en écrire aussi; mais je compte plus sur votre bonne volonté, ma noble amie, que sur celle de qui que ce soit au monde. J'aurai le bonheur de vous revoir dans les premiers jours d'octobre. Recevez mon tendre et profond respect en attendant mes adorations.

BUFFON.

(Inédite.)

## CCXXXII

### A GUENEAU DE MONTBEILLARD.

Montbard, le 6 août 1779.

Grand merci, mon cher bon ami, tant à vous qu'à l'abbé Berthier[1], de cette gazette[2] qui m'a fait quelque plaisir à lire, et dont j'ai gardé copie en cas de besoin, quoique je sois encore plus déterminé que jamais à garder un silence absolu. Car je suis informé par les lettres d'aujourd'hui que c'est un piége que le journaliste, d'accord avec Gobet[3] et quelques autres, voulait me tendre, et que ledit journaliste n'avait pas d'autres vues que de donner de la vogue à son journal. En m'engageant à y mettre une réponse, il comptait en augmenter le débit, et il a grand besoin de cette ressource, puisqu'il ne s'en vend pas trois cents. Notre Intendant est parti à midi, très-satisfait de vous avoir vu, ainsi que M. votre fils et M. de Mussy, qu'il aime très-sincèrement. Je vous embrasse, mon cher bon ami, et vous aime encore mieux, car c'est de tout mon cœur.

BUFFON.

(Inédite, — De la collection de Mme la baronne de la Fresnaye.)

## CCXXXIII

### A L'ABBÉ BEXON.

Montbard, le 8 août 1779.

Voilà, mon très-cher [abbé, les feuilles C et D de notre septième volume. J'ai renvoyé les deux précédentes par l'ordinaire dernier, à l'adresse du sieur Lucas, que je charge de les remettre à l'Imprimerie royale. Vous ferez bien, mon cher ami, d'exhorter M. Mandonnet, en lui faisant mes compliments, pour tâcher de regagner le temps assez long qu'on a perdu. Je vous envoie en même temps votre article du grèbe et du castagneux, qui a dû, en effet, vous coûter beaucoup de recherches et de discussions. Mais, encore un coup, mon très-cher abbé, nous sommes bien en avance vis-à-vis de l'impression; par conséquent, n'en prenez qu'à votre aise, car je ne cesserai de craindre pour votre santé que quand je vous verrai moins ardent pour le travail. Et qu'importe que les oiseaux soient achevés cette année ou six mois plus tard? cela m'est bien égal. Je conçois que cet ouvrage doit fort vous ennuyer, et c'est pour cela qu'il faut le couper, en allant tantôt auprès de la belle comtesse[1], tantôt auprès du bon marquis[2], et plus souvent encore auprès de mon frère et de mon fils. Au reste, je vois avec le plus grand plaisir que votre ouvrage ne se sent point du tout de la précipitation avec laquelle vous voudriez l'achever; tout m'y paraît exact, et même scrupuleusement vu. Comme j'ai les yeux très-fatigués, je ne relis pas les nomenclatures, et je vous prie d'y donner une double attention.

Je suis maintenant très-décidé à ne faire aucune réponse au sujet du manuscrit Boulanger[3]. Je n'ai jamais lu moi-même ce manuscrit: c'est Trécourt qui m'en a lu quelques endroits et qui m'a fait l'extrait de ce qui regardait le cours de la Marne, dont je vous ai remis à vous-même la petite carte. Voilà tout ce que j'ai tiré de ce manuscrit, que je connaissais d'avance par la lettre que Boulanger m'avait écrite[4] en 1750; en sorte qu'ayant alors jeté cette lettre, j'ai de même jeté le manuscrit comme papier très-inutile. Mais je vois qu'il n'est pas nécessaire d'en convenir aujourd'hui; il vaut mieux laisser ces mauvaises gens dans l'incertitude, et, comme je garderai un silence absolu, nous aurons le plaisir de voir leurs manœuvres à découvert. Je viens de lire l'extrait de mon ouvrage dans le numéro 18 du même journal Grosier[5]. Il est clair que c'est un guet-apens et un piége qu'on a voulu me tendre, en voulant me forcer de répondre à la lettre Gobet, parce que le journaliste[6], dont l'extrait est pitoyable et de mauvaise foi, s'est bien douté que je ne répondrais pas à sa critique, mais que je serais obligé de paraître pour me défendre de la calomnie. Le seul fait d'avoir lu publiquement à l'Académie de Dijon, en 1772, le premier discours des *Époques*, qui en renferme tout le plan, suffit pour confondre les calomniateurs, puisque le manuscrit Boulanger ne m'a été remis que trois ans après. Et voilà ce que peuvent dire mes amis avec d'autant plus d'assurance, qu'il en a été fait mention, lors de la lecture, dans les feuilles hebdomadaires de Bourgogne, imprimées à Dijon. Il faut donc laisser la calomnie retomber sur elle-même, et je suis très-aise que vous en pensiez ainsi.

Faites mille tendresses de ma part à votre très-respectable

mère et à votre tout aimable sœur. J'ai eu le plaisir de parler d'elles et de vous avec M. et Mme de Genouilly[7], qui sont venus dîner hier ici. Ils vous aiment beaucoup tous deux, parce qu'ils vous connaissent bien tous deux; et moi aussi, mon très-cher abbé, je vous aime d'autant mieux que je vous connais davantage.

BUFFON.

(Publiée par François de Neufchâteau et par M. Flourens.)

## CCXXXIV

### A GUENEAU DE MONTBEILLAR

Au Jardin du Roi, le 15 novembre 1779.

Vous savez, mon cher bon ami, que je suis assez hardi pour parler et très-poltron pour répondre. Je mets donc pour le moment présent mon salut dans la fuite, et je pars dimanche pour arriver à Montbard le jour suivant ou le lendemain. Il n'y a pas encore de dénonciation en forme et par écrit, et je ne pense pas que cette affaire ait d'autre suite fâcheuse que celle d'en entendre parler et de m'occuper peut-être d'une explication aussi sotte et aussi absurde que la première qu'on me fit signer il y a trente ans[1]. L'espérance de vous revoir, mon bon ami, est en vérité la plus grande satisfaction que je me promette pendant mon prochain séjour. Mille tendres respects à ma bonne amie qui est la vôtre. Je vous embrasse tous deux de tout mon cœur.

BUFFON.

(Inédite. — De la collection de Mme la baronne de La Fresnaye.)

## CCXXXV

### A M. ANDRÉ[1],

CURÉ DE SAINT-REMY.

Paris, le 17 novembre 1779.

Quoique votre lettre m'ait affligé, monsieur, par le vif intérêt que je prends à notre ami le P. Ignace, je n'en suis pas moins sensible à l'attention que vous avez eue de m'en donner des nouvelles. Il faut qu'il ait cruellement souffert pour avoir blanchi tout d'un coup; et, quoiqu'il soit hors de danger, je crains encore que sa convalescence ne soit longue. Exhortez-le, je vous en prie, à tous les ménagements nécessaires. Je compte arriver lundi ou mardi tout au plus tard, et je ne tarderai pas à venir le voir, car il fera très-bien de ne pas sortir de si tôt. J'espère aussi jouir du plaisir de vous voir, monsieur, aussi souvent que vous voudrez bien me faire cet honneur. Les sentiments que vous m'avez inspirés me le font désirer, et vous pouvez être très-persuadé de la véritable estime et du très-sincère attachement avec lesquels j'ai l'honneur d'être, monsieur, votre très-humble et très-obéissant serviteur.

Le comte DE BUFFON.

(Inédite. — Appartient à Mme veuve André.)

## CCXXXVI

### A L'ABBÉ BEXON.

Montbard, le 24 décembre 1779.

Voilà le cormoran que je vous envoie, mon très-cher monsieur, avec les premières corrections, car j'en ai fait de plus grandes sur la seconde copie; mais en tout il est bien, et il

n'a pas laissé de vous coûter beaucoup de temps pour les recherches.

Je vous ai dit par ma dernière lettre que je m'étais fort
occupé à relire tous nos articles du huitième volume. Je
compte que tout ce qui est fait, jusque et compris le cormoran, fera au moins trois cent trente pages d'impression ; à
quoi ajoutant quarante pages, tant pour la table des matières
que pour celle des chapitres, cela fait déjà trois cent soixante-
dix pages pour ce volume, qui, d'ailleurs, contiendra vingt-
neuf planches. Il ne nous faut donc plus qu'environ deux
cents ou deux cent vingt pages au plus pour achever ce huitième volume ; et voici l'ordre dans lequel je désirerais que
vous eussiez la bonté d'en préparer le travail.

Après le cormoran, nous pouvons placer les fous et les
frégates, dont il y a sept espèces dans Brisson[1] ; les paille-en-
cul ou oiseaux des tropiques, trois espèces ; l'anhinga, une
espèce ; le bec-en-ciseaux, une espèce ; les hirondelles de mer,
sept espèces ; et enfin les goëlands et les mouettes, quinze
espèces, avec les plongeons, six espèces. J'imagine que ces
articles sont suffisants pour achever ce huitième volume, et,
s'ils excédaient les deux cent vingt pages, nous pourrions en
ôter les plongeons.

Je fais cet arrangement dans la vue de commencer le neuvième volume par le bel article du cygne[2], en le continuant
par les oies, les canards, souchets, morillons, sarcelles, etc.,
et de là passant aux pétrels, puffins, albatros, pingouins, etc.,
et finissant par le manchot, qui de tous les oiseaux l'est le
moins. Vous me direz que ce restant d'oiseaux, que je destine
à commencer le neuvième volume, n'en fera que le tiers ou
peut-être le quart, c'est-à-dire cent cinquante ou deux cents
pages ; mais nous y joindrons les articles de suppléments,
qui en feront au moins autant, et ensuite la correspondance
des noms, qu'il faudra prendre en faisant le dépouillement
de tout l'ouvrage, depuis le premier volume jusqu'au neuvième, ce qui, seul, fera plus de cent pages, et cent trente y

compris la table des matières, en sorte que ce neuvième volume sera tout aussi gros que les autres.

Ainsi vous avez le temps de bien peigner votre beau cygne,
et je ne vous conseille pas de vous en occuper, non plus que
des oies, des canards et des autres oiseaux estropiés qui doivent entrer dans ce neuvième volume, et de vous attacher
actuellement à ceux qui doivent terminer le huitième.

M. de Montbeillard m'écrit aujourd'hui qu'il m'enverra
dans huit jours la table entièrement faite du sixième volume,
et je vous la ferai passer tout de suite pour la remettre à
l'Imprimerie royale, parce que je vois qu'ils sont bientôt au
bout de leur copie, qui finit à l'article du cincle, et que la table
du sixième volume doit être imprimée la première après cet
article, qui fait la fin du septième volume. J'ai aussi beaucoup avancé la table de ce septième volume, parce que je la
continue sur les épreuves à mesure qu'elles m'arrivent; mais
il faudrait m'envoyer incessamment sept bonnes feuilles
qui me manquent, et qui doivent être actuellement tirées,
depuis la page 360 jusqu'à la page 416. C'est la seule chose
qui me manque pour que cette table puisse être complétement
achevée.

Je vous assure, mon cher abbé, que quoique je n'aie pas,
à beaucoup près, comme vous, la grande fatigue de ce travail, il me pèse néanmoins beaucoup, et que je désire autant
que vous d'en être quitte, et de ne plus travailler sur des
plumes [3]. Adieu, je vous embrasse, ainsi que vos bonnes et
aimables dames [4].

BUFFON.

(Publiée par François de Neufchâteau et par M. Flourens.)

## CCXXXVII

### A LA COMTESSE PAOLINA SECCO SUARDO DE GRISMONDI.

Montbard, le 1ᵉʳ janvier 1780.

Je reçois aujourd'hui, madame la comtesse, votre aimable lettre, et la belle traduction que vous avez faite de l'ode de M. Lebrun. Personne ne m'a donné d'étrennes plus agréables, et mon cœur nagerait dans le plaisir, si je ne voyais par votre lettre même que vous n'êtes pas encore parfaitement rétablie de la cruelle maladie que vous venez d'essuyer. Avec une âme divine et un corps angélique, on est donc encore sujet à souffrir? Je m'irrite contre cette nature que j'aime, quand je vois qu'elle n'épargne pas ses chefs-d'œuvre, et que tout ce qu'elle a produit de plus beau est sujet, comme le reste, à de tristes infirmités. Je n'ai eu le bonheur de vous voir que quelques heures, mon adorable amie; mais votre image m'est présente avec tout son éclat, et mon cœur vous a suivie sans vous avoir quittée. J'ai eu l'honneur de vous écrire pour vous remercier, madame, de l'accueil que vous avez fait à mon fils pendant votre séjour à Paris; je vous ai ensuite envoyé l'ode manuscrite de M. Lebrun, que je fis recommander à M. Caccia[1] votre banquier; et ensuite, j'ai eu l'honneur de vous écrire une troisième fois en vous envoyant cette même ode imprimée[2]. Je n'ai point eu de réponse que votre charmante lettre d'aujourd'hui, qui m'a été envoyée par M. Sellonf, banquier; mais il ne me dit pas si c'est vous, madame la comtesse, qui la lui avez adressée directement, ou si c'est M. Caccia qui la lui a remise, et je vois par la date de Bergame, 13 décembre, que c'est la dernière de toutes celles que vous avez pu m'écrire, et que la première ode que vous m'avez envoyée a été perdue. Je vous supplie donc, ma respectable et tout aimable amie, de ne vous plus servir de cette voie des banquiers, lorsque vous me ferez l'honneur de m'écrire. Vous pouvez m'adresser vos lettres directement à Paris, comme je prends le parti de vous adresser celle-ci directement à Bergame.

Je voudrais être meilleur juge que je ne le suis des beautés de votre langue, pour vous rendre le tribut d'éloges et de reconnaissance que je vous dois, ma noble amie; car il me semble que vous avez réuni toutes les grâces à la force et à la noblesse des expressions, et je suis plus flatté d'avoir reçu cette couronne de votre main, que de toute autre louange[3]. Il n'y a que les sentiments de votre amitié qui me soient encore plus précieux; j'ose vous en demander la continuation au renouvellement de cette année, en vous offrant, madame la comtesse, les vœux ardents que je ferai toute ma vie pour votre parfait bonheur, et surtout pour l'entier rétablissement de votre brillante santé. Au reste, ma sublime amie, ne craignez pas de faire imprimer votre ode; je suis sûr qu'elle vous fera encore plus d'honneur qu'à moi-même, et, si vous le voulez, je la ferai imprimer à Paris en me consultant d'abord avec M. Lebrun[4], et ensuite avec quelques Italiens, car ni lui ni moi n'entendons peut-être pas assez bien toutes les finesses de votre charmant langage. Et d'ailleurs M. Lebrun a changé deux ou trois strophes qui étaient les moins belles de son ode, et, dans la nouvelle édition qu'il doit en publier, ces strophes sont sans comparaison plus belles et plus riches. J'aurai l'honneur de vous en envoyer un exemplaire à mon retour à Paris, dans le mois de mars prochain. Recevez les respects de mon fils, qui brûle de faire le voyage d'Italie ; mais, quoiqu'il ait cinq pieds quatre pouces de taille, ce n'est encore qu'un grand enfant de quinze ans. Recevez aussi tous les hommages de mon âme, et les tendres élans d'un cœur qui vous est à jamais dévoué[5].

Le comte DE BUFFON.

(Publiée en tête d'une brochure italienne ayant pour titre : « Ode del signor Lebrun, al conte di Buffon, tradotta in ottava rima dalla contessa Paolina Secco Suardo Grismondi. Fra le pastorelle Arcadi Lesbia Cidonia, » Bergama, 1782, in-12, 59 pages avec portrait.)

## CCXXXVIII

### A GUÉNEAU DE MONTBEILLARD.

Montbard, le 7 janvier 1780.

Mon intention, cher bon ami, est de garder M. Guillebert [1] encore au moins deux ans, et quatre s'il est possible. Je ne sais d'ailleurs s'il voudrait entreprendre une autre éducation. J'ai quelques raisons d'en douter; au reste, il est assez avancé en mathématiques et très-instruit en littérature. Si M. le comte de Bissy attend cinq ou six mois, les circonstances pourront peut-être changer.

Vous trouvez donc, mon très-cher ami, que je n'ai pas mal pétri ma terre végétale? Elle était vierge et en valait la peine. Ce que vous m'en dites me fait le plus grand plaisir, et je vous remercie mille fois de l'attention avec laquelle vous avez la bonté de me lire.

BUFFON.

(Inédite. — Communiquée par M. Léon de Montbeillard à M. Beaune, qui a bien voulu, à son tour, nous en donner connaissance.)

## CCXXXIX

### AU PRÉSIDENT DE RUFFEY.

Montbard, le 12 janvier 1780.

C'est depuis environ soixante ans que nous nous aimons, mon très-cher Président, et j'espère que nous signerons encore 1800 comme 1780. Votre santé est bien plus ferme que la mienne. Cependant je vais; et tout homme sage doit croire qu'il vivra cent ans : il vaut mieux se tromper de cette façon que de toute autre. Ce que j'en sais de plus certain, c'est que je ne cesserai jamais d'avoir pour vous les mêmes sentiments que vous m'avez toujours connus.

J'ai crù vous avoir marqué que M. et Mme Neckér n'a-vaient pas voulu acheter la terre de Montfort, parce qu'ils auraient été forcés d'y bâtir. La mort de Mme de Bouzonville[1] ne change-t-elle rien à votre projet pour cette vente? Êtes-vous toujours décidé à vouloir plus de cent mille écus? Je crois que vous aurez de la peine à trouver ce prix.

A propos de M. Necker, il vient de jouer un assez bon tour aux Anglais; il a pris en emprunt des Hollandais 40 millions en effets sur la banque d'Angleterre. Les Anglais n'ont pas osé ne pas payer, crainte de faire banqueroute; c'est, comme vous le voyez, tirer de l'argent de ses ennemis. Dieu veuille qu'on l'emploie avantageusement contre eux!

Mille tendres respects à Mme de Ruffey, et recevez les as-surances de l'éternel attachement avec lequel j'ai l'honneur d'être, mon très-cher Président, votre très-humble et très-obéissant serviteur.

Le comte DE BUFFON.

(Inédite. — De la collection de M. le comte de Vesvrotte.)

## CCXL

### A L'ABBÉ BEXON.

Montbard, le 20 janvier 1780.

J'ai reçu, mon très-cher monsieur, votre lettre du 14 de ce mois, et je désirerais bien que votre santé fût meilleure. M. Panckoucke, qui vient de passer un jour ici, m'a dit que votre rhume continuait, et j'en suis inquiet. Vous me ferez donc grand plaisir de m'en écrire un mot. Je vous conseille-rais même de cesser tout travail. J'ai presque été obligé de discontinuer le mien pour un seul accès de fièvre; ainsi mé-nagez-vous, je vous en prie; nous aurons toujours de quoi occuper l'Imprimerie royale. Je vous envoie ci-joint l'aver-tissement qui doit être mis à la tête de notre septième volume des Oiseaux[1]; je crois que vous serez content de la manière dont j'y parle de vous; cependant voyez, mon cher monsieur, si vous désirez encore quelque chose de plus. M. Gueneau de Montbeillard a vu cet avertissement, et c'est par cette raison qu'il ne faudrait y rien changer. Cependant dites-moi naturellement si vous êtes aussi content que je le désire.

Vous trouverez aussi dans ce paquet votre article du paille-en-queue, avec assez peu de corrections; c'est un de ceux que vous avez le mieux écrits, et je m'aperçois de plus en plus que chaque jour vous vous perfectionnez, et que la belle imagination ne vous abandonne guère. J'ai fait part à M. Panckoucke de l'ennui que me donne ce malheureux volume des quadrupèdes, qu'il faut refondre en entier. Quatre mois de mon séjour ici me suffiront à peine pour cette sotte besogne, et, après cette perte de temps, l'ouvrage ne vaudra encore rien; car ce ne seront que des compilations, des copies de choses déjà données, et qui auraient été toutes neuves si je les eusse publiées il y a quatre ans. Je suis convenu avec M. Panckoucke qu'on imprimerait ce volume d'abord après mon retour à Paris. Nous avons compté qu'il y entrerait soixante-dix planches; et, comme M. Desève nous lanternerait peut-être pendant plus d'un an pour les faire graver, je suis convenu avec M. Panckoucke d'envoyer à M. Plassan vingt-huit dessins qu'il donnera à M. Benard pour les faire graver à l'insu de M. Desève[2], auquel je vous prie de n'en rien dire. C'est le seul moyen de pouvoir publier promptement ce volume, qui n'aura guère que trois cent soixante pages de discours; et j'enverrai en effet incessamment ces vingt-huit dessins à M. Plassan[3].

Quand vous irez à l'Imprimerie royale, demandez, je vous prie, mon cher abbé :

1° Les bonnes feuilles du septième volume, qui me manquent depuis la page 424.

2° Dites à M. Mandonnet d'envoyer à M. Gueneau de Montbeillard les épreuves de la table des matières du sixième volume, comme il lui envoyait précédemment les épreuves des articles de sa composition.

3° De m'envoyer à moi-même les épreuves de la table du septième volume et celles de l'avertissement et de la table des chapitres. Il faudrait être entièrement quitte de ce septième volume avant de commencer le huitième. Ne négligez pas, je vous supplie, de voir M. Desève, pour que les gravures de ce septième volume ne nous retardent pas trop longtemps, et vous me ferez plaisir de me mander où nous en sommes à cet égard.

Lucas m'a envoyé votre récépissé; ainsi cette petite affaire est en règle. Je vous embrasse, mon très-cher monsieur, et je voudrais bien vous embrasser ici.

Voilà aussi une lettre qu'on m'a adressée pour vous.

BUFFON.

P. S. — Voilà une lettre de M. Baillon[1], que je vous prie, mon cher monsieur, de lire avec M. Daubenton le jeune, et de lui faire de concert une très-honnête réponse.

(Publiée par François de Neufchâteau et par M. Flourens.)

## CCXLI

### A MADAME LA COMTESSE DE GENLIS[1].

Montbard, janvier 1780.

Je ne suis plus amant de la nature, je la quitte pour vous, madame, qui faites plus et qui méritez mieux. Elle ne sait que former des corps, et vous créez des âmes. Que la mienne n'est-elle de cette heureuse création! J'aurais ce qui me manque pour plaire, et vous jouiriez avec plaisir de mon infidélité. Pardonnez-moi, madame, ce moment de délire et d'amour. Je vais maintenant parler raison.

Votre charmant *Théâtre*[2] m'a fait autant de plaisir que si j'étais encore dans l'âge auquel vous l'avez consacré. Vieux et jeunes, grands et petits, tous doivent étudier ces tableaux si touchants, où les vertus données par l'éducation triomphent des vices et des ridicules. Pris dans la société, chaque trait porte l'empreinte de votre âme céleste. Vous l'avez peinte en chaque scène sous un emblème différent, et sous la morale la plus pure. Une connaissance parfaite du monde, toutes les grâces de l'esprit et du style ont conduit vos pinceaux; et quoique vous n'ayez pas parlé de Dieu, je crois néanmoins fermement aux anges. Vous êtes un de ceux qu'il a le mieux doués. Recevez, en cette qualité, toutes mes adorations; nul mortel ne peut vous en offrir de plus sincères et de mieux senties.

Le comte DE BUFFON.

(Publiée, avec des variantes, dans la *Correspondance* de Grimm, t. X, p. 279, édition de 1830, et reproduite par M. Flourens.)

## CCXLII

### AU PRÉSIDENT DE RUFFEY.

Montbard, le 30 janvier 1780.

Je viens d'écrire, mon cher Président, pour recommander instamment votre protégé, le sieur Fleury, que vous dites devoir être présenté avec deux autres pour la place de receveur de la ville de Saint-Jean-de-Losne, et j'espère que ma prière pourra être exaucée. J'en tirerai au moins l'avantage d'avoir reçu de vos chères nouvelles, et d'avoir fait ce que vous désirez; et ce dernier sentiment sera toujours un des premiers dans mon cœur.

BUFFON.

M. Dupleix[1] vient d'être nommé conseiller d'État, et l'on me marque que vous aurez un charmant jeune intendant, actuellement intendant du Berry.

(Inédite. — De la collection de M. le comte de Vesvrotte.)

## CCXLIII

### AU MÊME.

Montbard, le 9 février 1780.

Je vous envoie, mon cher Président, la réponse de M. Sylvestre, chef du bureau auquel ressortissent les affaires des villes et des communautés. Vous verrez que votre protégé de Saint-Jean-de-Losne pourra bien obtenir ce qu'il demande lorsqu'il sera présenté. Je serais très-aise d'avoir réussi dans cette petite affaire, puisque vous vous y intéressez. Vous connaissez depuis longtemps, mon très-cher Président, mon zèle pour tout ce qui peut vous être agréable, et les sentiments du tendre et respectueux attachement avec lequel je ne cesserai d'être votre très-humble et très-obéissant serviteur.

BUFFON.

(Inédite. — De la collection de M. le comte de Vesvrotte.)

## CCXLIV

### AU MÊME.

Montbard, le 16 février 1780.

Je vous envoie, mon cher Président, la nouvelle du succès de votre protégé M. Fleury. Vous verrez par la lettre ci-jointe que M. Amelot l'a nommé à la place de receveur de la ville de Saint-Jean-de-Losne, et je suis enchanté d'avoir contribué à ce que vous désiriez, mon cher Président, étant de tous les temps et pour tous les temps le plus dévoué de vos amis et de vos serviteurs.

BUFFON.

(Inédite. — De la collection de M. le comte de Vesvrotte.)

## CCXLV

## A MADAME NECKER.

Montbard, le 3 juin 1780.

Comme vous voulez, ma bonne amie, lire tout ce qui sort de ma plume, bien ou mal traité, et que vous avez déjà vu ma réponse au procès que me fait la Sorbonne[1], je vous envoie un mémoire que j'ai été forcé de composer au sujet du procès que m'a fait M. Lambert[2]. Voilà, ma grande amie, mon bel emploi du temps depuis que je suis de retour. Rien n'est plus injuste, et je puis dire plus malhonnête, que le procédé de M. Lambert, et je me suis fait violence, en écrivant ce mémoire, pour adoucir mon style. Malheureusement il y a bien des Lamberts dans l'administration, et je ne sais si l'on me rendra justice entière. J'envoie copie de mon mémoire à M. de Fourqueux[3], président de la commission, et à M. de Monthyon[4]. Ceux-là sont éclairés et honnêtes, et je compte beaucoup sur eux. Cependant un mot de votre part, lorsque vous aurez lu le mémoire et que vous verrez M. de Monthyon, ne pourrait que me faire du bien et hâter la décision de cette affaire, qui tous les jours me cause des pertes nouvelles. Au reste, ma noble amie, ne vous en occupez qu'à vos plus grands moments de loisir, et quand vous serez pleinement convaincue, par la lecture du mémoire, des injustices que l'on me fait.

Permettez-moi de vous embrasser avec toute la tendresse et tout le respect que je vous ai voués pour la vie.

BUFFON.

Turgot principe et Lambert conséquence : voilà tout l'argument de mon affaire, argument *in Baroco*. Ma grande amie entend la langue de la logique comme toutes les autres langues.

(Inédite. — Le corps de la lettre est de la main d'un secrétaire ; le post-scriptum est de la main de Buffon.)

## CCXLVI

### A M. RIGOLEY.

Montbard, le 1er juillet 1780.

C'est en effet, monsieur, le chef des brochets, et vous me feriez grand plaisir d'en venir manger demain dimanche 2 avec toute votre maison, et surtout MMlles vos filles, à la forge de Buffon, où j'irai dîner et où je serai très-aise de vous recevoir[1]. Recevez mes remercîments et les assurances du très-sincère attachement avec lequel j'ai l'honneur d'être, monsieur, votre très-humble et très-obéissant serviteur.

Le comte DE BUFFON.

(Inédite. — Appartient à Mme Morel.)

## CCXLVII

### A L'ABBÉ BEXON.

Montbard, le 9 juillet 1780.

Fort bien et de mieux en mieux, mon très-cher abbé; car vous ne trouverez guère plus, ou peut-être moins de changements et de corrections dans ces deux articles que je vous renvoie, que dans celui de l'anhinga. J'ai cru devoir supprimer le nom de coupeur-d'eau, qui n'est pas bien connu, et qui d'ailleurs a été donné par Cook à un oiseau qu'il dit être un pétrel; j'ai cru de même devoir rejeter celui de stercoraire, autant par sa mauvaise odeur que par sa mauvaise application, et je crois que vous serez content des corrections que j'ai faites sur le bec-en-ciseaux. Toutes les fois que l'on traite un sujet dans un point de vue général, il faut tâcher d'être court et précis; cet article et celui de l'anhinga figureront très-bien parmi ces tristes oiseaux d'eau dont on ne sait

que dire, et dont la multitude est accablante. Je suis surpris
de ne point recevoir de nouvelles épreuves de l'Imprimerie
royale. On vient de m'envoyer les bonnes feuilles jusqu'à la
lette Y; mais il y a douze ou quinze jours que je n'ai vu d'é-
preuves, et à ce train le volume ne sera pas imprimé avant
mon retour à Paris; car je compte toujours aller vous revoir
sur la fin de septembre, et je trouve déjà que mon temps
s'avance, surtout relativement à mon ouvrage des minéraux,
quoique j'en perde le moins qu'il est possible. Mais l'histoire
des métaux est une affaire encore plus difficile, et peut-être
aussi longue que celle des autres matières toutes prises ensemble, et j'entrevois que ce volume me donnera encore plus
de peine et de travail que le premier. Cependant je ne me décourage pas, et j'espère en venir à bout avec le temps.

Je n'ai point pris de parti au sujet du schorl, et, quoique
tous les granits de Danemark[1], de Suède et des autres provinces du Nord en contiennent, et qu'en même temps ils ne
contiennent point de mica, il se peut que ces granits soient
mal nommés, ou qu'ils fassent un ordre de pierres différent
de celui des vrais granits. Mais ce sont des choses sur lesquelles il serait difficile de s'entendre par lettres, et que nous
examinerons ensemble lorsque j'aurai le plaisir de vous revoir. Vous ne pouvez m'en faire un plus grand que de voir
souvent mon fils; je voudrais bien qu'il profitât de vos leçons
et de vos sages conseils. Je lui ai demandé ces jours-ci quelques feuilles de son ouvrage[2], et je vous serais obligé de l'exhorter à ne pas abandonner ses études. Il ne sent pas le grand
tort qu'il se fait par la perte de son temps. Vous avez bien
employé le vôtre, mon très-cher ami, et vous en recueillez
aujourd'hui le fruit. Mille compliments très-humbles et tendres amitiés à vos dames.

                                        BUFFON.

(Publiée par François de Neufchâteau et par M. Flourens.)

## CCXLVIII

### A MADAME NECKER.

Montbard, le 30 juillet 1780.

Vous avez, ma très-respectable amie, fait plus que je ne vous demandais dans cette affaire injuste que m'a suscitée M. Lambert. Je n'aurais pas manqué de vous en faire mes remercîments plus tôt, si je n'eusse pas été incommodé, et qui pis est découragé; car on m'a encore suscité une affaire plus odieuse au tribunal même de notre grand ministre des finances, et pour laquelle j'ai eu l'honneur de lui envoyer un long mémoire, en le priant instamment de le lire. Je n'ai pas voulu, ma noble amie, vous importuner à ce sujet, parce que je suis très-persuadé que votre illustre époux me rendra justice et rejettera avec indignation les mensonges qu'on a osé mettre sous ses yeux. J'espère aussi qu'il ne me refusera pas la faveur que je sollicite depuis près d'un an. Il verra par ce mémoire que j'ai réduit ma demande à ce qu'il y a de plus simple et de plus facile; c'est de m'accorder aujourd'hui des coupes de bois aux mêmes conditions qu'elles m'ont été accordées il y a cinq ans, et à peu près au même prix. Tout gît à ce que notre grand homme puisse prendre le temps de lire mon mémoire avec son attention ordinaire, car je ne doute pas de sa bonne volonté, et je doutais fort de celle de son prédécesseur d'il y a cinq ans[1], qui néanmoins ne m'a pas refusé, ayant senti la nécessité où je me trouve de soutenir l'établissement de mes forges. Mais je ne veux pas, ma grande et respectable amie, vous ennuyer plus longtemps de mes tristes affaires. Je suis de plus si fort incommodé des yeux, que je ne puis écrire depuis un mois. Ce mal m'est venu pendant les grandes chaleurs; cependant il commence à diminuer, quoique la sécheresse continue dans ce pays-ci et que tous nos jardins soient brûlés; mais la récolte des grains est abondante et de bonne qualité. Nos vignes promettent aussi beaucoup, et le peuple est à son aise. Je vous le dis, parce que cela vous touche, ma noble amie, et que votre propre bonheur est de faire et voir des heureux. Je le suis moi-même en me pénétrant de vos sentiments et en vous assurant de tous ceux de mon cœur.

Buffon.

Je joins ici la jolie lettre de M. de Monthyon que vous aviez eu la bonté de m'envoyer et dont je lui ai fait mes remercî-ments, quoique cette affaire ne soit pas encore terminée ni peut-être commencée. Il faut bien prendre patience, car je me console de tout à la vue de vos bontés; mon âme prend des forces par la lecture de vos lettres sublimes, char-mantes, et toutes les fois que je me rappelle votre image, mon adorable amie, le noir sombre se change en un bel in-carnat.

(Inédite.)

## CCXLIX

### A M. THOUIN[1],

JARDINIER EN CHEF DU JARDIN DU ROI.

Montbard, le 15 septembre 1780.

C'est avec un très-véritable chagrin, mon cher monsieur Thouin, que j'apprends la perte d'un honnête et digne homme auquel j'étais très-sincèrement attaché, et que je ne rempla-cerai que difficilement. Je ne répondrai donc pas à la lettre de M. Brochet, ni à celle de plusieurs autres qui me deman-dent ma nomination à la place du pauvre M. de La Touche[2]; j'attendrai mon retour pour prendre mon parti sur cela. Mais en attendant vous avez très-bien fait de dire au sieur Lucas de garder le toisé et le plan de tous les travaux de maçonnerie qu'il a faits ces jours derniers, et vous pouvez lui ordonner ne ma part de ne s'en pas dessaisir, et de vous remettre, à la fin de la quinzaine qui échoira le 24 courant, l'état de la dépense des travaux pendant ce temps, que vous lui payerez en tirant de lui quittance au bas du rôle des ouvriers qu'il aura employés. J'écrirai à M. Lucas de vous remettre l'argent nécessaire, tant pour le payement des ouvriers terrassiers que pour celui des maçons, tailleurs de pierre et autres, employés par M. Lucas, parce qu'il ne faut pas que nos travaux soient suspendus, et en même temps vous pouvez lui dire que je le conserverai pour conduire la suite de nos travaux.

Je reçois une lettre du sieur Mille, serrurier, qui me demande instamment du fer; mais il n'est pas possible d'en faire arriver à Paris faute d'eau, le coche d'Auxerre n'allant pas depuis la grande sécheresse qui dure toujours dans ce pays-ci. Vous pouvez donc lui donner ordre de ma part d'en acheter chez les marchands de fer de Paris jusqu'à la concurrence de trois mille à raison de 200 livres le millier. Ces fers ne sont pas trop bons; mais comme il ne s'agit que d'en fabriquer des barreaux, il n'y a point d'inconvénient à les employer. Peut-être même, en vous donnant la peine d'aller avec le sieur Mille chez les marchands de fer, et en payant comptant, les aurez-vous à quelque chose de moins. Mais quand on devrait les payer 200 livres, il ne faut pas que cela retarde les grilles du jardin, ni celles de ma cour, et j'espère qu'avec trois mille les serruriers auront le temps d'attendre qu'on puisse envoyer de mes forges les fers qu'on y a fabriqués[3].

Je vois par votre lettre précédente que, d'après la visite que M. Delaulne[4] a faite à M. Amelot et à MM. ses premiers commis, on est enfin revenu à mon premier avis, qui était de terminer l'échange avec MM. de Saint-Victor avant de rien demander à la ville[5]. Je suis persuadé que tout serait fini, si l'on avait pris ce parti. Mes affaires ne me permettent pas de quitter ce pays-ci avant le 5 ou le 6 du mois prochain. Ainsi je compte vous rembourser moi-même les avances que vous pourrez faire pour la quinzaine qui échoira le 8 octobre. Comme M. Lucas, qui tient mon compte courant, m'a demandé liberté de s'absenter pendant quelques jours, je lui ai marqué qu'il vous remettrait à son départ pour la campagne les fonds et les effets qu'il aura entre les mains, ainsi que la note de mon compte courant, et j'ai pensé, mon très-cher monsieur Thouin, que vous voudriez bien vous en charger.

Je vous prie aussi de dire à Mme du Gage que j'ai reçu la lettre qu'elle m'a fait l'honneur de m'écrire, et que j'aurai celui d'en conférer avec elle à mon retour. Vous direz la même chose à M. Brochet, dont vous m'avez envoyé la lettre, et, s'il voulait faire payer les ouvriers du sieur Lucas par la sœur de M. de La Touche, vous lui direz que vous avez ordre de les payer vous-même.

Vous connaissez, mon cher monsieur Thouin, tous mes sentiments d'estime et d'attachement.

Le comte DE BUFFON.

(Inédite. — Tirée des archives du Muséum d'Histoire naturelle. Nous devons la communication de la Correspondance de Buffon avec M. Thouin à l'obligeante entremise du savant M. Desnoyers, bibliothécaire du Muséum.)

CCL

## AU MÊME.

Montbard, le 24 décembre 1780.

Je suis très-satisfait, mon cher monsieur Thouin, du compte que vous me rendez du progrès de nos travaux, et je vois, par votre quittance, qu'il ne vous reste entre les mains qu'une somme de 177 livres 1 sou, qui ne suffira pas à beaucoup près pour le payement de la quinzaine qui échoira le 2, mais que vous serez peut-être obligé de payer le 31 de ce mois ou le premier de janvier. Dans ce cas, si vous n'êtes pas en état de faire l'avance nécessaire, vous prendrez auprès de M. Lucas ce qu'il pourra vous donner sur l'argent que j'aurai entre ses mains le premier de janvier prochain, et je crois qu'il pourra bien avoir alors 15 ou 1600 livres. Si cependant vous pouviez faire attendre cinq ou six jours vos ouvriers, vous ne prendriez pas cet argent auprès de M. Lucas, parce que vous en pourriez toucher aux fermes au moyen des deux certificats que je vous envoie, et dont vous ferez bien de faire usage promptement.

Si vous pouvez découvrir le voleur ou le recéleur de nos arbrisseaux rares, je ne serais pas d'avis de les en tenir quittes pour 12 louis, ni même pour le double. Il faudra les faire connaître, et qu'ils soient au moins notés d'infamie. J'en porterai plainte, s'il est nécessaire, à M. le lieutenant de police et au ministre [1].

Je crois que vous avez eu raison de donner 30 pouces d'épaisseur aux fondations de notre nouveau mur. Il vaut mieux pécher par un peu d'excès que par défaut dans toutes constructions qu'on veut rendre durables.

Vous avez très-bien fait de donner au jardinier de M. le comte de Maurepas les arbrisseaux qu'il vous a demandés; on ne peut pas les mieux placer pour l'avantage d'un établissement qu'il a toujours protégé.

Je n'ai point encore de nouvelles de Versailles au sujet de l'autorisation que j'ai demandée pour faire notre échange. Il se pourrait que les grandes affaires dont on y est occupé en aient retardé la décision. Un avocat au conseil, M. d'Augy, m'a écrit pour me représenter les pertes que feraient les demoiselles Bouillon [2], et me prier en même temps de laisser subsister tout ce qui ne se trouverait pas absolument nécessaire à l'agrandissement du Jardin Royal; je lui ai répondu que le terrain cédé par MM. de Saint-Victor étant d'environ onze arpents, devait d'abord être absolument libre, et que pour le reste, qu'il dit être encore plus considérable, c'était affaire qui ne regardait que MM. de Saint-Victor. Je n'ai pas cru devoir entrer dans d'autres détails sur ce que cet avocat me demandait, et je crois que M. Delaulne, avec sa bonne tête et ses louables intentions, viendra aisément à bout de faire lever les oppositions des demoiselles Bouillon, qui ont assez gagné à leur bail pour n'être pas fort à plaindre.

M. Verniquet[3] m'écrit qu'il ne laisse pas que d'y avoir beaucoup de réparations à faire au petit logement de M. Spaëndonck[4], qu'il y en avait même une essentielle occasionnée par la faute qu'on a faite de rogner une poutre pour faire une cheminée; mais que cette faute est réparée au moyen d'un tirant de fer qui retiendra l'écartement des murs. Je lui écrirai qu'il ne faut faire dans ce logement que les choses absolument indispensables, vu la grande dépense que nous sommes forcés de faire ailleurs.

Vous connaissez, mon cher monsieur Thouin, tout mon attachement pour vous.

Le comte DE BUFFON.

(Inédite. — Tirée des archives du Muséum.)

## CCLI

### FRAGMENT DE LETTRE A GUENEAU DE MONTBEILLARD.

Janvier 1781.

.... Je ne pourrai mettre sous presse le dernier volume de l'Histoire des oiseaux que dans six mois, parce qu'il exige encore beaucoup de travail, et que d'ailleurs je fais imprimer un second volume de supplément à l'Histoire des animaux quadrupèdes. Tout cela me recule beaucoup pour mes chers minéraux[1], auxquels je voudrais travailler uniquement; mais cela n'est pas possible quant à présent.

BUFFON.

( Ce fragment a été publié par Bernard d'Héry dans son édition des *OEuvres* de Buffon. Paris, an XI. Vie de Buffon et Tables.)

## CCLII

### A M. THOUIN.

Montbard, le 3 janvier 1781.

Je ne suis point d'avis, mon cher monsieur Thouin, du moins quant à présent, de rien faire de plus dans l'appartement de M. Spaëndonck. Nous verrons, à mon retour, si l'on peut faire élever sa fenêtre; mais c'est à lui de payer les cloisons qu'il demande pour sa commodité.

Ce sont les grandes affaires dont vous me parlez qui nuisent à toutes les petites, et en particulier à la nôtre; car je vois, par des lettres que je reçois de Versailles, que nous n'aurons pas de si tôt une décision au sujet de notre échange. Il faut prendre patience, et espérer que les honnêtes gens seront conservés[1].

Je reçois un livre que je vous destine et qui a pour titre: *Genera plantarum vocabulis characteristicis definita*, imprimé à Dantzick en 1780. Ce livre, bien conditionné pour la reliure, m'a été envoyé par l'auteur, dont j'ignore le nom, sous le couvert de M. de Vergennes[2].

Vous connaissez, mon très-cher monsieur Thouin, tous mes sentiments d'attachement pour vous.

Le comte DE BUFFON.

(Inédite. — Tirée des archives du Muséum.)

## CCLIII

### A M. RIGOLEY.

Montbard, le 26 janvier 1781.

M. Dumorey est arrivé ce soir, et j'ai l'honneur, monsieur, de vous en informer, en vous priant à dîner pour demain samedi ou pour dimanche, si cela vous convient mieux. Je serai toujours très-aise de vous recevoir et de vous renouveler les sentiments du véritable et sincère attachement avec lequel j'ai l'honneur d'être, monsieur, votre très-humble et très-obéissant serviteur.

Le comte DE BUFFON.

(Inédite. — Appartient à Mme Morel.)

## CCLIV

### A M. DE FAUJAS DE SAINT-FOND.

Montbard, le 2 février 1781.

J'ai reçu, monsieur, avec toute reconnaissance, les deux caisses de matières volcaniques dont vous avez la bonté d'enrichir le Cabinet du Roi[1]; mais, comme je me trouve absent de Paris, et que je ne compte y retourner qu'au commencement d'avril, je viens d'écrire qu'on mette ces deux caisses en lieu sûr, avec défense de les ouvrir avant mon retour. Je vois avec le plus grand plaisir que vous y viendrez à peu près dans le même temps, et, si vous vouliez me traiter avec toute amitié, monsieur, vous vous détermineriez à passer par Montbard, où je résiderai constamment jusqu'au 8 ou 10 d'avril. Je serai, je vous le proteste, très-enchanté de vous recevoir chez moi, de vous garder quelques jours, et de conférer à fond du feldspath et des différents granits, sur lesquels vous verrez, monsieur, que j'ai fait un assez bon travail que je ne craindrai pas de vous communiquer, étant pour ainsi dire assuré que mes recherches confirmeront vos observations[2].

Il n'y a nul inconvénient à prendre la route que je vous propose; la poste passe à Montbard ainsi que la diligence, et de Montbard l'une et l'autre peuvent vous conduire à Paris. Ainsi, monsieur, lorsque vous serez arrivé de Montélimart à Lyon, prenez la route de Bourgogne, et venez d'abord à Dijon, dont Montbard n'est plus qu'à quinze lieues. J'espère que vous serez assez bon pour vous rendre à ma prière, et le plus tôt serait le mieux, parce que j'espérerais jouir de vous plus longtemps.

J'ai l'honneur d'être avec un très-sincère et respectueux attachement, monsieur, votre très-humble et très-obéissant serviteur.

Le comte DE BUFFON.

(Inédite. — De la collection de M. de Faujas de Saint-Fond.)

## CCLV

### A M. THOUIN.

Montbard, le 9 février 1781.

J'ai reçu, mon cher monsieur Thouin, vos deux lettres ensemble, et je réponds d'abord à cette grande affaire que vous me proposez, c'est-à-dire à l'acquisition de la maison des héritiers du sieur Lelièvre [1]. Vous vous souvenez sans doute que cette maison m'a autrefois appartenu, et je crois ne l'avoir vendue que douze mille francs. On y a fait, à la vérité, plusieurs réparations depuis ce temps, ce qui me fait craindre que le prix n'en soit porté plus haut. Cependant vous me feriez plaisir de suivre cette affaire et de tâcher de savoir s'il y a déjà des enchères, et dans le cas où personne ne se serait encore présenté, vous pourriez voir de ma part M. Aubert, notaire, rue de la Verrerie [2], et le prier de faire mettre une enchère de dix mille livres, sans donner connaissance de mon nom, à moins qu'il ne le juge nécessaire pour dégoûter les autres enchérisseurs, en leur faisant entendre qu'on pourrait bien prendre l'emplacement de cette maison pour augmenter ou desservir le Jardin du Roi. Votre idée d'en faire une rue qui, depuis la rue Censier, aboutirait au boulevard, est parfaitement bonne, mais n'en sera pas plus vivement accueillie ; car je vois par les lettres que je reçois de Versailles que l'af-

faire de Saint-Victor devient difficile, et M. Leschevin[3] lui-
même avoue qu'il aurait grand besoin d'aide et qu'il ne croit
pas qu'on puisse rien faire avant mon retour. Cela ne doit pas
empêcher M. Delaulne de continuer sa sollicitation ; il ne
faut même pas le décourager en lui communiquant ce que je
viens de vous marquer, parce que, de quelque manière que
la chose tourne, je crois avoir trouvé un autre moyen de
m'assurer des dix ou onze arpents qui sont nécessaires à
l'agrandissement du Jardin. Je vous en informerai à mon
retour.

Je suis bien aise que les arbres soient arrivés, et je suis
bien persuadé que vous n'aurez pas perdu de temps pour les
planter[4]. Comme le temps doux a continué, vous en aurez
profité. Je ne connais pas M. Cels[5] ; mais, lorsque je serai à
Paris, je lui ferai des remercîments, ainsi qu'à M. Turgot[6], des
arbres qu'ils ont bien voulu vous donner. Je pourrais même
leur en écrire dès à présent, si je savais l'adresse et les qualités de M. Cels et celles de M. Turgot, qui a changé de maison et peut-être de quartier. Vous avez grande raison de dire
qu'il convient mieux que le terrain de votre plantation soit
en gazon qu'en terre cultivée ; il faudra seulement un petit
piochage d'un pied de diamètre autour de chaque arbre, afin
qu'ils puissent jouir du bénéfice des pluies et des rosées ; et
dans la plus grande épaisseur du massif, le sentier sinueux
et sablé, tel que vous le proposez, fera des merveilles. Vous
ferez bien aussi de faire couper à plomb les tilleuls qui bor-
dent cette plantation[7], en leur laissant néanmoins trois à quatre pieds d'épaisseur en dehors au delà de leur tige, afin de
ne les pas trop affamer et d'éviter les abreuvoirs que les
branches coupées trop près ne manqueraient pas d'y produire.
Il en est de même des grands arbres épars dans la plantation
il faut les élaguer comme vous jugerez à propos.

Je vous remercie d'avoir songé aux arbres demandés par
M. le maréchal de Biron[8]; et vous me ferez plaisir d'en informer mon fils.

Il a dû arriver une voiture de fer que M. Lucas a probablement livré au sieur Mille, et l'on doit en envoyer dans
huit ou dix jours deux autres voitures, chacune de deux mille
sept ou huit cents pesant, comme la première, qui est toute
en barreaux carrés de onze ou douze lignes ; mais dans les
deux voitures qui partiront, tout au plus tard, le 20 de ce
mois, il y aura moitié de fer en barreaux de dix ou douze lignes, et moitié en gros fer épais et plat qu'on doit poser sur
les bornes tout le long de la grille de la cour. On pourrait
donc tailler et poser dès à présent ces bornes. Je vais en écrire
à M. Verniquet, ainsi que sur quelques petites choses qu'il me
représente au sujet de l'appartement de M. Spaëndonck. Je
vais aussi marquer à M. Lucas de vous remettre l'argent que
vous aurez avancé pour votre neuvième quinzaine. Adieu,
mon très-cher monsieur Thouin.

Le comte DE BUFFON.

(Inédite. — Tirée des archives du Muséum.)

## CCLVI

### A GUENEAU DE MONTBEILLARD.

Montbard, le 15 février 1781.

Je ne suis point étonné, mon cher bon ami, de toutes vos
conquêtes, ni de l'impression que vous faites sur le cœur de
ceux qui vous voient. Voici ce que m'écrit aujourd'hui M. le
marquis de La Billarderie[1] : « Oserais-je vous prier de faire
mille tendres compliments à M. de Montbeillard ? Je lui avais
demandé, en le remerciant d'une lettre charmante qu'il m'a
écrite au nouvel an, de me donner quelquefois de ses nouvelles ; mais je n'en ai pas reçu. Voulez-vous bien lui dire
aussi que j'ai encore entendu mille éloges de M. son fils ? il
est un père bien heureux et bien digne de l'être[2]. »

Rien n'est plus vrai, mon très-cher ami, et j'applaudis de
tout mon cœur à ce que l'on vous dit ici.

J'ai mis une personne discrète à la poursuite de l'affaire qui nous intéresse pour Mlle Lestre[3]; je n'ai pas encore de réponse, mais j'espère toujours qu'elle viendra dans le mois de mars prochain, terme de la décision des affaires de la famille en question, et je désire bien sincèrement que nous puissions réussir.

Mille tendres respects à ma bonne amie. Je vous embrasse tous deux du meilleur de mon cœur.

BUFFON.

(Inédite. — De la collection de Mme la baronne de La Fresnaye.)

## CCLVII

### A M. THOUIN.

Montbard, le 28 février 1781.

Je vois, mon très-cher monsieur Thouin, par le récit que vous me faites du vol de nos arbustes et de vos bonnes démarches en conséquence, je vois, dis-je, que ce vol n'a pu être fait que par un homme instruit de ce qui se fait au Jardin du Roi, et qu'il y a grande apparence que cet homme est le même que celui qui a fait le premier vol et que vous avez chassé. Je ne doute pas qu'il n'ait conservé ou fait faire des clefs, et qu'il n'en ait abusé une seconde fois. Il faut donc faire l'impossible pour découvrir la retraite de cet homme et le faire arrêter, après quoi vous le conduirez avec M. Guillotte[1], chez l'acheteur de nos arbres qui, puisqu'il est de bonne foi, n'hésitera pas à le reconnaître, et sera même très-aise de se justifier par ce moyen. Il me paraît que c'est le seul parti que vous ayez à prendre en attendant de nouvelles informations, dont je suis persuadé que vous et vos frères[2] devez vous occuper, parce qu'il est évident que de pareils vols ne peuvent être faits que par des gens qui connaissent bien les plantes et qui travaillent dans l'intérieur de vos écoles; et comme, je vous le répète, je suis persuadé que c'est ce premier voleur,

ou peut-être un de ses camarades, qui a fait ce second vol,
il est important de ne pas le laisser impuni.

Je vois par votre rôle quittancé de la dixième quinzaine de
nos travaux, que la dépense monte à 1770 livres 16 sous, et
comme vous avez avancé cette somme, j'écris par ce même
ordinaire à M. Lucas de vous la remettre, et il faut espérer
que la dépense des deux quinzaines qui s'écouleront d'ici à
mon retour ne sera pas si considérable.

Je vous prie de dire à M. Verniquet que j'approuve ce qu'il a
fait faire à l'appartement de M. Spaëndonck, auquel vous pourrez fournir quelques plantes à dessiner dès qu'il aura pris possession de son logement. Vous voudrez bien dire aussi à
M. Verniquet que, des deux plans qu'il m'a envoyés pour décorer le mur de ma maison, je préférerais celui qui a un grand
fronton brisé en chevron, mais que je garderai les deux plans
jusqu'à mon retour, parce que les ouvrages de nécessité sont
plus pressés que celui-ci, qui n'est que de décoration, et que
j'ai bien à cœur de finir avant toute chose la clôture entière
du jardin en grilles de fer et le nivellement parfait du terrain.

J'ai reçu une lettre de M. Aubert, notaire, par laquelle
il me marque que la maison du sieur Lelièvre n'est point
encore en licitation, mais qu'il y veillera et qu'il m'en donnera avis.

Nous ne pourrons envoyer du fer que dans huit ou dix
jours, lorsque les grandes eaux seront écoulées ; nous avons
eu ici cette nuit un vent si furieux qu'il a fait tomber plusieurs gros arbres dans mes bois, et qu'un pauvre sabotier a
été tué dans sa loge et sa femme blessée par la chute d'un de
ces arbres [3]. Il y a eu aussi plusieurs cheminées d'abattues
et des toits découverts, et quelques granges renversées ;
mandez-moi si vous n'avez eu aucun désastre dans le jardin.

Vous connaissez, mon très-cher monsieur Thouin, mon
estime et mon attachement pour vous.

Le comte DE BUFFON.

(Inédite. — Tirée des archives du Muséum.)

## CCLVIII

### A GUENEAU DE MONTBEILLARD.

1781.

Je n'ai qu'un moment, mon bon ami, pour vous annoncer que Mme Charault consent au mariage et désire même qu'il se fasse promptement. Prenez jour avec elle pour conclure; elle vous dira ses conditions qui me paraissent justes et raisonnables. Engagez-la à faire des articles avant de quitter Semur; elle a confiance à M. l'avocat Labbé.

Bonsoir, mon cher et très-cher ami.

(Sans date, sans signature, d'une main inconnue, et portant ceci sur l'adresse : *en diligence* M. ou Mme Lestre à Semur. — A la suite et sur le revers est écrit de la main de Buffon :)

Je suis éveillé par cette lettre; je vous l'envoie en diligence. Je vais aller causer un moment avec vous, monsieur et madame. Ne vaudrait-il pas mieux traiter cette affaire ou du moins l'ébaucher au moulin à vent?

Adieu bien vite, je souhaite que tout aille bien. Connaissez-vous M. l'avocat Labbé particulièrement?

BUFFON.

(Inédite. — Communiquée par M. Léon de Montbeillard à M. Beaune, qui a bien voulu, à son tour, nous en donner connaissance.)

## CCLIX

### AU MÊME.

Au Jardin du Roi, le 12 avril 1781.

Je reçois à mon arrivée à Paris la lettre ci-jointe, par laquelle vous verrez, mon cher bon ami, que nous avons maintenant *deux abbés*[1], je veux dire deux cordes à notre arc. J'espère donc que l'affaire pourra réussir, puisque la bonne dame n'a pas oublié la promesse qu'elle m'avait faite, et qu'il ne s'agit que de rappeler à son fils la charmante image de la personne à laquelle nous nous intéressons. Je vais écrire à ce nouvel agent d'y donner ses soins, et je serai satisfait si nous pouvons mener le tout à bien et à un prompt succès. Mes tendres respects à ma bonne amie. Aimez-moi toujours, et soyez sûr que personne ne vous est plus tendrement attaché que je le suis.

BUFFON.

(Inédite. — De la collection de Mme la baronne de La Fresnaye.)

## CCLX

### AU MÊME.

Au Jardin du Roi, le 11 mai 1781.

Un peu de patience, mon cher bon ami, et tout ira bien. Je viens d'écrire à M. Le Prieur de Précy[1], et ma lettre, qu'il doit communiquer, ne pourra que maintenir ou déterminer la bonne volonté de la mère, et augmenter l'empressement de son fils, jusqu'à la conclusion et consommation, qui ne tardera pas à s'effectuer après mon retour, dans les premiers jours du mois prochain.

Mon fils part demain pour son grand voyage, avec M. le chevalier de La Marck, de l'Académie des sciences[2]. J'ai été fort heureux de lui trouver un pareil compagnon. Adieu, mon cher bon ami ; je vous embrasse du meilleur de mon cœur.

BUFFON.

(Inédite. — De la collection de Mme la baronne de La Fresnaye.)

## CCLXI

### A M. HÉBERT,

RECEVEUR GÉNÉRAL DES FERMES DU ROI, A DIJON.

Au Jardin du Roi, le 15 mai 1781.

J'ai reçu, mon cher monsieur, au moment de la présentation, les 3074 livres de votre traite sur M. de La Ballue; je vous remercie de cette facilité, et je compte que l'effet que je vous ai remis en échange sera exactement payé à son échéance.

Vous faites bien, monsieur, d'habiter votre belle campagne de Mirande [1], pendant le temps ennuyeux des cérémonies inséparables des grandeurs [2]. Mais j'entends dire que la plupart de vos dames, même les plus jeunes et les plus jolies, ont pris le parti de s'absenter; dès lors la ville sera plus triste que les campagnes. Je retourne à la mienne sur la fin de ce mois, et je n'oublierai pas de vous donner le huitième volume des oiseaux dès que j'en aurai des exemplaires; on m'en promet pour le commencement de juillet. Je ferai aussi tirer pour vous, monsieur, un exemplaire en premières épreuves des quarante-neuf planches qui doivent entrer dans le sixième volume des suppléments à l'Histoire des animaux quadrupèdes.

Il y a, mon très-cher monsieur, toute apparence que les receveurs généraux ne seront pas supprimés; on vient même de donner celle d'Angers; mais il est vrai qu'on l'a réunie à je ne sais quelle autre place, et que des deux on n'en fait qu'une, dans la vue d'économie [3]. Au reste, on est actuellement dans un moment de grande effervescence qui annonce une crise [4], et bien des gens assurent que l'on verra dans peu de grands changements dans le ministère des finances [5]. Ce serait pourtant un grand malheur pour l'État si M. Necker nous quittait [6].

Si vous me faites l'amitié de venir à Montbard, je vous remettrai ma gravure[7] encadrée pour Mme de Saint-Marc[8], ou
bien je vous l'enverrai lorsque j'y serai de retour. C'est un
hommage que je rends bien volontiers à cette jeune et tout
aimable dame. Mille tendres respects à sa maman. Vous connaissez, mon très-cher monsieur, tous les sentiments du sincère et respectueux attachement avec lequel j'ai l'honneur
d'être votre très-humble et très-obéissant serviteur.

BUFFON.

(Inédite. — Communiquée par M. Boilly. M. Flourens en a publié un extrait.)

## CCLXII

### A GUENEAU DE MONTBEILLARD.

Montbard, le 6 juin 1781.

La chaleur, la poussière et deux nuits blanches m'ont fatigué, et je n'ai pu, mon cher bon ami, vous écrire plus tôt.
Je pense que Mme Charault ne tardera pas à me venir voir,
car j'ai écrit à son fils qu'il était nécessaire de nous aboucher
pour prendre des arrangements dont il me paraît très-em-
pressé. Si vous pouviez aussi venir dans le même temps ou
plus tôt, j'en serais enchanté. L'accident arrivé à M. votre
fils m'a fort affligé; je croyais que vous l'ignoriez, et c'est
ce qui m'a empêché de vous en parler[1]. Le mien est actuellement à Amsterdam, et il me semble que son compagnon
de voyage est content de lui; c'est tout ce que je désirais,
parce que c'est un homme sage. Mille amitiés et respects à
ma bonne amie et à votre cher et digne frère. Je vous embrasse bien sincèrement et de tout mon cœur.

BUFFON.

(Inédite. — De la collection de Mme la baronne de La Fresnaye.)

## CCLXIII

### AU MÊME.

Montbard, le 17 juin 1781.

C'est à faire à vous, mon cher bon ami, surtout en choses utiles et convenables. Je suis enchanté que les articles soient signés, mais je ne suis pas trop content que celui qui les a écrits ait déjà débité comme au son du tambour tout ce qu'ils contiennent. Je n'en sais pas moins de gré à M. de Mussy qui les a rédigés, et je ne doute pas qu'ils ne soient faits avec équité et suivant les intentions de Mme Charault, à qui j'ai bien promis qu'elle serait contente du caractère et des manières de la demoiselle. Faites-lui mes amitiés et compliments et du plus près que vous pourrez, mon bon ami.

BUFFON.

(Inédite. — De la collection de Mme la baronne de La Fresnaye.)

## CCLXIV

### A MADAME NECKER.

Le 22 juin 1781.

J'apprends dans l'instant l'indisposition de M. Necker[1]; j'en suis très-inquiet. Hélas! ma noble amie, c'est un héros que le repos fatigue, c'est un père tendre de la patrie, affligé du regret de ne pouvoir continuer d'en faire le bonheur. Je crains que ces ennuis de l'âme n'influent sur la santé du corps; je crains encore plus leurs influences sur votre cœur, mon adorable amie, vous qui, par amour autant que par devoir, partagez et au delà les peines intérieures d'un époux aussi cher. Unissez vos conseils et vos caresses à mes prières; persuadez-lui, comme il est vrai, qu'il jouit de la profonde estime de tous les gens honnêtes, qu'il s'est acquis le respect des nations; et sa retraite, en effet, n'a-t-elle pas eu tout l'air d'un triomphe[2]? ne nous laisse-t-elle pas autant et plus de regrets qu'à lui-même? Qu'il vive donc de ses honneurs; qu'il jouisse de ce bien qui n'appartient qu'à lui; je le désire ardemment, je veux votre bonheur commun. Le mien en dépend, et dans ma solitude rien ne pourrait me troubler que mes inquiétudes sur votre tranquillité.

Adieu, ma très-chère et première amie, je vous baise la main et en attends un petit mot de réponse.

BUFFON.

(Inédite. — Appartient à M. Frion, qui a bien voulu nous en donner communication.)

## CCLXV

### A GUENEAU DE MONTBEILLARD.

Montbard, le 13 juillet 1781.

Vous me dites, mon cher bon ami, que le père, la mère, et surtout la demoiselle[1], désirent de venir à Montbard. Ils me feront honneur et grand plaisir; mais, comme avant la noce il faut nymphes et paranymphes, engagez-les à amener la charmante Catau. Je compte bien aussi que vous, ma bonne amie et votre aimable fils, viendrez le même jour; et, si cela vous convient, ce sera mercredi 18, pour dîner[2], et même pour coucher, ce qui me conviendrait encore mieux, et je crois que vous n'en doutez pas, mon cher bon ami.

BUFFON.

(Inédite. — De la collection de Mme la baronne de La Fresnaye.)

## CCLXVI

### A M. THOUIN.

Montbard, le 20 juillet 1781.

Vous me ferez plaisir, mon cher monsieur Thouin, de remettre vous-même la lettre ci-jointe à M. Dufresne; et comme
c'est pour obtenir de l'argent, dont nous avons si grand besoin, il n'y aurait pas de mal de lui porter quelques fleurs
ou quelques arbustes; cela ne pourrait qu'augmenter sa
bonne volonté. Je lui demande les 35 000 livres qui restent
dues sur les 75 000 livres pour la maison et le terrain qui
est actuellement réuni au Jardin. Il ne sera pas nécessaire
de lui parler des travaux que vous faites au delà du Jardin,
ni de l'échange avec Saint-Victor, de peur d'effrayer par de
nouvelles demandes; mais vous pouvez lui exposer que nous
sommes absolument sans argent, et qu'il nous ferait un
grand bien s'il voulait nous faire donner, dans un peu de
temps, une partie de ces 35 000 livres [1]. Vous sentez bien que
cela me donnerait le moyen de continuer nos travaux; et je
vous avoue que, sans cela, je serai peut-être forcé de les
faire cesser bientôt, faute de pouvoir subvenir à la dépense :
car je serai obligé d'emprunter l'argent qu'il faudra pour
l'acquisition de la maison du sieur Lelièvre, et je ne sais pas
encore où je le prendrai. A propos de cette maison, M. Lucas
m'écrit que l'enchère de 14 400 livres a été mise par le propriétaire. Je me doutais, en effet, que cette enchère était
fictive; et dès lors il ne faut pas que M. Aubert la couvre.
Voyez-le, je vous prie, et dites-lui que ce sont les propriétaires mêmes qui ont mis cette enchère, et qu'il ne faut pas
en être la dupe.

En relisant votre lettre, je vois que c'est vous-même qui
m'avez donné avis que les propriétaires de la maison Lelièvre
l'avaient portée à 14 000 livres, et vous pensez comme moi

qu'elle pourrait être vendue au-dessous de ce prix. Mais c'est
à M. Aubert à nous bien conduire dans cette affaire, pour
l'avoir à meilleur prix; car, avec ces 14 000 livres, il en coûtera encore près de 3000 pour les droits de vente, centième
denier et frais de contrat, et je trouve que la maison serait
très-bien payée à ce prix de 14 000 livres.

Je n'ai pas le temps d'écrire aujourd'hui à M. Lucas; mais
vous pouvez lui montrer ma lettre. Vous mettrez sur la dépense le port de cette grosse lettre, ainsi que de celles que
vous pourrez recevoir de moi directement.

Je suis toujours, mon très-cher monsieur Thouin, dans
les sentiments de toute l'estime et de tout l'attachement que
vous méritez.

Le comte DE BUFFON.

(Inédite. — Tirée des archives du Muséum.)


## CCLXVII

### A L'ABBÉ BEXON.

Montbard, le 12 août 1781.

J'ai reçu avec grand plaisir votre lettre, mon très-cher
abbé, et je vous ferai mon compliment quand vous serez
tout à fait quitte de cette nomenclature, et même de ces descriptions d'oiseaux qui sont bien ennuyeuses. Je vous ai renvoyé les cahiers de concordance des tomes VI et VII, mais
Trécourt n'a pas encore eu le temps de transcrire celle du
tome VIII. Le tout ensemble, même y compris le tome IX,
ne fera guère que deux cent cinquante pages d'impression à
deux colonnes : ainsi nous avons de la marge pour placer les
articles du cygne et des autres oiseaux d'eau qui doivent
terminer l'ouvrage, et il faut tâcher de nous en débarrasser
le plus tôt qu'il vous sera possible, car il ne reste guère que
cent pages à imprimer dans le second volume du supplément aux quadrupèdes, et il est nécessaire, pour que l'impri-

merie ne cesse pas, de livrer de la copie du neuvième volume
des oiseaux tout au plus tard dans sept semaines ou deux
mois. C'est donc l'article du cygne qui presse, parce qu'il doit
précéder celui de l'oie [1], qui est déjà fait; après quoi viendront les canards, etc. Lorsque vous aurez un article de
fait, je vous prie de me l'envoyer ici, car j'aurais trop peu
de temps à Paris pour m'en occuper autant que je le désirerais; et d'ailleurs je ne sais plus si je pourrai arriver,
comme je le comptais, vers le 20 de septembre. On a découvert une carrière sous mon logement [2], à laquelle on travaille pour le mettre en sûreté, et cet ouvrage sera peut-
être plus long que je ne le voudrais. Il se pourrait donc que
je fusse forcé de retarder mon départ jusqu'au 10 d'octobre,
et le volume des quadrupèdes sera certainement achevé avant
ce temps. Il suffirait que j'eusse l'article du cygne pour le
livrer à l'impression avec celui de l'oie, et rien n'arrêterait.

J'ai eu un rhume qui m'a fort incommodé d'abord, et qui
m'a duré près d'un mois; cependant je n'en ai pas moins
travaillé souvent plus de huit heures par jour [3], et vous verrez mes minéraux bien avancés. J'en ai maintenant deux
volumes et demi, dont je suis assez content, mais sur lesquels
vous pourrez me faire quelques bonnes observations [4].

Soignez donc votre santé. Ce n'est point le travail paisible qui l'altère; du moins je vois par mon expérience que
la tranquillité du cabinet me fait autant de bien que le mouvement du tourbillon de Paris me fait mal.

J'ai reçu hier des nouvelles de mon fils, datées de Got-
tingue. Il s'est toujours bien porté, et aurait en effet dû vous
écrire; mais la jeunesse ne pense pas à tout, et la paresse
empêche plus de la moitié de tout ce qui serait convenable.

J'ai eu des nouvelles de la santé de M. et de Mme de La
Billarderie, par une lettre qu'elle a écrite à Mme de La Rivière; s'ils sont toujours à Paris, faites-leur de ma part les
amitiés les plus tendres et les respects les plus sincères. Je
vous dis la même chose pour votre aimable sœur et pour

votre chère maman; vous en prendrez aussi telle part qu'il vous plaira pour vous. Adieu, mon cher ami.

BUFFON.

(Publiée par François de Neufchâteau et par M. Flourens.)


## CCLXVIII

### A GUENEAU DE MONTBEILLARD.

Montbard, le 12 août 1781.

Notre nouvelle mariée[1] vient de m'écrire, mon cher bon ami, et me paraît fort contente. Elle me marque qu'elle viendra avec son mari et la maman. Je lui ai répondu que je les recevrais avec grand plaisir et tout empressement, et je compte bien sur l'espérance que vous me donnez de venir aussi ce même jour. Ayez la bonté de m'en prévenir; c'est toujours une jouissance d'avance.

Je vous envoie une lettre où il est question des vers à soie, dont vous pourrez peut-être faire usage pour votre ouvrage[2]; marquez-moi, je vous prie, ce que je peux répondre, car vous entendez ce sujet bien mieux que moi. Bonjour, mon très-cher bon ami.

BUFFON.

(Inédite. — De la collection de Mme la baronne de La Fresnaye.)


## CCLXIX

### FRAGMENT DE LETTRE AU MÊME.

Montbard, le 14 août 1781.

.... De la pluie et de l'argent sont en effet deux bonnes choses, mon très-cher monsieur, dans le moment présent. Je vous envoie, d'autre part, mon billet de 6000 livres au profit de Mlle Joly, pour le 1er janvier fixe. Cela produit 100 livres d'escompte que vous voudrez bien lui donner avec les 2000 livres. Ainsi, je vous serai nouvellement redevable de 2100 livres; et, en joignant cette somme à celle de 600 livres que je vous dois, cela fera 2700 livres, dont nous arrangerons le payement à notre première entrevue.

Nous eûmes hier un bon dîner, mais vous y manquiez; il s'en fallait donc bien que la chère fût complète. Je dictai à Mme Daubenton l'esquisse d'une lettre pour son père, sauf votre révision et correction. Mme Gueneau fut adorable à son ordinaire, et *Fin-Fin* sage et charmant. Je les embrasse tous et vous, mon bon ami, que j'estime et aime de tout mon cœur.

BUFFON.

(Inédite. — Communiquée par M. Léon de Montbeillard à M. Beaune, qui a bien voulu, à son tour, nous en donner connaissance.)

## CCLXX

### A M. JUILLET,

LIEUTENANT GÉNÉRAL DE LA GRANDE MAÎTRISE DES EAUX ET FORÊTS,
A DIJON.

Montbard, le 14 septembre 1781.

Monsieur,

J'ai été informé que, par votre ordonnance du 25 août dernier, vous avez annulé le dernier rôle des habitants de Montbard au sujet du payement des réparations de l'ancien presbytère de cette ville, avec injonction de faire un nouveau rôle, dans lequel tous les propriétaires forains, possesseurs de biens-fonds dans l'étendue de la paroisse de Montbard (autres néanmoins que les bois du Roi), seront compris. J'ai l'honneur de vous représenter, monsieur, qu'il me paraît difficile de concilier cette nouvelle décision avec une ancienne ordonnance qui assimile les seigneurs particuliers, possesseurs de bois, à cette même prérogative de Sa Majesté, et même tous les particuliers qui possèdent des bois contigus à différents finages. Je m'étais fondé sur cette ordonnance, qui, dans le fait, est très-équitable, lorsque j'ai refusé de payer l'imposition faite sur mes bois dans le rôle des habitants de Montbard, et je ne crois pas que la jurisprudence du Conseil ait dû varier sur cet article. Les bois que je possède à Montbard en toute justice, et comme seigneur de Buffon, avec la Mairie, sont contigus à plusieurs finages, savoir : aux finages de Montbard, Marmage, le Jailly, Étaye, Savoisy, Planay, Rochefort et Saint-Remy; ils sont donc bien dans le cas de jouir de la prérogative accordée par cette ordonnance sur laquelle je fondais mon refus. D'ailleurs, dans trois mille arpents de bois que je possède, il y en a 780 qui m'ont été délaissés par le Roi en 1755, moyennant une redevance annuelle, en sorte que je ne suis pour ainsi dire que le fermier de ces bois. Il paraît donc de la dernière justice de les assimiler à ceux que le Roi s'est réservés et que vous déclarez exempts par votre ordonnance. Dans les 2200 arpents qui complètent ma possession, il y en a 1500 qui ont été acquis il y a près de cent vingt ans par mes prédécesseurs et par contrat du 1er avril 1665. Ces bois appartenaient alors à la communauté de Montbard, qui fut obligée de les vendre pour payer ses dettes, et, à l'égard des 600 arpents de plus, ce sont des plantations que j'ai faites sur tous les finages contigus ou voisins. Je croirais donc, monsieur, être dans le cas de l'exemption; cependant, comme j'ai toute confiance en votre équité, j'ai dit à M. de Morveau que je me soumettrais à votre décision après que vous aurez pesé mes raisons. C'est dans ces sentiments que j'ai l'honneur d'être avec respect,

   Monsieur,

    Votre très-humble et très-obéissant serviteur.

       Le comte DE BUFFON.

(Inédite. — Conservée aux archives du département de la Côte-d'Or, et communiquée par M. Rossignol, leur savant conservateur.)

## CCLXXI

### A M. THOUIN.

Montbard, le 23 septembre 1781.

Je vous suis obligé, mon très-cher monsieur Thouin, de la peine que vous avez prise de me faire l'exposé de la situation de nos travaux. Il n'est pas possible que j'aille habiter actuellement cette maison qui est tout en l'air[1], et je me détermine, assez malgré moi, à rester ici jusqu'à la Toussaint, dans l'espérance que tout sera terminé pour ce temps. Si cependant les travaux exigeaient huit ou dix jours de plus, je pourrais, à tout prendre, retarder encore et ne partir qu'à la Saint-Martin. Mais nos grandes affaires souffriront d'autant plus que je retarderai davantage; ainsi, il ne faut pas perdre de temps, sans cependant trop presser les travaux, pour ne pas nuire à leur solidité.

Je vais écrire à Lucas de vous remettre la somme de 3000 livres, et, lorsqu'il faudra consigner de l'argent pour le prix principal de l'acquisition[2], vous voudrez bien m'en donner avis quelques jours d'avance. M. Aubert m'a écrit une grande lettre d'excuses, dans laquelle il avoue que son procureur n'a pas été assez vigilant; je vais lui répondre un mot, parce qu'il me paraît très-contristé et que je ne puis douter de son zèle personnel.

Vous trouverez ci-jointe une longue lettre à M. le vicomte de Querhoënt[3], que je vous prie de lire, et auquel je ne puis refuser une petite collection de graines, parce qu'il m'a fourni plusieurs observations pour mon ouvrage sur les oiseaux. Examinez aussi l'insecte qui est renfermé dans ce morceau de papier, et, si vous ne le connaissez pas plus que moi, voyez au Cabinet et consultez MM. Daubenton; après quoi vous me marquerez ce que je puis répondre et sur l'insecte et sur les graines, et vous me renverrez aussi la lettre de M. de Querhoënt.

Je suis toujours dans les mêmes sentiments d'estime et d'attachement pour vous, mon cher monsieur Thouin, et je vous prie de me donner dans huit ou dix jours des nouvelles de la situation et du progrès des travaux.

Le comte DE BUFFON.

(Inédite. — Conservée dans les archives du Muséum.)

CCLXXII

A M. DE FAUJAS DE SAINT-FOND.

Montbard, le 3 octobre 1781.

J'ai reçu dans son temps, monsieur, votre lettre du 28 juillet, et je reçois aujourd'hui celle du 11 septembre. J'ai lu avec plaisir les feuilles qui y étaient jointes de votre Histoire du Dauphiné. J'ai fait passer à leur destination à Paris les feuilles pour MM. Adanson [1] et Pazumot. Je suis persuadé qu'avec vos bons yeux vous verrez les granits tels que je les ai vus, et, si vous m'eussiez fait l'honneur de venir à Montbard, je vous aurais communiqué mes observations et mes idées, que vous eussiez trouvées d'accord avec les vôtres. Les granits de l'abbé Soulavie [2] ne sont en effet que des grès à gros grains, et même très-impurs; mais c'est la moindre des bévues de ce jeune vicaire, qui n'est qu'un écolier, et qui écrit d'un ton de maître. J'ai quelques regrets que vous n'ayez pas lu, dans mes notes sur les *Époques de la nature*, ce que j'ai dit du roi géant Theutobocus, et de la dispute de Riolan et d'Habicot [3].

Comme je suis obligé de rester encore ici jusqu'à la Toussaint, je pourrai y recevoir les nouvelles feuilles dont vous me parlez. J'ai admiré votre enthousiasme physico-poétique au-dessus des montagnes [4] : ce morceau fera grand plaisir, et j'attends impatiemment votre préface et votre dernier mémoire sur les granits. J'aurais un si grand nombre de choses à vous dire sur cet article, que je ne puis les insérer dans une lettre.

Je crois que vous perdrez bien du temps pour la publication de votre ouvrage, si vous demandez des commissaires à l'Académie. On est actuellement en vacances ; on ne rentrera que dans six semaines, et les commissaires qu'on pourra vous nommer garderont votre livre plus de six autres semaines. Ainsi je crois que M. Adanson vous conseillera comme moi de prendre un privilége à la librairie, d'autant que lui-même peut être votre censeur.

A l'égard de la correspondance avec l'Académie, je pense, monsieur, que vous êtes du petit nombre des hommes auxquels on devrait non-seulement l'accorder, mais même l'offrir. J'en parlerai sur ce ton ; mais M. Adanson pourra vous dire que le nombre des correspondants est limité, et qu'il faut attendre qu'il vaque des places par mort, et je suis persuadé qu'il pourra vous faire inscrire comme expectant, parce que vos ouvrages sont bien connus de l'Académie. Vous ne me dites pas dans votre dernière si vous vous rendrez bientôt à Paris ; vous seriez sûr de me trouver encore ici jusqu'à la fin de ce mois, et je serais enchanté de vous recevoir et de vous renouveler les sincères assurances de toute l'estime et de tout l'attachement avec lesquels j'ai l'honneur d'être votre très-humble et très-obéissant serviteur.

Le comte DE BUFFON.

(Inédite. — De la collection de M. de Faujas de Saint-Fond.)

## CCLXXIII

### A M. JUILLET.

Montbard, le 22 octobre 1781.

Monsieur,

L'honnêteté et la confiance avec laquelle vous avez la bonté de me faire part de votre avis au sujet de la répartition des impositions pour les presbytères, mérite assurément toute ma reconnaissance, et, de quelque manière que le Conseil puisse décider, je n'en resterai pas moins persuadé que votre avis est de la plus grande équité. Je ne conçois pas même qu'on puisse en avoir un autre. Les bois appartenant au Roi, soit qu'ils soient dans sa main ou aliénés avec redevance, doivent être imposés comme les autres terres du domaine, ou bien les terres et les bois des particuliers ne doivent pas l'être. Je suis persuadé, monsieur, que si vous insistez, cet avis si juste et si raisonnable prévaudra. Je voudrais même, s'il était possible, y joindre mes faibles sollicitations. Je vais à Paris dans trois semaines; j'en parlerai pour mon compte, et sans m'autoriser de votre lettre, à M. Joly de Fleury [1] et à M. de Forges [2]. La décision contraire n'est venue, comme nombre d'autres, que du zèle des administrateurs des domaines, qui, ayant malheureusement part au produit des revenus domaniaux, cherchent à les augmenter par tous moyens; cependant la justice réclame, et je vois avec la plus grande satisfaction que vous en êtes ici l'organe. Cette haute qualité m'inspire les sentiments de la plus grande estime, et c'est avec le respect le mieux fondé que j'ai l'honneur d'être, monsieur, votre très-humble et très-obéissant serviteur,

Le comte DE BUFFON.

(Inédite. — Conservée aux archives du département de la Côte-d'Or, et communiquée par M. Rossignol.)

## CCLXXIV

### A L'IMPÉRATRICE CATHERINE II [1].

Au Jardin du Roi, le 14 décembre 1781.

Madame,

J'ai reçu, par M. le baron de Grimm, les superbes fourrures et la très-riche collection de médailles et grands mé-
daillons que Votre Majesté Impériale a eu la bonté de m'envoyer [2]. Mon premier mouvement, après le saisissement de
la surprise et de l'admiration, a été de porter mes lèvres sur
la belle et noble image de la plus grande personne de l'univers, en lui offrant les très-respectueux sentiments de mon
cœur.

Ensuite, considérant la magnificence de ce don, j'ai pensé
que c'était un présent de souverain à souverain, et que, si
ce pouvait être de génie à génie, j'étais bien au-dessous de
cette tête céleste, digne de régir le monde entier, et dont
toutes les nations admirent et respectent également l'esprit
sublime et le grand caractère. Sa Majesté Impériale est donc
si fort élevée au-dessus de tout éloge, que je ne puis ajouter
que mes vœux à sa gloire.

Cet ouvrage en chaînons [3], trouvé sur les bords de l'Irtich,
est une nouvelle preuve de l'ancienneté des arts dans son
Empire. Le Nord, selon mes *Époques*, est aussi le berceau de
tout ce que la nature, dans sa première force, a produit de
plus grand, et mes vœux seraient de voir cette belle nature
et les arts descendre une seconde fois du Nord au Midi, sous
l'étendard de son puissant génie [4]. En attendant ce moment
qui mettra de nouveaux trophées sur ses couronnes, et qui
ferait la réhabilitation de cette partie *croupissante* de l'Europe, je vais conserver ma trop vieille santé sous les zibelines
et les hermines, qui dès lors resteront seules en Sibérie, et
que nous aurions de la peine à habituer en Grèce et en Tur-

quie. Le buste auquel M. Houdon travaille [5] n'exprimera
jamais aux yeux de ma grande Impératrice les sentiments
vifs et profonds dont je suis pénétré; soixante et quatorze
ans imprimés sur ce marbre ne pourront que le refroidir
encore. Je demande la permission de le faire accompagner
d'une effigie vivante; mon fils unique, jeune officier aux
gardes, le portera aux pieds de son auguste personne. Il
revient actuellement de Vienne et du camp de Prague, où il
a été bien accueilli; et, puisqu'il ne m'est pas possible d'aller
moi-même faire mes remercîments à Votre Majesté Impériale, je donnerai une portion de mon cœur à mon fils, qui
partage déjà toute ma reconnaissance; car je substitue ces
magnifiques médailles dans ma famille comme un monument de gloire respectable à jamais. Tout Paris vient chez
moi pour les admirer, et chacun s'écrie sur la noble magnificence et les hautes qualités personnelles de ma bienfaitrice;
ce sont autant de jouissances ajoutées à ses bienfaits réels.
J'en ressens vivement le prix par l'honneur qu'ils me font,
et je ne finirais jamais cette lettre, peut-être déjà trop longue,
si je me livrais à toute l'effusion de mon âme, dont tous les
sentiments seront à jamais consacrés à la première et à
l'unique personne du beau sexe qui a été supérieure à tous
les grands hommes.

C'est avec le plus profond respect, et j'ose dire avec l'ado-
ration la mieux fondée, que j'ai l'honneur d'être,

Madame,

De Votre Majesté Impériale, le très-humble, très-
obéissant et très-dévoué serviteur.

Le comte DE BUFFON.

(Cette lettre, dont une copie authentique se trouve dans les manuscrits de
M. Humbert-Bazile, a été publiée avec des variantes par Grimm, dans sa
Correspondance littéraire, t. XI, page 70. M. Flourens en a donné divers
extraits.)

## CCLXXV

### FRAGMENT DE LETTRE A GUENEAU DE MONTBEILLARD.

Le 1er janvier 1782.

.... J'ai reçu en effet un magnifique présent de l'impératrice de Russie. Ce sont toutes les médailles en or qu'elle a fait frapper depuis son avénement au trône. Il y en a trente-neuf, dont trois ou quatre pèsent chacune cinquante louis. Vous les verrez, mon cher monsieur, et je compte les emporter à Montbard. Elle me promet de plus les médailles qu'elle fera frapper dans la suite, et me demande pour cela matière bien plus légère, c'est-à-dire les volumes que je dois faire imprimer. Elle a aussi commandé à M. Houdon de faire mon buste en marbre. Il y travaille actuellement.

(Ce fragment a été publié par M. Bernard d'Héry, dans son édition des *OEuvres* de Buffon, Paris, an XI; Vie de Buffon et Tables, page 85.)

## CCLXXVI

### A MADAME NECKER.

Le 20 janvier 1782.

Quelle bonté! quelle attention! Hé bien, ma très-respectable amie, je ne sortirai pas de deux jours et je vous dirai confidemment que cela convient encore plus à mon projet qu'à ma santé. Je ne veux pas me trouver jeudi à l'élection de l'Académie[1], et je pense que vous ne me désapprouverez pas, car je n'ai pas d'autre moyen d'éviter beaucoup de choses désagréables. Je serai donc enrhumé pour ces deux ou trois jours; mais vendredi ou samedi j'irai vous remercier mille fois et vous porter tous les sentiments de mon cœur.

BUFFON.

(Inédite.)

## CCLXXVII

### A MADAME DAUBENTON.

Au Jardin du Roi, le 22 janvier 1782.

On fait au premier jour de l'an un nouveau contrat avec la vie; mais avec un ancien ami il n'est pas besoin de faire un pacte nouveau, et tous les jours sont égaux quand les sentiments sont toujours les mêmes. Aimer constamment est une rare vertu; apprenez de bonne heure cette morale à la jolie Betzy. Vous m'avez fait grand plaisir de me donner de ses nouvelles; je la baise et vous embrasse bien sincèrement.

La fête d'hier[1] s'est passée sans tumulte et sans accident, grâce aux grandes précautions qu'avait prises M. le lieutenant de police. La reine est embellie de sa couche[2]; un Dauphin[3] produit gloire et santé. Sa première couche avait un peu flétri sa beauté, et celle-ci paraît l'avoir augmentée.

J'écrirai dans quelques jours à mon frère. Faites-lui mes amitiés ainsi qu'à M. et à Mme Nadault[4]. Mon fils vous assure tous de son respect. Adieu, ma très-chère amie, je crois que je ne tarderai pas plus de six semaines à jouir du plaisir de vous revoir.

                                        BUFFON.

J'oubliais de vous dire que les observations sur les cygnes me sont arrivées trop tard. Je n'ai pas répondu dans ce temps à votre cher oncle[5], parce que j'espérais pouvoir les employer; mais malheureusement les bonnes feuilles de cet article du cygne étaient entièrement tirées. Au reste, ses observations s'accordent assez bien avec celles que j'ai recueillies d'ailleurs. J'écrirai au premier jour au cher oncle, pour le remercier d'une lettre charmante qu'il a eu la bonté d'écrire à mon fils. Adieu, très-chère amie; dites quelque chose pour moi à votre chère tante, qui est aussi une bonne amie.

(De la collection de M. Henri Nadault de Buffon. — Publiée par M. Flourens.)

## CCLXXVIII

### AU PRÉSIDENT DE RUFFEY.

Paris, le 14 février 1782.

Mon cher Président, mon très-ancien ami, les marques de votre souvenir me font en tout temps le plus sensible plaisir, et je voudrais que votre terre de Montfort vous obligeât plus souvent à venir dans notre canton. Je compte retourner à Montbard avant Pâques; j'y passerai le printemps et peut-être l'été. Ne puis-je espérer de vous y recevoir pendant ce long espace de temps? Ma santé, moins ferme que la vôtre, ne me permet pas de voyager aussi facilement que vous pouvez le faire; car vous avez en forces dix ans de moins que moi. Vos fêtes, dont j'ai lu la relation [1], paraissent avoir été mieux ordonnées que celles de l'hôtel de ville de Paris, où il y a eu beaucoup de confusion. Les impôts dont vous me parlez menacent tout au plus de loin; car le ministre des finances [2] se conduit à merveille; les emprunts se remplissent avec empressement, et il est certain que pendant toute l'année il ne sera pas forcé à mettre de nouveaux impôts, malgré cette guerre ruineuse qui engloutit tant de millions dans la mer.

Vous me demandez, mon cher Président, des nouvelles de mes travaux. Il va paraître dans un mois un second volume de supplément aux animaux quadrupèdes; dans quatre mois, le neuvième et dernier volume de l'Histoire des oiseaux; et, dans huit mois, le premier volume de l'Histoire des minéraux. Adieu, mon très-cher Président, mille tendres respects à Mme de Ruffey.

BUFFON.

(Inédite. — De la collection de M. le comte de Vesvrotte.)

## CCLXXIX

### A M. TRÉCOURT.

Au Jardin du Roi, le 7 mars 1782.

J'ai adressé, monsieur Trécourt, une caisse et un mannequin pour le sieur Lavoignat, qui arriveront à Montbard dimanche matin par la diligence, c'est-à-dire aussitôt que cette lettre. Le mannequin contient des pattes d'asperges et de graines pour mon potager; mais il y a dans la caisse un paquet de papiers et quelques brochures que vous demanderez à Lavoignat. Vous trouverez dans le paquet de papiers les cahiers manuscrits suivants:

| | |
|---|---|
| 1° deux cahiers de l'or............ | 107 pages. |
| 2° un cahier de l'argent.......... | 53 |
| 3° un cahier du cuivre .......... | 79 |
| 4° un cahier de l'étain........... | 44 |
| 5° un cahier du plomb........... | 47 |
| 6° un cahier du mercure ......... | 65 |
| 7° un cahier de l'antimoine....... | 14 |
| 8° un cahier du bismuth......... | 10 |
| 9° enfin un cahier du zinc ....... | 20 |
| | 439 |

Vous y trouverez aussi assez de papier de Comte pour faire une nouvelle copie de ces neuf cahiers, que je vous prie de faire le plus exactement qu'il sera possible[1].

Et à l'égard des brochures, vous verrez s'il n'y a rien que vous puissiez extraire, et vous les remettrez dans mon cabinet[2]. Je ne crois pas que je puisse arriver avant Pâques à Montbard; mais voilà, ce me semble, plus d'ouvrage que vous n'en ferez d'ici à ce temps. Je suis toujours dans les mêmes sentiments pour vous, monsieur Trécourt.

Vous mettrez le port de cette lettre sur ma dépense.

Le comte DE BUFFON.

(Tirée de la collection de M. Nadault de Buffon, et précédemment publiée dans la Revue archéologique, année 1855, article *Montbard et Buffon.*)


## CCLXXX

### A MADAME NECKER.

Au Jardin du Roi, le lundi 19 avril 1782.

Non, ma tendre et généreuse amie, vous n'avez pas manqué hier à votre parole, et je n'allais pas vous demander à dîner, mais seulement vous voir un instant et vous communiquer la lettre dont je charge mon fils pour l'impératrice de Russie. Comme j'y dis un mot de M. Necker, je voulais vous la montrer, et j'en joins ici la copie. Comme mon fils part demain matin, je serai libre et je pourrai aller dîner ce même jour rue Bergère[1], ou à Saint-Ouen[2]. Ainsi je me rendrai demain à votre hôtel à deux heures, et je poursuivrai mon chemin pour Saint-Ouen, si vous n'êtes pas arrivée. J'avoue, ma noble amie, que j'ai un peu le cœur en presse; mais il se dilatera par le plaisir de vous voir, et votre charmante lettre me produit déjà ce bon effet. Je vous en remercie, mon adorable amie.

BUFFON.

Si M. Necker ne se souciait pas de ce que je dis dans ma lettre, il serait encore temps de le supprimer en me la renvoyant ce soir.

(Inédite.)

## CLXXXI

### A L'IMPÉRATRICE CATHERINE II.

Au Jardin du Roi, le 23 avril 1782.

Voilà le buste avec mon fils[1], et peu s'en est fallu que je ne sois parti avec M. Necker, qui a comme moi la plus haute admiration et le plus profond respect pour la personne de Votre Majesté Impériale. Mais mes soixante-quatorze ans et ses travaux, même dans son loisir, ne le permettent pas, et ne nous laissent que des regrets. Mon fils n'est encore qu'un enfant de dix-huit ans; avec toute la candeur de son âge, il en a la légèreté et le peu de tenue. J'ose supplier ma généreuse Impératrice de le faire avertir et même frapper de quelque disgrâce, s'il ne se conduit pas bien. Sa bonté me pardonnera cette inquiétude paternelle, causée par la crainte que ce trop jeune envoyé ne fasse quelque faute.

La lettre tracée de la main de Votre Majesté Impériale[2] m'a transporté et a ravi tous ceux auxquels j'en ai fait la lecture. Elle est écrite du plus beau style en notre langue; c'est un morceau sublime qui, dans quatre lignes, renferme l'essence de mes ouvrages, et, dans tout le reste, annonce la grandeur et la bonté jointes à la supériorité des lumières. Cette lettre est mon trésor. C'est mon plus noble laurier. Je dois donc à Votre Majesté Impériale ma gloire et ma santé; les zibelines l'ont conservée tout cet hiver, et je compte qu'elles me feront la même faveur pendant vingt ans. Ce terme est assez long pour que j'aie le plaisir de les voir s'habituer aux climats modérés.

J'ai l'honneur d'être, avec la plus vive reconnaissance et le respect le plus profond, madame, de Votre Majesté Impériale, le très-humble, très-obéissant et très-dévoué serviteur.

Le comte DE BUFFON.

(Inédite. — Une copie authentique de cette lettre se trouve parmi les manuscrits de M. Humbert-Bazile. Nous en devons la communication à l'obligeance de Mme Beaudesson, sa fille. M. Flourens en a publié un extrait.)

## CCLXXXII

### A M. LE COMTE DE BUFFON,

OFFICIER AUX GARDES FRANÇAISES[1].

Montbard, le 7 mai 1782.

Je reçois, mon cher fils, la lettre que vous m'avez écrite de Strasbourg et que vous avez oublié de dater. Mlle Blesseau[2] a de même reçu ici, le 4 de ce mois, la lettre que La Rose[3] lui a écrite de Vitry-le-François pour lui demander la clef de votre nécessaire, la carte des postes d'Allemagne et l'atlas géographique que vous avez également oubliés. Cette lettre est, comme vous le voyez, arrivée bien trop tard, et d'ailleurs vous n'avez pas laissé la clef du nécessaire dans votre chambre; car, avant mon départ de Paris, c'est-à-dire trois jours avant le vôtre, on a eu soin de bien visiter votre appartement et d'enfermer tout ce qui était resté, et cette clef ne s'est pas trouvée. Ainsi vous n'aurez pas eu d'autre parti à prendre que de faire ouvrir de force cette caisse du nécessaire, au risque de casser quelque chose.

Vous m'avez fait plaisir de m'apprendre que vous êtes arrivé à Strasbourg en parfaite santé, que la vache n'a occasionné aucun accident, et que la malle pourra aller jusqu'à Pétersbourg sans être déballée. Sans doute vous aurez mis à la broderie les 36 livres que je vous avais données pour avoir une autre malle. Comme vous comptez prendre de l'argent à Francfort, vous m'en aurez sans doute donné avis, ainsi que des autres endroits où vous pourrez en prendre, afin que je puisse donner des ordres pour satisfaire M. Tourton[4] à mesure que vous tirerez sur lui. Je trouve, mon cher ami, que vous avez très-bien fait d'employer cinq jours au lieu de quatre[5] pour aller de Paris à Strasbourg, et je serai très-content si vous ne faites en effet que vingt lieues chaque jour : c'est le moyen le plus sûr pour arriver frais et bien portant à Pétersbourg. Je vous adresse cette lettre un peu au hasard à Berlin, parce que je pense que vous y ferez quelque séjour, et que vous ne manquez pas de donner votre adresse au bureau de la poste, dans les principaux endroits où vous passez, afin que les lettres qui pourraient y arriver après votre départ puissent vous être envoyées : car, sans cette précaution, il arrivera, comme l'année passée, qu'il y aura des lettres perdues.

Vos oncles, le chevalier de Buffon et le chevalier de Saint-Belin, ainsi que votre petite tante Nadault et son mari, vous font mille amitiés et désirent avec moi que vous fassiez un heureux voyage. Le chevalier de Buffon vient de partir pour en faire un de deux cents lieues ; il va à Brest, où son régiment est en garnison, et il fait encore ici, comme en Alsace, un temps affreux pour la saison. La végétation est retardée de cinq ou six semaines : les vignes sont encore dans leur habit d'hiver, et le vin de cette année sera de la plus médiocre qualité, car le raisin n'aura pas le temps de croître et mûrir.

Les chevaux de poste de notre route de Montbard à Joigny ont été mandés ces jours-ci pour attendre M. le comte et Mme la comtesse du Nord [6] sur la route de Dijon à Auxerre, et, comme ces chevaux ne sont pas encore de retour, il y a apparence que ce prince n'arrivera que le 8 et peut-être le 10 à Paris.

Je vous adresserai dorénavant toutes mes lettres à Pétersbourg, où je compte que vous pourrez arriver dans un mois. Vous trouverez probablement encore de la neige avant que d'arriver dans cette capitale, où votre principale attention sera de témoigner de ma part la plus vive et la plus respectueuse reconnaissance à la grande souveraine, à laquelle vous ferez aussi la cour de votre mieux. Adieu, mon très-cher fils, je vous embrasse du meilleur de mon cœur.

Le comte DE BUFFON.

(Inédite. — De    collection de M. Henri Nadault de Buffon.)

## CCLXXXIII

### A MADEMOISELLE HÉLÈNE BEXON.

Montbard, le 26 mai 1782.

Mon cher abbé ne me donne pas signe de vie : je sais cependant qu'il n'est pas mort ; mais je suis dans l'inquiétude, et je crains vraiment qu'il ne soit malade ou incommodé au point de ne pouvoir écrire. Dans ce cas, je supplie ma belle Hélène [1] de me donner de ses nouvelles ainsi que des siennes et de celles de Mme sa mère, et je les prie tous trois de recevoir les assurances de mon fidèle attachement.

(Publiée par François de Neufchâteau et par M. Flourens.)

## CCLXXXIV

### A M. LE COMTE DE BUFFON,
#### OFFICIER AUX GARDES FRANÇAISES.

Montbard, le 27 mai 1782.

Vous avez dû, mon cher fils, recevoir une de mes lettres à Berlin, en réponse à celle que vous m'avez écrite de Strasbourg : j'ai reçu, depuis, vos deux lettres datées de Francfort le 5, et de Gotha le 9 de ce mois. Je n'aurais pas eu le temps nécessaire pour vous faire parvenir ma réponse à Riga, et je vous adresserai dorénavant mes lettres directement à Pétersbourg, où j'espère que vous pourrez arriver vers le 15 de juin. Je vous ai bien plaint, mon cher ami, à cause du mauvais temps qui dure encore ; car, depuis près d'un mois que je suis à Montbard, nous n'avons pas eu un seul jour de beau, et je suis obligé de garder le coin du feu comme en hiver. Je crains donc que vous n'ayez beaucoup souffert, et j'attends impatiemment de vos nouvelles. J'ai fait rembourser à MM. Tourton et Baur[1] les 1500 livres que vous avez tirées à Francfort. Je ne sais si cette somme vous aura suffi pour gagner Pétersbourg ; mais en tout cas je ferai honneur à vos traites à mesure qu'elles arriveront. Je n'entends pas dire qu'il y ait encore aucune promotion de faite dans votre régiment ; mais je vais écrire à M. Daldare, pour en être informé, et peut-être l'ami Guillebert, qui est sur les lieux, pourra le savoir mieux que moi par M. Turgot[2] ou par quelque autre de vos camarades. Votre colonel, le bon maréchal, m'a fait dire qu'il était enchanté des tulipes que vous lui avez envoyées de Hollande l'année dernière ; elles sont très-belles et ont parfaitement réussi[3]. Il a demandé en même temps de mes nouvelles et des vôtres, et je crois que, si notre grande impératrice vous disait quelque chose d'agréable pour lui, vous feriez bien de le lui écrire, sans augmenter ni diminuer sur ce qu'elle vous aura dit. M. le comte et Mme la comtesse du Nord sont arrivés le 18 à Paris, et ont été le 20 à la cour de Versailles[4] ; j'ai un véritable regret de n'être pas à portée de les voir. Ils assisteront aujourd'hui, 27, à une séance de l'Académie française, où j'aurais été très à portée de leur faire ma cour ; mais je suis éloigné de soixante lieues, et j'ai seulement donné des ordres pour qu'ils soient prévenus et bien reçus tant au Cabinet qu'au Jardin du Roi. Tout le monde se loue de leur honnêteté et de leurs bonnes attentions. Tâchez, mon cher ami, de vous bien conduire et de ne pas déplaire à la grande princesse que vous avez le bonheur de voir. Témoignez-lui surtout ma vive et respectueuse reconnaissance, et combien je suis flatté de son estime. Vous savez que sa lettre a été admirée de tout Paris ; cependant j'ai cru devoir, par respect, n'en point donner de copie, non plus que des miennes.

Vos oncles et tantes sont en bonne santé et me chargent de vous faire toutes leurs amitiés ; Mlle Blesseau vous remercie de votre souvenir. Elle a reçu deux lettres de La Rose, mais c'était seulement au sujet de ce que vous aviez oublié. Je suis fort aise que vous ayez retrouvé la clef du nécessaire, et, à l'égard des cartes, je crois que vous aurez pu en retrouver de semblables en Allemagne. Ayez soin, je vous prie, de vivre en paix avec vos gens et de les payer toutes les semaines; c'est une des choses que je vous ai le plus essentiellement recommandées; et pour votre santé, ne buvez ni liqueur forte ni eau-de-vie, et ménagez-vous sur le grand mouvement que vous aimez à vous donner. Continuez aussi à me donner de vos nouvelles de huit jours en huit jours, et je ne manquerai pas de vous répondre de quinzaine en quinzaine. Je crois que votre voiture aura besoin de réparation à Pétersbourg, et je vois bien que les mauvais chemins vous ont obligé de prendre souvent plus de quatre chevaux, et qu'il vous a été impossible de faire même vos vingt lieues par jour. Comme la saison est retardée cette année de plus d'un mois, je crains que vous n'ayez trouvé beaucoup de neiges, et peut-être des glaces, surtout de Riga à Pétersbourg. Vous m'avez fait grand plaisir en m'apprenant que vos couleurs reviennent. Je vous assure, mon cher ami, qu'il ne tient qu'à vous de conserver la plus belle fleur de la santé, mais c'est en suivant les conseils que je vous ai donnés. Si vous n'avez pas écrit de Gotha à M. le baron de Grimm[5], il ne faut pas manquer de lui écrire depuis Pétersbourg. Vous lui devez de la reconnaissance pour l'intérêt qu'il a pris à votre voyage, et je n'aurais pas été fâché que vous vous fussiez arrêté plusieurs jours à Gotha, où vous savez qu'il est aimé et où je crois qu'il vous avait recommandé. Vous me direz si toutes les choses dont vous étiez chargé sont arrivées en bon état. Je suis encore plus inquiet du tableau[6] que du buste. Mme Necker et nos autres amis de Paris me demandent tous de vos nouvelles; vous devriez en donner à votre oncle le chevalier de Buffon, qui est à Brest avec son régiment. L'abbé du Rivet[7] est obligé de plaider contre l'évêque d'Autun[8], et son premier moyen est de dire que le Roi ne lui a pas donné une abbaye pour le faire mourir de faim.

Vous devriez aussi écrire à ce bon oncle ; ce serait une grande consolation pour lui. Adieu, mon très-cher fils, je vous embrasse du meilleur de mon cœur.

Le comte DE BUFFON.

(Inédite. — De la collection de M. Henri Nadault de Buffon.)

## CCLXXXV

### AU MÊME.

Montbard, le 10 juin 1782.

J'ai reçu, mon cher fils, votre lettre datée du 18 mai de Potsdam, et ensuite de Berlin du 20 du même mois de mai, et je suis fort content du détail circonstancié que vous me faites. Vous avez très-bien répondu à Sa Majesté Prussienne, et vous ne pouviez guère en dire plus au sujet de mes ouvrages ; mais, mon cher ami, vous avez oublié une chose qui était essentielle : c'était de mettre un grain d'encens dans la lettre que vous lui avez écrite pour lui demander la permission de lui faire votre cour [1]. Je suis persuadé que vous auriez été encore bien mieux reçu, si vous lui eussiez fait un petit compliment dans cette lettre sur son mérite très-supérieur et sur la grande gloire qu'il s'est acquise en tous genres. Je vous donne cet avis pour que vous le mettiez à profit dans une autre circonstance, par exemple auprès du roi de Suède et auprès du roi de Prusse lui-même, si vous repassez par Berlin. Vous serez certainement auprès de notre grande impératrice lorsque vous recevrez cette lettre-ci ; renouvelez à Sa Majesté mes protestations de la plus haute et de la plus respectueuse estime pour sa personne. M. le comte et Mme la comtesse du Nord ont fait une première visite au Jardin du Roi à Paris le 28 de mai, et ils doivent y retourner ces jours-ci [2]. Ils ont eu assez de bonté pour témoigner quelques regrets de ne m'y pas trouver, et ils ont même dit qu'ils seraient venus prendre leur logement chez moi à Montbard, s'ils eussent été informés de mon séjour. Je regrette moi-même infiniment d'avoir ignoré leur intention et de n'avoir pu les prévenir. Ils se font aimer et respecter partout où ils vont; mais ils sont arrivés à Paris dans une triste circonstance : notre armée navale, composée de trente-deux vaisseaux de ligne, aux ordres de M. de Grasse, a été battue avec perte de plus de 2 ou 3000 hommes, et sept de nos plus beaux vaisseaux. Celui de *la Ville de Paris* entre autres, de 110 canons de bronze, que montait M. de Grasse, a été pris avec lui-même, et 800 hommes d'équipage. Il a livré ce combat aux Anglais pour faire passer les vaisseaux de transport sur lesquels étaient embarqués 15 000 hommes de nos troupes de terre. Ils ont en effet passé à Saint-Domingue pour y joindre les Espagnols qui sont au nombre de 11 000, et qui doivent attaquer ensemble les possessions des Anglais à la Jamaïque. Le Roi vient d'ordonner la construction de douze nouveaux vaisseaux du premier rang. Notre province de Bourgogne en donne un de 110 canons[3]. Mais il faut du temps pour les faire, et toute cette campagne nous ne pourrons être que sur la défensive dans les mers de l'Amérique[4].

Je viens d'écrire à Paris pour qu'on remette à MM. Tourton et Baur les 1500 livres que vous avez tirées sur eux à Berlin. Je crois que vous aurez reçu dans cette même ville la lettre que je vous y ai adressée dès le commencement du mois de mai; je vous en ai écrit une seconde le 27 du même mois, que je vous ai adressée à Pétersbourg. Votre petit journal de voyage a fait grand plaisir ici à tous vos parents et amis. M. et Mme de Montbeillard surtout en ont été enchantés. Vous feriez bien de leur écrire, ou du moins de leur faire des compliments, ainsi qu'à vos autres amis, dans les lettres que vous m'écrivez. Le vicomte et la vicomtesse de La Rivière sont ici et vous font leurs amitiés. Le mauvais temps a enfin cessé, et voilà quatre ou cinq beaux jours de suite. Vous avez dû être bien ennuyé et bien fatigué des mauvais chemins, et vous ferez bien de vous reposer à Pétersbourg aussi longtemps qu'on vous le permettra; car il faut que Sa Majesté Impériale voie que vous n'avez fait ce voyage que pour elle, et il faut subordonner à sa volonté tous vos autres projets. Rien n'est si juste et plus convenable; d'ailleurs, vous dépenserez certainement moins à Pétersbourg que sur les chemins avec six ou huit chevaux à votre voiture.

Songez, mon très-cher fils, à ne point accepter d'argent, si cette grande princesse vous en offrait, sous le prétexte de payer les frais du voyage du buste, ou sous tout autre prétexte; ne recevez point d'argent. Je crois même qu'elle pense assez grandement et assez délicatement pour ne vous en point offrir; mais si elle vous offre son portrait ou un autre cadeau en bijoux, etc., vous pouvez l'accepter en y mettant toute la modestie possible. Le plus grand cadeau qu'elle puisse vous faire serait de marquer sa satisfaction au bon maréchal de Biron, et, si elle ne voulait point lui écrire, elle pourrait lui faire dire quelque chose, même avant votre départ, par son ambassadeur, M. de Baratinsky, que je crois avoir vu chez M. le maréchal de Biron. Je ne crois pas que les promotions de votre régiment soient encore arrangées. J'ai écrit à Paris pour en être informé, et j'espère le savoir et vous en donner avis dans la première lettre que je vous écrirai. J'ai fait passer à votre ami Guillebert la copie de votre dernière lettre, qui lui aura fait autant de plaisir qu'à moi. Continuez, mon cher ami, à ménager votre santé et à bien traiter vos gens; ne craignez pas que vos lettres soient trop longues : on ne s'ennuie jamais de lire ou d'entendre les personnes qu'on aime tendrement, et je crois, mon très-cher fils, que vous ne doutez pas que je n'aie ces sentiments pour vous.

Le comte DE BUFFON.

(Inédite. — De la collection de M. Henri Nadault de Buffon.)

## CCLXXXVI

### A L'ABBÉ BEXON.

Montbard, vendredi, 14 juin 1782.

Je suis enchanté d'avoir reçu de bonnes nouvelles de la
santé de M. l'abbé Bexon, et je n'ai pas le temps de lui répondre aujourd'hui en détail. Je lui recommande seulement
la correction des deux feuilles ci-jointes, qui sont bien brouil-
lassées[1].

Il me fera aussi plaisir de m'envoyer le reste de ses extraits sur les sels, auxquels je n'ai pas encore commencé de
travailler ; tout mon temps a été employé à donner la dernière main aux articles des métaux et minéraux métalliques.

BUFFON.

(Publiée par François de Neufchâteau et par M. Flourens.)

## CCLXXXVII

### AU MÊME.

Montbard, le 18 juin 1782.

Vous pouvez, monsieur et cher abbé, disposer le sixième
volume des oiseaux comme vous le proposez, et je crois en
effet que l'ordre ne sera guère interrompu par cette disposition.

A l'égard de la petite caisse qui vous a été remise par
M. Houdon[1], je vous prie de la remettre au sieur Lucas, auquel j'ordonne de la serrer dans mon cabinet en attendant
mon retour : car elle peut contenir des choses qu'il faut que
j'examine, et, réflexion faite, je vais écrire à Lucas de me
l'envoyer ici.

Mon fils n'est pas encore à Pétersbourg, et n'y sera probablement que le 24 ou 30 de ce mois. Il a passé quelques jours à Gotha, huit jours à Berlin, et le roi de Prusse lui a fait un accueil très-distingué. M. Guillebert peut vous en communiquer le détail.

J'ai commencé la lecture de l'article des pétrels, et j'en suis fort content; cependant vous y trouverez encore un assez bon nombre de corrections. Je pense qu'il faut en effet écrire *pétrels*, et non pas *pétérels*[1], d'autant qu'il est dit en deux endroits différents que pétrel vient de Peter (Pierre), qui se prononce *pêtre*. Au reste, j'ai rayé l'un de ces deux endroits, qui n'était que l'exacte répétition de l'autre. Panckoucke vient de m'écrire, et ne me parle ni de vous, monsieur, ni de votre ouvrage sur les quadrupèdes[2]; il m'apprend seulement, en gémissant, qu'il vient d'essuyer une banqueroute de 100 000 francs, et je suis vraiment fâché de n'être pas actuellement dans la possibilité de l'aider; mais les dépenses du Jardin du Roi absorbent non-seulement tous mes fonds, mais me forcent même à emprunter.

Je remercie ma chère et belle Hélène de sa bonté pour mon image[3]. La sienne est souvent présente à mes yeux. Vous ne me dites rien de Mme votre mère; cela me fait penser qu'elle est en bonne santé. Recevez tous trois les assurances de ma tendre amitié et de mon inviolable attachement.

BUFFON.

(Publiée par François de Neufchâteau et par M. Flourens.)

## CCLXXXVIII

### A M. SIGUY,

ARCHITECTE A PARIS.

Montbard, le 24 juin 1782.

J'ai reçu, monsieur, les épreuves de la vue de Montbard[1]; je vous en fais tous mes remercîments, ainsi que de la dédi-

cace[2]. La vue a été bien prise et la gravure bien exécutée ;
elle fait l'effet d'un beau paysage. Seulement ce point de vue
ne développe pas assez l'étendue du terrain ; mais ce n'est
pas votre faute, monsieur, et tout cet ouvrage est très-bien.
Recevez les sentiments de ma reconnaissance et ceux de l'estime et de l'attachement avec lesquels j'ai l'honneur d'être,
monsieur, votre très-humble et très-obéissant serviteur.

Le comte DE BUFFON.

(Inédite. — Communiquée par M. Boilly.)


## CCLXXXIX

### A M. LE COMTE DE BUFFON,
#### OFFICIER AUX GARDES FRANÇAISES.

Montbard, le 4 juillet 1782.

Je reçois, mon très-cher fils, votre lettre datée de Memel
du 9 juin, et j'ai reçu il y a douze jours celle datée de Dantzick le 31 mai. Mlle Blesseau a aussi reçu celle de La Rose, et
je suis très-content de votre exactitude à nous donner et faire
donner souvent de vos nouvelles. Je vois, par le détail que
vous me faites, combien la dépense de la route doit augmenter ; mais, mon cher ami, si vous vous conduisez bien, je
n'aurai regret à rien. C'est surtout à Pétersbourg où vous
devez faire votre réputation ; d'ailleurs, je crois que vous
dépenserez beaucoup moins que sur les grands chemins, et
je vous conseille d'y rester aussi longtemps que vous vous y
trouverez bien et que Sa Majesté Impériale vous le permettra. Vous pourriez seulement faire un voyage à Moscou et revenir ensuite à Pétersbourg. Je n'insiste point du tout sur le
projet d'aller en Suède et en Danemark, et j'aime encore
mieux que l'Impératrice voie par votre long séjour dans ses
États que vous n'avez fait ce voyage que pour lui faire votre

cour et la mienne. Vous pourrez même vous dispenser d'aller
à Archangel, et, si vous êtes bien accueilli, comme je l'espère, et que Sa Majesté ne s'ennuie pas de vous voir, vous
ferez bien de rester à Pétersbourg jusqu'à la fin de septembre; après quoi vous pourriez revenir tout doucement en
passant par un autre chemin, c'est-à-dire par la Pologne, si
vous ne voulez pas passer par la Suède. Mais j'aimerais encore mieux que vous restassiez à Pétersbourg jusqu'à la fin
d'octobre, car je voudrais concilier votre retour avec ma
marche. Je compte retourner à Paris vers la fin de septembre, et revenir à Montbard au commencement de décembre.
Je serai enchanté de vous y recevoir pour mes étrennes dans
le mois de janvier. Arrangez-vous pour cela, et, comme je
vous le dis, donnez le plus de temps que vous pourrez à notre
grande Impératrice. M. le comte et Mme la comtesse du Nord
sont actuellement à Brest. Ils ont emporté les regrets de tous
ceux auxquels ils ont permis de les approcher; il n'y a sur
cela qu'une voix à Paris, en province et à la cour. Ils ont fait
en plusieurs endroits des actes de bienfaisance qui leur font
beaucoup d'honneur. M. le comte du Nord s'est entretenu de
l'augmentation des glaces des Alpes et de quelques autres
sujets qui prouvent ses connaissances en bien des genres, et
Mme la comtesse s'est acquis le respect et l'estime de tout le
monde par sa grande affabilité [1]. On parle de paix, et je crois
que c'est avec quelque fondement [2]: Gibraltar ne peut plus
tenir depuis qu'il est assiégé du côté de la mer, et il est
presque certain que les assiégés seront obligés de se rendre
sous moins de six semaines ou deux mois [3]. Vous savez peut-
être que M. le comte d'Artois est parti [4] pour cette belle expédition, que l'on dirige sur les plans de notre ami le marquis
de Saint-Auban [5].

Je viens de recevoir une lettre de M. Schowaloff, datée de
Pétersbourg le 15 de février; cette lettre a été remise avec
une petite boîte à M. Houdon [6] et m'a été envoyée ici. J'y ai
trouvé trois superbes morceaux de malachite, l'un cristal-

lisé, l'autre soyeux, et le troisième en mamelons; nous n'avons rien de si beau dans ce genre au Cabinet du Roi, et je vous prie d'en faire mes remercîments à M. de Schowaloff, car je suis encore plus flatté de son bon souvenir que du beau présent. C'est un homme si digne et si respectable, que vous ferez bien de le voir souvent et de lui lire cet article de ma lettre, en l'assurant de tous mes sentiments de respect et de reconnaissance.

M. de La Billarderie m'a mandé que vous lui aviez écrit, et vous avez bien fait. Vous devriez écrire aussi à notre ami M. Gueneau de Montbeillard et à votre oncle le chevalier de Buffon, qui est avec son régiment à Brest pour jusqu'au commencement d'octobre. Votre bon ami Guillebert travaille auprès de M. de Tolozan, et celui-ci travaille auprès de l'évêque d'Autun pour votre oncle l'abbé du Rivet, et je crois qu'ils viendront enfin à bout d'obtenir la diminution qu'ils demandent. Je travaillerai moi-même pour M. Guillebert auprès de M. Gojard, auquel j'ai déjà écrit; mais il faut un peu de patience dans toute affaire. Celles du Jardin du Roi ne sont pas encore à beaucoup près finies; mes premières lettres patentes ne sont pas même enregistrées, et il y a eu des obstacles de toute nature. M. Verniquet est actuellement ici et retourne dans deux jours à Paris pour faire continuer les travaux : tous les gens qui peuvent vous intéresser ici se portent bien. Adieu, mon très-cher fils, portez-vous bien vous-même, ménagez votre santé et votre bourse, mais sans lésine. J'attends incessamment un troisième avis de M. Tourton, car je crois que vous aurez tiré de l'argent à Riga, et sans doute vous allez encore en tirer à Pétersbourg. Je vous embrasse du meilleur de mon cœur.

Le comte DE BUFFON.

Cette lettre est la troisième que je vous écris à Pétersbourg. Je reçois dans ce moment des billets de mariage d'un de vos

camarades, le marquis d'Ancourt, avec Mlle de Marizy, fille
de M. de Marizy, grand maître des eaux et forêts de notre
province.

(Inédite. — De la collection de M. Henri Nadault de Buffon.)

## CCXC

### A MADAME NECKER.

Montbard, le 12 juillet 1782.

Je pourrais chaque jour, et plusieurs fois par jour, écrire
des *billets ravissants* à mon adorable amie, puisque, toutes
les fois que je pense à ses tendres bontés, mon cœur est *ravi*
et mon âme enivrée de plaisir. *Tout ce qu'il dit, je le sens.* Ah
Dieu! ce mot plus que ravissant suffit à mon bonheur; mais
ne m'impose-t-il pas la loi de n'en pas dire davantage? Et
comme je ne veux ni me répéter ni déchoir, ma généreuse
amie me pardonnera et ne m'en aimera pas moins, si je ne
lui écris aujourd'hui qu'une pauvre gazette.

Ce que vous me marquez, ma noble amie, au sujet du
comte et de la comtesse du Nord, m'a fait d'autant plus de
plaisir, que je crois être bien assuré que vous aurez encore
contribué à la bonne opinion qu'ils ont de moi, et j'avoue
que j'ai quelques regrets de ne les avoir pas vus, surtout à
cause de mon fils qu'ils trouveront peut-être à Pétersbourg[1];
d'ailleurs j'ai reçu de leur part des témoignages directs d'estime et de bonté. Je vous les transcris, parce que je pense
que rien de ce qui me regarde n'ennuie ma tendre amie.

« Le comte et la comtesse du Nord, m'écrit le chevalier de
Buffon, sont partis ce matin 29 juin de Brest, où ils ont
passé deux jours. Ils m'ont choisi pour leur ministre plénipotentiaire auprès de vous, mon cher frère, et m'ont chargé
« de vous témoigner tous leurs regrets de ne vous avoir
« point trouvé à Paris. Votre buste, qui les attend à Péters-

« bourg, ne les dédommagera que faiblement de n'avoir
« point vu le modèle immortel auquel ils désiraient de ren-
« dre hommage. » Voilà, mon cher frère, ce que m'a dit
pour vous M. le comte du Nord, avec toute l'énergie de
Pierre le Grand; et Mme la comtesse y a ajouté quelques
mots avec toutes les grâces de son sexe. J'ai répondu en
ambassadeur; c'est à vous à présent à répondre en monarque.
J'ai reçu ma mission en présence de cent cinquante officiers
de la garnison assemblés pour leur faire la cour; le suffrage
a été général. J'ai eu un moment d'orgueil, j'en conserve
encore en m'acquittant de ma mission; elle est remplie, et
je redeviens modeste par un juste retour sur moi-même.
M. le comte du Nord n'est ni grand, ni beau, ni bien fait[2],
mais il a du nerf dans l'esprit, il est instruit, il cherche à
s'instruire, il est poli sans affectation, affable sans rien perdre
de sa dignité, et il paraît déjà fort avancé dans l'art de comparer les hommes et les choses. Mme la comtesse est grande,
blonde, fraîche et brillante comme une rose, sans être jolie.
Son embonpoint, un peu trop fort pour son âge, n'empêche
point que sa démarche et son maintien ne soient très-nobles.
Elle cherche à plaire par ses manières et par ses discours,
et elle y réussit. Entre autres propos spirituels ou obligeants
qu'elle a tenus à tous ceux qui lui ont été présentés, elle a
dit à M. le comte d'Hector[3], commandant la marine, et à
M. le comte de Langeron[4], commandant les troupes de terre,
en les remerciant, au moment de son départ, des attentions
et des louanges qu'ils ont reçues à Brest : « Je ne sais pas trop
« bien encore, messieurs, quelles sont les bornes que la
« politique peut prescrire aux liaisons de la Russie avec la
« France; mais ce dont je suis certaine et dont je vous assure
« avec grand plaisir, c'est que M. le comte du Nord et moi
« nous aimons beaucoup et nous aimerons toujours les Fran-
« çais. » Vous conviendrez avec moi, mon cher frère, que
ce trait de coquetterie est d'un genre très-noble. »

Pour moi, ma noble amie, comme je n'ai nulle coquetterie, je ne suivrai pas le conseil de mon frère, et je ne leur écrirai pas, parce que, ne les ayant pas vus, je ne pourrais leur dire que des choses vagues et leur faire des compliments communs dont ils doivent être excédés. D'ailleurs, je ne cherche point la gloire; je ne l'ai jamais cherchée, et, depuis qu'elle est venue me trouver, elle me plaît moins qu'elle ne m'incommode. Elle finirait par me tuer, pour peu qu'elle augmente. Ce sont des lettres sans fin et de tout l'univers, des questions à répondre, des mémoires à examiner. J'ai passé mes journées hier et avant-hier à faire des observations sur un long projet présenté au Roi pour les plantations de cent mille sapins pour la mâture de la marine[5]. Je n'aurais pas regret à mon temps si mes avis pouvaient être utiles; mais, dans ce haut pays où vous n'avez pas voulu rester, on consulte quelquefois les gens instruits, et on se détermine toujours par l'avis des ignorants. N'en parlons plus; mon cœur se repose en conversant avec vous. J'aurais encore bien des choses à vous dire; mais cette gazette n'est déjà que trop longue. Adieu donc, mon adorable amie; je vous proteste que je vous aime et vous aimerai toujours au delà de toutes expressions, quelque énergiques qu'elles puissent être.

BUFFON.

Encore une petite gazette, puisqu'il reste de la place. Mon fils a été bien accueilli du roi de Prusse. « Je connais beaucoup votre père de réputation; c'est l'homme qui a le mieux mérité la grande célébrité qu'il s'est si justement acquise. — Sire, rien ne le flattera davantage que d'apprendre l'opinion que Votre Majesté a de lui. — Oui, quand vous lui écrirez, dites-lui et faites-lui tous mes compliments; mais dites-lui aussi que cependant je ne suis pas totalement de son avis sur tous ses systèmes. — Sire, il ne fait que les offrir. » Cette conversation était en public, et finit par un propos encore plus gracieux : « Enchanté de vous avoir vu [6], » etc.

(Inédite.)

## CCXCI

### A M. LE COMTE DE BUFFON,

#### OFFICIER AUX GARDES FRANÇAISES.

Montbard, le 12 juillet 1782.

Je n'ai pas reçu de vos nouvelles, mon cher fils, depuis votre lettre datée de Memel le 19 juin; cependant, comme vous n'aviez d'argent que bien juste pour vous rendre à Riga, je m'attendais à recevoir dès le commencement de juillet un avis et une lettre de change remboursable à M. Tourton, et je crois toujours que cela ne tardera pas. Je ne vous écris donc aujourd'hui que pour le plaisir de m'entretenir avec vous, et pour vous dire encore combien j'ai de regrets de n'avoir pu faire ma cour à M. le comte et à Mme la comtesse du Nord. Voici ce que m'en écrit Mme Necker :

« Jugez, mon sublime ami, du plaisir que j'ai dû goûter en apprenant les marques d'admiration que le comte et la comtesse du Nord vous avaient données à la séance de l'Académie française[1]. La comtesse dit tout haut avec chagrin : « Puisque j'ai le malheur de ne pas voir ce grand homme, « j'irai du moins lui faire ma cour en visitant le Cabinet qu'il « a formé. » Elle m'a parlé longtemps de ses regrets sur votre absence dans une course qu'elle a daigné faire à Saint-Ouen[2] avec le comte du Nord. « Les *Époques de la nature* ont été, « me dit-elle, non-seulement le sujet de toutes les conversa- « tions, mais celui des disputes les plus vives et les plus con- « tinuelles. » Vous voyez que même dans le Nord l'on ne peut vous aimer modérément. »

Vous voyez, mon cher fils, combien je dois être désolé de n'avoir pu leur faire ma cour. Ils ont vraiment enlevé tous les suffrages et se sont fait adorer partout où ils ont passé. Faites bon usage de tout ceci auprès de notre grande Impératrice. Je serais fort d'avis que, quand vous aurez fait le voyage de Moscou, vous revinssiez à Pétersbourg, et que vous y attendissiez l'arrivée de ce prince et de cette princesse, quand même ils retarderaient leur retour jusqu'à la fin de septembre. Je n'ose leur écrire, malgré tous les témoignages de bonté que vous venez de voir; vous me feriez grand plaisir de leur montrer, par vos assiduités respectueuses, combien j'y suis sensible. M. le comte du Nord est déjà un homme et deviendra un grand homme, du moins il en a bien l'étoffe, puisqu'il tient cette étoffe de la plus grande des femmes. Renouvelez-lui toutes mes adorations et ma reconnaissance; je ne me lasserai jamais de les lui témoigner. Adieu, mon très-cher fils, je vous embrasse du meilleur de mon cœur.

Le comte DE BUFFON.

(Inédite. — De la collection de M. Henri Nadault de Buffon. M. Flourens en a publié un extrait.)

## CCXCII

### A M. LE COMTE DE BARRUEL [1].

Juillet 1782.

J'ai reçu, monsieur le comte, et j'ai fait lire en bonne compagnie, quoique en province, votre *Lettre* sur le poëme des *Jardins*. Nous autres habitants de la campagne, et qui ne nous piquons pas d'être poëtes, l'avions jugé comme vous pour le fond, et nous avons admiré votre manière d'analyser la forme.

Cette critique est non-seulement de très-bon goût, mais d'un excellent sens; et, si vous ne savez pas encore faire des vers mieux que M. l'abbé [2], votre prose vaut mille fois ses vers. Ce petit écrit est plein d'esprit; le style est naturel et facile, et la plaisanterie est du meilleur ton.

Je vous en fais mon compliment, en attendant l'honneur de vous revoir à Paris. C'est peut-être de moi que vous aurez à dire que je suis meilleur à connaître de loin que de près.

J'ai l'honneur d'être, avec un respectueux attachement, votre très-humble et très-obéissant serviteur.

Le comte DE BUFFON.

(Tirée de la Correspondance de Grimm, t. XI, page 403, reproduite par M. Flourens.)

## CCXCIII

### A MADAME NECKER.

A Montbard, le 16 juillet 1782.

Je n'écris jamais de sang-froid, dès qu'une fois mon cœur a prononcé le nom de ma grande amie; mais aujourd'hui c'est une émotion, un transport, par l'espérance qu'elle me donne d'une faveur prochaine qui mettrait le comble à mon bonheur. « J'irai en pèlerinage à cette tour[1]. » Mais quand, mon adorable amie? Bientôt sans doute. Fixez, de grâce, mon âme incertaine qui vole au-devant de votre volonté. Je voudrais, par ma prière ardente, vous dédommager un peu de ma froide gazette de lundi dernier. Je vous supplie donc à genoux, ma divine amie, de venir en effet illuminer de vos rayons célestes de gloire et de vertu cette voûte antique où je réside et rêve huit heures chaque jour. Elle n'a rien de recommandable que sa situation et la pureté de l'air; mais elle deviendra le plus noble des temples, si vous daignez vous y arrêter. Vous rirez sans doute, en y entrant, de ma pauvre simplicité; il n'y a que les quatre murs[2]; mais à cinq cents pas de distance j'ai une maison[3] où notre grand homme aura un appartement commode, et une autre pour ma noble amie, sa très-chère fille et Mlle Geoffroy[4]. Il y a aussi de quoi loger vos gens. J'y suis seul et libre, je vous ferai hommage de ma liberté; vous serez la maîtresse, et j'aurai le bonheur de l'*esclave romain*, car je sentirai tout ce que vous direz.

La poste peut vous amener, en prenant à Joigny la route de Tonnerre; il ne faut que deux jours, ou plutôt deux nuits, si la chaleur est trop grande. Que ne puis-je, comme vous le dites, faire des talismans! je vous éviterais au moins la fatigue du voyage; je cherche aussi ce qui pourrait le déterminer. Vous irez peut-être de Montbard à votre terre en Suisse[5]. Voilà Genève en paix ou en servitude, ce qui est égal pour ses grands voisins[6]. Enfin je suis à vos pieds et à ceux de M. Necker en vous suppliant tous deux d'exaucer ma prière.

Connaissez-vous, ma trop indulgente amie, une assez bonne et plaisante critique du *Poëme des Jardins*, par le comte de Barruel? Je n'y trouve qu'une méprise, c'est qu'il met Saint-Lambert[7] fort au-dessus de l'abbé Delille[8] et de Roucher[9], tandis que tous trois me paraissent être de niveau. Je ne suis pas poëte ni n'ai voulu l'être, mais j'aime la belle poésie; j'habite la campagne, j'ai des jardins, je connais les saisons, et j'ai vécu bien des mois; j'ai donc voulu lire quelques chants de ces poëmes si vantés des Saisons, des Mois et des Jardins. Hé bien, ma discrète amie, ils m'ont ennuyé, même déplu jusqu'au dégoût, et j'ai dit, dans ma mauvaise humeur : « Saint-Lambert, au Parnasse, n'est qu'une froide grenouille, Delille un hanneton, et Roucher un oiseau de nuit. » Aucun d'eux n'a su, je ne dis pas peindre la nature, mais même présenter un seul trait bien caractérisé de ses beautés les plus frappantes. «Quel blasphème! » dirait l'ami Chabanon[10]; je me recommande néanmoins à Mlle Necker, pour lui faire passer ce doux jugement. Il sera furieux et cela l'amusera, et s'il se fâchait tout de bon, et pour toujours, nous pourrions aussi habiller sa muse d'une forme voisine, mais au-dessous de celle de la grenouille.

BUFFON.

(Inédite.)

## CCXCIV

### A M. RIGOLEY.

Montbard, dimanche soir, 1er août 1782.

M. de Buffon a reçu la belle truite, et en fait tous ses remercîments à M. Rigoley; il le prie de venir dîner à la forge de
Buffon, demain lundi, non pas pour manger la truite, car elle
a été mangée ce matin, et elle était excellente, mais pour
manger une carpe; M. l'intendant y sera[1], et nous causerons
du procès-verbal des expériences[2].

BUFFON.

(Inédite. — Appartient à Mme Morel.)

## CCXCV

### A M. LE COMTE DE BUFFON,
#### OFFICIER AUX GARDES FRANÇAISES.

Montbard, le 7 août 1782.

J'ai reçu, mon très-cher fils, votre lettre datée de Riga,
et peu de jours après, deux autres de vos lettres datées de
Pétersbourg. J'attendais que M. Tourton m'eût envoyé votre
lettre de change de 2300 livres, mais jusqu'à présent il ne
m'en a pas demandé le remboursement. Je n'en suis pas
inquiet; mais peut-être a-t-il trouvé que vous aviez eu les
ducats à trop bon marché. Je vois que votre dépense est
fort considérable, et je sens en même temps que vous ne
pouvez guère faire autrement; je ferai donc en sorte d'y
subvenir, et, supposé que votre lettre de crédit de 12 000 livres ne vous suffise pas pour vous ramener ici, vous m'en
avertirez d'avance, afin que je puisse vous envoyer une lettre
de crédit en supplément sur telle ville que vous jugerez à
propos. Mais il ne faut pas, comme vous le projetez, arriver

en France avant le commencement de janvier, ou tout au plus tôt sur la fin de décembre. Je vais à Paris passer les mois d'octobre, de novembre, et peut-être jusqu'à Noël; je reviendrai alors à Montbard, où je compte avoir le plaisir de vous recevoir, et où il ne faut pas arriver à moins que je n'y sois; et si vous arriviez directement à Paris, vous ne pourriez venir à Montbard, parce que vous seriez obligé de reprendre votre service. J'adresse cette lettre à M. le marquis de Vérac[1], en le priant de vous la faire passer, ainsi que celles que je vous écrirai dans la suite. Je lui témoigne toute la reconnaissance que je lui dois pour les bontés dont il vous a comblé. Je suis persuadé que vous vous serez fait une bonne réputation, et que, quand vous prendrez congé de notre grande Impératrice, vous pourrez obtenir un mot pour M. le maréchal de Biron; ce serait le plus grand bienfait qu'elle pût nous faire. Je vois que vous voyagez actuellement dans l'intérieur de son empire, et vous auriez bien fait d'aller jusqu'à Tobolsk, puisqu'elle a paru approuver votre projet. Je joins ici une petite lettre de remercîments pour M. le baron de Campen Hausen, au sujet des hirondelles gelées[2]; vous aurez soin de la lui faire passer. J'attends vos réponses aux dernières lettres que je vous ai adressées à Pétersbourg. Mlle Blesseau vous a aussi écrit une longue lettre il y a douze jours, et elle a reçu celle de La Rose, qui nous a fait plaisir. Tâchez de vous défendre du froid et des fluxions; restez le plus longtemps que vous pourrez dans les États de Sa Majesté Impériale, en finissant par Pétersbourg, où il serait très-important de vous trouver après le retour de M. le comte et de Mme la comtesse du Nord, qui se sont fait partout également aimer, et je puis dire adorer. J'aurai toute ma vie regret de ne les avoir pas vus; mais ma santé ne me l'a pas permis. Elle se soutient assez, en prenant beaucoup de ménagements et de précautions contre l'intempérie des saisons. Nous avons eu grand froid pendant tout le mois de mai, et des pluies continuelles jusqu'au 10 de juin; après

quoi des chaleurs excessives, qui ont occasionné beaucoup
de maladies. Cela n'a pas fait grande place dans votre régiment, et l'on m'écrit que la promotion n'est pas encore faite.
Je verrai souvent M. le maréchal à mon retour, et je tâcherai
d'entretenir sa bonne volonté pour vous. M. Guillebert est
bien content, et entrera au 1er octobre prochain dans son
nouveau bureau; j'en ai écrit une lettre de remercîments à
M. Gojard. Toutes les personnes que vous connaissez se portent bien. Mlle de La Billarderie l'aînée doit se marier sur la
fin de ce mois avec M. de La Valette³, âgé de trente-six ans,
et affligé de cent mille livres de rentes. C'est une très-grande
fortune, et j'en suis bien aise; car c'est une bonne personne
qui fera le bonheur de son mari, et le bonheur vaut encore
mieux que la fortune. Adieu, mon très-cher fils, je sens que
je vous aime de plus en plus, et je voudrais que vous m'aimiez autant. Mme Nadault entre auprès de moi; elle aime
son neveu, et elle mérite que vous l'aimiez.

Le comte DE BUFFON.

(Inédite. — De la collection de M. Henri Nadault de Buffon.)


## CCXCVI

### AU MÊME.

Montbard, le 18 août 1782.

J'ai reçu, mon très-cher fils, votre gros mémoire de dépense, et, quelque forte qu'elle soit, je ne suis point du tout
mécontent; car Mlle Blesseau m'ayant lu attentivement tous
les articles, j'ai vu que vous n'aviez pas fait la plus petite
fausse dépense, et je suis d'ailleurs très-satisfait de l'exactitude avec laquelle vous avez fait ce mémoire et de l'attention
que vous avez eue de m'écrire ou de nous faire écrire tous
les huit jours par La Rose. Je consens très-volontiers que
vous repreniez vos 21 louis sur les 1500 livres que vous ve-

nez de tirer à Pétersbourg, et de plus je vous permets d'en prendre encore 21 autres sur l'argent de la première lettre de change que vous tirerez. Ainsi ce sera 42 louis dont vous pouvez disposer pour acheter les choses qui vous plairont. Je vous donne ces seconds 21 louis comme une petite marque de ma satisfaction de votre bonne conduite. Je vous exhorte, mon très-cher enfant, à continuer de même, et vous ferez le bonheur de ma vie et de la vôtre.

Vous ne me dites pas si vous avez remercié M. de Schowaloff des trois beaux morceaux de malachite qu'il a eu la bonté de m'envoyer dès le mois de février dernier, et que je n'ai reçus qu'au mois de juin. Je vous ai marqué, il y a six semaines ou deux mois, de lui témoigner tous mes sentiments de reconnaissance de son souvenir et du respect qui lui est dû. Je ne crois pas que ce M. de Schowaloff soit le même que celui dont vous me parlez dans votre dernière lettre du 22 juillet et que nous avons vu chez M. le maréchal de Biron; je crois que c'est celui qui a demeuré plusieurs années à Paris et qui a été rappelé il y a cinq ou six ans, et que j'ai vu plusieurs fois, qui m'a même fait l'honneur de venir dîner au Jardin du Roi[1].

Vous me ferez plaisir aussi de dire des choses obligeantes de ma part à M. de Domacheneff, président de l'Académie, et à mes autres confrères dans cette savante compagnie. M. Euler[2] est, à ce qu'on m'a dit, aveugle et bien âgé; mais c'est encore le plus grand géomètre de l'Europe : j'estime aussi beaucoup M. Pallas[3], M. Mayer[4], et plusieurs autres membres de cette Académie. Vous me feriez plaisir de leur faire une visite pour le leur témoigner.

M. le duc de La Rochefoucauld[5] m'a communiqué une réponse aussi spirituelle que flatteuse pour vous et pour moi, qu'il a reçue de M. Caillard[6]. Le bien qu'il dit de vous et de votre conduite m'a fait le plus grand plaisir, et je vous prie de l'en remercier de ma part, en lui disant que votre oncle le chevalier de Saint-Belin connaît M. son frère, qui demeure à

Aignay-le-Duc dans notre voisinage, et que je serais enchanté si je pouvais lui être de quelque utilité.

M. le marquis de Vérac a aussi écrit à M. le duc de La Rochefoucauld, et lui a marqué qu'il était très-content de vous. Vous avez très-bien fait, mon cher ami, d'avoir cherché à plaire et de vous être attaché à un aussi excellent homme, qui a la plus grande réputation de noblesse d'âme et de bonté, et qui de plus est très-spirituel et très-aimable[7]. Je lui ai écrit il y a quinze jours pour commencer à lui témoigner ma reconnaissance des bontés infinies dont il vous comble. Tâchez de vous faire un ami de M. son fils, et je ne doute pas que son digne père ne vous protège même à la cour de France, où il jouit de la plus grande considération, et, puisqu'il est assez bon pour vous loger, prenez garde de souiller les meubles et n'oubliez pas de gratifier ses gens, et surtout n'abusez pas de ses grandes bontés. Je vous approuve lorsque vous dites qu'il ne faut pas être mesquin, et je ne regretterai jamais l'argent tant que vous ne le dépenserez pas mal à propos. Je retourne dans un mois à Paris; j'y passerai octobre, novembre et décembre, et je reviendrai à Montbard au commencement de janvier, pour vous y attendre dans le courant de ce même mois ou au commencement de février, et je pourrai vous envoyer pendant mon séjour à Paris une nouvelle lettre de crédit de 4000 livres sur telle ville que vous m'indiquerez. J'espère qu'avec ce supplément vous aurez assez pour achever votre voyage.

Vous trouverez ci-joint une lettre de mon ami M. Gueneau de Montbeillard[8] et une autre de M. de Lacépède[9], par laquelle vous verrez que M. le margrave d'Anspach aurait bien désiré vous voir, et vous feriez bien de passer dans ses États à votre retour.

En vérité, nous devons tous deux une reconnaissance éternelle à cette grande Impératrice, qui me donne des témoignages aussi éclatants de son estime et qui vous traite avec tant de bonté. Je ne mérite pas d'être mis au rang des grands hommes de son empire, si ce n'est par mon dévouement et par la connaissance intime que j'ai de ses hautes lumières et de son profond discernement. Les questions qu'elle m'a faites et la lettre dont elle m'a honoré me suffisent pour juger de la supériorité de son esprit et de l'admirable bonté de son cœur. Je suis persuadé qu'elle n'est point fâchée que vous restiez à Pétersbourg, et je veux en effet que Sa Majesté Impériale voie que vous n'avez fait ce voyage que pour lui faire ma cour et la vôtre. Je vous dirai même que je suis presque honteux de ses bienfaits, et que, quoique je serais bien aise d'avoir les minéraux, je ne voudrais pas que vous insistiez sur cela auprès de M. de Schowalof, dont vous me parlez. Au reste, je suis tranquille à cet égard comme à tous autres, parce que je vois, mon très-cher fils, que vous vous conduisez très-bien et que votre âme ne peut prendre que des sentiments encore plus nobles et plus élevés en vivant avec M. le marquis de Vérac.

J'ai oublié de vous marquer, en parlant de buste et d'effigie, qu'on a mis par ordre du Roi au bas de ma statue l'inscription suivante :

MAJESTATI NATURÆ PAR INGENIUM.

Ce n'est pas par orgueil que je vous l'envoie, mais peut-être Sa Majesté Impériale la fera mettre au bas du buste [10].

Voici la quatrième lettre que je vous adresse à Pétersbourg, et il faudrait m'accuser réception de chacune en rappelant les dates. Je vous ai déjà marqué que M. Gojard a donné une place à M. Guillebert, qu'il doit occuper au 1er octobre prochain. Ainsi, mon très-cher ami, vous avez déjà la noble récompense que vous me demandiez et qui me fait l'éloge de votre bon cœur.

Je vous remercie de ce que vous avez fait pour M. de Virli; il est un peu sérieux, mais il est instruit et peut vous aider dans la connaissance des minéraux. Vous ne me parlez pas du cabinet d'Histoire naturelle de l'Académie de Pétersbourg;

vous me feriez plaisir de m'en donner un aperçu. Je sais que Mlle Clairon [11] a envoyé d'assez beaux madrépores, et, si je savais ce qui manque dans ce cabinet, je me ferais un devoir de l'offrir à Sa Majesté Impériale.

Les honnêtetés que vous recevez de tous les grands méritent toute ma reconnaissance, et je vous prie de témoigner mes sentiments de respect à M. le prince de Potemskin [12], à M. le prince Repnin [13], grand chancelier, à M. le comte de Stroganoff, et à ce digne gouverneur de Livonie qui vous a reçu si amicalement à votre passage à Riga. Témoignez aussi à M. le baron de Copenzel ma respectueuse sensibilité pour le mot qu'il vous a dit si à propos au sujet de la belle boîte de pierre bleue que vous montrait l'Impératrice. Vous ne me dites pas si c'est un lapis-lazuli : je le crois, parce que les plus belles de ces pierres, qui sont du plus beau bleu et qui paraissent veinées d'or, se trouvent dans son empire.

La dernière lettre de change que j'ai payée à M. Tourton s'est trouvée de 2372 livres 10 sous, au lieu de 2300 livres, comme vous me l'aviez annoncé. Ainsi vous voyez que vous n'avez pas eu les ducats cordonnés de Hollande à aussi bon marché que vous pensiez. Je vais envoyer à Lucas les 1500 livres que vous venez de tirer à Pétersbourg ; cela fait déjà 6872 livres que j'aurai payées sur votre lettre de crédit, et vous n'aurez plus que 5200 livres à tirer de cette lettre, et c'est pour cela que je vous enverrai une seconde lettre de crédit de 4000 livres, que j'espère néanmoins que vous ne dépenserez pas en entier. Je m'en rapporte entièrement à vous ; mais vous devez sentir combien cette dépense me gêne. Cependant je veux que vous preniez les 21 louis sur le premier argent que vous tirerez, afin que vous ayez 42 louis dont vous ne me rendrez point de compte, pour acheter *les mille choses* dont vous avez envie.

Je vous ai parlé, dans mes dernières lettres, de M. le comte et de Mme la comtesse du Nord ; ils ont laissé dans toute la France une excellente réputation et même beaucoup de regrets. Ils se sont répandus en éloges magnifiques sur mon compte, et je regretterai toute ma vie de n'avoir pu leur faire ma cour. M. le comte du Nord est un prince qui a non-seulement beaucoup d'esprit et d'instruction, mais un grand caractère de fermeté et de bonté ; tous ceux qui ont eu l'honneur de l'approcher et de converser avec lui m'en ont écrit sur ce ton, et vous ne pouvez pas mieux faire, mon très-cher fils, que d'attendre son retour et de me représenter auprès de lui, en lui témoignant ma respectueuse sensibilité et les grandes obligations que je lui ai de la manière dont il a eu la bonté de parler de moi.

Notre ami M. de Tolozan me paraît un peu fâché de ce que M. Guillebert va le quitter, et le pauvre Guillebert paraît lui-même en être affligé ; cependant je lui conseille de prendre le plus utile et le plus certain, et il a donné sa parole à M. Gojard. Ainsi je regarde cette affaire comme terminée.

Il faut que j'envoie encore mille francs à Paris pour achever de payer le prix de votre voiture au maître sellier, et je ne suis pas surpris qu'après un aussi long voyage elle ait eu besoin de réparations. Il faut que vous me fassiez une petite emplette qui ne sera pas fort chère : c'est un exemplaire de la grande carte géographique de l'empire des Russies, qui a été publiée en 1777. C'est sur cette carte que j'ai réduit la petite carte polaire qui est dans mes *Époques de la nature;* mais le graveur m'a perdu cette grande carte, et je n'ai pu en trouver une autre à Paris. Vous me ferez donc plaisir de me la rapporter, et, si l'on avait publié à Pétersbourg quelque autre carte depuis 1777, il ne faut pas manquer de les acheter et de me les rapporter.

Tous vos parents et amis se portent bien et demandent chaque jour de vos nouvelles. Vous devriez écrire au moins à quelques-uns de vos parents ; vous en serez quitte pour trois ou quatre lettres à vos oncles et à l'ami Gueneau. Le pauvre abbé du Rivet est forcé de plaider au sujet de son énorme pension, et je crains fort que les inquiétudes au sujet de cette affaire ne lui soient funestes. Il me paraît qu'il a envie de donner la démission de son abbaye; mais il ne veut point de celui pour lequel vous aviez négocié auprès de la comtesse de Malain, et je ne le désapprouve pas.

On m'a écrit hier que Gibraltar s'était enfin rendu le 2 de ce mois; cette nouvelle mérite confirmation, car elle n'est encore dans aucun papier public. J'ai vu sur la gazette que M. le comte de La Torré[14] est arrivé à Pétersbourg : je suis persuadé que cela vous aura fait plaisir, et je vous prie de lui faire mes hommages.

J'ai pensé, mon cher fils, que je devais un bien plus grand hommage à M. le marquis de Vérac, et, ne sachant comment lui témoigner ma respectueuse reconnaissance, je voudrais que vous pussiez lui faire agréer un exemplaire de la nouvelle édition de mes œuvres complètes. Je vous envoie ci-joint le mandat sur M. Panckoucke, que vous donnerez à M. le marquis de Vérac, pour peu que vous croyiez que cela puisse lui faire quelque plaisir. Il retrouvera ces livres lorsqu'il reviendra en France, ou bien il les prendra à Pétersbourg en donnant mon mandat au libraire qui a correspondance avec M. Panckoucke; mais je doute que ce libraire de Pétersbourg ait cette belle édition, qui, comme vous savez, n'est encore que de 16 volumes in-4°, et qui ne sera entièrement achevée que dans un an ou deux.

Voilà aussi une lettre de Mlle Blesseau pour La Rose, qui lui a écrit bien régulièrement et qui fera bien de continuer. Le P. Ignace a peuplé de lapins la garenne de Buffon, et ils sont excellents dans ce terrain qui n'est couvert que de serpolet. Adieu, mon très-cher fils, je vous écrirai de nouveau dès que j'aurai reçu quelque autre lettre de vous. La dernière qui m'est arrivée hier est datée du 22 juillet, et c'est celle qui est venue en moins de temps.

Le comte DE BUFFON.

Je dis un mot à M. le marquis de Vérac au sujet de l'hommage que vous lui ferez de ma part de la nouvelle édition de
mes ouvrages.

(Inédite. — De la collection de M. Henri Nadault de Buffon.)

## CCXCVII

### AU MÊME.

Montbard, le 9 septembre 1782.

Je suis en général très-content de vos lettres, mon très-
cher fils; mais la dernière, du 13 août, me satisfait encore
plus que toutes les autres. Je vois que votre jugement et votre raison se perfectionnent, et ce que vous me dites de votre satiété du grand monde et de la vie que vous êtes forcé
de mener, me donne bonne opinion de votre esprit et de
votre cœur. Vous verrez, mon cher ami, comme je vous l'ai
toujours dit, que le vrai bonheur ne consiste pas dans le
faste, et je ne suis pas fâché que vous ayez essayé de bonne
heure cette espèce de jouissance qui fait l'objet des désirs de
tous ceux qui ne la connaissent pas. Vous reviendrez donc
avec plaisir auprès de moi, mon très-cher fils, et je vous recevrai avec la plus grande joie.; mais voici ma marche, qui
n'est décidée que depuis quelques jours, parce qu'il n'y a
que quelques jours que ces malheureux moines, qui m'ont
fait tant de chicanes, sont enfin enchaînés[1]. Le contrat d'é-
change de mon terrain vient enfin d'être signé. Il reste beaucoup de formalités à remplir, tant au Parlement qu'au Conseil, avant de pouvoir toucher le prix de mon terrain, et le
Parlement est en vacance jusqu'au 11 novembre. Je partirai
de Montbard dans quinze jours ou trois semaines au plus
tard, afin d'avoir le temps de préparer les voies, et je resterai à Paris jusqu'au commencement de janvier. Si vous voulez donc arriver à Montbard, prenez vos mesures de manière

à n'arriver que vers le 20 ou le 25 de ce même mois, car vous ne seriez pas sûr de m'y trouver auparavant. Dès que je serai arrivé à Paris, je vous enverrai à Pétersbourg une seconde lettre de crédit. Je croyais que trois ou quatre mille francs de supplément vous auraient suffi; mais, puisque vous me demandez deux mille écus, je vous les enverrai, bien persuadé que vous ne les emploierez pas mal, et que vous en rapporterez peut-être quelque chose.

Depuis mes lettres du 4 et du 12 juillet, dont vous m'accusez la réception, vous devez en avoir reçu une de Mlle Blesseau et ensuite deux des miennes, que je vous ai adressées sous le couvert de M. le marquis de Vérac, comme il a bien voulu le permettre. Vous ferez très-bien de gratifier ses gens; je m'en rapporte sur cela à votre prudence, car il ne faut pas faire aussi tout ce que pourraient faire des gens plus riches que nous, et il me semble que cent pistoles est une forte gratification, quelque grands seigneurs que soient les domestiques. Cependant vous ferez comme vous jugerez à propos.

Je viens de recevoir une lettre de M. le baron de Grimm, qui me marque que vous lui avez écrit deux fois, et que vous avez pris les plus grands soins possibles de ses paquets, qui sont tous arrivés à bon port. Il a joint à sa lettre un fragment d'une lettre de Sa Majesté Impériale, datée du 29 juin, qui dit qu'elle vous a reçu comme le fils d'un homme illustre, c'est à dire sans aucune façon, que vous avez dîné avec elle à Czarskozelo, que mon buste est placé à l'Ermitage. Cette grande souveraine ajoute : « Vous pouvez dire à M. de Buffon que je ne trouve rien à reprendre à son fils, et que, par conséquent, je ne crois pas avoir l'occasion d'user des droits qu'il m'a donnés sur lui de le gronder. Remerciez-le en même temps de la continuation de ses ouvrages; je serais bien fâchée s'il vérifie ce que M. son fils m'a dit, qu'il ne voulait plus rien écrire; j'espère qu'il se ravisera. » Mais, mon très-cher fils, vous ne deviez pas lui dire que je ne

voulais plus écrire [2]. Vous m'avez peut-être entendu dire à
moi-même qu'après avoir achevé l'histoire de mes minéraux, je pourrais cesser mes ouvrages; mais cette histoire
des minéraux, à laquelle je travaille assidûment, ne sera
pas achevée de deux ans : on achève l'impression du premier volume, qui doit être suivie de trois autres, et cette
besogne n'est pas moins dificile que toutes les autres. J'espère que j'aurai occasion de parler de notre grande Impératrice lorsque je décrirai les minéraux de Russie et de
Sibérie [3].

Vous prendrez telle route qu'il vous plaira pour revenir,
et vous ne passerez pas à Varsovie, puisque rien ne vous y
attire ; mais une chose très-essentielle, et dont je vous prie
de ne pas vous dispenser, c'est d'attendre à Pétersbourg l'arrivée de M. le comte et de Mme la comtesse du Nord, et d'y
rester même assez de temps pour leur faire votre cour et
leur témoigner le regret infini que j'ai de ne leur avoir pas
fait la mienne. Je leur dois d'ailleurs la plus respectueuse
reconnaissance, car ils se sont répandus partout en grands
éloges sur mon compte, et il faut que vous tâchiez de m'acquitter envers eux de toutes mes obligations. Si cela vous
retardait de quinze jours ou trois semaines, vous auriez
encore le temps d'arriver à Montbard vers le 15 ou le 20 de
février. Vous serez encore plus sûr de m'y trouver, et je
pense qu'il suffira que vous soyez rendu à votre régiment
dans le courant de mars. Si même les circonstances ne vous
permettent pas de faire le voyage de Moskou, vous pourrez
vous en dispenser. Je tiens beaucoup plus à ce que vous
preniez tout le temps nécessaire pour vous faire connaître à
M. le comte et à Mme la comtesse du Nord.

Vous me parlez du gros jeu qu'on joue à Pétersbourg. Je
suis persuadé que vous ne faites aucune de ces parties ; je
crois même que vous êtes assez sage pour ne point jouer du
tout. Les pauvres lettres de crédit n'auraient pas beau jeu,
et la bourse serait bientôt épuisée. Mais je vous en parle

sans inquiétude, parce que je crois connaître votre façon de penser à cet égard.

Votre oncle le chevalier de Saint-Belin et Mme sa femme entraient auprès de moi au moment que je dictais cette lettre : ils vous font tous deux leurs amitiés, et attendent incessamment leur fils [4], qui doit arriver de son régiment dans huit ou dix jours. Je serai très-aise de le revoir ; il se conduit à merveille, et vous le trouverez dans ce pays-ci, où il doit rester jusqu'au 1er de mai. Le chevalier de Saint-Belin vous recommande La Rose ; vous savez qu'il l'a servi, et il y prend toujours intérêt [5].

Adieu, mon très-cher fils, je vous embrasse avec toute tendresse ; mille respects à M. le marquis de Vérac.

                                Le comte DE BUFFON.

(Inédite. — De la collection de M. Henri Nadault de Buffon. M. Flourens en a publié un extrait.)


## CCXCVIII

### AU MÊME.

Paris, le 30 septembre 1782.

J'arrive à Paris, mon très-cher fils, et je me sers de la main de votre bon ami, pour vous annoncer les 6000 livres que vous m'avez demandées ; vous en trouverez ci-joint la lettre de crédit sur les villes de Pétersbourg, Riga, Berlin et Francfort, parce que vous m'avez marqué que vous préfériez de prendre la même route pour revenir que vous aviez prise pour aller. Mais il ne faut pas arriver à Montbard au 1er de janvier, comme vous le projetez [1] : il faut vous arranger de manière à retarder d'un mois, t je vous en dirai les raisons. Je ne veux pas que le maréchal de Biron sache que vous êtes de retour en France. J'aurai l'honneur de le voir au premier jour, et je lui dirai, comme je le dis à tout le monde, que vous n'arriverez qu'au mois de mars. Ce n'est pas, mon très-cher ami, que je ne sois bien sensible à l'empressement que vous me marquez de venir m'embrasser le premier jour de l'année ; mais il y a une seconde raison, c'est que je ne suis point sûr que mes affaires soient alors terminées, et il est très-possible que je sois encore à Paris dans le mois de janvier, et dans ce cas vous seriez obligé d'y arriver vous-même, et de reprendre votre service tout de suite, au lieu qu'en arrivant à Montbard au 1er février, vous êtes sûr de m'y trouver et vous y resterez avec moi jusqu'au 15 ou 20 de mars.

Une troisième raison, c'est que vous ne pouvez pas me faire plus de plaisir que de chercher à faire votre cour à M. le comte et à Mme la comtesse du Nord, qui ne doivent arriver à Pétersbourg que dans les derniers jours d'octobre, ou dans les premiers de novembre. J'aurai regret toute ma vie de ne leur avoir pas fait la mienne, car je leur ai de très-grandes obligations des témoignages de leur estime, et ils se sont même répandus en éloges magnifiques sur mes ouvrages, en plusieurs occasions. Je vous prie donc de faire tout ce qui dépendra de vous pour leur témoigner ma vive et respectueuse reconnaissance.

Si vous faites le voyage de Moscou, vous ne pourrez pas être en meilleure ni plus honorable compagnie qu'avec votre excellent ami et protecteur, M. le marquis de Vérac, pour lequel j'ai moi-même et j'aurai toute ma vie les sentiments du plus tendre respect et de la plus profonde reconnaissance des insignes bontés qu'il a eues pour vous. Adieu, mon très-cher fils, je laisse à votre bon ami un peu de blanc pour qu'il vous dise un mot pour son compte.

                                        Le comte DE BUFFON.

(Cette lettre a été écrite, sous la dictée de Buffon, par Gueneau de Montbeillard, qui y a ajouté le paragraphe suivant).


Je suis bien fâché, mon tendre ami, de voir encore votre retour éloigné de quatre mois. J'aurais eu le plus grand plaisir à vous voir et à vous embrasser au 1<sup>er</sup> de janvier; mais malheureusement les raisons de votre papa sont trop fortes pour qu'il soit possible de rien changer à ce qu'il vient de vous marquer. J'ai reçu votre dernière lettre, qui m'a fait, comme toutes les autres, le plus grand plaisir, et je vous en remercie. Continuez, je vous prie, à m'aimer et à m'écrire, et soyez persuadé, mon tendre ami, de toute l'amitié que j'ai pour vous, et c'est pour la vie. Je vous embrasse.

(Inédite. — De la collection de M. Henri Nadault de Buffon.)

## CCXCIX

### A L'ABBÉ BEXON.

Montbard, le 4 décembre 1782.

C'est avec joie, mon très-cher abbé, que nous apprenons votre nouvelle dignité[1]. J'aime cette bonne et si belle princesse[2], et j'ai regret de n'avoir pas eu occasion de lui faire ma cour. Vous ferez très-bien de l'accompagner dans son voyage et de venir vous rabattre à Montbard, après avoir fait un tour dans vos grandes montagnes[3]. Ce projet me fait grand plaisir, et nous en causerons plus d'une fois quand je serai de retour à Paris.

Je n'ai pu, depuis mon arrivée, m'occuper d'autre chose que de mes affaires économiques; j'ai seulement corrigé le texte des épreuves que j'ai l'honneur de vous envoyer ci-jointes; je n'ai pas lu les notes, que je renvoie à vos bons soins. Vous trouverez dans ce même paquet le reste de la copie de mon travail sur les pierres. Vous me ferez plaisir de faire un paquet des quatre cahiers de la copie du fer, et de le remettre à Lucas, pour qu'il ait l'attention de le faire contresigner lui-même et sans passer par les mains d'un autre commissionnaire. Je verrai avec satisfaction les observations que vous avez jugées nécessaires. Je n'ai encore reçu aucune épreuve des matières volcaniques; il m'est seulement arrivé l'épreuve de la dernière feuille de la table des matières du premier volume des minéraux, et j'ai eu l'honneur de vous la renvoyer il y a huit ou dix jours.

Faites agréer à vos dames mes très-humbles compliments et ceux du chevalier de Buffon; il a pris, comme moi, la plus grande part à la distinction flatteuse qui ne peut en effet manquer de vous faire beaucoup d'honneur en Lorraine et partout. Continuez à nous donner de vos nouvelles, et ne doutez pas de mon tendre et très-sincère attachement.

Le comte de BUFFON.

(Publiée par François de Neufchâteau et par M. Flourens.)

## CCC

## A M. DE FAUJAS DE SAINT-FOND.

Montbard, le 16 décembre 1782.

Je ne pourrai, monsieur, terminer notre affaire pour le Cabinet qu'à mon retour à Paris, dans le courant de mars. Cela ne vous retardera pas pour le payement, car ce sera toujours de ce mois-ci en deux ans que je m'obligerai de vous faire payer la somme convenue; mais il faut auparavant que vous ayez la bonté de faire un inventaire exact et par numéros de tous les morceaux dont cette collection sera composée, et c'est au bas de cet inventaire que je mettrai mon estimation et que vous écrirez votre quittance. Cette forme est nécessaire pour ma comptabilité[1]. Ainsi vous pouvez garder cette collection jusqu'à mon retour, ou, si vous l'aimez mieux, vous pourrez mettre tous les morceaux bien étiquetés et numérotés dans des caisses scellées de votre cachet et que vous remettriez au sieur Lucas, auquel je donnerai ordre de les placer en lieu de sûreté, et vous m'enverriez dans ce même temps l'inventaire relatif à tout ce qui serait contenu dans ces caisses, dont je vous accuserai la réception pour votre sûreté.

J'espère que vous serez de retour d'Angleterre avant le mois d'avril. Je serai enchanté de vous revoir alors et de vous renouveler tous les sentiments d'estime et de respectueux attachement avec lesquels j'ai l'honneur d'être, monsieur, votre très-humble et très-obéissant serviteur.

Le comte DE BUFFON.

(Inédite. — De la collection de M. de Faujas de Saint-Fond.)

## CCCI

### A L'ABBÉ BEXON.

Montbard, le 16 décembre 1782.

Je reçois les quatre cahiers du fer, et je remercie mon très-cher abbé des courtes remarques qu'il a cru devoir y joindre et que je n'ai pas encore eu le temps d'examiner, mais que je crois bonnes comme tout ce qui vient de lui. Je joins ici une lettre d'avis pour les cristaux qu'on voudrait vendre. Le Cabinet n'est pas trop en état d'acheter ; néanmoins, si c'était chose unique ou très-rare, je pourrais m'y déterminer. Faites-moi donc le plaisir, mon cher monsieur, d'aller à votre loisir voir ces morceaux, et de me dire ce que vous en pensez, ainsi que le prix qu'on en demanderait[1]. Mes tendres amitiés et respects à vos dames.

Le comte de BUFFON.

(Publiée par François de Neufchâteau et par M. Flourens.)

## CCCII

### AU PRÉSIDENT DE RUFFEY.

Montbard, le 13 janvier 1783.

Votre vieille muse, mon cher Président, sera toujours jeune et fraîche dès qu'il s'agira de célébrer la vertu : l'âme, comme vous le savez, ne vieillit pas, et c'est dans la vôtre que vous puisez ces nobles sentiments si bien exprimés dans vos stances à notre digne Intendant[1], digne en effet de nos hommages par ses vertus, par ses lumières et par le bon usage qu'il fait de son autorité. Vous avez très-bien fait d'envoyer cette pièce de vers à votre Académie. Elle la fera sans doute imprimer; sinon, vous pourriez la donner pour le *Mercure* ou à quelque autre journal. Cela ne peut pas blesser la modestie de M. de Brou, parce que rien n'y est exagéré, et en même temps cela peut faire grand bien et engager messieurs ses confrères intendants à imiter son exemple, et il aura toujours l'honneur de l'avoir donné, ce grand et bon exemple. Quand viendrez-vous donc, mon très-cher ami, visiter votre vieux château de Montfort, que vous ne voulez ni vendre ni garder? Je reste ici jusqu'au 15 de mars; j'y reviendrai passer l'été. Prenez un moment pour venir ici. J'aurais la plus grande joie de vous renouveler, en vous embrassant, tous les sentiments de ma tendre amitié et du respectueux attachement que je vous ai voué pour la vie.

BUFFON.

(Inédite. — De la collection de M. le comte de Vesvrotte.)

## CCCIII

### AU MÊME.

Montbard, le 21 février 1783.

Je vous envoie, mon cher Président, la lettre d'un homme qui a confiance en moi et qui a quelque envie d'acheter votre terre de Montfort. Si vous êtes toujours dans l'intention de la vendre, il faudrait dire votre dernier mot et me marquer en même temps si les bois sont compris dans le bail et combien en tout il y en a d'arpents, et de quel âge. Je crois que je pourrai vous négocier cette affaire pendant mon premier séjour à Paris, où je compte retourner peut-être avant quinze jours. Je serai enchanté d'avoir cette occasion de vous servir et de vous donner une nouvelle marque de l'inviolable et tendre attachement avec lequel je serai toute ma vie, mon cher Président, votre très-humble et très-obéissant serviteur.

BUFFON.

(Inédite. — De la collection de M. le comte de Vesvrotte.)

## CCCIV

### A L'ABBÉ BEXON.

Montbard, le 24 février 1783.

Mon fils vient d'arriver [1], et j'ai cru vous faire plaisir, mon très-cher abbé, de vous en faire part. L'Impératrice et le grand-duc l'ont très-bien traité, et nous aurons de beaux minéraux, dont on achève actuellement la collection.

J'ai reçu votre lettre du 16, et je vous en remercie, mon très-cher monsieur, ainsi que le chevalier de Buffon, qui m'a paru très-sensible aux marques de votre amitié.

Ce ne sont pas de grandes lettres que je vous demande par mes billets instants; je ne voudrais que de petits mots, mais plus fréquents et uniquement sur les objets courants. Par exemple, j'ignore si vous et votre ami avez trouvé bonne la petite addition que j'ai mise à la première page de l'article du soufre[2]. J'ignore où en est l'impression du neuvième volume des oiseaux in-4°, et du septième volume in-folio. J'ignore si l'on doit bientôt mettre en vente le premier volume des minéraux[3]. Je ne sais pourquoi on ne m'envoie ni bonnes feuilles, ni bonnes épreuves du second volume, que l'on imprime actuellement : voilà ce que j'appelle les affaires courantes. Je ne suis pas inquiet du travail à venir, et je suis persuadé que vos recherches sur les belles pierres les rendront encore plus brillantes; mais vous saurez que je ne m'en suis point du tout occupé. J'ai fait tout autre chose : c'est un article sur l'aimant[4], qui est encore imparfait, quoiqu'il m'ait pris beaucoup de temps; et d'ailleurs, j'avoue que l'inquiétude sur le retour de mon fils m'avait ôté le sommeil et la force de penser. Il me charge de ses compliments pour vous et pour vos dames, et je ne crois pas que nous tardions beaucoup à nous rendre à Paris. Je serai enchanté de vous revoir et de vous embrasser, mon très-cher monsieur.

BUFFON.

(Publiée par François de Neufchâteau et par M. Flourens.)

## CCCV

### AU MÊME.

Montbard, le 5 mars 1783.

J'ai l'honneur de renvoyer à mon très-cher coopérateur les deux épreuves ci-jointes, en le priant de lire les notes, que je n'ai pas relues.

J'ai aujourd'hui reçu sa lettre, qui m'a fait un extrême

plaisir. J'en ai fait part à mon fils, qui m'a chargé de ses compliments pour vous, et de ses hommages pour vos dames. Il compte partir lundi pour Paris, et je le suivrai quelques jours après. Il a couru d'assez grands hasards dans son dernier voyage, et mes inquiétudes étaient assez fondées.

J'ai reçu de bonnes épreuves des minéraux, jusque et compris la page cent quatre-vingt-quatre.

Depuis l'arrivée de mon fils, ma maison ne désemplit pas de monde, et je n'ai que ce moment pour vous assurer de toute mon amitié et de la sienne.

BUFFON.

(Publié par François de Neufchâteau et par M. Flourens.)

## CCCVI

### A M. LE BARON DE BRETEUIL[1],
#### MINISTRE DE LA MAISON DU ROI.

Au Jardin du Roi, le 24 avril 1783.

Monseigneur,

L'opération du Jardin du Roi va se consommer par le moyen de l'enregistrement des lettres patentes qui autorisent l'échange de mon terrain avec celui que Saint-Victor cède. Je n'ai lieu que de vous en faire de nouveaux remercîments au nom de la nation[2]. Mais il est un homme qui a singulièrement contribué à cet échange, à qui le Gouvernement doit une récompense qui ne le chargera pas, et qui lui avait été promise par M. le comte de Maurepas : c'est M. Claude-Louis-François Delaulne, chambrier procureur général de l'abbaye royale de Saint-Victor, et prieur de Bray, diocèse de Senlis. Il s'est prêté très-honnétement à tous nos arrangements, par le désir qu'il avait de faire ce qui pouvait être agréable au Gouvernement, et de favoriser une opération qui avait été vainement tentée depuis 1671 ; et, comme il est pourvu d'un bénéfice qui lui donne une subsistance honnête, il ne de-

mande aucune récompense pécuniaire, et se borne à demander un titre d'abbaye régulière *in partibus*³, distinction bien
méritée par les soins infinis qu'il s'est donnés pour cette affaire depuis quatre ans, et par une espèce de nécessité pres-
sante de le mettre à l'abri des suites de la persécution et des
reproches de ses confrères⁴, quoique, en tout ceci, il ait fait
le bien de l'abbaye.

Je crois donc, monseigneur, devoir vous supplier de faire
au Roi la demande de cette grâce et de la solliciter vous-
même auprès de M. de Vergennes, à qui j'ai l'honneur d'é-
crire en conséquence.

> J'ai l'honneur d'être, avec tout attachement et respect,
> Monseigneur,
>
> Votre très-humble et très-obéissant
> serviteur,
>
> Le comte DE BUFFON.

(Inédite. — De la collection de M. Boutron.)


## CCCVII

### A M. DE FAUJAS DE SAINT-FOND.

Au Jardin du Roi, le 29 avril 1783.

Je désirais beaucoup, monsieur, m'entretenir avec vous.
Il ne tiendra qu'à vous de me donner cette satisfaction dès
demain, ou après; car je rentre tous les jours à six heures.
Vous pourriez même faire mieux : ce serait de venir dîner
vendredi au Jardin du Roi. Je vous donnerai les feuilles de
mon second volume des minéraux, qui n'est encore imprimé
qu'au tiers. Recevez les assurances de mon estime et de tout
l'attachement avec lequel j'ai l'honneur d'être, monsieur,
votre très-humble et très-obéissant serviteur.

> Le comte DE BUFFON.

(Inédite. — De la collection de M. de Faujas de Saint-Fond.)

## CCCVIII

### A M. DE BEAUBOIS,

ARCHITECTE, ANCIEN AVOCAT AU PARLEMENT.

Au Jardin du Roi, le 7 mai 1783.

J'ai lu avec plaisir, monsieur, la lettre que vous m'avez fait l'honneur de m'écrire, et il serait fort à désirer que le gouvernement se prêtât à faire exécuter votre projet[1], du moins en partie. Il a été question de la translation de l'hôpital de la Pitié sur le terrain des Capucins, et je ne sais si elle aura lieu. Si cela pouvait s'effectuer, cette première opération pourrait être suivie des autres. Votre projet est vaste, bien conçu, et serait très-utile; mais c'est parce qu'il est grand que je n'ose en espérer l'exécution. On sera certainement effrayé de la dépense, et on ne considérera pas assez les avantages qui résulteraient de cette belle entreprise. Je ne puis au reste qu'applaudir à vos vues et vous assurer de tous les sentiments de la respectueuse considération avec laquelle j'ai l'honneur d'être, monsieur, votre très-humble et très-obéissant serviteur.

Le comte DE BUFFON.

(Inédite. — Se trouve aux archives de l'Empire, dans un carton consacré aux affaires du Jardin du Roi. — Elle accompagne un Mémoire de M. de Beaubois, ayant pour titre : *Projet d'embellissement du quartier du Jardin du Roi et du faubourg Saint-Marcel.*)

## CCCIX

### A L'ABBÉ BEXON.

Montbard, le 23 juin 1783.

C'est avec toute sensibilité, mon cher ami, que j'ai reçu les tendres sentiments que vous avez partagés avec mon fils dans le moment de votre plus grande inquiétude sur l'état de ma santé. Il est maintenant pleinement informé du cours et des circonstances de mon indisposition, qui, quoique accidentelle, m'a fait souffrir de grandes douleurs; elles sont heureusement passées depuis plus de dix jours, et je vais sensiblement de mieux en mieux. Je rends encore quelques graviers, mais sans douleur, et, comme j'ai foi en ce que vous me dites des eaux de votre Lorraine[1], j'ai écrit à M. Lucas d'en prendre deux bouteilles au magasin des eaux minérales à Paris, et de me les envoyer par la diligence, pour que je puisse les goûter et savoir si je pourrai en supporter le goût: après quoi je pourrai bien faire usage de la lettre que vous avez eu la bonté de m'envoyer pour en faire venir directement. Je vous remercie, mon cher abbé, de cette attention obligeante, et vous prie de remercier Mme votre mère et Mlle votre sœur de tout l'intérêt qu'elles ont bien voulu prendre à ma situation.

Vous voudrez bien aussi faire mention de moi au bon marquis, et à cette belle dame dont les yeux suffiraient pour charmer les plus grandes douleurs.

Comme cet accident m'a déjà fait perdre trois semaines, et qu'il s'en passera bien encore autant avant que je puisse m'occuper de choses profondes, je prends le parti de remettre l'impression de l'article de l'aimant à la fin du troisième volume des minéraux, et je vous envoie ci-joint l'article de l'or, en deux cahiers de cent sept pages, par lequel je terminerai le second volume. Plusieurs raisons me déterminent à ce changement.

1° Je veux donner à l'article de l'aimant toute la perfection dont je le crois susceptible, et cela demande du temps.

2° Cet article de l'aimant, avec les tables, contiendra plus de deux cents pages. Les seules observations tirées du dernier voyage de Cook, et que M. Banks[2] m'a envoyées, sont en si grand nombre et d'une si grande importance, qu'on ne peut en négliger aucune; et je vois d'ailleurs qu'il sera nécessaire

d'en reprendre encore beaucoup de celles que j'avais négli-
gées dans les autres voyageurs récents. Ainsi toutes ces tables,
avec cent vingt pages de texte, pourront peut-être faire deux
cent soixante pages au lieu de deux cents, et il me faut un
temps considérable pour arranger ces tables, que j'ai même
dessein de faire représenter sur un globe ou sur deux hémi-
sphères, etc. Je vous prie de porter vous-même à l'Imprimerie royale ces deux cahiers de l'or, et de faire reprendre le
travail pour achever le second volume des minéraux. Je vais
travailler à faire la table des matières de ce second volume,
dont je n'ai les bonnes feuilles que jusque et compris la
feuille LI, page 272; encore me manque-t-il les trois bonnes feuilles L, M, N, c'est-à-dire depuis la page 80 jusque
et compris la page 104, qui ne m'ont pas été fournies, et
qu'il faut demander à M. Werkaven, pour me les envoyer le
plus tôt que vous pourrez, ainsi que la suite des bonnes
feuilles, à commencer par la feuille M$m$, et je ferai la table
des matières à mesure que je les recevrai.

Je n'ai aussi sur les oiseaux que les bonnes feuilles jusque
et compris C$cc$, page 392, et des concordances jusque et compris la feuille P, page 120. Il faut encore que vous ayez la
bonté de me faire compléter les bonnes feuilles de ce neuvième volume des oiseaux; mais cela n'est pas aussi pressé
que celles du second volume des minéraux, parce que vous
avez bien voulu vous charger de faire la table de ce dernier
volume des oiseaux.

Adieu, mon cher ami, écrivez-moi aussi souvent que vous
le pourrez, et soyez bien assuré du plaisir que j'aurai toujours à recevoir les témoignages de votre tendre amitié.

BUFFON.

(Publiée par François de Neufchâteau et par M. Flourens.)

## CCCX

## A M. THOUIN.

Montbard, le 2 juillet 1783.

Vous trouverez ci-joint, mon cher monsieur Thouin, les deux certificats pour toucher vos appointements et les 1000 livres pour la culture. Mais, comme je vous l'ai dit, il faut que vous preniez 300 livres de plus pour les six mois de vos appointements, que mon intention est de porter à 3600 livres par an à commencer du 1er janvier 1783. Ce qui vous restera servira pour les payements de la prochaine quinzaine, et, comme cela ne sera pas à beaucoup près suffisant, je manderai à M. Lucas de vous donner le surplus.

Je vous renvoie aussi le reçu que vous m'aviez laissé dans le temps de mon départ et les observations de MM. de Saint-Victor, auxquelles je ne puis ni ne dois rien répondre, parce qu'il me paraît qu'il y a des faits dont je ne suis point informé et qui me paraissent suspects. Vous me ferez grand plaisir de m'en dire franchement votre avis; vous pourrez dire en attendant à M. Mulot[1] que je ne puis lui répondre que quand j'aurai vu ce dont il est question, et que j'y donnerai mon attention dès que je serai de retour à Paris.

Je vous remercie des soins que vous avez pris de chercher les plantes du Pérou que désirait M. Banks; je lui ai marqué qu'à mon retour à Paris nous chercherions dans nos herbiers celles dont nous ne lui avons pas envoyé les échantillons.

Je suis bien aise que les passeurs d'eau puissent obtenir la permission d'établir un bac vis-à-vis le Jardin; mais il est à craindre que le bac de M. de Bercy[2] ne nuise à leur demande. Vous pourriez en parler vous-même à M. Lenoir[3] comme de ma part, et je suis persuadé qu'il vous écoutera favorablement.

Je vois par la situation de nos travaux que l'emplacement de nos plantes aquatiques ne sera pas encore disposé de si tôt[4]; aussi je ne commanderai point encore la fabrication des tôles pour soutenir les plates-bandes, d'autant que le sieur Mille vient de me faire une demande considérable de fer carré de 14 lignes, tant pour la grille entre les deux guérites[5] que pour les arcs-boutants de la grille qui regarde l'hôtel de Vauvrai. Je vais écrire à M. Verniquet au sujet de cette fourniture de gros fer, dont je viens d'ordonner la fabrication.

Ma santé se rétablit peu à peu, et mes forces reviendraient plus vite si l'air était plus pur et la chaleur moins étouffante; mais depuis plus de douze jours nous avons un brouillard continuel, et ce brouillard me paraît général, car on m'écrit la même chose de tous côtés.

Recevez les assurances du sincère attachement que vous me connaissez et que vous méritez à bien des titres, mon cher monsieur Thouin.

Le comte DE BUFFON.

(Inédite. — Conservée dans les archives du Muséum.)

## CCCXI

### A L'ABBÉ BEXON.

Montbard, le 14 juillet 1783.

Je vous serai obligé, mon cher ami, de recommander ces feuilles de manière que les notes correspondent au texte, et de lire ces mêmes notes avec soin. Comme je n'ai pas encore les forces nécessaires pour faire de bonne besogne, je ne me suis occupé qu'à faire la table des matières; et comme je n'ai pas les bonnes feuilles que je demande par la note ci-jointe, je vous serai obligé de les demander et de me les envoyer promptement.

Je crois que la grande chaleur que nous éprouvons depuis

plusieurs jours retarde mon rétablissement; il ne m'est pas possible de dormir tranquillement, quoique très-légèrement couvert d'un seul drap. Je crois que vous avez été obligé d'abandonner votre petite tour, et j'aurai quelque inquiétude sur votre santé jusqu'à ce que vous m'en ayez donné des nouvelles plus fraîches; car j'ai vu par votre lettre du 30 juin que vous étiez dans un état de souffrance. Je suis aussi inquiet pour Mme votre mère, car cette grande chaleur est très-contraire aux personnes qui ont les nerfs délicats.

Nous avons eu du brouillard, mais beaucoup moins épais que vous ne le dépeignez; nous avons eu aussi un petit tremblement de terre, le 6 juillet, à neuf heures trois quarts du matin. Il n'y a eu qu'une seule petite secousse. J'étais dans mon fauteuil, et le mouvement s'est fait comme si on l'eût soulevé d'un demi-pouce avec le plancher. Cette légère commotion s'est aussi fait sentir à Dijon, à Beaune, à Châlon-sur-Saône, et peut-être plus loin du côté du midi; mais je ne crois pas qu'elle se soit étendue du côté du nord, c'est-à-dire de Montbard à Paris; du moins nous n'en avons point de nouvelles. A cette occasion, M. de Montbeillard, qui est galant même avec ses amis, m'a envoyé le petit papier que vous trouverez ici en original, parce que je serai bien aise que vous le donniez à Mme Necker, lorsque vous aurez occasion de la voir[1]. M. Werkaven avait raison de vous assurer qu'il m'avait expédié la suite des bonnes épreuves. Trécourt vient de les retrouver, et nous avons jusque et compris la feuille Aaa; vous enverrez la suite quand il y en aura un certain nombre de plus.

Je ne compte pas vous renvoyer les cahiers sur l'aimant, car j'espère travailler sur cette matière dès que j'aurai repris mes forces: ainsi, vous me ferez plaisir, mon cher ami, de m'envoyer vous-même ce que vous aurez fait sur le magnétisme animal[2], ainsi que votre travail pour le *Mercure* au sujet du premier volume de mes minéraux; je serai bien aise de le lire avant que vous le livriez à M. Panckoucke. Adieu, mon cher ami, mille tendresses à vos dames; je vous embrasse tous bien sincèrement et de tout mon cœur.

BUFFON.

*P. S.* — Je ne sais comment je ferai pour témoigner ma reconnaissance à MM. Gentil[3] pour les richesses dont ils m'accablent; aidez-moi, mon cher ami, à les remercier. Si je savais qu'un exemplaire de la nouvelle édition in-4° fût un présent agréable pour eux, je me ferais un plaisir de le leur offrir; mais, en attendant, assurez-les de toute ma reconnaissance.

(Publiée par François de Neufchâteau et par M. Flourens.)

## CCCXII

### A M. THOUIN.

Montbard, le 19 juillet 1783.

J'ai reçu, mon cher monsieur Thouin, votre lettre avec les pièces quittancées de la quinzaine échue le 12 de ce mois, et je vois par le détail de la situation des travaux que le bassin des plantes aquatiques est achevé de trois côtés; mais je voudrais savoir si les déblais de la ville viennent assez abondamment pour que vous puissiez faire bientôt le quatrième côté. Je crois que vous aurez eu soin d'en faire déposer partie dans mon marais, pour l'exhausser où il est nécessaire.

J'ai vu par un billet que m'a envoyé mon portier les noms de M. le Prévôt des marchands[1] et de M. Moreau[2], et je soupçonne qu'il pourrait être venu pour me parler de ce terrain, que les Saint-Victor disputent à la ville. Vous saurez en effet si leur prétention est fondée en consultant les archives de la ville.

Mlle Blesseau me prie de joindre sa lettre et une autre qu'elle adresse à La Rose, et qu'elle vous sera très-obligée de lui remettre.

Je suis très-sensible à toutes les marques d'attachement dont votre lettre est remplie, et vous pouvez être bien assuré, mon cher monsieur Thouin, du retour de tous mes sentiments pour vous.

Le comte DE BUFFON.

(Inédite. — Conservée dans les archives du Muséum.)

## CCCXIII

### A M. LE MARQUIS DE GENOUILLY[1],
ÉCUYER DE LA REINE.

Montbard, le 30 juillet 1783.

Je suis très-sensible, monsieur le marquis, à l'intérêt que vous avez eu la bonté de prendre à ma maladie. Je ne suis pas encore parfaitement rétabli; mais j'espère qu'avec du ménagement mes forces, que j'avais perdues, reviendront autant que mon âge le permet. Mon fils est à Paris, et je ne crois pas qu'il puisse obtenir un congé, à cause du voyage du Roi à Fontainebleau[2], qu'on dit être décidé. Mille tendres respects à Mme la marquise de Genouilly et à vos aimables enfants. Je voudrais bien que ma santé me permît d'aller vous voir tous à votre charmante habitation; mais je n'ose l'espérer, et je me borne à penser que vous voudrez bien me faire l'honneur de venir ici lorsque vos affaires le permettront, personne ne vous étant plus sincèrement et plus respectueusement attaché que je le suis.

BUFFON.

(Inédite. — Communiquée par Mme Morel.)

## CCCXIV

### AU PRÉSIDENT DE RUFFEY.

Montbard, le 3 août 1783.

J'ai reçu vos deux lettres, mon très-cher Président, et j'ai l'honneur de vous renvoyer la petite charge que vous m'aviez laissée. J'ai des remercîments infinis à vous faire de l'exactitude avec laquelle vous avez eu la bonté de faire mes commissions et de toutes les marques d'amitié que vous m'avez témoignées pendant votre séjour à Montbard. Je désire que ces occasions de vivre avec vous se renouvellent souvent. J'ai fait part de votre épigramme, qu'on a trouvée piquante et vraie, et tout ce que vous faites et dites portera toujours ce cachet de vérité. Mes respects, je vous supplie, et ceux de Mme Nadault à Mme de Ruffey : nous regrettons fort qu'elle ne vous ait point accompagné dans votre petit voyage.

J'ai l'honneur d'être, avec un sincère et respectueux attachement, mon cher Président, votre très-humble et très-obéissant serviteur.

BUFFON.

(Inédite. — De la collection de M. le comte de Vesvrotte.)

## CCCXV

### A L'ABBÉ BEXON.

Montbard, le 17 août 1783.

Je conçois, mon cher monsieur, toute l'étendue de votre douleur. Je ne connais personne qui aime autant ses parents, et je vois, par l'extrême tendresse que vous avez pour votre digne mère, combien la perte d'un bon père doit vous être sensible[1]. Votre lettre m'a touché jusqu'aux larmes, et je voudrais bien pouvoir vous donner quelque consolation. La

distraction vous serait peut-être nécessaire, et vous pourriez, mon cher ami, lorsque les oiseaux seront finis, venir
passer quelque temps auprès de moi. Je crois que mon fils
pourra bien obtenir un congé pour y venir dans le mois prochain., et il serait peut-être possible de vous arranger avec
lui pour faire le voyage, en le prévenant que vous payeriez
votre portion pour la poste, car il est toujours ruiné *. Je ne
suis pas encore entièrement quitte des impressions d'une colique d'estomac qui m'a fort incommodé, et dont j'attribue
la cause aux inquiétudes que m'a données la maladie de mon
fils. Il ne faut pas le laisser partir avant qu'il ne soit parfaitement rétabli; il compte d'avance que ce sera pour le premier de septembre; mais tous mes amis me feront plaisir
de l'engager à retarder de huit ou quinze jours.

En remettant à l'imprimerie cette feuille, qui n'est venue
qu'au bout de quinze jours, je vous prie de dire à Werkaven
que je suis très-peu content de ce qu'il va si lentement sur
ce second volume des minéraux, qu'il faut tâcher de finir
dans le courant d'octobre, et cela serait possible s'il voulait
seulement donner deux ou trois feuilles par semaine.

J'ai fait votre commission auprès de Mme Daubenton, qui
vous fait ses compliments. Elle n'a pas encore reçu réponse
de Mme Necker.

Au reste, mon cher ami, je n'insiste pas sur ce que vous
veniez à Montbard, parce que je sens que dans ces premiers
temps votre respectable maman et votre aimable sœur ont
besoin de se consoler avec vous; faites-leur mes plus tendres
amitiés, et soyez sûr de la part sensible que je prends à votre
commune affliction.

BUFFON.

(Publiée par François de Neufchâteau et par M. Flourens.)

## CCCXVI

### A M. LE COMTE DE BUFFON,
#### OFFICIER AUX GARDES FRANÇAISES.

Le 26 août 1783.

Venez, mon cher fils[1]; mais, si vous m'en croyez, ne venez pas seul; engagez M. de Faujas ou M. l'abbé Bexon. Je ne serai pas tranquille si vous n'êtes pas accompagné de quelque personne raisonnable. Que deviendriez-vous seul, si vous tombiez malade en chemin? Ne vous pressez pas de partir; ne vous pressez pas dans la route; mangez peu, et ne mangez que des choses saines et peu de viande; encore moins de liqueur ou de vin trop fort. Je ne vous attends que pour le 7; c'est le jour de ma naissance, et ce sera celui de mon bonheur, si je vous embrasse en bonne santé de corps et de tête[2], car vous avez besoin de rétablir tous deux.

BUFFON.

(Inédite. — De la collection de M. Henri Nadault de Buffon. M. Flourens en a publié divers fragments.)

## CCCXVII

### FRAGMENT DE LETTRE A MADAME NECKER.

Montbard, le 28 octobre 1783.

.... La voiture est arrivée! Cette douce voiture où je dois prendre place[1]; et quelle place! celle de mon adorable amie. Pourquoi l'espace, hélas! ne conserve-t-il pas l'empreinte de sa personne? Je serais avec elle! J'y serai sans cela; car l'âme remplit l'espace; et depuis les moments trop courts de son séjour ici, je la vois partout; je suis plus heureux; je jouis délicieusement de mes terrasses qu'elle a parcourues. Il n'y a pas un de mes arbres que je n'aime mieux[2]. . . . . .

(Inédite. — Une copie de ce fragment appartient à M. Boutron, qui a bien voulu nous la communiquer.)

## CCCXVIII

### A M. THOUIN.

Montbard, le 8 novembre 1783.

Comme les jours sont déjà bien courts et que les finances le sont encore plus, il faut, mon cher monsieur Thouin, remettre après mon retour le payement des dépenses arriérées, et supprimer de l'aperçu que je vous renvoie ci-joint les quatre ouvriers de bâtisse, le garçon charron, les trois niveleurs et les quinze terrassiers. Car il me semble que les huit garçons jardiniers et les deux régaleurs doivent suffire pour les plantations et pour l'arrangement des gravats, et que pour les travaux de maçonnerie il faut les faire cesser absolument pendant l'hiver. Au reste, nous verrons ce qu'il me sera possible de faire après mon arrivée. Le déplacement du ministre des finances[1] pourra retarder encore les remboursements qui me sont dus; il faut donc retrancher ce qui n'est pas indispensablement nécessaire, et réduire, s'il est possible, à cinq ou six cents livres la dépense de la quinzaine qui échoira au 15 de ce mois; et comme je compte me rendre à Paris vers le 20[2], j'arrangerai les affaires avec vous pour la suite. Vous prendrez auprès de M. Lucas l'argent jusqu'à concurrence de six ou sept cents livres pour le 15 de ce mois; mais je vous prie de faire attendre le reste de nos dettes, au payement desquelles je ne puis pourvoir qu'après le recouvrement de quelques sommes qui me sont dues dans le mois de décembre. Je serai bien aise de vous revoir et de vous renouveler mes sentiments d'attachement.

Le comte DE BUFFON.

(Inédite. — Conservée dans les archives du Muséum.)

## CCCXIX

### A M. DE FAUJAS DE SAINT-FOND.

Au Jardin du Roi, le 27 février 1784.

J'aime à lire vos ouvrages, monsieur; mais j'aime encore mieux vous voir, et, si vous voulez que nous prenions un arrangement au sujet de la collection des matières volcaniques que vous vous proposez de remettre pour le Cabinet du Roi[1], il est nécessaire que je puisse sans délai en conférer avec vous. Comme je dîne tous les jours chez moi, vous pourrez me faire l'honneur de venir manger ma soupe[2] tel jour qu'il vous plaira; je serai enchanté de vous renouveler tous les sentiments d'estime et d'attachement avec lesquels j'ai l'honneur d'être, monsieur, votre très-humble et très-obéissant serviteur.

Le comte DE BUFFON.

(Inédite. — De la collection de M. de Faujas de Saint-Fond.)

## CCCXX

### A M. LE COMTE DE BUFFON,
#### OFFICIER AUX GARDES FRANÇAISES.

Montbard, le 14 juin 1784.

Je suis très-aise, mon cher fils, que le remède de M. Bousquet[1] ait réussi, et j'espérerais que la fièvre vous quitterait pour toujours, si vous pouviez vous modérer sur le manger et régler les heures de vos repas sans en faire d'intermédiaires. Pour moi, je suis toujours tracassé, et souvent douloureusement, par des graviers gros ou petits, et j'en ai encore rendu hier six qui m'ont fait beaucoup souffrir. Je continue l'usage du savon, et je ne bois pas d'autres eaux que celles de Contrexeville. Je ne vois cependant pas le bien que ces remèdes me font; mais il faut bien obéir aux conseils des médecins, et M. Barbuot, qui m'est venu voir, veut que j'ajoute à cette boisson du pareira-brava, dont il dit avoir vu des effets merveilleux.

Je crois, mon cher ami, que vous feriez bien d'aller, le plus tôt que vous pourrez, voir M. le baron de Breteuil ², et parler du roi de Suède ³. Vous lui direz que le comte et la comtesse du Nord étaient accompagnés de M. de Vergennes lorsqu'ils sont venus au Jardin du Roi, et qu'en mon absence M. d'Angeviller en fit les honneurs, M. Amelot étant indisposé. Vous lui marquerez le désir que j'aurais qu'il voulût bien accompagner, comme M. de Vergennes, le roi de Suède, s'il vient voir le Jardin et le Cabinet. L'établissement étant dans son département, il me semble que c'est à lui à en faire les honneurs, et alors il vous présenterait; sinon, vous ferez bien de vous faire présenter par M. d'Angeviller. Vous direz en même temps à M. de Breteuil que ma santé m'a forcé de quitter Paris, et que je suis venu ici prendre des eaux et du repos, et tâcher de finir mes ouvrages. Vous assaisonnerez tout ceci de quelques politesses flatteuses, et vous vous conformerez exactement à ce qu'il vous dira; car, s'il marquait quelque répugnance à ce que M. d'Angeviller vous présentât au roi de Suède, il ne faudrait pas insister sur cela, et vous vous passeriez de cette présentation.

Adieu, mon très-cher fils, je vous embrasse du meilleur de mon cœur.

(La lettre qui précède est écrite de la main d'un secrétaire. Le postscriptum qui suit est de la main de Buffon.)

C'est en effet à M. de Breteuil à donner des ordres au Jardin du Roi, et non à M. d'Angeviller, qui n'est rien là tant que j'y serai.

BUFFON.

(Inédite. — De la collection de M. Henri Nadault de Buffon.)

## CCCXXI

### A M. THOUIN.

Montbard, le 27 juin 1784.

Voilà, mon cher monsieur Thouin, une lettre que je vous prie de lire, et même de voir celui qui me l'écrit, et dont je ne connais pas les talents, mais dont la proposition me paraît honnête, pourvu que cela ne nous constitue pas en dépense trop forte, car je ne voudrais pas donner plus de cinquante louis pour contribuer à l'exécution. M. Lucas a dû vous dire que j'étais bien satisfait du compte que vous m'avez rendu des travaux, et vous me ferez grand plaisir d'y donner les mêmes attentions; car vous seul pouvez achever ce que nous avons commencé.

Une autre chose plus importante est une lettre que je reçois de M. Guillotte, sur laquelle je vous prie de me parler aussi librement que si nous étions tête à tête. Je suis d'avance très-décidé à ne point donner de second pavillon pour corps de garde, et même à détruire celui qui est auprès du laboratoire de chimie, et qui ne sert que de retraite aux cavaliers pour jouer et pour boire. Je pense que deux ou trois hommes qui seraient à vos ordres, comme le sieur Guessin, garderaient mieux nos plantes que toute la maréchaussée de Paris; mais en même temps, comme MM. Guillotte servent depuis long-temps au Jardin, mon intention n'est pas de leur faire du tort, et je les conserverai sur le même pied, tant pour les cours d'anatomie, chimie et botanique, que pour le Cabinet. Vous voudrez bien me dire ce que vous en pensez en me renvoyant la lettre de M. Guillotte.

Vous devriez engager l'abbé Delaulne à envoyer à M. de La Chapelle[1] une note qui contienne les nouveaux faits d'insubordination dans Saint-Victor. Je suis sûr qu'il en fera bon usage, et qu'il ne compromettra pas M. l'abbé Delaulne, d'autant que je l'ai prévenu sur cela avant mon départ.

Bonjour, mon très-cher monsieur Thouin; je rends toujours du gravier, mais cela ne m'empêche pas de m'occuper.

Le comte DE BUFFON.

(Inédite. — Conservée dans les archives du Muséum.)

## CCCXXII

### AU MÊME.

Montbard, le 4 août 1784.

Je vous suis obligé, mon cher monsieur Thouin, de vos utiles démarches auprès de M. Lenoir[1]. Nous ne pouvons pas douter de sa bonne volonté; mais des trois choses dont vous lui avez parlé, celle de l'acquisition des terrains est la plus pressée, et il faudra dans quinze jours le solliciter de nouveau, et faire dire à MM. les entrepreneurs des voitures de le solliciter aussi pour l'engager à rapporter cette affaire à M. le contrôleur général. Je suis persuadé qu'il ne s'y refusera pas, et cette décision une fois donnée, je prendrai mes arrangements pour en obtenir le payement. Cependant il serait bon que le projet de l'arrêt du Conseil me fût communiqué d'avance, comme M. Guillemain a bien voulu vous le promettre.

A l'égard du procès, je ne doute pas que le jugement favorable n'intervienne dès que M. Lenoir voudra s'en occuper, et je trouve qu'il a bien fait de renvoyer le projet de M. de Beaubois au temps où le nouveau prévôt des marchands, qui est en effet zélé pour le bien public, pourra le faire valoir.

Vous me donnez un très-bon avis au sujet du puits qui est dans les caves de mon logement, et que j'ignorais. Il sera très-utile, si l'on peut y appliquer une pompe pour faire monter de l'eau dans les cuisines et offices. Je vous prie de concerter ce projet, qui est bien le vôtre, avec M. Verniquet; et le sieur Lucas pourra y faire placer cette pompe et les accessoires pendant qu'on y travaille.

J'ai reçu vos états de dépense, et je vois que vous conduisez nos travaux avec toute l'intelligence et la prudence possible. Votre rendu compte de l'emploi du temps est si nettement présenté, que je vois les choses comme si j'y étais.

Je vous prie de remettre ou faire remettre à M. Dufourny de Villiers, architecte, la lettre ci-jointe, afin qu'il ne m'importune plus de ses beaux projets auxquels il n'est pas possible de penser, surtout actuellement, et auxquels même je ne dois concourir dans aucun temps [2]. Je lui marque que, comme administrateur du Jardin du Roi, je ne dois y faire que ce qui m'est ordonné par Sa Majesté et approuvé par ses ministres, et que je ne puis consentir à aucune dépense qui aurait trait à ma gloire personnelle, ne. m'étant même point du tout mêlé de la statue [3] qu'on a bien voulu m'ériger. Et en effet je ne veux pas qu'on ait à me reprocher que j'aie rien fait pour moi personnellement, et c'est la vraie raison qui fait que je ne puis obtempérer aux demandes de M. Dufourny.

Ma santé va de mieux en mieux; les graviers commencent à s'amollir, et cela me fait bien augurer de l'usage du savon, que je continuerai constamment. Il ne me reste que des maux de reins, mais assez sourds, et des irritations plus supportables. Mon plus grand mal est l'insomnie ; je n'ai pas une bonne nuit sur quatre, mais cela ne m'empêche pas de m'occuper pendant le jour,

Le roi de Suède est donc parti sans voir votre jardin, car j'ai reçu ses billets d'adieu, et j'aurai ici incessamment le prince Henri de Prusse [4].

Adieu, mon très-cher monsieur Thouin, ne doutez pas, je vous prie, de tous mes sentiments d'attachement et d'amitié.

Le comte DE BUFFON.

(Inédite. — Conservée dans les archives du Muséum.)

## CCCXXIII

### A MADAME NECKER.

Montbard, le 4 août 1784.

Ma noble amie,

Il faut que je renonce à vous écrire de ma main, car elle me tremble tant que votre image accompagne ma pensée, et je suis encore honteux du barbouillage de la lettre que j'ai essayé de vous écrire le 26 du mois dernier. Je l'ai encore adressée directement à Lausanne; mais j'ai vu par celle que vous avez eu la bonté d'écrire à Mlle Blesseau, et qu'elle a reçue avant-hier, 2 de ce mois, qu'en passant par Paris, elles vous arrivent plus tôt. J'adresse donc celle-ci rue Bergère, pour vous remercier plus promptement de l'avis que vous me donnez du projet du prince Henri. Je serai enchanté de le recevoir. M. de Grimm en avait dit quelque chose à mon fils; mais j'attendais des nouvelles plus précises, et, sans doute, M. de Grimm m'avertira de son arrivée, car je crois qu'il doit l'accompagner jusqu'ici. Un prince spirituel et instruit, qui est en même temps le plus grand capitaine, est vraiment un phénomène rare, que je considérerai avec autant de plaisir que de respect, et ce qui m'en plaira encore davantage, c'est que je m'entretiendrai de vous et que je dirai : « Mme Necker est ma meilleure amie, et la personne de l'univers que j'estime le plus. » Je n'oserais dire que je vous adore, parce que je n'en suis pas assez digne. Je voudrais que ce grand prince vînt dans le courant de ce mois, parce que je suis à peu près seul, et que mes enfants doivent m'arriver avec Mme de Castera[1] dans le commencement de septembre. Mais en quelque temps qu'il me fasse cet honneur, je tâcherai qu'il soit content de moi.

Vous avez la bonté, ma tendre amie, de demander si j'ai terminé avant mon départ quelques-unes des affaires dont je vous avais fait part. Non, j'ai tout laissé, et j'ai bien fait de tout sacrifier au désir que j'avais de rétablir ma santé, car je suis très-sensiblement mieux, et je commence à espérer un presque entier rétablissement. D'ailleurs vous avez répandu la joie dans mon cœur, et ce sentiment est une source de vie. Vous viendrez, dites-vous, chère amie, me voir dans ma retraite; j'y resterais toute ma vie si je savais vous y posséder, et c'est encore à ce plaisir que je sacrifierais toute affaire. On me mande de Dijon que j'aurai dans quelques jours la visite de l'abbé de Bourbon[2], et je n'en serai pas fâché, car j'aimais son père, qui, quoique roi, était un homme aimable. J'ai eu aussi des billets de visite et d'adieu du comte de Haga. Je ne vous fais cette gazette que parce que vous prenez plus d'intérêt que moi-même à ma gloire, et j'en suis, je vous l'avoue, plus souvent embarrassé qu'enorgueilli, et mon plus beau fleuron, c'est d'avoir fait la conquête de vos sentiments, qui font et feront toujours le bonheur de ma vie.

Mille respects et tendresses à M. Necker et à votre charmante enfant. Je voudrais vous embrasser tous trois, ou du moins vous exprimer combien je vous suis dévoué.

BUFFON.

(Inédite.)

## CCCXXIV

### AU PRÉSIDENT DE RUFFEY.

Montbard, le 18 août 1784.

Votre muse est comme votre santé, mon cher Président; elles ne vieillissent pas, et je crois de bonne foi que vos vers étaient encore ce qu'il y avait de mieux dans cette séance académique où M. le comte d'Oels[1] s'est fait un plaisir d'assister. Cet homme, quoique du sang des rois, a plus d'esprit et de connaissances qu'il n'en faut pour faire la réputation de plusieurs particuliers, fussent-ils académiciens, et il a en même temps assez de gloire pour faire la célébrité de plusieurs princes. Joignez à cela une très-grande amabilité, et beaucoup de zèle pour l'avancement de nos connaissances en tout genre[2].

Si vous êtes obligé de garder la terre de Montfort, j'en tirerai un produit que j'estime plus que la terre : c'est celui de vous voir souvent ici, et de vous renouveler à mon aise tous les sentiments de l'ancien et tendre attachement avec lequel je serai toute ma vie, mon cher Président, votre très-humble et très-obéissant serviteur.

BUFFON.

(Inédite. — De la collection de M. le comte de Vesvrotte.)

## CCCXXV

### A MADAME NECKER.

Montbard, le 25 août 1784.

Je crois en vérité, divine amie, que vous ne faisiez qu'un avec votre bon ange ou quelque autre être céleste, au moment que vous m'avez écrit cette lettre toute spirituelle dans laquelle vous m'annoncez le prince Henri. Il n'y a pas une phrase qui ne soit au-dessus du sublime pour l'esprit, au-dessus de l'humaine sensibilité pour le cœur. Plus je la relis, plus je l'admire, et ma critique cette fois se trouve tout à fait en défaut; elle ne me laisse qu'une question à vous faire : comment se peut-il, mon adorable amie, qu'à la fin de cette même lettre, aussi brillante par la beauté des paroles que par la netteté des idées, vous vous plaigniez de nuages autour de vos pensées? La langueur de la santé doit affaiblir les sensations; mais chez moi cette langueur augmente la tendresse, et chez vous, divine amie, j'ai toujours vu le sentiment commander aux sensations. Votre âme conserve toute sa force et se peint dans vos expressions avec cette chaleur pure et tout le feu dont elle est animée. Vous l'avouez vous-même, ma noble et candide amie, en disant que ces nuages et ces langueurs ne vous ôtent pas le goût et l'enthousiasme pour les belles et grandes choses. Donnez-moi place, j'y consens, dans cet ordre de choses; mais auparavant prenez la vôtre, et que M. Necker prenne aussi la sienne; car je vous estime tous deux autant et plus que moi, et je ne me placerai jamais qu'après mes grands amis. « Mme Necker, m'a dit le prince Henri[1], est une personne excellente tant par l'esprit que par ses vertus; M. Necker est un homme supérieur, que tous les gens sensés doivent regretter comme ministre. » Ces seules paroles ont suffi pour faire ma conquête; mais en même temps il m'a comblé de bontés et même de caresses que je crois devoir à vos inspirations; car elles étaient trop amicales et trop tendres pour un prince et un héros. Je jouis délicieusement de l'idée de pouvoir rapporter à ma noble amie tout le bien qui m'arrive, et je serais heureux dans le sein de son amitié, si ma santé ne me chicanait pas. Mon incommodité habituelle a paru diminuer par l'usage du savon; mais il m'est survenu un rhumatisme qui m'empêche de marcher, et un dérangement d'estomac qui m'ôte encore mes forces. N'en soyez pas inquiète, ma tendre amie, je ne le suis pas moi-même, et Mlle Blesseau demande la permission de vous donner dans quelques jours des nouvelles de mon entier rétablissement. Je me trouve un peu mieux depuis hier, et encore mieux aujourd'hui, surtout dans ce moment où je m'occupe du plus digne et du plus cher objet de mes pensées.

Mille respects et tendresses à M. et à Mlle Necker.

BUFFON.

(Inédite)

## CCCXXVI

### A LA MÊME.

Montbard, le 20 septembre 1784.

Ma grande amie,

Mlle Blesseau n'a pu vous écrire sur ma santé, parce qu'elle a beaucoup souffert d'un rhumatisme sur la poitrine, qui l'a fort incommodée. Celui que j'avais sur les jambes est fort diminué, et le dérangement d'estomac a cessé dès que j'ai interrompu l'usage du savon. Cependant je l'ai repris depuis trois jours, parce que je suis presque assuré qu'il m'a fait du bien et qu'il a diminué ou du moins ramolli les graviers, qui sont maintenant en moindre quantité, et qui passent sans me causer de très-grandes douleurs.

Voilà où j'en suis. Mais pour vous, ma tendre amie, j'ai vraiment de l'inquiétude. Vous languissez, vous souffrez et vous ne vous plaignez pas; vous craignez de m'affliger, et vraiment je le suis déjà bien assez de ce projet d'aller passer l'hiver dans les pays méridionaux[1]. Il s'est répandu ici que c'était à Nice; M. de Tanlay, premier président des Monnaies, dont je suis voisin[2], doit y aller aussi avec sa famille, et c'est à cette occasion qu'il a été dit que vous deviez y passer l'hiver. Eh bien! ma très-chère amie, que deviendrai-je pendant tout ce temps? Mes plus douces espérances sont toutes évanouies; ne pouvant m'attendre à vous voir à Montbard, comme je le comptais, dans votre retour à Paris, j'ai pris mon parti d'y aller moi-même un mois plus tôt, et je compte m'y rendre dans les premiers jours d'octobre; je suis donc sur la fin de mon séjour ici. J'y ai actuellement mes enfants avec leur mère, et ils doivent s'en retourner dans huit jours. Ma belle-fille, sans être grosse, a été fort incommodée de maux de tête et d'estomac, et cela s'est terminé par une violente fluxion à l'oreille et sur le col, dont elle n'est pas encore absolument quitte. Je suis très-content d'elle et je l'aime déjà beaucoup. Elle n'a point d'airs, et beaucoup de candeur; sa mère lui a rendu les plus tendres soins, et j'ai peu vu de filles aimer autant leur mère.

Le prince Henri, peu de jours après son arrivée à Paris, m'a écrit une lettre de sa main qui prouve, comme vous me l'avez marqué, qu'il a plus d'esprit qu'il n'en faut pour faire la réputation de plusieurs particuliers. Voici un fragment par lequel vous pourrez juger du reste :

« Il doit vous être familier de recevoir les plus grands éloges sur la manière dont vous avez fait l'histoire de la nature, et je ne pourrais ajouter qu'un faible hommage à tous ceux que vous avez reçus; mais je n'oublierai jamais l'homme doux, aimable et bienfaisant que j'ai vu à Montbard : si j'avais à désirer un père, ce serait lui; un ami, lui encore; une intelligence pour m'éclairer, et quel autre que lui? »

Cette lettre a croisé celle que j'écrivais à M. de Grimm pour le remercier de m'avoir procuré la visite de ce prince, et, comme vous ne dédaignez pas, ma noble amie, les plus petites productions de ma pensée, voici encore un fragment de ma lettre. « Aucun homme, quelque grand qu'il fût, ne m'a jamais fait une impression aussi douce et aussi profonde que l'illustre prince dont vous m'avez procuré la très-honorable visite; je ne l'ai vu que pendant quelques heures et je l'aimerai toute ma vie. Ce petit temps m'a suffi pour reconnaître dans ses éminentes qualités personnelles la réunion si rare de l'héroïsme à la sagesse, de la noble modestie à la fierté de la gloire, du calme de la tête au feu du génie.... » Sur cela il m'a été répondu que, si j'étais déjà le Pline de la France, j'en serai aussi le Tacite quand il me plaira ; mais je crains de vous faire de plus longs détails, je n'en ai pas même le courage. L'idée de votre longue absence m'occupe si tristement, que je pourrais vous dire avec toute vérité qu'elle couvre toutes les autres de ce nuage sombre dont vous vous plaignez. J'arriverai à Paris comme dans un désert, puisque vous n'y serez pas. Je végéterai dans ma chambre pendant ce vilain hiver, et, si ma santé le permet, je reviendrai au mois de mars dans ma solitude de Montbard. Vous aurez de mes nouvelles dès que je serai de retour à Paris. Mlle Blesseau fera le voyage avec moi à très-petites journées et vous en rendra compte. Adieu, mon adorable amie, ce serait vous dire rien ou très-peu de chose, que de vous assurer d'une tendresse à l'épreuve du temps et de l'absence.

BUFFON.

(Inédite.)

## CCCXXVII

### AU DOCTEUR HOUSSET [1].

Au Jardin du Roi, le 6 novembre 1784.

Votre lettre, monsieur, du 19 octobre dernier [2], vient de m'être renvoyée à Paris, et je ne puis que vous marquer ma reconnaissance de tous les sentiments que vous avez la bonté de me témoigner. Je lirai avec empressement cet ouvrage que vous m'annoncez, persuadé que vous y aurez porté les lumières et le génie qu'il faut pour démêler dans la marche de la nature la cause de ses écarts.

J'ai l'honneur d'être, avec une respectueuse considération, monsieur, votre très-humble et très-obéissant serviteur.

Le comte DE BUFFON.

(Cette lettre a été publiée dans un ouvrage du docteur Housset, ayant pour titre : « Mémoires physiologiques et d'Histoire naturelle, » 1747, 2 vol. in-8°. — Le Mémoire IX du second volume, intitulé : « Observations historiques sur quelques écarts ou jeux de la nature, pour servir à l'Histoire naturelle de l'homme, » est dédié à Buffon.)

# CCCXXVIII

## A MADAME GUENEAU DE MONTBEILLARD.

Au Jardin du Roi, le 7 novembre 1784.

Je suis enchanté, ma très-chère et respectable commère, de notre nouvelle alliance[1]. Ce sont les seules noces qui conviennent à mon âge, et je vous promets fidélité pour le reste de ma vie. Le succès a été complet, puisque l'aimable accouchée et sa bonne maman désiraient un fils. Chargez-vous, je vous supplie, de mon compliment pour elles, et je prends en effet grande part à leur satisfaction. La mienne serait complète, si je savais notre cher bon ami en santé parfaite; mais puisque cette toux si opiniâtre est fort diminuée, il y a toute espérance qu'elle cessera et qu'il sera rétabli tout à fait. Je le désire plus ardemment que personne, et je vous supplie de m'en donner de temps en temps des nouvelles.

J'ai bien soutenu la fatigue du voyage pendant les deux premiers jours; mais le roulement sur le pavé, depuis Fontainebleau jusqu'à Paris, m'a fait rendre du sang, et je vais rester dans ma chambre huit ou dix jours pour ne pas m'exposer à de pareils accidents sur le pavé de Paris, que je ne fréquenterai d'ailleurs qu'avec précaution et le moins souvent qu'il me sera possible.

J'ai signé hier, avec M. de La Rivière, le contrat d'acquisition de la terre de Quincy[2]; je vous serai obligé, madame, d'en informer M. l'avocat Labbé, qui a pris part à cette affaire.

J'ai fait vos amitiés à mes enfants; ils m'ont chargé de vous en témoigner leur reconnaissance. Ma petite belle-fille est toujours dans un état de langueur qui me fait peine, et je ne crois pas qu'elle imite de si tôt les procédés de Mme de Chazelles.

Adieu, ma très-chère et respectable commère, il m'est sans doute permis de vous embrasser aussi tendrement que je vous aime.

Le Comte DE BUFFON.

(Inédite. — De la collection de Mme la baronne de La Fresnaye.)

## CCCXXIX

### AU DOCTEUR HOUSSET.

Au Jardin du Roi, le 17 janvier 1785.

Je reçois, monsieur, avec toute sensibilité, les marques d'amitié que vous avez la bonté de me témoigner, et je lirai avec empressement votre ouvrage dès qu'il sera publié[1]; je fais aussi des vœux pour votre santé. Vous avez bien du temps devant vous pour la rétablir; cependant à tout âge il faut se ménager sur le travail d'esprit, et même sur l'exercice du corps. Je ne me soutiens, à mon grand âge, que par cette compensation accompagnée d'une constante sobriété.

J'ai l'honneur d'être, avec une respectueuse considération, monsieur, votre très-humble et très-obéissant serviteur.

Le comte DE BUFFON.

(Cette lettre a été publiée par le docteur Housset dans ses « Mémoires physiologiques et d'Histoire naturelle, » t. II, p. 311 et 312.)

## CCCXXX

### A GUENEAU DE MONTBEILLARD.

Dimanche, le 6 février 1785.

Je vous écris, mon cher bon ami, au moment de la fête[1], afin d'en être aussi près qu'il m'est possible : séparés par l'espace, on ne peut se rapprocher que par le temps. Comme

vous ne me parlez pas de votre santé, je veux présumer
qu'elle n'est pas mauvaise. J'ai eu le plaisir de m'entretenir
hier longtemps de vous avec notre ami l'abbé Berthier. Mon
incommodité subsiste et m'empêche d'aller en voiture sur le
pavé; je garde constamment ma chambre, et j'y suis pour
ainsi dire accoutumé.

Lauberdière est, comme vous le dites, un fou que l'on sera
obligé de traiter comme tel[2]. Recommandez, je vous prie,
mon affaire contre lui à l'attention de M. Le Mulier. Faites
aussi agréer mes hommages à ma bonne amie Mme de Montbeillard et à toute votre société. Mon fils est à sa campagne
près Fontainebleau.

BUFFON.

(Inédite. — De la collection de Mme la baronne de La Fresnaye.)


## CCCXXXI

### A M. GUÉRARD,

NOTAIRE A MONTBARD.

1785.

J'ai reçu, monsieur, votre lettre, qui m'apprend la mort du
sieur de Lauberdière. Cette nouvelle n'est pas bien satisfaisante pour moi, ayant espéré qu'il se mettrait en état de
réparer les torts qu'il m'a faits[1]. Je ne croirai jamais qu'il ait
passé dans les Iles les mains vides, surtout après les fonds
immenses qu'il avait de moi et ceux qu'il avait empruntés de
toutes mains en Bourgogne. Qu'est devenu aussi son mobilier, qui n'était pas peu considérable? Vous m'excitez à la
commisération envers sa veuve[2], mais sans m'offrir rien, ni
me donner la moindre assurance. Croyez-vous de bonne foi
qu'il me soit agréable de perdre la totalité de mon dû, prêt
d'argent, fermages et autres objets? Car c'est ce que votre
lettre semble annoncer. Je veux bien, dans la circonstance,
me prêter à quelques sacrifices, si toutefois je vois plus de

bonne foi qu'on ne m'en a montré ci-devant, et si on me donne un état au vrai des ressources de la succession et de ce que possède la veuve. Indépendamment du mobilier, je sais qu'il y a des biens-fonds de part et d'autre. J'exige donc, monsieur, avant tout, de savoir ce que l'on est disposé à faire pour s'acquitter envers moi, et les sûretés que l'on m'offrira. Je présume que vous avez pourvu à la conservation de ce que le défunt a laissé, soit en France, soit dans le lieu où il est décédé. La réponse que j'attends de vous sur tous ces points me décidera sur le parti que je croirai devoir prendre.

Le comte DE BUFFON.

(Inédite et sans date; mais, d'après son contenu, elle paraît se rapporter à l'année 1785. Elle a été copiée sur une minute déposée en l'étude de M. Pascal, notaire à Paris.)

## CCCXXXII

### A GUENEAU DE MONTBEILLARD.

Au Jardin du Roi, le 25 février 1785.

Combien j'eusse désiré d'être témoin de ce conflit de bonté, d'amitié, entre vous, mon bon ami, et le cher M. de Mussy! Mon cœur en a été pénétré, et je ne puis assez vous exprimer ma tendre reconnaissance. Mon chicaneur [1] vient d'appeler au parlement de Paris de la sentence du Châtelet; ainsi, c'est à recommencer sur nouveaux frais et à subir de nouveaux tracas, car il faut d'autres procureurs et même d'autres avocats, et vous savez, mon bon ami, combien j'aime ces sortes de gens qui, dans ce pays-ci, cherchent pour la plupart à retenir et allonger les affaires, et ne les voient jamais se terminer qu'avec regret.

Je n'ai pas encore vu Mme de Chazelles; cependant j'espère qu'elle viendra auprès de moi ces jours-ci, et j'aurai la satisfaction de m'entretenir de vous, mon bon ami. Votre santé m'intéresse autant et plus que la mienne; vous ne m'en avez pas dit un mot dans votre dernier billet, et je n'en ai eu de nouvelles que par l'abbé Berthier et Mme Daubenton. La mienne se soutient bien, au moyen d'une vie très-réglée et d'un séjour constant dans ma maison, avec quelques petites promenades au Jardin. Mais depuis quatre mois que je suis à Paris, je ne suis sorti qu'une seule fois en voiture, et m'en étant mal trouvé, j'ai renoncé à rouler sur le pavé de Paris, ce qui retarde encore mes affaires, en sorte que je ne prévois pas le terme de mon séjour ici, et je serais bien content si je pouvais retourner à Montbard sur la fin d'avril ou dans le commencement de mai.

J'ai reçu une lettre du chevalier de Buffon, datée du 21, dans laquelle il me fait grande mention de vous, mon très-cher bon ami. Il me parle aussi de tous les préparatifs pour la guerre; mais avec cela l'on est encore ici bien persuadé qu'elle n'aura pas lieu et que le tout se terminera avec de l'argent que les Hollandais donneront à l'Empereur[2]. Cependant M. de Maillebois part et m'a fait ses adieux hier; il a levé une légion de trois mille hommes qui ne sera pas composée de Hollandais, mais de Suisses et d'Allemands, et de quelques officiers français pris dans le nombre de ceux qui sont réformés ou sans exercice; car le ministre ne permet à aucun des officiers employés de servir dans cette légion.

On attend sous trois semaines l'accouchement de la reine[3], et il est défendu, d'ici à ce temps, de parler chez elle de paix, de guerre, ni de rien de ce qui pourrait l'inquiéter; et cette précaution est très-sage.

Adieu, mon cher bon ami, je vous renouvelle avec le plus vif sentiment l'assurance de mon éternel et tendre attachement. Mille amitiés et respects à notre meilleure amie. Donnez-moi aussi des nouvelles de votre cher fils; le mien se porte bien, mais sa jeune femme pas assez bien encore pour faire un enfant[4].          BUFFON.

(Inédite. — De la collection de Mme la baronne de La Fresnaye.)

## CCCXXXIII

### A MADAME NECKER.

Le 10 mars 1785.

Éloigné de vous, ma noble amie, de cent cinquante lieues, déchiré par l'idée de vos souffrances, fatigué par les chicanes multipliées du plus fripon, du plus ingrat des hommes, je n'ai de moments doux que ceux où je m'occupe de vous, mon adorable amie, que ceux où je contemple, avec un tendre respect, le portrait de M. Necker, dont le bon Tribout m'a remis quatre gravures[1], et dont je vous remercie. Il m'a dit avoir une occasion de vous faire passer cette lettre; j'en profite pour vous dire que, malgré la fureur de l'envie, malgré les gens puissants qui la fomentent, notre grand et très-grand homme doit être tranquille. La voix publique commande et commandera encore plus victorieusement dans quelque temps, lorsqu'on aura eu celui de bien entendre cet ouvrage profond[2], qui demande la plus attentive méditation. Je l'ai déjà lu deux fois, et j'avoue qu'à la première lecture je n'ai admiré que l'éloquence énergique de l'auteur, et que, sur le fond des idées, il me semblait que j'étais transporté dans une nouvelle sphère, dont l'ordre des grands rapports et de leurs combinaisons m'était absolument inconnu. Dans le magnifique préambule de l'ouvrage, je crois avoir reconnu quelques traits de l'âme et du style de ma noble amie; et, à la seconde lecture de l'ouvrage, j'ai commencé de saisir les rapprochements des différents objets, la dépendance des causes et des effets, et la sublime ordonnance des pensées qui toutes tendent directement au bien public. Oui, ce livre durera plus que la monarchie; car il peut servir de règle à l'administration des finances dans tout empire et pour tout souverain qui voudra le bonheur de ses peuples. Non-seulement M. Necker, mais sa mémoire sera à jamais comblée de bénédictions. Je lui dois bien des remercîments de ce qu'il a eu la bonté de dire de moi; j'en suis très-reconnaissant, et je vous supplie, ma noble amie, de lui faire agréer tous mes sentiments de dévouement et d'admiration. Je m'estime un peu moi-même, mais je proteste que j'estime encore plus M. Necker, tant par le génie que par le talent de le réaliser sur ce qu'il y a de plus important pour le bonheur de l'humanité.

BUFFON.

(Inédite.)

## CCCXXXIV

### A MADAME DAUBENTON.

Au Jardin du Roi, le 16 mars 1785.

Je vous plains mille et mille fois au delà de ce que je puis vous l'exprimer, ma très-chère bonne amie[1]. Votre oncle[2], que j'ai vu plusieurs fois, refuse absolument d'accepter la curatelle, et je crois que vous serez obligée de prendre M. Adam[3], si vous ne vous souciez pas que ce soit M. Daubenton, chirurgien[4].

À l'égard de la recette, rien n'est plus difficile, parce qu'elle se trouve dans le nombre des retraites promises aux anciens employés. Sans cela nous l'aurions déjà obtenue pour M. Guérard, qui en aurait partagé les émoluments avec vous. Mais les fermiers généraux s'y refusant absolument, il ne me reste que le moyen de la faire demander par M. le prince de Condé[5], et j'ai pressé M. d'Amezaga[6] de lui lire ma lettre, pour l'engager à écrire à M. le Contrôleur général[7] et lui demander cette place pour M. Guérard. Le docteur, de son côté, a écrit à M. le comte de Vergennes, ministre, et à M. d'Angeviller, pour demander la même chose au Contrôleur général. Il nous reste donc encore une lueur d'espérance, et je ne négligerai aucune des ressources qui pourront se présenter. Je satisferai à mon cœur en cherchant à vous servir; mais vous devriez écrire à M. d'Amezaga pour le remercier, ainsi qu'à M. de Tolozan, qui sollicite vivement pour vous, et leur exposer à tous deux votre triste situation et le dérangement affreux dans lequel votre mari a laissé ses affaires. Je ne puis aujourd'hui vous en dire davantage, et je crois n'avoir pas besoin de vous assurer, ma chère bonne amie, du tendre et très-vif intérêt que je prendrai toute ma vie à ce qui peut vous toucher.

Le comte DE BUFFON.

( Inédite. — De la collection de M. Henri Nadault de Buffon.)

## CCCXXXV

### A LA MÊME.

Au Jardin du Roi, le 20 mars 1785 [1].

Soyez un peu plus tranquille, ma chère bonne amie. Vous aurez la petite recette des crues, que je ne croyais pas qu'on pût donner à une femme, et que dans cette même idée ma sœur m'avait demandée pour son fils [2]. Soyez bien sûre que je n'ai cessé de m'occuper de vos intérêts, et que j'ai déjà des espérances d'obtenir quelque chose, tant sur la place de Maire que sur la recette du grenier. Ainsi, prenez courage, mon enfant, rappelez auprès de vous votre gentille Betzy ; vous la soignerez mieux, même pour sa santé. Tâchez d'éloigner, s'il est possible, la nomination de son curateur ; il est essentiel, dans la circonstance présente, de ne le pas nommer de si tôt. Adieu, chère amie, vous serez peut-être plus heureuse que vous ne l'avez jamais été.

Le comte DE BUFFON.

(De la collection de M. Henri Nadault de Buffon. — Publiée par M. Flourens.)

## CCCXXXVI

### A M. DUPLEIX DE BACQUENCOURT[1],
CONSEILLER D'ÉTAT.

Au Jardin du Roi, le 20 mars 1785.

J'ai été très-fâché, monsieur, de ce que vous n'avez pas insisté hier pour entrer; ma porte n'était certainement pas fermée pour vous, et j'aurais été très-aise de vous entretenir. Notre affaire des terrains nécessaires au Jardin du Roi est sur le point de finir; j'espère que j'aurai incessamment l'arrêt du Conseil conforme à ma demande. Après quoi, il n'y aura plus que les formalités ordinaires à remplir, en obtenant des lettres patentes, etc.

Je crois, monsieur, que votre bonne volonté aura influé sur celle de M. de Saule, et qu'on me débarrassera, de manière ou d'autre, de cinquante paysans, qui seraient chacun autant de petits seigneurs, possesseurs en franc fief de quelques perches de terrain dans ma terre de Buffon, ce qui serait absurde et ne peut pas exister[2]. J'attendrai votre retour pour savoir ce que je puis faire enfin pour satisfaire la régie, contre laquelle je suis très-décidé à plaider, si elle m'imposait des conditions qui ne fussent pas acceptables.

Recevez, monsieur, avec vos anciennes bontés, les assurances du sincère et respectueux attachement que je vous ai voué, et avec lequel j'ai l'honneur d'être, monsieur, votre très-humble et très-obéissant serviteur.

Le comte DE BUFFON.

(Inédite. — De la collection de M. Chasles, de l'Académie des sciences. M. Flourens a publié un passage de cette lettre.)

## CCCXXXVII

### A M. THOUIN.

Montbard, le 25 mai 1785.

J'ai reçu vos mémoires de dépense, mon cher monsieur Thouin, ainsi que l'état de situation de nos travaux. La grande et longue sécheresse nous fait ici beaucoup de tort, ainsi qu'à vous; cependant nous avons eu un petit orage hier avec de la pluie, ce qui fait espérer qu'on en aura d'autres incessamment. Tous nos ouvrages de maçonnerie iraient bien sans ces maudites carrières, qui seules coûtent autant que tout le reste; néanmoins il faut en venir à bout, et j'ai écrit à M. Verniquet que, s'il était nécessaire, nous augmenterions encore le nombre des ouvriers pour cet objet. Pressez aussi l'ouvrage qui est à faire au laboratoire de chimie, afin qu'on ne soit pas obligé de retarder le cours public; et, comme votre bâtiment doit être actuellement couvert ou à peu près, faites achever votre escalier et construire les voûtes. L'ouvrage de la nouvelle galerie est le moins pressé de tout. Je vois par votre compte que vous avez payé 600 livres à compte de la fourniture des arbres verts; mandez-moi si nous devons encore beaucoup à tous nos fournisseurs d'arbres. Il faudrait, dans tous les cas, les faire attendre jusqu'à ce que je puisse vous remettre de nouveaux fonds, sur la fin de juin ou au commencement de juillet.

Je ne sais si l'arrêt du Conseil, pour l'acquisition du terrain des fiacres et des maisons Lelièvre, etc., a été expédié et envoyé à M. Lenoir; vous me feriez plaisir de vous en informer et de voir M. de La Chapelle, si vous avez occasion d'aller à Versailles.

Ma santé est à peu près telle qu'elle était à Paris, et je ne la soutiens qu'en continuant les mêmes petits remèdes et le même régime. Ayez soin de la vôtre; j'y prends tout intérêt, et c'est avec satisfaction que je vous renouvelle les sentiments de l'estime qui vous est due, et de tout mon attachement.

Le comte DE BUFFON.

(Inédite. — Conservée dans les archives du Muséum.)

## CCCXXXVIII

### AU MÊME.

Montbard, le 10 juin 1785.

Je reçois, mon très-cher monsieur Thouin, votre lettre du 8 de ce mois, et je vous remercie beaucoup des démarches que vous avez faites et de toutes les peines que vous avez prises pour joindre M. de La Chapelle et me donner des nouvelles certaines de l'expédition de notre arrêt. Je ne doute pas que le cher M. Lenoir ne m'aide de toute sa bonne volonté; cependant, si vous jugiez qu'il fût nécessaire de le presser, je lui écrirais dans quelque temps, et, si je ne le fais pas à présent, c'est parce que j'imagine que l'affaire peut aller toute seule, et que ce serait peut-être l'importuner prématurément.

J'ai aussi été très-satisfait en lisant l'exposé que vous m'avez fait de la situation de nos travaux; je crois que le Jardin est actuellement fermé, et que les grilles sont entièrement achevées dans cette partie. Vous savez que je destine la grille qui était au bout de la terrasse sur la rivière, à être transportée pour fermer la nouvelle cour de l'Intendance. Il faut donc prévenir le sieur Mille de travailler à la continuation de cette grille, afin que cette cour puisse être fermée.

Comme j'ai donné des lettres de correspondant à M. l'abbé Mongez [1], chanoine de Sainte-Geneviève, qui accompagne M. de La Pérouse [2] dans son voyage autour du monde, vous me ferez plaisir de lui remettre, ou à M. le comte de Lacépède, qui est son ami, une liste des plantes et graines que vous pouvez désirer[3]. Bonjour, mon très-cher monsieur Thouin; ma santé est passablement bonne, et je jouis un peu de mes jardins. Je serais même assez content de mon jardinier Saunier; mais il voudrait prendre mon jardin à l'entreprise, il me demande 1800 livres par an; c'est trop. Cependant je lui en ai offert 1600, et je crois qu'il y a du bénéfice pour lui, et s'il n'accepte pas ces 1600 livres, il continuera sur le pied qu'il est actuellement.

Le comte DE BUFFON.

(Inédite. — Conservée dans les archives du Muséum.)

## CCCXXXIX

### AU MÊME.

Montbard, le 12 juillet 1785.

Je vois par votre seconde lettre, mon cher monsieur Thouin, que vous avez maintenant remis à M. Guillemin toutes les pièces nécessaires pour le contrat de rétrocession; je serai bien satisfait s'il ne perd pas de temps pour terminer enfin cette affaire, et je voudrais bien faire d'avance un cadeau à ces messieurs, auxquels elle a donné et donnera encore beaucoup de travail et de soin.

J'ai écrit à M. Verniquet que les ouvrages de serrurerie étant fort avancés et le mur du sieur Mille achevé, il ne nous convenait plus qu'il eût sa forge dans l'intérieur du Jardin, et qu'il fallait lui dire de la transporter ailleurs ou de faire travailler chez lui les ouvrages qui nous restaient à faire, d'autant que ses compagnons se sont permis de faire dans le Jardin des dégâts qui mériteraient punition. Voilà plusieurs motifs de nous défaire de ces gens, dont nous n'avons que faire.

J'ai toujours été surpris que vous m'ayez envoyé les tailles des fournisseurs; vous savez, mon très-cher monsieur Thouin, que je m'en rapporte entièrement à vous, et que je n'ai nul besoin de ces sortes de pièces justificatives, que je vous prie instamment de ne me point envoyer dans la suite. Ma santé se rétablit peu à peu, mais j'ai souffert pendant trois semaines des douleurs continuelles et très-vives; et cependant je n'ai rendu qu'un gros gravier et quelques petits avec beaucoup de sable. Voilà trois ans que le mois de juin m'est fâcheux, car mon premier accident m'est arrivé le 1er de juin il y a deux ans, le second au 17 de mai de l'année dernière, et le troisième au 18 juin de cette année. Ainsi la chaleur de la saison influe sur cette incommodité, qui me donnera probablement du relâche, du moins pour quelque temps.

Pressez autant que vous pourrez notre affaire chez M. Lenoir, et témoignez-lui en toute occasion la reconnaissance infinie que nous lui devons de tout ce qu'il a fait pour le Jardin du Roi. Donnez-moi aussi des nouvelles de M. de Faujas de Saint-Fond et de ce que vous ferez de ses fourneaux, que je crois qu'il est temps de détruire.

Adieu, mon très-cher monsieur Thouin, soyez toujours bien assuré de toute mon estime et de mon attachement.

Le comte DE BUFFON.

(Inédite. — Conservée dans les archives du Muséum.)


## CCCXL

### A M. DE FAUJAS DE SAINT-FOND.

Montbard, le 1er août 1785.

Vous aviez bien voulu, monsieur, me promettre de me donner de vos nouvelles, et même de passer quelques jours à Montbard. Je devrais donc vous gronder de ne m'avoir pas donné signe de vie depuis mon départ; mais l'amitié pardonne tout, et je serai content si vous vous arrêtez auprès de moi en allant en Dauphiné.

Vous voulez bien que je vous recommande avec confiance M. Camper, qui vous remettra ma lettre. C'est le fils du célèbre Camper[1], l'un des huit associés étrangers de l'Académie des sciences. Vous le trouverez très-instruit et très-honnête. Il vient de passer huit jours avec moi, et j'en ai été fort satisfait à tous égards. Il a mieux vu que M. Duluc[2] tous les volcans du Bas-Rhin, et j'ai cru pouvoir lui promettre que vous lui laisseriez voir votre belle collection volcanique.

Apprenez-moi aussi, je vous prie, si vous êtes toujours content de nos ministres au sujet de vos expériences[3], et si vous vous êtes arrangé avec M. Verniquet pour l'estimation des matériaux de votre fourneau.

J'ai l'honneur d'être, avec une sincère estime et un respectueux attachement, monsieur, votre très-humble et très-obéissant serviteur.

Le comte DE BUFFON.

(Inédite. — De la collection de M. de Faujas de Saint-Fond.)

## CCCXLI

### A M. THOUIN.

Montbard, le 9 août 1785.

Je suis extrêmement satisfait, mon cher monsieur Thouin, de la manière dont vient de se terminer cette grande et longue affaire qui complète mes projets pour la perfection du Jardin du Roi[1]. Je sens non-seulement tout ce que je dois à la bonne volonté de M. Lenoir, de M. Guillemin et de M. Spire, mais aussi tout ce qui est dû à votre zèle, à votre activité et à votre intelligence. C'est aussi à la considération que méritent votre caractère et vos talents, qu'est due l'espèce de distinction avec laquelle M. Lenoir a cru devoir vous traiter en vous faisant signer avec lui. Je lui en sais très-bon gré, et vous pouvez l'en assurer en le remerciant; c'est un excellent homme, pour lequel je conserverai toute ma vie la plus respectueuse estime et la plus tendre amitié.

A l'égard des petits cadeaux, je croirais être mesquin, après toutes les peines que s'est données et que se donnera encore M. Guillemin, si je ne lui offrais qu'une boîte de dix louis; il faudrait, mon cher monsieur Thouin, faire mettre mon portrait[2] sur une boîte d'or; celle en écaille vous coûterait cinq louis, et celle d'or pourrait vous en coûter vingt. Il ne faut pas que cette différence vous arrête.

A l'égard de M. Spire, vous lui donnerez de même mon portrait sur une boîte à gorge et cercles d'or, la plus belle que vous pourrez trouver en ce genre, et enfin les trois louis aux valets de chambre et comme vous l'indiquez. Nous aurons ensuite à récompenser M. Boursier[3]; mais ce sera lorsqu'il me donnera l'état des frais, et, comme sa quittance sera au bas de cet état, je pourrai passer cette dépense dans mes comptes sans la porter sous une autre dénomination, comme nous le ferons de celle des articles de MM. Guillemin, Spire, etc.

Il faudra prendre incessamment possession du terrain de MM. les entrepreneurs des voitures. On doit nous donner copie de leur contrat de vente, et je crois qu'il faudrait comprendre cet objet avec les autres dans les lettres patentes.

J'ai écrit à M. Verniquet de faire cesser les travaux des carrières dès que les bâtiments seraient en sûreté, et de remettre à un autre temps ce qui reste à faire sous la cour, et il faudrait porter une partie de ces ouvriers à construire le mur qui sépare votre terrain du mien. M. Verniquet me presse de lui donner des ordres pour le rétablissement du mur de la terrasse qui donne sur le terrain des nouveaux convertis. Je voudrais bien, s'il était possible, différer cette réparation jusqu'à l'année prochaine; car notre dépense pour cette année est déjà bien considérable, et je ne pourrais y subvenir au delà de ce que je vous ai marqué. Je compte

que M. Lucas vous remettra incessamment 12 000 livres ;
c'est tout ce qu'il m'est possible d'avancer d'ici à mon retour, à moins que, par les bontés de M. Lenoir, je ne puisse
obtenir une partie du remboursement de la dépense faite
dans les carrières. Pressez, je vous prie, M. Verniquet de
m'en envoyer le mémoire, afin que je puisse former cette
demande.

Recevez, avec autant de plaisir que j'ai à vous en assurer,
les sentiments de mon estime et de mon attachement.

Le comte DE BUFFON.

(Inédite. — Conservée dans les archives du Muséum.)

## CCCXLII

### A M. DE FAUJAS DE SAINT-FOND.

Montbard, le 16 août 1785.

Je n'ai reçu, mon très-cher monsieur, votre lettre du 8
qu'hier 14, et je m'empresse de vous faire ma réponse et mes
remercîments, pour qu'ils puissent vous parvenir avant votre
départ de Paris. Je vois, par le détail que vous avez la bonté
de me faire, combien j'ai d'obligations à votre amitié au sujet
de cette malheureuse affaire des charbons [1], dont je crois que
M. de La Chapelle ne se serait pas retiré sans votre secours ;
et je suis persuadé qu'il sera comme moi très-reconnaissant
des services que vous nous avez rendus. Cependant je crains
encore que l'affaire ne soit pas terminée, puisque vos gros
et lourds financiers n'ont pas encore donné l'argent qu'ils
ont promis, et vous me ferez bien plaisir, mon cher monsieur, de m'écrire encore un mot lorsqu'on aura passé l'acte ;
et même j'oserais vous conseiller de ne pas quitter Paris que
cela ne soit fait. C'est quelques jours de plus que vous sacrifierez à cette bonne œuvre, ou plutôt à votre amitié pour
nous, et je suis persuadé que ces jours ne coûteront rien à

votre belle âme. Ensuite vous viendrez à Montbard, après avoir vu les mines du Nivernais et de Mont-Cenis. Je serai enchanté, non-seulement de vous recevoir, mais de vous posséder le plus longtemps que vous pourrez m'accorder. J'avais eu l'honneur de vous écrire il y a quinze jours, et j'avais remis ma lettre à M. Camper, fils du célèbre anatomiste Camper, l'un des huit associés étrangers de l'Académie des sciences. J'avais mis votre adresse rue Thévenot, et, comme vous avez changé de demeure et que vous ne me parlez pas de M. Camper dans votre lettre, je soupçonne que la mienne ne vous a pas été rendue. Cependant ce jeune homme, qui est plein d'âme et d'amour pour les sciences, désirait infiment faire votre connaissance. Il demeure rue de Tournon, chez un fripier, vis-à-vis l'hôtel de Laval, et je suis persuadé qu'il vous cherche peut-être sans pouvoir vous trouver.

Comme M. de Lacépède a bien voulu se charger de me faire quelques extraits sur le magnétisme et l'électricité, je vous serais très-obligé, mon cher monsieur, si vous aviez la bonté de lui confier l'ouvrage qui contient le recueil d'expériences faites à Harlem. Cela vous dispenserait d'apporter ici ce livre, dont M. de Lacépède saura tirer ce qui peut m'être utile pour mon travail sur l'aimant.

Les ministres ont fait ce qu'ils devaient en vous faisant accorder par le roi une honnête pension, et, à l'égard de la place de commissaire, je crois qu'il est bon et même utile pour l'État que vous l'exerciez pendant un an ou deux, et, malgré votre noble désintéressement, s'il se présentait une place qui pût nous rapprocher², je ne souffrirais pas que ce fût sans émoluments. Comptez, je vous supplie, sur ma bonne volonté et sur les sentiments du tendre attachement et de toute l'estime que vous méritez, et avec lesquels j'ai l'honneur d'être, mon très-cher monsieur, votre très-humble et très-obéissant serviteur.

Le comte DE BUFFON.

(Inédite. — De la collection de M. de Faujas de Saint-Fond.)

## CCCXLIII

### A M. THOUIN.

Montbard, le 8 septembre 1785.

Il semblait, mon très-cher monsieur Thouin, lorsque je vous ai écrit ma dernière lettre, que je prévoyais l'heureux succès de vos représentations auprès de M. Lenoir, et je suis très-content du prompt effet de sa bonne volonté. Comme je dois à M. Verniquet une somme de 1950 livres, je vous prie de la lui compter, en retirant la reconnaissance que je lui en ai donnée. Il ne vous restera donc que 8050 livres des 10 000 livres que vous avez reçues. Vous joindrez cette somme de 8050 livres à ce que vous avez entre les mains, et je pense qu'avec ce supplément vous pourrez payer les fournisseurs jusqu'à ce jour et faire achever les travaux des carrières sous les bâtiments du Cabinet. Nous nous en tiendrons là; car il faut laisser faire à M. Guillaumot le travail sous la cour et le jardin, comme M. Verniquet en est convenu avec lui, pour diminuer la mauvaise humeur de sa jalousie[1]. J'écris la même chose à M. Verniquet, en le priant de toujours se concerter avec vous. Je suis persuadé que vous n'oublierez pas de remercier M. Spire de ma part du service qu'il vient de nous rendre, et dont je n'ai pu lui parler dans la lettre que je vous ai adressée pour lui. J'écrirai à M. Lenoir, si vous le jugez convenable, pour obtenir le second et le troisième payement. Je ne puis guère m'adresser à M. de Crosne[2], n'ayant pas l'avantage d'être en relation avec lui. Je vous fais tous mes remercîments, en vous assurant de ma satisfaction et de tout mon attachement.

Le comte DE BUFFON.

Inédite. — De la collection de M. Chasles, de l'Académie des sciences.)

## CCCXLIV

### AU MÊME.

Montbard, le 3 octobre 1785.

Je vous envoie ci-jointe, mon cher monsieur Thouin, la lettre que j'écris à M. Guillemin et dont j'ai fait copier ci-dessus la teneur; je vous prie de ne pas perdre de temps à la lui remettre et à conférer avec lui, pour que vous puissiez me rendre compte du parti qu'il prendra, ce qui réglera celui que je prendrai moi-même.

Nous avons eu ici le même ouragan qu'à Paris; il a rompu plusieurs de mes arbres et a dépouillé les autres de leurs fruits, en sorte qu'il ne reste ni pommes ni poires sur tous les arbres en plein vent, ni même sur ceux qui sont en buisson.

Enfin, après dix-sept jours d'insomnie et de douleurs cruelles, qui ne m'ont pas permis de jouir d'un instant de repos ni de sommeil, j'ai rendu tout à la fois six graviers[1], dont deux sont plus gros que des balles de pistolet, et ce n'est que de cette nuit, le surlendemain de ma délivrance, que j'ai commencé à jouir d'un peu de sommeil par quart d'heure; et je me trouve déjà moins faible, mais j'ai maigri assez considérablement pendant ces trois semaines de douleurs atroces et continuelles. J'espère néanmoins, quoique les irritations soient encore bien vives, que j'aurai la force de les souffrir, et que, reprenant du sommeil, le grand ébranlement des nerfs se calmera.

C'est toujours avec le même plaisir que je vous réitère, mon très-cher monsieur Thouin, tous mes sentiments d'amitié, d'estime et d'attachement.

Le comte DE BUFFON.

(Inédite. — Conservée dans les archives du Muséum.)

## CCCXLV

### AU MÊME.

Montbard, le 17 octobre 1785.

J'ai reçu votre lettre avec les états de dépense, mon très-cher monsieur Thouin. Je vois qu'après avoir payé au sieur Mille les 2000 livres qui lui sont dues suivant ma reconnaissance, il ne vous restera guère que pour satisfaire au payement de la quinzaine courante, et tout au plus de la suivante. Je vois d'ailleurs que nous ne pouvons pas obtenir un second à-compte sur la dépense des carrières, à moins que M. Verniquet ne fournisse le mémoire de cette dépense, comme il a été convenu chez M. Guillemin. J'écris donc par ce même ordinaire très-pressamment à M. Verniquet de ne pas perdre un moment à fournir ce mémoire, et je vous prie de le suivre de si près, qu'il ne pourra s'y refuser. Vous sentez, mon cher monsieur Thouin, que je ne puis pas faire l'affaire de ma rétrocession avant que celle des carrières ne soit terminée, et, dans la vérité, je manquerais absolument de fonds[1], et je serais forcé, comme je le marque à M. Verniquet, de faire cesser au Jardin du Roi tous les travaux de maçonnerie. Au reste, je suis très-satisfait de l'exposé que vous m'en avez fait, et je vois que vous dirigez tout pour la plus haute perfection et la plus grande économie. Je ne suis pas encore remis du cruel assaut que j'ai souffert; je me lève souvent avant quatre heures du matin, ne pouvant pas regagner du sommeil et ne dormant encore que par quart d'heure; mais cela ne m'étonne pas, après avoir passé dix-huit nuits et dix-huit jours sans fermer l'œil. Cependant je reprends mes forces, et je commence à aller beaucoup mieux. Faites-moi le plaisir de me donner des nouvelles de ce mémoire de M. Verniquet, dès qu'il l'aura mis en ordre; vous savez qu'il faut que ce soit de concert avec M. Guillaumot, auquel, s'il fait des diffi-

cultés, vous feriez bien de rendre compte du nombre d'ouvriers qu'on a été obligé d'employer pour tirer les terres de
ces malheureux souterrains. Recevez les assurances de tous
mes sentiments d'estime et d'attachement.

Le comte DE BUFFON.

(Inédite. — Conservée dans les archives du Muséum.)

CCCXLVI

AU MÊME.

Montbard, le 26 octobre 1785.

Je reçois votre lettre et vos papiers, mon très-cher monsieur Thouin, le tout rédigé avec votre exactitude ordinaire.

Je vois avec regret qu'il ne vous reste plus que la somme
de 2992 livres 9 sous 3 deniers, et qu'il ne m'est pas possible
de vous en donner davantage; car j'ai épuisé toutes mes
ressources, et je me trouve forcé de vous prier de faire cesser
tous les travaux de maçonnerie à la fin de cette semaine,
sauf à les reprendre lorsque nous pourrons obtenir de l'argent, soit sur la dépense des carrières, soit sur ce qui m'est
dû pour ma rétrocession. Car, quoique mes avances soient
très-considérables, je voudrais pouvoir continuer, et je ne le
puis aujourd'hui, à moins de faire un nouvel emprunt d'argent, ce que je voudrais éviter. J'ai écrit par le dernier ordinaire à M. Verniquet, de ne pas perdre un instant à finir
ses mémoires, et si, comme vous me le marquez, il les remet demain ou après à M. Guillaumot, vous pourrez peut-
être obtenir quelque à-compte en exposant notre état de pénurie; mais je crains que ce M. Guillaumot ne nous retarde
encore et ne dispute avec M. Verniquet. Il faut donc, mon cher
monsieur Thouin, que vous soyez la pierre angulaire entre
ces deux hommes, et que vous fassiez entendre à M. Guillaumot qu'il a fallu vider tous les souterrains des carrières[1], et

que cela a coûté peut-être autant que la maçonnerie. Vous ferez bien de voir en même temps M. Guillemin et le prier de parler à M. Guillaumot, afin qu'il ne fasse pas de mauvaises difficultés.

Je ne suis pas encore bien remis du cruel assaut que j'ai essuyé, et je vois qu'il ne me sera pas possible d'aller à Paris avant trois semaines[2], car je souffre encore et mon sommeil est interrompu huit ou dix fois par nuit. Cependant mes forces reviennent, et je me trouverais en tout assez bien, si mes nerfs n'étaient pas ébranlés au point de ne pouvoir reprendre mes occupations ordinaires[3]. Dites à M. Dombey[4] que je lui fais mon compliment, et que je serai très-enchanté de le voir peu de jours après mon arrivée.

Il est bien juste de porter sur le compte du Roi les deux murs de clôture dont vous me parlez. Vous mériteriez au delà de cette petite faveur par le zèle et l'assiduité que vous mettez à la perfection de son Jardin[5]. Je vois que votre logement est presque entièrement achevé ; cependant je ne vous conseillerais pas de l'habiter tout de suite, si les mortiers et les plâtres ne sont pas bien secs. Adieu, comptez toujours sur tous les sentiments de mon estime et de mon attachement.

Le comte DE BUFFON.

(Inédits. — Conservée dans les archives du Muséum.)

## CCCXLVII

### A M. DE FAUJAS DE SAINT-FOND.

Paris, le 7 décembre 1785.

Je n'ai pu, monsieur, répondre dans son temps à la lettre pleine d'amitié que vous m'avez adressée à Montbard ; mais ma sœur[1] a dû vous témoigner ma sensibilité en vous rendant compte de l'état de ma santé, qui m'a permis de revenir à Paris, néanmoins à très-petites journées et avec de grandes précautions : car je ne puis rouler sur le pavé sans douleur, et je suis forcé de me tenir chez moi. M. de La Chapelle est venu me voir hier; l'affaire des charbons n'est pas encore entièrement terminée. Nous désirons tous les deux que vous reveniez à Paris le plus tôt qu'il vous sera possible, et il vous prie en grâce de passer par Mont-Cénis, pour examiner la qualité du charbon et savoir s'il peut fournir du bitume. J'attends aussi de vous, mon cher monsieur, l'article en addition que je veux imprimer sur le charbon de terre, d'après vos belles expériences. Si vous retardez seulement quinze jours à nous revenir, ayez assez de bonté pour m'adresser cet article avec votre réponse, sous le couvert de M. Rigoley de Juvigny, conseiller honoraire au parlement de Metz, à l'Intendance des Postes à Paris². Je prends la liberté de vous faire cette instance, parce que l'imprimerie me presse et que je ne voudrais pas l'arrêter. C'est avec la plus grande satisfaction que je vous reverrai, monsieur, et que je vous renouvelle aujourd'hui les sentiments de toute l'estime et du véritable attachement avec lequel j'ai l'honneur d'être, monsieur, votre très-humble et très-obéissant serviteur.

Le comte DE BUFFON.

(Inédite. — De la collection de M. de Faujas de Saint-Fond.)


## CCCXLVIII

### A M. RIGOLEY.

Au Jardin du Roi, le 4 janvier 1786.

Je vous fais, monsieur, de très-sincères remercîments de toute l'attention que vous avez apportée dans votre visite de mes forges et bois. Je viens d'en recevoir le procès-verbal, que j'ai lu avec satisfaction. Il m'a été envoyé par M. Labbé fils, mon procureur à Semur, et il m'est aisé de voir que le juge aurait pu taxer vos honoraires plus haut qu'il ne l'a fait;

et quelque désintéressement que vous vouliez, monsieur mettre dans cette affaire, il ne m'est pas possible d'accepter vos offres trop obligeantes, et je ne croirai pas même que vous soyez dédommagé de la perte de votre temps par la somme de six cents livres, dont je joins ici la rescription à votre profit, et que je vous prie de recevoir et d'agréer comme chose qui vous est plus que due.

J'ai l'honneur de vous envoyer aussi ma procuration au sujet du sieur abbé Moleure, et vous trouverez de plus, monsieur, votre mémoire à M. le baron d'Ogny [1], que j'ai communiqué à mon ami M. de Juvigny, qui m'a dit qu'il fallait lui donner une autre forme en mettant comme il suit :

*A M. le baron d'Ogny, grand'croix, prévôt de l'Ordre de Saint-Louis, intendant général des postes de France.*

*Représente très-humblement le sieur Rigoley, maître des forges et fourneaux d'Aisy, qu'en 1722 le sieur Claude Antoine Rigoley son père fut pourvu [2], etc.*

Le reste du mémoire est bien; et, lorsque vous me l'aurez renvoyé signé de vous, monsieur, je ferai tout ce qui dépendra de moi pour en obtenir le succès. Vous pouvez en être assuré, ainsi que de tous les sentiments de ma reconnaissance et du véritable attachement avec lequel j'ai l'honneur d'être, monsieur, votre très-humble et très-obéissant serviteur.

Le comte DE BUFFON.

(Inédite. — Communiquée par Mme Morel.)

# CCCXLIX

## A M. DE FAUJAS DE SAINT-FOND.

Au Jardin du Roi, le 18 janvier 1786.

Vos lettres, mon très-cher monsieur, sont charmantes et remplies de la plus aimable sensibilité. J'en suis bien reconnaissant ; mais en même temps je suis un peu fâché de ce que vous ne revenez pas, et que vous différez encore votre retour jusqu'à la fin du mois prochain. Vous n'imaginez pas combien ces financiers de la nouvelle compagnie murmurent de votre longue absence. Vous les jetez, disent-ils, dans l'inaction, vous les plongez dans l'apathie ; ils croient que vous les avez abandonnés, et que c'est pour votre propre compte que vous vous occupez des mines de charbon.

Le bon M. Bergon [1] les a bien assurés du contraire, sans pouvoir les tranquilliser absolument ; d'ailleurs ils tiennent toujours leur argent, et ne le donneront peut-être pas de si tôt. Tâchez donc, s'il est possible, d'abréger votre séjour. J'aime encore mieux votre personne que vos lettres, et je ne veux pas que vous en doutiez ; et vous pourriez en douter, si je ne vous vois pas aussi tôt et ensuite aussi souvent que je le désire.

Mais vous êtes donc fou, mon tout aimable ami, de vouloir me faire une redevance des vins de votre cru de l'Hermitage ? Je ne vous en ai parlé que comme d'une commission pour cette année seulement, et je n'accepterai certainement ce bon vin qu'à ce titre de commission, en vous en remboursant le prix. Je n'ai pas besoin de cette preuve de votre généreuse amitié ; je la connais depuis longtemps et j'y ai toujours été sensible ; mais ceci serait un excès auquel je ne consentirai pas.

Comme je n'ai reçu qu'hier votre dernière lettre, je n'ai pu m'occuper encore de ce que vous avez la bonté de m'écrire au sujet du charbon. J'en ferai certainement usage dès que j'aurai reçu la suite, comme vous voulez bien me l'annoncer.

M. de La Boullaye [2] et M. Bergon viennent dîner avec moi samedi 21 ; nous vous y regretterons, mais au moins j'aurai le plaisir de parler de vous selon mon cœur.

M. de La Chapelle est aussi impatient que moi de vous voir arriver, et tous les gens qui vous connaissent me demandent de vos nouvelles.

Le pauvre Daubenton, auquel M. de Lacépède a succédé, est mort dans le mois dernier[3]. Il n'a pas joui plus de dix mois de la retraite qui lui avait été accordée.

M. Dombey[4] doit me remettre ces jours-ci la collection d'histoire naturelle qu'il a rapportée du Pérou, et il m'en arrivera bientôt une autre, par M. Polony, de tous les minéraux du Mexique.

Adieu, mon très-cher monsieur; c'est avec une véritable satisfaction que je vous réitère les sentiments de la tendre amitié et du respectueux attachement que vous méritez, et avec lesquels j'ai l'honneur d'être votre très-humble et très-obéissant serviteur.

Le comte DE BUFFON.

(Inédite. — De la collection de M. de Faujas de Saint-Fond.)

## CCCL

### AU PRÉSIDENT DE RUFFEY.

Au Jardin du Roi, le 23 janvier 1786.

Les témoignages de votre bonne amitié, mon cher Président, me seront en tout temps sensibles et précieux, et je suis bien persuadé de l'intérêt que vous avez pris à l'état malheureux où je me suis trouvé cet automne. J'ai passé dix-huit jours et dix-huit nuits sans fermer l'œil, et toujours en convulsions. La douleur est un mal, et sans doute un grand mal, et cependant ce n'est point une maladie: car, à un peu de faiblesse près, ma santé s'est soutenue la même, et je vois avec grande satisfaction que la vôtre est encore plus ferme et qu'elle vous permet le plus libre exercice des facultés du cœur et de celles de l'esprit et de la main, car vous écrivez comme il y a quarante ans, et même avec plus de feu, surtout en parlant des troubles académiques, dont je n'entends parler qu'avec peine. Ce n'est pas que j'excuse

Morveau [1] ni Maret; mais leurs parties adverses ont aussi quelque tort, et, si vous n'étiez pas si fâché, vous pourriez peut-être les concilier. Cette bonne œuvre serait digne de vous, mon cher Président. Songez que c'est un édifice que vous avez bâti, et qu'il est presque de votre honneur de ne pas le laisser tomber en ruine.

Je compte retourner à Montbard au commencement de juin. Puis-je espérer que, tant pour moi que pour votre terre de Montfort, vous y viendrez dans le cours de cet été? Vous ne pouvez douter du plaisir que j'aurais à vous recevoir et à passer avec vous tout le temps que vous voudrez m'accorder. Je ne puis vous offrir, en attendant, que mes vœux et les sentiments de l'inviolable et respectueux attachement avec lequel j'ai l'honneur d'être, mon cher Président, votre très-humble et très-obéissant serviteur.

BUFFON.

(Inédite. — De la collection de M. le comte de Vesvrotte.)

## CCCLI

### A MADAME DAUBENTON.

Au Jardin du Roi, le 9 mars 1786.

Vous pouvez, mon aimable amie, disposer de mes chevaux lorsque vous irez à Beaune; vous pouvez même prendre auprès du chevalier de Buffon de l'argent pour ce voyage, supposé que les vilains créanciers vous en laissent manquer.

Je me flatte que vous m'aimez assez pour ne pas faire de façons avec moi. Je sais bon gré à feu votre cher oncle et à votre vertueuse tante [1] de la remise qu'ils vous ont faite de cette somme, qu'ils paraissaient ne vous avoir que prêtée [2]. Elle fera bien de garder l'ouvrage sur les insectes et de ne le point envoyer à M. Mauduit [3], jusqu'à ce que je l'aie examiné; car peut-être y aura-t-il moyen d'en tirer meilleur parti, soit pour la gloire de notre ami, soit pour l'utilité présente.

Je suis toujours dans l'horreur des chicanes, et mécontent de ma santé. Je souffre jour et nuit, sans cependant être plus mal que je ne l'étais en sortant de Montbard. Adieu, ma bonne amie; dites-moi si vous avez écrit au docteur [4] votre situation, et, si vous ne l'avez fait, écrivez et ne vous lassez pas de vous plaindre; cela est très-important [5]. Je vous embrasse de tout mon cœur.

BUFFON.

(Inédite. — De la collection de M. Henri Nadault de Buffon.)

## CCCLII

### A M. RIGOLEY.

Au Jardin du Roi, le 9 mars 1786.

J'ai l'honneur de vous envoyer, monsieur, le billet que je viens de recevoir de M. Mesnard, intendant et administrateur des postes [1], par lequel vous verrez que vous pouvez vous mettre en possession, quand il vous plaira, de la direction du bureau de Montbard.

Comme vous m'avez témoigné, monsieur, que vous désiriez avoir mon buste [2], je l'ai commandé, et on doit me le rendre ces jours-ci. Je vous donnerai avec le même plaisir la suite de mes ouvrages qui vous manque; mais il est nécessaire que vous me marquiez le nombre des volumes que vous en possédez, et s'ils sont in-4° ou in-12, reliés ou brochés, afin que je puisse vous assortir d'une manière satisfaisante.

J'ai l'honneur d'être avec tout attachement, monsieur, votre très-humble et très-obéissant serviteur.

Le comte DE BUFFON.

(Inédite. — Communiquée par Mme Morel.)

## CCCLIII

### AU DOCTEUR HOUSSET.

Au Jardin du Roi, le 15 mars 1786.

Il y a déjà quelque temps, monsieur, que l'on m'a remis de votre part deux exemplaires très-bien reliés de votre ouvrage *Sur les écarts de la nature*[1]. J'en accepte un pour moi avec toute reconnaissance; mais il faut que vous ayez la bonté de me dire à qui vous destinez l'autre. Je n'ai tardé à vous faire réponse que pour prendre le temps de lire ce bon ouvrage; et c'est avec satisfaction que j'ai vu la justesse de votre discernement et la précision de vos observations, qui toutes sont fort intéressantes. Comme je vais passer la saison d'été à Montbard, je serais enchanté que vos occupations vous permissent de venir y faire un petit séjour[2]; j'aurais le plaisir de vous témoigner de vive voix les sentiments d'estime et de considération que vous méritez, monsieur, et avec lesquels j'ai l'honneur d'être votre très-humble et très-obéissant serviteur.

Le comte DE BUFFON.

(Cette lettre a été publiée par le docteur Housset dans ses *Mémoires physiologiques et d'Histoire naturelle*, t. II, p. 314.)

## CCCLIV

### A M. RIGOLEY.

Au Jardin du Roi, le 22 mars 1786.

Je vois par votre lettre, monsieur, qu'il vous manque onze volumes in-4° de mes ouvrages. Je viens de les faire prendre chez le libraire, et je vous les enverrai avec le buste, ou plutôt je les ferai conduire avec mes équipages lors de mon retour à Montbard, sur la fin du mois prochain. Ces volumes ne seront que brochés, parce que je ne connais pas la reliure des volumes précédents, et que d'ailleurs vous en avez deux qui ne sont que brochés.

M. Mesnard m'a dit que vous feriez très-bien, monsieur, de vous mettre en possession et exercice du bureau de la poste, au premier avril prochain.

J'ai l'honneur d'être, avec tout attachement, monsieur, votre très-humble et très-obéissant serviteur.

Le comte DE BUFFON.

(Inédite. — Communiquée par Mme Morel.)

## CCCLV

### AU MÊME.

Au Jardin du Roi, le 14 avril 1786.

Je reçois, monsieur, votre lettre du 10 courant, et je vous remercie de l'honnête service que vous avez bien voulu me rendre. Je renvoie par ce même courrier le billet et le protêt à M. Guérard, notaire, en le priant d'aller lui-même à Semur pour les remettre à M. Labbé fils mon procureur, et conférer de cette affaire avec M. Labbé avocat et M. Le Mulier, qui sera de retour à Semur mercredi. J'ai oublié de marquer à M. Guérard de vous rendre, monsieur, les 3 livres 15 sous de frais que vous avez payés; mais je vous les rendrai moi-même à mon retour, ou bien, comme je pourrais les oublier encore, je vous prie de lui demander ces 3 livres 15 sous.

Comme mon départ est assez prochain, j'ai pensé, monsieur, qu'au lieu de vous envoyer à Joigny la caisse qui contient le buste et les livres, je pourrais vous en épargner le port en la joignant à mes équipages, qui partiront par le coche d'Auxerre avec mes gens, et je compte que ce sera sur la fin de ce mois ou dans les premiers jours de mai.

Je suis bien aise que vous ayez pris possession du bureau

de la poste, et je crois qu'en cette qualité vous ne payez point de port. Cependant, comme je n'en suis pas sûr, j'ai cru devoir contre-signer cette lettre.

Recevez mes remercîments, monsieur, et tous les sentiments du véritable attachement avec lequel j'ai l'honneur d'être, monsieur, votre très-humble et très-obéissant serviteur.

Le comte DE BUFFON.

(Inédite. — Communiquée par Mme Morel.)

## CCCLVI

### A M. THOUIN.

Montbard, le 10 juin 1786.

J'ai reçu, mon cher monsieur Thouin, votre lettre en date du 5 courant, avec l'état des dépenses de la quinzaine échue le 3, ainsi que votre arrêté de compte, et le tout est parfaitement en règle. Comme il ne vous reste entre les mains que 225 livres 14 sous 4 deniers, j'écris à M. Lucas de vous remettre une somme de 2400 livres pour subvenir à la dépense des deux prochaines quinzaines.

Vous avez très-bien fait de donner à M. Lenoir les arbres qu'il désirait, et, lorsque vous aurez occasion d'aller le voir, je vous prie de lui renouveler les assurances de mon dévouement, et à Mme de Nanteuil celles de mon tendre respect. M. de La Millière[1], dont je vous envoie ci-joint la lettre, n'a fait aucune attention aux bonnes raisons et aux motifs que j'ai exposés dans le mémoire qui lui a été remis au sujet du pavement de notre rue[2], et je ne crois pas qu'on vienne à bout de rien obtenir de M. de La Millière, à moins que M. Lenoir ne lui en fasse parler par M. le contrôleur général. Il faut, mon cher monsieur Thouin, tenir quant à présent ceci secret, afin de ne pas dégoûter M. Boursier et les autres qui pourraient acquérir quelques parties de mon terrain.

Je vous remercie de ce que vous me mandez au sujet de la visite de M. l'Archiduc[3]. M. Daubenton m'a écrit qu'il était accompagné partout de M. d'Angeviller, qui aura sans doute ajouté quelques mots d'éloge à ceux que ce prince donnait à notre Jardin. J'aime beaucoup aussi l'histoire du mari bourru, par la gaieté avec laquelle vous me la racontez.

Je pense qu'il est temps de faire travailler au mur de mon logement sur la nouvelle rue, et de le faire rabaisser comme nous en sommes convenus. Je vous prie d'en conférer avec M. Verniquet, qui me demande mes ordres à ce sujet. Je m'en rapporte à vous et à lui, et vous y mettrez le nombre d'ouvriers que vous jugerez nécessaire.

Quoique mon sommeil soit toujours interrompu quinze ou vingt fois par nuit, et que j'aie toujours des douleurs assez fréquentes, je ne laisse pas de conserver assez de force pour me promener matin et soir[4]. Il fait ici sécheresse absolue, et nous épuisons l'eau de tous nos bassins et de nos puits.

Je vous réitère avec plaisir les sentiments de mon véritable attachement.

Le comte DE BUFFON.

(Inédite. — Conservée dans les archives du Muséum.)

## CCCLVII

### A M. DE FAUJAS DE SAINT-FOND.

Montbard, le 5 août 1786.

Je sens vivement, mon très-cher monsieur, combien je vous dois de reconnaissance de toutes les peines que vous avez prises pour mener à une bonne fin cette ennuyeuse et dangereuse affaire des charbons[1]. Je dis dangereuse, non-seulement pour M. de La Chapelle, mais pour moi-même, et je suis persuadé qu'il est, comme moi, très-reconnaissant de tout ce que vous avez fait. Il fallait, pour réussir, toute votre activité, votre droiture et vos lumières, et je suis persuadé

que l'ami Bergon aura concouru à faire avec vous quelque
chose pour moi dans cette occasion. Je vous parle de lui,
parce que c'est un homme que j'estime et dans lequel j'ai
trouvé le double avantage d'un esprit net et d'un cœur droit.
M. de La Chapelle est aussi un de ces hommes dont on peut
faire un ami. Je n'ai pas reçu de ses nouvelles depuis mon
séjour à Montbard, ou plutôt il ne m'a rien écrit sur cette affaire des charbons, et je voudrais savoir s'il est content. Pour
moi, je serai très-satisfait si l'on me rend, comme vous me le
faites espérer, les 12000 livres que j'ai prêtées, sauf à perdre vingt-sept autres mille livres que j'avais fournies, comme
intéressé dans cette affaire. Je sens que c'est à vous seul que
j'en aurai l'obligation et je vous en remercie d'avance, en
vous assurant du désir que j'ai depuis longtemps et que j'aurai toujours de faire quelque chose qui puisse vous être
agréable ou utile. Je ne puis vous répondre positivement de
ce qu'il serait possible de faire; je m'en expliquerai avec vous
à mon retour, et j'ai tout lieu de croire que je pourrai vous
satisfaire, supposé que vous-même ne portiez pas trop haut
vos espérances, qu'il faut proportionner à ma quittance[2]. Ce
sera vers la fin d'octobre ou au commencement de novembre
que je retourne à Paris. Je compte que j'aurai l'honneur et le
plaisir de vous y voir plus souvent que dans votre dernier
séjour. Je serai très-aise aussi de faire connaissance avec vos
chers enfants. Je m'intéresse à tout ce qui vous touche, parce
que je vous estime beaucoup et que je vous aime très-sincèrement.

Le comte DE BUFFON.

Voudriéz-vous, mon cher monsieur, me faire le plaisir de
rendre un petit service à un homme auquel je m'intéresse et
dont je vous envoie le mémoire ci-joint? Si j'étais à Paris, je
prierais M. Bergon de s'y intéresser. L'objet est si petit et la
demande si juste, que j'en espère le succès.

(Inédite. — De la collection de M. de Faujas de Saint-Fond.)

## CCCLVIII

### AU PRÉSIDENT DE RUFFEY.

Montbard, le 23 septembre 1786.

Vous m'avez fait un sensible plaisir, mon cher et ancien ami, de me donner des nouvelles de votre santé. Je suis bien aise qu'elle se soutienne mieux que la mienne, dont le mauvais état m'a empêché de vous répondre promptement. Mais combien ce que vous me dites de l'Académie me chagrine! Qu'il est fâcheux de voir une telle scission dans une société qui ne peut remplir le but de son institution que par l'union de ses membres, et qui périra nécessairement, si la communion fraternelle qui doit régner entre eux est rompue! M. de Morveau peut avoir quelques torts; mais n'y aurait-il pas contre lui une animosité un peu trop grande de la part de l'Académie? Ne mettrait-on pas un peu trop de chaleur dans tout ce qui le concerne? Je crois, par exemple, que le logement qu'il réclame lui est dû. Dans toutes les Académies le secrétaire est logé, et il se sert ou dispose à son gré de l'appartement qui lui est destiné. Pourquoi l'Académie de Dijon aurait-elle un usage contraire à celui de toutes les autres? Je crois encore que M. de Morveau, beaucoup plus connu que M. Caillet [1], qui peut avoir du mérite, mais dont j'ignorais le nom, avait plus de droits que lui à la place de secrétaire [2]. Quant aux quatre mille livres dont vous parlez, il faut savoir de quelle manière elles ont été données par les États, afin de se conformer aux vœux des donateurs [3]. Je ne peux donc rien prononcer là-dessus, parce que j'ignore la forme de la donation. Au reste, mon cher et ancien ami, vous qui prenez à cœur les intérêts de l'Académie, je vous invite de tout mon pouvoir à rétablir autant qu'il sera en vous la paix dans cette compagnie. Ce sera le meilleur usage que vous puissiez faire de l'influence que vous devez nécessairement y avoir. Votre santé d'ailleurs en ira mieux, et cette seconde circonstance est le premier motif du conseil que je vous donne. Adieu, mon cher et ancien ami, je vous remercie de toutes les pièces de vers que vous m'avez envoyées, et je vous embrasse de tout mon cœur comme je vous aime.

Le comte DE BUFFON.

(Inédite.—De la collection de M. le comte de Vesvrotte.)

## CCCLIX

### A M. THOUIN.

Montbard, le 18 octobre 1786.

Vous avez très-bien fait, à votre ordinaire, mon cher monsieur Thouin, en donnant à Mme de Matignon[1] les arbustes et les plantes pour la serre chaude de M. le baron de Breteuil; et je suis persuadé qu'ils seront fort aises d'avoir été servis aussi promptement.

Je donnerai volontiers à M. Leblond[2] des lettres de correspondant, lorsque je serai de retour à Paris. Vous pouvez, en attendant, lui donner la liste des plantes et graines que vous désirez qu'il nous envoie pour le Jardin.

Il ne faut pas négliger non plus l'affaire de M. Lhéritier[3], afin que le ministère d'Espagne n'ait plus aucune plainte à faire.

Le sieur Régnier désirerait savoir dans quel temps il serait nécessaire d'aller à Paris pour placer sa mécanique[4]. Mais comme elle est entièrement achevée, nous pourrions peut-être le dispenser de ce voyage; c'est l'avis de M. Verniquet, et j'attendrai le vôtre avant de rien faire dire au sieur Régnier, qui serait bien aise de jouir de la petite gloire de son ouvrage.

Adieu, mon très-cher monsieur Thouin, c'est toujours avec

une égale satisfaction que je vous renouvelle les sentiments de mon estime et de mon attachement.

Le comte DE BUFFON.

(Inédite. — Conservée dans les archives du Muséum.)

## CCCLX

### A M. DE FAUJAS DE SAINT-FOND.

Au Jardin du Roi, le 17 janvier 1787.

Arrivez, mon cher monsieur, du moins aussitôt que les belles oranges, que je ne veux savourer qu'avec vous; arrivez, parce que votre affaire, pour vous rapprocher de moi[1], et dont j'ai déjà parlé, exige votre présence, et qu'elle ne peut se terminer sans prendre langue avec vous. Ne tardez donc pas, je vous en prie, et soyez bien persuadé de tous les sentiments d'estime et du véritable attachement avec lesquels j'ai l'honneur d'être, monsieur, votre très-humble et très-obéissant serviteur.

Le comte DE BUFFON.

(Inédite. — De la collection de M. de Faujas de Saint-Fond.)

## CCCLXI

### A MADAME LA COMTESSE DE GENLIS.

Au Jardin du Roi, le 21 mars 1787.

Ma noble fille, je viens de lire votre nouvel ouvrage[1] avec tout l'empressement de l'amitié et cette curiosité qui se renouvelle à chaque article d'un livre fait de main de maître. Prédicateur aussi persuasif qu'éloquent[2], lorsque vous présentez la religion et toutes les vertus avec le style de Fénelon et la majesté des livres inspirés par Dieu même, vous êtes un ange de lumière; et lorsque vous descendez aux choses du monde, vous êtes la première des femmes et la plus aimable des philosophes. J'ai lu avec attendrissement les éloges dont vous me comblez, et j'accepte avec bien de la reconnaissance cette place que vous avez créée pour moi seulement. Mais j'en rends l'hommage tout entier à cette amitié qui fait ma gloire et le désespoir de mes rivaux. Lorsque vous avez peint certains prétendus philosophes[3], vous n'avez pas échappé un seul des traits qui les caractérisent; vous avez joint la finesse des couleurs à la vigueur du pinceau, et vous avez mis dans l'ombre tout ce qui doit y être. Voilà, mon adorable et noble fille, ce que je pense de votre ouvrage. Je vous en félicite avec cette sincérité et cette tendre et respectueuse affection que je vous ai vouées pour la vie.

Le comte DE BUFFON.

(Publiée dans les Mémoires du temps.)


## CCCLXII

### A M. LAMBERT,

MAÎTRE DES REQUÊTES, CONSEILLER HONORAIRE AU PARLEMENT.

Au Jardin du Roi, mai 1787.

M. de Buffon a reçu la lettre que M. Lambert lui a fait l'honneur de lui écrire[1]. Il convient qu'il n'a jamais étudié la grammaire[2]; mais il pense qu'un verbe neutre peut quelquefois devenir actif, surtout quand il sert à bien exprimer une pensée. Il est vrai que cela n'est pas du ressort de la grammaire, qui ne s'est jamais occupée que des mots, comme on le voit par une infinité de livres qui n'expriment rien, quoique très-correctement écrits.

M. de Buffon remercie M. Lambert de toutes les honnêtetés qu'il veut bien lui dire à ce sujet, et il l'invite à ne plus parier sur sa parole, parce qu'il est toujours dangereux de plaider devant des juges pour qui la forme est tout, et le fond très-peu de chose.

Le comte DE BUFFON.

(Tirée d'une brochure ayant pour titre : *Le comte de Buffon*, publiée sans nom d'auteur à Amsterdam, en 1788, in-8°, de 185 pages.)

## CCCLXIII

### A. M. LE COMTE DE BUFFON,

CAPITAINE DE REMPLACEMENT DANS LE RÉGIMENT DE CHARTRES (INFANTERIE).

Au Jardin du Roi, le 22 juin 1787.

M. de Faujas, par amitié pour moi et pour vous, mon cher fils, a bien voulu vous porter mes ordres, auxquels il faut vous conformer.

1° L'honneur vous commande avec moi de donner votre démission et de sortir de votre régiment pour n'y jamais rentrer [1].

2° Vous quitterez tout de suite en disant que les circonstances vous y obligent, et vous ferez cette même réponse à tout le monde sans autre explication.

3° Vous n'irez point à Spa, et vous ne viendrez point à Paris avant mon retour.

4° Vous irez voyager où il vous plaira, et je vous conseille d'aller voir votre oncle à Bayeux. Vous le trouverez instruit de mes motifs.

5° Ces démarches honnêtes et nécessaires, loin de nuire à votre avancement, y serviront beaucoup.

6° Conformez-vous en entier pour tout le reste aux avis de M. de Faujas, qui vous fera part de toutes mes intentions et vous remettra vingt-cinq louis de ma part; et si vous avez besoin des trois mille livres que vous devez recevoir le 4 août, je les donnerai à M. Boursier [2] dès à présent. Vous savez qu'il doit remettre quinze cents francs dans ce même temps à *feu votre femme*[3].

Ce sont là, mon très-cher fils, les volontés absolues de votre bon et tendre père.

Le comte DE BUFFON.

## CCCLXIV

### A M. DE MALESHERBES[1],

MINISTRE D'ÉTAT.

Au Jardin du Roi, le 12 juillet 1787.

Monseigneur,

Recevez, je vous prie, tous les remercîments que je vous dois, du vif intérêt que vous avez eu la bonté de prendre à la position de mon fils. Je viens d'écrire à M. le maréchal de Ségur[2], en le priant de rendre compte au Roi du sacrifice volontaire que mon fils fait aujourd'hui par honneur; et ce sacrifice est grand, car il perd la promesse du grade de colonel. Je n'ai pas craint de demander au Ministre un équivalent, et en attendant on pourrait l'employer dans l'état-major des troupes qu'on rassemble à Givet[3]. Daignez, monseigneur, appuyer ma prière; rien ne me sera plus glorieux que votre recommandation, et l'on sentira que c'est la vertu même qui, par votre bouche, plaide aujourd'hui la cause de l'honneur.

Je suis avec autant de dévouement que de respect,

Monseigneur,

Votre très-humble et très-obéissant serviteur.

BUFFON[4].

*P. S.* — M. le comte de Mercy[5], ambassadeur de l'empereur, qui a des bontés pour moi, a prévenu la Reine sur ma demande et l'a trouvée favorablement disposée.

## CCCLXV

### A M. DE FAUJAS DE SAINT-FOND.

Montbard, le 9 août 1787.

Votre lettre datée du 3 a été retardée, mon très-cher monsieur, et ne m'est arrivée qu'aujourd'hui 9, quoique mon fils en ait reçu une de vous de plus nouvelle date. M. Thouin ni M. Lucas n'ont actuellement d'argent, parce qu'on a retardé au trésor royal un payement de 20 000 livres que je devais recevoir dès le 25 juillet. Je vous envoie donc directement un billet de caisse pour les mille livres que vous désirez, et vous voudrez bien m'en envoyer quittance sur une feuille de papier assez grande et conçue dans les termes suivants :

*J'ai reçu de M. le comte de Buffon la somme de mille livres pour les premiers six mois de cette année 1787 de mes appointements, comme chargé des correspondances du Cabinet du Roi. A Paris; ce    août 1787.*

Mon fils est bien impatient de recevoir son brevet[1] ; il est désespéré que vous partiez si tôt, et il craint, peut-être avec raison, qu'après votre départ on ne lui laisse attendre ce brevet encore du temps. Cependant il ne peut pas se présenter à son régiment sans ce titre.

Si vous pouviez aussi, mon cher monsieur, faire encore un effort auprès de ces financiers pour me faire payer les 12 000 livres qu'ils me doivent, cela viendrait bien à propos dans les circonstances présentes. Enfin, s'il vous était possible de venir à Montbard depuis Roanne, vous combleriez nos vœux. Mme Nadault le désire autant que mon fils, supposé qu'il soit encore ici.

Ma santé est un peu meilleure depuis quelques jours. Je prends du caillé trois fois par jour, et je bois très-peu de vin; mais le sommeil n'est pas encore revenu, et les douleurs, quoique supportables, sont continuelles.

Adieu, je vous embrasse du meilleur de mon cœur.

Le comte DE BUFFON.

(Inédite. — De la collection de de Faujas de Saint-Fond.)

## CCCLXVI

### A M. THOUIN.

Montbard, le 27 septembre 1787.

Je vois, par l'exposé net et circonstancié que vous me faites de la situation de nos travaux, mon cher monsieur Thouin, que ces malheureuses fondations ne sont point encore partout à niveau de terre, et je crois que j'arriverai avant que ce bâtiment soit exhaussé de quelques pieds de hauteur[1]. C'est cependant là, mon cher monsieur, qu'il faut porter toutes nos forces, afin que les cours des écoles ne soient point interrompus, et qu'on puisse faire cet hiver les leçons d'anatomie dans ce nouvel amphithéâtre.

Je vous remercie de nouveau de tous vos bons soins, et je vous prie de porter en dépense les frais de vos voyages à Versailles pour M. de La Chapelle, à Passy pour M. Gojard[2], etc.

Soyez sobre, je vous supplie, à déférer aux demandes que mon fils pourrait vous faire, connaissant trop votre bonne volonté dont il pourrait abuser, comme on vient d'abuser de la mienne dans les réparations de l'hôtel de Magny, où ces messieurs me disaient qu'il n'y avait que pour huit ou dix jours d'ouvrage à leurs appartements[3].

Laissez aussi cette fenêtre que demande M. Lucas; je verrai à mon retour ce qui pourra se faire. Ne changez rien, je vous prie, d'ici à ce temps[4].

C'est toujours avec les mêmes sentiments d'estime et d'attachement que je suis, mon cher monsieur, votre très-affectionné serviteur.

Le comte DE BUFFON.

(Inédite. — Tirée des archives du Muséum.)

## CCCLXVII

### A M. LE BARON DE BRETEUIL,

#### MINISTRE DE PARIS.

Le 13 février 1788.

Je supplie Monseigneur le baron de Breteuil d'écouter et croire M. Faujas sur tout ce qu'il lui dira de ma part, au sujet de papiers qui me concernent. Je proteste que je n'ai jamais donné ni signé de démission, et le bon du Roi donné par Louis XV fait voir qu'il ne devait être question de survivance qu'après mon décès[1]. On peut dire avec vérité que tout est faux dans les deux exposés. J'assure monsieur le baron de Breteuil de toute ma confiance et de mon plus tendre respect.

Le comte DE BUFFON.

(Inédite. — De la collection de M. de Faujas de Saint-Fond.)

## CCCLXVIII

### A MADAME DE MONTBEILLARD.

Le 14 février 1788.

J'emploie, madame, mes premières forces pour vous remercier de toutes les marques d'intérêt et d'amitié que j'ai reçues de vous, et j'attends avec impatience les secondes pour avoir l'honneur d'aller vous en témoigner ma reconnaissance, en vous priant d'être convaincue du prix que j'attache aux tendres sentiments que vous voulez bien m'accorder. Voici de l'argent, madame, que je vous renvoie avec autant de plaisir que vous avez bien voulu mettre d'honnêteté à l'attendre.

BUFFON.

(Inédite. — Conservée dans les manuscrits de la bibliothèque de Semur.)

## CCCLXIX

### A MADAME NECKER.

Au Jardin du Roi, le 11 avril 1788.

Mon père me dicte, madame, ce qu'il voudrait bien être en état de vous écrire de sa main :

« Ah ! la superbe introduction[1] ! Ce ne sont point de vains arguments, mais des vérités constantes, que l'auteur développe avec une force qui n'appartient qu'à lui. Y a-t-il, en effet, aucun ordre social dans lequel le souverain et son peuple ne doivent être de même opinion religieuse, quelle que soit cette religion ? Et notre grand homme, plus attaché à la sienne, a eu toute raison de la donner pour exemple, en disant même comment il a été conduit, après le vide des affaires, à des spéculations plus élevées. Je puis lui promettre en effet trois sortes d'immortalités : la première, celle dont il ne doute pas, et qui, par un élan sublime, porte son âme dans cette immensité dont elle est propre à faire partie ; la seconde immortalité sera celle que l'histoire donnera à M. Necker, comme administrateur regretté de la nation entière ; et enfin la troisième immortalité de mon éloquent ami sera celle d'un écrivain qui n'a pas eu de modèle, et dont le cœur et l'âme se réunissent pour le bonheur des hommes.

« Cette partie m'a d'autant plus touché, qu'il y réunit les vertus de sa sublime amie, que je n'ai cessé de respecter et d'admirer comme un don divin, et dont elle seule avait été favorisée par le souverain Être. »

J'ai présenté la plume à mon père, et il a encore eu la force de signer *.

BUFFON.

(Cette lettre a été écrite par Buffon deux jours avant sa mort. Il l'a dictée à son fils après s'être fait lire l'introduction du livre de Necker sur les opinions religieuses. Il n'a rien écrit ni rien lu depuis. Elle a été publiée dans les Mélanges de Mme Necker, et reproduite par M. Flourens.)

# LETTRES RECUEILLIES

## PENDANT L'IMPRESSION.

---

## CCCLXX

### A M. LE COMTE DE SAINT-FLORENTIN [1].

Monseigneur,

Montbard, le 13 octobre 1749.

J'ai reçu la patte d'écrevisse que vous avez eu la bonté de m'envoyer, et qui est en effet assez singulière pour que nous la conservions avec soin dans le Cabinet du Roi. Toutes les extrémités des pattes des écrevisses de mer ont du poil par dessous; mais celle-ci est peut-être la première qu'on ait vue qui en soit entièrement couverte. Je ne puis, Monseigneur, que vous faire mes très-humbles remercîments de vos bontés et de votre attention pour le progrès de notre histoire naturelle, et vous assurer du dévouement et du respect avec lesquels je suis,

Monseigneur,

Votre très-humble et très-obéissant serviteur.

BUFFON.

(Inédite. — De la collection de M. Chasles, de l'Académie des sciences, qui a bien voulu nous en donner connaissance.)

## CCCLXXI

### A M. CRAMER [1],
PROFESSEUR DE MATHÉMATIQUES, A GENÈVE.

Au Jardin du Roi, le 4 janvier 1750.

Je vous envoie, mon cher monsieur, le reçu de MM. Lullin [2], auxquels j'ai remis, il y a déjà quelque temps, les 156 livres que vous avez eu la bonté d'avancer pour moi. Mes livres sont encore à Dijon, et je me suis trompé lorsque j'ai cru que je pourrais éviter, par cette route, les frais et l'embarras de la chambre syndicale [3]. Il faut que ces livres viennent à Paris pour y être visités. J'ignorais ce règlement, qui en effet est nouveau et n'a lieu que depuis environ deux ans. Une autre fois je vous supplierai de m'adresser les livres à Lyon, où il y a comme à Paris une chambre syndicale. Vous aurez peut-être été surpris de recevoir les trois volumes de notre ouvrage [4], brochés, coupés, en un mot très-mal équipés ; mais je vous dirai, mon cher monsieur, que l'empressement que j'avais de vous le donner ne m'a pas permis d'attendre la distribution qu'on en doit faire par ordre du ministre [5]. C'est mon exemplaire, celui qui était à mon usage, que je vous ai envoyé. Je compte le remplacer incessamment par un autre, qui sera relié, et, comme j'ai mis M. Jallabert [6] sur ma liste, j'espère de votre amitié que vous voudrez bien faire relier ce premier exemplaire à l'instar de celui que je vous enverrai, et que vous le lui remettrez. Cette précaution pour l'uniformité des reliures est nécessaire, à cause des volumes suivants. Je compte que le quatrième paraîtra au mois de septembre. On a dit à Paris encore plus de bien et de mal de cet ouvrage qu'on n'a pu en dire à Genève ; le succès en a cependant été prodigieux, car l'édition a été épuisée en six semaines. On en fait actuellement deux autres, dont l'une in-quarto, toute semblable à la première, paraîtra avant la fin du mois, et l'autre in-douze au commencement de mars. Il est déjà traduit en anglais, en hollandais et en allemand, et les premiers volumes de ces traductions paraissent déjà à Londres, à la Haye et à Leipsick[7]. En voilà plus qu'il n'en faut pour que je sois content. Il y a eu beaucoup de clabauderies, et cependant pas un mot de critique écrite[8].

Mme du Rumain, chez qui j'ai dîné aujourd'hui avec M. l'abbé Sallier[9], m'a chargé aussi bien que lui de vous faire mille compliments. J'y joindrais volontiers les miens, à cause du commencement de l'année, si je n'étais persuadé que vous voulez d'autres marques de mon amitié que celles qui sont d'un usage commun. Je vous embrasse donc, mon cher monsieur, et vous supplie de croire qu'on ne peut vous être plus sincèrement attaché que je le suis.

BUFFON.

(Inédite. — De la collection de M. L. Gilbert. C'est à M. Roche-Billières que nous devons la connaissance de cette curieuse lettre.)

## CCCLXXII

### A M. FONTAINE DES BERTINS.

Le 10 juin 1768.

Je ne vous envoie, monsieur, que deux lettres, parce que, dans toute la liste de vos juges, je ne connais que M. de Brosses et M. Le Mulier[1]. Je leur recommande votre affaire avec instance, et j'espère que vous aurez lieu d'être content du jugement. Le fond ne m'en paraît pas équivoque, et il faudrait des circonstances bien singulières pour que vous pussiez succomber. J'ai l'honneur d'être, monsieur, votre très-humble et très-obéissant serviteur.

BUFFON.

(Inédite. — De la collection de M. Chasles, de l'Académie des sciences.)

## CCCLXXIII

### A M. THOUIN *.

Montbard, le 13 juillet 1781.

Je vous envoie, mon cher monsieur Thouin, une lettre que je reçois de M. Vasseur, locataire actuel de la maison Le-lièvre [1], pour que vous alliez lui faire réponse de ma part et voir en effet avec lui le prix que les propriétaires voudraient la vendre. Je ne connais pas cet homme et je ne sais si nous devons nous y fier, d'autant que si j'achète la maison, il faudra qu'il en sorte, ce qui probablement est contre son intérêt. Cependant, je crois que nous ne risquons rien en lui disant que je lui ferais une belle main si par son entremise je pouvais avoir cette maison au même prix que je l'ai vendue, c'est-à-dire pour 12 000 livres. Vous avez toute la prudence qu'il faut et vous traiterez bien cette petite négociation. Il faut aussi voir M. Aubert; il m'a écrit aujourd'hui que la premiere enchère, qui, je crois, est la seule, est de 14 000 livres; mais cette première enchère pourrait être fictive [2], et comme je lui ai marqué que je ne lui donnais pouvoir que jusqu'à 15 000 livres, nous pourrions manquer la maison si cette enchère était réelle. Vous aurez le temps de prendre langue sur cela, et, quand j'aurai reçu votre réponse, je donnerai pouvoir à M. Aubert pour 100 ou 200 pistoles de plus; mais il faut aller doucement, surtout dans un moment où j'ai moins d'argent que jamais.

Je suis et serai toujours dans les mêmes sentiments d'attachement pour vous, mon très-cher Thouin.

Le comte DE BUFFON.

(Inédite. — Tirée des archives du Muséum.)

---

* Cette lettre à M. Thouin, et les cinq autres qui la suivent, ne nous avaient pas paru d'abord assez intéressantes pour être publiées; mais en les relisant

## CCCLXXIV

### AU MÊME.

Montbard, le 5 août 1781.

Votre visite, mon cher monsieur Thouin, auprès de M. Dufresne [1] a fait un bon effet, car je viens de recevoir une lettre
de lui par laquelle il me promet de me donner incessamment
de l'argent [2]; ainsi, nous pouvons faire l'acquisition de la
maison Lelièvre. Vous voyez que mon soupçon était bien
fondé lorsque je vous marquais en premier lieu que cette
enchère à 14 000 livres me paraissait fictive, et je ne sais s'il
ne vaudrait pas mieux traiter l'affaire à l'amiable par l'entremise du sieur Vasseur que par la voie directe de M. Aubert, d'autant que, quand je deviendrais propriétaire de cette
maison, je ne l'en délogerais pas de si tôt, et il sera content
de moi si je le suis de lui. Je pourrais donc déposer incessamment entre vos mains une somme de 10 ou 12 000 livres,
que vous feriez offrir aux créanciers par le sieur Vasseur,
comme si c'était pour lui qu'il eût dessein d'acquérir la maison, et lorsqu'on serait convenu du prix, qui ne doit pas excéder 12 000 livres, vous conduiriez le sieur Vasseur chez
M. Aubert pour faire passer l'acte en mon nom. Je ne suis
point dans l'intention d'aller au delà de 12 000 livres, et il
faudrait bien faire en sorte, à cause du droit de vente et du
centième denier, de l'avoir encore à moindre prix s'il était
possible; mais il faut tâcher de ne pas manquer la maison
Lelièvre, et, supposé que vous ayez besoin d'une procuration,

plus attentivement, nous y avons trouvé quelques détails utiles à l'intelligence
des lettres antérieures, et nous nous sommes décidé à les insérer dans notre
Recueil, puisque quelques autres lettres, découvertes pendant l'impression,
ont obligé à faire une sorte d'appendice. Ces six nouvelles lettres, adressées au jardinier en chef du Jardin du Roi, démontrent d'ailleurs une fois
de plus quelle merveilleuse sagacité Buffon apportait dans les affaires. Il possédait véritablement le génie de l'administration.

je l'enverrais ou en votre nom ou en celui de M. Aubert, comme vous le jugerez à propos; il faut aussi insister pour ne point payer les frais de cette licitation.

Je suis très-content du compte que vous me rendez du travail des carriers sous mon logement. Il faudra les suivre avec attention, car vous savez qu'ils avaient fait de bien mauvaise besogne sous la cour, il y a quelques années, et qu'ils avaient mis des fagots et des bûches au lieu de faire de bons piliers pour soutenir le terrain³. J'ai écrit à M. Verniquet d'y regarder de près, et j'espère que vous voudrez bien le faire aussi; je lui ai même marqué que, pour accélérer l'ouvrage, les ouvriers de M. Guillaumot pouvaient prendre des matériaux dans ceux que nous avons en réserve, et supposé que le vide de la carrière s'étende aussi sous la maison Lelièvre, il serait bon d'y faire travailler aussi.

Je suis toujours, mon cher monsieur Thouin, dans les mêmes sentiments d'attachement pour vous.

Le comte DE BUFFON.

(Inédite. — Tirée des archives du Muséum.)

## CCCLXXV

### AU MÊME.

Montbard, le 19 août 1781.

J'ai reçu votre dernière lettre, mon très-cher monsieur Thouin, et il me semble, par le détail que vous avez pris la peine de me faire, que nous pouvons nous confier au sieur Vasseur. Ainsi, je suis déterminé à lui envoyer ma procuration; mais comme les notaires de ce pays-ci ne connaissent pas bien les formes usitées à Paris, il faudrait m'envoyer un modèle, que je ferais copier ici par mon notaire, après quoi je vous adresserai cette procuration. J'écris par ce courrier à M. Lucas de vous remettre 6000 livres, que vous voudrez

bien garder jusqu'à ce que le sieur Vasseur soit obligé de consigner les offres réelles qu'il fera pour l'acquisition de cette
maison. En relisant attentivement votre lettre, je crains que
ma procuration ne vous arrive pas assez tôt ; mais le sieur
Vasseur, qui a déjà offert 10 000 francs, peut être assuré
que je ne le désavouerai pas et qu'il peut même aux enchères
porter la maison jusqu'à 12, car je ne crois pas qu'il se
trouve des enchérisseurs au-dessus. Mais, quand même il
faudrait aller jusqu'à 13 000, pourvu que les frais de licitation en fussent séparés et que vous n'eussiez à payer que les
droits seigneuriaux et les frais de contrat, je trouverais encore l'acquisition bonne ; enfin, je m'en rapporte bien volontiers à votre prudence.

Vous connaissez, mon cher monsieur Thouin, tout mon
attachement pour vous.

Le comte DE BUFFON.

(Inédite. — Tirée des archives du Muséum.)

## CCCLXXVI

### A M. TRÉCOURT[1].

Au Jardin du Roi, le 21 décembre 1781.

M. Royer vous remettra, monsieur Trécourt, un paquet en
toile cirée qui contient la table des concordances des noms des
oiseaux, qu'il faut transcrire et arranger par ordre vraiment
alphabétique, suivant que les lettres se succèdent, comme
M. l'abbé Bexon l'explique dans une page que vous trouverez au-dessus de ces mêmes feuilles. Je ne doute pas que
vous l'exécutiez bien[2], et, pour en être plus assuré, vous
n'aurez qu'à me renvoyer la lettre A, dès que vous l'aurez
transcrite et arrangée.

Vous avez toute raison dans ce que vous me marquez au
sujet du recépage ; il faut, en effet, faire couper les jeunes
chênes entre deux terres et au-dessous des doubles et triples

tiges, comme vous l'avez fait dans l'échantillon que vous m'avez envoyé; vous pouvez donner cet ordre de ma part à tous mes ouvriers [3], et vous ferez bien de les suivre aussi souvent et d'aussi près que vous pourrez.

Vous pourrez demander à M. Guérard, dans les premiers jours de janvier, le payement de votre mois de décembre, et, si vous avez fait quelques autres frais, vous lui fournirez mémoire et quittance du tout. Ne doutez pas de mes bonnes intentions à reconnaître vos services et à vous en rendre, si l'occasion s'en présente.

Le comte DE BUFFON.

*P. S.* — Vous mettrez sur votre état le port de cette lettre.

(Inédite. — De la collection de M. Henri Nadault de Buffon.)

## CCCLXXVII

### AU MÊME.

Paris, le 25 avril 1783.

J'ai reçu, monsieur Trécourt, votre lettre avec les rôles de la dépense, jusque et compris le 19 avril, et je vois qu'il ne reste entre vos mains qu'une somme de 16 livres 15 sous 6 deniers. J'écris par cet ordinaire à M. Guérard de vous remettre encore 150 livres, afin que vous puissiez subvenir à la dépense de la prochaine quinzaine. Je suis bien aise que vous ayez fait achever la plantation des pins et que l'humidité de la saison ait déjà fait pousser tous nos jeunes arbres; il faut soigneusement recommander au sieur Caniant de ne laisser entrer aucun bétail dans ces plantations, non plus que dans le jeune taillis de ce bois. J'écris aussi à M. Guérard qu'il est nécessaire d'aller avec vous aux bois et à la plantation d'Aigremont, ainsi qu'à ceux de Saint-George et de Lucenay; ainsi, prenez jour avec lui et menez avec vous le sieur Caniant et le garde de Buffon.

Ce n'est pas mal employer votre temps que d'aller, le plan à la main, reconnaître les cantons de mes bois, et vous avez très-bien pensé que pour plus de facilité il fallait avoir un plan réduit; je suis bien aise que vous l'ayez entrepris, persuadé que vous en viendrez à bout, et vous pourriez faire acheter à Semur les couleurs qui vous manquent pour enluminer vos plans.

Vous pouvez payer à Bréon les deux journées qu'il réclame, quoique je n'en aie aucune connaissance. Vous avez bien fait de planter dans votre jardin les deux poiriers et l'abricotier; je souhaite qu'ils réussissent, et je veux que vous les gardiez pour vous.

Vous connaissez tous les sentiments d'attachement que j'ai pour vous, et je vous prie d'en être persuadé.

Le comte DE BUFFON.

(Inédite. — De la collection de M. Henri Nadault de Buffon.)


## CCCLXXVIII

### A M. THOUIN.

Montbard, le 31 août 1785.

Mon cher monsieur Thouin, vous faites toujours très-bien tout ce que vous faites, et peut-être trop bien les choses qui me regardent, car je comptais payer séparément les cadeaux qu'il était convenable de faire[1]; mais je ne changerai rien à l'honnête disposition que vous avez faite, et je vois par votre arrêté qu'il ne nous reste plus que 14310 livres 15 sous 11 deniers, ce qui me paraît bien court pour toute la dépense que vous serez obligé de faire d'ici à mon retour, c'est-à-dire jusqu'au commencement de novembre. J'espérais que M. Lenoir pourrait nous aider en faisant passer sur les fonds destinés à la dépense des carrières le mémoire de M. Verniquet; mais vous verrez par la lettre ci-jointe de M. Guillaumot

que ce dernier n'a pas voulu allouer ce mémoire, et je pense
qu'il n'y a que vous qui puissiez les concilier et faire réussir
cette affaire en en rendant compte directement à M. Lenoir.
Il a toute confiance en vous, et je suis persuadé qu'il vous
croira de préférence à M. Guillaumot, qui ne met ici des
obstacles que parce que je ne l'ai pas employé. Vous savez,
néanmoins, que ç'a d'abord été mon intention et qu'il y a
quatre ans qu'il s'était chargé de ces réparations, mais qu'au
lieu de les avoir faites solidement, ses ouvriers n'ont fait que
masquer par de la terre amoncelée tous les endroits péril-
leux, au lieu de les avoir soutenus par de forte et bonne
maçonnerie[2]; et c'est cette seule raison qui m'a forcé à employer M. Verniquet, dont M. Guillaumot paraît ici jaloux
mal à propos. Je le répète, vous êtes prudent et très-avisé;
vous seul pouvez terminer cette grande affaire avec succès.
Je suis aussi bien persuadé que vous ne négligerez pas l'obtention de nos lettres patentes; c'est encore de nouvelles démarches pénibles et peut-être dispendieuses.

J'ai vu dans l'exposé des travaux un article que je n'entends pas bien. Vous dites que *la partie du mur qui doit sépa-
rer mon terrain du vôtre, qui est de* 16 *toises de long sur* 18 *pouces
de large et* 12 *pieds de haut, y compris chaperon et fondation, a
été faite par les ouvriers de Thouin.* Mais, mon cher monsieur
Thouin, je ne prétends pas qu'il vous en coûte un sol pour
cette construction, et, par conséquent, il faut porter sur votre
état de dépense ce que vous avez payé à vos ouvriers.

Recevez les assurances sincères de tout mon attachement.

Le comte DE BUFFON.

(Inédite. — Tirée des archives du Muséum.)

## CCCLXXIX

### AU MÊME.

Montbard, le 12 septembre 1787.

J'ai reçu, mon cher monsieur Thouin, vos lettres avec les mémoires et pièces justificatives, ainsi que ceux de l'emploi du temps, que vous exposez avec une si grande clarté qu'il me semble être présent à vos travaux. Je vois que, malgré l'augmentation des ouvriers, notre nouvel amphithéâtre n'avance guère. C'est cependant l'objet le plus essentiel et auquel il faut porter toutes nos forces[1]. Suivant votre dernier arrêté du 9 courant, il vous reste entre les mains 5212 livres 19 sols 10 deniers, et j'envoie par ce même ordinaire huit billets de 1000 livres à M. Lucas avec ordre de vous les remettre. Cela fait en tout 13 212 livres 19 sous 10 deniers, ce qui sera suffisant pour la prochaine quinzaine, dont l'échéance est au 23 de ce mois. Cependant, vous aurez peut-être à payer les quatre bateaux de pierre meulière que M. Verniquet demande; mais ce serait pour la quinzaine suivante, et je ne laisserai pas manquer tout l'argent nécessaire, quoique je sois forcé d'emprunter, car voici ma position actuelle :

1° Je suis en avance d'environ 40 000 livres du restant de ce qui m'est dû pour l'hôtel de Magny.

2° Mon état de dépense sur mon plumitif depuis le 1er de janvier monte à 81 367 livres 18 sous 5 deniers.

3° Il m'est dû par le Roi le montant de l'ordonnance que M. de La Chapelle devait faire expédier de 92 380 livres. Cela fait en tout une somme de 213 747 livres 18 sous 5 deniers, sans compter les 13 212 livres 9 sous 10 deniers que vous avez entre les mains. Je vous prie donc instamment, mon cher monsieur, de choisir votre jour pour aller à Versailles voir M. de La Chapelle et lui dire que j'ai attendu jusqu'ici des nouvelles de l'ordonnance qu'il avait bien voulu vous

promettre d'expédier promptement, que j'ignore si cette ordonnance a été expédiée et envoyée en finance, et que je le
supplie de n'y pas perdre de temps ; car, entre nous, j'en aurais grand besoin, et peut-être l'ordre du payement au Trésor
royal sera-t-il encore plus difficile et plus long que l'expédition de l'ordonnance². Vous voudrez bien me dire en confiance si je serai obligé de faire solliciter le principal ministre
pour être payé de mes avances. Quoi qu'il en soit, je m'ar-
range ici pour faire passer à Paris tout l'argent que vous
pourrez dépenser, quand même vous augmenteriez encore le
nombre de vos ouvriers ; ainsi, pressez les travaux autant
qu'il vous sera possible, surtout ceux du nouvel amphithéâtre, car j'ai fort à cœur que cet édifice soit construit
avant le mois de janvier. Je n'attendrai pas cette mauvaise
saison pour me rendre auprès de vous, et je compte pouvoir
faire le voyage sans inconvénient vers le 20 du mois prochain.

Adieu, mon très-cher monsieur, mille amitiés et mille remercîments de tous vos bons soins.

Le comte DE BUFFON.

(Inédite. — Tirée des archives du Muséum.)

## CCCLXXX

### AU MÊME.

Montbard, le 23 septembre 1787.

Je vous suis très-obligé, mon très-cher monsieur Thouin,
de la diligence que vous avez mise à prendre des informations auprès de M. de La Chapelle : il m'aurait épargné
quelques inquiétudes s'il m'eût instruit plus tôt de l'envoi
de mon ordonnance en finance ; et comme je l'ignorais et que
je craignais de manquer d'argent pour la continuation de nos
grands travaux, j'ai emprunté 30 000 livres, que M. Lucas
vous remettra le 29 ou le 30 de ce mois. Cela nous donnera
le temps de solliciter le payement de l'ordonnance. Nous

16

sommes actuellement arrivés à 55 000 livres de dépense depuis mon départ, savoir : 11 000 livres que je vous avais laissées en partant, 4000 livres d'un billet à mon ordre, 18 000 livres remises par M. Lucas venant du Trésor royal, ce qui fait déjà 37 000 livres; ensuite 10 000 livres en billets de caisse et ensuite 8 autres mille livres en mêmes billets, ce qui fait en tout 55 000 livres; et en y ajoutant les 30 000 livres que M. Lucas vous remettra le 29 ou le 30 de ce mois, cela fera 85 000 livres, ce qui sera peut-être suffisant d'ici à la fin de l'année. Mais, quand même cette somme ne suffirait pas, je trouverai le moyen d'ajouter tout ce qui sera nécessaire pour ne pas suspendre l'activité des travaux, car j'ai surtout fort à cœur d'achever le nouvel amphithéâtre, et j'ai écrit à M. Verniquet d'en accélérer la construction autant qu'il serait possible; et vous me ferez plaisir de lui renouveler sur cela mes instances et d'y tenir la main. Au reste, je ne tarderai pas plus de trois semaines à retourner auprès de vous, et je me réjouis d'avance de vous revoir et de vous renouveler de vive voix tous les sentiments d'estime et d'attachement que vous méritez et que je vous ai voués.

Le comte DE BUFFON.

(Inédite. — Tirée des archives du Muséum.)

# NOTES

## ET

# ÉCLAIRCISSEMENTS

# NOTES

ET

# ÉCLAIRCISSEMENTS.

## CLXX

Note 1, p. 1. — Il s'agit de deux exemplaires en plâtre, moulés sur l'original, du buste de Buffon, par Pajou. Il fut achevé par cet artiste, en 1776, la même année que la statue en pied que lui commanda le comte d'Angeviller. Ce buste se trouve aujourd'hui au musée du Louvre (Sculpture moderne). Saurin composa l'inscription suivante :

> Heureux confident d'Uranie,
> Il sut à la Nature arracher son bandeau;
> Sur son front brille le génie,
> Dans ses mains Michel-Ange a remis son pinceau.

J'ai eu occasion de voir un exemplaire en plâtre d'un autre buste du même sculpteur, qu'on prétend à tort être celui de la fille de Buffon, morte à l'âge de deux ans. Ce doit être bien plutôt le buste de Betzy Daubenton, seconde femme du jeune comte de Buffon. J'ignore ce que peut être devenu l'original, je n'en ai vu aucun moulage à Montbard, et je n'en ai jamais entendu parler à celle qu'il intéressait le plus.

Note 2, p. 1. — Élisabeth-Georgette Daubenton, qu'on n'appelait pas dans sa famille autrement que du petit nom de *Betzy*, née à Montbard le 28 mars 1775, mourut le 17 mai 1852. Elle perdit fort jeune son père (février 1785), Georges-Louis Daubenton, neveu du collaborateur de Buffon, et qui laissa des affaires très-embarrassées. Sa mère, dont Buffon appréciait au plus haut point l'esprit et le cœur, comme le témoignent ses nombreuses lettres, s'occupa de son éducation avec le plus grand soin. Betzy Daubenton montra de bonne heure les plus heureuses qualités, et le fils de Buffon, qui avait pu en connaître le prix dans la société intime du Jardin du Roi, épousa Betzy Daubenton, dès que la loi lui permit de le faire. Elle n'avait alors que dix-huit ans. Un jugement avait prononcé, le 28 juillet 1791, la séparation de corps et de biens, du jeune comte de Buffon et de sa première femme; le 14 janvier 1793 ils avaient divorcé; le 2 septembre suivant, Betzy Daubenton devint Mme de Buffon.

Le 21 août 1793, le comte de Buffon écrit de Brienne au P. Ignace : « Soyez content, Ignace, je me marie, tout est prêt; depuis un mois, j'ai tout fait mettre en ordre, et sous quinze jours je serai marié ; faites-en votre compliment à ma petite femme.... » Le 5 septembre, il lui fait part de son mariage en ces termes : « De jeudi dernier, Ignace, me voilà marié, heureux, content et tranquille; Betzy l'est aussi, et c'est là mon plus grand bonheur. A dix heures nous avons été à la municipalité avec M. Daubenton, M. de Montbeillard, M. Hérault de Séchelles et M. de Morveau. Ils ont été nos quatre témoins, et, de là, nous sommes venus à la paroisse du Roule, sur laquelle nous demeurons ; et là, le curé, honnête et brave homme, nous a mariés, tout comme et avec les mêmes cérémonies que si je ne l'avais été jamais auparavant. A l'église, poêle, anneau, pièce de mariage, tout a été fait. Je demeure maintenant rue de Matignon, n° 9, faubourg Saint-Honoré ; adressez-y vos lettres. Vous en avez écrit une à Betzy, je lui laisse à y répondre; mais vous faites bien mon éloge, et peut-être vous êtes trop indulgent. »

Sur la dernière feuille de la lettre de son mari, la nouvelle comtesse de Buffon a écrit ce qui suit :

« J'ai reçu votre charmante lettre, mon respectable ami; elle m'a fait un grand plaisir. Il est bien doux pour moi de voir que mon bonheur a l'approbation et fait la satisfaction de mes amis ; je suis à présent parfaitement heureuse. M. de Buffon a l'air content, il me comble de bontés ; je suis parfaitement réconciliée avec mes parents du Jardin des Plantes; je ne regrette que de ne pas avoir pour témoins de mon bonheur nos amis qui y prennent autant de part que vous. Je suis bien sensible aux marques d'amitié que vous me donnez dans votre lettre; vous avez toujours regardé M. de Buffon comme votre enfant; je vous demande maintenant de reporter et partager un peu l'amitié que vous avez pour lui sur nous deux. J'espère que nous vous verrons dans quelque temps. Lorsque les scellés de M. de Buffon seront levés, il ira peut-être à Montbard quelques moments pour finir ses affaires; alors nous aurons un bien grand plaisir à vous voir.

M. de Buffon vous a mandé la manière dont nous avons été mariés ; j'aurais bien désiré que c'eût été par vous, et je suis sûre que cela vous aurait fait plaisir aussi. Maman me charge de vous faire mille amitiés et remercîments de tout ce que vous lui dites d'aimable ; et moi, mon cher et digne ami, je vous prie de recevoir l'assurance des sentiments d'amitié et de respect que je vous ai voués. »

Ce second mariage semblait promettre au comte de Buffon le bonheur qu'il avait en vain demandé au premier (Voy. la note 1 de la lettre CCCLXI) ; il fut encore plus malheureux cependant. Quelques mois à peine après une union qui paraissait si bien assortie, M. de Buffon était arrêté, et, moins d'un an après, condamné par le tribunal révolutionnaire. Une lettre écrite par lui quelques semaines avant sa mort à Mme Daubenton, mère de sa femme, mérite de trouver place ici ; elle est ainsi conçue :

« Paris, 2 floréal, l'an second de la République française, une et indivisible.

« Depuis quatre ans passés, ma chère amie, vous savez que mon plus ardent, mon unique désir, était de rendre votre chère fille heureuse, que j'ai cherché tous les moyens de le faire, et de le faire d'une manière qui pût, si elle venait à me perdre, lui laisser un sort agréable, ou qui au moins la mît au-dessus des inquiétudes de fortune. Enfin est arrivée la loi du divorce, et j'ai pu devenir libre et unir mon sort à votre enfant. Je l'ai fait, j'étais parfaitement heureux, et je puis dire ivre de joie et de bonheur ; en effet, si jamais il y a eu sur la terre un bonheur parfait, je l'ai goûté pendant quatre mois. Vous connaissez les détails de mon arrestation, et la suite de cette singulière affaire qui, du sein du bonheur, m'a plongé dans le fond d'une prison où je suis depuis deux mois et deux jours. J'y souffrais avec patience, sûr de mon innocence et espérant de revenir au bonheur aussitôt qu'on voudrait examiner mon affaire. Pendant ce temps, les événements ont amené le décret qui chasse de Paris tous les ex-nobles et leurs femmes. Me voilà donc frappé moi-même, et bien pis, voilà votre malheureuse fille, qui avait le bonheur de n'être pas ex-noble, qui se trouve frappée pour avoir épousé un ci-devant noble. La voilà, cette enfant charmante, si douce, si bonne, tant faite pour être heureuse, la voilà marquée au sceau de la réprobation, mise dans une caste à part et chassée. Et voilà le fruit de mon amour, et voilà la récompense de ses soins pour moi ; c'est là le service que je lui ai rendu ; et, en dernière analyse, tous mes efforts pour la rendre heureuse se réduisent à lui faire perdre son bonheur, sa tranquillité, à la faire proscrire en un mot. Ciel! quelle position que la mienne! quel désespoir s'empare de moi, lorsque je pense que c'est à cause de moi qu'elle se trouve dans ce cas et hors de l'honorable classe des citoyens! Funeste effet des passions! hélas! si elle ne m'eût pas aimé, elle serait tranquille; quel présent je lui ai fait en lui donnant ma main! Combien je me repens d'avoir cédé à ses instances, et de n'avoir pas été assez maître de moi pour résister au charme, irrésistible il est vrai, qui m'entraînait vers elle! Et si dans quelque temps la république triomphante, comme elle le sera sans doute, vomissait de son sein toute cette caste de ci-devant nobles et les condamnait à la déportation pour prix de leurs sottises et de leur orgueil incorrigible; si les vrais amis de la chose publique qui, comme moi, ont le malheur d'être entachés de cette souillure, y étaient compris, ce qui peut arriver, les exceptions étant difficiles dans de telles circonstances, voyez-vous votre enfant, victime de son amour pour moi, languir en terre étrangère, sur un sol inhospitalier, sans fortune, sans amis, sans appui? La voyez-vous, privée de sa fortune propre, tendre la main et demander sa subsistance? me voyez-vous, moi, mourant à chaque instant de douleur, de désespoir et de rage d'être cause de ses malheurs et de les avoir attirés sur elle? Il me serait impossible de soutenir un pareil spectacle; j'en aurais la force pour moi, mais de l'y avoir entraînée me tuerait. Sans doute il n'est pas sûr que cette loi soit portée, je le sais; il n'est pas sûr même que nous y fussions compris, je le sais encore; mais cependant cela pourrait être : eh bien! il faut mettre votre chère fille en sûreté là-dessus. Il est un moyen qui me brise l'âme, qui me désole, qui me tue; mais enfin j'achèterai à tous les prix la certitude de sa tranquillité. Qu'elle divorce, et alors, quelques événements qui arrivent, elle sera tranquille. Je lui en ai parlé; cet ange n'y veut pas consentir, elle me répond : « A quoi bon? si tu « étais déporté, je te suivrais toujours, divorcée ou non. » Faites-lui des représentations sur le danger qu'elle court. Est-il possible que ce soit moi qui vous donne cette commission, qui vous demande de l'engager à rompre, à briser les liens qui font tout mon bonheur, qui vous demande cela pour sa tranquillité? J'ai écrit ce matin à sa tante là-dessus, j'attends sa réponse. Vous voyez que je me sacrifie en entier pour elle, que je m'immole entièrement ; mais je crains tant de voir se réaliser la peinture que je vous fais, que non-seulement j'y donnerai mon consentement; mais que je l'en presse.

« Peut-être cependant serait-il encore un moyen bien meilleur, s'il pouvait réussir. Il faudrait faire proposer au comité de salut public cette question-ci :

« Une fille non noble qui a épousé un ci-devant noble divorcé d'avec une femme ci-devant noble, et qui lui-même est bon patriote, ne peut-elle pas être exemptée du décret?

« L'homme est le fils de Buffon, la femme est la nièce de Daubenton, qui tous deux ont rendu de grands services à la France, fondé le Muséum national, où Daubenton continue à éclairer et à instruire l'humanité.

« Si le comité répondait *oui*, quel bonheur pour moi et pour elle! Il faudrait en avertir Morveau, qui, non pas pour moi, mais pour vous qu'il aime, pour votre enfant que vous chérissez, pourrait appuyer cela auprès de ses amis. J'enverrais aussi cette question avec une note de dix lignes. J'attends votre réponse là-dessus.

« Et moi, si jamais je vous ai causé quelque peine, ne conservez au moins aucun mécontentement contre moi. Si jamais j'ai eu des vivacités, ne les attribuez qu'à de longues et réitérées contrariétés. Au reste, mes malheurs doivent vous toucher, et sûrement vous n'y êtes pas insensible; le plus grand mal est qu'ils retombent sur Betzy, et c'est elle surtout qu'il faut tâcher d'en sauver. Vous êtes bonne mère, et vous sentez bien l'importance dont cela est. Puissiez-vous guérir, et puissions-nous jamais nous réunir à la campagne et vivre pauvres, mais heureux et tranquilles!

« LECLERC-BUFFON. »

A cette lettre, écrite de la prison du Luxembourg, j'ai joint dans ma collection le billet suivant, envoyé par le comte de Buffon à sa femme la veille de sa mort:

« Le citoyen Buffon est enchanté de savoir que sa chère femme se porte bien.

« Il lui recommande bien de prendre garde à sa santé. La sienne est très-bonne, à l'exception de la douleur bien vive qu'il ressent de son arrestation. »

Dans le papier, sur lequel sont tracés d'une main assurée ces quelques mots, se trouve une mèche de cheveux; sur un pli extérieur du papier, est écrit d'une main lourde et inhabile:

« *A la citoienne lorance grand colidor No 3. — je vous direz que lon ne ma rien donez pour ma commision.*

« *Le Roy, commisionaire; jatans la réponse.* »

Après la mort de son mari, Mme de Buffon, donataire universelle de sa fortune par contrat de mariage et dont les biens libres représentaient encore une somme assez importante, se trouva cependant réduite à un état de gêne voisin de la misère. Veuve d'un condamné, elle ne pouvait toucher aucun de ses revenus. La bourse de quelques amis, généreusement ouverte, l'aida à vivre durant la fin du régime de la terreur. Cette situation difficile se prolongea même après le 9 thermidor. Mme de Buffon ne put que bien tardivement rentrer en possession d'une fortune qu'une suite de circonstances malheureuses devait anéantir entre ses mains.

Un document, dont M. Boutron a bien voulu nous donner communication, et qui se rattache à cette époque funeste de la vie de la seconde comtesse de Buffon, retrace d'une manière saisissante la misère de ces temps désastreux, où les survivants étaient peut-être plus à plaindre que les victimes. La pétition suivante de Mme de Buffon à la Convention nationale est d'un intérêt historique :

AUX REPRÉSENTANTS DU PEUPLE, MEMBRES DU COMITÉ DES FINANCES.

« La citoyenne Élisabeth-Georgette Daubenton, veuve de Georges-Louis-Marie Leclerc-Buffon, résidant à Paris, expose que son mari a péri le 22 messidor dernier, victime de la tyrannie qui désolait alors la république ; qu'elle fut elle-même arrêtée avec tous les réfugiés de Neuilly, et qu'elle gémissait dans les cachots au moment même où son mari perdait la vie. A l'époque du 9 thermidor l'exposante fut mise en liberté ; mais elle se trouva sans aucune ressource, parce que tous les biens de son mari avaient été séquestrés.

« Il résulte cependant de son contrat de mariage en date du 8 octobre 1793 (vieux style) qu'elle a apporté à son mari cent mille livres, et que, lui ayant survécu, elle est donataire universelle de ses biens, donation qui fut stipulée pour lui tenir lieu de douaire.

« La fortune du citoyen Leclerc-Buffon était considérable. Le seul mobilier de la maison de Montbard a été vendu au delà de deux cent mille livres ; mais le produit en a été versé dans la caisse du district. L'exposante manque de tout, et même elle ne pourvoit à ses premiers besoins qu'à l'aide d'amis généreux dont elle craint d'abuser et qui ne sont pas en état de continuer longtemps leurs secours.

« En conséquence, l'exposante implore la justice de la Convention et celle du comité pour que ses droits résultant de son contrat de mariage aient leur effet, et demande un secours provisoire de la somme de trente mille livres, tant pour pourvoir à ses plus pressants besoins que pour acquitter les dettes qu'elle a été obligée de contracter pendant et depuis son arrestation.

« A Paris, le cinq ventôse, l'an troisième de la république une et indivisible.

« E. G. DAUBENTON, veuve LECLERC-BUFFON. »

A sa sortie de prison, Mme de Buffon avait trouvé un asile auprès de sa tante Marguerite Daubenton, qui habitait le Jardin des Plantes. Protégée par un nom devenu populaire, elle cessa d'être inquiétée. Lorsque des jours plus calmes eurent enfin succédé à la tempête, la comtesse de Buffon, dépossédée de la fortune de son mari, fut le premier exemple d'une restitution de biens confisqués au profit de l'État. Cependant, malgré ses réclamations successives, elle ne put jamais rentrer dans les avances considérables faites par son beau-père pour l'embellissement du Jardin du Roi. Sans cesse troublée dans sa tranquillité et dans son repos par les difficultés que lui suscitait l'administration d'une fortune importante, mais bien gravement compromise par les événements politiques, elle se retira de bonne heure dans sa terre de Montbard, où elle ne songea qu'à répandre des bienfaits autour d'elle.

Note 3, p. 2. — M. de Carnégie, ou plutôt le chevalier Carneghi, était venu passer quelques mois à Semur, près de Gueneau de Montbeillard, qui annonçait ainsi cette visite à sa femme : « Le chevalier Carneghi doit partir vendredi et arriver dimanche à Semur, peut-être samedi soir; il a un valet de chambre et un laquais : il faut tâcher de faire coucher son monde à portée de lui, par exemple le valet de chambre, qui me paraît un homme propre, dans le second lit de la chambre, et le laquais dans le cabinet de toilette, à côté. Tu lui donneras (à M. de Carneghi), la clef du cabinet d'Histoire naturelle, qui sera le sien. Il faudra peut-être faire rebattre sur-le-champ les matelas. Tu lui porteras les livres qu'il demandera, tu lui feras boire pour ordinaire le vin de Santenai ; tu lui feras boire pour extraordinaire, aussi souvent qu'il voudra, l'ancien vin de Beaune que j'ai fait renouveler par *la Bureau*, et qu'il faudra encore renouveler; un peu de notre meilleur vin de Genai, s'il en a besoin ; et pour extraordinaire plus distingué, le vin de Beaune qui file, mêlé par moitié avec le nouveau vin de Beaune qui est encore trop neuf. *La Bureau* sait tout cela ; il faut aussi qu'elle mêle le vin blanc de Meursault qui file avec environ un gobelet de vin blanc nouveau de Chevigny, en transvidant le vin de Meursault et laissant ce qui est épais, afin que le mélange soit bien clair. On n'aura guère de temps pour faire tout cela; mais il faut toujours commencer, et quand on sera au courant il n'y aura qu'à suivre. Peut-être arriverai-je avec M. Carneghi pour l'établir. »

(La lettre dont est extrait ce passage est conservée dans les manuscrits de la Bibliothèque de Semur.)

Note 4, p. 2. — On lit dans les gazettes du temps : « Un rhume épidémique qui a commencé à Londres et y cause actuellement de l'inquiétude, au point qu'on voit arriver beaucoup d'Anglais pour se soustraire à ce fléau, a sauté dans nos provinces méridionales, accablé presque tous les habitants de Toulon et de Marseille, et s'est étendu à Paris, où il règne actuellement d'une façon assez bénigne, sauf aux Invalides, où il devient catarrheux et fait périr dix ou douze de ces pauvres vieillards par jour. On l'a d'abord nommé la *grippe*, de l'ancien nom d'une pareille épidémie, il y a huit ans. On l'a ensuite nommé la *puce*, et c'est aujourd'hui la *follette*. »

Note 5, p. 2. — La marquise de Florian était nièce de Voltaire ; son mari était l'oncle de Jean-Pierre de Florian, qui devint membre de l'Académie française.

Mme de Florian, qui habitait Semur et allait souvent à Ferney rendre visite à Voltaire, négocia, on le sait, son rapprochement avec Buffon. Gueneau de Montbeillard, dans une lettre écrite de Dijon à la date du 1er novembre 1775, parle de Mme de Florian et de son mari en ces termes : « J'ai dîné ce matin chez M. l'Intendant, dont je ne suis sorti qu'à six heures, et je vais y retourner pour souper avec M. et Mme de Florian qu'on attend ce soir ; à leur départ je les vis sortir de Dijon, je les y vois rentrer à leur retour, sans aller à Ferney; on ne peut les moins perdre de vue.... M. et Mme de Florian sont arrivés, je les trouvai hier à mon retour à l'intendance, accompagnés de Mlle Joly. Vous les aurez demain au soir. Ils se portent très-bien, un peu fatigués de leur route; mais ils vont se reposer aujourd'hui. Je les ai quittés à minuit, et j'ai rendez-vous avec M. de Florian ce matin à neuf heures. Comme je connais mieux la ville qu'eux, si je puis leur être utile, j'en serai charmé. »

(La lettre dont est extrait ce passage est conservée dans les manuscrits de la Bibliothèque de Semur.)

## CLXXI

Note 1, p. 3. — Abel-François Poisson de Marigny, né en 1727, mort le 10 mai 1781, fut pourvu fort jeune, ainsi qu'on l'a déjà dit (Voy. la note 2 de la lettre XXIX et la note 1 de la lettre XXXV, t. I, p. 251 et 267), de la charge d'ordonnateur général des bâtiments du Roi, et présida durant trente années, en cette qualité, aux beaux-arts. Il fut cordon bleu en 1755 ; ce qui fit dire que *c'était un bien petit poisson pour être mis au bleu.* Buffon, ayant occasion de citer son nom dans l'Histoire naturelle, dit « que son goût s'étend également aux objets des beaux-arts et à ceux de la belle nature. » A la mort de la marquise de Pompadour, sa sœur, il hérita d'elle de la terre de Ménars et en prit le nom; son cabinet renfermait un grand nombre d'objets d'art et de morceaux précieux.

## CLXXII

Note 1, p. 3. — Frédéric-Henri-Richard de Ruffey, l'aîné des fils du Président, né à Dijon le 29 mai 1750, y mourut sur l'échafaud révolutionnaire le 10 avril 1794. Le 25 juillet 1768, il entra au Parlement, et vint y occuper la charge de conseiller, dont Jean-Baptiste-Claude Suremain de Flamarans s'était démis en sa faveur. Le 4 mars 1776, il devint président à mortier dans la même compagnie, à la place de Marc-Antoine-Bernard-Claude Chartraire de Bourbonne, qui, fatigué de ses fonctions et attristé par le spectacle des dernières luttes du Parlement, avait traité de sa charge à vil prix. Henri de Ruffey était entré fort jeune au Parlement et avait eu besoin d'obtenir, en même temps que ses lettres de provision, des dispenses d'âge. Il fut pareillement revêtu de la dignité de président, sous la condition expresse qu'il ne remplirait cette charge qu'après avoir exercé pendant dix ans celle de conseiller, dont il était alors pourvu. A la Révolution, durant la Terreur même, il ne voulut pas quitter une ville où il avait toujours fait le bien et où se conservait le souvenir de la bienfaisance de son père. Il fut victime de sa confiance; il n'avait point voulu abandonner la France, et il fut dénoncé comme émigré. Son procès fut court, et il paya de sa tête un crime (la loi d'alors était ainsi faite) qu'il n'avait pas commis.

Note 2, p. 3. — La marquise de Thiard est la femme de Claude de Thiard, plus connu sous le nom de comte de Bissy, qui fut lieutenant général, gouverneur du Languedoc, puis gouverneur du palais des Tuileries et en même temps de la ville et du château d'Auxonne, et membre de l'Académie française. (Voy. la note 6 de la lettre xxxv, t. I, p. 269.)

## CLXXIII

Note 1, p. 4. — Cette lettre est une réponse de Buffon à la lettre suivante, qui lui avait été adressée sous le nom de Mme L. B. D. V. et avec les initiales mystérieuses que voici : T. E. S. A. V. L. M. O. R.

« Le 10 mars 1776.

« Ayez pitié de mon ignorance, monsieur le comte; vous allez rire de mes observations; mais enfin, elles me laissent des doutes que je ne puis résoudre. Ils me tourmentent, et je ne puis être éclairée d'une manière qui me satisfasse, que par vous-même. On ne peut vous honorer, vous respecter, vous aimer, plus que je ne le fais; et cela est bien juste, car personne ne m'a fait autant de plaisir, et il n'existe personne à qui je doive autant de reconnaissance. Je vous dois, monsieur le comte, le désir que j'ai acquis de m'instruire; il est né de votre immortel ouvrage. La puissance de votre génie, qui m'élevait au-dessus de moi-même, qui m'entraînait dans une carrière si peu faite pour moi, m'a donné le courage et la force de la parcourir. J'oserai peut-être vous demander dans peu la permission de vous offrir les premiers essais de mes travaux; mais j'ose bien plus aujourd'hui : j'ose vous proposer, monsieur le comte, non pas des objections, mais quelques difficultés qui m'arrêtent. Ayez compassion de moi, venez au secours de ma faiblesse, soutenez votre ouvrage; fille de l'aigle, je ne me crois pas un aiglon; mais daignez me soulever un instant sur vos ailes, pour fixer le père de la lumière. Je vous ai vu planant au-dessus de lui, pénétrant sa nature; mais je vous ai perdu de vue. Vous allez lire ce qui m'arrête : j'invoque votre complaisance et votre bonté. A peine ai-je eu la force d'énoncer mes doutes; ma timidité ne m'a pas permis de les développer; je me suis dit : « Le maître « m'entendra, et, s'il daigne m'instruire, il résoudra les difficultés que « je ne puis encore pressentir. » J'ai l'honneur d'être, avec la plus vive reconnaissance et l'estime la plus respectueuse, monsieur le comte.... Permettez-moi de garder l'incognito; tout m'en prescrit la loi. » (Ce morceau a été publié par Sonnini dans son édition des *OEuvres* de Buffon.)

L'auteur de cette lettre qui, tout permet de le penser, est une femme, entre ensuite dans de longs développements au sujet des objections qu'il a cru devoir soumettre à Buffon. La partie de l'Histoire naturelle qui y donne lieu, est l'Introduction à l'*Histoire des minéraux*, dans laquelle Buffon recherche les causes du refroidissement de la terre et des planètes. Une seconde lettre lui fut adressée; mais cette fois il garda le silence, répugnant à engager une discussion scientifique avec un adversaire qui ne croyait pas devoir se faire connaître. Ces deux lettres parurent au mois de janvier 1777 dans le Journal de physique de l'abbé Rozier : « J'ai eu recours à mon maître, disait leur auteur anonyme; je n'ai osé lui proposer que quelques-unes des difficultés qui m'arrêtaient; il a daigné me répondre, mais sa réponse n'a pas suffi pour m'instruire; j'ai récrit : ce commerce ne l'a pas assez intéressé pour qu'il s'y soit prêté.... »

## CLXXIV

Note 1, p. 5. — Gaspard-Pontus de Thiard-Bragny, né au château de Juilly, en Bourgogne, le 26 mars 1723, mort à Semur-en-Auxois, le 28 avril 1786, cultiva les lettres avec succès. Les Recueils de l'Académie de Dijon, qui le comptait au nombre de ses associés ordinaires, renferment plusieurs mémoires lus par lui, morceaux où la science s'allie à un style sobre et concis et en parfaite harmonie avec le sujet. Appelé à faire partie des états généraux de sa province, il fut nommé aux importantes fonctions d'alcade de la noblesse pour la triennalité de 1769 à 1772, commissaire pour l'examen des preuves des gentilshommes qui voulaient entrer aux États. Il fut choisi pour orateur de la chambre de son ordre pendant trois sessions consécutives, en 1775, en 1778 et en 1781. Il a laissé plusieurs manuscrits, et dans le nombre une Histoire de la ville de Semur. Le 19 octobre 1785 il écrit à M. Joly de Saint-Florent, conseiller-maître des comptes à Dijon : « Vous avez su la mort de M. Thomas, homme d'esprit, très-éloquent, connu par divers ouvrages en prose et en vers.... Son fauteuil à l'Académie est envié, sollicité par bien des prétendants.... On avait jugé à propos, dans le public, de tuer trois autres des Quarante, M. de Buffon, M. de Boismont, M. Watelet. Le premier a été effectivement assez mal d'une de ses coliques de gravelle. On craint, à la forme des petites pierres qu'il a rendues, qu'il ne s'en forme une réelle. Il a déclaré qu'en ce cas il ne se soumettrait pas à l'opération. Il est mieux à présent. Je ne sais où l'on avait été chercher qu'il avait été frappé d'apoplexie. Détrompez-en Mailly, qui avait mis cette apoplexie dans son gazetier. Les deux autres membres de l'Académie ne sont pas morts non plus. » Le marquis de Thiard était fort lié avec Gueneau de Montbeillard et venait souvent visiter Buffon, qui aimait son esprit et eut plus d'une fois recours à la riche bibliothèque qu'il avait pris soin de former. Il mourut sans avoir été marié, laissant pour unique héritière sa sœur aînée, Anne-Jacqueline de Thiard.

Née en 1712, elle épousa en 1731 Charles-François de la Magdelaine-Bragny. On trouve dans les œuvres de Cocquard, avocat au parlement de Dijon, plus adonné au culte des Muses qu'aux arides travaux du barreau, un épithalame sur cette union :

> Partez, allez trouver cette aimable mortelle;
> Elle est digne de vous, vous êtes digne d'elle.
> C'est la jeune Bragny, qui paraît ignorer
> Tous les attraits divers qui la font adorer.

Je ne vous vante point son rang ni sa noblesse :
Ce mérite étranger charme peu la sagesse.
Mais pour être assuré des vertus de Bragny,
Apprenez qu'elle sort du sang de Marigny.

Note 2, p. 5. — L'abbé Félix Fontana naquit dans le Tyrol le 15 avril 1730, et mourut à Florence le 9 mars 1805. Son dernier ouvrage a pour titre : *Principes raisonnés sur la génération*. Il se proposait de publier, avec le concours de Spallanzani, un *Traité sur la résurrection des animaux*, à l'occasion d'un phénomène qu'il avait observé dans les anguilles microscopiques que produit le seigle ergoté. Il crut avoir fait le premier cette découverte, et écrivit à Buffon pour la lui signaler.

Note 3, p. 5. — Dans ses Suppléments à l'Histoire naturelle, Buffon, revenant à son système favori pour expliquer les mystères de la génération par des molécules animées préexistantes et répandues dans toute la nature, dit que ses recherches et ses expériences « prouvent que la corruption, la décomposition des animaux et des végétaux, produisent une infinité de corps organisés vivants et végétants; qu'il y en a d'autres, comme ceux du blé ergoté, qu'on peut faire vivre et mourir aussi souvent que l'on veut; que l'ergot ou le blé ergoté, qui est produit par une espèce d'altération ou de décomposition de la substance organique du grain, est composé d'une infinité de filets ou de corps organisés, semblables pour la figure à des anguilles.... Voilà ce que j'ai dit au sujet de la décomposition du blé ergoté, continue-t-il plus loin. Cela me paraît assez précis, et même tout à fait assez détaillé; cependant je viens de recevoir une lettre de M. l'abbé Luc Magnanima, datée de Livourne, le 30 mai 1775, par laquelle il m'annonce, comme une grande et nouvelle découverte de M. l'abbé Fontana, ce que l'on vient de lire, et que j'ai publié il y a plus de trente ans..... Il faut que MM. les abbés Magnanima et Fontana n'aient pas lu ce que j'ai écrit à ce sujet, ou qu'ils ne se soient pas souvenus de ce petit fait, puisqu'ils donnent cette découverte comme nouvelle : j'ai donc tout droit de la revendiquer, et je vais y ajouter quelques réflexions. »

Voltaire, trop souvent porté à critiquer Buffon, ou plutôt à plaisanter sur toutes choses, dit dans une Épître au Roi de Danemark :

Non, grand Dieu! dans ce monde où ta sagesse brille,
Jamais du blé pourri ne fit naître une anguille.
Thémis dut mépriser ce système nouveau :
C'est au savant d'instruire, et non pas au bourreau.

## CLXXVI

Note 1, p. 7. — Le livre dont il est ici question a pour titre : « *Manuel du Naturaliste*, ouvrage utile aux voyageurs, et à ceux qui visitent les cabinets d'Histoire naturelle et de curiosités, en forme de dictionnaire, pour servir de suite à l'Histoire naturelle, par M. de Buffon, de l'Académie française, etc., etc., et Intendant du Jardin du Roi. » (Paris, de l'Imprimerie royale, 2 vol. in-12, 1771). En tête du premier volume se trouve un *Avertissement* commençant ainsi : « Deux amis, liés par le goût des connaissances autant que par la sympathie du caractère, ont conçu le projet de partager avec leurs concitoyens les plaisirs que leur procure l'étude de l'histoire naturelle. Sous ce point de vue, ils ont cru ne pouvoir mieux réussir, que de réunir dans deux petits volumes portatifs ce que l'histoire naturelle offre de plus piquant et de plus intéressant. »

## CLXXVII

Note 1, p. 7. — Je trouve dans les papiers de Buffon au sujet de cette affaire une lettre de M. Morel de Villiers, où on lit les passages suivants :

« M. de Montigny a vu une partie des marchands de bois avec lesquels vous êtes en difficulté au sujet de leur flot que vous avez arrêté au-dessus de votre forge. Ils lui ont beaucoup parlé de cette affaire, et se croient autorisés à vous demander de gros dommages-intérêts à cette occasion.... Il a été aussi beaucoup question entre eux de la juste demande que vous êtes dans l'intention de faire au Conseil, de l'indemnité qu'ils vous doivent pour la suspension du travail de vos forges pendant le temps que leur bois y passe. Ils prétendent n'en pas devoir pour deux raisons : la première est fondée sur ce que l'ordonnance ne parle pas de dédommagement dû aux forges, et que par conséquent le Roi n'a pas entendu leur en accorder ; la seconde, qu'ils jugent encore plus victorieuse, est la gêne et la dépendance que ce dédommagement, s'il avait lieu, mettrait sur le commerce des bois de moule destinés pour Paris, qui empêcherait les marchands de bois de Paris d'approvisionner la métropole ; motifs qu'ils comptent bien qui seront appuyés par la ville et le Prévôt des marchands, et auxquels le Conseil ne peut pas, selon eux, s'empêcher d'accéder sans exposer l'approvisionnement de Paris. »

Note 2, p. 8. — M. de La Tour était membre du grand Conseil, et homme d'une grande expérience dans les questions de cette nature.

## CLXXVIII

Note 1, p. 9. — Au mois de mai 1776, Bernard de Clugny fut nommé contrôleur général à la place de Turgot. Il quittait l'intendance de Bordeaux, où il avait laissé les meilleurs souvenirs. Dès son entrée en fonctions, le nouveau contrôleur général sut, par quelques sages mesures, se concilier les esprits; il mourut avant d'avoir pu réaliser ses plans. On lui doit deux institutions, dont la première surtout a soulevé de justes critiques. Il établit la loterie royale et la caisse d'escompte, dont la ruine donna lieu à la mode de certains chapeaux sans fond qui se nommèrent *à la caisse d'escompte*. Voltaire, partisan des économistes, grand admirateur de Turgot qui avait donné quelques articles à l'*Encyclopédie*, avait coutume de dire : « Si M. Turgot quitte le ministère, je me fais moine. » Le jour où la nomination de M. de Clugny fut connue, on lui rappela son serment. « Volontiers, dit Voltaire, je me fais moine de Clugny. »

Note 2, p. 9. — Antoine-Jean Amelot de Chaillou fut appelé au ministère en même temps que Bernard de Clugny. L'un succédait à Turgot; l'autre prit la place de Malesherbes au département de Paris. M. Amelot apporta une attention minutieuse dans les différents services de son département. On doit lui savoir gré d'avoir été le premier à encourager Parmentier dans ses essais pour l'acclimatation et la panification de la pomme de terre, à laquelle on a si maladroitement enlevé son nom primitif de *Parmentière*. Il présenta au Roi le nouveau légume apporté par Parmentier, contre lequel étaient déchaînés les chimistes et les savants, qui prétendaient que la plante dont on cherchait à répandre l'usage était dangereuse et contraire à l'hygiène publique. Un soir enfin, Louis XVI parut au bal de la reine, donnant le bras à M. Amelot, et une fleur de pomme de terre à la boutonnière; le procès de Parmentier fut gagné, et le ministre de Paris lui abandonna la plaine des Sablons pour faire ses expériences.

M. Amelot apporta dans l'administration de l'Opéra d'utiles réformes et de sérieuses économies. En 1783, il remit son portefeuille au baron de Breteuil. Voyant sa santé gravement atteinte, il avait demandé au Roi un successeur. Retiré dans ses terres, il fut arrêté en 1794 et enfermé dans la prison du Luxembourg, où il mourut à un âge avancé.

## CLXXIX

Note 1, p. 10. — M. de Maurepas avait eu la plus grande part à la disgrâce de Turgot. Le vieux ministre, qui avait toute la confiance du Roi, voulait que les autres membres du Conseil fussent soumis à sa volonté ; Turgot essaya de résister, et fut renvoyé. Pour éviter à à l'avenir toute opposition de la part du contrôleur général, dont la charge était devenue une des premières de l'État par suite de l'importance qu'avait récemment acquise ce département, le comte de Maurepas se fit nommer chef et président du Conseil des finances.

## CLXXX

Note 1, page 11. — Buffon avait déjà pu réaliser en partie ses bonnes intentions pour M. Melin ; il l'avait fait entrer dans les bureaux du contrôleur général, et M. de Vaines, premier commis, avait, sur sa recommandation, mis M. Melin à la tête d'une partie importante de son administration.

## CLXXXII

Note 1, p. 13. — Le 5 août 1773, jour de l'inauguration de la salle de ses séances publiques, Buffon présida l'Académie de Dijon. En 1776, il envoya à l'Académie son buste en terre cuite par Pajou, avec les creusets nécessaires pour en tirer de nouvelles épreuves, et le 18 août de la même année on inaugura solennellement le buste de Buffon, placé dans la salle des séances de l'Académie. M. Baillot, l'un de ses membres, lut, à cette occasion, les vers suivants :

> Dans les airs, d'une aile rapide
> L'aigle échappe à nos faibles yeux ;
> Ainsi, son génie intrépide
> S'élance par delà les cieux :
> Là, justifiant son audace,
> Des mondes semés dans l'espace
> Majestueux observateur,
> Il plane.... et sa main ferme et sûre
> Dessine à grands traits la nature
> Sous les regards du Créateur.

Lorsque l'Académie de Dijon fut supprimée, ainsi que toutes les sociétés littéraires, en vertu du décret du 8 août 1793, le buste de Buffon fut, comme tous ceux des grands hommes de la province qui décoraient la salle des séances, transporté dans la bibliothèque de la ville. Les creusets ont disparu.

Ces solennités étaient dans le goût du temps. On lit dans les Mémoires de Bachaumont, à la date du 7 novembre 1784 : « En attendant le 1er janvier, le charlatan Pilâtre a ouvert son Musée dans les nouveaux bâtiments du Palais-Royal avec beaucoup d'appareil, et entre autres choses, avec une illumination en feux de couleur. Deux illustres personnages ont bien voulu se prêter au spectacle, et l'on a vu dans l'assemblée M. de Suffren couronner le buste de M. de Buffon. Mme Saint-Huberty devait chanter une espèce d'hymne d'inauguration en l'honneur de l'historien de la nature; mais les dames n'ayant pas voulu admettre cette actrice dans leur cercle, elle s'est piquée et n'a pas chanté. C'est un musicien de Notre-Dame qui l'a remplacée avec beaucoup de goût. Quant au poëme, il était médiocre. »

## CLXXXIV

Note 1, p. 14. — Le comte de Maurepas, effrayé du désordre et de la pénurie du Trésor, dans un moment où l'intervention de la France en faveur de l'indépendance américaine venait d'être résolue, fit entrer en 1776 M. Necker dans l'administration des finances. Il fut d'abord directeur du Trésor et conseiller adjoint au contrôleur général Taboureau, qui avait succédé à M. de Clugny. En 1777, il remplaça le contrôleur général sous le titre nouveau de directeur général des finances.

Note 2, p. 14. — Jean-Étienne Bernard de Clugny mourut le 28 octobre 1776, six mois à peine après avoir pris possession de la charge de contrôleur général des finances. Il fut regretté, et les quelques mesures financières prises par lui durant sa trop courte administration furent généralement approuvées. Pendant la maladie qui précéda sa mort, Bernard de Clugny, qui avait apporté au contrôle général un ensemble de plans sur la réalisation desquels il comptait pour diminuer la dette publique en consolidant le crédit, s'écriait, dans son délire, qu'il voulait vivre jusqu'au jour où il aurait accompli la tâche qu'il s'était imposée. Cet amour pour le bien public donna lieu à une épitaphe ainsi conçue :

> Ci-gît un contrôleur digne qu'on le pleurât,
> Aimant beaucoup la France et point du tout la vie,
> Consentant de bon cœur qu'elle lui fût ravie,
> Lorsqu'il aurait éteint les dettes de l'État.

(Voy. sur le même personnage la note 1 de la lettre CLXXVIII, p. 258.)

## CLXXXV

Note 1, p. 15. — Buffon, qui s'occupait alors de la rédaction des notes jointes aux *Époques de la Nature*, et destinées à leur servir de preuves, rassemblait les faits historiques témoignant de l'existence des géants. Il avait prié Gueneau de Montbeillard de l'aider dans ses recherches. Ce dernier lui envoya un jour l'os d'une mâchoire monstrueuse, qu'il pensait avoir appartenu à la race humaine. Buffon n'eut pas de peine à se convaincre que son ami s'était trompé; il lui renvoya l'os qui avait causé son erreur, et lui écrivit une lettre dans laquelle se trouve le passage que nous avons reproduit.

Note 2, p. 15. — Les erreurs de ce genre étaient communes, elles étaient excusables aussi; un grand nombre de cabinets d'histoire naturelle conservaient alors avec un soin tout particulier des os gigantesques attribués à quelque géant fameux. Le garde-meuble de la Couronne possédait une de ces curiosités, sur l'authenticité de laquelle aucun doute n'était permis; Daubenton faillit se repentir d'avoir démontré que cet os précieux n'était qu'un *radius* de girafe.

Il est ici une remarque utile à faire, et qui porte sur le caractère de Buffon. Les descriptions que renferme l'Histoire naturelle furent faites, pour la plupart, d'après les récits des voyageurs. Buffon ne put s'assurer de l'exactitude que d'un très-petit nombre de ces descriptions, et cependant, dans son livre, les inexactitudes sont rares; jamais on ne le voit adopter quelqu'une de ces grossières erreurs si nombreuses dans les ouvrages qui lui servaient de guide.

C'est que Buffon, malgré son penchant à la confiance, qui avait sa source dans son amour pour la vérité, malgré une imagination ardente et facile à séduire, portait sur toute chose un esprit d'examen et une attention minutieuse qui empêchaient sa raison de s'égarer. Souvent même on le vit se révolter contre des préjugés que sa grande autorité était seule capable d'attaquer et de détruire; il combattait par le raisonnement des superstitions populaires dont on lui avait signalé le danger. En 1765, les journaux du temps retentirent soudain des funestes exploits de la *bête du Gévaudan* L'effroi se répandit dans les campagnes, et dans l'une des nombreuses enquêtes qu'avait ordonnées la vigilance des magistrats, un paysan déposa, sous la foi du serment, qu'un soir qu'il revenait du bois, la bête avait passé près de lui en faisant un saut qui tenait du prodige; en même temps elle lui avait dit à l'oreille : « Convenez que, pour un vieillard de quatre-vingt-dix ans, ce n'est point mal sauter. » Cette fable ridicule fut répétée par les journaux, et les esprits ne se calmèrent que lorsque Buffon eut assuré que les dégâts trop réels qui avaient été commis étaient dus à une troupe de loups-cerviers qui disparaîtraient au printemps. Mieux informé dans la suite, il prouva que l'animal qui avait causé une si grande frayeur et donné lieu à des fables aussi singulières, était une hyène d'Afrique, échappée d'une ménagerie de Montpellier. Une chanson de Mme Deshoulières a rendu célèbre la bête du Gévaudan :

> Elle a tant mangé de monde,
> La bête du Gévaudan !

## CLXXXVI

Note 1, p. 15. — Mme Allut habitait Châtillon-sur-Seine avec son mari ; elle était de la société intime de Buffon. Antoine Allut, son beau-frère, né en 1743, fut député du Gard à l'Assemblée nationale. Il mourut sur l'échafaud révolutionnaire le 25 juin 1794.

Note 2, p. 15. — M. Dupleix de Bacquencourt, intendant de la province de Bourgogne de 1774 à 1780.

Note 3, p. 15. — Voy. la note 1 de la lettre cxxxiv, t. I, p. 430.

Note 4, p. 16. — Parmi les nombreuses qualités qui distinguaient Gueneau de Montbeillard, il ne faut pas compter l'exactitude. Mme de Montbeillard, dans la notice qu'elle a consacrée à son mari, fait observer avec beaucoup de finesse que le premier besoin de son esprit étant l'indépendance, il se soumettait difficilement à fournir un travail obligatoire et parcourait à regret une ligne tracée à l'avance. Son amitié pour Buffon, auquel il savait rendre service, le détermina à donner de temps à autre un certain nombre d'articles destinés à figurer dans l'histoire naturelle des oiseaux. Bientôt cependant il se fatigua de ce genre de travail, et cessa de s'en occuper. En 1772 et en 1773, on le trouve à Paris travaillant avec ardeur à l'Histoire des oiseaux. Il écrit à Mme de Montbeillard le 22 janvier 1773 : « Je travaillai hier six heures d'horloge aux oiseaux, et tous les jours j'en ferai autant jusqu'à mon départ. » Ailleurs encore, lui rendant compte de l'emploi de son temps, il lui dit : « C'est la poste qui a tort, mon cher *Mouton*, ou mon laquais, ou quelque autre, mais ce n'est pas moi : car toutes mes lettres sont toujours faites, cachetées et mises à la poste avant dix heures ; pendant ce temps *Fin-Fin*, qui a fait la veille ses petites dépêches, va prendre sa leçon de violon ; il revient à dix heures, nous déjeunons ensemble, et je vais à un rendez-vous que j'ai avec les oiseaux jusqu'à une heure et demie. Je reviens dîner ; après dîner nous faisons quelques visites, nous allons au spectacle lorsque nous devons y aller, nous rentrons toujours avant neuf heures du soir, nous commençons nos dépêches, soupons, causons et nous couchons pour recommencer le lendemain à sept heures du matin. Je t'écris aujourd'hui mercredi matin à la lumière d'une chandelle. Il n'y a pas beaucoup de latin dans tout cela, comme tu vois, mais on ne peut pas tout faire. »

Note 5, p. 16. — Philibert-Charles-Marie Varenne de Fenille, second fils de Jacques Varenne, succéda en 1757 à son père dans une charge de receveur des inscriptions de Bresse et Bugey, que Jacques Varenne tenait lui-même de son père et qu'il n'exerça pas. Cette charge mettait Varenne de Fenille en fréquents rapports avec l'intendant de la Province. Tout en remplissant cet emploi de finance, il s'adonna à des études agricoles et fit faire à cette science d'immenses progrès. Il s'occupa en même temps de sylviculture, et continua, en les complétant, les travaux de Duhamel et de Buffon. Son traité *sur l'administration forestière et l'aménagement des forêts et taillis*, est devenu un ouvrage classique. Il mourut en 1794 sur l'échafaud révolutionnaire.

## CLXXXVII

Note 1, p. 17. — Lazare Spallanzani, né le 22 janvier 1729, mort le 5 février 1799, publia des travaux importants sur l'histoire naturelle. Il est surtout connu par son système sur la génération et par les nombreuses expériences auxquelles il se livra pour le démontrer. En 1796, Saliceti, alors commissaire de la Convention près de l'armée d'Italie, lui offrit au nom de la République française la chaire d'histoire naturelle au Jardin des Plantes, qu'il refusa.

Note 2, p. 17. — Albert de Haller, né au mois d'octobre 1708, mort le 19 décembre 1777, fit d'importantes recherches sur la génération et en publia les résultats. La doctrine de Haller, contraire au système soutenu par Buffon, repose sur la préexistence des germes, et s'appuie des observations faites sur le poulet et sur les fœtus des quadrupèdes.

Note 3, p. 17. — Charles Bonnet, né à Genève le 3 mars 1720, y mourut le 20 mai 1793. Il fit des recherches et des expériences sur la génération, et publia en 1762 et en 1768 ses *Considérations sur les corps organisés* (2 vol. in-8). Bonnet, qui défend dans son livre la pré-existence des germes, soutient son opinion à l'aide d'expériences nou-velles et combat le système de Buffon sur les *moules intérieurs* et les molécules organiques. Lorsque parurent les *Considérations sur les corps organisés*, le président de Brosses, que des rapports d'amitié et d'é-tudes unissaient à Bonnet, lui écrivit une lettre dans laquelle se trouve ce passage : « J'attends votre traité et vos expériences avec autant d'impatience que de curiosité. Je serais bien fâché qu'elles vous mis-sent en dispute avec M. de Buffon. C'est mon intime ami. C'est sans prévention que je le regarde comme le plus beau génie, l'esprit le plus sublime, le plus net, le plus métaphysique, qui voit et saisit le mieux les choses dans le grand et dans l'ensemble, et qui excelle à généraliser les idées, comme l'écrivain le plus éloquent et le plus clair qu'il y ait aujourd'hui en France; mais je voudrais (et je le lui ai dit) qu'il se livrât moins à sa riche imagination et qu'il fût moins ambi-tieux d'être chef de secte. » Charles Bonnet, parlant des différends scientifiques qu'il eut avec Buffon, s'exprime ainsi : « M. de Buffon disait un jour à feu M. Philibert Cramer, qui me l'avait rapporté, qu'il présumait que j'avais été excité à le critiquer parce qu'il avait attribué à Leuwenhoëck la découverte de la génération des puce-rons, que je croyais m'appartenir. Le meilleur de la chose est que, lorsque je relevais M. de Buffon dans les *Considérations sur les corps organisés*, j'ignorais entièrement qu'il eût fait ce cadeau à l'observa-teur hollandais, et à l'heure que je vous écris, j'ignore encore dans quel endroit de son Histoire naturelle se trouve cet article singulier sur les pucerons. Il est au moins bien certain que Leuwenhoëck ne s'était point assuré par des expériences que ces petits insectes multi-pliaient sans accouplement; il n'avait eu là-dessus que de simples conjectures, comme l'a remarqué M. de Réaumur dans ses *Mémoires sur les insectes*. M. de Buffon s'était donc trompé sur ce sujet, et il ne se trompait pas moins assurément sur le motif secret qu'il prêtait à ma critique, et qui contrastait autant avec mon caractère qu'avec les sentiments qu'il m'avait lui-même témoignés. » (Ces deux lettres sont tirées d'un article sur Charles Bonnet, par André Sayous, *Revue des Deux-Mondes*, année 1855.)

Charles Bonnet était membre correspondant de l'Académie des scien-ces. Malgré des titres incontestables, il frappa longtemps aux portes de l'Académie, et on accusa fort à tort Buffon d'avoir cherché à lui nuire dans l'esprit de ses confrères. Loin de témoigner du mauvais vouloir pour un homme qui l'avait si vivement attaqué, Buffon donna sa voix à Charles Bonnet en 1783, lors de son élection à l'Académie. On lit dans les Mémoires de Bachaumont, au sujet de cette élection : « Depuis longtemps le savant Bonnet de Genève était sur les rangs pour entrer à l'Académie des sciences. Dès qu'il y avait une place vacante parmi les associés étrangers, il était proposé et rejeté. La cabale prépondérante du comte de Buffon, contre lequel il a écrit, lui donnait l'exclusion. M. Bonnet était si dégoûté de se voir ainsi ballotté, qu'il avait pris le parti d'écrire à ses amis de ne plus faire mention de lui. Cependant, à la mort du docteur Pringle, ils ont fait un nouvel effort, et enfin l'ont emporté. Il a été élu à la pluralité, et le Roi vient de confirmer sa nomination. »

Note 4, p. 18. — Jean-Baptiste Fortis, né en 1740, mort le 21 octobre 1803, entra de bonne heure dans les ordres et se distingua par des recherches et des publications variées, notamment sur l'histoire naturelle.

## CLXXXVIII

Note 1, p. 20. — L'ouvrage qui provoqua cette lettre de Buffon ne fut pas publié. Il avait pour titre : *Les phénomènes de la nature expliqués par le système des molécules organiques vivantes.* M. de Burbure a laissé sur le même sujet un autre manuscrit ayant pour titre : *Les transmutations de la matière, prouvées par la décomposition des corps organisés, ou suite du développement des phénomènes expliqués par le système des molécules organiques vivantes.*

## CLXXXIX

Note 1, p. 20. — Necker, qui a publié, après la mort de sa femme, cinq volumes extraits de ses *manuscrits*, nous a conservé quelques traits de sa pensée intime. Chaque fois qu'elle parle de Buffon et qu'elle porte sur son caractère ou sur ses écrits quelque court jugement, on est étonné de la justesse de son appréciation et de la vérité de ses aperçus. On voit que son cœur l'emporte, et sa grande affection pour l'auteur de l'Histoire naturelle lui fait rencontrer quelque rapprochement heureux ou quelque pensée neuve et délicate; parfois même elle semble traduire la pensée intime du grand écrivain, tant elle a su se pénétrer de sa nature et en comprendre tous les secrets.

Mme Necker écrivait beaucoup ; dès les premiers temps de son mariage, elle avait consulté son mari sur le dessein où elle était de publier quelques-unes de ses appréciations et de ses idées sur les hommes de son temps. Necker la détourna de cette pensée, en lui faisant comprendre d'une façon délicate, mais ferme, qu'il se croirait moins nécessaire au bonheur d'une femme dont l'amour-propre serait sans cesse exalté par des succès littéraires. Mme Necker se soumit, et jamais on ne la vit revenir sur un semblable sujet ; mais ce sacrifice lui coûta. Elle écrivit en secret bien des pages presque aussitôt déchirées. Necker nous a donné les traits saillants de celles qui se trouvèrent à sa mort parmi ses manuscrits. Le style apprêté qui dépare sa correspondance a peut-être pour cause cette contrainte qui lui fut imposée dès le jour où elle commença à écrire, et ses lettres, qui manquent presque toujours des charmes du style épistolaire, paraissent parfois des pages arrachées à un livre. Dans sa retraite de Coppet, elle écrivit un ouvrage qui parut en 1794, le lendemain de sa mort. Il a pour titre : *Des inhumations précipitées et du divorce.*

Buffon, s'élevant contre les inhumations précipitées, a dit dans son *Histoire de l'homme :* « Rien ne serait plus raisonnable et plus selon l'humanité, que de se presser moins qu'on ne fait d'abandonner, d'ensevelir et d'enterrer les corps ; pourquoi n'attendre que dix, vingt ou vingt-quatre heures, puisque ce temps ne suffit pas pour distinguer une mort vraie d'une mort apparente, et qu'on a des exemples de personnes qui sont sorties de leur tombeau au bout de deux ou trois jours? Pourquoi laisser avec indifférence précipiter les funérailles des personnes mêmes dont nous aurions assurément désiré de prolonger la vie? Pourquoi cet usage, au changement duquel tous les hommes sont également intéressés, subsiste-t-il? Ne suffit-il pas qu'il y ait eu quelquefois de l'abus par les enterrements précipités, pour nous engager à les différer ?... »

Mme Necker, dans son *Traité sur les inhumations précipitées,* se fait l'écho de la pensée de Buffon, et bien souvent, dans les pensées qui nous sont venues d'elles, on sent qu'elle est inspirée par ses souvenirs, et que l'esprit de Buffon, dont elle aimait en tout à connaître l'opinion et à consulter le goût, a conduit sa plume et dominé sa raison.

Jamais elle n'est aussi nette dans son style, jamais son expression n'est aussi juste que lorsqu'elle parle de lui. Elle avait beaucoup étudié son grand caractère et a réussi à en peindre les principaux traits. Dans ses *Mélanges,* parmi un grand nombre de pensées, se trouvent les suivantes :

.\*. M. de Buffon ne m'a jamais parlé des merveilles du monde sans me faire penser qu'il en était une.

.*. M. de Buffon dit que le soleil ne s'enflamme et ne conserve sa chaleur que par la multitude d'objets divers qui tournent sans cesse autour de lui. Notre âme, qui n'est qu'une petite étincelle, a besoin d'être continuellement agitée ; une conversation stérile et monotone anéantit bientôt toutes nos facultés.

.*. « Je ne garde jamais de montre, disait M. de Buffon. — Je le crois bien, lui répondis-je ; vous êtes comme les damnés du P. Bridaine ; quand vous demandez : *Quelle heure est-il ?* on vous répond : *L'éternité !* »

.*. On peut comparer les penseurs comme Diderot à Deucalion, qui jetait des pierres derrière sa tête pour en faire des hommes, et qui ne regardait pas quelle forme ils prenaient ; mais les écrivains comme M. de Buffon, qui veulent animer leur pensée et la rendre claire et facile à saisir, ressemblent au Prométhée de la fable qui dérobait le feu du ciel.

.*. M. de Buffon disait : « Les grands hommes, les gens d'un goût exquis. » Il se servait toujours du pluriel ; c'est qu'il se regardait dans un miroir à facettes.

Note 2, p. 21. — Le prince de Gonzague, de l'ancienne et illustre maison de ce nom, homme d'esprit et homme de lettres, aimait la France et faisait de fréquents voyages à Paris. Chaque fois il s'arrêtait à Ferney, et Voltaire l'appelait familièrement le *prince Zigzague.* « M. le prince de Gonzague, dit Grimm dans son journal, à la date du mois de novembre 1776, le chevalier de la dame Corilla, cette célèbre improvisatrice, qu'il a fait couronner à Rome en dépit de la cabale qui s'opposait à son triomphe, est ici depuis quelques jours. Ayant demandé à M. Marmontel, avec qui il soupait chez Mme Necker, un impromptu sur le bandeau de l'Amour, celui-ci fit sur-le-champ ces quatre vers :

> L'Amour est un enfant qui vit d'illusion ;
> La triste vérité détruit la passion :
> Il veut qu'on le séduise et non pas qu'on l'éclaire :
> Voilà de son bandeau la cause et le mystère. »

Note 3, p. 21. — François de Salignac de La Motte Fénelon, né le 6 août 1651, mourut le 7 janvier 1715. Rivarol a dit en parlant de l'auteur de *Télémaque :* « Quand la vertu est unie au talent, elle met un grand homme au-dessus de sa gloire. Le nom de Fénelon a je ne sais quoi de plus tendre et de plus vénérable que l'éclat de ses talents. »

Note 4, p. 21. — François Bacon, né le 22 janvier 1561, mourut le 9 avril 1626.

## CXC

Note 1, p. 22. — On lit dans les Mémoires de Bachaumont, à la date du 8 juin 1777 : « Outre la statue élevée à M. de Buffon au Jardin du Roi, par M. le comte d'Angeviller, l'Académie royale des beaux-arts de Toulouse a voulu avoir son portrait. Il a été dessiné d'après nature par M. Pujos, peintre en miniature, associé honoraire de cette compagnie, et gravé par M. Vangœlisty. M. l'abbé De Lille y a mis ces vers :

> La Nature pour lui prodiguant sa richesse,
> Dans son génie, ainsi que dans ses traits,
> A mis la force et la noblesse :
> En la peignant il paya ses bienfaits. »

Au bas d'un portrait gravé de Buffon, je lis encore ces vers, imprimés dans les *Lettres à Sophie sur la physique, la chimie et l'histoire naturelle*, par Louis-Aimé Martin.

> A l'étude sans cesse il consacra sa vie ;
> Toujours sublime et grand dans ses écrits divers,
> Il prit pour guide son génie,
> Et pour modèle l'univers.

## CXCI

Note 1, p. 23. — Frédéric-Henri-Richard de Ruffey, président au parlement de Bourgogne, depuis le 4 mars 1776, avait épousé, le 25 août de la même année, Marie-Charlotte Hocquart de Cuœilly, fille d'un trésorier général de l'artillerie. Sa femme lui survécut ; le supplice de son mari dont elle fut témoin, la secousse qu'elle en ressentit, lui firent perdre la raison. Pendant longtemps on la vit chaque jour, à une heure qui ne variait pas, aller l'attendre à la place où elle l'avait vu pour la dernière fois. La pauvre insensée attendait une heure ; puis s'éloignant triste et abattue, elle disait : « Il reviendra demain. » (Voir sur Frédéric-Richard de Ruffey la note 1 de la lettre LXXIV, t. I, p. 322, et la note 1 de la lettre CLXXII, t. II, p. 253.)

Note 2, p. 23. — On lit dans les Mémoires de Bachaumont :
« 29 mars 1777. — On commence à voir au Jardin du Roi une statue
de M. le comte de Buffon, dont l'anecdote est curieuse à conserver.
M. le comte d'Angeviller, lontemps avant d'être nommé à la dignité
qu'il occupe et de présider aux arts, juste admirateur du premier et
son ami, avait demandé au feu roi la permission d'ériger une statue à
ce grand homme. Sa Majesté voulut s'en réserver la gloire, et elle fut
sur-le-champ commandée à ses frais. Mais en même temps il fut convenu avec l'artiste de garder à cet égard le plus grand secret. Le mystère n'a point été trahi, et le monument a été placé au lieu de sa destination en l'absence de M. de Buffon. »

## CXCII

Note 1, p. 24. — L'ouvrage du président de Brosses dont parle Buffon est sa traduction de Salluste. (Voir la note 4 de la lettre xxviii, t. I,
p. 250, qui renferme quelques détails sur le *Salluste* du président de
Brosses.)

## CXCIII

Note 1, p. 25. — La pièce de vers dont parle Buffon fut inspirée
par la statue qu'on venait de lui élever au Jardin du Roi. On a précédemment vu la simplicité avec laquelle il parle de cette distinction si
grande et si bien faite pour flatter outre mesure son amour-propre.
Les vers du Président ne furent pas publiés. Ils sont conservés parmi
ses manuscrits, et M. le comte de Vesvrotte a bien voulu nous en laisser
prendre une copie.

> Dans le temple de la nature
> La France vient de t'élever
> Un monument où la sculpture
> A pris soin de nous conserver
> Et son hommage et ta figure.
> On n'acquérait pareil honneur
> Jadis qu'en passant l'onde noire ;
> Mais par un surcroît de ta gloire
> Tu vis.... tu règnes dans mon cœur.
> D'une amitié de treize lustres
> Il a le droit d'être flatté.
> Cher Buffon, tes destins illustres
> Sont pour toi l'avant-goût de l'immortalité.

## CXCIV

Note 1, p. 26. — Barthélemy de Faujas de Saint-Fond, né le 17 mai 1741, mort le 18 juillet 1819, dut beaucoup à Buffon, auquel il demeura toute sa vie attaché par les liens de la reconnaissance et de l'affection. Faujas n'était destiné ni par la nature, ni par sa famille, à la carrière scientifique, dans laquelle sa vocation d'abord, et les encouragements de Buffon ensuite, vont lui frayer une route nouvelle. Ses premières productions furent des vers écrits avec une certaine élégance et, à coup sûr, avec une grande facilité ; ses premières fonctions, une charge de président de la sénéchaussée. En 1777, il avait déjà recueilli un grand nombre d'observations, rassemblé des échantillons des diverses matières minérales, et écrit divers mémoires sur les premières révolutions du globe. Ces études, qui avaient de nombreux rapports avec le travail auquel se livrait Buffon, alors occupé à refondre sa *Théorie de la terre* et à écrire son livre des *Époques de la Nature*, furent pour Faujas de Saint-Fond un moyen tout naturel de se mettre en rapport avec lui.

Note 2, p. 26. — Les communications de Faujas arrivèrent trop tard pour qu'il pût en être fait mention dans les suppléments à la *Théorie de la terre ;* mais Buffon en fit fréquemment usage dans l'*Histoire des minéraux*, et le nom de Faujas, ainsi que ses ouvrages, y sont fort souvent cités avec beaucoup d'éloges. C'était un honneur très-ardemment recherché et une distinction très-vivement appréciée que de voir son nom cité dans l'Histoire naturelle, faveur que briguèrent souvent les femmes de la cour. C'était en outre un puissant moyen pour faire naître et entretenir une émulation dont Buffon sut tirer parti; il était devenu le centre d'une vaste correspondance qui s'étendait dans toutes les capitales du monde policé. De toute part les curiosités naturelles nouvellement découvertes, soit dans les fouilles, soit par les voyageurs, lui étaient aussitôt adressées et venaient enrichir les collections du Jardin du Roi. Ce fut enfin une des causes qui contribuèrent le plus peut-être, tant l'amour-propre de l'homme, habilement mis en jeu, est un puissant levier, à populariser une science à laquelle les travaux de Buffon ont donné tant d'éclat.

L'influence de Buffon sur les idées de son temps fut immense. Le goût pour la science, jusqu'alors privilége unique de certaines familles de savants et d'érudits, pénétra soudain dans toutes les classes; des voyages de découverte furent entrepris, des collections amassées, des cabinets d'histoire naturelle établis sur le modèle de celui qu'il avait fondé.

Buffon, qui occupe une place importante parmi les grands penseurs du dix-huitième siècle, y tient un rang à part. Calme au milieu de l'égarement des esprits, son génie ne s'est pas laissé séduire par les attraits d'une popularité qu'il était si facile d'acquérir, dès qu'on savait écrire et penser et qu'on consentait à mettre sa plume au service des nouvelles doctrines.

## CXCV

Note 1, p. 27. — Charles-Nicolas-Sigisbert Sonnini de Manoncour, né le 2 février 1751, mort le 29 mars 1812, partit en 1772 pour Cayenne, en qualité de cadet dans le génie de la marine. Après des voyages de découverte entrepris et dirigés avec un rare courage, Sonnini revint en France, offrit au Cabinet d'Histoire naturelle une collection d'oiseaux rares, et repartit pour Cayenne avec le titre de lieutenant. En même temps Buffon lui avait fait délivrer le brevet de correspondant du Cabinet, et donner le titre de naturaliste voyageur.

De retour en France, en 1776, Sonnini vint à Montbard ; il y passa l'hiver près de Buffon, qui s'occupait alors de l'*Histoire des oiseaux*. Buffon, citant son nom dans l'Histoire naturelle, dit de lui « qu'il a fait une étude approfondie sur les oiseaux étrangers, dont il a donné au Cabinet du Roi plus de cent soixante espèces. Il a bien voulu, ajoute-t-il, me communiquer aussi toutes les observations qu'il a faites dans ses voyages au Sénégal et en Amérique ; c'est de ces mêmes observations que j'ai tiré l'histoire et la description de plusieurs oiseaux. »

Sonnini a publié une édition de l'Histoire naturelle en 127 volumes ; mais l'œuvre de Buffon y est noyée et perdue dans un grand nombre de suites et de suppléments qui en changent entièrement le caractère (Paris. 1799 à 1808, 127 vol. in-8).

Note 2, p. 27. — Buffon fit don de cet oiseau à Mme Nadault, sa sœur, qui a fourni sur les mœurs des perroquets des notes insérées dans l'Histoire naturelle.

## CXCVI

Note 1, p. 28. — L'original de cette lettre ne porte pas de suscription ; nous avons supposé qu'elle était adressée à M. de Maurepas, qui était en 1777 le ministre dirigeant, et qui témoigna toujours à Buffon une extrême bienveillance.

Note 2, p. 28. — Sonnini était depuis plusieurs mois à Montbard
près de Buffon, qui avait profité de son séjour pour recueillir des notes
sur l'histoire des oiseaux étrangers, lorsqu'il apprit que le baron de
Tott, auquel on devait bien ce dédommagement, venait d'être, à son
retour de Constantinople, nommé inspecteur des Échelles du levant
et des côtes de la Barbarie.

Sonnini, qui, depuis ses derniers voyages, n'avait jamais abandonné
la pensée d'en entreprendre de nouveaux, montra un vif désir de faire
partie de cette expédition. Sur les conseils de Buffon il adressa un
mémoire à M. de Maurepas, rappelant ses services passés et signalant
ceux qu'il pouvait rendre encore ; Buffon appuya sa demande, et Sonnini quitta Montbard pour aller s'embarquer à Marseille. Le 20 juin il
arriva à Alexandrie, parcourut la haute et la basse Égypte, et ne rentra
en France que le 18 octobre 1780.


## CXCVII


Note 1, p. 29. — Nous avons conservé cette affiche, qui montre
quelle était l'importance des forges construites par Buffon, le jour où
il en abandonna l'administration.


### FORGES DE BUFFON A AFFERMER.

M. le comte de Buffon fait savoir à qui voudra prendre à bail ses
forges, situées dans sa terre de Buffon, près de Montbard en Bourgogne,
que les enchères en seront reçues, et les renseignements donnés chez
Mᵉ Guérard, notaire royal à Montbard, jusqu'au 1ᵉʳ août 1777, auquel
la délivrance en sera faite à celui qui en fera la condition meilleure.

Il y a cent cinquante arpents de bois, de l'âge de 26 à 30 ans, pour
l'affouage desdites forges, et en sus quarante soitures de prés, et
soixante journaux de bonne terre ; le tout en quatre pièces qui environnent lesdites forges ; lesquels bois et pièces de terre feront partie
du bail, qui sera de dix-huit ans.

Ces forges sont solidement bâties et construites tout à neuf ; elles
sont en plein travail depuis dix ans, et bien approvisionnées de bois,
charbons et mines ; elles comprennent :

1° Le fourneau à fondre les mines ;

2° Une forge à deux feux et deux marteaux roulants ;

3° Une autre forge à un feu et à un seul marteau ;

4° Une fonderie avec toutes ses aisances ;

5° Une batterie avec un martinet ;

6° Deux bocards pour concasser les mines et les laver;

7° Trois pavillons pour loger le maître des forges et ses commis, dix-sept logements d'ouvriers; trois grandes halles à charbon, remises, écuries, jardins, etc.

« J'ai établi dans ma terre de Buffon, dit Buffon (*Histoire des minéraux*), un haut-fourneau avec deux forges, l'une à deux feux et deux marteaux, et l'autre à un feu et un marteau; j'y ai joint une fonderie, une double batterie, deux martinets, deux bocards, etc. Toutes ces constructions, faites sur mon propre terrain et à mes frais, m'ont coûté plus de trois cent mille livres; je les ai faites avec attention et économie; j'ai ensuite conduit, pendant douze ans, toute la manutention de ces usines; je n'ai jamais pu tirer les intérêts de ma mise au denier vingt; et, après douze ans d'expérience, j'ai donné à ferme toutes ces usines pour six mille cinq cents livres. Ainsi je n'ai pas deux et demi pour cent de mes fonds, tandis que l'impôt en produit à très-peu près autant, et sans mise de fonds, à la caisse du domaine. Je ne cite ces faits que pour mettre en garde contre des spéculations illusoires les gens qui pensent à faire de semblables établissements, et pour faire voir en même temps que le gouvernement, qui en tire le profit le plus net, leur doit protection. »

Note 2, p. 29. — Pour la location de ses forges, Buffon ne manquait pas, en effet, de prétendants; mais il eût très-vivement désiré voir M. Rigoley, dont il connaissait la longue expérience et la solvabilité certaine, en entreprendre l'exploitation. Ce désir ne fut pas accompli; M. Rigoley ne loua pas ses forges et, le 1er août 1777, un bail de neuf ans fut consenti au profit de M. de Lauberdière, dont Buffon devait avoir gravement à se plaindre dans la suite, sa mauvaise gestion lui ayant fait perdre des sommes importantes.

## CXCIX

Note 1, p. 30. — *Mémoire sur les bois de cerf fossiles trouvés, en 1775, dans les environs de Montélimart, à quatorze pieds de profondeur.* (Paris, 1776. — 2e éd. 1779, 1 vol. in-4°, avec figures coloriées.) Ce fut le premier ouvrage que publia Faujas de Saint-Fond.

## CC

Note 1, p. 30. — Une entreprise de l'importance de l'Histoire naturelle ne pouvait être l'œuvre d'un seul homme. Buffon le comprit.

Après la conception de ses vastes théories et l'exposé de ses premiers systèmes, il put embrasser d'un seul coup d'œil l'immense étendue du plan qu'il s'était lui-même tracé, et entrevit aussitôt que sa vie déjà avancée ne pourrait suffire à l'achèvement de son œuvre. Il chercha donc le secours d'une plume amie. Buffon fit seul cependant l'*Histoire des animaux*, car la collaboration de Daubenton pour cette partie de l'Histoire naturelle forme elle-même une œuvre spéciale et complète. Mais, dès que les nouveaux sujets que Buffon a eus à traiter ne se prêtèrent plus à ces vues générales familières à son génie, dès que les espèces se multiplièrent et que de trop nombreux détails vinrent décourager son esprit, il se choisit des collaborateurs dont la capacité et le savoir témoignèrent de la sagacité de son choix. Cependant ni Gueneau de Montbeillard, ni l'abbé Bexon, cela est à remarquer, ne s'étaient sérieusement occupés d'histoire naturelle, lorsque Buffon les appela près de lui. Gueneau de Montbeillard venait de se mettre à la tête d'un recueil de mémoires, la collection académique, qui tomba lorsqu'il eut cessé de s'en occuper ; l'abbé Bexon avait écrit le premier volume d'une histoire de Lorraine qui ne fut point achevée. Ces deux collaborateurs de Buffon furent donc vraiment ses élèves, et non-seulement il leur fit partager ses vues et leur communiqua sa pensée, mais parfois même ils entrèrent si avant dans la parfaite imitation de son style, que le lecteur s'y trompa.

Toutefois il est bon de s'entendre sur la nature de la collaboration que demandait Buffon, et qui n'a rien de commun avec ce qu'on a vu trop souvent dans ces derniers temps. Des écrivains connus signent de leur nom, après quelques retouches insignifiantes, des livres que le véritable auteur, à cause de son obscurité, ne recommanderait pas à l'attention publique. Cette espèce de collaboration n'est qu'une spéculation où les parts ne sont pas égales ; l'un apporte son nom, l'autre son travail. Buffon eut aussi des collaborateurs ; mais il les inspirait de son génie, et sa pensée conduisait leur plume. C'est donc à lui que revient la meilleure part de ce travail fait en commun, s'il est vrai que la tête qui conçoit ait quelque supériorité sur les membres qui exécutent. Il se réservait ces considérations générales et philosophiques qui précèdent l'histoire de chaque règne ou de chaque espèce, et qui portent toujours l'empreinte magistrale. Mais il abandonnait volontiers à ceux qu'il avait formés la tâche laborieuse des descriptions et des détails. Cependant le jour où il reconnut dans Gueneau de Montbeillard un véritable talent descriptif et une certaine perfection de style voisine de la sienne, il lui assigna une part plus large dans ses travaux ; à compter de ce jour aussi, les articles auxquels il travailla furent signés de son nom. Tous ceux qui ont enrichi l'Histoire naturelle de quelques faits curieux ou de quelque observation nouvelle, ont vu leur nom cité dans l'ouvrage, et jamais Buffon ne tira profit des communications qui lui furent faites sans en nommer aussitôt l'auteur. En 1777, Gueneau de Montbeillard, lassé d'un travail qui exigeait une étude suivie, demanda à Buffon de lui donner un successeur, et Buffon choisit l'abbé Bexon.

Gabriel-Léopold-Charles-Aimé Bexon, né au mois de mars 1748, mort le 15 février 1784, à l'âge de trente-six ans, eut quelque peine à s'introduire près du grand naturaliste. Il y parvint néanmoins. Son courage, sa patience dans les recherches, son aptitude au travail, furent d'un grand secours pour Buffon, qui se plut à rendre justice à son nouveau collaborateur. La part que l'abbé Bexon prit à l'Histoire naturelle ne fut pas aussi complète que celle de Gueneau de Montbeillard. Buffon se crut obligé de mettre la dernière main aux pages qu'il préparait, et d'en arrêter la rédaction définitive.

Dans l'intéressant manuscrit laissé par M. Humbert-Bazile et que nous avons déjà cité plusieurs fois, à la page 67 du tome I, se trouve le passage suivant, relatif à l'abbé Bexon :

« En 1772, un petit abbé bossu et contrefait, mais d'une figure ouverte, avec des yeux remplis d'expression, se présenta à l'hôtel de M. de Buffon. La porte lui fut refusée ; il insista, mais ne put le voir cependant. Même désappointement deux autres fois consécutives. Sans se laisser décourager, il prie le portier de l'introduire près du secrétaire. Dans ce moment j'étais libre, et M. Bexon se fait annoncer chez moi. Il entre dans ma chambre, d'un air empressé, portant au cou un large rabat, sur les épaules un petit manteau, et sous son bras une longue boîte soigneusement fermée. Il aborde aussitôt le sujet qui l'amène, et me fait voir divers échantillons de minéraux. Il s'exprimait avec facilité et me dit qu'il pensait que ces objets d'histoire naturelle étaient dignes de fixer l'attention de M. de Buffon. Je lui promis de lui ménager un court entretien avec l'illustre auteur de l'Histoire naturelle, et je l'engageai à se présenter de nouveau dans mon cabinet, dans deux jours, à pareille heure. Je me rends aussitôt près M. de Buffon, à qui je fais part de mon entretien avec l'abbé Bexon, en lui disant son vif désir d'être reçu par lui. « Vous êtes jeune, me « dit M. de Buffon, après m'avoir écouté froidement, vous manquez « d'expérience ; défiez-vous de ces inconnus qui cherchent à s'intro-« duire chez moi sous le prétexte de me faire des communications « importantes ; si je les recevais, ce serait sans fin ; ils me feraient « perdre mon temps. Ce sont le plus souvent des intrigants qui cher-« chent à obtenir des places par mon crédit ; désormais ne vous char-« gez plus de commissions de cette nature. » Je me suis tu ; mais l'abbé Bexon, étant venu savoir le résultat de ma démarche, me parut si profondément touché de sa mauvaise réussite, que je lui dis de m'attendre chez le portier et que je montai aussitôt chez M. de Buffon pour parler de nouveau en sa faveur. Cette fois je fus plus heureux, et je reçus l'ordre d'aller chercher l'abbé Bexon. M. de Buffon lui demanda pourquoi il était venu à Paris. « Monsieur le comte, lui répon-« dit l'abbé, j'ai lu vos ouvrages, ils m'ont séduit et ont fait naître « en moi un goût invincible pour l'étude de l'histoire naturelle. J'ai « pris pour modèle la pureté inimitable de votre style, et je suis parti « pour voir le génie sublime qui m'avait inspiré une si grande admira-« tion. Je serais heureux si, dans la suite, vous me jugiez capable de « vous être de quelque utilité dans vos nombreuses recherches. — « Laissez-moi vos minéraux et vos notes, et je vous écrirai la détermi-« nation que j'aurai prise. » M. de Buffon n'avait alors que moi pour secrétaire; j'avais beaucoup à faire, et mon temps était entièrement occupé à écrire sous sa dictée ou à copier ses manuscrits. L'abbé Bexon revint au Jardin du Roi, fit des recherches dont l'opportunité assura le succès, et fut de mieux en mieux accueilli par M. de Buffon, qui rétribua toujours largement les travaux qu'il entreprit pour son compte. »

Note 2, p. 31. — En tête de l'histoire du Héron, Buffon a placé une de ses pensées les plus philosophiques : « Le bonheur, dit-il, n'est pas également départi à tous les êtres sensibles; *celui de l'homme vient de la douceur de son âme* et du bon emploi de ses qualités morales ; le bien-être des animaux ne dépend au contraire que des facultés physiques et de l'exercice de leurs forces corporelles. Mais si la nature s'indigne du partage injuste que la société fait du bonheur parmi les hommes, elle-même dans sa marche rapide paraît avoir négligé certains animaux, qui, par imperfection d'organes, sont condamnés à endurer la souffrance et destinés à éprouver la pénurie; enfants disgraciés, nés dans le dénûment pour vivre dans la privation, leurs jours pénibles se consument dans les inquiétudes d'un besoin toujours renaissant; souffrir et patienter sont souvent leurs seules ressources ; et cette peine intérieure trace sa triste empreinte jusque sur leur figure, et ne leur laisse aucune des grâces dont la nature anime tous les êtres heureux. »

## CCI

Note 1, p. 31. — Necker, entré en 1776 dans l'administration des finances sous le patronage du comte de Maurepas, venait de remplacer Taboureau dans la charge de contrôleur général des finances, dont en réalité il remplissait les fonctions depuis le jour où il avait été nommé directeur général. (Voy. sur ce personnage la note 1 de la lettre CXLI, t. I, p. 447.)

Note 2, p. 32. — Après la lutte courageuse qu'il avait soutenue contre les cours souveraines en défendant les prérogatives du pouvoir, après des persécutions de toute nature et contre lesquelles le roi lui-même fut impuissant à le garantir (Voy. la note 2 de la lettre LV, la note 2 de la lettre LXVIII, la note 4 de la lettre LXIX, la note 3 de la lettre LXX, t. I, p. 301, 316, 317 et 319), Jacques Varenne avait droit d'espérer une éclatante réparation. Il n'en fut rien cependant. Une pension de 15 000 livres sur le trésor royal et le cordon de Saint-Michel furent sa seule récompense. A Dijon, ville alors toute parlementaire, où les attaques de Varenne contre les prérogatives du Parlement avaient excité des haines violentes, on dit le jour de sa nomination dans l'ordre du Roi :

> Ce cordon, fruit de l'injustice,
> En flattant ta témérité,
> Te prépare, hélas! un supplice
> Que tu n'as que trop mérité.

Les élus seuls témoignèrent quelque reconnaissance à leur courageux défenseur, et lui offrirent deux pièces d'argenterie, aux armes de la province, d'une valeur de deux mille écus.

En 1763, lorsque la charge de greffier en chef des États de Bourgogne, dont Jacques Varenne était revêtu, eut été supprimée, le prince de Condé le fit nommer receveur général des États de Bretagne, emploi qui le mettait sous les ordres du contrôleur général des finances.

Note 3, p. 32. — Paul Bosc d'Antic, né en 1726, mort en 1784, se distingua par ses travaux chimiques et par ses connaissances spéciales concernant la bonne direction à donner aux machines à feu, bien loin alors de la perfection à laquelle elles sont parvenues de nos jours. Des entreprises industrielles mal dirigées compromirent sa fortune. Buffon ne put, en 1777, obtenir pour son protégé la création d'une charge nouvelle, celle d'inspecteur des manufactures à feu; mais il lui fit donner par le ministre une mission en Angleterre, pour y observer les machines et y étudier l'art de les construire.

Note 4, p. 32. — Jeanne-Louise-Constance d'Aumont de Villequier, duchesse de Villeroy, née en 1731, morte le 1er octobre 1816, à l'âge de quatre-vingt-six ans, était une femme d'esprit, dont les journaux et les mémoires du temps ont conservé le souvenir. Elle fit construire dans son hôtel, à Paris, une salle de spectacle dans laquelle Mlle Clairon parut plusieurs fois depuis sa retraite du théâtre. Elle a traduit de l'anglais une *Histoire de la Grèce*.

## CCII

Note 1, page 33. — Cette traduction parut en 1785. Elle était de Gueneau de Montbeillard, et cependant elle ne fut pas donnée sous son nom, mais sous celui de M. Piolenc son ami, dont nous avons souvent rencontré le nom dans ces lettres. Elle était accompagnée de notes dues à M. l'abbé Louis Godard, aussi ami de Montbeillard, habitant avec lui la petite ville de Semur, et frère de l'avocat de ce nom, qui joua un rôle très-important dans les dernières résistances du parlement de Dijon aux ordres de la cour. « On connaît du prince de Gonzague, dit Grimm, un discours plein d'esprit et de savoir sur les découvertes qui ont contribué le plus aux progrès de l'esprit humain. Ce discours fut prononcé à l'académie des Arcades de Rome et publié sous ce titre : *L'homme de lettres, bon citoyen.* » Le prince de Gonzague se lia à Gueneau de Montbeillard d'une amitié fort tendre, à laquelle se joignaient, dans une certaine mesure, l'admiration et le respect, et, par la suite, il entretint avec lui une active correspondance. Leur connaissance se fit à Montbard dans une circonstance assez singulière. Un soir, après la lecture d'un chapitre de l'Histoire naturelle, le prince de Gonzague complimentait Buffon qu'il était venu visiter, et lui disait qu'il s'estimait heureux d'avoir pu voir et entretenir *l'auteur du paon et le paon des auteurs*. Au même moment entra Gueneau de Montbeillard. « *Pardieu*, dit Buffon, en allant à lui et en prenant la main du nouveau venu, vous ne pouviez venir plus à propos. Mon prince, permettez que je vous présente *l'auteur du paon et le paon des auteurs*. » Leur connaissance se fit ainsi et leur amitié dura jusqu'à la mort de Gueneau de Montbeillard, que le prince pleura longtemps. On connaît de la princesse de Gonzague, sa femme, des *Lettres sur l'Italie*, publiées en 1790, écrites d'un bon style et remplies d'aperçus neufs et de vues profondes.

Dans une fort longue lettre adressée par le prince à Gueneau de Montbeillard, et conservée parmi ses papiers, on trouve sur l'amour les considérations suivantes :

### LETTRE D'UN PRINCE ITALIEN A UN VERTUEUX PHILOSOPHE FRANÇAIS.

« Votre philosophie, qui est celle de la vertu, brille de toutes parts; elle est trop élevée, trop noble pour être celle de l'aveugle multitude, et encore moins celle d'une capitale qui dispute en corruption la suprématie à la capitale de la chrétienté; aussi les libertins seront-ils très-mécontents de votre maxime : « L'amour est un composé de franchise « pour ne dire que ce que l'on sent, de vertu pour respecter ses pro- « messes, de désir pour mériter la possession. » Mais ne connaissez-vous pas des philosophes très-hauts dans leur style et très-bas dans leurs passions? des philosophes, rois dans leurs livres, et peuple dans leur conduite? des athlètes raisonneurs qui nous donnent pour philosophie la force mécanique de leurs muscles? des philosophes enfin qui appellent *amour* l'instinct commun à tous les animaux, l'instinct de la reproduction? Si cela est, je dirais alors que boire de l'eau c'est de l'amour, que manger du pain c'est de l'amour; en un mot, nous pourrons appeler amour tous les besoins physiques à la satisfaction desquels la nature attache une agréable sensation. Or quel abus de mots et quel abus encore plus grand de philosophie! L'amour n'est-il pas un sentiment social, et dès lors un besoin délicieux de l'âme; un doux accord des volontés; une sympathie irrésistible des cœurs; un miroir fidèle qui réfléchit les mêmes habitudes, les mêmes goûts, les mêmes mœurs, enfin un enthousiasme d'âme, une idolâtrie de perfections, sentiment dont l'amitié est toujours la base et jamais la rivale?... Il est très-nouveau à remarquer que la plupart des poëtes et des romanciers n'ont peint l'amour que dans le cours ordinaire de la nature. Ils nous fatiguent, nous humilient, nous affligent sans cesse par la représentation exagérée des vices et des laideurs de l'amour, qu'on déshonore par une espèce de primauté que les poëtes donnent à ses égarements. Ne serait-il pas plus grand, plus noble, plus utile à l'émulation de la vertu, de nous élever, de nous ennoblir, de nous toucher par les tableaux ravissants et sublimes de la plus belle de toutes les passions, et de la métamorphoser en organe de toutes les vertus?

« . . . . Dans l'état actuel de nos progrès sur la sociabilité, il nous faut une philosophie aussi douce que consolante, qui d'une main délicate puisse fouiller dans nos cœurs, les caresser au lieu de les déchirer ; il nous faut une morale qui nous transporte par le beau spectacle des vertus, plutôt que de nous effrayer continuellement par la scène lugubre des crimes, le plaisir étant un ministre plus agissant que la douleur dans les desseins et les grandes opérations de la nature. C'est pour cela que, pour épurer la morale de tout levain impur, il faudrait que les poëtes, les romanciers, les philosophes, peignissent l'amour opérant des miracles et non pas commettant des forfaits ; il faudrait qu'ils fissent voir que le seul amour étant de sa nature une passion exclusive de toute autre, doit être, dans les âmes, la source de toute vertu et le lien de toute société.... Il est donc vrai, de célèbres poëtes et de grands romanciers, faute d'avoir généralisé leurs idées sur la belle nature, n'ont fait jusqu'à présent que comme les peintres flamands qui peignent avec vérité l'hydropisie d'une vieille femme et l'ivrognerie d'un matelot hollandais, tandis que la belle imagination de Guido s'occupait à nous étonner par le merveilleux tableau de saint Michel..... Ce serait un grand progrès que de s'élever jusqu'à la création du beau idéal de l'amour. Ainsi les grands artistes qui ont enfanté l'Apollon du Belvédère et la Vénus de Médicis, par un effort prodigieux de génie, ont créé la beauté idéale dans les dimensions harmonieuses de la figure humaine, tant il est vrai que la puissance illimitée du génie de l'homme, exercée sur des modèles imparfaits, a su surpasser la puissance de la nature.... Si vous me dites que ma théorie des sentiments moraux sera regardée comme surannée à Paris, je vous annonce à mon tour que votre histoire de l'astronomie, quelque belle, quelque éloquente qu'elle puisse être, deviendra surannée par la même cause.... En ce cas, je crains que votre beau Paris ne devienne un jour tout à la fois et libertin et barbare ; révolution qui tôt ou tard doit arriver, s'il est vrai, comme je le pense, que la décadence des mœurs est toujours parallèle à la décadence des progrès de l'esprit humain, le goût moral tenant infailliblement au tact intellectuel. Adieu. »

## CIII

. Note 1, p. 34. — Buffon n'aimait point Paris, et, malgré les raisons de toute nature qui devaient l'y attirer, il y faisait chaque année un court séjour. Il y passait trois ou quatre mois à peine pour les affaires du Jardin du Roi, et venait s'enfermer le reste de l'année dans sa retraite de Montbard. « M. de Buffon, dit Mme Necker, pense mieux et plus facilement dans la grande élévation de la tour de Montbard, où l'air est plus pur ; c'est une observation qu'il a souvent faite. » Tous les hommes dont les idées ou les écrits ont dominé leur temps, ont recherché et chéri la solitude. Toute intelligence travaillée par une grande pensée a besoin de calme et de recueillement. Fuir le monde a été l'instinct des fortes natures. Et cependant le monde aiguise l'esprit, assouplit la pensée, lui donne le ton et la forme ; bien des gens lui ont dû une sorte d'éloquence facile et légère qui leur a valu quelque renommée. Au dix-huitième siècle surtout, cette remarque peut se faire. Que d'écrivains spirituels et ingénieux ont trouvé une célébrité passagère dans la fréquentation d'une société où l'esprit était la seule royauté incontestée! Dans les salons du dix-huitième siècle raisonneurs ou spirituels, se sont faites bien des réputations ; les hommes qui ont laissé un nom illustre et une renommée durable les ont fuis cependant. Buffon, qui y parut un instant, n'y vint plus, dès qu'une pensée profonde eut germé dans son esprit et qu'il eut donné à sa vie une noble et lourde tâche. Le silence et le calme, la retraite dans ses jardins de Montbard, lui étaient nécessaires pour que sa pensée pût travailler et produire. Montesquieu, dont on vantait l'esprit d'à-propos et dont les saillies faisaient fortune dans les cercles du temps, fuyant aussi un monde qui lui offrait des succès faciles, s'enfermait à la Brède et passait des années entières au milieu de ses vignes et de ses bois. Voltaire, le roi Voltaire, comme le nomme M. Arsène Houssaye, dans un livre récemment publié, le roi de l'esprit, mais surtout le roi d'une coterie désireuse de lui ménager sans cesse de nouveaux triomphes, Voltaire fuyait Paris et se retirait à Ferney pour assurer sa liberté et achever ses travaux. Rousseau lui-même, si la fortune lui eût été moins contraire, et si la pauvreté ne lui eût point fait une loi de la solitude, l'aurait chérie et recherchée. C'est que la solitude est la mère des grandes pensées ; en séparant l'homme de ses semblables, elle le rapproche de Dieu ; son intelligence s'élève et grandit ; seul, il conçoit mieux et plus vite, voit de plus loin et de plus haut. Le génie se reconnaît à l'invention. Pour éveiller et nourrir cette qualité puissante, il n'est besoin ni du spectacle du monde, ni de la science de ses petitesses et de ses misères. L'inspiration vient de Dieu ; la solitude jette dans la contemplation les âmes où fermente une pensée féconde et parfois la suprême intelligence, interrogée par l'homme assez fort pour s'être élevé jusqu'à elle, consent à l'illuminer d'un rayon divin.

Note 2, p. 34. — Bernard de Bonnard, né à Semur le 22 octobre 1744,

mort le 13 septembre 1784, mestre de camp d'infanterie, chevalier
de Saint-Louis, sous-gouverneur des enfants du duc de Chartres,
membre de l'académie de Dijon, débuta avec distinction dans l'arme
de l'artillerie. Buffon qui, sur la recommandation de Gueneau de
Montbeillard, lui portait un très-vif intérêt, avait demandé pour lui
la charge de sous-gouverneur des enfants du duc de Chartres. Le
comte de Maillebois avait aussi fait une démarche en sa faveur, et
en 1777, sous le patronage de ses deux protecteurs, le chevalier de
Bonnard entra au Palais-Royal, et y resta attaché à l'éducation des
jeunes princes jusqu'au 15 janvier 1782. A cette époque, la comtesse
de Genlis, présentée par Mme de Montesson, sa tante, fut nommée
*gouverneur* des enfants du duc de Chartres. Le jour où le duc vint,
suivant la coutume, prendre les ordres du roi, au sujet du choix
qu'il avait fait d'un nouveau gouverneur pour ses enfants, Sa Majesté lui tourna le dos. Le chevalier de Bonnard quitta le Palais-
Royal, et fut sur le point de suivre dans le Dauphiné le duc d'Har-
court, qui venait d'être nommé gouverneur de cette province; mais
ce projet n'eut pas de suite, et il revint à Semur, où il mourut de
la petite vérole.

Ses poésies, imprimées pour la plupart dans l'*Almanach des Muses*,
furent recueillies après sa mort en un volume in-8, publié en 1791
par M. Sautreau de Marsy. Garat, son ami, a écrit une histoire de
sa vie. On raconte de lui un trait qui fait l'éloge de son cœur. Il était
sans fortune; une de ses tantes le fit, en mourant, son légataire universel. « Ma tante a oublié que nous sommes trois frères, » dit-il,
lorsqu'on lui donna connaissance du testament, et le partage de la
succession se fit par parts égales entre ses frères et lui. Montbeillard
fit au sujet de la mort du chevalier, son compatriote et son ami, les
vers suivants :

> Ci-gît, que la vertu pouvait seule charmer;
> Sa vie, hélas! trop courte, en sut bien exprimer
> Et toujours soutenir l'auguste caractère :
> S'il approcha des grands, et, s'il daigna * leur plaire,
> Ce fut pour la leur faire aimer.

Note 3, p. 34. — Jean-Baptiste Vaquette de Gribeauval, né le 15 septembre 1715, mort le 9 mai 1789, entra comme volontaire dans le
régiment de royal-artillerie en 1732; en 1757, il était lieutenant-
colonel. A cette époque, il passa au service de l'Autriche sous les

_____

* En province: « S'il daigna. » A Paris : « S'il voulut. » A la cour : « S'il
osa. » ( *Sic* sur le manuscrit.)

auspices du comte de Broglie, ambassadeur du roi à Vienne, et fut nommé par Marie-Thérèse général de bataille, commandant le génie et l'artillerie. Il prit une part active à la guerre de Sept ans, et, en 1762, il revint en France, comblé de grâces par l'impératrice-reine. Lieutenant général en 1765, et premier inspecteur de l'artillerie en 1776, il fit faire à cette arme, par ses connaissances, ses expériences et ses règlements, d'immenses progrès. Peu de temps avant sa mort, il avait été nommé gouverneur de l'Arsenal, où il avait pris l'appartement occupé avant lui par le maréchal de Biron.

Note 4, p. 34. — Louis-Paul de Rochechouart, d'abord prince de Tonnay-Charente, puis duc de Mortemart, né le 29 septembre 1710, premier gentilhomme de la chambre, pair de France et chevalier du Saint-Esprit.

Note 5, p. 35. — *M. le Théologal* était l'abbé Jacques Berthier, théologal de l'église de Semur, homme vénéré pour la pureté de ses mœurs, en même temps que pour la charité de son cœur et la bienveillance de son caractère. Il se lia d'une étroite amitié avec Montbeillard. Des hommes de cœur et d'esprit, lorsque les hasards de la vie les ont rapprochés, sont faits pour se comprendre et pour s'aimer; entre Montbeillard et l'abbé Berthier, il y avait en outre de nombreux points de ressemblance. Un soir, à la suite d'une réunion chez Montbeillard, où l'on avait donné de grands éloges aux vertus de l'abbé, et où, bien qu'il s'en défendît, on avait déclaré qu'il aurait la première place au paradis, le saint homme partit mécontent. Il se reprocha d'avoir été la cause involontaire d'un grand scandale; des questions aussi profondes ne devant point se traiter avec la légèreté que l'on apporte dans les entretiens du monde, dans ses réunions et dans ses fêtes. Le lendemain, à son réveil, il reçut de Montbeillard la pièce suivante, qui n'était pas faite pour calmer ses scrupules :

« Les deux *Boanergès* *, les enfants du Tonnerre,
Enfants un peu gâtés et disciples chéris,

---

* Βοανεργές veut dire en grec, ou plutôt en syriaque, fils du tonnerre. C'est le nom que Jésus-Christ donna aux enfants de Zébédée et de Salomé, les apôtres saint Jacques le Majeur et saint Jean l'Évangéliste, qui lui avaient demandé de faire descendre le feu du ciel et de réduire en cendres une ville de Samaritains qui avait refusé de les recevoir. Salomé voulut obtenir un jour du Christ que ses fils fussent assis à sa droite, lorsqu'il serait arrivé dans son royaume. L'homme-Dieu répondit : « Ce n'est point à moi à donner la séance à ma droite ou à ma gauche; mais mon père la donnera à ceux pour qui elle a été préparée. »

Se sentant en faveur auprès de Dieu le fils,
Lui firent demander par Salomé leur mère
            Le premier rang en paradis;
Le premier rang, le rang qu'en tout pays
Là-haut, comme ici-bas, tout apôtre convoite.
            L'entremetteuse était adroite,
    Mais un peu vieille, et messieurs ses enfants
            Furent persiflés et contents.
Nouveau Boanergès, si les nobles penchants
D'un cœur sensible et fier, d'une âme vive et droite.
Si les vertus, le zèle et son feu dévorant
            Donnent des droits au premier rang,
Sans rien solliciter, vous serez à la droite. »

## CCV

Note 1, p. 36. — On remarqua, à propos des quelques pages consacrées par Buffon à la vieillesse et dans lesquelles il rapporte des exemples extraordinaires de longévité, qu'il admettait sans examen la longue durée de la vie des premiers hommes, telle que la rapporte la Bible.
Le parti philosophique vit dans cette opinion une concession faite à la
Sorbonne, que Buffon ménageait depuis le jour où il avait été inquiété
par elle au sujet de son livre. Non content de rapporter ces exemples
d'une vie qui dépasse les règles communes, Buffon fit plus, il chercha
à les expliquer. « Si l'on nous demande, dit-il, pourquoi la vie des premiers hommes était beaucoup plus longue, pourquoi ils vivaient neuf
cent trente et jusqu'à neuf cent soixante et neuf ans, nous pourrions
peut-être en donner une raison, en disant que les productions de la
terre dont ils faisaient leur nourriture étaient alors d'une nature diffé-
rente de ce qu'elles sont aujourd'hui.... Il se pouvait donc que l'accroissement de toutes les productions de la nature, et même celui du corps
de l'homme, ne se fît pas en aussi peu de temps qu'il se fait aujour-
d'hui. »

## CCVI

Note 1, p. 36. — Necker était alors arrivé au plus haut point de
sa popularité. Mme Necker avait ouvert son salon, dans lequel sa réputation naissante attira d'abord des curieux, et que l'autorité du contrôleur général ne tarda pas à remplir d'une société de choix. Pour
elle la transition avait été subite : elle se vit tout à coup transportée,

d'une position plus que modeste, dans l'hôtel d'un homme qui, avant de devenir un personnage politique, était déjà considérable par sa fortune et par son crédit. Placée à la tête d'une maison dont elle devait faire les honneurs à tout ce que Paris renfermait alors d'illustrations, soit dans les lettres, soit dans la politique, elle se trouva un peu dépaysée. Cette société du dix-huitième siècle, où elle venait d'être ainsi brusquement jetée, égoïste et frondeuse, futile et changeante, blessa d'abord tous les instincts de sa nature. Son cœur commença par y être mal à l'aise, il y souffrit. « Quel pays stérile en amitié ! » écrit-elle alors à une amie de Lausanne. Dans la suite, elle s'accoutume à ces mœurs entièrement nouvelles pour elle, à ce langage dont le ton léger l'a d'abord choquée, et le jour où elle rencontre Buffon, elle écrit à son amie : « Malgré les préjugés, j'ai trouvé au milieu de Paris des gens de la vertu la plus pure et susceptibles de la plus tendre amitié. » Elle commença dès lors, sans toutefois s'y livrer complétement, à aimer cette société dont la légèreté et les allures un peu moqueuses l'avaient d'abord blessée, et se plut à en réunir chez elle les divers éléments. Thomas devint de bonne heure le familier de la maison. Le sentiment qui rapprocha Mme Necker de Buffon fut d'une autre nature ; à une vive sympathie se mêlèrent, à dose égale, l'admiration et le respect. L'abbé Galiani, ce charmant conteur, Marmontel, qui nous a laissé de Mme Necker des portraits remplis de vérité, Diderot, qui pensa un instant que la maîtresse du logis *raffolait de lui*, l'abbé Morellet et bien d'autres, formèrent le fonds habituel de cette société. Necker paraissait peu dans le salon de sa femme ; mais en revanche, Mme Necker, qui ne voulait demeurer étrangère à aucune des pensées de son mari, établit au contrôle général un bureau de secours sous le titre de *bureau de charité*, et fonda un hôpital dont elle dirigea elle-même l'administration. Dans son *Compte rendu au Roi*, Necker ne craignit pas, ce dont on l'a blâmé, de louer hautement le zèle de sa femme et de dévoiler son amour pour le bien public.

Note 2, p. 37. — Bertrand Dufresne, né en 1736, mort le 22 février 1801, était premier commis des finances sous le ministère de Necker. Il se distingua de bonne heure par ses connaissances spéciales et par une rare capacité. On raconte qu'un financier vint un jour solliciter de Necker la place de receveur des finances de Rouen, pour Dufresne, qui n'était pas encore son premier commis. « Qui me répondra de votre candidat ? dit le ministre. — Moi, répondit le financier. — Vous parlez comme Corneille, » dit Necker en terminant l'entretien. « Mon ami, dit le financier en rendant compte de sa démarche à son protégé, notre cause est perdue, le ministre m'a dit que je raisonnais comme une corneille. » Après la mort de Buffon, Dufresne ne montra pas pour les intérêts du fils le même zèle qu'il avait montré pour ceux du père. Je trouve la première trace de ce refroidissement dans une lettre écrite par M. Boursier, notaire de la famille, au jeune comte de Buffon, sous la date du 24 septembre 1788. « Je me suis présenté, dit-il, chez M. Dufresne, actuellement premier commis des finances, pour solliciter quelques payements.... Mais n'ayant pas eu de M. Dufresne la satisfaction que je croyais devoir attendre d'un homme à qui la mémoire de M. votre père devait être chère par les relations de M. Necker, à qui il est attaché depuis longtemps, je me suis adressé directement à M. Necker.... » Sous le Consulat, Dufresne devint conseiller d'État et directeur général du trésor public.

## CCVII

Note 1, p. 38. — La correction du style, la richesse et la vérité des images, la profondeur des aperçus, bien plutôt que la fécondité des idées, sont les qualités essentielles du génie de Buffon. L'imagination, dont il faisait un si grand cas chez les autres, était la qualité dominante de son esprit, et la source habituelle où il puisait ses inspirations. Dans les lettres qu'il adresse à Gueneau de Montbeillard ou à l'abbé Bexon, il parle souvent de cette *belle imagination* qu'il prisait si haut, et les engage à se laisser guider par elle. Gueneau de Montbeillard, mieux doué sans doute sous ce rapport que l'abbé Bexon, peut être considéré comme le meilleur élève de Buffon, et il dut à son imagination, dirigée et encouragée par son illustre ami, les plus gracieuses créations de sa plume. Lorsque Buffon avait rassemblé les éléments essentiels de son sujet, et qu'après bien des retouches il se croyait satisfait de son travail, il lui faisait subir une dernière épreuve, et soumettait son manuscrit soit à ses collaborateurs, soit à ses amis, en leur demandant de lui communiquer, à leur tour, *leurs idées.*

Dans la composition de ses ouvrages, Buffon avait donc un moyen sûr de reconnaître s'il avait tiré de son sujet tout le parti dont il était susceptible, et s'il avait embrassé l'ensemble d'idées qu'il pouvait comporter. Il réunissait quelques amis de choix, et, après avoir développé son plan devant eux, ou leur avoir fait donner lecture de son manuscrit, il provoquait leur critique. Assis à l'écart, silencieux et attentif, il demeurait comme étranger à la conversation qu'il avait fait naître ; mais, lorsqu'une objection sérieuse surgissait, lorsqu'un aperçu nouveau était présenté, lorsque lui-même, au contact de la discussion, sentait s'éveiller d'autres idées, il quittait le salon, et allait s'enfermer dans son cabinet pour méditer et travailler de nouveau.

Note 2, p. 39. — Mandonnet était secrétaire de l'ordre du Saint-Esprit. Homme lettré et instruit, lié étroitement avec Anisson du Perron, directeur de l'Imprimerie royale, en relation intime avec Buffon, il avait offert à ce dernier de surveiller, pendant son absence, l'impression de ses ouvrages. Buffon, qui avait reconnu dans Mandonnet un esprit exact et un goût sûr, accepta avec empressement cette offre obligeante. Les cinq derniers volumes de l'Histoire naturelle furent imprimés sous les yeux de ce collaborateur dévoué. Il se chargea avec un soin affectueux et une constance infatigable de ces mille soins de détail, si nécessaires pour la parfaite exécution d'une édition importante, et s'astreignit à cette exacte surveillance qui échappe à un auteur dont les ouvrages s'impriment au loin. Buffon, dans l'histoire naturelle de l'oie, lui rend justice en ces termes : « Le fait nous a été communiqué par un homme aussi véridique qu'éclairé, auquel je suis redevable d'une partie des soins et des attentions que j'ai éprouvées à l'Imprimerie royale pour l'impression de mes ouvrages. »

Note 3, p. 39. — L'abbé Jean Oliva, né le 11 juillet 1689, mort le 19 mars 1747, littérateur et savant distingué, fut d'abord professeur de belles-lettres au collége d'Azolo. A la mort du pape Clément XI, il fut choisi pour remplir les fonctions de secrétaire près du conclave réuni pour l'élection du nouveau pontife. Le cardinal de Rohan se prit d'une si grande estime pour son caractère et d'une telle admiration pour son savoir, qu'il désira l'attacher à sa personne et lui offrit en France une place de bibliothécaire. Oliva suivit le cardinal, et arriva en France en 1722.

Note 4, p. 39. — L'ode que Lebrun adressa à Buffon est une des plus remarquables qu'il ait composées. La Harpe la critiqua avec violence dans le *Mercure*, et Lebrun lui répondit par des épigrammes dont la vivacité fit le succès. Il en sera question encore dans ce recueil ; on verra Buffon donner à Lebrun des conseils et discuter avec lui certains passages de son œuvre. Comme les lettres qui vont suivre font de fréquentes allusions à cette ode, nous avons cru devoir la mettre ici sous les yeux du lecteur, telle qu'elle a été publiée dans l'édition de 1811, c'est-à-dire revue et corrigée.

« L'auteur, dit le préambule, conçut l'idée de cette ode, lorsque

M. de Buffon eut une dangereuse maladie qu alarma toute l'Europe
savante. Mme de Buffon était morte l'année précédente, à la fleur de
son âge ; elle joignait à la beauté toutes les grâces de l'esprit. »

### A M. LE COMTE DE BUFFON.

Cet astre, roi du jour, au brûlant diadème,
Lance d'aveugles feux, et s'ignore lui-même,
Esclave étincelant sur le trône des airs ;
Mais l'astre du Génie, intelligente flamme,
    Rayon sacré de l'âme,
A sa libre pensée asservit l'Univers.

O génie ! à ta voix l'Univers semble éclore !
Ce qu'il est, ce qu'il fut, ce qu'il doit être encore,
Malgré les temps jaloux se révèle à tes yeux :
Ton œil vit s'élancer la comète brûlante
    Qui de la sphère ardente
A détaché ce globe, autrefois radieux.

Tel qu'on nous peint Délos, au sein des eaux flottante,
Tu le vois, dans sa course invisible et constante,
Sur son axe rouler dans l'océan des airs.
Aux angles des vallons tu vois encore écrite
    La trace d'Amphitrite,
Et les monts attester qu'ils sont enfants des mers.

Sans aller désormais, par un larcin funeste,
Dans l'Olympe jaloux ravir le feu céleste,
Et, nouveau Prométhée, irriter un vautour,
Tu sais lancer au loin, du sein brûlant d'un verre,
    Ces flèches de lumière
Que de son carquois d'or verse le Dieu du Jour.

Tu fais plus : Jupiter, assemblant les nuages,
Devant son char tonnant roule en vain les orages ;
A d'impuissants éclats tu réduis son courroux :
Ce Dieu, jusqu'en ses mains, voit sa foudre égarée,
    Par un fer attirée,
N'obéir qu'au mortel qui dirige ses coups.

La nuit dérobe en vain l'Olympe dans ses voiles,
Ton sublime regard y poursuit les étoiles ;
Tu vois dans l'avenir s'éclipser leurs flambeaux ;
Et, d'un œil de cristal armant la faible vue,
    Ton audace imprévue
Dans les cieux étonnés surprend des cieux nouveaux.

Là, dans l'immensité l'Éther roule ses ondes ;
Des milliers de Soleils, des millions de Mondes ;
Deux Forces balançant tous ces globes divers,
Les Éléments rivaux, l'Équilibre et la Vie,
    Composent l'harmonie,
L'édifice mouvant de ce vaste Univers.


Eh ! quel autre eût tracé de ces orbes immenses
La figure, le cours, les erreurs, les distances?
Quel autre osa peser ces corps impérieux ?
Ce n'est plus Jupiter; c'est toi, divin Génie,
    Qui, sous l'œil d'Uranie,
Tiens d'un bras immortel la balance des Cieux.


Au sein de l'infini ton âme s'est lancée ;
Tu peuplas ses déserts de ta vaste pensée.
La Nature avec toi fit sept pas éclatants ;
Et, de son règne immense embrassant tout l'espace,
    Ton immortelle audace
A posé sept flambeaux sur la route des temps.


Tel éclatait Buffon! Son âme ardente et pure
Dans ses brillants essors planait sur la Nature ;
Il franchit l'Univers à ses yeux dévoilé.
Aigle, qui t'élançais aux voûtes éternelles,
    Tu sens languir tes ailes !
Et l'Érèbe t'envie à l'Empire étoilé.


Jaloux de tant de gloire, un Monstre au front livide,
De serpents dévoré, de vengeances avide,
L'Envie, avec horreur, en contemplait le cours :
Elle fuit, en grondant, sa lugubre caverne,
    Et vole au sombre Averne,
De deux filles du Styx implorer le secours.


« Noires Divinités ! un demi-dieu nous brave ;
Il a conquis l'Olympe, et me croit son esclave ;
Son titre d'Immortel partout choque mes yeux :
Sa vue est mon supplice! et pour l'accroître encore,
    Un marbre que j'abhorre
Consacre mes affronts et ses traits odieux.


« Quoi ! je serais l'Envie? Eh! qui pourra le croire,
S'il jouissait, vivant, de ce tribut de gloire?
Si mes serpents vaincus y rampaient sous ses pas?
Allez, courez, volez; de ce marbre infidèle
    Détruisez le modèle;
Précipitez Buffon dans la nuit du trépas. »

Elle dit; et courant le long des rives sombres,
Ces monstres font frémir jusqu'au Tyran des ombres;
L'Érèbe est effrayé de les avoir produits;
Et le fatal instant où leur essaim barbare
          S'envole du Tartare,
Semble adoucir l'horreur des éternelles nuits.


L'une, au souffle brûlant, à la marche inégale,
L'autre, du doux sommeil implacable rivale,
Fendent l'air embrasé de leurs triples flambeaux.
La Nuit, avec horreur, roule son char d'ébène,
          Et les Nymphes de Seine
Cherchent, en frémissant, l'abri de leurs roseaux.


Non loin de ce rivage est un séjour illustre,
Qui du Pline français emprunte un nouveau lustre;
La Nature, en ses mains, y remet ses trésors.
Là, ces filles du Styx, aux ailes enflammées,
          Par l'Envie animées,
Dirigent vers Buffon leurs sinistres essors.


A peine elles touchaient au seuil du noble asile,
Que la fille d'Hébé l'abandonne et s'exile;
Morphée, en gémissant, voit flétrir ses pavots :
Leur vol a renversé ces tubes et ces sphères
          Qui, loin des yeux vulgaires,
Servaient du demi-dieu les sublimes travaux.


O divine Uranie! en ces moments funestes,
Quel soin t'arrête encor sur les voûtes célestes?
Ton fils succombe.,.. hélas! que t'importent les Cieux?
Viens de tes purs rayons consoler sa paupière;
          Viens rendre à la lumière
L'ami, le confident, l'interprète des Dieux!


C'est donc peu que le ciel de talents soit avare!
La Terre en est jalouse! et le sombre Ténare
Poursuit nos demi-dieux jusque sur leurs autels!
Ah! si la Mort détruit votre plus digne ouvrage,
          Dieux, témoins de l'outrage,
N'est-ce pas une erreur de vous croire immortels?


Que vois-je?... Ah! cette main si rapide et si sûre,
Qui d'un trait enflammé sut peindre la Nature,
Se glace, et sent tomber son immortel pinceau!
Et déjà, sur ces yeux qu'allumait le génie,
          La Fièvre et l'Insomnie
Ont des pâles douleurs étendu le bandeau.

La Nature en gémit : sa voix, sa voix puissante
Dans les airs jette un cri d'amour et d'épouvante;
Ce cri vole au Cocyte et fait frémir ses eaux :
Lachésis s'en émeut ; Clotho devient sensible;
     Mais sa sœur inflexible
Déjà presse le fil entre ses noirs ciseaux.


C'en était fait! soudain, par l'Amour embrasée,
Une Ombre, tout en pleurs, du fond de l'Élysée
S'élance, et d'Atropos embrasse les genoux.
« Oui, tu vois son Épouse, ô fatale Déesse !
     Pardonne à ma tendresse,
Pardonne à ma douleur de suspendre tes coups!


« Ah! garde-toi de rompre une trame si belle;
Par le nom d'un Époux ma gloire est immortelle :
Je lui dois mon bonheur; qu'il me doive le jour!
Orphée, en t'implorant, obtint son Eurydice;
     Que ma voix t'attendrisse !
Sois sensible deux fois aux larmes de l'Amour!


« Dès mon aurore, hélas! plongée aux sombres rives,
Je ne regrette point ces roses fugitives
Dont l'Amour couronna mes fragiles attraits;
O Mort! combien pour moi ta coupe fut amère!
     J'étais épouse et mère;
Un fils et mon époux font seuls tous mes regrets!


« Ah! prends pitié d'un cœur qui s'immole soi-même!
Qui, par excès d'amour, craint de voir ce qu'il aime :
Qu'il vive pour mon fils, c'est vivre encor pour moi!
O Parque! ma douleur te demande une vie
     Déjà presque ravie :
La moitié de lui-même est déjà sous ta loi. »


A peine elle achevait; le demi-dieu respire;
La Parque, en frémissant, la regarde et soupire.
Tes pleurs, nouvelle Alceste, ont sauvé ton Époux!
Tu vois le noir ciseau pardonner à sa proie;
     Un cri marque ta joie;
Et du triste Léthé les bords te sont plus doux.


Fuis, noir essaim des maux que déchaîna Pandore.
Olympe, fais briller ta plus riante aurore.
O Nature, le ciel t'a rendu ton amant.
Et toi, dont l'amitié souvent daigna sourire
     Aux accents de ma lyre,
Reçois ces vers, baignés des pleurs du sentiment.

Puissé-je d'un rayon embellir ta couronne!
Les lauriers sont plus doux quand l'amitié les donne.
Nos cœurs et nos penchants suivaient un même cours :
Ma lyre osa chanter ton amante immortelle ;
           Mais tu la rends si belle,
Que toi seul as fixé ses augustes amours.


Ses autels sont les tiens, et sa gloire.... Qu'entends-je?
Quel reptile insolent coasse dans la fange?
Mes chants en sont plus doux, ses cris plus odieux :
Tandis qu'un noir Python siffle au bas du Parnasse,
           Pindare avec audace
Vole au sommet du Pinde, et chante pour les Dieux.


# CCVIII

Note 1, p. 39. — Daubenton, dit Daubenton le jeune, prit une part importante à l'*Histoire des oiseaux*, soit par les notes consciencieuses qu'il fournit à Buffon, soit par la surveillance active qu'il exerça sur l'exécution des planches qui figurent dans cette partie de l'Histoire naturelle. Buffon, au reste, a plusieurs fois rendu justice à son zèle et à sa capacité. Dans l'avertissement placé en tête du premier volume des oiseaux, il dit : « L'on reconnaîtra partout la facilité de M. Martinet, qui a dessiné et gravé tous ces oiseaux, et les attentions éclairées de M. Daubenton le jeune, qui seul a conduit cette grande entreprise; je dis grande, par le détail immense qu'elle entraîne, et par les soins continuels qu'elle suppose : plus de quatre-vingts artistes et ouvriers ont été employés continuellement depuis cinq ans à cet ouvrage, quoique nous l'ayons restreint à un petit nombre d'exemplaires; et c'est bien à regret que nous ne l'avons pas multiplié davantage.... » Plus loin, il dit encore : « Je dois avertir que M. Daubenton, des Académies de Philadelphie et de Nancy, garde et sous-démonstrateur du Cabinet du Roi, a aussi beaucoup contribué à la perfection de tout l'ouvrage, en se chargeant de faire dessiner, graver et enluminer avec soin les oiseaux, à mesure qu'il a été possible de se les procurer. » (Voy. pour quelques autres détails relatifs à Daubenton le jeune, la note 1 de la lettre LXXXVI, t. I, p. 344.)

Note 2, p. 40. — Jacques Petiver, naturaliste anglais, mort en 1718, a écrit sur l'histoire naturelle de nombreux ouvrages, et a fait faire à cette science de sérieux progrès.

Note 3, p. 40. — Georges-Joseph Kamel, ou plutôt Camelli, né vers la fin du dix-septième siècle, adressa à la Société royale de Londres divers mémoires sur les productions naturelles des îles Philippines, où il avait été envoyé comme missionnaire. Petiver publiait à Londres les observations que lui adressait Kamel; on les trouve en très-grande partie dans les *Transactions philosophiques* (tomes XXI et XXVII). Linnée a donné à la fleur venue du Japon et fort répandue aujourd'hui, en souvenir de *Camelli*, le nom de *Camélia*.

Note 4, p. 41. — Voici la lettre de Lebrun :

« Paris, le 26 janvier 1778.

« Monsieur, je viens d'apprendre que notre cher abbé a quelque chose à me communiquer de votre part. Jugez si je suis flatté d'être dans la mémoire et dans le cœur de la personne que j'estime et respecte le plus, et que j'aime en proportion de mon estime. En attendant que je satisfasse mon impatience, je m'empresse de vous faire hommage de mon ode imprimée, sur le *Passage des Alpes*, et présentée au prince de Conti ces jours derniers.

« Ce tribut assez noble, rendu sans espoir d'intérêt aux mânes du père, fait ici la sensation la plus flatteuse pour moi. Le suffrage dont vous l'aviez déjà honoré, monsieur, valait à mes yeux l'opinion publique. Vous y trouverez ces vers, ajoutés depuis ma lecture, et qui ne sont pas sans objet dans ce moment-ci :

> Il sait que l'auguste naissance
> Peut voir, par l'infâme licence,
> Sa splendeur, ses droits avilis ;
> Il sait que l'amour et l'ivresse,
> Vainqueurs du héros de la Grèce,
> Ont embrasé Persépolis.
>
> Fuis donc, ô volupté fatale !
> Fuis ! que ses destins glorieux,
> Loin de Cléopatre et d'Omphale
> Suivent leur cours victorieux, etc.

« Si la poésie est le langage des dieux, son plus digne emploi est de donner des leçons à ceux qui s'appellent les enfants des dieux. Je joins à l'ode une épître que je viens d'adresser, au sujet de cette ode même, au premier président, ami, comme on sait, du prince mort, et dans les circonstances les plus singulières.

> « Incedo per ignes
> « Suppositos cineri doloso. »

« Je marche sur des cendres dangereuses ; mais j'y marche avec cette fermeté qui impose aux lâches cabales et fait rougir l'injuste puissance. Je partage, pour ainsi dire, le prince en deux, pour sauver sa partie héroïque de la contagion du reste. Je sais que le premier président a pris le tout en très-bonne part. En écrivant cette épître, je me flattais pareillement qu'elle serait conforme à votre manière de sentir et de penser. Je désire que vous y trouviez mieux que des vers, c'est-à-dire cette énergie de sentiments et cette verve de l'âme qui fait oublier aux lecteurs la mesure et la rime.

> L'esprit fait les rimeurs; l'âme fait les poëtes.
> Phosphore d'un moment, l'un s'exhale en bluettes,
> Et l'œil reste glacé par ses froides lueurs;
> L'autre, foyer brûlant, enflamme tous les cœurs.
> Si des feux d'Apollon l'âme n'est point saisie,
> Pourquoi mettre en rimant la raison dans les fers?
> L'art forma de sang-froid, sans l'aveu du génie,
>     Les Delilles, les Saint-Lamberts.
> Buffon, je l'avouerai, j'aime assez peu les vers;
>     Mais j'adore la poésie.

« Oui, monsieur, c'est elle que j'admire dans une foule de morceaux vraiment sublimes de votre Histoire naturelle. C'est par elle que je voudrais rendre un peu durable l'ouvrage le plus cher à mon cœur, celui que je vous ai adressé. J'aime mieux chanter un ami qu'un héros, et, pour tout dire, je préfère le héros de la physique à celui des Alpes.

« Puisque nous sommes encore dans un mois où il est d'usage de former des vœux, permettez-moi de vous souhaiter les années de Fontenelle. C'est la moindre chose que doive la nature à celui qui l'a peinte si dignement.

« Je suis, avec tous les sentiments de l'amitié la plus respectueuse et la plus tendre, votre très-humble serviteur,

« LEBRUN. »

(Cette lettre a été publiée dans les *OEuvres complètes* de Lebrun. — Paris, 1811, 4 vol. in-8°.)

Note 5, p. 41.—L'abbé Desaunais est connu par ses succès comme orateur chrétien. Compatriote et ami de l'abbé Bexon, il lui dut l'avantage de connaître Buffon, qui l'apprécia et l'aima dès le premier jour où il lui fut présenté.

Note 6, p. 41. — Si Buffon eût été moins absorbé par ses travaux, il eût pu lire dans les *Feuilles à la main* l'avertissement suivant :

« 19 juin 1778. — Rien de plus plaisant que l'importance que mettent ici à leurs petits projets nos faiseurs de spéculations. Un sieur de La Blancherie a imaginé une correspondance générale sur les sciences,

la littérature, les arts et la vie des gens de lettres et des artistes de
tous les pays, et il se propose d'en publier tous les détails par quinzaine, sous le titre de *Nouvelles de la république des lettres et des arts.*
Il tient aussi des assemblées hebdomadaires indiquées sous le nom
de *Rendez-vous de la République des lettres.* Or, qu'est-ce que cet
agent général des savants, des gens de lettres, des artistes et des
étrangers distingués? Un jeune audacieux qui n'est connu par aucun
talent. Où tient-il ses assemblées? Dans un galetas du collége de
Bayeux, où il n'y a pas même de chaise et où il faut rester debout
depuis trois heures jusqu'à dix du soir que durent ses séances. Enfin,
qu'y fait-on? On y cause comme dans un café, d'une façon plus incommode seulement. Qu'y voit-on? des choses qu'on trouverait chez
tous les artistes, et qui y seraient encore mieux, parce que ce serait
chaque jour et à toute heure. Où sont ses correspondances? dans un
gros livre dans lequel il a écrit l'adresse de quelques savants et artistes étrangers qu'il a apprise. Quant à son journal, on reçoit bien
l'argent pour les souscriptions, mais rien ne paraît. Malgré l'approbation que l'Académie des sciences, on ne sait pourquoi, a jugé à
propos de donner à ce projet le 20 mai, sur le rapport de MM. Franklin, Leroi, le marquis de Condorcet et Lalande, on peut assurer par
expérience que c'est jusques à présent l'idée la plus folle, la coterie la
plus plate et la correspondance la plus vide. » (*Mémoires de Bachaumont.*) L'établissement du même genre fondé en 1781 au Palais-Royal
sous le nom de *Musée*, par Pilâtre du Rozier, amena la décadence et
bientôt la ruine de celui de La Blancherie.

Note 7, p. 41. — Le journal publié par Panckoucke, et auquel Buffon fait allusion, avait pour titre : *Journal de politique et de littérature.* Linguet en eut longtemps la direction; La Harpe et Suard le
remplacèrent à la suite du désaccord qui s'éleva entre lui et Panckoucke au sujet de la rédaction. Linguet attaqua l'éditeur du journal,
publia contre lui des mémoires, lui intenta des procès, et finit par
fonder une feuille rivale. Panckoucke, qui était à la tête de la plus
grande maison de librairie de l'époque, fut longtemps l'éditeur du
*Mercure;* il eut encore le *Journal français*, le *Journal des dames*, et,
au retour d'un voyage à Londres, il fonda le *Moniteur universel.*

## CCIX

Note 1, p. 42. — *Je n'en échappe aucun.* Buffon aimait à employer
le verbe *échapper* dans le sens actif; il a même soutenu une discus-

sion publique avec un M. Lambert qui avait critiqué cette forme de
langage (voy. la lettre CCCLXI, p. 222). Le fait est que le Dictionnaire
de l'Académie (6ᵉ édition) lui a donné raison, quoique en général
le verbe *échapper* soit plutôt neutre qu'actif.

Note 2, p. 42. — La biographie complète du comte de Schouwaloff
ne se trouve dans aucun recueil; et cependant les étroites relations
qu'il entretint avec les illustrations littéraires du dix-huitième siècle,
la culture d'esprit qui le distinguait, ses productions même auraient dû le garantir d'un semblable oubli. Après avoir été le favori
de la czarine Élisabeth de Russie, qui, dit-on, l'avait même épousé
secrètement, il jouit d'une faveur égale sous le règne de Catherine II,
qui le nomma son chambellan, et lui donna pour mission de propager dans l'empire russe le goût des lettres, qu'il aimait avec
passion. Il devait, en conséquence, aimer beaucoup la France,
où elles brillaient alors d'un vif éclat. Dans ses nombreux voyages
à Paris, il ne manqua jamais de se mettre en rapport avec tout ce
que la littérature, les sciences ou les arts comptaient de plus élevé.
Une partie de la correspondance littéraire de La Harpe est adressée au comte de Schouwaloff. « Vous écrivez, lui dit-il, comme si
vous viviez à Paris, et plusieurs de nos auteurs écrivent comme
s'ils vivaient à Saint-Pétersbourg. » On prétendit un jour que Voltaire avait mis la main à une épître en vers que le comte lui avait
adressée, et Voltaire s'en défendit. « C'est, dit-il, en parlant de l'auteur, un prodige pour l'esprit, les grâces, la philosophie.... l'impératrice de Russie écrit en prose aussi bien que son chambellan en vers. »
Ailleurs, tantôt il le compare à Tibulle, et tantôt il le nomme le Mé-
cène de la Russie. Des différents morceaux de poésie envoyés en
France par le comte de Schouwaloff, et qui tous font honneur à son
imagination et à son esprit, le meilleur, sans contredit, est son *Épître
à Ninon*. Dorat le premier, Parny ensuite, le louèrent dans des vers
qui certes ne valent point ceux dont ils font l'éloge. La Harpe, correspondant littéraire du grand-duc, et en même temps du comte, était
fier de l'amitié que lui témoignait ce dernier. En 1784, il eut l'imprudence de publier dans le *Mercure*, dont il avait alors le privilége, une
pièce de vers que lui avait adressée son correspondant, et dans laquelle il lui prodigue la louange. Sa vaniteuse complaisance lui valut
l'épigramme qui suit :

> N'a pas longtemps, un seigneur moscovite,
> Grand connaisseur, d'un pauvre auteur sifflé
> En vers français a prôné le mérite,
> Dont le rimeur, d'orgueil tout boursouflé,

Dans son Mercure a colloqué l'épître.
Or, mes amis, savez-vous à quel titre
Telle patente il a pu mériter?
Ses vers, qu'ici nul ne veut écouter,
Ont à Moscou charmé plus d'une oreille;
Chacun y dit : « Ma foi ! sans le flatter,
Ce Français-là parle russe à merveille! »

Le comte de Schouwaloff mourut en 1789, après avoir attaché son nom à un grand nombre d'établissements utiles. Quatre vers que lui adressa la duchesse de Luxembourg, en lui envoyant un *souvenir* de France, résument d'une façon assez heureuse les rares qualités de son caractère :

Le souvenir est doux à l'homme heureux et sage
Qui sut jouir de tout et n'abusa de rien,
Et qui de la faveur fit un si bon usage,
Que même ses rivaux n'en ont dit que du bien.

## CCX

Note 1, p. 43. — Charles Bossut, né le 11 août 1730, mort le 14 janvier 1814, était un géomètre distingué, dont on n'a pas encore oublié les nombreux écrits. Après avoir achevé sa philosophie, il entra au séminaire et prit l'habit ecclésiastique. En 1768, il remplaça Camus à l'Académie des sciences, et fut nommé en même temps au poste d'examinateur des élèves du Génie, que la mort de ce dernier venait de laisser vacant.

## CCXI

Note 1, p. 44. — Cette lettre est ainsi conçue :

« Février 1778.

« Monsieur, comme c'est à vous seul que je dois certainement la lettre la plus flatteuse qu'un homme de lettres puisse jamais recevoir, et dont Mme Necker, votre illustre amie, vient de m'honorer, c'est à vous surtout que je dois faire part de toute la reconnaissance dont je suis pénétré. Je vous envoie ci-joint la copie de cette lettre si précieuse pour moi, et ma réponse dans laquelle j'aurais bien voulu, monsieur, m'exprimer d'une manière qui pût être agréable à vos deux amis. Mais, à parler vrai, monsieur, il n'y a que vous qui puissiez dignement remercier Mme Necker; permettez-moi de vous en supplier. Elle n'a considéré en moi qu'un homme à qui votre gloire est bien chère, et que vous daignez aimer un peu; et, quelque flatteurs que soient ses éloges, je sens trop que l'ouvrage qui vous est adressé n'est vraiment recommandable que par celui qu'il célèbre et qui a fixé, non-seulement l'admiration, mais encore l'estime et les cœurs de toute l'Europe. C'est un double avantage qui se réunit bien rarement, et que nul homme fameux ne partage aujourd'hui avec vous. Aux lectures très-multipliées qu'on me prie de faire, beaucoup de personnes de première distinction ont donné des larmes aux mânes qui vous sont si chers, et, au moment où, comme le dit si bien Mme Necker, la maladie d'un seul homme alarma l'Europe entière, ces larmes attestaient l'intérêt si rare et si pur qui ne s'accorde qu'au vrai génie, rendu plus sublime encore par la vertu.

« On m'a conseillé, monsieur, et c'était des mères! de placer un mot sur M. votre fils, dans la bouche de Mme de Buffon. Je l'ai fait, en changeant avantageusement quatre vers de son discours, ce qui ajoute beaucoup de pathétique. J'aurai l'honneur, monsieur, de vous envoyer ce changement par le premier ordinaire, avec ma réponse à une lettre bien flatteuse pour moi et que notre cher abbé m'a fait voir.

« Je vous supplie de présenter mes hommages à M. le Prince de Gonzague, et de lui dire combien je suis flatté que mon ode ait eu l'avantage de lui plaire.

« Je suis avec l'attachement le plus respectueux et le plus tendre,

« Monsieur,

« Votre très-humble et très-obéissant serviteur,

« LEBRUN. »

(Publiée dans les *OEuvres* de Lebrun.)

Note 2, p. 44. — Lebrun, en adressant à Buffon la lettre qui précède, lui en avait, par mégarde sans doute, envoyé le brouillon où *il y avait des ratures*. Buffon lui restitue cette minute et lui fait observer délicatement qu'il l'a respectée et qu'il n'a pas regardé les ratures.

Note 3, p. 44. — Mme Necker, à qui Lebrun avait envoyé son ode, lui adressa la lettre qui suit :

« Paris, le 31 janvier 1778.

« M. de Buffon m'avait fait partager, monsieur, sa reconnaissance et son admiration pour la belle ode où vous peignez d'un ton aussi élevé que le sujet, les travaux de ce peintre de la nature, et cette maladie d'un seul homme qui alarma l'Europe entière. J'ai vu le sublime vieillard verser beaucoup de larmes sur des mânes adorés que vous aviez fait revivre dans vos vers, et ces larmes sont un triomphe bien digne de vous, monsieur. Le monument que vous avez élevé à la mémoire de M. le prince de Conti doit confirmer l'opinion déjà établie de votre supériorité dans un genre très-difficile, genre qui peut effrayer le génie même ; mais il est beau de courir une carrière qui fixe les regards des admirateurs et des critiques.

« Je vous remercie, monsieur, de m'avoir mise à portée de vous rendre hommage et de vous offrir l'assurance des sentiments très-distingués avec lesquels j'ai l'honneur d'être votre très-humble et très-obéissante servante,

« C. DE NAS-NECKER. »

Voici la réponse de Lebrun :

« Paris, le 13 février 1778.

« Madame,

« Jugez de mes regrets et de mon désespoir ; votre lettre, si précieuse pour moi à tous égards, vient, par la fatalité la plus singulière, de ne m'être remise par les facteurs qu'après vingt-six jours, chargée de renvois et de fausses adresses. J'ai couru à l'instant même au Temple, où je ne demeure plus, pour découvrir la source de l'erreur. Le suisse de M. le comte d'Artois, accoutumé à me renvoyer mes lettres, m'a dit n'avoir eu absolument aucune connaissance de celle-ci, dont il eût certainement remarqué le contre-seing.

« Combien je serais inconsolable de l'avoir perdue ! Pouvais-je être trop impatient, madame, de vous témoigner ma vive et respectueuse reconnaissance pour tant de bontés que je dois à cette indulgence, caractère de toutes les belles âmes, et surtout à votre tendre amitié pour M. de Buffon ? Votre lettre m'a fait connaître, madame, une manière de sentir et de penser aussi élevée que délicate, et qui peint mieux votre âme que n'aurait pu faire le peintre même de la nature. Tout y respire un amour éclairé des arts, qui m'intimide même en daignant m'encourager, mais qui me rend orgueilleux pour mon siècle.

« Oui, madame, quoi que disent nos frondeurs, je ne désespère plus d'un siècle où il existe encore des âmes telles que la vôtre et celle de M. Necker. Ce qui est plus beau que toutes nos poésies, c'est cet encouragement plein d'enthousiasme que vous donnez au génie, et qui seul le ferait éclore ; c'est cette lettre au *brave homme*, que M. Necker semble avoir écrite avec l'âme d'Henri IV ; c'est cette clairvoyance soutenue de fermeté, ce désintéressement si rare, cet amour du bien et des arts, qui en fera, malgré les jaloux, le digne rival du ministre qu'il a si noblement célébré.

Colbert aima les arts, hélas! prêts à s'éteindre,
Si votre illustre époux ne les ranimait pas;
De Colbert il suivra les pas;
Qui sut l'approfondir, a seul droit de l'atteindre.
Mais tandis qu'on le voit réprimer les abus
Par sa courageuse industrie,
Et, pour l'honneur de ma patrie,
Prêter ses yeux perçants à l'aveugle Plutus;
Vous qui semez des roses sur sa vie,
O de Buffon illustre et digne amie!
Vous, dont il m'a vanté l'âme et les agréments
Si chers à sa docte Uranie,
Vous qui, d'un trait de feu, peignez avec génie
L'Ode et ses fiers ravissements,
Que vous inspirez bien les Nymphes de Mémoire!
Qu'il est beau de tenir le flambeau de la gloire
Et d'en éclairer leurs amants!
Du Parnasse français réparez les disgrâces;
Rappelez ses beaux jours; ressuscitez ses fleurs:
Pour rendre la vie aux neuf Sœurs,
Il ne faut qu'un souris des Grâces!

« Telle est, madame, la juste espérance que vous me faites concevoir. Peut-être devrai-je moi-même à vos encouragements une gloire qui m'en deviendra plus chère. Souffrez que j'implore de vous, au nom du sublime vieillard que vous aimez, la grâce la plus flatteuse pour moi, celle de vous faire ma cour. Ce bonheur dont M. de Buffon m'a fait sentir tout le prix, est le seul qui puisse me dédommager d'avoir été privé si longtemps de la lettre la plus précieuse.

« Je suis avec un profond respect, madame,

« Votre très-humble et très-obéissant serviteur,

« LEBRUN. »

(Les deux lettres qui précèdent ont été publiées dans les *OEuvres* de Lebrun.)

## CCXII

Note 1, p. 45. — Lebrun ne manqua pas de rendre compte à Buffon de sa visite à Mme Necker et de l'accueil qui lui fut fait.

« Paris, le 30 avril 1778.

« Monsieur, si je n'eusse point très-désagréablement payé le tribut aux malignes influences de la saison, j'aurais eu l'honneur de vous faire part un peu plus tôt de la lecture de mon Ode à Mme Necker, et du succès qu'elle a eu. Vous en jugerez, monsieur, par cette phrase d'une lettre que M. Thomas, qui m'a paru votre sincère admirateur, m'a écrite depuis cette lecture, à laquelle il assistait seul : « Votre Ode à « M. de Buffon a dû produire le même effet. Ce philosophe poëte a dû « y trouver son pinceau. De tous les genres de poésie, c'est l'Ode sû- « rement qui a le plus de droit de lui plaire, parce qu'elle a plus de « rapport avec l'élévation de ses idées et la hauteur de son style ; vous « avez conservé ou rendu à ce genre toute sa dignité. Dans notre langue, « si raisonnable, nous avons beaucoup de stances et bien peu d'odes. « Celle-ci a véritablement une marche antique, et l'idée qui la termine « est tout à fait heureuse ; elle repose l'imagination en lui offrant des « beautés d'un autre genre, et des images pleines de douceur, de sen- « sibilité et de grâces. »

« Votre illustre amie m'a comblé d'éloges avec toutes les grâces qui lui sont naturelles ; elle m'a dit et répété, ainsi que M. Thomas, qu'elle ne voyait absolument rien ni à ajouter, ni à retrancher ; qu'il fallait laisser l'ouvrage dans l'état où je venais de le leur lire, et que cette pièce était certainement mon chef-d'œuvre. Alors je lui en ai re- mis une copie manuscrite et telle qu'elle doit être imprimée. Elle est convenue que le moment favorable pour la faire paraître avec éclat, sera l'instant même où vous allez rendre publiques vos *Époques de la nature*, ouvrage certainement sublime, à en juger par les deux vues admirables que nous connaissons. Alors on sentira mieux tout le prix de mon apostrophe au Génie et de : « Tel éclatait Buffon, etc. »

« L'art et la nouveauté du plan de cette ode n'ont point échappé à M. Thomas. Il s'est bien aperçu qu'il était distribué en trois parties à peu près égales, qui, formant trois modes différents, y jetaient des con- trastes et une variété étonnante. En effet, les sept ou huit premières strophes, où je peins le Génie et vos systèmes, sont dans le genre su- blime, et forment une scène qui se passe dans le ciel. Les sept ou huit strophes où je peins l'envie et son complot et le voyage des mons- tres, se passent aux enfers et sont d'un genre terrible et lugubre ; et le reste, c'est-à-dire le discours de Mme de Buffon à la Parque, votre convalescence, la joie qu'elle inspire, etc., est dans le genre pathéti- que et tendre. C'est peut-être le premier ouvrage où ces trois genres si contrastants ont été mêlés et réunis d'une manière aussi neuve, à ce qu'on prétend, et de là viennent la terreur et les larmes qu'elle a souvent excitées aux différentes lectures.

« Vous trouverez ci-joint, monsieur, l'élégie adressée à Mme la com- tesse du Pujet. J'ai cru que vous liriez sans peine un petit ouvrage qui a fait ici quelque plaisir, et où j'ai dû rendre un nouvel hommage à la mémoire de Mme de Buffon, puisque c'est à son discours que Mme du Pujet s'est évanouie.

« Je ne dois point non plus vous laisser ignorer qu'ayant été voir ces jours derniers au Jardin du Roi la statue vraiment animée du héros de mon ode, je n'ai pu lire sans quelque regret, ainsi que le public, l'inscription qui est au bas sur un papier flottant, et dont on ne peut louer que le zèle. Plusieurs dames et gens de lettres m'excitèrent à vous venger de ces malheureux vers, si indignes du héros et de la statue, qui est pleine de feu et de vie. Je m'en défendis d'abord, en convenant que l'inscription présente était froide et nulle, que le seul hémistiche passable était pris de la *Henriade* :

> La toile est animée et le marbre respire.

qu'il était maladroit de piller M. de Voltaire pour louer M. de Buffon ; qu'au reste rien n'était plus difficile peut-être qu'une inscription en vers français, parce qu'il faut qu'elle soit vive, précise, et pour ainsi dire un impromptu d'enthousiasme, qui d'un seul trait de feu donne la plus haute idée du héros. Telles sont les bonnes de l'anthologie et celles de Santeuil, le seul qui ait eu du génie dans ce genre ; mais il écrivait en latin. Vaincu par la persécution et par l'amour de votre gloire, voici, monsieur, le distique que votre statue, en effet vivante, m'a inspiré :

> Buffon vit dans ce marbre ! A ces traits pleins de feu,
> Vois-je de la nature ou le peintre ou le Dieu ?

Le doute donne à la fois la grâce et la pudeur à l'éloge, qui, loin alors d'être excessif, se réduit à dire que le peintre de la nature est vraiment divin, épithète de tout temps consacrée au génie. Ce distique a été reçu, applaudi et retenu avec enthousiasme ; notre cher abbé en a été singulièrement frappé. Je désire, monsieur, que cette inscription vous prouve au moins l'intérêt tendre que je prends à votre gloire.

« J'ai l'honneur d'être, monsieur,

        « Votre très-humble et très-obéissant serviteur,

                        « Lebrun. »

(Publiée dans les *OEuvres* de Lebrun, édition de 1811.)

Une autre lettre de Lebrun, dans laquelle il rend compte à Buffon d'une visite qu'il fit à Voltaire, me paraît présenter quelque intérêt et n'être point déplacée ici :

                        « Mai 1778.

« Monsieur, depuis que j'ai eu l'honneur de vous écrire, j'ai reçu de Mme Necker une nouvelle lettre toute charmante, et telle que les Grâces en écriraient si elles avaient été instruites par les Muses. Je dois au moins vous en citer une phrase qui vous regarde personnellement. La voici : « J'aurai beaucoup de plaisir à m'entretenir avec vous « d'un grand homme dont l'amitié aime autant à parler que la renom- « mée même. » J'ai donc eu la satisfaction, monsieur, de m'entretenir avec Mme Necker du grand homme qu'elle aime d'une tendresse vraiment filiale, ce sont ses termes. Sa conversation m'a paru égale au style de ses lettres, c'est-à-dire enchanteresse et profonde. Le plaisir de l'entendre m'a changé en minute l'heure entière que j'ai eu l'honneur de passer avec elle ; personne ne sait mieux unir

Esprit d'homme et grâces de femme.

« Ce vers du bon La Fontaine paraît n'avoir été fait que pour votre illustre amie. Elle m'a dit que vous lui aviez écrit, et je m'en suis aperçu à ses bontés.

« Je ne saurais trop vous remercier, monsieur, d'une connaissance aussi flatteuse à tous égards ; je la cultiverai avec discrétion. Elle me deviendrait d'autant plus précieuse que j'aurais le bonheur de vous y voir à votre retour. Elle m'a parlé avec la réserve des Grâces de ma liaison avec M. Clément, dont le nom fait peut-être ombrage dans son cercle. Je lui ai dit qu'effectivement j'avais aimé et estimé, dans cet homme de lettres, une certaine droiture d'esprit assez rare, des idées saines qui eussent pu devenir utiles à la poésie ; que je faisais cas de sa franchise et non de sa dureté ; qu'il ne me consultait sûr aucun de ses jugements, et que j'étais bien loin d'approuver son style dans ce qu'il pouvait avoir d'impoli et de malhonnête.

« En effet, monsieur, je suis la personne que M. Clément consulte le moins sur son journal, que même il ne m'envoie plus ; genre d'ouvrage dont il sait que je fais peu de cas. Eh ! comment pourrais-je être de l'avis de M. Clément, qui, dans je ne sais quelle feuille, parlant, je ne sais pourquoi, d'histoire naturelle, dit à votre sujet, monsieur, absolument le contraire de ce que je pense et célèbre dans mes faibles vers ?

« Il ne faudrait que cet exemple bien frappant, pour prouver à Mme Necker combien nous avons, M. Clément et moi, nos avis à part. J'estimais en lui le défenseur de Boileau que j'aime éperdument ; mais je n'entre ni dans ses préjugés ni dans ses haines. J'aime le beau et le vrai partout où ils se trouvent ; je ne suis d'aucune secte et je les méprise toutes.

« Je voudrais que votre judicieuse amie en fût bien persuadée, car

les moindres ombrages font quelquefois obstacle aux amitiés naissan-
tes, et j'aurais désiré cultiver la sienne.

« Elle était fort curieuse de savoir comment M. de Voltaire avait pris
mes vers sur son arrivée, et comment il avait pu me passer le vers
où je lui dis très-impérativement :

> Partage avec Buffon le temple de Mémoire.

La vérité est que mon admiration et mon amitié pour vous, monsieur,
ont joui, à cet égard, du triomphe le plus complet. Voici comment
s'est passée la scène, car mes vers et ma visite à M. de Voltaire ont
fait quelque bruit. D'abord je ne lui avais point envoyé ces vers, de
manière qu'il ne les a eus que par le Journal de Paris. Voltaire en fut
si enthousiasmé qu'il les lut trois fois à tout ce qui l'environnait. Je
tiens ce fait de M. de Villette ; c'est la première chose qu'il m'a dite
lorsque j'entrai chez M. de Voltaire. Jugez, monsieur, s'il pouvait arriver rien qui me flattât davantage que d'avoir obligé M. de Voltaire (dans ce premier moment de l'enthousiasme français qui semblait le regarder comme l'homme unique), de prononcer lui-même
trois fois ce vers :

> Partage avec Buffon le temple de Mémoire.

D'ailleurs j'ai mis dans cette même pièce que je vous envoie : *Expiant
tes succès*, termes que Voltaire a trouvés assez énergiques. Il y avait
même deux vers que le Journal a refusé d'insérer, comme pouvant
choquer M. de Voltaire, et que je rétablis à l'impression ; c'est :

> De ton Midi les brûlantes ardeurs
> N'ont que trop élevé d'orages.

Informé, malgré cela, du très-bon effet que la pièce avait produit sur
M. de Voltaire, je lui fis une visite cinq ou six jours après son arrivée ;
il me reçut avec la distinction la plus honorable. J'eus une conférence
particulière d'une grande heure dans son cabinet. Il débuta par cette
phrase : « Vous voyez, monsieur, un pauvre vieillard de quatre-vingt-
« quatre ans, qui a fait quatre-vingt-dix mille sottises. » Je pensai être
confondu de ce début, qui paraissait avoir trait au conseil un peu sévère qui termine ma pièce :

> Mais ne va point troubler ta joie et nos hommages.

« Heureusement je lui répondis sur-le-champ qu'il ne fallait que quatre
ou cinq de ces sottises-là pour rendre un homme immortel. Il me dit
que j'étais bien bon ; il ajouta avec toutes sortes de grâces que, si la

vieillesse ne l'avait point brouillé avec les Muses, il se serait fait un vrai plaisir de répondre à mes vers. Quelques moments après, en admirant sa santé qui me paraissait bien étonnante pour son âge, car il voit et entend comme un jeune homme (quoiqu'il n'ait cessé depuis vingt ans de calomnier son ouïe et ses yeux), je lui dis qu'il devait avoir, en années, sur M. de Fontenelle, le même avantage qu'il avait eu en talents. Il me répondit : « Vous êtes bien honnête, mais il y a « une grande différence. Fontenelle était heureux et sage, et je n'ai « été ni l'un ni l'autre. »

« Je vous avouerai, monsieur, que ce ton, qu'il n'a point quitté au milieu de ses plus grandes politesses, m'a fait craindre en moi-même que, malgré mes éloges, le terrible *expiant tes succès...*, et les conseils par lesquels je termine mon épître, n'aient contristé le cœur de cet illustre vieillard, dont l'attendrissement paternel pour la personne qu'il vient d'établir m'a vraiment pénétré l'âme. Les larmes roulaient dans ses yeux en nous parlant de *Belle et Bonne* (c'est ainsi qu'il la nomme) et en faisant opposition de ses grâces naïves à celles de Mme du Barri, qui venait de le quitter. Je suis donc sorti du cabinet de cet étonnant vieillard, me reprochant un peu d'avoir hasardé une leçon à un homme de quatre-vingt-quatre ans, et m'intéressant beaucoup plus à lui que lorsque j'y suis entré. Aussi lui ai-je envoyé une petite lettre et une autre vingtaine de vers pour réparer la fin sévère et moraliste des premiers. J'y fais l'éloge de sa *Belle et Bonne*, en effet très-séduisante. Cependant le ton de la première pièce a plu extrêmement au public, et peut-être a-t-elle mieux servi M. de Voltaire que tout le plat encens de sacristie dont il a été enfumé par la foule des rimailleurs.

« Heureux et mille fois heureux celui qui a su, aux talents sublimes, joindre dans tous les temps la sagesse et la vertu ! Il jouit d'une considération sans reproche et sans nuage. Pour mon bonheur, tout cela existe dans le peintre inimitable de la nature ; et c'est lui seul qui jouit sans réserve de l'admiration mêlée de respect et de tendresse que lui a vouée pour la vie,

« Son très-humble et très-obéissant serviteur.

« LEBRUN.

« P. S. J'ai promis à Mme Necker de lui donner incessamment une copie de l'Ode qui vous est adressée, avec les vers ajoutés sur M. votre fils, dont il y en a surtout un qui l'a frappée ; c'est après ces deux vers :

> Ah ! prends pitié d'un cœur qui s'immole soi-même,
> Qui, par excès d'amour, craint de voir ce qu'il aime.
> *Qu'il vive pour mon fils, c'est vivre encor pour moi !*

Voici la lettre de Mme Necker dont parle Lebrun :

« Paris, mai 1778.

« J'ai lu, monsieur, avec un plaisir extrême l'aimable et belle lettre que vous m'avez fait l'honneur de m'écrire, et j'ai senti pour la première fois, depuis bien longtemps, que la louange avait de grands charmes. J'ai fait lire à M. Necker les vers délicieux que vous m'avez adressés, et je vous assure que je n'ai pas eu besoin d'approcher le *flambeau* pour l'*éclairer* sur le mérite de cette poésie si harmonieuse, si noble et si décente; c'est le véritable langage des Muses, qui sont toujours déesses, quelque ton qu'elles prennent.

« J'aurai beaucoup de plaisir, monsieur, à vous remercier, et à m'entretenir avec vous d'un grand homme, dont l'amitié aime autant à parler que la renommée même. S'il vous convenait de passer chez moi dimanche, à quatre heures et demie, je serais assurée de profiter de l'honneur que vous voulez me faire.

« J'ai celui d'être, avec des sentiments très-distingués, monsieur, votre très-humble et très-obéissante servante.

« C. NECKER. »

(Les deux lettres qui précèdent ont été publiées en 1811 dans les *OEuvres complètes* de Lebrun.)

Note 2, p. 45. — Buffon, dont le style, harmonieux, riche en images, a tout le charme de la poésie, et dans les écrits duquel on retrouve sans cesse les qualités poétiques les plus essentielles, n'aimait cependant pas les vers. Tout en admirant le génie de ceux qui se sont illustrés dans ce genre, il leur faisait le reproche de sacrifier sans cesse la propriété de l'expression aux nécessités de la rime. Il suffit de se rappeler avec quel soin Buffon, dans ses écrits, recherche l'expression propre et s'attache surtout à la précision de la pensée, pour comprendre quelle sévère critique devait mériter à ses yeux un semblable sacrifice. Il aimait les beaux vers cependant, et disait que la lecture des grands poëtes reposait son esprit. Chez les anciens, son poëte préféré fut Horace. Mme Necker, parmi ses souvenirs, a consigné celui-ci : « Horace, me disait M. de Buffon, assure, dans ses vers, que l'homme de génie brûle ceux qui l'entourent. — Je sens qu'il ne brûle pas, ai-je répondu à ce grand homme, quand sa chaleur vient de très-haut comme celle du soleil. » Elle dit encore plus loin : « M. de Buffon critique ces deux vers de Racine :

Le fer moissonne tout : et la terre humectée
But à regret le sang des neveux d'Érechthée.

Il croit que le mot *humectée* ne devait pas précéder celui de *boire*, et il est vrai qu'on n'est humecté que pour avoir bu ; mais la poésie, qui est toujours dans le délire, peut se permettre de confondre les temps. » Parmi les modernes, tant prosateurs que poëtes, les trois auteurs favoris de Buffon furent La Fontaine, Fénelon et Racine, Racine surtout. Il savait par cœur des tirades entières empruntées à ses plus belles scènes, et les récitait de mémoire avec sa belle voix forte et vibrante. « Avouez, disait-il à ceux qui l'avaient écouté en silence, que c'est beau, et que la prose n'aurait pu faire mieux ! » Il disait encore en entendant de beaux vers : « C'est beau comme de la belle prose. » Racine, à ses yeux, était un des plus grands esprits de son temps, et il le regardait comme l'écrivain qui, par son style, approchait le plus de la perfection dont il croyait la bonne prose susceptible.

La Harpe, dont l'opinion est souvent citée lorsqu'on parle de l'espèce de répugnance que Buffon éprouvait pour la poésie, s'exprime ainsi dans son cours de littérature : « J'ai vu en 1780 le respectable vieillard Buffon soutenir très-affirmativement que les plus beaux vers étaient remplis de fautes et n'approchaient pas de la perfection de la bonne prose. Il ne craignit pas de prendre pour exemple les vers d'*Athalie*, et fit une critique détaillée du commencement de la première scène. Tout ce qu'il dit était d'un homme si étranger aux premières notions de la poésie, aux procédés connus de la versification, qu'il n'eût pas été possible de lui répondre sans l'humilier, ce qui eût été un très-grand tort, quand même il ne m'eût pas honoré de quelque amitié. »

Le jugement de La Harpe ne me semble pas exempt de sévérité, et cette petite anecdote est évidemment empreinte d'exagération. Son talent reconnu de versificateur aura sans doute grossi à ses yeux les torts d'un écrivain qui, rendant justice à une manière de traduire la pensée qui a produit des chefs-d'œuvre, critique cependant les lois auxquelles elle oblige, les règles qu'elle impose. « J'aurais bien fait des vers tout comme un autre, disait parfois Buffon ; mais j'ai bientôt abandonné un genre où la raison ne porte que des fers. Elle en a bien assez d'autres sans lui en imposer encore de nouveaux. »

On connaît cependant deux vers de Buffon, deux vers latins médiocres. L'amitié les inspira. Mme Necker lui avait envoyé son portrait sur une boîte d'or, enrichie de diamants. Buffon fit graver ces deux vers autour de l'image de son amie :

> « Angelica facie et formoso corpore Necker
> Mentis et ingenii virtutes exhibet omnes. »

M. Humbert rapporte qu'un soir, à Montbard, dans un jeu où chacun devait adresser un compliment en vers à une femme choisie parmi celles qui remplissaient le salon, lorsque vint le tour de Buffon, il s'approcha d'une des plus jeunes et des plus jolies, prit le crayon qu'elle tenait à la main, et écrivit sur ses genoux le quatrain suivant qu'il venait d'improviser :

> Sur vos genoux, ô ma belle Eugénie,
> A des couplets je songerais en vain;
> Le sentiment étouffe le génie,
> Et le pupitre égare l'écrivain.

Ceux qui reprochent à Buffon son peu de goût pour la poésie, lui reprochent en même temps l'estime singulière dans laquelle il eut les poëtes qui chantèrent ses louanges, et le cas qu'il fit toujours de leurs productions, ainsi qu'on a pu s'en convaincre en lisant les lettres familières qu'il adresse à Lebrun, ou les témoignages de gratitude qu'il prodigue au président de Ruffey et à Gueneau de Montbeillard. On oublie sans doute que remercier un auteur qui vous dédie son ouvrage, ou juger froidement et dans une appréciation raisonnée une œuvre dont on a entrepris la critique, n'est point en vérité la même chose. L'usage et les convenances exigent, dans le premier cas, que la critique se taise pour faire place à des éloges que ne sanctionne pas toujours le goût de celui qui les donne, et auxquels ne se trompe pas non plus celui qui les reçoit. Buffon ne fit jamais plus, et en cela je ne trouve pas qu'il soit à blâmer.

Note 3, p. 46. — Le procès de Lebrun fit du bruit. Ce fut un procès en séparation intenté par sa femme. Il dura longtemps, et les différentes consultations, les nombreux mémoires auxquels il donna successivement lieu, eurent une grande publicité. En 1760, Lebrun avait épousé une femme qu'il aimait et qu'il avait chantée dans ses vers, sous le nom de Fanny. En 1774, le procès commença, et Lebrun, qui formait opposition à la demande de sa femme, voulut mettre le public de son côté, en déclarant que le retard apporté à l'achèvement de son grand poëme de la *Nature*, auquel il travaillait depuis plus de quinze ans, n'avait d'autre cause que les chagrins dont sa femme abreuvait sa vie, et qu'il savait cependant supporter avec résignation. De ce poëme de Lebrun il n'a paru que quelques fragments. Dès ce temps déjà on en connaissait différents passages, lus par l'auteur aux soupers de M. de Vaines et dans des cercles de choix.

Mme Lebrun, qui, de son côté, se piquait de poésie, répondit aux plaintes de son mari en rappelant les encouragements qu'elle n'avait cessé de prodiguer à son talent, pour exciter sa verve et soutenir son courage. Elle rendit publics des vers qu'elle lui adressait, alors qu'il n'était encore que son amant, et dans le nombre ceux-ci, faits à l'occasion de sa fête :

*Le dieu du goût présente sa lyre au poëte et lui dit :*

> Tu captives tous les suffrages,
> Tes talents sont chéris des dieux.
> Puisse ton nom dans tous les âges
> S'immortaliser avec eux!
> D'Apollon reçois cette lyre
> Pour chanter au sacré vallon;
> Dans tes mains même on pourra dire :
> « C'est toujours celle d'Apollon. »

Lebrun perdit son procès. La séparation fut prononcée par le Châtelet, et confirmée en 1781 par un arrêt du Parlement. Lebrun ne pardonna ni à ses juges, contre lesquels il écrivit de mordantes épigrammes, ni à sa mère, qui avait déposé contre lui et qu'il n'avait point ménagée dans ses mémoires. Il entretint longtemps le public de l'ingratitude de sa femme, qu'il n'avait point cessé d'aimer, et qui, sous le prétexte d'exécuter l'arrêt rendu en sa faveur, emporta de la pauvre maison du poëte son mobilier tout entier; elle le laissait dans un complet dénûment.

## CCXIII

Note 1, p. 46. — La biographie de l'abbé Bexon peut se réduire à quelques lignes. Que dire, en effet, d'une vie qui s'est volontairement faite obscure et retirée? On peut constater cependant, car c'est un privilége bien rarement accordé à l'homme, que l'abbé Bexon fut heureux. Il eut une mère à laquelle il consacra sa vie, une sœur du nom d'Hélène, qui, en lui consacrant la sienne à son tour, embellit de sa jeunesse et de sa beauté l'intérieur un peu sévère de l'abbé. Il eut un frère, Scipion Bexon, qui partagea ses études et ses travaux. Scipion Bexon emprunta parfois le nom de son frère pour ses ouvrages, et le public s'y trompa, tant il y avait entre eux de rapport et de ressemblance. (Voy. ci-dessus, p. 275, quelques autres détails sur l'abbé Bexon.)

## CCXIV

Note 1, p. 47. — Le discours sur les perroquets est en effet une des plus belles pages de l'Histoire naturelle; après l'avoir lue, on ne peut, en vérité, en vouloir à Buffon d'être le premier à s'applaudir de l'avoir écrite. Dans ce court préambule, il dément l'opinion de ceux qui ont doué d'intelligence certains animaux dont l'instinct a parfois produit de merveilleux effets, et il montre quelle distance sépare les effets de l'intelligence de ceux de l'instinct. La nature a réservé à l'homme seul la faculté de se perfectionner : « Caractère unique et glorieux, dit-il, qui seul fait notre prééminence et constitue l'empire de l'homme sur tous les autres êtres. Car, ajoute-t-il, il faut distinguer deux genres de perfectibilité, l'un stérile, et qui se borne à l'éducation de l'individu, et l'autre fécond, qui se répand sur toute l'espèce, et qui s'étend autant qu'on le cultive par les institutions de la société. Aucun des animaux n'est susceptible de cette perfectibilité d'espèce ; ils ne sont aujourd'hui que ce qu'ils seront toujours, et jamais rien de plus, parce que leur éducation étant purement individuelle, ils ne peuvent transmettre à leurs petits que ce qu'ils ont eux-mêmes reçu de leur père et mère, au lieu que l'homme reçoit l'éducation de tous les siècles, recueille toutes les institutions des autres hommes, et peut, par un sage emploi du temps, profiter de tous les instants de la durée de son espèce pour la perfectionner toujours de plus en plus. Aussi, quel regret ne devons-nous pas avoir de ces âges funestes où la barbarie a non-seulement arrêté nos progrès, mais nous a fait reculer au point d'imperfection d'où nous étions partis ! Sans ces malheureuses vicissitudes, l'espèce humaine eût marché et marcherait encore constamment vers sa perfection glorieuse, qui est le plus beau titre de sa supériorité, et qui seule peut faire son bonheur.... C'est à la tendresse des mères que sont dus les premiers germes de la société ; c'est à leur constante sollicitude et aux soins assidus de leur tendre affection qu'est dû le développement de ces germes précieux : la faiblesse de l'enfant exige des attentions continuelles, et produit la nécessité de cette durée d'affection pendant laquelle les cris du besoin et les réponses de la tendresse commencent à former une langue dont les expressions deviennent constantes et l'intelligence réciproque, par la répétition de deux ou trois ans d'exercice mutuel. »

« Dans son discours sur les perroquets, dit Condorcet en passant en revue les ouvrages et les idées de Buffon, il fait sentir la différence de la perfectibilité de l'espèce entière, apanage qu'il croit réservé à l'homme, et de cette perfectibilité individuelle que l'animal sauvage doit à la nécessité, à l'exemple de son espèce, et l'animal domestique aux leçons de son maître. Il montre comment l'homme, par la durée de son enfance, par celle du besoin physique des secours maternels, contracte l'habitude d'une communication intime qui le dispose à la société, qui dirige vers ses rapports avec ses semblables le développement de ses facultés, susceptibles d'acquérir une perfection plus grande dans un être plus heureusement organisé et né avec de plus grands besoins. »

## CCXV

Note 1, p. 49. — Buffon, qui avait longtemps critiqué les nomenclatures et les classifications, et qui s'était d'abord passé de leur puissant secours, fut bientôt contraint d'y revenir, lorsque les espèces se multiplièrent et qu'il eut à décrire des familles plus nombreuses. Il y revint de lui-même et de bonne grâce, en reconnaissant ses torts. A la fin de son discours sur les perroquets, pour la description desquels une classification était de toute nécessité, il explique ainsi celle qu'il a cru devoir adopter comme la plus naturelle et la plus logique :

« Pour suivre autant qu'il est possible l'ordre que la nature a mis dans cette multitude d'espèces, tant par la distinction des formes que par la division des climats, nous partagerons le genre entier de ces oiseaux d'abord en deux grandes classes, dont la première contiendra tous les perroquets de l'ancien continent, et la seconde tous ceux du nouveau monde; ensuite nous subdiviserons la première en cinq grandes familles, savoir : les kakatoës, les perroquets proprement dits, les loris, les perruches à longue queue, et les perruches à queue courte; et de même nous subdiviserons ceux du nouveau continent en six autres familles, savoir : les aras, les amazones, les cricks, les papegais, les perriches à queue longue, et enfin les perriches à queue courte. Chacune de ces onze tribus ou familles est désignée par des caractères distinctifs, ou du moins chacune porte quelque livrée particulière qui les rend reconnaissables.... »

## CCXVI

Note 1, p. 50. — Les vers auxquels fait allusion la lettre de Buffon, ont été composés par Gueneau de Montbeillard à l'occasion d'un sonnet que la comtesse de Grismondi avait adressé à Buffon. Ils furent envoyés à cette dame, membre de l'Académie des Arcades de Rome et connue déjà par quelques essais littéraires; Gueneau de Montbeillard les avait auparavant soumis à la critique de Buffon. Cette pièce nous a été conservée par Bernard d'Héry dans son édition des Œuvres de Buffon.

A MADAME LA COMTESSE DE GRISMONDI.

Un buste, une statue, un temple, des autels,
Le doux bruit de ce vent qu'on nomme renommée,
Les honneurs du triomphe et l'amour des mortels,
    Toute cette vaine fumée,

Un héros en jouit ; pour Buffon ce n'est rien ;
Son cœur préfère un autre bien :
La gloire est pour les dieux, le bonheur pour le sage.
Il le trouve souvent au fond d'un ermitage,
Loin du tourbillon des cités,
Et loin surtout des fausses voluptés,
Avec une Amazone au cœur fier et sauvage,
Vertueuse Sirène et Muse faite au tour,
Dont les yeux lancent tour à tour,
Variant sans dessein leur céleste langage,
Les éclairs du génie et les feux de l'amour.


## CCXVII


Note 1, p. 51. — L'abbé Bexon venait d'être nommé chanoine de la
Sainte-Chapelle de Paris. Il devait cette faveur à la reine Marie-Antoinette, à laquelle est dédié le premier volume de son Histoire de Lorraine, qui avait paru l'année précédente. Marie-Antoinette était, on
le sait, fille du dernier duc de Lorraine, François III.


Note 2, p. 51. — On connaît les différends qui tinrent Buffon et
Linnée éloignés l'un de l'autre. Ces deux hommes, dont les travaux
devaient faire faire à la science de l'histoire naturelle de si réels
progrès, et dont la cordiale entente eût sans doute profité à l'avancement des connaissances humaines, vécurent ennemis, ou du moins
restèrent séparés l'un de l'autre. La nature de leur esprit les avait
divisés, l'amour de la gloire en fit des rivaux. Buffon, en critiquant
la méthode, les classifications et le système de Linnée, était de
bonne foi ; croyant pouvoir s'en passer, il en blâmait l'usage. La nature de ses travaux, l'ordre dans lequel il les a rangés, expliquent
cette opinion sur laquelle il revint par la suite. Lorsqu'il commença
à écrire les premières pages de l'Histoire naturelle, il prit une voie
qui causa son erreur. Dans ses premiers écrits, lorsqu'il plaça en
avant de son œuvre, comme un majestueux frontispice, ses vastes
théories sur la terre et sur les systèmes des mondes, son esprit ne
connut point d'entraves et put agir sans aucune contrainte, en ne suivant d'autre ordre que celui de la logique et de la raison. Lorsqu'il
descendit ensuite de l'histoire des mondes à celle des individus, il put
encore se passer de la nomenclature et de la méthode. Dans cette partie descriptive de son histoire, il ne rencontrait pas de sérieuses difficultés de méthode. Adoptant, pour décrire les animaux qui nous sont
familiers, un ordre indiqué par la raison, il les groupe autour de

l'homme, dont il vient de tracer l'histoire, suivant l'utilité ou les préférences du maître dont le cheval, l'âne, le bœuf, etc., etc., sont les
serviteurs, ou plutôt les esclaves. Rien ne gêne sa marche, et alors il
s'élève sans cesse contre les nomenclateurs. Presque à chaque page
on rencontre l'expression de son blâme.

« Nous n'examinerons pas en détail, dit-il, toutes les méthodes ar-
tificielles que l'on a données pour la division des animaux.... Nous
nous bornerons ici à examiner celle de M. Linnæus, qui est la plus
nouvelle, afin qu'on soit en état de juger si nous avons eu raison de
la rejeter, et de nous attacher seulement à l'*ordre naturel* dans lequel
tous les hommes ont coutume de voir et de considérer les choses....
Ne serait-il pas plus simple, plus naturel et plus vrai de dire qu'un
âne est un âne et un chat un chat, que de vouloir, sans savoir pourquoi, qu'un âne soit un cheval et un chat un loup-cervier? »

Ailleurs, attaquant directement Linnée, et faisant allusion à son système de la nature : « N'est-il pas absurde, s'écrie-t-il, disons mieux,
il n'est que ridicule de faire des classes où l'on rassemble les genres
les plus éloignés.... Les idées mal conçues ne peuvent se soutenir;
aussi les ouvrages qui les contiennent sont-ils successivement dé-
truits par leurs propres auteurs; une édition contredit l'autre*, et le
tout n'a de mérite que pour des écoliers ou des enfants, toujours
dupes du mystère, à qui l'air méthodique paraît scientifique, et qui
ont enfin d'autant plus de respect pour leur maître qu'il a d'art à
leur présenter les choses les plus claires et les plus aisées sous un
point de vue le plus obscur et le plus difficile.... Ne vaudrait-il pas
mieux se taire sur les choses qu'on ignore que d'établir des caractères
essentiels et des différences générales sur des erreurs grossières? »
Il parle plus loin des « erreurs qui ne se trouvent nulle part en aussi
grand nombre que dans ces ouvrages de nomenclature, parce que
voulant y tout comprendre, on est forcé d'y réunir tout ce que l'on
ne sait pas au peu qu'on sait. » (*Discours sur les animaux communs
aux deux continents.*)

« Je ne me lasserai jamais de répéter, dit-il encore, vu l'importance
de la chose, que ce n'est pas par de petits caractères particuliers que
l'on peut juger la nature et qu'on doit en différencier les espèces;
que les méthodes, loin d'avoir éclairci l'histoire des animaux, n'ont
au contraire servi qu'à l'obscurcir, en multipliant les dénominations,
et les espèces autant que les dénominations, sans aucune nécessité;
en faisant des genres arbitraires que la nature ne connaît pas, en

---

* Dans une seconde édition de ses ouvrages, publiée à Paris en 1774,
Linnée apporta quelques changements à la première.

confondant perpétuellement les êtres réels avec des êtres de raison ;
en ne nous donnant que de fausses idées de l'essence des espèces ;
en les mêlant ou les séparant sans fondement, sans connaissance,
souvent sans avoir observé ni même vu les individus, et que c'est
par cette raison que nos nomenclateurs se trompent à tout moment,
et écrivent presque autant d'erreurs que de lignes. » (*Histoire du
Moufflon.*)

On peut reprocher à cette critique de la nomenclature d'avoir été
vive et injuste, et, malgré la bonne foi de Buffon, on ne saurait
s'empêcher de blâmer ces quelques traits trop vifs qui lui échappent
trop souvent et presque malgré lui. Dans l'*Histoire des oiseaux*,
Buffon est entièrement revenu de sa première opinion : « J'ai cru,
dit-il, devoir me former un plan différent pour l'histoire des oiseaux,
de celui que je me suis proposé et que j'ai tâché de remplir pour
l'histoire des quadrupèdes ; au lieu de traiter les oiseaux un à un,
c'est-à-dire par espèces distinctes et séparées, je les réunirai plusieurs ensemble sous un même genre, sans cependant les confondre
et renoncer à les distinguer, lorsqu'elles pourront l'être.... » (*Histoire
des oiseaux. — Plan de l'ouvrage.*) On ne pouvait plus complète-
ment reconnaître ses torts. Dans l'*Histoire des oiseaux*, Linnée est
souvent cité, mais dans un tout autre esprit, avec un autre ton et
dans d'autres termes. Comme on faisait remarquer à Buffon ce changement dans ses idées : « C'est que, répondit-il, j'apprends tous les
jours ; je savais moins alors qu'aujourd'hui ! »

Linnée ne fut pas insensible à la critique de Buffon, et, un jour
qu'il avait découvert, dans ses excursions scientifiques à travers les
vallées de la Suède, une plante de marais d'une odeur infecte et d'un
aspect repoussant, il lui donna le nom de *Buffonia. Bufo*, on le sait,
veut dire crapaud. C'était, du reste, un usage assez généralement
suivi par les botanistes du dix-huitième siècle, que de rendre, par
le nom qu'ils leur attribuaient, les plantes qu'ils venaient de découvrir, dépositaires de leur admiration ou de leur haine, de leurs
préférences ou de leurs antipathies. Le savant J. B. Gronovius a
nommé *Linnæa* un genre de plantes de la famille du chèvrefeuille.
L'Héritier de Brutelle appela *Buchozia*, du nom de Buchoz qu'il n'aimait pas, une plante âcre et d'une odeur fétide. Plumier a consacré
au célèbre naturaliste Petiver le genre *Petiveria*, de la famille des
arroches.

Note 3, p. 52. — L'abbé Courtépée, sous-principal préfet du collége
des Godrans à Dijon, s'occupait alors de rassembler les matériaux
d'un ouvrage ayant pour titre : *Description historique et topographi-*

*que du duché de Bourgogne.* (7 vol. in-8°, 1780. Réimp. en 4 vol. grand in-8°, 1847.)

Note 4, p. 52. — Jean-Baptiste Mailly, né le 16 juillet 1744, mort le 26 mars 1794, occupa de bonne heure une chaire d'histoire au collége des Godrans. Il fut élu membre de l'Académie de Dijon en 1770. Ses deux principaux ouvrages sont : l'*Esprit de la Fronde*, publié en 1772, et l'*Esprit des croisades*, en 1780. Le 19 novembre 1777, à une rentrée solennelle, il prononça, sur l'utilité des études historiques, un discours qui est resté comme un morceau de la meilleure école. On y trouve ce passage consacré à Buffon : « Faut-il présenter le savant et l'homme de lettres, qui suivent dans ses annales les progrès de l'esprit humain, qui étudient ses efforts, ses tentatives, qui profitent des anciennes lumières ou rectifient les erreurs, qui retrouvent les découvertes ou les perfectionnent ; et, pour finir par un seul exemple qui fait plus que tous les autres sur lesquels je pourrais m'appuyer, faut-il rappeler cet homme sublime et unique qui a contemplé les secrets de la nature avec l'œil du génie, et nous les a communiqués avec la plume de Platon, ramassant, à l'aide de l'histoire, toutes les étincelles de ce feu qui était étouffé sous les cendres d'Archimède, les réunissant dans un même foyer et reproduisant cette active, cette immortelle flamme, qui jusqu'à lui avait paru aussi fantastique que celle de la chimère? Ici peut-être je devrais m'arrêter. Après avoir montré ce grand Buffon, éclairé par l'histoire, qui oserait dire que ses instructions lui seront inutiles? » Mailly, par ses études approfondies et ses recherches laborieuses, fit faire aux travaux historiques, très-négligés de son temps, de sérieux progrès. En fondant à Dijon, en 1776, la première feuille périodique imprimée en Bourgogne, il devint le centre d'une correspondance littéraire, dont il sut tirer profit pour ses études et ses travaux.

## CCXVIII

Note 1, p. 52. — Cette carte géographique, représentant les deux parties polaires du globe depuis le 45° degré de latitude, parut en 1782 dans le sixième volume des *Suppléments à l'Histoire naturelle*, à la suite des *Notes justificatives des faits rapportés dans les Époques de la nature*. Elle donne l'indication des glaces, aux points où elles ont été reconnues par les navigateurs, dans cette partie du monde. Dans l'explication qui la précède, et dont la lettre de Buffon donne l'analyse, il est dit que l'on doit réduire sur le méridien de Paris les indications données sur le méridien de Londres. Cette réduction doit se faire par le changement facile de deux degrés en moins du côté de l'*est*, et en plus du côté de l'*ouest*.

Note 2, p. 53. — Le capitaine Bouvet, gouverneur des îles de France et de Bourbon, publia une relation de ses voyages dans laquelle il prétendit avoir découvert en 1739 une île ou pointe de terre australe à laquelle il donna le nom de cap de la Circoncision. On reconnut par la suite que ce qu'il avait pris pour un continent, n'était autre chose qu'un amas de glaces flottantes, dont il avait le premier signalé l'existence. Son fils, le général Bouvet de Lozier, est connu par son dévoûment aux Bourbons, sa participation à la conspiration de Georges Cadoudal et sa fin tragique.

Note 3, p. 53. — Jacques Cook, né le 27 octobre 1728, mort en 1779, entreprit trois voyages de découvertes qui ont fait faire d'immenses progrès à la science géographique. Joseph Banks l'accompagna dans le premier; dans le second, il prit à son bord Forster, qui au retour remit à Buffon le journal des observations faites par lui dans cette navigation périlleuse. Le capitaine Cook, indépendamment de sa réputation comme marin, s'est fait un nom parmi les littérateurs de son temps, par le *Journal* de ses voyages, qui a été publié après sa mort. Dans l'Histoire naturelle, Buffon a souvent occasion de citer son nom et de s'appuyer sur ses observations et sur son autorité. Chaque fois qu'il cite ce nom célèbre, il le fait en lui donnant de grands éloges : « M. Cook, le plus grand de tous les navigateurs, » dit-il quelque part. « M. Cook, dont nous ne pourrons jamais louer assez la sagesse, l'intelligence et le courage, » dit-il ailleurs. Le jour où Buffon apprit que le capitaine Cook partait pour ce troisième voyage, qui devait lui devenir funeste, il écrivit dans ses *Suppléments à l'Histoire naturelle* : « On assure que M. Cook a entrepris un troisième voyage, et que ce passage (dans la mer de glace), est l'un des objets de ses recherches; nous attendons avec impatience le résultat de ses découvertes, quoique je sois persuadé d'avance qu'il ne reviendra pas en Europe par la mer glaciale de l'Asie; mais ce grand homme de mer fera peut-être la découverte du passage au Nord-Ouest, depuis la mer Pacifique à la baie d'Hudson.... Cette découverte achèverait de le combler de gloire. »

Note 4, p. 54. — Pour comprendre l'importance que Buffon attachait à la bonne exécution de cette carte, il suffit de se rappeler quelles conséquences il tire du refroidissement du globe, démontré, suivant lui, par l'accumulation des glaces vers les pôles.

Note 5, p. 54. — M. Desève, dessinateur et graveur du Jardin du Roi, a composé la majeure partie des planches de l'Histoire naturelle; il n'eut aucune part aux planches des oiseaux, que Martinet dessina seul. M. Desève n'était pas seulement un artiste, il était encore un observateur exact et instruit. Chaque fois qu'un oiseau ou un quadrupède d'un genre ou d'une espèce nouvelle était envoyé au Jardin du Roi et que l'on voulait connaître et décrire sa conformation intérieure, M. Mertrude, chirurgien démonstrateur en anatomie aux écoles du Jardin, était chargé de le disséquer ; Buffon assistait à l'opération et la dirigeait, pendant que Daubenton le jeune, ou M. Desève, prenait des notes. On a de M. Desève des descriptions de quadrupèdes ou d'oiseaux insérées dans l'Histoire naturelle, qui se distinguent autant par l'exactitude que par la clarté.

Note 6, p. 54. — Buffon, qui aime dans les anciens la poésie de leurs fables et la naïveté de leurs récits, se plaît souvent à justifier leurs erreurs en les expliquant. Au lieu de parler avec dédain de leur crédulité au sujet des habitudes ou des mœurs de certains animaux, il nous montre la cause de leur erreur. C'est que Buffon, habitué à beaucoup demander à l'imagination, est naturellement porté à en pardonner les écarts. Pline rapporte que les grues chassèrent autrefois de certaines contrées de l'Inde le peuple des Pygmées. Buffon explique, d'après le récit des voyageurs, que souvent on a vu des troupes de grues combattre et chasser les singes acharnés à enlever leurs œufs et leurs petits. Le récit de quelque naïf spectateur de ces combats a été l'origine de cette espèce de légende. « Ces fables anciennes sont absurdes, dira-t-on, et j'en conviens ; mais, accoutumés à trouver dans ces fables des vérités cachées, et des faits qu'on n'a pu mieux connaître, nous devons être sobres à porter ce jugement trop facile à la vanité et trop naturel à l'ignorance; nous aimons mieux croire que quelques particularités dans l'histoire de ces oiseaux donnèrent lieu à une opinion si répandue dans une antiquité qu'après avoir si souvent taxée de mensonges, nos nouvelles découvertes nous ont forcés de reconnaître instruite avant nous. »

## CCXIX

Note 1, p. 55. — *Recherches sur les volcans éteints du Vivarais et du Velay, avec un discours sur les volcans brûlants, des mémoires analytiques sur les schorls, la zéolithe, les basaltes, etc.* (Paris, 1778, 1 vol. in-f°, 20 planches.) Buffon, qui cite souvent et avec éloges cet ouvrage, auquel il emprunte parfois des passages entiers, dit, en parlant de l'auteur : « M. de Faujas de Saint-Fond a très-bien observé toutes les matières produites par les volcans; ses recherches assidues et suivies pendant plusieurs années, et pour lesquelles il n'a épargné ni soins, ni dépenses, l'ont mis en état de publier un grand et bel ouvrage sur les volcans éteints, dans lequel nous puiserons le reste des faits que nous avons à rapporter, en les comparant avec les précédents. » (*Histoire des minéraux.*) — *Des matières volcaniques.* Ce livre fut le plus important des ouvrages de Faujas de Saint-Fond, celui dans lequel, sans trop s'en douter, il jetait les fondements d'une science toute nouvelle, la géologie. Cette branche importante des connaissances humaines n'avait pas de nom encore. L'illustre Haüy devait bientôt en développer les principes et en faire ressortir l'intérêt.

## CCXX

Note 1, p. 56. — M. de Vaines était en effet bon juge d'une œuvre d'esprit. Les positions élevées qu'il occupa successivement dans l'administration des finances ne le détournèrent pas du culte des lettres. Mme de Vaines, dont les Mémoires du temps nous ont laissé un charmant portrait, avait ouvert son salon à toutes les illustrations littéraires; un souper en réunissait chaque mardi l'élite à l'hôtel de Vaines, connu alors pour sa généreuse hospitalité. L'abbé Delille fut un des habitués de ces réunions choisies. Lors de son voyage à Constantinople, en 1785, il adressa à Mme de Vaines une lettre dans laquelle l'ordre de Malte est fort maltraité. Mme de Vaines eut l'imprudence d'en laisser prendre des copies, et l'Ordre fut sur le point de faire un mauvais parti à l'abbé indiscret. M. de Vaines a laissé plusieurs ouvrages; on a recueilli, en 1791, divers articles publiés par lui dans les feuilles du temps. Ses *Observations sur le papier-monnaie*, et une brochure ayant pour titre : *De quelques mots qui ont produit de grands crimes*, parurent en 1790. On lui attribua aussi une autre brochure politique, d'une violence extrême, dont le comte de

Lameth avait d'abord passé pour être l'auteur, et qui parut en 1789, sous ce titre : *Sur les préoccupations politiques du temps.*

Note 2, p. 57. — Le cinquième volume des *Suppléments à l'Histoire naturelle* renferme le traité des *Époques de la nature*, dans lequel Buffon a refondu et appuyé sur des preuves nouvelles son traité de la *Théorie de la terre.* Il avait soixante et onze ans lorsque parut ce nouveau volume de son grand ouvrage, dans lequel il s'est surpassé lui-même. Malgré son grand âge, son style a conservé toute sa force, son imagination tout son feu ; jamais sa plume n'a été plus élégante, jamais il n'a déployé plus de hardiesse et plus de logique que dans ce nouvel exposé de ses théories et de ses systèmes.

Au mois d'avril 1779, Grimm dans sa *Correspondance littéraire*, annonce en ces termes le nouvel ouvrage de Buffon (t. X, p. 169) : « Nous possédons enfin l'ouvrage de M. de Buffon, qui nous avait été annoncé depuis si longtemps, ses *Époques de la nature.* De tous les écrits de cet homme célèbre, c'est celui qu'il prétend avoir médité le plus, celui qu'il semble avoir travaillé avec une prédilection toute particulière ; celui qu'il regarde lui-même comme le dernier résultat, le plus précieux monument de toutes ses études et de toutes ses recherches. Si le système établi dans cet ouvrage ne paraît pas à tous ses lecteurs également solide, on avouera du moins que c'est un des plus sublimes romans, un des plus beaux poëmes que la philosophie ait jamais osé imaginer.... Lorsque M. de Buffon envoya la première ébauche de son système à l'Académie de Berlin, M. Euler lui fit observer que les géomètres ne manqueraient pas de lui objecter que, si la comète, en tombant obliquement sur le soleil, en eût sillonné la surface et en eût fait sortir la matière qui compose les planètes, toutes les planètes, au lieu de décrire des cercles dont le soleil est le centre, auraient au contraire, à chaque révolution, rasé la surface du soleil, et seraient revenues au même point d'où elles étaient parties, comme fait tout projectile qu'on lancerait avec assez de force d'un point de la surface de la terre pour l'obliger à tourner perpétuellement. A cette objection M. de Buffon répondit que la matière qui compose les planètes n'est pas sortie de cet astre en globes tout formés, mais sous la forme d'un torrent dont le mouvement des parties antérieures a dû être accéléré par celui des parties postérieures ; que cette accélération de mouvement a pu être telle, qu'elle aura changé la première direction du mouvement d'impulsion, et qu'il a pu en résulter un mouvement tel que nous l'observons aujourd'hui dans les planètes.... Supposons qu'on tirât du haut d'une montagne une balle de mousquet et que la force de la poudre fut assez grande pour la pousser au delà du demi diamètre de la terre, il est certain que cette balle tournerait autour du globe, et reviendrait à chaque révolution passer au point d'où elle aurait été tirée; mais si, au lieu d'une balle de mousquet, nous supposons qu'on ait tiré une fusée volante où l'action du feu serait durable et accéléreraient beaucoup le mouvement d'impulsion, cette fusée, ou plutôt la cartouche qui la contient, ne reviendrait pas au même point, comme la balle de mousquet, mais décrirait un orbe dont le périgée serait d'autant plus éloigné de la terre, que la force d'accélération aurait été plus grande et aurait changé davantage la première direction, toutes choses étant supposées égales d'ailleurs. J'ai entendu dire à M. de Buffon lui-même, que M. Euler voulut bien se contenter de cette fusée. Il n'est pas permis d'être plus difficile que M. Euler. »

## CCXXI

Note 1, p. 57. — On a vu plus haut (p. 311) les vers que Buffon trouve d'un *cœur sublime*. Les vers d'un *esprit charmant* ont été composés dans les circonstances suivantes : Lorsque le volume de l'Histoire naturelle qui renferme les *Époques de la nature* fut prêt à paraître, Buffon communiqua ses épreuves à Gueneau de Montbeillard. Au bout de quelques jours, elles lui furent renvoyées. Une lettre les accompagnait ; Gueneau de Montbeillard relevait un oubli, prétendant qu'une huitième et dernière époque avait été omise. Buffon ressentit de l'humeur de cette critique qui se justifiait si peu; mais en parcourant les feuilles de l'ouvrage, il trouva, à la suite de la septième époque, ces quatre vers écrits de la main de Montbeillard :

> O jour heureux qui vis naître Buffon,
> Tu seras à jamais, chez la race future,
> Pour les amis du beau, de la raison,
> Une époque de la Nature.

A Semur on connut l'heureux à-propos de Montbeillard. Mme de Florian, que nous avons précédemment vue s'entremettre dans le rapprochement ménagé entre Voltaire et Buffon, fit part des vers de Gueneau à son neveu, qui, sous la protection du duc de Penthièvre, débutait alors dans les lettres. Le jour où Florian entra à l'Académie française, il voulut rajeunir à son profit cet heureux à-propos. « On peut lui reprocher, dit La Harpe en rendant compte du discours académique de Florian, de l'exagération dans ce qu'il a dit de M. de Buffon, que sa vie peut être comptée au nombre des époques de la nature. L'auteur de l'Histoire naturelle a été un écrivain éloquent, il a fait honneur aux sciences et à notre langue, par la beauté de son style; mais il n'a fait époque dans la nature en aucun sens; il n'a point ajouté aux connaissances humaines. Les expressions de M. de Florian ne peuvent s'appliquer qu'à ceux qui ont eu une influence marquée sur les progrès de l'esprit humain, à un Descartes, à un Newton. Les *Époques de la nature* de M. de Buffon ont probablement fourni au jeune récipiendaire l'idée d'un rapprochement ingénieux; mais les esprits mûrs ne sacrifient point la vérité à la prétention de ces petits ornements.... »

Rivarol a dit en parlant des *Époques de la nature* : « Un morceau encore sans reproche, c'est le début des *Époques de la nature*. Il y règne de la pompe sans emphase, de la richesse sans diffusion et une magnificence d'expression, haute et calme, qui ressemble à la tranquille élévation des cieux. Buffon ne s'est jamais montré plus artiste en fait de style. C'est la manière de Bossuet appliquée à l'histoire naturelle. »

Note 2, p. 57. — Deshayes, député pour le commerce de la Guadeloupe et ami de Gueneau de Montbeillard, avait fait solliciter par lui un brevet de *correspondant du Cabinet du Roi*. Cette faveur que Buffon ne fit pas difficulté de lui accorder était justifiée, du reste, par des communications intéressantes, dont M. Deshayes était l'auteur. Le Cabinet, auquel le rattacha par la suite un titre officiel, lui doit quelques échantillons curieux.

## CCXXII

Note 1, p. 58. — On trouve dans les notes manuscrites d'Humbert-Bazile, les détails suivants sur Mlle Hélène Bexon : « Mlle Hélène Bexon fut présentée par l'abbé Bexon, son frère, à M. de Buffon, qui la prit en amitié. Elle était simple et possédait les plus rares vertus. Sans fortune et entièrement dévouée aux soins que réclamait une mère infirme, elle consacra sa jeunesse à l'accomplissement sévère des plus rigoureux devoirs. »

## CCXXIII

Note 1, p. 58. — Jean-François de Tolozan, chevalier-conseiller du Roi en ses conseils, maître des requêtes ordinaire de son hôtel, intendant du commerce, remplaça en 1780, au tribunal des maréchaux de France, M. de La Cotte, maître des requêtes, et fut chargé des fonctions de rapporteur des affaires concernant le point d'honneur. A compter de ce jour, on le ne nomma plus, pour le distinguer de ses frères, que *Tolozan-point-d'honneur*. Buffon, parlant de ses tentatives pour encourager l'acclimatation du lama en France, ajoute : « J'en fis part à mon digne et noble ami, M. de Tolozan, intendant du commerce, qui, dans toutes les occasions, agit avec zèle pour le bien public. »

Note 2, p. 59. — Le fils de M. de Grignon épousa, malgré son père, une jeune personne du nom de Caillet, dont les parents habitaient Rougemont. M. de Grignon fils dirigea pendant quelque temps les forges de Buffon ; mais son caractère bouillant et emporté lui fit perdre un poste auquel Buffon l'avait appelé par suite de la considération et de l'amitié qui le liaient à son père. M. de Grignon est mort en 1815, à Rougemont, atteint d'aliénation mentale; il était âgé de quatre-vingt-quatre ans.

## CCXXIV

Note 1, p. 59. — Potot de Montbeillard, beau-frère de Gueneau de Montbeillard, mourut au mois de décembre 1778. Lieutenant-colonel au régiment royal d'artillerie, il fut, pendant plusieurs années, chargé de l'inspection des manufactures d'armes à Charleville, Maubeuge et Saint-Étienne, et a donné sur la fabrication du fer et la manière d'améliorer les armes à feu des mémoires estimés. Dans le temps où il se livrait à des études sur les fers, Buffon eut recours à ses lumières et profita de son expérience. Potot de Montbeillard mourut sans laisser de fortune, et Buffon, qui avait déjà contribué à lui attirer la faveur du ministre pendant sa vie, plaida la cause de sa veuve et de ses enfants, et obtint pour eux une pension. Gueneau de Montbeillard, profondément affligé de sa perte, ne put cependant résister à son penchant naturel, et fit sur la mort de son beau-frère les vers suivants :

> Un déluge de pleurs de tous côtés nous presse ;
> Ta mort, ô cher Potot, en fait verser sans cesse
> A l'hymen, à l'amour, à l'amitié surtout,
> Comme les méchants vers qu'à ton ombre on adresse
> En font verser au dieu du Goût.

Note 2, p. 60. — Le fils de Montbeillard, ami d'enfance du fils de Buffon, souvent désigné dans ces lettres sous le nom de *Fin-Fin*.

## CCXXVI

Note 1, p. 61. — Buffon vint en effet passer quelques jours à Saint-Ouen, près de Mme Necker. Saint-Ouen est à une fort petite distance de Paris, et bien souvent, durant le temps de son séjour au Jardin du Roi, lorsque ses travaux lui laissaient quelque loisir, Buffon se faisait conduire pour dîner à Saint-Ouen; mais il revenait toujours le soir.

## CCXXVII

Note 1, p. 62. — Duchemain était le procureur chargé des intérêts de Buffon.

Note 2, p. 62. — A la page 72 du livre manuel des revenus annuels de Buffon, tenu par lui et écrit en entier de sa main, se trouve la mention suivante : « Il m'est dû par M. Claude Moleure, prêtre dans l'évêché d'Autun, professeur d'humanités à Nolay, un principal de onze cent soixante et six livres treize sols huit deniers.... Reçu par les mains de M. Rigoley les deux années d'arrérages de cent seize livres treize sols quatre deniers.... Remis par M. Duchemain la même somme. » Au bas de la page est écrit de la main d'un homme d'affaires : « On ne peut rien tirer de cette rente; le prêtre qui la doit est émigré, et d'ailleurs il est pauvre au delà de tout ce que l'on peut dire. »
La veuve Moleure, dont il est ici question, était la mère de Claude Moleure.

Note 3, p. 62. — En 1777 (voy. note 1 de la lettre cxcvii, p. 272), Buffon avait amodié ses forges, qu'il avait seul dirigées jusqu'alors. M. de Lauberdière en fut le fermier. Son administration ne fut pas heureuse ; il fit perdre des sommes importantes à Buffon, et on verra par la suite (note 1 de la lettre cccxxxii) combien la liquidation de cette malheureuse affaire lui causa de peine et d'ennuis.

Note 4, p. 62. — A cette époque, la fabrication du fer se faisait uniquement au charbon de bois, procédé d'autant plus coûteux que le prix du bois augmentait en proportion de sa rareté. En Bourgogne, spécialement, par suite de l'organisation d'une compagnie de flottage, le bois était devenu rare et cher. Buffon fut un des premiers à penser que le charbon de terre pouvait être utilement employé pour cette fabrication. Voulant en juger par lui-même, il fit faire des recherches ; mais je ne sache pas qu'elles aient été couronnées de succès et que la mine dont il parle ait jamais été exploitée.

Il n'en devina pas moins les puissantes ressources que l'on devait tirer par la suite de l'exploitation des mines de charbon. « Bientôt, dit-il, on sera forcé de s'attacher à la recherche de ces anciennes forêts enfouies dans le sein de la terre, et qui, sous une forme de matière minérale, ont retenu tous les principes de la combustibilité des végétaux, et peuvent les suppléer non-seulement pour l'entretien des fours et des fourneaux nécessaires aux arts, mais encore pour l'usage des cheminées et des poêles de nos maisons, pourvu qu'on donne à ce charbon minéral les préparations convenables. » (*Hist. des minéraux. — Du fer.*) « Les détriments des substances végétales sont donc le premier fond des mines de charbon ; ce sont des trésors que la nature semble avoir accumulés d'avance pour les besoins à venir des grandes populations. Plus les hommes se multiplieront, plus les forêts diminueront : les bois ne pouvant plus suffire à leur consommation, ils auront recours à ces immenses dépôts de matières combustibles, dont l'usage leur deviendra d'autant plus nécessaire que le globe se refroidira davantage ; néanmoins ils ne les épuiseront jamais, car une seule de ces mines de charbon contient peut-être plus de matière combustible que toutes les forêts d'une vaste contrée. » (*Époques de la nature. — Troisième époque.*) Peut-on se défendre, en lisant les lignes qui précèdent, d'un sentiment profond d'admiration pour le génie de Buffon, qui soulève d'une main si hardie le voile de l'avenir et prophétise les merveilles de l'industrie, plus d'un siècle avant qu'elles éclatent ?

En 1783, le Roi, frappé du peu de progrès qu'avait fait en France l'exploitation des mines, fit rechercher par son Conseil les causes de notre infériorité dans ce genre d'industrie par rapport aux peuples nos voisins, et notamment à l'Angleterre. On reconnut que, parmi ceux qui avaient obtenu des concessions, les uns avaient dépensé sans fruit de grosses sommes d'argent, les autres n'avaient pas tiré de leurs mines un sérieux produit, faute d'hommes spéciaux et intelligents pour en diriger l'exploitation. A la suite de cet examen, parut un édit du Roi qui créait une *École des Mines*, placée sous l'inspection de M. Douci de La Boullay, intendant général des mines, minières et substances terrestres de France.

## CCXXVIII

Note 1, p. 63. — Auguste-Louis Brongniard se fit connaître par des cours particuliers de physique et de chimie. Il fut professeur au collége de pharmacie, et premier apothicaire du roi. En 1779, à la mort d'Hilaire-Marie Rouelle, il fut nommé à sa place démonstrateur de chimie du Jardin du Roi, et attaché en cette qualité au cours de Fourcroy. Lors de la réorganisation du Muséum, il devint titulaire de la chaire de chimie appliquée aux arts, et mourut le 24 février 1804. Hilaire-Marie Rouelle avait remplacé en 1770 son père, Guillaume-François Rouelle, dont la réputation fit tort à la sienne. Rouelle était le voisin de Buffon au Jardin du Roi. C'était l'homme le plus singulier et en même temps le plus distrait que l'on pût voir. Buffon, que Rouelle attaquait publiquement dans ses cours, parlant avec mépris de son *beau parlage*, se permit un jour vis-à-vis de son voisin une plaisanterie dont on a conservé le souvenir : « Si grave et si consciencieux que fût perpétuellement le comte de Buffon, il avait pourtant fait à M. Rouelle une fameuse espièglerie ; mais c'était pour la première et la dernière fois de sa vie sans doute, et c'était d'ailleurs une mystification scientifique, ainsi que vous allez voir. Il écrivit donc un *Essai sur l'organisation présumable des jeunes centaures*, dissertation qu'il adressa par la poste à son voisin, M. Rouelle ; et celui-ci ne manqua pas de crier au voleur. « Il n'est pas, disait-il, une seule observation de ce *plagiaire* inconnu « qui n'ait été pillée, effrontément pillée dans mes discours ou mes « écrits ! » (*Souvenirs de la marquise de Créqui*, t. V, chap. IV.)

La plus grande injure dont pût se servir Rouelle était le mot *plagiaire*.... « Pour exprimer l'horreur que lui inspirait le crime de Damiens, il avait dit que c'était un *plagiaire* ; et comme il était grand patriote, il ne manqua pas d'appliquer la même épithète au maréchal de Soubise, après la bataille de Rosbach. « Mais, lui disait M. de Buf-« fon, ce n'est pas un plagiat que de s'être laissé battre par des Prus-« siens ; c'est, au contraire, une invention toute nouvelle de M. de « Soubise.—Allons donc, monsieur, ne le défendez pas! s'écriait le chi-« miste ; c'est un animal infime, un double cochon borgne, un mulet « cornu ! Je suis sûr qu'il a quelque chose de vicié dans la conforma-« tion.... Enfin c'est un être obtus ; il est indigne de porter le nom de « Français ! Je vous dis que c'est un ignare, un criminel, *un plagiaire!* » (*Id.*, *ib.*).

## CCXXIX

Note 1, p. 64. — Buffon a dit que « le génie n'est qu'une plus grande aptitude à la patience. » Après l'amour de l'ordre, la persévérance et la constance dans la tâche entreprise furent ses plus essentielles vertus. Du jour où Buffon se consacra à une étude suivie, poursuivant sans relâche le but un instant entrevu, il donna à sa vie cette régularité sévère qui, durant quarante années de recherches et de travaux, ne s'est pas un seul instant démentie. Dans la comptabilité compliquée du Jardin du Roi, dans l'administration parfois difficile de sa fortune particulière, on retrouve cet esprit d'ordre qu'il porta à un si haut point dans tous les actes de sa vie. Ayant choisi les heures qu'il voulait consacrer chaque jour à l'étude, il ne les changea jamais. Il travaillait le matin, au moment où l'esprit est libre et l'intelligence reposée, et il avait réglé, d'après les exigences de ses travaux, les habitudes de sa maison. Au Jardin du Roi, la règle fléchissait parfois devant des nécessités de société; mais à Paris, il travaillait peu, et bientôt il n'y vint plus que le temps indispensable pour administrer les intérêts et régler les affaires du Cabinet. A Montbard, Buffon vivait vraiment de la vie de son choix. Maître de son temps, il en avait à son gré distribué l'emploi. Chaque matin, il se levait à cinq heures. (Voy. la note 3 de la lettre xv, t. I, p. 221.) Enveloppé dans une robe de chambre, il quittait sa maison et se dirigeait seul, à l'extrémité de ses jardins, vers la plate-forme de l'ancien château; la distance était grande, plusieurs terrasses y conduisaient; il avait soin, sur son passage, de fermer successivement les grilles de chacune d'elles, afin de protéger sa solitude contre les curieux ou les importuns. Arrivé au sommet, il s'arrêtait; dans son cabinet d'étude, modeste et simple, un secrétaire l'attendait; aussitôt on se mettait au travail. Sur une petite table, placée près de la cheminée, le secrétaire écrivait. Buffon dictait, sans livres, sans mémoires, sans papiers; il dictait souvent d'un seul trait des pages entières de ses immortels écrits. Durant l'été, la porte du cabinet demeurait ouverte; Buffon, la tête levée vers le ciel, les bras croisés derrière le dos, se promenait dans les allées voisines, rentrant par instants, et dictant à son secrétaire les passages sur lesquels il venait de méditer. A neuf heures, arrivaient un valet de chambre et un barbier; le travail était interrompu. Le valet de chambre apportait sur un plateau le déjeuner de son maître, c'était un repas frugal et toujours le même : un carafon d'eau et un pain dont la forme ne variait jamais. Buffon déjeunait, et pendant ce temps il se faisait coiffer, habiller parfois, lorsqu'il y avait à Montbard quelque étranger de distinction. Une demi-heure tout au plus était consacrée à la toilette et au déjeuner. Le valet de chambre et le barbier, leur service achevé, se retiraient en fermant les grilles, et Buffon reprenait son travail, qu'il ne quittait plus que pour aller se mettre à table. Il était alors deux heures.

Le manuscrit de M. Humbert confirme pleinement les détails qui précèdent, et que nous avons recueillis dans les souvenirs des anciens serviteurs de la maison.

« Les jours où M. de Buffon, dit M. Humbert dans ses mémoires manuscrits, ne montait pas à son cabinet de travail, une heure après son lever, Brocard, un de ses valets de chambre spécialement attaché à mon service, entrait chez moi. Je me levais et je descendais de suite dans la chambre de M. de Buffon. Je le trouvais assis devant son secrétaire placé près de la cheminée, et occupé à parcourir un grand nombre de petites feuilles de papier de toute dimension, qu'il me remettait pour les transcrire suivant leur numéro d'ordre. Puis on passait à la correspondance qu'il me dictait, ou dont il me donnait seulement le sujet; le tout lui était lu par moi et souvent corrigé, puis recommencé. S'il n'y avait point de correspondance, après avoir écrit les lettres d'invitation à dîner, pendant que M. de Buffon méditait et prenait des notes, assis à mon bureau, voisin du sien, je copiais ses manuscrits. A huit heures entrait Mlle Blesseau, qui venait rendre ses comptes, puis Limer, le premier valet de chambre, qui du service de M. de Voltaire avait passé à celui de M. de Vilette, son neveu, et qui avait quitté ce dernier pour entrer au service de M. de Buffon. M. de Buffon se faisait raser tous les jours. Drouard, à Montbard, et Pierrelet, à Paris, étaient chargés de ce soin. Tel fut, durant tout le temps que je restai près de lui, l'emploi invariable de sa matinée. »

Pendant quarante ans, il suivit cette règle sévère, et il ne manqua pas un seul jour à l'exécution rigoureuse de ce programme qu'il avait lui-même arrêté. S'il aimait l'ordre dans le travail, il aimait aussi l'ordre dans les papiers. Chaque fois qu'un manuscrit lui devenait inutile, il était aussitôt brûlé, et on ne voyait sur sa table que celui auquel il travaillait. L'esprit d'ordre donna à sa vie une grande unité; il a contribué aussi à imprimer à sa pensée cette logique absolue et à son raisonnement cette exacte précision qui font la force et le charme de ses écrits.

## CCXXX

Note 1, p. 64. — Le journal de l'abbé Grosier.

Note 2, p. 64. — Dupleix de Bacquencourt était intendant de la province depuis l'année 1774.

## CCXXXI

Note 1, p. 65. — L'hôtel de Magny et ses dépendances formaient une enclave dans le Jardin du Roi. Le 1er avril 1777, les héritiers du marquis de Magny avaient loué l'hôtel à un sieur Verdier, maître de pension; puis, en 1779, ils en opérèrent la vente à la Compagnie des fiacres de Paris. Un instant la Compagnie eut l'idée de transporter dans sa nouvelle acquisition son immense matériel. Buffon s'effraya et fit solliciter les ministres pour empêcher la réalisation d'un projet qui devait porter un préjudice réel au Jardin du Roi. Ces démarches furent inutiles, car la Compagnie renonça d'elle-même à son dessein, et le sieur Verdier fut maintenu par elle en jouissance de l'hôtel Magny, jusqu'au jour où Buffon en fit l'acquisition (10 juin 1787) pour l'agrandissement du Jardin et la construction d'un nouvel amphithéâtre.

## CCXXXII

Note 1, p. 65. — Guillaume-François Berthier, né le 7 avril 1704, mort le 15 décembre 1782, entra de bonne heure chez les Jésuites. En 1745, il fut mis à la tête du *Journal de Trévoux*, et rédigea cette feuille jusqu'à la dissolution de la société. Il fut en outre garde de la Bibliothèque du Roi et attaché à l'éducation des enfants du Dauphin père de Louis XVI.

Note 2, p. 65. — *Journal de littérature, des sciences et des arts*, par l'abbé Grosier, année 1779, n° 18.

Note 3, p. 65. — Nicolas Gobet, né en 1735, mort en 1781, garde des archives de Monsieur, et secrétaire du comte d'Artois, a écrit différents ouvrages sur la chimie et l'histoire naturelle. Il était lié d'une grande amitié avec Faujas de Saint-Fond, dont il partagea parfois les travaux,

## CCXXXIII

Note 1, p. 66. — La comtesse de Grammont, dame du palais, dans la maison de laquelle l'abbé Bexon était familièrement reçu. C'est à sa protection qu'il dut l'autorisation de dédier à la Reine son histoire de Lorraine, dont le premier volume seul a paru.

Note 2, p. 66. — Le Marquis de Talaru, premier maître d'hôtel de la maison de la Reine, en survivance du vicomte de Talaru, son oncle, était de l'intimité de Buffon ; l'abbé Bexon l'avait rencontré au Jardin du Roi et avait reçu de lui un accueil amical et distingué.

Note 3, p. 67. — Ce fut la façon d'agir habituelle de Buffon vis-à-vis de ses détracteurs. Il ne répondit jamais aux attaques qui furent dirigées contre lui, et parut s'en préoccuper fort peu. Montesquieu pensait autrement ; il était inquiet, tourmenté, et, en répondant, prêtait parfois des armes nouvelles à ceux qui l'avaient attaqué. La mauvaise foi surtout blessait profondément Buffon, et il avait alors peine à se contenir. Aucune des nombreuses critiques auxquelles donnèrent lieu ses différents ouvrages, ne lui parut cependant mériter une réponse. A ce noble silence, à ce généreux dédain auquel personne ne se méprit, Buffon a gagné de voir tomber dans l'oubli des libelles auxquels une réponse eût donné du retentissement. De semblables attaques cependant ne passaient pas inaperçues, et quelques-unes firent sur lui une certaine impression ; mais ses amis seuls connurent la peine que lui causèrent d'aussi injustes procédés. L'insinuation malveillante et mensongère de Gobet lui fut fort pénible. C'est à cette occasion que Lebrun fit imprimer l'*Ode sur ses détracteurs*, qu'il lui avait précédemment adressée (nous l'avons citée textuellement, t. I, p. 307).

Note 4, p. 67. — Nicolas-Antoine Boulanger, né le 11 novembre 1722, mort le 16 septembre 1759, a laissé divers ouvrages publiés pour la plupart après sa mort. Le manuscrit dont parle Buffon avait pour titre : *Anecdotes de la nature.*

Note 5, p. 67. — Voici la pièce insérée par l'abbé Grosier dans le nᵒ 18 de son journal (t. IV, p. 53) :


LETTRE A M. L'ABBÉ GROSIER *.


« Le 14 juillet 1779.

« Je vous prie, monsieur, d'insérer dans votre journal le fait dont je vais avoir l'honneur de vous instruire; c'est que M. le comte de Buffon a singulièrement profité, pour son livre des *Epoques de la nature*, d'un ouvrage manuscrit de Boulanger, intitulé : *Anecdotes de la nature*. Le commentaire des premiers versets de la *Genèse* est entièrement de Boulanger, dont les idées systématiques sont totalement refondues dans l'ouvrage de M. de Buffon, qui y a réuni son système particulier. Ce manuscrit, qui est resté longtemps entre mes mains et qui a passé dans celles de M. de Buffon, était de format in-4ᵒ avec dix-sept cartes. Il appartenait à M. Burdin, qui demeurait à Tours. M. Dutens me le fit remettre : je voulus le faire imprimer au profit des héritiers de l'auteur ; je m'adressai à Marc-Michel Rey, qui m'a répondu deux lettres à ce sujet. Par la lecture de ce manuscrit, je vis que les opinions religieuses n'y étaient point conformes à la vérité évangélique, et qu'il augmenterait la collection, inutile à l'humanité, des opinions philosophiques. Je le prêtai à M. Lattré, géographe-graveur, qui en fit voir ou copier les cartes à M. Bonn. J'ai fait voir le manuscrit à MM. Mauduit, professeur au Collège royal, Le Bègue de Prêle, l'abbé Le Blond, etc., etc. M. Desmarets, de l'Académie des sciences, l'a gardé plus d'un an entier. Boulanger expose dans cet ouvrage sa théorie de la terre, dans laquelle il attribue la formation des montagnes à l'éruption des grands bassins : celui de la Marne est pris pour exemple. La carte gravée dans l'ouvrage de M. de Buffon est une de celles qui accompagnaient le manuscrit; les autres ne sont pas moins curieuses, et elles sont très-joliment dessinées. C'est M. Dutens qui m'a demandé ce manuscrit pour le remettre à M. le comte de Buffon ;

---

* La singulière estime que j'ai toujours manifestée pour M. le comte de Buffon doit me mettre à l'abri de tout soupçon de malveillance envers cet écrivain célèbre. La publicité que je donne à cette lettre est une nouvelle preuve de l'intérêt que je prends à sa gloire. Depuis que les *Epoques* ont paru, j'entends de toutes parts qu'on se chuchote à l'oreille l'imputation que cette lettre renferme. J'ai donc cru devoir la publier, afin de mettre M. de Buffon à portée de faire cesser ces bruits, soit en expliquant la nature des secours qu'il peut avoir tirés des manuscrits de Boulanger, soit en niant qu'il ait fait aucun des emprunts qu'on lui reproche.

j'ai été surpris de le retrouver en partie sous son nom. Voici la note que Boulanger avait écrite sur une feuille volante, et qu'il avait mise en tête de son manuscrit ; j'ai conservé cette feuille :

« La première partie de cet ouvrage est assez complète ; c'est mon « ouvrage de jeunesse, qu'il fallait retoucher, mes idées ayant changé. « ( Ce sont les *Époques de la nature*.) La seconde partie contient les « premières lueurs de mon système général sur l'histoire des hom- « mes, surtout sur la partie religieuse. La partie politique est ailleurs « sous le titre d'*Origine du despotisme*, et je travaillais à réunir le tout « sous le titre d'*Anecdotes sur l'histoire de l'homme*, et j'aurais fait « un ouvrage particulier de ce qu'il y a de physique dans ce présent « recueil. »

Si l'on niait le fait que j'allègue, on n'a qu'à produire le ma- nuscrit original entier, le déposer chez un officier public ou aux manuscrits de la Bibliothèque du Roi, où je comptais le placer un jour, et obtenir un désaveu des personnes que je nomme et qui sont exis- tantes. Je vous envoie, monsieur, la feuille autographe de la note que je viens de copier ; elle servira de point de comparaison avec le corps de l'écriture du manuscrit ; et je vous autorise à la déposer dans le lieu qu'aura choisi M. de Buffon pour produire le manuscrit. Comme je ne suis d'aucune secte, et que j'y renonce pour jamais, j'écris la vérité, et je désire que vous ayez le courage de la faire imprimer.

« Je suis, etc.,                                          « GOBET. »

Note 6, p. 67. — Jean-Baptiste-Gabriel-Alexandre Grosier, né le 17 mars 1743, mort le 20 décembre 1823, n'est pas seulement l'au- teur du *Journal de littérature, des sciences et des arts;* il travailla pendant cinq ans, avec Fréron, à l'*Année littéraire*. On lui doit encore une *Histoire générale de la Chine*, publiée d'après les manuscrits du P. de Mailla. Buffon cite souvent, dans l'Histoire naturelle, son *Jour- nal de physique*.

Note 7, p. 68. — Le marquis de Genouilly était écuyer de la Reine et voisin de campagne de Buffon. On trouvera, dans ce recueil (p. 169), une lettre qui lui est adressée.

## CCXXXIV

Note 1, p. 68. — Les *Époques de la nature* venaient de paraître (1778). Buffon, se souvenant encore des critiques auxquelles l'avait

exposé la partie de son livre qu'il avait complétée et refondue, dési-
reux d'assurer son repos, et mis en garde contre la Sorbonne par les
difficultés qu'elle lui suscita lors de la publication de sa *Théorie de la
terre* (Voy. à ce sujet les notes 1 et 2 de la lettre XXXIV, t. I, p. 263 et
suiv.), avait cette fois pris ses précautions. « Avant d'aller plus loin,
dit-il en tête de son ouvrage, hâtons-nous de prévenir une objection
grave, qui pourrait même dégénérer en imputation. Comment accor-
dez-vous, dira-t-on, cette haute ancienneté que vous donnez à la matière, avec les traditions sacrées, qui ne donnent au monde que six ou
huit mille ans ? Quelque fortes que soient vos preuves, quelque fondés
que soient vos raisonnements, quelque évidents que soient vos faits,
ceux qui sont rapportés dans le livre sacré ne sont-ils pas encore plus
certains ? les contredire, n'est-ce pas manquer à Dieu, qui a eu la
bonté de nous les révéler ? Je suis affligé toutes les fois qu'on abuse
de ce grand, de ce saint nom de Dieu ; je suis blessé toutes les fois
que l'homme le profane, et qu'il prostitue l'idée du premier Être en la
substituant à celle du fantôme de ses opinions. Plus j'ai pénétré dans
le sein de la nature, plus j'ai admiré et profondément respecté son auteur ; mais un respect aveugle serait superstition ; la vraie religion
suppose au contraire un respect éclairé. Voyons donc, tâchons d'entendre sainement les premiers faits que l'interprète divin nous a transmis au sujet de la création ; recueillons avec soin ces rayons échappés
de la lumière céleste ; loin d'offusquer la vérité, ils ne peuvent qu'y
ajouter un nouveau degré d'éclat et de splendeur. »

Après avoir rapproché des hypothèses produites dans son livre
les premiers versets de la *Genèse*, et montré que ses systèmes ne sont
point contraires au texte sacré, Buffon continue en ces termes : « Mais
si cette explication, quoique simple et très-claire, paraît insuffisante
et même hors de propos à quelques esprits trop strictement attachés
à la lettre, je les prie de me juger par l'intention, et de considérer que
mon système sur les époques de la nature étant purement hypothétique,
il ne peut nuire aux vérités révélées, qui sont autant d'axiomes im-
muables, indépendants de toute hypothèse, et auxquels j'ai soumis et
je soumets mes pensées. »

Malgré cette profession de foi, dont la franchise et la loyauté devaient
mettre son auteur à l'abri de toute interprétation malveillante et de
toute recherche, la Sorbonne s'émut, et Buffon se vit, pour la seconde
fois, menacé de sa censure. D'après sa lettre à Montbeillard, il paraît
croire que son livre n'a pas été dénoncé ; il se trompait : dès les
premiers jours du mois de novembre 1779, une dénonciation en forme du
livre des *Époques de la nature* avait été faite à la Faculté de théologie

par l'abbé Royou. On trouve dans les Mémoires de Bachaumont des détails intéressants sur les divers incidents de cette affaire, à laquelle il ne fut pas donné suite.

« 9 novembre 1779. — Depuis longtemps les dévots gémissaient de voir un nouvel ouvrage de M. de Buffon se répandre dans le public avec approbation et privilége, sans essuyer aucune contradiction des théologiens ; ce sont : les *Époques de la nature*, ouvrage hardi, où fixant la formation du monde, il établit un système destructeur absolument de la *Genèse*, qu'il s'efforce cependant de concilier avec ses idées. Enfin le docteur Ribalier a dénoncé l'ouvrage au *prima mensis* dernier ; il a fait frémir toute la Faculté de théologie du danger où se trouve la foi, si l'on laissait subsister une telle impiété, et l'on a nommé des commissaires pour examiner le livre. »

« 25 décembre 1779. — La Sorbonne s'occupe toujours de la censure du livre nouveau de M. de Buffon ; mais M. Amelot ayant écrit que Sa Majesté désirait qu'on ne prononçât pas définitivement avant d'avoir entendu l'accusé, il se flatte que cette recommandation aura son effet, et qu'on attendra son retour de Montbard où il est allé. Le comité des docteurs nommés pour exprimer les propositions condamnables, est présidé par M. Asseline, et l'abbé Paillard tient la plume comme rédacteur. »

« 10 février 1780. — La dénonciation du livre de M. de Buffon intitulé *Histoire naturelle, générale et particulière*, contenant les *Époques de la nature*, avait été faite en Sorbonne par un docteur auquel la Faculté de théologie n'a pas grande confiance ; cependant le syndic Ribalier n'avait pu se dispenser de la recevoir et de nommer des commissaires pour l'examiner. Ils étaient d'avance, ainsi que tous les théologiens, bien convaincus des erreurs répandues dans l'ouvrage ; mais, vu la vieillesse de l'auteur, vu la considération dont il jouit, vu la protection de la cour, vu l'espèce d'hommage qu'il a rendu au dogme par des tournures dont ils ne sont point dupes, ils ont cru devoir fermer les yeux sur ce nouvel attentat contre la foi, et regarder le système du philosophe comme un *radotage* de sa vieillesse ; en conséquence, sans aucune approbation du livre, il ne sera donné aucune suite à la censure. »

Non content d'avoir dénoncé le livre de Buffon, l'abbé Royou fit paraître, le 1er décembre 1779, une *Analyse et Réfutation des Époques de la nature*, suivie bientôt (le 11 janvier 1780) d'une seconde critique ayant pour titre : *Le monde de verre de M. le comte de Buffon réduit en poudre, ou Réfutation plus complète de sa nouvelle théorie de la terre, développée dans son ouvrage des Époques de la nature.*

« Plaignons donc M. de Buffon, dit-il en terminant son livre, d'avoir eu la témérité de vouloir arracher son voile à la nature et ses secrets au Créateur. J'ai combattu avec force ses erreurs, parce que son autorité leur donnait un grand poids ; mais je n'en rends pas moins hommage à cette imagination brillante, à ce coloris enchanteur qui nous ont rendu si agréable l'étude importante de la nature. Respectons le génie même dans sa chute ; et si le livre des *Époques* pouvait affaiblir le sentiment de vénération qu'on doit éprouver pour l'auteur, qu'on se rappelle ses anciens travaux et qu'on se dise : « Mais il a écrit « l'Histoire naturelle. »

Grimm s'exprime ainsi, au sujet du livre de l'abbé Royou, qui eut, on doit le dire, un certain succès et un grand retentissement :

« Mars 1780. — Que dire d'un ouvrage qui vient de paraître : *Le monde de verre réduit en poudre, ou Analyse et Réfutation des Époques de la nature de M. le comte de Buffon*, par M. l'abbé Royou, chapelain de l'ordre de Saint-Lazare, et professeur du collége de Louis-le-Grand ? On peut juger, par le seul titre de ce livre, de la modestie et du bon goût de notre critique, digne successeur de l'illustre Fréron, plus savant que lui peut-être, tout aussi impartial, mais un peu moins plaisant. L'objet de cette docte analyse est de prouver que le système des *Époques* n'est qu'un tissu de suppositions gratuites, de faits imaginaires, de contradictions palpables ; qu'il blesse également la saine raison et l'autorité des Écritures ; qu'il est contraire aux principes de de la mécanique, aux observations astronomiques, aux faits les plus constants de l'histoire naturelle ; et voici le secret de cette puissante démonstration : c'est, en deux mots, de faire valoir avec une audace merveilleuse toutes les objections que M. de Buffon a bien voulu se faire lui-même, et de dissimuler, avec le même art, toute la force de ses réponses. Il n'en est pas moins vrai que ce livre a fait une sorte de sensation. M. l'abbé Royou paraît très-exercé à manier toutes les armes que peut fournir la logique de l'école et l'éloquence du parti dont il s'est fait l'apôtre. Nous en félicitons le collége des augures et leurs dévots ; ces messieurs ont toutes les raisons du monde d'en concevoir les plus hautes espérances. »

## CCXXXV

Note 1, p. 69. — M. André, qui, au moment de la Révolution, était curé de Saint-Remy, village voisin de Montbard, se maria lorsque les décrets de l'Assemblée eurent délié les prêtres de leur serment. De son mariage il eut un fils, élève distingué de l'École Polytechnique, et une fille qui épousa M. Labouré, capitaine d'artillerie. Saint-Remy est sur la route de Buffon ; des relations de voisinage avaient mis M. André en rapport avec le P. Ignace, dont il devint l'ami.

## CCXXXVI

Note 1, p. 70. — Mathurin-Jacques Brisson, né le 20 avril 1723, mort le 23 juin 1806, fut maître de physique et d'histoire naturelle des enfants de France, censeur royal, membre de l'Académie des sciences, et, lors de sa formation, membre de l'Institut. Il a laissé sur l'histoire naturelle de nombreux écrits. Il publia en 1765 un ouvrage ayant pour titre : *Ornithologie ou Méthode contenant la division des oiseaux en ordres, sections, genres, espèces et leurs variétés.* Cet ouvrage, avant que l'*Histoire naturelle des oiseaux* de Buffon eût paru, était le travail le plus complet que l'on connût dans ce genre.

Note 2, p. 70. — Rivarol dit en parlant de l'histoire du cygne : « Il y a là vraiment du talent, d'habiles artifices d'élocution, de la limpidité et de la mollesse dans le style, et une mélancolie d'expression qui, se mêlant à la splendeur des images, en tempère heureusement l'éclat. »

Note 3, p. 71. — Le génie de Buffon le porte sans cesse vers l'étude des grands systèmes. Les détails lui répugnent, l'observation patiente et réfléchie n'est point familière à son esprit. Son imagination a besoin d'air et d'espace, et jamais elle n'est aussi brillante, jamais elle n'a autant de puissance que lorsqu'elle s'élance dans les combinaisons de l'infini. Lorsqu'il est arrêté par des questions de détail, sans cesse et malgré lui, il s'échappe et retourne à ses sublimes contemplations. Cette lassitude et cet ennui des petites choses se retrouvent à chaque pas dans l'*Histoire des oiseaux.* Ce travail le fatigue, il désire en être quitte, et *ne plus travailler sur des plumes.* Plus loin il se plaint de *ces tristes oiseaux d'eau dont on ne sait que dire et dont la multitude est accablante. L'application aux grandes découvertes et l'étude des choses profondes,* tels sont les instincts de son génie. Il s'en explique, au reste, avec franchise dans l'*Histoire des quadrupèdes,* annonçant qu'il coupera le fil d'une méthode qui le contraint, « par des discours dans lesquels nous donnerons, dit-il, nos réflexions sur la nature en général, et traiterons de ses effets en grand. Nous retournerons ensuite à nos détails avec plus de courage ; car j'avoue qu'il en faut pour s'occuper continuellement de petits objets

dont l'examen exige la plus froide patience, et ne permet rien au génie. » Ailleurs, dans l'*Histoire des oiseaux*, il annonce la collaboration
de Gueneau de Montbeillard, et parlant, à ce propos, de l'*Histoire des*.
*minéraux* qui l'occupe depuis plusieurs années, il dit : « Me trouvant
aujourd'hui dans la nécessité d'opter entre ces deux objets, j'ai préféré le dernier comme m'étant plus familier, quoique plus difficile,
et comme étant plus analogue à mon goût, par les belles découvertes
et les grandes vues dont il est susceptible. »

Cette tendance de son esprit se révèle à chaque pas. Il n'est
bien à l'aise que lorsqu'il peut donner à son imagination une libre carrière, lorsque, se laissant aller à toute l'inspiration de son génie, *il voit*
*avec les yeux de l'esprit*. Outre qu'elles répugnaient à sa nature, les
sciences d'observation ne lui étaient pas familières. « J'ai appris trois fois
la botanique, disait-il, et je l'ai trois fois oubliée. » De plus il était
myope. « J'ai, dit-il lui-même dans l'*Histoire de l'homme*, la vue courte
et l'œil gauche plus fort que l'œil droit. » La nature semblait ainsi s'être
rendue complice des préférences de son génie. Lorsque Buffon n'est
point contraint, il a une manière à lui de construire son ouvrage. Il
rassemble des faits pour se donner des idées, et, prenant pour point
de départ les faits qu'il a ainsi réunis, il s'élance sans guide dans les
hautes régions de l'inspiration. Ceux même qui sont le plus opposés
et à sa manière de faire et aux systèmes qu'il a créés, ne lui refuseront pas ce témoignage, qu'il a souvent deviné et deviné juste ce
que longtemps après lui la science est venue établir et prouver. Une
phrase qu'il a souvent à la bouche est celle-ci : « J'ai eu le plaisir de
voir mon opinion confirmée par une expérience. » « J'ai cru pouvoir
avancer et même assurer, dit-il dans son *Histoire des minéraux*, que
le diamant était une substance combustible.... Mon opinion a été
contredite jusqu'à ce que l'on ait vu le diamant brûler et se consu-
mer en entier au foyer du miroir ardent ; la main n'a donc fait ici
que confirmer ce que *la vue de l'esprit* avait aperçu, et ceux qui ne
croient que ce qu'ils voient seront dorénavant convaincus qu'on peut
deviner les faits par l'analogie. »

La *vue de l'esprit* chez Buffon est toute-puissante. C'est à elle
qu'il doit ses plus importantes découvertes, ses plus ingénieux aperçus. Se confier à elle avec tant d'assurance était hardi cependant.
Écouter l'inspiration et écrire, dans un style digne des sujets qu'il
traite, les vérités révélées ; consulter ensuite, pour les fortifier,
l'expérience et le calcul, telle est sa méthode. Cette façon de
procéder n'est pas ordinaire. Dans toute œuvre de longue haleine,
qui a pour objet l'étude des sciences métaphysiques, l'expérience et le
calcul éclairent la discussion, ils la précèdent en portant la lu-

mière sur les obscurités qu'elle doit dissiper; ce sont des jalons lumineux jetés sur la route non encore frayée que l'esprit doit parcourir. L'intelligence, déjà inspirée par le sujet, mais encore incertaine, les consulte pour ne pas s'égarer. Buffon adopte une autre marche, suit une autre voie. Il s'avance sans appui et sans autre guide que l'inspiration; puis lorsque fatigué il s'arrête, il songe alors à rassembler les preuves qui viendront se ranger autour de son système pour donner raison à l'audacieuse pénétration de son esprit. S'il tombe, la voie qu'il a suivie est si hardie et si nouvelle qu'on oublie la chute pour admirer l'effort de son génie, et rendre hommage à la puissance créatrice de sa pensée.

Note 4, p. 71. — La mère et la sœur de l'abbé Bexon.

## CCXXXVII

Note 1, p. 72. — Fils de Ferdinand Caccia, architecte et écrivain, né à Bergame le 31 décembre 1689, mort le 8 janvier 1778.

Note 2, p. 72. — Il résulte de la réponse de la comtesse de Grismondi que nous publions ci-après (note 5, p. 342), que ces différentes lettres écrites par Buffon se sont égarées et ne sont pas parvenues à leur destination.

Note 3, p. 73. — Vers le même temps, la comtesse Fanny de Beauharnais, que Buffon nommait parfois sa *chère fille*, envoya à Montbard la pièce suivante :

### AUX INCRÉDULES.

VERS ADRESSÉS A M. LE COMTE DE BUFFON.

Vous qu'à son char traîne l'Erreur,
Et qu'en secret le doute afflige,
Lisez Buffon avec mon cœur :
Voyant alors fuir le prestige
Devant un jour consolateur,
Vous pourrez comprendre un moteur,
Et l'admirer dans son prodige.

Buffon seul a brisé les fers
De l'ignorance, sœur du crime.
Buffon en prose plus sublime,
Plus belle que les plus beaux vers,
Explique, développe, anime
Le grand tableau de l'univers :
Les vastes cieux lui sont ouverts,
Les mers, pour lui, n'ont plus d'abîme.
Oui, grand homme (et j'aurai l'aveu
D'un monde que tu sais instruire),
Ta plume est un sceptre de feu,
Et la nature est ton empire.
Oui, de tes crayons radieux
Jaillit une flamme infinie,
Et le brillant flambeau des cieux
Éclaire moins que ton génie.

   Que de tristes et froids pédants,
Rongés de cette basse envie
Dont la malheureuse énergie
Consiste à nourrir des serpents,
Que ces insectes impuissants
Osent préférer à ton âme,
A ton coloris plein de flamme,
Leurs calculs obscurs et pesants :
Tandis que chacun d'eux s'admire,
On revoit tes tableaux divins :
C'est là qu'un créateur respire
Et qu'il se dévoile aux humains :
Que ces esprits durs et sauvages,
De tout nier fassent un jeu....
Ah! sans doute il existe un Dieu,
Il est prouvé par tes ouvrages.

   Tu ne me laisses qu'un regret,
Et j'avouerai qu'il est extrême :
Bien mieux que la gloire elle-même,
L'Amour possède le secret
De la félicité suprême,
Et dans tes paisibles loisirs,
Loin de mettre un prix à ses chaînes,
A son trouble même, à ses peines,
Tu n'adoptas que ses plaisirs;
C'est une erreur, tout m'en assure.
Dans les plus douloureux soupirs,
Il est une volupté pure
Éternisant jusqu'aux désirs,
Hors des atteintes du parjure.
Eh quoi! le charme de ces pleurs
Qu'on aime à répandre en silence,
Cette amoureuse obéissance,

S'il le faut, même à des rigueurs :
Vœux timides, persévérance,
Et l'abandon du sentiment,
Et l'attrait de la sympathie;
Tout ce qu'en amour on ressent
Une seule fois dans la vie,
Buffon, cette aimable magie,
Du ciel le plus rare présent,
Se peut-il que ton cœur la nie?
Elle est le gage, autant que toi,
Qu'il est un moteur adorable,
Jusqu'à présent inconcevable,
Et que tu rends certain pour moi.
Il se peint dans l'or des nuages,
Il vole sur l'aile des vents,
Gronde par la voix des orages,
Hâte la chute des torrents,
Borne la mer à ses rivages,
Brille dans la fleur des bocages,
Comme en tes écrits éloquents,
Et, dussé-je fâcher nos sages,
Habite au cœur des vrais amants.

(Pièce inédite. — Conservée dans les papiers de Buffon.)

La comtesse Fanny de Beauharnais témoignait une grande admiration pour le génie de Buffon, dont elle courtisait la gloire. M. Humbert-Bazile, qui (tout permet de le croire) ne l'aimait pas, a conservé le souvenir d'une de ses visites au Jardin du Roi, qu'il rapporte à la page 29 de son manuscrit de la manière suivante :

« Le dimanche était jour de réception au Jardin du Roi. Un soir que je m'y trouvais, à l'heure où la réunion était complète, la porte s'ouvrit soudain avec fracas, et l'huissier annonça la comtesse Fanny de Beauharnais. Sa mise prétentieuse et de mauvais goût m'a trop vivement frappé, pour que je n'en aie pas exactement conservé le souvenir. Elle portait suivant la mode nouvelle, dont la reine avait propagé l'usage, une coiffure de plus de dix-huit pouces de hauteur, toute remplie de plumes, de pierreries, d'aigrettes, de dentelles qui y étaient répandues avec profusion. Sa robe, dite à l'anglaise, décolletée avec une sage réserve et soulevée sur chaque hanche par un vaste papier, était garnie de dentelles. Elle tenait élevé et agitait, en marchant, un vaste éventail dont elle jouait avec de petits airs tout à fait plaisants. Lemierre et La Harpe l'accompagnaient. Lemierre regardait autour de lui en clignant les yeux, et La Harpe, qui avait une charmante figure et ne le savait que trop, s'occupait de la sensation qu'il avait produite. Dès l'entrée de Mme de Beauharnais, M. de Buffon était allé avec empressement à sa rencontre. Il lui prit la main et la conduisit à un sofa qui disparut bientôt sous l'ampleur de ses paniers. Elle raconta alors qu'elle allait concourir pour divers prix académiques, et parla des compliments flatteurs qu'elle avait reçus à l'occasion des prix qu'elle avait déjà remportés à l'Académie de Lyon. Je me rappelais involontairement, en l'écoutant, tout ce que M. de Rivarol disait sur son compte, et les fines plaisanteries qu'il se permettait parfois sur son talent poétique *.

« Mme de Beauharnais ne recevait à sa table que des gens de lettres ; ses dîners étaient servis avec une parcimonie ridicule, et on voyait bien que la maîtresse du lieu s'occupait beaucoup plus du bel esprit que de la bonne tenue de sa maison. »

Note 4, p. 73. — Lebrun, heureux de voir son ode traduite dans une langue étrangère, écrivit à la comtesse de Grismondi la lettre suivante :

« Paris, le 30 juillet 1780.

« Quoi ! la colombe parfumée
Qu'Amour lui-même avait formée
Pour le char de Vénus et les plus tendres jeux,
D'une sublime ardeur tout à coup animée,
Va jusqu'à l'Olympe orageux
Disputer à l'aigle enflammée
Le tonnerre et ses triples feux !

« Voilà, madame la comtesse, ce qu'inspire la sublime traduction que vous avez daigné faire de mon ode à M. de Buffon. Combien je vous dois de remercîments, et quels termes pourront jamais exprimer ma reconnaissance ! Vous avez fait connaître à l'Italie mon nom et mes ouvrages ; vous avez prêté à mes vers une plus douce harmonie. J'ai cru parler moi-même la langue de Pétrarque et du Tasse ; comment aurais-je pu me défendre d'un secret orgueil ?

« J'ai osé chanter le divin interprète de la nature. L'amitié qui lui fut toujours chère, la poésie dont il a souvent emprunté les pinceaux, lui devaient un hommage. Heureux d'avoir payé ce tribut au grand homme et à mon ami, satisfait de son suffrage et de celui des hommes

---

* Lebrun fit sur la comtesse Fanny de Béauharnais cette épigramme bien connue :

Églé, belle et poëte, a deux petits travers :
Elle fait son visage et ne fait pas ses vers.

de lettres de ma patrie, je ne m'attendais pas qu'une muse étrangère viendrait encore embellir et consacrer mes chants.

« Pour rendre mon ouvrage plus digne de l'honneur que vous lui avez fait, madame la comtesse, je l'ai corrigé avec la plus sévère attention. J'ai changé un grand nombre de vers; j'ai supprimé des strophes entières. J'avoue que ce sacrifice m'a bien coûté, après les avoir lues dans votre belle traduction; mais j'ai cru que le poëme aurait plus de rapidité et de chaleur.

« J'ai regretté, madame la comtesse, de ne point trouver dans la copie que vous avez envoyée à M. le comte de Buffon la strophe qui suit le discours de l'Envie, et qui commence en français par ce vers:

> Elle dit, et courant le long des rives sombres, etc.

et celle où, après avoir peint Morphée qui s'enfuit, les filles du Styx qui renversent dans leur vol les tubes et les sphères du demi-dieu, je m'écrie :

> O divine Uranie, en ce moment funeste, etc.

mouvement plein de tendresse, emprunté de Virgile dans une de ses églogues. Je me croirais heureux de les lire avec le reste de l'ouvrage dans une copie plus entière.

« J'ai l'honneur de vous envoyer, madame la comtesse, une ode nouvelle que j'ai adressée au Pline français. Je souhaite qu'elle obtienne aussi votre suffrage. Elle vous intéressera du moins par le sujet.

« Vous verrez, madame la comtesse, par le seul titre de ma nouvelle ode à cet illustre écrivain, que le génie trouve encore des détracteurs et des ennemis. Vous ne les redoutez point. Notre sexe doit admirer également et vos talents et vos grâces. Le vôtre, reconnaissant de l'immortel honneur que lui fait votre esprit, vous pardonnera d'être belle.

> Docte et charmante Grismondi,
> Commandez à Paphos, régnez sur l'Hippocrène.
> Apollon et l'Amour, par un choix applaudi,
> Vous en nomment la souveraine.
> Par vous mes faibles chants au Pinde sont connus.
> Je ne dois qu'à vous seule une gloire immortelle;
> Je vous dois mon bonheur; il ne lui manque plus
> Que de voir les beaux vers de la Sapho nouvelle
> Sortir d'une bouche si belle,
> Qu'on la croit celle de Vénus.

« Je suis avec tous les sentiments de l'admiration, du respect et de la reconnaissance,

> « Madame la comtesse,

>> « Votre très-humble et très-obéissant serviteur,

>>> « LEBRUN. »

(Publiée, en 1782, à la suite de l'ode au comte de Buffon, traduite en italien par la comtesse de Grismondi.)

Note 5, p. 73. — On a la réponse de la comtesse de Grismondi à la lettre de Buffon; comme elle est très-spirituelle, et qu'elle prouve les excellentes relations qui existaient entre Buffon et cette femme remarquable, nous croyons devoir la transcrire ici, avec ses *italianismes*.

> « Bergame, le 14 février 1780.

« Je viens de recevoir, mon très-cher et très-respectable ami, la lettre dont vous m'avez honorée du 1er janvier; mais je n'ai pas eu le bonheur de recevoir celle qui accompagnait l'ode imprimée de M. Lebrun. Le meilleur parti est sûrement celui d'adresser vos lettres directement à Bergame, et c'est ce que je vous supplie de faire toutes les fois que vous voudrez bien avoir la bonté de m'écrire. J'envoie moi-même celle-ci à votre adresse à Paris, dans l'espoir qu'elle puisse vous parvenir avec plus d'exactitude que par la voie de M. Canin, qui, à vrai dire, est le plus négligent des banquiers.

« Puisque ma traduction peut mériter vos suffrages, je ne craindrai pas la critique, dût-elle être universelle; et aussitôt que vous m'aurez fait l'honneur de m'envoyer les changements du sublime auteur, je tâcherai de la rendre un peu meilleure, pour la faire d'abord imprimer. A ce propos, je vous supplie, mon très-cher comte, de me dire sincèrement si M. Lebrun me permettrait de faire imprimer, avec ma traduction, son superbe original, qui est déjà très-connu et très-admiré, même parmi nos poëtes italiens.

« La lettre que vous eûtes la complaisance, mon très-cher ami, de m'écrire, est si flatteuse pour moi, que je n'ai pu me passer d'en donner une copie à mes amis, qui ont la bonté de s'intéresser à ma gloire. Que ne puis-je, mon cher comte, vous témoigner toute la reconnaissance d'un cœur qui vous sera éternellement attaché !

« Je vous écris toujours de mon lit ; c'est depuis presque une année que je n'ai que des maux à soutenir, et que je ne puis recouvrer une santé trop nécessaire à la félicité de nos jours. Jamais, je l'avoue, je n'eus plus besoin d'avoir recours à la philosophie. Je sens d'être en-

core dans l'âge des plaisirs, et qu'il est bien dur d'y renoncer si tôt.
Il n'y a que la certitude que notre vie est un mélange de biens et de
maux, qu'actuellement je souffre ceux-ci, que ceux-là viendront à
leur tour, qui puisse soutenir mon courage. Soyez toujours heureux,
mon tendre et cher ami; je ne cesserai jamais de faire des vœux ardents pour votre parfait bonheur, et pour la conservation de vos jours
précieux à toute la terre, et surtout à ceux qui ont le bonheur de
vous connaître personnellement.

« J'ai pris la liberté, mon très-illustre ami, de vous arranger de
mes propres mains une petite cassette de maroquin de Zara. Je vous
l'enverrai par la voie de Lyon, que je crois la plus sûre. Je vous prie
finalement de me dire si vous aimez mieux que je vous la fasse tenir
à Paris, ou bien à votre château de Montbard.

« Je viens d'entendre que monseigneur le prince de Gonzague s'est
marié à Marseille ; en auriez-vous des nouvelles?

« Vous m'obligerez infiniment, mon très-cher comte, si vous me
rappelez au souvenir de M. votre fils, du plus aimable des enfants, et
si vous lui faites agréer mes tendres compliments. Je souhaite que
les ailes du temps redoublent de vitesse pour m'apporter bientôt le
jour où j'aurai le bonheur de le voir en Italie.

« Agréez, mon très-respectable ami, tous les sentiments de l'amitié
la plus tendre et de la plus vive reconnaissance,

« La comtesse SUARDO DE GRISMONDI. »

(Publiée dans les *OEuvres* de Lebrun, édition de 1811.)

## CCXXXVIII

Note I, p. 74. — Guillebert, ancien professeur au collége du
Plessis, avait succédé près du fils de Buffon à Dallet. Ce fut le dernier gouverneur du jeune comte, qui, l'année suivante, à l'âge de
dix-sept ans, entra au service du Roi dans le régiment des gardes
françaises. Laude, Hemberger, Dallet, et en dernier lieu Guillebert,
tour à tour choisis par Buffon pour donner leurs soins à son fils, ne
quittèrent sa maison que le jour où il eut assuré leur sort en procurant
à chacun d'eux une position honorable et lucrative. On verra par la
suite, dans les lettres que Buffon écrit à son fils durant son voyage en
Russie, à quel point ce dernier s'intéresse au sort du gouverneur qui
vient de le quitter, et avec quelle insistance il demande à son père
d'assurer son avenir. Buffon, du reste, n'attendit point, pour reconnaître les soins de M. Guillebert, les pressantes sollicitations de son fils.

Sur le *Livre manuel contenant les charges annuelles de sa maison*, à la page 2, se trouve l'article suivant : « J'ai donné à M. Guillebert deux mille livres de gratification lorsqu'il a quitté mon fils , et je lui ai fait en même temps une pension pendant sa vie de six cents livres. »

## CCXXXIX

Note 1, p. 75. — Mme de Bouzonville était la fille cadette de la baronne de La Forest de Montfort, et la belle-sœur du président de Ruffey.

## CCXL

Note 1, p. 75. — L'avertissement mis en tête du septième volume des Oiseaux est ainsi conçu :

« Depuis quarante ans que j'écris sur l'histoire naturelle, mon zèle pour l'avancement de cette science ne s'est point ralenti; j'aurais voulu la traiter dans toutes ses parties, ou du moins ajouter à ce que j'ai déjà fait l'histoire des oiseaux et celle des insectes ; mais comme ces deux objets sont d'un détail immense, j'ai senti que j'avais besoin de coopérateurs, et j'ai engagé mon très-cher et savant ami M. de Montbeillard, l'un des meilleurs écrivains de ce siècle, à partager ce travail avec moi ; il a rempli une partie de cette tâche pénible jusqu'au sixième volume de cette histoire des oiseaux : et désirant aujourd'hui s'occuper assidûment de celle des insectes, à laquelle il a déjà beaucoup travaillé, il m'a prié de me charger seul de ce qui restait à faire sur les oiseaux : ce septième volume, et les deux suivants qui termineront l'ouvrage, seront donc tous trois sous mon nom ; néanmoins ce qu'ils contiennent ne m'appartient pas en entier, à beaucoup près. M. l'abbé Bexon, chanoine de la Sainte-Chapelle de Paris , déjà connu par plusieurs bons ouvrages, a bien voulu m'aider dans ce dernier travail ; non-seulement il m'a fourni toutes les nomenclatures et la plupart des descriptions, mais il a fait de savantes recherches sur chaque article, et il les a souvent accompagnées de réflexions solides et d'idées ingénieuses que j'ai employées de son aveu, et dont je me fais un devoir et un plaisir de lui témoigner publiquement ma juste reconnaissance.... »

Note 2, p. 76. — Desève et Benard, graveurs employés à différentes époques par Buffon, pour dessiner les planches de son ouvrage. L'Histoire naturelle renferme peu de dessins du dernier, tandis qu'elle en contient un grand nombre dus au crayon de Desève.

Note 3, p. 76. — Plassan fut avec Panckoucke l'éditeur de l'Histoire naturelle ; dans les derniers temps de la vie de Buffon, mais surtout après sa mort, il demeura seul chargé du placement de ses ouvrages.

« Je viens de terminer avec M. Plassan, écrit le 18 septembre 1790 M. Boursier au comte de Buffon ; il m'a dit qu'il s'était présenté chez lui le porteur d'un bon de M. votre père, pour se faire délivrer gratuitement un exemplaire complet in-4 de ses ouvrages ; ce porteur est M. l'abbé Miller.... M. Verniquet m'a témoigné le désir qu'il avait de compléter son édition in-4, qu'il a reçue de M. votre père.... »
En 1796, le libraire Plassan, avec son associé Bernard, fit hommage au conseil des Cinq-Cents du premier volume d'une nouvelle édition des Œuvres de Montesquieu, dont il était l'éditeur, ainsi que du buste de ce grand écrivain. Cette démarche lui valut la clientèle du Conseil et la faveur du gouvernement.

Note 4, p. 77. — Emmanuel Baillon, mort dans un âge avancé, en 1802, était correspondant du Cabinet du Roi. L'Histoire naturelle, où son nom est souvent cité avec éloges, lui doit un grand nombre d'observations sur les oiseaux de mer qui fréquentent les côtes de Picardie. Il a écrit l'histoire d'un oiseau rare nommé *barnache*, dont, suivant lui, Buffon n'a donné dans son livre que des notions imparfaites. Il excellait, en outre, dans la préparation des oiseaux destinés à figurer dans les collections. Le Cabinet du Roi lui dut des sujets fort rares, choisis parmi les oiseaux de mer et de rivage qui visitent les côtes de l'Océan. Chaque année, bien que le Jardin du Roi n'eût pas encore de ménagerie, il envoyait à Buffon un certain nombre d'oiseaux vivants, que ce dernier faisait élever avec soin.

## CCXLI

Note 1, p. 77. — Stéphanie-Félicité Ducrest de Saint-Aubin, comtesse de Genlis, naquit le 25 janvier 1746 et mourut le 31 décembre 1830. La comtesse de Genlis eut pour Buffon une affection tendre et dévouée, qui dura autant que sa vie, et dont elle reporta une grande part sur le jeune comte de Buffon, après la mort de son père. La Harpe, qui, par un esprit de rancune auquel il cédait trop souvent, était devenu pour Mme de Genlis un critique aussi sévère qu'il avait été jusqu'alors un juge indulgent, dit en parlant de son admiration sans réserve pour l'auteur de l'Histoire naturelle : « Il ne faut pas l'en croire dans ses jugements littéraires, toujours dictés par la passion et l'esprit de parti ; et certes personne ne croira sur sa parole que M. de

Buffon, dont le défaut est précisément d'avoir un style trop uniforme, soit beaucoup plus varié que Voltaire. Mme de Genlis n'était pas obligée, dans un livre de morale, d'assigner ainsi les rangs en littérature, et tout ce qu'elle nous apprend, c'est qu'elle n'aime pas du tout Voltaire, et qu'elle aime beaucoup M. de Buffon, ce qui n'est ni fort instructif, ni fort intéressant, et ce qui surtout n'est point une excuse pour juger si mal tous les deux. »

L'amitié de Buffon pour Mme de Genlis se refroidit un moment; ce dernier, qui protégeait le chevalier de Bonnard et qui, avec l'appui du comte de Maillebois (Voy. la note 2 de la lettre CIII, p. 281), l'avait fait entrer au Palais-Royal, fut très-mécontent des procédés de Mme de Genlis vis-à-vis du chevalier. Le jour où elle fut nommée *gouverneur* des enfants du duc de Chartres, le chevalier de Bonnard demanda son congé, et Buffon eut quelque peine à pardonner à Mme de Genlis le tort qu'elle faisait à son protégé.

Je possède deux billets écrits par la comtesse de Genlis au fils de Buffon; le premier, à la date du 14 avril 1788, le jour même de la mort du grand naturaliste. Il est ainsi conçu :

« Souffrez, monsieur, que mes regrets et mes pleurs se mêlent aux vôtres. Celle que ce grand homme honora du nom de sa fille, et qui a pour vous l'attachement d'une sœur, a le droit de pleurer avec vous. Quand vous le pourrez, venez me voir un moment, mandez-moi le jour et l'heure, je serai seule. Vous trouverez un cœur aussi profondément touché que le vôtre. Nous parlerons de vos affaires; peut-être, par ma tante*, pourrais-je ne vous y pas être inutile. Je désire beaucoup aussi voir M. de Faujas. Auriez-vous la bonté de le lui dire ?

« J'ai l'honneur d'être, monsieur, votre très-humble et très-obéissante servante,

                          « DUCREST-SILLERY **. »

Un autre billet écrit par la comtesse de Genlis à Faujas de Saint-Fond peu de jours après la mort de Buffon, témoigne de la part qu'elle prit aux difficultés de toute nature qui vinrent soudainement assaillir le jeune comte de Buffon. Par Mme de Montesson elle s'employa activement pour assurer au fils la survivance du père; des engagements avaient été contractés, et ses démarches furent inutiles ; on aime cependant à savoir qu'elle les a entreprises.

« Mme de Sillery, écrit-elle, aura l'honneur de recevoir demain di-

---

* Mme de Montesson, mariée secrètement au duc d'Orléans.
** Mme de Genlis prit successivement le nom de comtesse de Sillery, puis celui de Mme Brulard.

manche, entre quatre et cinq heures, M. de Faujas, avec le plus grand plaisir. Elle sera de toutes les manières charmée de causer avec lui; et elle a même quelque chose à lui dire de relatif à l'affaire qui doit intéresser si vivement tous ceux qui sont attachés à M. le comte de Buffon. Elle remercie M. le comte de Buffon, le fils, de son aimable billet, et elle le prie de compter à jamais sur elle comme sur la sœur la plus tendre, et qui partage du fond de l'âme tous ses intérêts. »

Note 2, p. 77. — On lit dans les Mémoires de Bachaumont : « 13 mars 1780. — Entre tous les compliments que Mme la comtesse de Genlis a reçus au sujet de son *Théâtre pour les jeunes personnes*, celui qui l'a le plus flattée est la lettre de M. de Buffon, qu'elle répand avec complaisance et qui mérite d'être conservée, comme marquée à un point d'originalité rare. »

Ce recueil de comédies de société n'était pas le coup d'essai de Mme de Genlis en ce genre; tout enfant elle composait déjà des charades, des pastorales et de petites pièces qu'elle faisait jouer à Bourbon-Lancy, dans sa société.

Le premier volume de son *Théâtre à l'usage des jeunes personnes* parut en 1779. Elle n'était jusqu'alors connue dans les lettres que par trois comédies imprimées dans le *Parnasse des dames*, et dont les titres sont : *L'amour anonyme*, *les Fausses délicatesses* et *la Mère jalouse*. Elle avait fait construire dans son hôtel de la Chaussée-d'Antin un théâtre sur lequel elle faisait jouer par ses filles, dont l'une devint Mme de La Westine, et l'autre lady Fitz-Gérald, les pièces qu'elle avait composées. D'autres enfants de l'âge de MMlles de Genlis complétaient la petite troupe de ce théâtre, aux représentations duquel il était fort difficile d'être admis. Mlle Sainval donnait à ces artistes improvisés des leçons dans le genre tragique. Mme de Genlis s'était chargée de les instruire dans le genre comique. Les différentes pièces qui figurent dans son *Théâtre à l'usage des jeunes personnes*, furent pour la plupart composées en 1776, et représentées chez elle par ses filles et leurs jeunes amies. La Harpe et le chevalier de Chastellux, deux familiers de la maison, mirent, par les vers qu'ils lui adressèrent à ce sujet, les soirées de Mme de Genlis fort à la mode. On vint y applaudir le jeu des acteurs; on y applaudit aussi le talent de l'auteur, qui, conseillée par des spectateurs privilégiés, réunit les différentes pièces du répertoire de sa petite troupe, et les donna au public. L'auteur n'admet pas dans ses pièces un seul rôle d'homme, et les intrigues d'amour en sont soigneusement écartées. Son livre eut un grand succès, et fut presque aussitôt traduit en russe et en allemand. En 1780, Mme de Genlis fit paraître trois nouveaux volumes, que Grimm, dans sa Cor-

respondance (t. V, p. 78, de l'édition de 1812), apprécie de la manière suivante : « Ces nouveaux volumes soutiendront la réputation
du premier. C'est la même morale présentée avec toutes les grâces
de l'imagination la plus heureuse et de la sensibilité la plus douce.
Il est impossible de rendré la vertu plus aimable et d'intéresser le cœur
par des impressions plus pures et plus innocentes. » En 1785, parut le
dernier volume du Théâtre d'éducation. Palissot a dit, dans ses *Mémoires
sur la littérature*, que cet ouvrage devait lui donner « le plus de droits
à l'estime de son siècle et peut-être de la postérité. » Mme de Genlis
était, dès le temps où parurent les premiers volumes de son Théâtre,
de la société intime de Buffon. Elle venait souvent à Montbard, où elle
passait l'automne; elle amenait ses filles avec elle, et le soir, on
jouait quelqu'une de ses pièces. Mlle Daubenton, depuis comtesse
de Buffon, était au nombre des acteurs; Gueneau de Montbeillard,
son grand-oncle, était l'organisateur en titre de ces fêtes d'intérieur
et de famille, faisait la musique des couplets qui y étaient chantés,
et trouvait souvent l'occasion d'un compliment à l'adresse de l'auteur. J'ai sous les yeux différentes pièces de vers, toutes de circonstance, auxquelles un à-propos habilement saisi donnait un charme
tout particulier. Un soir que sa jeune nièce venait de jouer avec
Mlles de Genlis la pièce des *Deux Flacons*, qui se trouve dans le second volume du *Théâtre à l'usage des jeunes personnes*, il la prit sur
ses genoux, et lui débita de mémoire, en lui offrant deux flacons, l'un
blanc, l'autre rose, l'impromptu suivant :

> Le don du plus grand prix, le don le moins utile,
> Passe chez bien des gens pour le plus beau des dons;
> Je t'offre donc mes deux flacons;
> Le prix t'en est connu, jeune et chère pupille,
> Premier point; après quoi je t'avouerai tout franc
> Que je ne sais lequel, ou du rose ou du blanc,
> Te sera le plus inutile.

Le même soir, et sur le même sujet, Mme de Genlis eut aussi un
compliment offert de façon à en augmenter le prix.

Aux soirées du Jardin du Roi, on rencontrait souvent Mme de Genlis et sa mère. Mme de Genlis en faisait le charme en chantant d'une
voix vibrante quelques romances dans le goût du temps, qu'elle accompagnait elle-même sur la harpe. On trouve dans les *Œuvres* de
Lebrun une ode adressée à Mme de Genlis, qui avait quelques jours
auparavant chanté au Jardin du Roi l'Ode du poëte au comte de Buffon
sur ses détracteurs, mise en musique par Mlle de Beauménil.

« Je me souviens, dit M. Humbert-Bazile, à la page 93 du tome I de
ses Mémoires, qu'un matin (en 1782), on me remit un paquet à l'adresse

de M. le comte de Buffon. « C'est, dit-il en l'ouvrant, un manuscrit de
« Mme Genlis. » Il me passa la lettre d'envoi pour lui en faire la lecture.
Mme de Genlis lui envoyait le manuscrit des *Veillées du château*, en le
priant de le lire et de lui donner son avis. Comme M. de Buffon avait
une grande estime pour Mme de Genlis, il me pria de parcourir son
ouvrage et de lui en rendre compte. J'écrivis sous sa dictée une lettre
dont Mme de Genlis se fit honneur, et dont elle vint le remercier peu
de jours après l'avoir reçue. »

## CCXLII

Note 1, p. 78. — Dupleix de Bacquencourt venait d'être remplacé
par Charles-Henri de Feydeau, marquis de Brou, qui remplit la charge
d'intendant de la province de Bourgogne, de 1780 à 1783.

## CCXLV

Note 1, p. 80. — La Sorbonne n'ayant pas donné suite à son projet
de censure contre le livre des *Époques*, la réponse de Buffon ne fut
pas rendue publique. On a vu plus haut (lettre ccxxxiv, p. 68) avec
quelle répugnance il entrevoyait la nécessité où il allait être *de s'occuper d'une explication aussi sotte et aussi absurde* que celle à laquelle
donna lieu sa *Théorie de la terre;* aussi confia-t-il à l'abbé Bexon le
soin de rédiger le premier projet de sa réponse à la Sorbonne. M. Flourens (*Des Manuscrits de Buffon*, p. 254) a reproduit les objections de
la Sorbonne, et la réponse qu'avait préparée l'abbé Bexon. (Voy. sur
ce curieux incident de la vie de Buffon la note 1 de la lettre ccxxxiv,
p. 331.)

Note 2, p. 80. — Charles-Guillaume Lambert, né en 1726, mort le
27 juin 1793, sur l'échafaud révolutionnaire, fut successivement conseiller au parlement de Paris et maître des requêtes. Il avait été aussi
attaché comme premier commis aux bureaux de M. de Beaumont, intendant des finances. En cette qualité, il devait veiller aux réparations des bâtiments dépendant du domaine de la Couronne. Or, comme
Buffon tenait du domaine, à titre de seigneur engagiste, le vieux château fort de Montbard, il est probable que Lambert, dans son zèle de
fiscalité, réclamait quelques redevances dont le montant était contesté, ou cherchait à limiter le droit de jouissance du seigneur engagiste. Buffon, qui n'endurait pas aisément la contradiction, et qu'une

injustice irritait profondément, ne ménage pas les expressions pour qualifier le procédé de Lambert, et s'en plaint à Mme Necker avec une extrême vivacité. On ignore d'ailleurs quelle fut l'issue de cette contestation.

En 1787, lors de la retraite de M. de Villedeuil, Lambert fut nommé contrôleur général des finances. Une feuille du temps a tracé ainsi son portrait : « Il était bon magistrat, il est plein de zèle : contre l'ordinaire de ses prédécesseurs, qui accordaient à peine une audience en quinze jours, il a annoncé qu'il en donnerait trois par semaine. Il n'a point de distractions, point de maltresses, point de spectacles, point de fêtes; c'est, au contraire, un personnage austère, entiché de jansénisme, et dont on ne peut faire un plus bel éloge que celui de sa devise dans la société de Mme Doublet, dont M. de Carmontel avait dessiné les principaux coryphées; on mit au bas du portrait de M. Lambert *Vir et civis*. Du reste, il est entêté par caractère, il aime la contradiction et, dans les assemblées, prend presque toujours l'opposé de l'avis dominant et s'en tire avec esprit et sagacité. Toutes ces qualités malheureusement ne peuvent constituer un bon contrôleur général. »

Note 3, p. 80.—Bouvard de Fourqueux était conseiller d'État depuis l'année 1768. Son père avait fait partie du conseil des finances établi par le régent, et s'était distingué, en 1716, par son énergique résistance aux mesures financières proposées par Law. Mme de Fourqueux, sa femme, a occupé une place importante dans la société du dix-huitième siècle. Elle était sœur de M. de Monthyon, et a publié, sous le voile de l'anonyme, quelques romans estimés.

Note 4, p. 80. — Antoine-Jean-Baptiste-Robert Auget, baron de Monthyon, né le 26 décembre 1733, mort le 29 décembre 1820, entra de bonne heure au Conseil. En 1775 il devint conseiller d'État. On a de lui, sur les finances, un livre rempli d'intérêt, dont voici le titre : *Particularités et Observations sur les ministres des Finances de France les plus célèbres; Londres*, 1812, in-8°. Il fut successivement intendant d'Auvergne, intendant du pays d'Aunis, et chancelier du comte d'Artois. Ses œuvres de bienfaisance et des fondations intelligentes et généreuses, auxquelles il a consacré en totalité une fortune considérable, ont depuis longtemps signalé son nom à la reconnaissance publique.

## CCXLVI

Note 1, p. 81. — Buffon était très-aimé de tous ses voisins et entretenait avec eux les meilleures relations. Je trouve dans sa correspondance avec M. Humbert, maître de forges, une lettre à peu près semblable à celle qu'on vient de lire, et écrite dans des circonstances analogues.

« Le 5 septembre 1779.

« C'était à moi, mon cher monsieur, à vous envoyer en pareille occasion, et je n'ai pu trouver que des truites que je viens d'adresser, pour vous être remises, à M. le curé de Saint-Remy ; mais comment pouvez-vous, dans une occasion où l'on a besoin de toutes ses ressources, m'envoyer un beau pâté et une longe de chevreuil? Je les accepte néanmoins avec plaisir, en vous priant seulement de venir un jour de cette semaine avec M. votre fils et vos nouveaux mariés. Ne doutez pas, je vous prie, de l'intérêt que j'y prends et de tous les sentiments d'amitié avec lesquels j'ai l'honneur d'être votre très-humble et très-obéissant serviteur.

« Le comte DE BUFFON. »

## CCXLVII

Note 1, p. 82. — En 1768, le roi de Danemark vint en France ; il visita Buffon au Jardin du Roi, et lui envoya l'année suivante une magnifique collection des richesses minérales du Danemark. Le roi de Danemark fut le premier des souverains étrangers qui vinrent tour à tour visiter la France. Ce n'est pas une des particularités les moins curieuses de ce temps, que ces voyages des souverains du Nord, venus à Paris tout exprès pour s'entretenir avec des hommes dont ils aimaient les écrits, et voir de près une société dont les autres capitales enviaient le bon ton et l'esprit. Ce ne fut point certes, parmi toutes les nouveautés du dix-huitième siècle, une chose sans importance que cette royauté de l'esprit, d'une date si récente, reconnue par la royauté de tradition et de race, qui traite avec elle d'égale à égale, lui envoyant des présents, et parfois même, comme Catherine II à Voltaire, des ambassadeurs. Jusqu'alors on avait bien vu les princes éclairés encourager les lettres ; ils s'étaient faits parfois les protecteurs des hommes qui les cultivaient avec honneur et succès; mais jamais ils n'avaient cherché à pénétrer dans leur intimité et à devenir leurs amis.

Note 2, p. 82. — Le fils de Buffon achevait son éducation au collége du Plessis. Les lettres précédentes nous ont successivement initié aux différents arrangements pris pour que le jeune Buffon reçût une instruction conforme à son rang et à la carrière qu'il devait suivre un jour. A M. Laude, nous avons vu succéder, en qualité de gouverneur, M. Hemberger, qui fit bientôt place à l'*homme de Valognes*, à M. Dallet. Depuis trois ans, M. Dallet avait été remplacé par M. Guillebert, homme de cœur et de savoir, qui fut le dernier précepteur du fils de Buffon. En 1780, le jeune comte de Buffon avait seize ans ; il habitait le Jardin du Roi avec son précepteur, qui le conduisait deux fois par jour aux cours du Collége du Plessis. Buffon se faisait rendre un compte exact des travaux et des progrès de son fils, et on lui envoyait à Montbard ses thèmes et ses versions. L'abbé Bexon avait aussi un droit de contrôle sur ce gouvernement domestique, dont le plan et les moindres détails avaient été réglés d'avance. Une éducation auss complète porta ses fruits ; mais elle ne put néanmoins transmettre au fils le génie du père, son génie d'écrivain surtout. Le jeune comte de Buffon n'essaya même pas une lutte impossible. J'ai lu avec surprise, dans quelques biographies, que les ouvrages du père firent tort à ceux du fils, qui n'a jamais rien écrit. En parlant de ses prétendus ouvrages, on l'a évidemment confondu avec le chevalier de Buffon, son oncle, qui a écrit différents articles pour la *Collection académique*, et et qui a publié quelques morceaux de poésie dans les journaux du temps.

## CCXLVIII

Note 1, p. 83. — Buffon veut parler de l'abbé Terray, que Turgot, avec lequel il avait des rapports d'ancienne amitié, remplaça au ministère des finances, le 24 août 1774.

## CCLIX

Note 1, p. 84. — André Thouin, né le 10 février 1747, mort le 27 octobre 1824, entra au Jardin du Roi par la protection de Bernard de Jussieu, qui l'avait recommandé à Buffon. Le 28 janvier 1764 il fut nommé jardinier en chef, et devint en 1786 membre de l'Académie des sciences. On lit au sujet de son élection, dans les Mémoires de Bachaumont : « 25 mars 1786. — Le 8 de ce mois, l'Académie royale des sciences a élu, avec l'agrément du Roi, le sieur Thouin, jardinier en chef du Jardin du Roi, pour remplir la place de botaniste, vacante par la mort du docteur Guettard. Cette élection est fort critiquée dans le public ; elle a essuyé de grands débats dans la compagnie, et déplaît surtout à M. le comte de Buffon, qui voit ainsi son inférieur, une espèce de domestique, devenir son égal. » Bachaumont, qui recueillait, sans aucun esprit de critique, les bruits de la cour et de la ville, nous paraît très-mal informé des véritables sentiments de Buffon, en ce qui concerne son subordonné André Thouin. Notre recueil contient quelques lettres adressées par Buffon au jardinier en chef du Jardin du Roi, après son élection à l'Académie des sciences. Le ton en est constamment affectueux, et l'intendant du Jardin témoigne *à son inférieur* la même confiance, non pas seulement pour les affaires du Jardin du Roi, mais pour les détails les plus intimes de sa vie privée. « Soyez sobre, je vous supplie, lui écrit-il le 27 septembre 1787, à déférer aux demandes que mon fils pourrait vous faire, connaissant trop votre bonne volonté dont il pourrait abuser. » Est-ce là le langage d'un homme blessé que *son inférieur, une espèce de domestique, soit devenu son égal?* La vérité est que Buffon tenait André Thouin dans une grande estime, et qu'il l'avait très-franchement associé à ses travaux d'administration. André Thouin a eu ainsi l'honneur d'être un des plus utiles et des plus intelligents collaborateurs de Buffon.

Professeur à l'École normale, membre de l'Institut lors de sa fondation, Thouin fut chargé en 1794 et en 1796 de différents voyages à l'étranger dans un intérêt agricole. En 1806, il fonda une école d'agriculture pratique. Il avait été, en 1788, et on est en droit de le lui reprocher, au nombre des membres fondateurs de la *Société linnéenne.* On voit avec peine, en effet, le nom d'André Thouin figurer sur les listes d'une société fondée en haine de l'école de Buffon, et instituée pour en combattre les progrès. Il prit part, dit-on, à ces promenades bruyantes sous les beaux ombrages du Jardin du Roi, dans lesquelles le buste de Linnée était porté en triomphe et où on ne craignit pas d'outrager la mémoire de Buffon dans ces lieux mêmes embellis par ses travaux et illustrés par son génie. — Les quelques lettres de Buffon à André Thouin que nous avons recueillies, ont trait à l'administration du Jardin du Roi, dans un temps où Buffon ne reculait devant aucun sacrifice personnel pour en augmenter l'étendue, et lui donner une plus grande utilité. On verra avec quelle activité il surveillait, même de loin, des travaux difficiles, et avec quelle énergie il les poursuit, malgré les obstacles de toute nature qui viennent l'arrêter; on comprendra alors quelle tâche laborieuse il avait entreprise, et combien il fallut de sacrifices et d'efforts pour conduire le Jardin au degré de perfection auquel il est aujourd'hui parvenu.

Voici les appréciations de M. Humbert-Bazile sur André Thouin (t. II de son manuscrit inédit, p. 497).

« M. Thouin, chez lequel je me plaisais à passer mes soirées, me fit toujours souvenir de ces hommes de bien de l'ancienne Grèce, qui poussèrent jusqu'à l'exagération la rigoureuse pratique des vertus domestiques. D'une modestie sans exemple, il n'assista jamais aux séances solennelles de l'Académie, et il vit à regret et avec une sorte de résignation son nom inscrit sur la liste des chevaliers de la Légion d'honneur; il ne voulut pas consentir à porter une décoration sans objet, disait-il, sur la poitrine d'un jardinier. Qu'on taxe, si l'on veut, cette détermination de singularité, mais on se tromperait si l'on soupçonnait M. Thouin de misanthropie. Nul n'était plus accessible, nul n'apportait dans le commerce intime plus de douceur et d'aménité; son temps, ses connaissances, ses plantes même étaient à la disposition de ceux qui savaient les lui demander. M. Thouin ne se maria pas; il fut le soutien de sa famille, qu'il accoutuma de bonne heure à compter sur lui. Orphelin à dix-sept ans, l'aîné de six frères en bas âge, il intéressa à son sort Bernard de Jussieu, aussi distingué par les qualités du cœur que grand dans la science par ses immortels écrits. M. de Jussieu vint trouver Buffon et lui dit : « Ces orphelins, si vous « le voulez, deviendront nos enfants; ne nommez pas à la place de « jardinier qui est vacante; je veillerai aux affaires du Jardin durant « la minorité de mon protégé. Je le prends avec moi, je l'instruirai « moi-même soir et matin, je le bourrerai de connaissances, et un jour « vous en serez content. »

Note 2, p. 84. — Le nom de La Touche ne figure sur les états du Jardin du Roi, ni pour cette année (1780), ni pour l'année précédente. Il est à croire que, de même que Guillotte, dont on rencontrera le nom dans les lettres qui suivent, M. de La Touche occupait dans l'administration du Jardin un emploi subalterne. La façon dont Buffon en parle, montre qu'aucun des nombreux employés placés sous ses ordres ne lui était indifférent, et que les mérites de chacun d'eux lui étaient personnellement connus.

Note 3, p. 85. — Presque toutes les grilles qui se voient encore au Jardin des Plantes ont été fabriquées dans les forges de Buffon. On trouvera plus loin (note 1 de la lettre CCXCVII, p. 465) un passage extrait d'une feuille du temps, dans lequel on en fait malicieusement la remarque. Quelques personnes en ont tiré la conséquence que ces fournitures n'ont été pour Buffon qu'une spéculation. Singulière spéculation que celle qui devait aboutir à une perte sèche de plus de trois cent mille livres! Buffon, avait la prétention, peut-être mal fondée, de fabriquer dans ses usines des fers qui pouvaient rivaliser avec les meilleurs produits de la Suède et de l'Espagne; (Voy. la note 3 de la lettre xcviii, t. I, p. 359), le prix de ces fers était en outre fort inférieur à celui qu'avaient adopté les autres maîtres de forges de Bourgogne, ses confrères. En se chargeant des fournitures du Jardin du Roi, il avait donc en vue l'avantage de l'établissement, bien plus que son intérêt personnel. J'ai sous les yeux un des nombreux cahiers sur lesquels Buffon inscrivait avec une grande régularité sa comptabilité du Jardin; ce document précieux renferme la preuve manifeste de son désintéressement. En effet, en comparant le prix des fers fournis par d'autres usines à celui des fers tirés des forges de Buffon, on reconnaît une notable différence. Les fers venus de Buffon, malgré les frais énormes de transport, sont taxés à un prix bien inférieur.

Note 4, p. 85. — Claude-Louis-François Delaulne était alors prieur de l'abbaye de Saint-Victor de Brai, et chargé à ce titre de représenter les intérêts de sa communauté. (Voy. au sujet de l'abbé Delaulne, la lettre cccvi, p. 160.)

Note 5, p. 85. — Depuis le jour où il était entré au Jardin du Roi, Buffon avait conçu le dessein d'en reculer les limites. De vastes terrains séparaient le Jardin de la Seine, mais ils appartenaient aux moines de Saint-Victor et ne pouvaient être vendus, étant biens de mainmorte. A une autre de ses extrémités, il avait pour limite de vastes marais connus sous le nom de *Clos Patouillet*, dont Buffon s'était, dès 1778, rendu acquéreur pour son propre compte.

Pour réaliser ses plans d'agrandissement, il était nécessaire que Buffon pût comprendre dans l'enceinte du Jardin les terrains de l'abbaye; on ne pouvait y parvenir que par un échange, et y faire consentir de tels voisins n'était point chose facile. Il ne fallut pas moins de dix années de prévenances, d'attentions et de soins, pour amener la communauté de Saint-Victor à entrer en arrangement, et il fut décidé en principe que le prieur de l'abbaye échangerait les terrains nécessaires à l'agrandissement du Jardin du Roi, contre une égale contenance prise sur les terrains qui appartenaient personnellement à Buffon. On dut ensuite faire agréer cet arrangement au ministre.

Buffon et M. Delaulne s'y employèrent sans relâche jusqu'au jour où cette affaire fut définitivement réglée. Les lettres de Buffon à M. Thouin, que nous donnons dans ce recueil, ont trait surtout aux négociations entamées pour parvenir à cet échange, auquel Buffon attachait le plus grand prix.

CCL

Note 1, p. 87. — M. Lenoir et le comte de Maurepas.

Note 2, p. 87. — Les demoiselles Bouillon tenaient en location des moines de Saint-Victor une partie des terrains compris dans l'échange intervenu entre Buffon et le prieur de l'abbaye. Leur bail fut cassé par un arrêt du 21 octobre 1780, pour cause d'inexécution des conditions, et le 26 octobre 1781, le terrain qu'elles occupaient fut transmis à Buffon en échange d'une partie de son clos Patouillet. Sur le terrain ainsi échangé, les demoiselles Bouillon ou leurs auteurs avaient établi quelques constructions peu importantes ; ces constructions furent rasées, pour approprier les terrains de Saint-Victor à leur nouvelle destination. Les demoiselles Bouillon, qui prétendaient à des indemnités considérables, portèrent leur réclamation devant le lieutenant général de police Lenoir, commissaire du conseil institué pour régler les indemnités dues au sujet de l'agrandissement du Jardin du Roi. « Vous ne me dites rien du jugement de M. le lieutenant général de police au sujet des indemnités prétendues des demoiselles Bouillon, » écrit Buffon à Thouin, le 28 octobre 1781. « Les demoiselles Bouillon, écrit-il au même le 4 décembre 1782, ne peuvent prétendre aucune indemnité pour les deux bâtiments que nous allons détruire, puisque d'abord ils ont été construits en contravention, et qu'en second lieu ils m'ont été cédés avec le reste du terrain ; ainsi elles n'ont rien à me demander, ni au Roi, et elles ne peuvent attaquer que MM. de Saint-. Victor ; il y a donc tout lieu de croire que M. Lenoir mettra néant sur leur demande à notre égard. »

En effet, par sentence rendue le 17 avril 1783, le lieutenant général de police débouta les demoiselles Bouillon et leurs sous-locataires de leur demande en indemnité. Ce jugement était motivé sur un arrêt du conseil du 26 octobre 1671, qui, présageant l'agrandissement futur du Jardin du Roi, avait défendu, sous peine de 3000 livres d'amende, de bâtir aucune maison ou d'établir aucun chantier entre le Jardin et la rivière. A différentes époques, depuis cet arrêt, le Conseil ordonna la démolition, sans indemnité, des constructions faites contrairement à ses prescriptions.

Après la mort de Buffon, les demoiselles Bouillon, soutenues par un sieur Verdier, maître de pension et ancien locataire de l'hôtel de Magny compris dans la nouvelle enceinte du Jardin, saisirent tour à tour l'Assemblée nationale et les tribunaux de leurs réclamations. Ces demandes injustes eurent pour résultat de frapper d'une sorte de séquestre les créances de Buffon sur l'État, résultant des avances qu'il avait faites pour les travaux du Jardin. En effet, lorsque le Roi ou ses ministres ne pouvaient fournir immédiatement les fonds consacrés en principe à cette utile entreprise, Buffon empruntait en son nom personnel les sommes nécessaires. A sa mort, son fils se trouva en présence d'engagements, auxquels le retard apporté dans le payement de ce qui lui était dû l'empêcha de faire honneur. Il vendit des immeubles importants pour s'acquitter envers les créanciers de son père. La Révolution venait d'éclater ; le crédit avait disparu, et les immenses sacrifices que dut s'imposer le jeune comte de Buffon pour payer des dettes exigibles, portèrent le premier coup à une fortune si glorieusement acquise.

Note 3, p. 88. — Edme Verniquet, né à Châtillon-sur-Seine, le 9 octobre 1727, mort à Paris, le 26 novembre 1804, connut de bonne heure Buffon, dont il était le voisin, et dirigea les nombreuses constructions entreprises soit à Montbard, soit à Buffon. En 1774, Buffon l'emmena à Paris, où il lui fit acheter la charge de commissaire-voyer de la ville. Devenu, grâce à son nouvel emploi, architecte en titre du Jardin du Roi, Verniquet se consacra, sous la direction de Buffon, à l'embellissement et à l'agrandissement du Jardin, qui lui dut ses plus importantes constructions.

Note 4, p. 88. — Van Spaëndonck, peintre hollandais, avait été, en 1774, appelé par Buffon au Jardin du Roi. En 1780, il succéda à Mlle Basseporte, à laquelle il avait été donné pour survivancier en 1774, et continua la riche collection des cartons du Cabinet du Roi. Lors de la réorganisation du Muséum, on créa une chaire d'iconographie dont Van Spaëndonck fut le premier professeur ; il mourut en 1821. « Il peignait les plantes, a dit Cuvier en prononçant son éloge, dans le lieu même où Jussieu en parlait ; il peignait à côté de Buffon, cet autre peintre si brillant aussi. Il a ennobli le genre qu'il avait embrassé, et dans ses tableaux étonnants, l'imagination se croit toujours prête à trouver autre chose que des fleurs. »

## CCLI

· Note 1, p. 88. — Le premier volume des Minéraux parut en 1783.

## CCLII

Note 1, p. 89. — Buffon fait allusion à Necker, contre lequel le *Compte rendu au Roi* avait ameuté une cabale puissante, et qui était menacé d'une prochaine disgrâce.

Note 2, p. 89. — Charles Gravier, comte de Vergennes, né le 28 décembre 1717, mort le 13 février 1787, fut, de tous les hommes successivement appelés aux affaires dans les derniers temps de la monarchie, celui qui sut le mieux comprendre les besoins de l'époque et servir les intérêts du roi.... Il fut appelé au ministère des affaires étrangères en 1774, lors de l'avénement de Louis XVI, par le comte de Maurepas, chargé de constituer un nouveau cabinet. A la mort du premier ministre, le comte de Vergennes devint à sa place président du conseil des finances, et hérita près de Louis XVI de toute la faveur dont avait joui le comte de Maurepas. Il mourut au moment où le Roi avait le plus besoin de ses services. Le comte de Vergennes fut généralement regretté, et M. de Sancy fit pour lui l'épitaphe suivante :

> Ci-gît un grand ministre, un sage, un citoyen;
> L'Europe entière a su le reconnaître :
> Au milieu de la cour il fut homme de bien,
> Et mérita les larmes de son maître.

## CCLIV

Note 1, p. 90. — Pendant le séjour de Buffon au Jardin du Roi, le Cabinet s'enrichit d'un grand nombre de collections et d'objets curieux. Quelques-unes de ces collections furent achetées avec les fonds bien restreints destinés à cet usage; les plus précieuses et les plus chères furent données par Buffon. C'était sa propriété cependant; elles lui étaient envoyées comme un juste hommage rendu à sa gloire. Il aurait pu, sans encourir la critique des plus sévères censeurs, se faire un cabinet d'un grand prix. Le roi de Danemark, le

roi de Suède, et surtout l'impératrice Catherine, lui adressèrent, à
diverses époques, des curiosités d'histoire naturelle, dont la valeur
était proportionnée à la puissance du souverain qui lui en faisait
hommage. Sur les derniers temps de sa vie, il arriva souvent au Jardin du Roi, des contrées les plus lointaines, des caisses remplies
d'objets rares et précieux, adressées par une main inconnue à l'*historien de la nature*. Pendant la guerre de l'indépendance, à la suite
d'une rencontre dans laquelle un vaisseau anglais fut pris par un
corsaire américain, on trouva dans la cargaison du vaisseau capturé des caisses à l'adresse du roi d'Espagne et d'autres à l'adresse
de Buffon ; les caisses du roi d'Espagne ne furent pas respectées,
celles de Buffon restèrent intactes et lui furent fidèlement expédiées.
Dom Gentil, prieur de l'abbaye de Fontenay, près de Montbard,
homme de science et d'érudition, fort lié avec Buffon qui entretenait avec les moines de cette abbaye les meilleurs rapports, admirait fort, un jour, des minéraux d'un grand prix, que l'impératrice
Catherine II venait de lui envoyer. « C'est un présent de souverain,
dit le prieur, faisant allusion au prix que Buffon pouvait en tirer. —
Oui, répondit ce dernier, c'est une attention digne de cette grande
souveraine, qui prend à cœur d'enrichir le Cabinet de Sa Majesté. »
Un jour qu'un prince étranger, qui l'était venu visiter à Montbard,
s'étonnait de ne point trouver dans la maison d'un aussi grand naturaliste un cabinet d'Histoire naturelle : « Je n'en ai point d'autre que
celui de Sa Majesté. » Son désintéressement à cet égard fut sans
bornes. Souvent, lorsqu'il se présentait dans la vente de collections
particulières des acquisitions utiles, et que le Cabinet manquait d'argent, il achetait avec ses propres fonds. « C'est une manie, disait-il
souvent, mais elle ne fera aucun tort à mon fils ; je n'y emploie que
mes économies. » Il ne voulut jamais permettre qu'on louât devant
lui cette manière désintéressée d'enrichir le Cabinet d'Histoire naturelle. « C'est pour moi, disait-il lorsqu'on le mettait sur ce sujet, un
devoir et en même temps un plaisir ! »

Note 2, p. 90. — Buffon est en ce moment uniquement occupé de
son *Histoire des minéraux*. C'est une étude qu'il aime *pour les grandes
vues dont elle est susceptible;* mais c'est en même temps un travail qui
exige des connaissances spéciales qu'il n'a pas et des expériences
qu'il ne peut se résoudre à faire d'une manière exacte et suivie ;
aussi est-il souvent mal à l'aise et arrêté à chaque pas. En 1772, à
l'époque où il se mit à l'œuvre, il appela à lui Guyton de Morveau
(Voy. la note 4 de la lettre cxxv, t. I, p. 419), dont la collaboration
lui fut du plus grand secours. Aujourd'hui que l'ouvrage s'avance

et que, de son travail même, Buffon a tiré des connaissances qu'il n'avait pas en le commençant, il sent néanmoins encore le besoin d'être aidé et réclame le concours de Faujas de Saint-Fond, dont il a précédemment encouragé les premiers travaux minéralogiques.

## CCLV

Note 1, p. 91. — Claude-Hugues Lelièvre, *un des héritiers du sieur Lelièvre*, né le 28 juin 1752, mort le 19 octobre 1835, fut inspecteur général des mines et membre de l'Institut. Le *Journal des mines* et les Mémoires de l'Institut renferment plusieurs comptes rendus de ses travaux en chimie.

Note 2, p. 91. — Jean-Louis Aubert exerça sa charge depuis le 11 juin 1776 jusqu'au 22 octobre 1783. Amable Boursier, son successeur, entra plus avant encore dans l'intimité de Buffon, à cause des nombreuses affaires qui l'intéressaient dans l'Étude dont il venait de se rendre acquéreur; il fut plus que son conseil, il fut son ami. On trouvera, dans les notes qui suivent, quelques lettres de M. Boursier au jeune comte de Buffon, qui prouvent toute la confiance dont il jouissait auprès de la famille. Un fait me paraît important à constater : c'est que, si les archives du Muséum sont fort pauvres en pièces relatives au Jardin du Roi durant l'administration de Buffon, c'est-à-dire à l'époque la plus importante de son histoire, les minutes de l'ancienne Étude de M. Boursier, dont M. Pascal se trouve aujourd'hui le titulaire, renferment au contraire, sur ce point, les documents les plus précieux et les plus complets. Je possède moi-même quelques-uns des titres originaux des différents traités passés par Buffon pour l'agrandissement de l'établissement confié à ses soins.

Note 3, p. 92. — Leschevin était alors premier commis de la maison du Roi. Dans l'organisation des bureaux, telle encore à cette époque qu'elle avait été réglée sous Louis XIV, le premier commis était le directeur général du service. Son influence était souvent plus grande que celle du ministre, qui, nouveau venu, n'était pas toujours au courant des affaires de son département.

Note 4, p. 92. — Grâce aux soins intelligents de Thouin, puissamment aidé par le crédit de Buffon, le Jardin se peupla, tant en fleurs nouvelles qu'en arbres étrangers, d'une foule d'espèces variées, dont on put successivement opérer l'acclimatation. Du Jardin du Roi sortirent à cette époque un grand nombre de fleurs, le dalhia entre autres, et quantité d'arbres forestiers, à la tête desquels on doit placer le chêne à glands doux. Chaque fois qu'une plante ou un arbre était envoyé du Jardin du Roi pour être transplanté soit dans les colonies, soit dans des climats où son espèce n'existait pas encore, Thouin l'accompagnait des instructions les plus précises concernant la manière dont il devait être traité durant la route, et les soins à donner à sa culture. De plus, les questions qui lui étaient sans cesse adressées par les horticulteurs étrangers exigeaient de sa part une correspondance longue et fatigante. Les services qu'André Thouin a ainsi rendus à la culture, sont immenses. Ses leçons du Jardin du Roi, suivies par un grand nombre d'auditeurs, et les élèves qu'il forma, ont puissamment contribué à imprimer à cette science un nouvel élan.

Note 5, p. 92. — Jacques-Martin Cels, né en 1743, mort le 15 mai 1806, entra dans le bureau des fermes, et devint receveur à l'une des barrières de Paris. Son bureau ayant été pillé dans une émeute, il fit un état de ce qui n'avait été jusqu'alors pour lui qu'un plaisir. Il se consacra à la botanique, fonda un jardin dans lequel il rassembla des échantillons variés de toutes les plantes soit étrangères, soit indigènes, et en fit un important commerce. Il fut membre de l'Institut et de la Société d'agriculture.

Note 6, p. 92. — Anne-Robert-Jacques Turgot, né le 10 mai 1727, mourut le 20 mars 1781, d'une attaque d'apoplexie. A l'âge de dix-huit ans, il adressa à Buffon une lettre au sujet des erreurs sur la théorie de la terre contenues dans le prospectus de l'Histoire naturelle. Il fut conseiller au parlement de Paris le 30 décembre 1752, puis maître des requêtes le 28 mars 1753. Intendant de la généralité de Limoges le 8 août 1761, il fut appelé par Maurepas au ministère de la marine le 20 juillet 1774. Le 24 août de la même année, il remplaça l'abbé Terray au contrôle général des finances, et fut, en 1776, remplacé à son tour par Clugny. Nous avons précédemment (Voy. la note 5 de la lettre CLVII, et la note 2 de la lettre CLXIII, t. I, p. 483 et 492) apprécié les actes de Turgot comme ministre et expliqué les causes de sa chute qui était inévitable, parce que les intentions les plus droites et les plus patriotiques ne suffisent pas à un réformateur, s'il n'a pas pour lui l'opportunité. Turgot a voulu devancer le progrès du temps et les leçons de l'expérience; il a échoué. Aujourd'hui que les vrais principes de l'économie politique sont à la portée de tous, il ne trouverait pas un contradicteur.

Turgot, qui refusa, on ne sait trop pourquoi, de faire partie de l'Académie française, entra, en 1776, à l'Académie des belles-lettres,
et fut un des fondateurs de la Société d'agriculture.

Note 7, p. 92. — Buffon parle ici de l'une des deux belles avenues
de tilleuls qui furent plantées par ses soins en 1740, et qui conduisaient alors de la cour de l'Intendance à la Pépinière, limitée par la
petite rivière de Bièvre. Les premiers travaux de Buffon au Jardin du
Roi eurent pour résultat la suppression de la Bièvre dont on détourna
le cours, et le prolongement du Jardin, par suite d'acquisitions successives, jusqu'au quai Saint-Bernard. Les deux avenues de tilleuls
vinrent alors aboutir aux grilles de la nouvelle enceinte; en 1781,
elles étaient telles qu'on les voit encore aujourd'hui.

Note 8, p. 92. — Louis-Antoine de Gontaut, duc de Biron, né le
2 février 1701, mourut en 1788. Colonel du régiment des gardes françaises depuis l'année 1745, et maréchal depuis le 24 février 1757, il
eut une carrière militaire longue et bien remplie. Sa charge de colonel
des gardes françaises le fixa à Paris, où il eut à réprimer les premiers
troubles de la Révolution. On accusa le duc du Châtelet, son successeur, d'avoir provoqué par sa négligence l'indiscipline dont le régiment des gardes françaises donna le premier exemple. Le duc de
Biron fut un des familiers du Jardin du Roi. Le 31 décembre 1783, il
écrivait à Buffon au sujet du mariage de son fils :

« Je suis bien fâché, monsieur, que le temps qu'il fait m'empêche
d'aller savoir par moi-même des nouvelles de votre santé. Elle m'intéresse on ne peut davantage. Je souhaite que la satisfaction que vous
avez du mariage de M. votre fils avec Mlle de Cepoy, contribue à la
rendre meilleure. C'est avec bien du plaisir que j'y donne mon agrément. J'en aurai toujours beaucoup à faire ce qui peut vous être
agréable et vous prouver la sincérité des sentiments avec lesquels j'ai
l'honneur d'être, monsieur, votre très-humble et très-obéissant serviteur.

                                    « Le Maréchal duc DE BIRON. »


## CCLVI

Note 1, p. 93. — Le marquis de La Billarderie, frère du comte
d'Angeviller, succéda à Buffon dans l'intendance du Jardin du Roi,
son frère n'ayant point osé faire valoir pour son propre compte les

lettres de survivance dont il était pourvu. Le marquis de La Billarderie demeura peu de temps à la tête de l'administration du Jardin. Dès
le début de la Révolution, il quitta la France, et eut pour successeur
Bernardin de Saint-Pierre, auquel Louis XVI dit en le nommant :
« J'ai choisi en vous un digne successeur de M. de Buffon. »

Note 2, p. 93. — Le marquis de La Billarderie ne fut pas le seul
qui fit compliment à Gueneau de Montbeillard sur le réel savoir
et la parfaite tenue de son fils. En 1773, Montbeillard en recevait un
plus flatteur encore, et auquel la bouche qui le prononça donnait un
grand prix.

« La fille de M. Diderot, écrit-il à Mme de Montbeillard, le 24 janvier 1773, est mariée au fils d'un ancien ami de la maison ; c'était un
très-bon parti ; il a vu mon fils, il m'a dit avec la chaleur que tu lui
connais : « Je trouve votre enfant charmant, mais je serais au déses-
« poir si, au lieu de treize ans, il en avait eu vingt-trois : je ne me
« consolerais pas d'avoir marié ma fille. »

Note 3, p. 94. — Ce paragraphe, ainsi que plusieurs autres lettres
qui vont suivre, est relatif au mariage de Mlle Lestre avec M. de
Chazelle. De ce mariage est issue une fille mariée au comte Perrault. MM. Perrault de Chazelle, dont l'aîné vient d'épouser Mlle de
Barante, sont fils de ce dernier.

Mlle Lestre, dont Buffon cite dans l'Histoire naturelle (*Quadrupèdes*, dernier volume des *Suppléments*) une lettre renfermant des
observations sur les habitudes et les mœurs de la belette, était orpheline. Son nom rappelle une des bonnes actions de Gueneau de
Montbeillard et une des plus essentielles vertus de son noble cœur,
la compassion. L'abbé de Piolenc avait recueilli chez lui Mlle Lestre,
sa nièce, qui était orpheline et sans appui. L'abbé était vieux, de
mauvaise santé ; il mourut à son tour, et Mlle Lestre se trouva
de nouveau sans asile et sans ressources. Elle avait seize ans à peine.
Gueneau de Montbeillard, pour qui elle était une étrangère, n'hésita pas cependant à s'en charger, suivant en cela les conseils de
son excellent cœur, et s'étonnant parfois qu'on donnât des éloges à
une action qui lui paraissait toute naturelle et toute simple. Il avait
l'habitude de conserver la date de tous les actes importants de sa
vie et d'en noter le souvenir. Composant les vers avec une étonnante facilité, il avait recours à la poésie pour traduire et rendre
ses plus intimes pensées. J'ai entre les mains un livre-journal,
sur lequel il avait coutume de consigner, soit le matin, soit le soir,
ses impressions les plus fugitives. Le jour où Mlle Lestre entra dans

sa maison, il inscrivit sur son livre quelques vers que je transcris textuellement :

> Sainte amitié, je t'entends, ah ! c'est toi,
> C'est toi qui me remets ta victime chérie,
> Dépôt cher et sacré pour mon âme attendrie.
> Avec transport je le reçois.
> Oui, dans mon sein qu'elle se réfugie.
> J'adoucirai son sort; je le veux, je le dois.
> Cette victime, hélas! par la douleur flétrie,
> De larmes abreuvée et de douleur nourrie,
> N'avait que nous deux seuls, la Providence et moi :
> Et la Providence l'oublie!

## CCLVII

Note 1, p. 94. — Guillotte, ancien sous-officier dans les armées du Roi, pensionné sur la cassette privée de Sa Majesté, était chargé de la police du Jardin et avait dans son service tout ce qui concernait la surveillance des plantes et des collections.

Note 2, p. 94. — L'aîné des frères d'André Thouin, Jean Thouin, fut, à la réorganisation du Muséum en 1795, jardinier en chef, à la place de son frère, nommé professeur de culture.

Note 3, p. 95. — La veuve du sabotier reçut un secours important, et Buffon lui constitua une pension. Son cœur généreux ne laissait passer aucune occasion de faire le bien, et, si on le trouve parfois rigoureux et inflexible lorsqu'une opposition déloyale ou une résistance mal fondée contrariait ses projets, on reconnaît dans les actes de sa vie deux vertus qu'il exerça toujours, sans en parler jamais : la bienfaisance et la générosité. Parmi les maisons expropriées pour l'agrandissement du Jardin du Roi, se trouva celle d'un pauvre homme du nom de Bernard. Lorsque sa maison lui eut été payée, il demanda permission d'emporter quelques-uns des matériaux pour s'en construire une nouvelle. Thouin écrivit à Buffon pour lui soumettre la demande de l'artisan, et Buffon lui répondit à la date du 31 janvier 1783 : « Vous pouvez laisser enlever au sieur Bernard sa maison tout entière, puisqu'il veut l'emporter; cela ne fait pas une grande différence pour les intérêts du Roi, et cela peut faire du bien à cet homme. »

## CCLIX

Note 1, p. 96. — L'avis favorable de l'avocat Labbé devait décider le mariage auquel s'intéressaient Buffon et Gueneau de Montbeillard. L'abbé Berthier, ami de tous deux, fut à son tour consulté, et son opinion sur le mariage projeté ne pouvait être douteuse; c'est ce qui fait dire à Buffon, jouant sur les mots : « Nous avons maintenant *deux abbés.* »

## CCLX

Note 2, p. 97. — Le Prieur de Précy est le frère de Louis-François Perrin, comte de Précy, né le 15 janvier 1742, mort le 25 août 1820, si connu par son dévouement aux Bourbons et par sa défense héroïque de Lyon, que les troupes républicaines assiégeaient en 1793.

Note 2, p. 97. — Jean-Baptiste-Pierre-Antoine de Monet, chevalier de La Marck, né en 1744, mort en 1829 à l'âge de quatre-vingt-cinq ans, a publié sur la physique et sur l'histoire naturelle un grand nombre d'écrits; mais on lui doit surtout des découvertes nombreuses et importantes en botanique, science à laquelle il se consacra de bonne heure, à laquelle aussi ses travaux ont fait faire de sérieux progrès. Le chevalier de La Marck était destiné par sa famille à l'état ecclésiastique; son père étant mort en 1760, il prit congé des jésuites, qui s'étaient jusqu'alors occupés de son éducation, et partit pour l'armée d'Allemagne. Il avait alors dix-sept ans. A la bataille de Willinghausen, où les Français furent battus, le chevalier mérita son premier grade; six mois après il était lieutenant. Une maladie grave, suite d'une imprudence, le força à se retirer du service. Il vint à Paris, où, vivant dans la retraite, presque dans l'indigence, il composa sur la botanique un ouvrage qui était destiné à avoir un grand succès. *La Flore française,* tel était le titre de cet ouvrage, fut présentée à Buffon, qui obtint pour l'auteur la faveur de faire imprimer son livre à l'Imprimerie royale. Il lui fit obtenir en outre une pension du gouvernement ainsi qu'une commission de botaniste du Roi. Le chevalier de La Marck était entré à l'Académie des sciences en 1779. En 1781, Buffon lui confia son fils, et le lui donna pour compagnon dans son voyage en Hollande, en Allemagne et en Hongrie, le chargeant en même temps de visiter les Cabinets et les Jardins étrangers, et d'établir avec eux des correspondances utiles au Cabinet du Roi. Après la mort de Buffon, le chevalier de La Marck, âgé de cinquante ans, fut nommé à la chaire de zoologie, vacante par la retraite de Lacepède. Le nouveau professeur se fit une grande réputation dans une science à laquelle il était jusqu'alors demeuré étranger. Il laissa en mourant, soit imprimés, soit manuscrits, un grand nombre d'ouvrages qui, s'ils ont contribué au progrès de la science, n'ont point fait, et c'est la commune règle, la fortune de celui qui les a composés. Le chevalier de La Marck a rédigé toute la partie botanique de l'*Encyclopédie méthodique*, travail qui forme à lui seul un important ouvrage.

J'ai sous les yeux diverses lettres des ministres du roi de France près des cours étrangères relatives à ce premier voyage du jeune comte de Buffon dans le nord de l'Europe. A Vienne, il fut reçu, en l'absence de l'ambassadeur, le comte de la Torre, par le marquis de Barthélemy, premier secrétaire de l'ambassade, le même qui devint membre du Directoire. Quelques fragments de sa correspondance, soit avec Buffon, soit avec son fils, me paraissent dignes d'être conservés.

Le marquis de Barthélemy écrit à Buffon :

« Vienne, le 3 octobre 1781.

« Monsieur,

« Je n'ai aucun titre pour vous témoigner mes regrets que M. votre fils n'ait pas trouvé ici M. l'ambassadeur; mais son nom et ses manières ont promptement suppléé à ce que mon zèle et ma bonne volonté ne pouvaient pas pour lui. M. le prince de Kaunitz l'a parfaitement bien accueilli, et l'Empereur l'a distingué au camp de Prague d'une manière qu'il est impossible que M. votre fils l'oublie jamais. Il désire que j'aie l'honneur, monsieur, de vous confirmer tout ce qu'il vous mande à cet égard. J'éprouve un grand plaisir de vous assurer que l'Empereur l'a reçu et traité avec toute la bonté et toutes les grâces imaginables, et qu'il est très-satisfaisant pour les Français employés au dehors d'avoir à produire leurs compatriotes, quand ils réunissent comme M. votre fils les avantages qui méritent et donnent les succès.... « BARTHÉLEMY. »

Il écrit au jeune comte de Buffon :

« Vienne, le 16 février 1782.

« M. l'ambassadeur a reçu avec grand plaisir, monsieur, les assurances de votre souvenir. Il me charge de vous en remercier et de vous faire mille compliments de sa part. Je vous en dis autant de la part de M. de Burckaus, du Nonce, de M. Poitevin et de toutes les personnes qui ont été charmées de vous connaître. M. de Burckaus s'est chargé de parler de vous à M. le prince de Kaunitz. Pour moi, monsieur, je ne puis que me féliciter d'avoir eu l'occasion de vous produire ici et d'être témoin de vos succès. Ce début dans vos voyages est d'un bon augure. Vous trouverez les mêmes avantages partout où vous porterez les attentions et les prévenances que vous avez marquées ici. Je vous prie, monsieur, de présenter mes hommages à M. votre père. Je suis infiniment flatté des choses qu'il vous a chargé de me dire. Je m'estimerais heureux d'avoir des occasions fréquentes de le convaincre de l'étendue de mon zèle et de mon dévouement. Il ne se passe rien ici dans la société qui puisse intéresser votre curiosité. Voici, monsieur, la réponse que M. de Kaunitz a faite à la demande que vous avez désiré que M. l'ambassadeur lui adresse. Je vous prie de me rappeler au souvenir de M. le chevalier de La Marck.

« BARTHÉLEMY. »

Le général comte de Burckaus écrivait, de son côté, à la date du 3 septembre 1782, au comte de Buffon, la lettre suivante :

« Monsieur le comte,

« Les qualités aimables et distinguées de M. votre fils, si bien faites pour vous faire espérer que, dans la carrière qu'il a embrassée, il se rendra digne de son illustre père, m'ont inspiré pour lui un bien vif intérêt. J'ai pris sur moi de le décider à retourner sur ses pas pour aller à Prague y voir manœuvrer par S. M. l'empereur 45 000 hommes, me chargeant de justifier près de vous cette démarche qui m'a paru utile. Il a été comblé de grâces et de faveurs par Sa Majesté; il a eu l'honneur de dîner à sa table, et à toutes les manœuvres l'Empereur s'est constamment entretenu avec lui. Il est revenu du camp, après avoir mérité les éloges de tous les généraux à qui je l'avais adressé; tous lui prédisent une brillante carrière; et comme je ne doute pas que, dans ses lettres, il ne vous ait donné tous les détails de la réception qui lui a été faite, je veux vous laisser tout entier au charme d'en entendre le récit de sa bouche. »

On peut encore placer ici une lettre adressée au jeune comte de Buffon par le marquis de Bombelles, alors ministre du Roi près la Diète de l'Empire, dont la vie a été agitée par de si étranges destinées. Diplomate, puis soldat de l'armée de Condé, il entra dans les

ordres après la mort de sa femme, devint évêque d'Amiens et aumônier de la duchesse de Berri. Il officia, dans la chapelle du château, le
jour du mariage de sa fille, devenue Mme de Castéja, et eut trois
fils, qui occupèrent en Autriche des positions élevées; l'un d'eux,
de l'aveu de la cour d'Autriche, a épousé l'impératrice Marie-Louise.

« Ratisbonne, le 15 décembre 1781.

« J'ai reçu, monsieur, la lettre que vous m'avez fait l'honneur de
m'écrire de Munich, et le paquet de M. le baron de Breteuil qu'elle
renfermait. Je suis bien fâché que vos affaires m'aient privé de la
satisfaction de vous recevoir ici ; tout ce que me mande M. le baron
de Breteuil ajoute beaucoup à ce regret. J'aurais mis de l'amour-
propre à présenter le fils d'un homme universellement révéré, et
j'aurais cherché à mériter l'amitié d'un jeune homme qui marche sur
les traces du plus respectable père. »

(Ces différentes lettres sont inédites et font partie de la collection de
M. Henri Nadault de Buffon.)

## CCLXI

Note 1, p. 98. — Mirande est un village situé à un kilomètre de
Dijon; il fait partie de la ville et doit à son heureuse situation la
création d'élégantes maisons de campagne ; celle qui appartenait à
M. Hébert paraît avoir été détruite pendant la Révolution.

Note 2, p. 98. — Buffon fait allusion aux fêtes et aux cérémonies
célébrées à l'occasion de l'ouverture des États, que le prince de
Condé était venu présider. Les fêtes habituelles étaient, cette année,
rendues plus brillantes par l'inauguration du musée et du cabinet
des gravures, que les États avaient fondés le 15 mai.

Note 3, p. 98. — Les receveurs généraux des provinces ne furent
pas supprimés, mais des réformes importantes eurent lieu dans cette
administration financière. Les attributions des receveurs généraux
s'augmentèrent de plusieurs perceptions particulières jusqu'alors séparées. La recette d'Angers, autrefois divisée en trois branches, les
traites et gabelles, les tabacs et les aides, venait d'être reconstituée
en une seule perception.

Note 4, p. 93. — Buffon ne partageait pas toutes les illusions de ses

contémporains au sujet de la révolution pacifique que devaient accomplir prochainement, suivant eux, les progrès de l'esprit philosophique;
il pensait qu'un gouvernement ne se modifie pas du tout au tout sans
soulever des tempêtes, et il s'inquiétait de voir avec quelle facilité les
hommes sages se laissaient entraîner vers les trompeuses perspectives
de l'avenir. Il n'appartenait pas cependant à cette fraction, très-
restreinte alors, qu'on pouvait appeler le parti de la résistance; son
âme généreuse n'était pas demeurée étrangère aux idées de son
temps. Avec cette merveilleuse faculté qu'il possédait au plus haut
point de généraliser les faits particuliers, il avait pressenti que les
institutions bonnes pour le passé seraient insuffisantes pour l'avenir.
Il avait compris que les vieilles formes de la monarchie inspiraient
d'autant moins de respect, que ceux mêmes qui étaient chargés de les
défendre cherchaient tous les moyens de les frapper d'impuissance.
Chacun sentait alors la nécessité d'approprier les formes du gouvernement aux intérêts d'une société où s'étaient développés outre mesure l'esprit de discussion et le besoin de liberté; mais on espérait en
même temps que l'opinion amènerait sans secousse ces grands changements. Buffon les appelait de tous ses vœux, sans cesser de
jeter sur l'avenir, qui lui paraissait chargé d'orages, un regard inquiet. Il s'attendait à une crise prochaine. La Révolution, il ne faut
pas s'y tromper, n'est pas l'ouvrage des quelques hommes qui l'ont
déshonorée par leurs excès; elle a dévoré presque tous ceux qui en
ont été les plus fervents apôtres. Buffon ne dissimulait guère ses inquiétudes en entendant propager sans mesure des maximes impru-
dentes, il s'attristait en voyant la grande loi de l'obéissance sourdement attaquée et faiblement défendue; et chaque jour il voyait avec
douleur contestés et battus en brèche les deux principes devant lesquels il s'inclina toute sa vie : l'ordre et la règle. Qui oserait révoquer
en doute son patriotisme? Sa correspondance, qu'il ne pensait certes
pas devoir être un jour publiée, en renferme d'éclatants témoignages.
S'il parle de la prospérité de la France, des heureuses combinaisons
des ministres, des succès de nos armes, c'est avec une joie intime,
avec une émotion vraie; les malheurs publics, les revers de l'État ne
le trouvent pas non plus insensible.

Habituellement il ne faisait pas rouler l'entretien sur les événements
de la politique; il était en cela d'une réserve extrême, ayant coutume
de dire : « Ces matières ne sont pas de mon ressort. » Parfois cependant, dans le cercle étroit de la famille, il laissa deviner sa pensée.

La guerre en faveur de l'indépendance des États-Unis d'Amérique
lui parut une imprudence, la politique incertaine et changeante du gouvernement une irréparable faiblesse. Le jour où il apprit la convoca-

tion des notables , que devait bientôt suivre la convocation des états
généraux, on l'entendit s'écrier : « Je vois venir un mouvement
terrible, et personne pour le diriger. »

Avant de rendre le dernier soupir, il regarda longtemps son fils; il
sentait que ce jeune homme à l'imagination ardente, au cœur généreux, était menacé d'un grand danger, et sa pensée s'attristait en
songeant qu'il le laissait seul pour tenir tête à l'orage qui approchait,
et dont il avait depuis longtemps prévu et annoncé l'explosion.

Note 5, p. 98. — Le *Compte rendu au Roi* et l'édit portant convocation des administrations provinciales furent les derniers actes du premier ministère de Necker. Si, d'un côté, ces mesures hardies portèrent sa popularité à son comble, d'un autre elles soulevèrent contre
lui une opposition puissante à la cour et dans le Parlement. Necker,
se sentant appuyé par l'opinion publique, se crut assez fort pour
imposer ses conditions; il demanda son entrée au conseil et un lit de
justice pour l'enregistrement de son édit; à ce prix seulement il consentait à rester aux affaires. Pendant huit jours le Roi hésita; la
Reine supplia le ministre, qui demeura inflexible. Ces négociations,
connues dans le public, préoccupaient vivement les esprits. Chaque
jour donnait en même temps naissance à des brochures qui faisaient
l'apologie de Necker et à des pamphlets qui décriaient son système
ou attaquaient sa personne. Des couplets, qui furent alors chantés
dans les rues de Paris, montrent que, malgré l'incertitude des esprits,
on prévoyait un prochain changement; voici les deux premiers :

> Pourquoi présenter un *Mémoire*
>     Qui fait sa fin?
> Chacun glose sur cette histoire,
>     Sur ce Martin.
> C'est que dans cette œuvre célèbre,
>     Modestement
> Il fait son oraison funèbre,
>     De son vivant.
> Il n'est point de cour étrangère
>     Qui pour de l'or
> Ne voulût dans son ministère
>     Un tel trésor.
> « Ah! que n'est-il, dit l'Angleterre,
>     Mon chancelier?
> — Ah! que n'est-il, dit le saint-père,
>     Mon moutardier? »

Note 6, p. 98. — Ce que chacun avait prévu arriva enfin. Necker
quitta le ministère des finances le 25 mai et Joly de Fleury de La

Valette, ancien intendant de Bourgogne, lui succéda. (Voy. ci-après, sur l'impression causée par la retraite de Necker, la note 2 de la lettre CCLXIV, p. 372.)

Note 7, p. 99. — La gravure dont il est ici question, a été placée par Panckoucke en tête de l'une des dernières éditions de l'Histoire naturelle. Elle reproduit la statue élevée à Buffon au Jardin du Roi, avec quelques ornements accessoires qui complètent la pensée de l'artiste. On voit dans le lointain le génie de la Nature, qui d'une main écarte le voile dont ses mystères sont enveloppés, et de l'autre tient un cercle d'or suspendu sur la tête de son historien. Au bas de la gravure sont tracés ces mots, qu'on put lire quelque temps sur le socle de la statue : *Naturam amplectitur omnem.* (Voy. à ce sujet la note 10 de la lettre CCXCVI, p. 460.)

Cette gravure fut dessinée par Pajou, l'auteur de la statue, et gravée par Martini.

J'ai rassemblé les divers portraits de Buffon gravés, soit en France, soit à l'étranger, soit de son vivant, soit depuis sa mort; la collection que j'ai ainsi formée, et qui n'est pas complète encore, comprend plus de cent trente portraits.

Note 8, p. 99. — Mme de Saint-Marc, proche parente de M. Hébert, était la femme de M. Colin de Saint-Marc, receveur général des fermes. C'est à cette parenté que M. Hébert dut la recette des fermes de Dijon, dont il fut titulaire jusqu'à la Révolution.

## CCLXII

Note 1, p. 99. — Le fils de Gueneau de Montbeillard était d'une santé délicate et sujet à des accidents qui donnaient à son père les plus vives inquiétudes. Buffon l'aimait comme son fils et reconnaissait par mille attentions les tendres soins que Gueneau de Montbeillard et sa femme n'avaient cessé de prodiguer au jeune Buffon. Le fils de Montbeillard achevait ses études au collége du Plessis avec son petit camarade, et, durant le temps de ses courts séjours à Paris, Buffon le faisait venir avec son fils au Jardin du Roi, où les deux enfants recevaient les mêmes soins et prenaient part aux mêmes plaisirs.

## CCLXIV

Note 1, p. 100. — Necker venait de quitter le contrôle général des finances. « M. Necker, rapportent les Mémoires de Bachaumont, à la date du 13 juin 1781, comme on l'avait prévu, rongé de chagrin de se voir arrêté au milieu de la carrière où l'avait fait entrer son ambition, vient enfin de tomber malade ; on juge qu'il l'est gravement, puisque le docteur Tronchin, ne pouvant l'aller voir à Saint-Ouen aussi fréquemment que l'exige son état, l'a déterminé à venir à Paris. Comme il n'a pas de logement arrêté en ce moment, son ancien ami M. Fournier, qu'il avait négligé durant ses projets de grandeur, lui a offert un asile et l'a reçu. On prétend que M. Tronchin, vu la cause de l'état fâcheux de M. Necker, craint qu'il n'y succombe, à moins qu'on ne vienne à bout de lui inspirer plus de résignation, plus de calme et de repos dans l'imagination. »

Note 2, p. 101. — Dès que la retraite de Necker fut connue à Paris, l'opinion se manifesta hautement en sa faveur. Le soir, aux Français, pendant la représentation de la *Partie de chasse d'Henri IV*, à ce passage où le roi, pardonnant à Sully, s'écrie : *Les malheureux, ils m'ont trompé!* on cria du parterre : *Oui! oui!* et la représentation fut interrompue. La pièce du *Misanthrope* donna encore lieu, les jours suivants, aux mêmes manifestations. Parmi les nombreux couplets qui inondèrent Paris à cette occasion, celui-ci, qui était plein d'à-propos, fut beaucoup remarqué :

> North et Necker dans leurs puissantes mains
> De leur État soutiennent les destins :
>          Voilà la ressemblance.
> North triomphant, élève les Anglais,
> Necker tombant, entraîne les Français :
>          Voilà la différence.

## CCLXV

Note 1, p. 101. — La famille dont il est ici question est la famille Lestre de Semur. Le mariage de Mlle Lestre avec M. Perrault de Chazelle, négocié par Buffon et par Gueneau de Montbeillard, était arrêté, et le jour de la célébration fixé par les deux familles. M. Perrault de Chazelle était le neveu de Mme Charrault, parente de Buffon, et se

trouvait alors avec cette dernière à Montbard. (Voy. la note 2 de la
lettre CLXVI, t. I, p. 495).

Note 2, p. 101.— A Montbard, on dînait à deux heures ; c'était l'heure
à laquelle Buffon quittait son cabinet d'études. Avant deux heures, personne, quel que fût le rang du visiteur, ne pouvait le voir. C'était une
règle absolue, que ses gens avaient ordre de ne jamais enfreindre. L'accueil que l'on recevait à Montbard était simple, mais cordial et généreux ; il y avait au château, toujours dressée, une table de vingt-cinq
couverts. Le personnage le plus important de la maison, le plus considérable et le mieux payé, était le cuisinier. Buffon y mettait de
l'amour-propre ; c'était son seul luxe. Au reste lui-même mangeait
beaucoup. Son dîner était son seul repas ; c'était aussi le seul
instant de la journée où il fut entièrement à la compagnie qui l'était
venu voir. On demeurait longtemps à table ; la sœur de Buffon,
Mme Nadault, en faisait les honneurs avec une grâce et une prévenance du meilleur ton. La conversation prolongeait le repas. Hors des
heures consacrées à l'étude, Buffon n'aimait pas à s'occuper de choses
profondes ; il laissait son esprit au repos. Sachant mettre chacun à
son aise, il était chez lui accueillant et affectueux. Simple dans ses discours, aimant à causer et parfois un peu à rire, il ne cherchait l'effet en
rien. Sa conversation était alors familière , mais jamais négligée. « La
conversation de M. de Buffon, dit Mme Necker, a un attrait tout particulier.... Il s'est occupé toute sa vie d'idées étrangères aux autres
hommes ; en sorte que tout ce qu'il dit a le piquant de la nouveauté. »
Pour lui une question de littérature ou de science, fortuitement soulevée dans la conversation , devait se discuter sérieusement. Aussi
évitait-il avec soin, lorsqu'à table la discussion s'élevait sur des sujets
de cette nature , d'y prendre part. Il se taisait et laissait dire. Mais
que la discussion s'animât, qu'elle prît une tournure neuve, capable
de l'intéresser, on voyait soudain se réveiller le savant et l'homme de
génie ; c'était alors, pour me servir d'une expression qui, dit-on, lui
fut familière , *une autre paire de manches !* On se taisait autour de
lui, on l'écoutait parler. Lorsque Buffon s'apercevait de l'attention
qu'il avait éveillée, il s'arrêtait à son tour, mécontent de lui : *Pardieu!*
disait-il, *nous ne sommes pas ici à l'Académie !* Et la conversation reprenait ce ton facile et léger dont le naturaliste aimait si peu, pendant
ces heures consacrées au repos, à la voir s'écarter. Après le dîner chacun se dispersait. Buffon rentrait chez lui et s'occupait jusqu'au soir
de ses affaires domestiques, du règlement de ses comptes, de l'administration du Jardin du Roi, dictant tour à tour à son secrétaire des
lettres d'affaires ou des réponses à ses nombreux correspondants, au

nombre desquels furent, on le sait, Catherine II et le roi de Prusse. Le soir on se réunissait de nouveau au salon, grande pièce tendue en soie verte, décorée dans toute sa hauteur par les dessins des oiseaux décrits dans l'Histoire naturelle. Un secrétaire apportait le manuscrit auquel il avait travaillé le matin; souvent on choisissait un morceau pris au hasard dans l'Histoire naturelle; parfois on se recueillait pour entendre Buffon, dont la mémoire était prodigieuse, réciter de souvenir un passage de ses œuvres.

## CCLXVI

Note 1, p. 102.— En ce temps, le Trésor était obéré à ce point que les payements les plus nécessaires étaient indéfiniment suspendus, parfois même entièrement supprimés. On se souvient encore des différentes opérations financières tentées sans succès, depuis l'abbé Terray, par les divers contrôleurs généraux des finances, pour ranimer le crédit public. Quelques-uns essayèrent de restreindre la dépense en ne reconnaissant pas les engagements de l'État; de ce nombre fut le contrôleur général Joly de Fleury, qui refusa un jour à Buffon le remboursement de ses avances pour les travaux du Jardin du Roi. M. Humbert-Bazile raconte ainsi, à la page 84, tome I, de son intéressant manuscrit, et le refus du ministre et l'ordre qui lui fut donné de payer désormais sans retard les mémoires présentés au Trésor par l'intendant du Jardin du Roi.

« Voici, dit-il, une anecdote qui montre jusqu'où allait l'influence du comte de Buffon, et combien son crédit à la cour était solidement établi. Un jour que je m'étais présenté, par son ordre, à l'hôtel du contrôleur général, l'audience du ministre me fut pour la première fois refusée. Il s'agissait d'ordonnancer des états de dépenses faites au Jardin du Roi, et dont M. le comte attendait avec impatience le remboursement; j'insistai près de M. Charpentier, intendant des Finances, et mon introducteur habituel près de M. Joly de Fleury; M. Charpentier se rendit près du ministre, qui se refusa de nouveau à m'entendre. Je revins au Jardin du Roi, et je rendis compte du peu de succès de ma démarche. « Allez à votre bureau, me dit M. de « Buffon, et écrivez la lettre que je vais vous dicter. » Dans cette lettre adressée à M. Amelot, il était dit que le refus du contrôleur général mettait l'intendant du Jardin du Roi dans l'impossibilité de solder les mémoires d'ouvriers ainsi que de payer le prix de ses acquisitions, et qu'il lui était extrêmement pénible de se voir ainsi réduit à la triste nécessité de manquer à ses engagements.

« Le soir même, un courrier extraordinaire apporta au Jardin du Roi une copie de l'ordre qui venait d'être donné au contrôleur général des Finances, de payer désormais à vue les bons du comte de Buffon et de lui remettre, sans nul retard, les sommes réclamées pour la continuation des travaux entrepris au Jardin du Roi.

« Le lendemain, je me présentai de nouveau au contrôle général, et je fus aussitôt reçu. M. Joly de Fleury me dit qu'il n'avait point eu l'intention de désobliger M. de Buffon, mais qu'un travail urgent avait seul provoqué son refus de me recevoir. Il me remit une note dans ce sens, et montra par la suite un grand empressement à satisfaire aux demandes d'argent qui lui furent faites. »

## CCLXVII

Note 1, p. 104. — « L'oie, dit Buffon qui savait donner de la noblesse aux moindres détails, et relever par une grande pensée les sujets les plus vulgaires, l'oie nous fournit cette plume délicate sur laquelle la mollesse se plaît à reposer, et cette autre plume, instrument de nos pensées, avec laquelle nous écrivons ici son éloge. »

Mme Necker, si bonne à consulter lorsqu'il s'agit de Buffon, dit, en rapportant cette gracieuse pensée : « Quand on est obligé de dire une chose commune, il faut tâcher d'y jeter toujours un peu d'intérêt. C'est ainsi que M. de Buffon, dans son histoire de l'oie, ne nous a pas appris platement qu'elle donne les meilleures plumes ; mais il dit : Cette plume avec laquelle j'écris son histoire. » (*Mélanges*, t. II, page 342.)

Note 2, p. 104. — La partie de Paris qui s'étend sous la montagne Sainte-Geneviève, et notamment tout le quartier Saint-Jacques, sont bâtis sur les catacombes. Avant les importants travaux de consolidation entrepris par le gouvernement dans ces anciennes carrières, il était fréquent de voir dans les quartiers les plus exposés des effondrements et des éboulements dont plusieurs furent causes de graves accidents. Déjà, en 1774, les gazettes annonçaient un accident de ce genre : « On sait que plusieurs quartiers de Paris sont placés au-dessus des souterrains formés par des carrières qui, malgré les précautions prises pour assurer le sol, menacent d'une ruine plus ou moins reculée tous les édifices bâtis dessus. Une excavation considérable, formée à la barrière de la rue d'Enfer par un éboulement subit, ne peut que confirmer ces craintes. Heureusement elle s'est formée dans un lieu isolé ; une seule maison voisine en a souffert. On est occupé à réparer ce désordre et à prendre les précautions que la prudence et l'art pourront fournir. » Quelques années plus tard, au mois de juillet 1778, sur le chemin de Mesnil-Montant, proche la barrière de ce nom, sept personnes furent englouties, sans qu'une seule ait eu le temps de prendre la fuite. On ne put retrouver, malgré les travaux de sauvetage entrepris par la police, les cadavres des victimes. On ne trouva pas non plus trace d'un gros orme sous lequel elles étaient assises au moment de l'accident.

Les premiers travaux de consolidation des catacombes furent entrepris sous l'administration de M. Lenoir, en 1778, et poursuivis avec activité les années suivantes. Ce magistrat, à l'administration duquel Paris est redevable d'un grand nombre de mesures utiles, y fit transporter les débris humains retirés du cimetière des Innocents qui venait d'être supprimé. Sous l'Empire, des sommes importantes furent dépensées, et les travaux de consolidation, continués sous la Restauration, sont aujourd'hui entièrement achevés et mettent les quartiers de Paris, autrefois exposés, à l'abri de tout éboulement.

Note 3, p. 104. — J'admire dans Buffon deux vertus qui ont dominé sa vie : la *patience* et la *force*. Il faut certes une foi bien robuste dans l'œuvre entreprise, pour poursuivre sans jamais se lasser une tâche qui demande le sacrifice de la vie tout entière. Les dernières années de Buffon furent éprouvées par des souffrances non interrompues, causées par la plus cruelle et la plus douloureuse des maladies; son travail ne s'en ressentit pas : on eût dit au contraire que, dans la lutte entre le corps qui souffre et l'âme qui veut agir, son génie trouvait une puissance nouvelle. Les *Époques de la nature*, dernière production d'une plume puissante, ouvrage souvent interrompu par la violence du mal qui minait sa santé, sont sans contredit cependant son chef-d'œuvre, la pièce capitale de l'édifice qu'il a construit; c'est ce que sa plume a écrit de plus correct, ce que son imagination a créé de plus sublime. Un jour cependant il est arrêté par la maladie, cette fois plus forte que sa volonté; il ne se décourage pas néanmoins, et s'il en parle, c'est pour regretter le temps enlevé à l'étude et ses travaux un instant interrompus. (Voy. la note 7 de la lettre cxxxviii, t. I, p. 443.)

Note 4, page 104. — Buffon n'était jamais satisfait de ce qu'il avait écrit. Quelque peine que lui eût coûté l'ouvrage qu'il venait d'achever, quelques nombreuses qu'eussent été les retouches auxquelles il l'avait successivement soumis, il pensait qu'il pouvait se perfectionner encore, et l'envoyait à ses amis pour le lire et le juger. C'est une remarque curieuse à faire que cette extrême défiance de lui-même, qui n'abandonna jamais l'écrivain le plus correct et le plus pur du dix-huitième siècle. Mais on peut dire que cette défiance modeste est un des traits qui caractérisent l'hómme de génie. Pascal qui, lui aussi, savait écrire, ne s'élevait à l'expression sublime de sa pensée qu'après d'innombrables essais.

## CCLXVIII

Note 1, p. 105. — Il s'agit de Mlle Lestre, qui venait d'épouser M. Perrault de Chazelle. (Voy. ci-dessus la note 1 de la lettre cclxv, p. 372.)

Note 2, p. 105. — Montbeillard s'occupait en ce moment de l'*Histoire des insectes*, qui devait compléter l'Histoire naturelle, et qui fut publiée en partie dans l'*Encyclopédie méthodique*.

## CCLXXI

Note 1, p. 108. — On avait découvert une carrière sous le logement de Buffon, ce qui rendit nécessaires des travaux de consolidation. (Voy. ci-dessus la note 2 de la lettre cclxvii, p. 375.)

Note 2, p. 108. — Il s'agit de l'acquisition de la maison du sieur Lelièvre, dont il a été précédemment question. (Voy. la lettre cclv, p. 91.)

Note 3, p. 108. — Dans une lettre au même, à la date du 28 octobre 1782, se trouve le passage suivant : « Lorsque vous pourrez envoyer des graines à M. le vicomte de Querhoënt, je vous prie de lui écrire au Croisic, en Bretagne, et de lui demander où il veut que vous les lui adressiez et par quelle voiture, si le paquet est gros. »
Le vicomte de Querhoënt, excellent observateur, envoya à Buffon de nombreux mémoires sur certaines espèces d'oiseaux qu'il avait plus particulièrement étudiées; son nom est plusieurs fois cité dans l'Histoire naturelle.

## CCLXXII

Note 1, p. 109. — Michel Adanson, né le 7 avril 1727, mort le 3 août 1806, fut un botaniste distingué. Il suivit l'archevêque d'Aix,

M. de Viŋtimille, qui était fort attaché à sa famille, lorsque ce prélat fut appelé au siége archiépiscopal de Paris. En 1748, il avait alors vingt-un ans, poussé par son amour pour les sciences et par son ambition de découvertes nouvelles, il partit pour le Sénégal, où il demeura cinq ans. En 1757 parut une *Histoire naturelle du Sénégal* (1 vol. in-4°), qui fut goûtée de tous les naturalistes et de tous les savants. Élu membre de l'Académie des sciences en 1759, il fut, la même année, nommé censeur royal. Il a publié sur la botanique et l'histoire naturelle plusieurs ouvrages estimés. Mais ses ouvrages imprimés représentent la plus faible partie de ses travaux; il a laissé de nombreux manuscrits et d'importants matériaux rapportés de son voyage au Sénégal. Il fit don au Jardin du Roi d'une grande partie des richesses qu'il avait recueillies, et Buffon cite souvent son nom. En 1759 il publia, sous le pseudonyme de Ruga Carafa, une *Lettre au comte de Buffon sur les propriétés de la tourmaline.*

Note 2, p. 109. — L'abbé Jean-Louis Giraud-Soulavie, né en 1751 à l'Argentière dans le Vivarais, mort à Paris au mois de mars 1813, est plus connu par ses nombreux écrits sur l'histoire de son temps que par ses ouvrages scientifiques. Son premier ouvrage, ayant pour titre *Histoire naturelle de la France méridionale*, parut en 1780 (2 parties, 8 vol in-8°), et fut imprimé avec le privilége de l'Académie des sciences. La première partie est consacrée aux minéraux; c'est celle à laquelle Buffon fait allusion, en relevant une des nombreuses méprises de son trop jeune auteur. L'abbé Barruel, aussi du diocèse de Viviers, l'un des collaborateurs de l'*Année littéraire*, autrefois ami et familier de l'abbé Soulavie, dénonça son livre dans un journal appelé : *Les Helviennes.* Non content de cette première attaque, il publia contre son ancien ami un pamphlet dont le titre était : *Genèse selon Soulavie*, où, entre autres reproches d'impiété, il relève contre lui l'observation qu'il a faite dans les montagnes du Vivarais de couches de coquilles avant les couches de plantes pétrifiées, tandis que, d'après le récit de Moïse, les plantes furent créées avant les coquilles. La Sorbonne s'émut d'une attaque aussi violente et aussi formelle. L'abbé Soulavie se vit refuser un canonicat de Viviers, qui lui était promis, une charge de chanoine qu'il était sur le point d'obtenir, et fut privé de l'honneur de prononcer devant le roi un discours depuis longtemps agréé. L'abbé Soulavie protesta contre un tel acharnement et de pareilles dénonciations, en attaquant son adversaire au criminel. La cause fut portée devant le Châtelet, puis, pour éviter le scandale, apaisée par l'intervention de l'archevêque. De toute cette affaire, qui fit grand bruit, il est resté une suite de mémoires et d'articles écrits par l'abbé Barruel, et qui ont jeté quelque discrédit sur les systèmes de géologie de l'abbé Soulavie, en faisant fort habilement ressortir leur faiblesse et leur peu de profondeur. Les *Éléments d'histoire naturelle*, imprimés à Saint-Pétersbourg, furent le dernier ouvrage scientifique de l'abbé Soulavie.

Note 3, p. 109. — Le passage auquel Buffon fait allusion est ainsi conçu :

« Les os du prétendu roi *Theutobocus*, trouvés en Dauphiné, ont fait le sujet d'une dispute entre Habicot, chirurgien de Paris, et Riolan, docteur en médecine, célèbre anatomiste. Habicot a écrit dans un petit ouvrage, qui a pour titre : *Gigantostéologie* (Paris, 1613, in-12), que ces os étaient dans un sépulcre de briques à 18 pieds en terre, entouré de sablon. Il ne donne ni la description exacte, ni les dimensions, ni le nombre de ces os; il prétend que ces os étaient vraiment des os humains, d'autant, dit-il, qu'aucun animal n'en possède de tels. Il ajoute que ce sont des maçons qui, travaillant chez le seigneur de Langon, gentilhomme du Dauphiné, trouvèrent, le 11 janvier 1613, ce tombeau, proche les masures du château de Chaumont; que ce tombeau était de briques, qu'il avait 30 pieds de longueur, 12 de largeur et 8 de profondeur, en comptant le chapiteau, au milieu duquel était une pierre grise, sur laquelle était gravé : *Theutobocus rex;* que ce tombeau ayant été ouvert, on vit un squelette humain de 25 pieds et demi de longueur, 10 de largeur à l'endroit des épaules, et 5 pieds d'épaisseur... La même année (1613), le docteur Riolan publia contre la découverte annoncée par Habicot un écrit sous le nom de : *Gigantomachie....* Un an ou deux après parut une nouvelle brochure sous le titre de : *L'imposture découverte des os humains supposés et faussement attribués au roi Theutobocus....* En 1618, le docteur Riolan répondit à ces différentes attaques par un écrit ayant pour titre : *Gigantologie....* Au reste, continue Buffon après avoir examiné les différentes preuves apportées à l'appui de cette prétendue découverte, dans cette dispute, Riolan et Habicot, l'un médecin et l'autre chirurgien, se sont dit plus d'injures qu'ils n'ont écrit de faits et de raisons; ni l'un ni l'autre n'ont eu assez de sens pour décrire exactement les os dont il est question; mais tous deux, emportés par l'esprit de corps et de parti, ont écrit de manière à ôter toute confiance. Il est donc très-difficile de prononcer affirmativement sur l'espèce de ces os... » (*Époques de la nature*, extrait d'une des notes de la 6ᵉ époque.)

Note 4, p. 109. — Faujas de Saint-Fond avait débuté dans sa carrière scientifique par des poésies. Envoyé à Grenoble par sa famille afin d'y faire son droit, il fuyait l'école pour parcourir les montagnes et allait chercher l'inspiration au milieu des sites les plus retirés des Alpes dauphinoises. Ces courses lointaines, l'aspect de ces masses imposantes, donnèrent à ses idées une direction nouvelle. Si le pittoresque aspect des montagnes charmait son imagination de poëte, les causes inconnues de leur formation, les révolutions successives qui ont laissé sur chacune d'elles des traces faciles à reconnaître, furent autant de problèmes qui étonnèrent sa raison. Il arriva à la science par la poésie; son style s'en ressentit. Sous le géologue qui ne se connaît point encore, on retrouve souvent le poëte qui ne peut parler des montagnes sans se souvenir aussitôt des douces et profondes émotions qu'il dut à leurs poétiques aspects.

## CCLXXIII

Note 1, p. 111. — Joly de Fleury, troisième fils de Guillaume-François Joly de Fleury, procureur général au parlement de Paris, avait été nommé contrôleur général des finances, lors de la retraite de Necker.

Note 2, p. 111. — Debonnaire de Forges, maître des requêtes en 1768, était alors conseiller d'État et membre du conseil des finances.

## CCLXXIV

Note 1, p. 112. — Catherine II, née en 1729, morte le 9 novembre 1796, monta sur le trône de Russie le 9 juillet 1762. Elle avait épousé Pierre III le 1er septembre 1754, et dut la couronne à une conspiration qui précipita du trône son mari, étranglé quelques années après dans sa prison. « Le seul grand homme qu'il y ait aujourd'hui en Europe depuis la mort de Frédéric II, a dit Rivarol, est la femme extraordinaire qui gouverne la Russie. »

Note 2, p. 112. — On lit à ce sujet dans les Mémoires de Bachaumont, à la date du 5 février 1782 : « M. le comte de Buffon ayant eu occasion d'envoyer ses œuvres à la czarine, cette magnifique souveraine lui a fait donner en échange la collection des médailles de son règne, en or, présent d'environ 40 000 livres. Elle y a joint une lettre charmante, et le philosophe très-galant a répondu par

une de remercîment, dans le genre de celle qu'on a vue il y a un
an adressée à Mme la comtesse de Genlis, mais proportionnée toujours à l'illustre héroïne. » Avec ces médailles et les riches fourrures qui les accompagnaient, l'impératrice avait envoyé à Buffon,
sur une tabatière d'or, son portrait enrichi de diamants. M. Humbert-Bazile posséda un instant ce précieux bijou ; il en avait fait l'acquisition lors de la vente des biens du jeune comte de Buffon.

Pour célébrer la munificence de l'impératrice, M. de La Ferté
adressa à Buffon la pièce de vers suivante, insérée dans les journaux
du temps et rapportée par Grimm dans sa Correspondance (t. XI,
p. 69) :

### A M. DE BUFFON,

*Sur le présent de fourrures que lui a envoyé Sa Majesté Impériale de
Russie, accompagné des médailles d'or frappées sous son règne, et
sur la demande qu'elle lui a faite de son buste,* par M. DE LA FERTÉ,
avocat au Parlement.

> Quelle louable jalousie
> Semble animer les souverains !
> Tributaire de ton génie,
> Catherine sur toi répand à pleines mains
> Les richesses de la Scythie :
> Elle se signale en ce jour,
> Catherine la Magnifique,
> Des Russes la gloire et l'amour.
> De la Sémiramis antique
> Ne me vantez plus la splendeur,
> Les jardins merveilleux, d'où fuyait le bonheur.
> Apprécier Buffon, ajouter à sa gloire,
> C'est avec lui s'inscrire au temple de Mémoire;
> C'est se recommander aux siècles à venir.
> Rappelle, dans ton doux loisir,
> Avec quelle grâce touchante
> Catherine daigne embellir
> Les dons que sa main te présente.
> D'un règne glorieux ces nombreux monuments,
> Qui peuvent attester un siècle de lumière,
> Ces médailles dont l'art surpasse la matière,
> Et ces riches toisons, l'orgueil des vêtements,
> Ne valent pas d'une majesté fière
> Les instances, le vœu pressant
> Pour obtenir la ressemblante image,
> Les nobles traits d'un grand homme et d'un sage.
> Houdon, elle a fait choix de ton ciseau savant,

La souveraine, amante des prodiges.
Pour toi ce n'est qu'un jeu de surprendre nos sens
Par tes innombrables prestiges.
Renouvelant l'audace des Titans,
Veux-tu ravir la céleste étincelle ?
Transmettre au bloc l'âme de ton modèle ?
Ne tente pas de coupables efforts.
Puise-la dans ses yeux, cette flamme immortelle;
Tu seras à la fois et sublime et fidèle.
L'Envie, en frémissant, tourmentera son mors.
Buffon, tu n'as jamais aperçu la Furie,
Tu plains les envieux, tu dédaignes l'Envie;
Ton laurier, toujours vert, toujours chéri des dieux,
N'a rien à redouter des autans furieux.

Note 3, p. 112. — Outre les médailles, les fourrures et le portrait, l'impératrice avait envoyé à Buffon une chaîne en or massif, trouvée dans des fouilles faites en Sibérie. « Les cultures, les arts, les bourgs épars dans cette région, dit Pallas, sont les restes encore vivants d'un empire ou d'une société florissante, dont l'histoire même est ensevelie avec ses cités, ses temples, ses armes, ses monuments, dont on déterre, à chaque pas, d'énormes débris. » Cet envoi fut un hommage d'autant plus flatteur rendu à Buffon, que c'est dans le Nord qu'il plaça, dans ses *Époques de la Nature*, le berceau du monde, et qu'il signala les premiers bienfaits de la civilisation. Ces restes d'une civilisation détruite, ces vestiges d'un monde évanoui, dont la tradition même n'a pu conserver le souvenir, donnaient pleinement raison à ses hypothèses et à ses systèmes. La chaîne d'or trouvée en Sibérie et les médailles du règne de Catherine ont disparu. Nous avons lieu de penser cependant que ce riche médaillier est actuellement en Angleterre. Les fourrures servirent à Buffon beaucoup moins qu'à sa belle-fille; le peu qu'il en reste appartient aujourd'hui à Mme de Vaulgrenant, née Nadault de Buffon.

Note 4, p. 112. — La correspondance de Voltaire avec l'Impératrice de Russie renferme des vœux semblables. Aucune flatterie, on doit le dire, ne pouvait être plus agréable aux oreilles de la czarine, la politique russe ayant constamment en vue la conquête de Constantinople.

Note 5, p. 113. — Jean-Antoine Houdon, né le 20 mars 1741, mort le 15 juillet 1828, excella surtout dans les bustes. Le buste de Buffon est cité comme une de ses meilleures productions. Outre celui qui fut emporté en Russie par le jeune comte de Buffon, il y en eut un autre du même artiste qui fut placé à Montbard, dans le salon du château. M. Gatteaux, membre de l'Académie des beaux-arts, en est aujourd'hui possesseur.

## CCLXXVI

Note 1, p. 114. — L'élection dont il s'agit est celle qui devait avoir lieu pour remplacer Saurin. Buffon, fort lié avec Bailly, et qui ne cachait pas l'estime dont il honorait son caractère et ses écrits, l'avait porté comme son candidat à la place vacante; il avait vu ses amis et s'était assuré du nombre de voix nécessaire pour cette élection. « L'Académie, dit Grimm, suivant l'usage de tous les corps, est partagée en deux partis ou factions : le le parti dévot, qui réunit aux prélats tous les académiciens mincement pourvus de mérite, et d'autant plus empressés par conséquent à faire leur cour avec bassesse; et le parti philosophique, que les dévots appellent encyclopédique.... Il y a, au reste, dans ces deux partis, comme entre deux armées opposées, un fonds de déserteurs qui se rangent, suivant la fortune, de l'un ou de l'autre côté, et dont l'un ou l'autre se fortifie en les méprisant également. Il y a aussi de ces âmes fières et libres qui dédaignent d'être d'aucun parti, comme M. de Buffon, par exemple, et que leur neutralité expose à la calomnie des deux factions. » ( *Correspondance littéraire*, t. VII, p. 252. Mai 1771.) Tel était encore, en 1782, l'état de l'Académie, et, comme Buffon tenait beaucoup à l'élection de Bailly, il ne négligea rien pour en assurer le succès. Le nombre de voix nécessaire lui était promis, et cependant il ne croyait pas encore la cause de Bailly gagnée, car il n'assista pas à la séance de l'Académie, afin *d'éviter beaucoup de choses désagréables.* Cette défiance se comprend sans peine, si l'on considère la position tout exceptionnelle que Buffon s'était faite. En effet, il se tenait à l'écart et ne dirigeait aucune faction dans cette compagnie, dominée alors à un si haut point par l'esprit de parti; c'est ce qui l'exposait, comme le fait très-finement observer Grimm, aux calomnies de toutes deux. On alla aux voix, un suffrage manqua à Bailly, et Condorcet, le candidat du parti encyclopédique, fut élu. L'histoire de cette élection est curieuse; Grimm et La Harpe en ont rendu compte dans leur Correspondance littéraire.

« L'élection de M. le marquis de Condorcet à la place vacante à l'Académie française par la mort de M. Saurin, dit Grimm, est une des plus grandes batailles que M. d'Alembert ait gagnées contre M. de Buffon. Ce dernier voulait absolument qu'on donnât la préférence à M. Bailly, auteur de l'*Histoire de l'astronomie ancienne*, des *Lettres*

*sur l'Atlantide et sur l'origine des sciences;* M. de Chamfort, à la
dernière élection, ne l'avait emporté sur lui que de trois ou quatre
voix.... Il n'en est pas moins vrai que M. d'Alembert a eu besoin de
toute l'adresse de son esprit, de toute l'activité de sa politique, on
l'assure même, de toute l'éloquence de ses larmes, pour décider le
triomphe de son client; et sans une petite trahison de M. de Tressan,
tant d'efforts, tant de soins étaient encore perdus; car M. de Condorcet n'a eu qu'une seule voix de plus que M. de Bailly, seize contre
quinze; et voici l'histoire assez curieuse de cette voix, bien digne assurément d'être contée. M. de Buffon, à qui M. de Tressan doit sa
place à l'Académie (Voy. la note 1 de la lettre CLXI, t. I, p. 486),
crut bonnement pouvoir se fier à la parole qu'il lui avait donnée de
servir M. Bailly. M. d'Alembert avait obtenu de lui la même promesse en faveur de M. de Condorcet; mais beaucoup meilleur géomètre que le Pline français, il jugea très-bien qu'une promesse verbale
du comte de Tressan n'était pas d'une démonstration assez rigoureuse;
en conséquence, il se fit donner la voix dont il avait besoin dans un
billet convenablement cacheté, et ce petit tour de passe-passe a
décidé le succès d'une des plus illustres journées du conclave académique. »

« M. de Condorcet, dit La Harpe rendant compte à son tour de
cette élection si vivement débattue, a été enfin élu pour remplacer
M. Saurin à l'Académie française. On ne se souvient point, de mémoire
d'académicien, qu'il y ait jamais eu pour une élection une assemblée
si nombreuse, ni un semblable partage de voix. Nous étions trente et
un; Bailly a eu quinze voix, et M. de Condorcet seize. « Il a frisé la
« corde, » disait M. d'Alembert; et l'on peut juger de l'intérêt qu'il y
mettait par ces propres paroles qu'il dit tout haut après le scrutin :
« Je suis plus content d'avoir gagné cette victoire que je ne le serais
« d'avoir trouvé la quadrature du cercle. » Un géomètre ne peut rien
dire de plus fort. Cependant il faut avouer qu'il n'y a pas trop de quoi
se glorifier d'une pareille victoire. Il est triste de ne l'emporter que
d'une voix, et de couper ainsi par la moitié une compagnie où l'on
veut entrer. M. de Condorcet, savant, philosophe et homme d'esprit,
secrétaire de l'Académie des sciences, aurait dû naturellement trouver moins d'obstacles, si ses méchancetés connues, ses libelles ano-
nymes n'eussent indisposé contre lui, d'autant plus qu'il se présentait
en concurrence avec un homme qui avait eu douze voix à la dernière
élection, et à qui l'on ne faisait aucun reproche personnel. Quoi qu'il
en soit, le zèle dévorant de M. d'Alembert l'a emporté, et M. de Condorcet sera reçu le 21 de ce mois. »

Ce choix était bien fait pour blesser Buffon. En effet, sa liaison avec

Necker était fort connue, et Condorcet s'était toujours montré l'ennemi acharné du contrôleur général des finances. Au livre de Necker intitulé : *De la législation et du commerce des grains*, il avait répondu par les *Lettres d'un laboureur*, pamphlet dans lequel l'attaque est plus vive que loyale. A compter de ce jour, Buffon cessa de paraître aux séances de l'Académie. Un soir il rencontra le comte de Tressan dans le salon d'un ministre. L'académicien vint à lui avec politesse, se plaignant doucement de s'être plusieurs fois présenté sans succès au Jardin du Roi. « Je le sais, répondit Buffon avec hauteur, j'étais chez moi et vous avez trouvé ma porte fermée; j'ai donné ordre qu'elle le fût désormais *toujours* pour vous. » Et sans même le saluer il lui tourna le dos.

Deux années plus tard, le 26 février 1784, Bailly entra à l'Académie; l'homme dont le manque de parole avait retardé son élection lui en ouvrit cette fois les portes. Bailly succéda au comte de Tressan, et Condorcet, alors directeur, le reçut dans cette compagnie où, deux ans auparavant, il était venu occuper, un peu par surprise, la place promise à Bailly.

## CCLXXVII

Note 1, p. 115. — On trouve dans les papiers du temps la description suivante des fêtes données par la ville de Paris à la Reine, à l'occasion de la naissance du Dauphin :

« 22 janvier 1782. — La fête annoncée a eu lieu hier, et, malgré les apparences du plus mauvais temps, la journée a été beaucoup plus belle qu'on n'aurait osé l'espérer. La Reine est venue avec un cortége peu nombreux, mais radieuse elle-même. Elle avait dans son carrosse Madame Élisabeth, Madame Adélaïde, Mme la duchesse de Bourbon, Mlle de Condé, Mme la princesse de Conti, Mme la princesse de Lamballe. Après avoir été à Notre-Dame et à Sainte-Geneviève, elle s'est rendue à l'hôtel de ville, où étaient rassemblés pour la recevoir les seigneurs et dames qui ne l'avaient point accompagnée, et pour y attendre l'arrivée du Roi. On leur a servi une table de soixante-dix-huit couverts où il n'y avait que le Roi et ses deux frères en hommes, du reste, la Reine, les princesses et les femmes de la cour. Les autres tables ont été fort mal servies, non à défaut de victuailles, mais par le peu d'intelligence de ceux qui présidaient aux distributions. Les ducs et pairs, entrejautres, ont dîné avec du beurre et des raves, parce que Sa Majesté ayant sorti de table promptement, il a fallu lever toutes les tables. Du reste on peut juger de la profusion de ce jour par la viande de boucherie seule, dont il a été consommé cent deux mille milliers.

Le feu d'artifice, dont la décoration était superbe et analogue à la fête, a été mal exécuté et d'ailleurs maigre; on en a été très-indigné contre le maître artificier, le sieur de La Varinière. Du reste, des dessinateurs montés sur un échafaud dressé en face de l'hôtel de ville, ont dû lever le plan et le dessin des diverses parties de ce spectacle, pour en perpétuer la mémoire aux yeux de la posterité.... »

« 24 janvier 1782. — Le bal qui a eu lieu cette nuit à la Ville, était détestable par la difficulté d'y aborder en voiture, malgré toutes les précautions prises à cet effet; pour la cohue immense qui s'y est trouvée en plus grand nombre que n'en pouvait contenir la superficie de l'Hôtel ; enfin, pour l'espèce de monde, dont la plus vile canaille de Paris faisait une très-grande partie. Le Roi et la Reine ont d'abord soupé au Temple très-gaiement et se sont ensuite rendus à la fête. La Reine s'est habillée chez le sieur Buffaut, le trésorier de la ville, et est de là entrée au bal au milieu d'une quarantaine de femmes de la cour. Leurs Majestés se sont trouvées elle-mêmes si pressées, que la Reine a crié un moment : *J'étouffe!* et que le Roi a été obligé de se faire place à coups de coude. Malgré cela, ils ont paru s'amuser. »

Les précautions les plus minutieuses avaient présidé cette fois à l'organisation des fêtes que la ville offrait à la cour. On se souvenait encore de la catastrophe de 1770, lors des réjouissances données pour le mariage du Dauphin. Le corps de ville ne fut pas seul chargé de la police de Paris; le maréchal de Biron, colonel des gardes françaises, le comte d'Affry, colonel des gardes suisses, et le chevalier Dubois, commandant du guet, avaient eu ensemble de nombreuses conférences dont le résultat fut de faire afficher dans Paris des ordonnances de police, destinées à empêcher le désordre. L'Académie d'architecture fut invitée à donner son avis sur la solidité des constructions provisoires faites par la Ville : c'était d'abord la salle de bal construite derrière l'Hôtel de ville ; puis, la galerie de bois placée sur le quai, et où la cour devait assister au feu d'artifice. Tous les bateliers, nageurs, plongeurs de la rivière, furent requis pour se tenir prêts à porter secours en cas d'accident. On n'eut heureusement à déplorer aucun malheur, et le corps de ville obtint trois cordons noirs pour récompense de son zèle et de ses soins. A l'occasion de ces fêtes, il courut dans Paris un vaudeville où se trouve le couplet suivant :

> Pour vous consoler du festin
> Courez de place en place;
> On vous prodiguera le pain
> Dont le pauvre se passe;
> De vieux cervelas
> Dont on ne veut pas

Et qu'on jette à la tête,
Avec des milliers
De bons fusiliers
Pour avoir l'air de fête.

Note 2, p. 115. — Ces fêtes furent les dernières dans lesquelles
Louis XVI put croire encore à l'amour de son peuple; la Reine y re-
cueillit aussi pour la dernière fois les témoignages d'un respect auquel
devaient bientôt succéder tant d'outrages. Ce jour-là, c'était fête auss i
dans son cœur, et la joie rayonnait sur son front. Sa beauté, dans tout
son développement, brillait de grâces nouvelles, et le vieux duc de
Brissac aurait pu lui dire encore, comme le jour de sa première entrée
dans Paris, en lui faisant voir le peuple empressé sur ses pas : « Voici,
madame, trois cent mille amoureux de vos charmes. » On trouve
dans une feuille du temps, à l'époque de son mariage, au mois de mai
1770, son portrait ainsi tracé : « Cette princesse est d'une taille proportionnée à son âge, maigre sans être décharnée, et telle que l'est
une jeune personne qui n'est pas encore formée. Elle est très-bien faite,
bien proportionnée dans tous ses membres. Ses cheveux sont d'un
beau blond; on juge qu'ils seront un jour d'un châtain cendré; ils
sont bien plantés. Elle a le front beau, la forme du visage d'un ovale
beau, mais un peu allongé; les sourcils aussi bien fournis qu'une blonde
peut les avoir. Ses yeux sont bleus sans être fades, et fixent avec une
vivacité pleine d'esprit. Son nez est aquilin, un peu affilé par le bout;
sa bouche est petite; ses lèvres sont épaisses, surtout l'inférieure,
qu'on sait être la lèvre autrichienne. La blancheur de son teint est
éblouissante, et elle a des couleurs naturelles qui peuvent la dispenser
de mettre du rouge. Son port est celui d'une archiduchesse, mais sa
dignité est tempérée par sa douceur, et il est difficile, en voyant cette
princesse, de se refuser à un respect mêlé de tendresse. »

Un jour, en 1791 (les choses étaient bien changées alors), la Reine
vint au Jardin du Roi; sa beauté s'était flétrie, sa jeunesse s'en était
allée, elle portait le front bas et soucieux; elle pressentait un prochain orage. Au moment de monter le grand escalier du Cabinet d'Histoire naturelle, elle s'arrêta devant la statue de Buffon : « C'était un
bien grand homme, dit-elle, après un instant de recueillement et de
silence; pourquoi tous ceux qui veulent diriger aujourd'hui les affaires,
n'ont-ils pas une aussi bonne tête que lui! »

Note 3, p. 115. — Le Dauphin, dont on célébrait ainsi la naissance,
était né le 22 octobre 1781. Le soir, à la Comédie-Italienne, Mme Bil-
lioni, qui remplissait un rôle de fée dans la pièce des *Deux sylphes*,

chanta des couplets de circonstance qui furent applaudis avec enthousiasme :

> Je suis fée, et veux vous conter
> Une grande nouvelle ;
> Un fils de Roi vient d'enchanter
> Tout un peuple fidèle.
> Ce Dauphin, que l'on va fêter,
> Au trône doit prétendre ;
> Qu'il soit tardif pour y monter....
> Tardif pour en descendre.

Le 26 octobre suivant, le Roi vint en grande pompe, et au milieu
d'un imposant appareil, à Notre-Dame, où il entendit un *Te Deum*
d'actions de grâces. Parmi les nombreux couplets faits à cette occasion, il en est un qui mérite d'être conservé. C'est un Gascon qui
parle :

> Sandis, vous l'entendez, Rochambeau, La Fayette,
> Vous savez réunir les vaincus, les vainqueurs ;
> La France à son Dauphin présente tous les cœurs,
> Et vous forcez l'Anglais à payer la layette !

Note 4, p. 115. — Benjamin-Edme Nadault, seigneur des Bordes,
beau-frère de Buffon, naquit à Montbard le 22 janvier 1748, et mourut
le 17 février 1804. Le 23 mai 1770, il entra au parlement de Bourgogne, où il remplit pendant vingt années une charge de conseiller. Le
24 juillet de la même année, il épousa Catherine-Antoinette Leclerc de
Buffon, sa cousine germaine, sœur du naturaliste. Il aima la peinture
et s'y adonna avec succès. La maison qu'il habitait à Montbard joignait
celle de Buffon, les deux jardins se touchaient, communiquant l'un à
l'autre par une porte dont chacune des deux familles avait une clef.
Souvent Buffon venait surprendre son beau-frère dans son atelier ; il
s'approchait sans être vu, et, se penchant sur son chevalet, il disait
en lui frappant amicalement sur l'épaule : « *Pardieu*, mon cher beau-
frère, vous peignez à merveille ; c'est bien, c'est trop bien pour un
conseiller au parlement. » Buffon n'aimait pas la robe. Il avait eu dans
sa vie de nombreux procès, et pensait avoir à se plaindre de la
justice, suivant lui, *trop observatrice des formes au grand détriment
du fond*. Souvent, pendant les heures laissées au plaideur malheureux pour maudire ses juges, il venait trouver son beau-frère, et
prenait plaisir à s'abandonner devant lui à tout son mécontentement.
M. Nadault l'écoutait ; puis, lorsqu'il avait fini, ils riaient ensemble
du désespoir violent de l'un et de la patience héroïque de l'autre.
Buffon avait en lui la confiance la plus entière et ne faisait rien sans
le consulter. « Vous êtes, lui écrivait-il un jour, l'homme dont le ca-

ractère me va le mieux et sur qui il me sera toujours doux de compter. » Lorsqu'il créa ses jardins de Montbard, Buffon consulta beaucoup son beau-frère. Sur les terrasses se voient encore, à demi effacées par le temps, des peintures dont il est l'auteur, et plusieurs bas-reliefs qui ornent la façade nord du château sont dus à son ciseau.

De mœurs douces et simples, d'un caractère loyal et sûr, d'un dévouement sans réserve, toujours au service de ceux qu'il admettait dans son intimité, il apporta dans la société ces qualités exquises du cœur et cette douceur bienveillante de l'esprit, qui en sont le lien le plus fort et en font le charme journalier. Aimant l'étude par goût et s'y adonnant par caprice, il ne resta pas étranger aux sciences physiques et mathématiques. Il étudia aussi l'histoire naturelle, dont son père lui avait enseigné les premiers éléments. « On voit chez M. Nadault, conseiller au parlement, dit l'abbé Courtépée, une collection de toutes les curiosités naturelles que le pays produit et de presque tous les marbres étrangers et nationaux, rassemblés par son père, savant laborieux, correspondant de l'Académie des sciences. » En 1780, il avait contribué, comme élu des États de Bourgogne, à l'acquisition de la collection de plâtres moulés sur l'antique qui enrichit le musée de Dijon. La mort de Buffon, le drame sanglant de la Révolution, la mort tragique de son fils et de son neveu, la perte presque entière de sa fortune, frappèrent son cœur sans altérer la douce sérénité de son esprit.

Un auteur contemporain, le chevalier Aude, dans sa *Vie privée du comte de Buffon*, a laissé de lui ce portrait : « Ceux qui préfèrent une raison solide aux éclairs de l'esprit, un cœur loyal, un heureux caractère, à la séduisante frivolité des gens du bel air, sont dignes d'apprécier ce conseiller prudent et sage : il était de la société intime de M. de Buffon. »

Note 5, p. 115. — Gueneau de Montbeillard était souvent en retard avec Buffon, non par mauvaise volonté, non pas même par paresse, mais par suite de cette répugnance innée et de cet instinct de son caractère qui le détournaient d'occupations suivies, et l'empêchèrent toujours de se livrer à un travail non interrompu. Plus d'une fois ses articles arrivèrent à Buffon à l'heure où il n'en avait plus besoin, ayant pris le parti, pour ne point retarder l'impression de son ouvrage, de les écrire lui-même. Il en fut ainsi pour l'histoire du *Cygne*. Gueneau de Montbeillard s'en était chargé; mais Buffon, ne voyant pas arriver son travail, et pressé d'ailleurs par l'impression du volume dans lequel il devait trouver place, le composa seul et sans attendre la collaboration que lui promettait son ami.

## CCLXXVIII

Note 1, p. 116. — On aime à trouver dans le programme des fêtes données à Dijon en l'honneur de la naissance du Dauphin, une pensée de bienfaisance. Les États de la province dotèrent douze jeunes filles, et une médaille fut frappée pour conserver le souvenir de cette solennité.

Note 2, p. 116. — Joly de Fleury, qui remplaça Necker en 1781, au contrôle général des finances, fut remplacé à son tour en 1783, par d'Ormesson.

## CCLXXIX

Note 1, p. 117. — Buffon, qui travaillait alors à l'*Histoire des minéraux*, envoyait à Montbard ses manuscrits, que Trécourt, son secrétaire, devait recopier. Buffon n'avait pas le travail facile. Il concevait avec peine, et ce n'est qu'après des retouches successives que sa pensée devenait nette et que sa phrase prenait cette élégance de forme et cette savante harmonie qui sont un des charmes les plus attrayants de son style. Buffon écrivait peu, sa vue était mauvaise ; il dictait à son secrétaire des pages qu'il se faisait relire ensuite et qu'il revoyait lui-même en les corrigeant avec un soin minutieux. Lorsque les ratures rendaient la lecture du manuscrit difficile, le manuscrit était recopié et aussitôt brûlé. C'est ainsi que le manuscrit des *Époques de la Nature* fut, dit-on, recopié jusqu'à dix-sept fois. Il aimait à laisser reposer, à oublier pour un temps certains manuscrits qui lui avaient beaucoup coûté ; il occupait son esprit d'autres pensées, puis, un jour, il assemblait quelques amis, leur donnait lecture de l'œuvre mise en réserve, recueillait avec soin leurs remarques et leurs critiques, et reprenait son travail interrompu.

Note 2, p. 117. — On comprendra sans peine qu'au milieu des occupations et des travaux qui se partageaient sa vie, Buffon ne pût trouver le temps de lire. Il avait besoin cependant, pour se tenir au courant des découvertes nouvelles, de connaître les différentes relations des voyageurs, et devait, dans l'intérêt de ses travaux mêmes, consulter un grand nombre d'ouvrages. Ses secrétaires étaient chargés de parcourir les livres, soit anciens soit nouveaux, dont il pouvait tirer quelque parti, et avaient ordre d'en extraire ce qui pouvait lui être utile.

Un grand nombre de brochures et d'ouvrages lui étaient sans cesse adressés. Lorsque le titre de quelqu'un d'entre eux l'avait intéressé, il en parcourait les tables et se faisait donner lecture des chapitres qui l'avaient frappé. Le plus souvent il envoyait les livres dont on lui faisait hommage à ses secrétaires, qui en prenaient connaissance et copiaient par extraits les passages qui leur paraissaient dignes de quelque attention.

## CCLXXX

Note 1, p. 118. — Dès les premiers temps de l'arrivée de Necker aux affaires, Mme Necker avait ouvert son salon aux membres épars de la société de Mme Geoffrin. (Voy. à ce sujet la note 1 de la lettre CCVI, p. 284). Une fois par semaine elle réunissait à sa table les hommes éminents dans les lettres, auxquels venaient se joindre quelques femmes recherchées pour leur beauté ou leur esprit. Aux soirées de Mme Necker s'agitaient des questions de littérature et de critique; on y faisait à haute voix des lectures d'ouvrages nouveaux, sur le mérite desquels cet auditoire de choix était appelé ensuite à se prononcer. Un soir que la réunion était complète, on annonça dans le salon du contrôleur général un nom inconnu. C'était celui d'un jeune auteur arrivé depuis peu d'un long voyage, et qui venait donner lecture de son premier roman. La lecture commença. Buffon était au nombre des auditeurs. D'abord on écouta en silence, quelques marques d'ennui succédèrent bientôt à l'attention générale, puis on n'écouta plus. Buffon se montra distrait, regarda sa montre, demanda ses chevaux et partit; Thomas dormait. La lecture achevée, on conseilla à l'auteur du manuscrit, un peu troublé par le froid accueil qui venait d'être fait à son œuvre, de la retoucher et d'attendre; puis on parla d'autre chose, et le nouveau venu fut oublié. Le livre ainsi dédaigné était cependant *Paul et Virginie;* il devait faire à lui seul la réputation de Bernardin de Saint-Pierre, et le désigner à Louis XVI comme un digne successeur de Buffon. Les lectures en petit comité n'ont pas toujours été favorables aux ouvrages destinés à agir puissamment sur les masses. On sait que le *Polyeucte* de Corneille eut à peine un succès d'estime dans le salon de Mme de Rambouillet. L'échec de *Paul et Virginie* est un nouvel exemple de l'inaptitude d'une société de beaux esprits, eussent-ils le goût le plus exercé, à juger sainement de l'avenir de ces ouvrages qui ont le privilége de laisser, dans l'histoire littéraire une trace ineffaçable.

C'est dans le salon de Mme Necker que prit naissance, en 1770, le projet d'une souscription pour élever une statue à Voltaire; démarche

assez étrange de la part de Mme Necker, sur qui la philosophie moderne n'avait eu aucune prise, et qui ne partageait pas l'engouement
des contemporains pour Voltaire. Pigalle fut chargé d'exécuter la statue
du philosophe. Le sculpteur fit Voltaire entièrement nu. La délicatesse
de Mme Necker en fut offensée, mais le public ne fit qu'en rire et
composa des épigrammes dans le genre de celle-ci :

> Voici l'auteur de l'*Ingénu ;*
> Monsieur Pigalle nous l'offre nu,
> Monsieur Fréron le drapera.
> Alleluia.

Un sujet bien digne de remarque, c'est que le même honneur, dé-
cerné dans le même temps à Buffon, d'une manière plus éclatante encore, ne souleva aucune contradiction, et que sa statue fut élevée de
son vivant au Jardin du Roi avec l'approbation publique, qui s'associa
sans réserve à cette éclatante distinction.

Note 2, p. 118. — Avant de devenir la propriété du prince de
Soubise, Saint-Ouen, que Necker acheta des créanciers de ce dernier, appartenait au duc de Gesvres. Lorsque Louis XV, redoutant
le mécontentement des Parisiens, eut cessé de passer par Paris pour
se rendre à Compiègne, le château de Saint-Ouen fut choisi pour être
la première couchée de la cour.

## CCLXXXI

Note 1, p. 119. — Le jeune comte de Buffon partit le 25 avril 1782,
porteur du buste de son père. Deux documents fixent la date de son
départ.

C'est d'abord un passe-port avec des lettres de crédit près de tous
les ministres et ambassadeurs de la cour de France dans les pays
étrangers que devait parcourir le jeune voyageur, et une lettre ainsi
conçue, écrite à la date du 15 avril, par le comte de Vergennes, ministre des affaires étrangères :

« J'ai fait expédier, monsieur, le passe-port que vous m'avez demandé pour M. votre fils, que vous vous proposez de faire voyager
dans le Nord ; j'ai l'honneur de vous l'envoyer ci-joint. Quoique je ne
doute pas de l'accueil qu'il recevra de la part des ministres chargés des
affaires du Roi dans les différentes résidences où il aura à séjourner, j'ai
cependant fait ajouter au passe-port les lettres que vous avez désirées.
J'y engage particulièrement les ministres chargés des affaires de Sa

Majesté à procurer au jeune voyageur les facilités dont il pourra avoir besoin pour remplir les vues d'instruction qui font l'objet de son voyage.... »

C'est ensuite cette note qui se trouve, à la date du 19 avril, dans les Mémoires de Bachaumont : « L'Impératrice des Russies a répondu à la lettre du comte de Buffon dont on a parlé, en remercîment des médailles dont elle l'avait honoré. Dans cette réponse d'une page d'écriture, tout entière de la main de cette souveraine, en français excellent et du meilleur goût, l'impératrice témoigne à ce grand homme le désir qu'elle aurait de posséder son buste. En conséquence, demain, dimanche, le fils unique de M. de Buffon part pour la Russie ; il doit avant passer à Berlin. Ce jeune homme, de la plus jolie figure et de la plus grande espérance, est officier aux gardes ; il n'a pas dix-huit ans. »

Le jour de l'arrivée du jeune comte, l'impératrice écrivit à son père :

« Monsieur le comte de Buffon, je m'empresse de vous annoncer par un courrier l'arrivée de votre fils à Pétersbourg. Je le recevrai comme l'enfant d'un homme célèbre, c'est-à-dire, sans cérémonie. Il soupe ce soir tête à tête avec moi.

« CATHERINE. »

Il nous est parvenu peu de détails sur le séjour du jeune comte de Buffon en Russie ; les lettres qu'il écrivit à son père pendant son voyage et durant le temps de son séjour n'ont point été conservées. Nous savons cependant que sa jeunesse, sa douceur et l'urbanité de ses manières lui méritèrent l'intérêt de l'impératrice et l'approbation unanime de la cour. M. Humbert-Bazile, à la page 238 du tome I de son manuscrit, nous donne sur ce voyage du fils de Buffon à Saint-Pétersbourg les courts détails qui suivent :

« Dans son voyage en Russie, le jeune comte de Buffon était accompagné du chevalier de Contréglise, qui servait avec lui dans le régiment des gardes françaises. Lorsque les voyageurs approchèrent de Saint-Pétersbourg, ils trouvèrent à quarante lieues de la capitale de l'empire russe une compagnie de gardes du corps venue au-devant d'eux pour les accompagner dans la route qui leur restait à faire. Le chef de l'escorte avait reçu l'ordre de veiller à ce que rien ne leur manquât et de payer les dépenses du voyage. A une lieue de Pétersbourg, dès qu'ils furent aperçus des remparts, une double salve d'artillerie annonça leur arrivée. L'état-major de la place vint à leur rencontre, et le gouverneur de la ville les invita à monter dans les voitures de la cour qui les attendaient depuis plusieurs jours. Ils furent conduits au grand maréchal du palais, qui présenta les deux voyageurs

# 394 NOTES

à Sa Majesté Impériale. Le premier mot de l'impératrice fut pour s'informer de la santé de l'illustre naturaliste dont elle recevait le fils.

« M. de Buffon exprima à Sa Majesté tous les regrets qu'avait eus son père de ne pouvoir l'accompagner ; « son père aurait voulu, dit-il, « le présenter lui-même à Sa Majesté Impériale et la supplier de lui ac- « corder ses bontés. » L'accueil que le jeune comte de Buffon reçut au château ne tarda pas à être connu du public, et on s'empressa de lui faire fête. Le comte de Buffon et le chevalier de Contréglise accompagnaient l'impératrice, soit aux revues, soit aux spectacles, et, dans tous les lieux publics où ils se rendaient avec elle, ils étaient toujours placés à sa droite. Le buste de Buffon fut déposé à l'Hermitage, dans une salle consacrée aux grands hommes des deux mondes. Après un séjour de six mois à la cour de Russie, le jeune comte de Buffon et le chevalier de Contréglise quittèrent Saint-Pétersbourg. Ils reçurent à leur départ les mêmes honneurs que ceux par lesquels on avait fêté leur arrivée. L'impératrice remit au jeune comte une lettre pour son père, entièrement écrite de sa main et dans laquelle elle le complimente sur la conduite distinguée que son fils a tenue à sa cour ; elle lui renouvelle ses regrets sur ce que son grand âge l'a privée du plaisir qu'elle aurait eu à le recevoir dans son palais, où depuis longtemps, dit-elle, une place avait été assignée à son buste. »

Note 2, p. 119. — Cette lettre est ainsi conçue :

« Saint-Pétersbourg, le 5 février 1782.

« Monsieur le comte de Buffon,

« Je viens de recevoir, par M. le baron de Grimm, la lettre que vous avez bien voulu m'écrire, en date du 14 décembre de l'année passée. Personne n'était plus en droit que vous, monsieur, d'être revêtu des fourrures de la Sibérie. Vos *Époques de la nature* ont donné à mes yeux un nouveau lustre à ces provinces dont les fastes ont été si longtemps plongés dans l'oubli le plus profond. Il n'appartient qu'au génie, orné d'aussi grandes connaissances, de deviner pour ainsi dire le passé, d'appuyer ses conjectures de faits indispensables, de lire l'histoire des pays et celle des arts dans le livre immense de la nature. Les médailles frappées du métal que nous fournissent ces contrées pourront un jour servir à constater si les arts ont dégénéré là où ils ont pris naissance. Ce qu'il y a d sûr, c'est que, lorsqu'on les frappait, le chaînon qui est en votre possession n'a point trouvé d'imitateurs ici.

« Que les zibelines conservent votre santé, monsieur, jusqu'au

ET ÉCLAIRCISSEMENTS.

temps où elles s'habitueront aux climats modérés! Que votre buste travaillé par Houdon vienne dans ce Nord où vous avez placé le berceau de tout ce que la nature, dans sa première force, a produit de plus grand et de plus remarquable. Que M. votre fils l'accompagne; il sera témoin de la renommée de son illustre père et de l'estime très-distinguée que lui porte

« CATHERINE. »

Cette lettre fut adressée à Buffon sous le couvert de Grimm, le correspondant habituel de l'impératrice de Russie. Dans la lettre de Catherine II à ce dernier, écrite à la date du 15 février 1782, se trouve ce passage :

« Je suis bien fâchée que le médaillier de M. de Buffon soit arrivé en mauvais état. Si je savais quelles médailles ont souffert, j'en enverrais les doubles. Vous trouverez ci-jointe ma réponse à la lettre de cet homme illustre. Si elle est bien selon vous, vous la donnerez. Le buste sera le bienvenu, et le fils de M. de Buffon aussi. »

(On a trouvé dans les manuscrits de M. Humbert-Bazile, une copie de ces deux lettres. — M. Flourens a donné un extrait de la première.).

## CCLXXXII

Note 1, p. 120. — Vicq-d'Azyr, prononçant l'éloge de Buffon devant l'Académie française, a dit : « Il en est de ceux qui succèdent aux grands hommes comme de ceux qui en descendent. On voudrait qu'héritiers de leurs priviléges, ils le fussent aussi de leurs talents, et on les rend, pour ainsi dire, responsables de ces pertes que la nature est toujours si lente à réparer. »

Jamais réflexion ne fut plus juste en ce qui concerne le fils de Buffon. Il mourut à vingt-neuf ans; il eut donc à peine le temps de se faire connaître, et cependant, ce que l'on sait de lui durant sa trop courte carrière, montre qu'il n'était pas trop au-dessous du nom qu'il portait. Quelques épigrammes de Rivarol *, la haine ou l'envie de ceux qui, n'osant s'attaquer au père, ne ménagèrent pas le fils, ont laissé de lui un portrait peu flatteur. Sa vie fut de bonne heure utilement remplie cependant, et sa conduite, on en pourra juger par les quelques pièces qui vont suivre, fut toujours celle d'un homme de cœur et d'esprit.

Quoique, dans plusieurs des notes qui précèdent, suivant que les

* Rivarol dit de lui : « C'est le plus pauvre chapitre de l'*Histoire naturelle* de son père. » Un jour il répondit à Buffon qui lui demandait ce qu'il pensait de son fils : « Il y a une si grande distance de vous à lui, que l'univers entier passerait entre vous deux. »

différents passages des lettres de Buffon nous paraissaient exiger ces sortes d'éclaircissements, nous soyons entré dans d'assez longs détails sur l'unique héritier d'un nom illustre, nous croyons devoir résumer ici en quelques lignes la trop courte vie de cet infortuné jeune homme.

Georges-Louis-Marie Leclerc, comte de Buffon, naquit le 22 mai 1764. Son père lui donna, « par esprit de charité, » disent les registres de la paroisse de Montbard, un parrain et une marraine pris parmi les pauvres de la ville. Tout enfant, ayant à peine connu sa mère, il se distingua par une exquise sensibilité et par un amour exalté pour son père. Mme Necker nous a conservé un touchant témoignage de sa tendresse filiale. A l'âge de douze ans, se promenant un jour avec son précepteur dans le jardin de M. Nadault, son oncle, il tomba dans un bassin. On le soupçonna d'avoir eu peur. « J'ai eu si peu peur, dit-il, que, dût-on me donner l'espérance de vivre cent ans comme mon grand-papa, je consentirais à mourir dans l'instant si je pouvais ajouter une année à la vie de mon père.... Non pas dans l'instant, dit-il en se reprenant, je demanderais un quart d'heure pour jouir du plaisir de ce que j'aurais fait. » Son éducation fut très-soignée ; son père, qui le destinait à la survivance de sa charge d'intendant du Jardin du Roi, avait pris soin de la diriger vers l'étude des sciences. Une intrigue de cour vint déranger tous ces plans : la survivance de l'intendance du jardin lui fut enlevée, et le jeune fils de Buffon entra au service. A seize ans il servait dans le régiment des gardes françaises, commandé par le vieux maréchal de Biron. Buffon avait fait de bonne heure voyager son fils. Son éducation terminée, il l'avait envoyé en Suisse avec son gouverneur, qui avait, au passage, conduit son élève à Ferney ; en 1781, il le confia au chevalier de La Marck, qui le fit voyager en Allemagne et en Hollande. Durant ce voyage, le jeune comte de Buffon vit l'empereur et le roi de Prusse, qui l'entretinrent tous deux de la gloire de son père. En 1782, enfin, il partit seul pour la Russie, vit de nouveau le roi de Prusse et fut accueilli à Saint-Pétersbourg par l'impératrice Catherine avec les témoignages les plus flatteurs. En 1786, il quitta le régiment des gardes françaises et obtint un brevet de capitaine dans le régiment de Chartres. Au mois de juin 1787, à la suite d'une des plus cruelles déceptions qui puissent briser un cœur honnête et loyal, et dont on trouvera ci-après la véridique histoire, il mit sa démission aux pieds du Roi. Rentré au service sous le patronage du maréchal de Ségur, il fut, le 22 juillet 1787, nommé capitaine de remplacement au régiment de Septimanie, et promu, le 4 avril 1788, au grade de major en second du régiment d'Angoumois. Lors de la Révolution, il se prononça pour le parti des réformes et commanda à Dijon, en 1790, la première fédération armée des trois départements composant l'ancienne province de Bourgogne (Côte-d'Or, Saône-et-Loire, Ain). Nommé, lors de la réorganisation de l'armée (septembre 1791), lieutenant-colonel au 9e régiment de chasseurs à cheval (ci-devant Lorraine), il passa comme colonel au 58e régiment d'infanterie (ci-devant Bourgogne). Il avait alors vingt-six ans. Arrêté à Paris le 19 février 1793 et renfermé dans la prison du Luxembourg, il monta sur l'échafaud révolutionnaire le 10 juillet, trois jours avant le 9 thermidor. Au moment fatal, se croisant les bras sur la poitrine, il dit ces seuls mots : « Citoyens, je me nomme Buffon! »

L'intérêt qui s'attache à cette mort prématurée, nous a déterminé à publier quelques pièces fort curieuses qui y sont relatives.

« Paris, le 1er ventôse, l'an second de la République française
une et indivisible.

« PRÉCIS DE L'AFFAIRE ARRIVÉE A BUFFON.

« Le trente pluviôse, un inconnu se présente et demande le citoyen Buffon. Introduit, il lui déclare qu'il y avait un ordre du comité de sûreté générale pour l'arrêter. Buffon dit que cela ne peut être. L'autre continue d'affirmer, fait des protestations de service, dit qu'il a suspendu depuis trois jours l'exécution de l'ordre, qu'il en connaît le porteur, qu'il l'a invité à dîner et qu'il l'amènera à Buffon, qui pourra s'arranger et traiter avec lui.

« Buffon, voyant que c'était un intrigant qui voulait tirer de l'argent de lui, envoie à la section demander la force armée pour le faire traduire au comité révolutionnaire.

« Buffon l'accompagne au comité; lorsqu'ils y furent arrivés, deux citoyens se présentent avec un pouvoir du comité de sûreté générale daté du 21 septembre (vieux style), pour faire arrêter les marchands d'argent, émigrés, etc., et de suite les porteurs de ce pouvoir se retirent au comité de sûreté générale. Buffon demande que l'on fasse la visite de ses papiers. Deux commissaires du comité et un officier de paix vont avec Buffon faire cette visite; ils ne trouvent partout que des preuves de civisme, dont ils font mention dans le procès-verbal. Pendant cette visite, un des citoyens porteurs de l'ordre du 21 septembre, qui était venu au comité révolutionnaire, entre chez Buffon, l'arrête au nom de la loi, en lui présentant le même ordre du 21 septembre. Les commissaires et l'officier de paix ayant répondu de Buffon et donné décharge au porteur de l'ordre du comité de sûreté générale, Buffon se transporte à la section, où il est resté en état d'arrestation. Le soir,

il a été interrogé au comité révolutionnaire. Il a répondu sur la dénonciation faite par l'inconnu qui s'est présenté le matin chez lui et qu'il
a fait arrêter.

« Ses réponses ne laissent aucun doute, comme il est constant par
le procès-verbal dressé à cet effet, sur cette dénonciation faite par le
même citoyen qui était venu le matin chez Buffon donner avis qu'il
serait arrêté et offrir des arrangements. Chose remarquable, cet
homme s'appelle *Guillet* et demeure rue des Canettes, section du
Luxembourg (suivant sa carte). Il avait dit à Buffon, chez lui, s'appeler *Chevrière* et demeurer rue Poupée, n° 14.

« Le citoyen qui a arrêté Buffon se nomme *Briguet*.

« Signé : LECLERC-BUFFON. »

(Inédite. — Tirée de la collection de M. Henri Nadault de Buffon.)

On nous permettra d'ajouter à ce récit de l'arrestation du comte de
Buffon écrit par lui-même, quelques détails plus circonstanciés dans
lesquels entre M. Humbert-Bazile sur ce sujet.

« La section de la rue Verte, dit-il à la page 401, tome II, de son
manuscrit, choisit M. de Buffon pour commandant de la garde nationale de son arrondissement ; en sachant se faire respecter, il établit
dans le corps dont le commandement lui était confié un ordre sévère
et une discipline rigoureuse ; il était obéi et aimé. Un jour un inconnu
s'introduit dans son hôtel, pénètre jusqu'à son appartement : « Que
« me voulez-vous ? lui dit M. de Buffon. — Cent pièces d'or, » lui
est-il répondu. M. de Buffon se lève et menace de jeter par la fenêtre
l'inconnu, qui se retire en disant : « Bientôt tu sortiras de ton loge-
« ment pour entrer dans un autre où il y a compagnie. » M. de Buffon
rendit compte aussitôt de ce qui venait de se passer à son conseil
militaire, et on l'assura qu'il avait eu affaire à un agent provocateur.
Le même jour, en effet, à six heures, une bande d'hommes armés
forcèrent son hôtel, s'emparèrent de sa personne et le conduisirent à
la prison des Madelonnettes. Le lendemain, grande fermentation
dans la section. La garde nationale prend les armes, invite les autres
sections à se joindre à elle et va demander au comité révolutionnaire
la liberté du fils de l'illustre auteur de l'*Histoire naturelle*. On n'osa la
lui refuser.

« Rendu à la liberté au milieu d'une ovation populaire, M. de Buffon,
convaincu qu'une main puissante dirige ses ennemis, fait son testament, met ordre à ses affaires et attend avec courage l'issue de cet
obscur complot. Pendant ce temps, la section de la rue Verte, qui a
découvert le *brigand* qui s'est furtivement introduit chez M. de Buffon,

procède à son interrogatoire. C'était un employé des égorgeurs; on le conduit en prison; mais, sûr de son impunité, il dit pendant le trajet : « Vous me conduisez en prison ; eh bien, dans moins de vingt. « quatre heures, votre protégé prendra ma place. » Cette menace ne fut pas vaine; elle ne s'est que trop tristement réalisée! »

EXTRAIT DES REGISTRES DES AUDIENCES DU TRIBUNAL CRIMINEL RÉVOLUTIONNAIRE.

« Du 22° jour de messidor de l'an second de la République une et indivisible.

« Appert le Tribunal avoir condamné à la peine de mort. »

Suit une liste de quarante-six individus. Huit noms ont été barrés sur cette liste; ce sont :

1° Louis Baraguey-d'Hilliers, âgé de trente ans, ex-général de brigade à l'armée du Rhin, né à Paris, y demeurant rue des Écouffes, 31.

2° J.-B. Larchevêque Thibault, qui avait joué un rôle dans la première révolution de Saint-Domingue ;

3° et 4° Deux planteurs ou habitants du Cap ;

5° Un capitaine de vaisseau ;

6° Un horloger de Paris ;

7° Un secrétaire de paix de la section du Muséum ;

8° Un juge militaire du Tribunal criminel du 1er arrondissement de l'armée des Ardennes.

Le procès-verbal des séances du Tribunal révolutionnaire était donc rédigé d'avance, et tous les prévenus condamnés à mort avant d'avoir été entendus et jugés. On rayait ensuite de la liste ceux qui par hasard étaient acquittés.

Parmi les trente-huit condamnés dont les noms ne sont point barrés sur l'extrait et qui furent exécutés le même jour, 22 messidor, on remarque Jacques-Raoul Coradeux (sic), dit La Chalotaye (sic), ex-procureur général au ci-devant parlement de Rennes; Georges-Marie Leclerc Buffon, fils, âgé de trente ans, etc., etc.; deux journalistes, Pierre-Germain Parisot et Antoine Fournon; six curés ou vicaires; des maréchaux de camp, des colonels, des nobles, un cuisinier, un chevalier de Malte, des capitaines de vaisseau, des militaires de divers grades, un laboureur, des comtes, un homme de confiance, etc.

Ce procès-verbal est ainsi terminé : « Et avoir déclaré leurs biens acquis à la République. »

(Cette pièce, fort curieuse, a été publiée dans la biographie universelle de Michaud, article Baraguey-d'Hilliers, tome LVII, supplément.)

Les détenus de la maison du Luxembourg, accusés d'une conspiration prétendue, et au nombre desquels se trouvait le comte de Buffon, avaient été transférés dans d'autres maisons d'arrêt; leur dernière étape fut l'échafaud. Du Luxembourg, le comte de Buffon fut conduit dans la maison dite de Picpus, au faubourg Saint-Antoine, momentanément transformée en prison. La maison étant pleine, on le fit monter dans les combles, et on l'écroua dans une étroite cellule déjà occupée par un autre prisonnier, comme lui venu trop tard pour trouver place dans les salles destinées aux détenus. Ce compagnon de captivité, que le hasard venait ainsi de donner au comte de Buffon, se nommait M. de Toloset. Il y a quelques années, je rencontrai dans le monde, à Paris, son fils, alors général de division et ancien gouverneur de l'École polytechnique. Il avait conservé un fidèle souvenir de la captivité de son père. Chaque matin, au lever du jour, sa mère le prenait par la main et le conduisait au faubourg Saint-Antoine. Elle était parvenue à lier des intelligences dans la maison, et un signe convenu entre elle et son mari l'avertissait qu'elle pouvait encore espérer. Le 9 thermidor ouvrit à M. de Toloset les portes de la prison; trois jours auparavant on était venu chercher M. de Buffon, et il n'avait pas reparu.

Trois pièces encore, se rapportant au fils de Buffon, nous paraissent dignes d'être conservées. Mieux que ce que pourrait dire son biographe, elles le feront connaître et permettront de le juger en toute justice.

*Citoyens, je me nomme Buffon!* telle fut sa seule défense devant la stupide multitude accourue pour voir tomber sa tête; il voulait mettre ainsi entre lui et la mort, qu'il ne redoutait pas, la gloire de son père; mais, quoique ce nom glorieux n'eût plus d'écho dans les cœurs endurcis des spectateurs habituels de la place de la Révolution, on aime à l'entendre proclamer encore, même sous le couteau, comme une suprême protestation de celui qui le portait. Au reste, une lettre qu'il écrivit au président de l'Assemblée nationale, le 13 janvier 1790, témoigne du prix que le jeune Buffon attachait à un nom dont la reconnaissance publique lui avait appris à connaître la valeur.

« Monsieur le président,

« Je viens de lire dans les papiers publics le décret par lequel l'Assemblée nationale abolit les titres de ducs, comtes, marquis, etc., etc., et enjoint à tous les citoyens de ne prendre que leurs noms de famille. J'ai toujours regardé l'abolition de ces titres comme une suite et une conséquence nécessaire de la Révolution, et j'en étais si persuadé, qu'ayant été nommé par mes concitoyens électeur à l'Assem-

blée électorale du département de la Côte-d'Or, j'ai fait, à la vérification des pouvoirs, supprimer tous les titres qu'on m'avait donnés sur
le procès-verbal de l'assemblée primaire. Depuis le commencement de
la Révolution, je l'ai sans cesse admirée, aimée, et dans tous les différents emplois que j'ai occupés comme colonel de la garde nationale
de Montbard, général de l'armée confédérée des trois départements
formant ci-devant la province de Bourgogne, je l'ai soutenue de tout
mon pouvoir et de toutes mes forces ; j'ai obéi avec joie à tous les
décrets que la sagesse de l'Assemblée nationale a portés : par celui-ci,
je me trouverais obligé de quitter un nom qui m'est plus cher que la
vie, et je ne le puis sans vous supplier de mettre sous les yeux de
'Assemblée nationale ma demande sur cet objet qui m'intéresse si
vivement. Le nom de Buffon, que mon père a toujours porté et qu'il a
tant illustré, est devenu pour moi la partie la plus chère et la plus
précieuse de mon patrimoine ; je dois tout à ce nom si justement
célèbre, et cependant, comme c'est le nom d'un village, je serai forcé
de l'abandonner ou d'en prendre un autre. Non, je ne le puis croire ;
l'Assemblée nationale n'exigera pas un pareil sacrifice, il est au-dessus de mes forces, et le moment où elle a placé dans la salle de ses
séances le portrait de Franklin, sera celui où le fils unique de Buffon
obtiendra d'elle de continuer à porter le nom d'un père aussi illustre
par ses talents que par ses vertus. C'est à l'abri de sa mémoire, de
sa réputation et de sa gloire, que j'ose vous présenter cette demande
Oh ! combien je serai heureux si elle est accueillie, et avec quelle
impatience j'attends la décision qui doit me rendre le bonheur ou
imprimer dans mon âme un deuil éternel ! Les titres, les armes, je les
quitte sans regret ; mais renoncer à un nom si précieux est impossible
pour moi. Les représentants de la nation française ne l'exigeront pas,
et, en faisant le bonheur général, j'ose espérer qu'ils consacreront la
mémoire d'un des plus grands écrivains de leur siècle et permettront
à son fils de conserver son nom. J'ai l'honneur d'être, avec un profond respect, monsieur le Président, votre très-humble et très-obéissant serviteur,

« BUFFON, maire de Montbard depuis deux jours. »

(Conservée aux Archives de l'empire.—M. Flourens en a publié un extrait.)

En 1789, le comte de Buffon, qui, peu de temps après la mort de
son père, avait reçu ordre de rejoindre son régiment alors en garnison à Grenoble, obtint un congé pour venir suivre à Paris les affaires
difficiles qui y réclamaient sa présence. Une lettre, écrite à Montbard
par le jeune officier, raconte les incidents de son voyage et les témoignages d'estime, exagérés peut-être, dont il fut l'objet. C'était l'esprit

du temps ; mais ces détails montrent quel était alors le prestige du nom de Buffon. Quatre années plus tard, celui qui en était revêtu le faisait retentir en vain aux oreilles de ses bourreaux ! Voici cette lettre :

« Bordeaux, le 18 août 1789.

« Je suis parti de mon régiment pour me rendre ici avec M. le chevalier de Contréglise, capitaine de grenadiers. Après avoir traversé les Landes, nous fûmes arrêtés aux portes de Bordeaux par la milice bourgeoise, qui me demanda mon passe-port ; je n'en avais point, n'ayant pas cru en avoir besoin en rentrant en France. Je fus obligé d'envoyer mon domestique au comité des quatre-vingt-dix électeurs des communes à l'hôtel de ville. Comme il tardait à revenir, je priai M. de Contréglise d'y aller lui-même. Il ne fut pas plus tôt entré dans la salle, que tout retentit d'applaudissements. On lui dit qu'on était très-heureux de le voir et de lui témoigner la joie qu'on avait de voir le fils de M. de Buffon ; il s'excusa et dit que j'étais dans ma voiture et qu'il voyageait seulement avec moi. Ces messieurs m'envoyèrent prier de venir à l'hôtel de ville, et en y entrant je fus extrêmement applaudi, et ils me firent asseoir à côté du président. Je leur dis ce que je pensais et quels étaient mes sentiments pour la nation et pour le Roi. Toute l'assemblée me parla de M. et de Mme Necker avec un tel transport, que je tirai la boîte que Mme Necker m'a donnée et où est son portrait avec cette légende : *Au fils chéri de M. de Buffon, par l'amie inconsolable de son illustre père.* Elle me fut enlevée à l'instant, et tous considérèrent son portrait avec respect, admiration, et en même temps avec un attendrissement si touchant et si vrai, que je mêlai mes larmes aux leurs. La salle retentit d'applaudissements, et ces messieurs continuèrent à parler beaucoup de Mme et de M. Necker, de mon père et de l'amitié intime qui les avait unjs. Je leur montrai aussi le portrait de mon père et je demandai qu'il me fût permis d'offrir à MM. les électeurs un buste de mon père ; on en prit acte, et ces messieurs exigèrent de moi que je passasse la journée à Bordeaux, et me demandèrent l'adresse de l'hôtel dans lequel j'allais loger. Je fus reconduit avec les marques du plus tendre intérêt, et j'arrivai à l'hôtel de Richelieu. Un moment après, un député des électeurs vint chez moi et me demanda mes noms de baptême et de famille ; je les donnai. J'allai voir M. le comte de Fumel et M. le président des quatre-vingt-dix, ainsi que le vice-président. A quatre heures et demie, ces messieurs vinrent chez moi et m'apportèrent des lettres de bourgeoisie de la ville de Bordeaux, dont je vous envoie copie. J'en fus pénétré et je tâchai de leur exprimer dignement ma reconnaissance. Ils me conduisirent au spectacle, et, en entrant, tout le vestibule retentit d'applaudissements. J'entrai dans la loge de la ville, et à l'instant toute la salle se tourna vers cette loge en applaudissant et en criant mille *bravos*. Je saluai plusieurs fois le public ; je tirai les lettres de bourgeoisie et les portai sur mon cœur avec un mouvement fort expressif ; les *bravos* recommencèrent. On joua *le Siège de Calais*, et, à la seconde pièce, une actrice s'avança sur l'avant-scène et chanta les couplets que je vous envoie *. Il y avait beaucoup de monde au spectacle et les applaudissements augmentèrent encore. Dans les vers on me fit l'honneur de me donner la qualité d'intime ami de M. Necker ; je voudrais la mériter, mais celle de son plus fidèle ami me convenait mieux et eût été mieux appliquée à mon âge et à ma façon de penser, qui ne me permet pas de m'élever à l'autre. A la fin du spectacle je fus beaucoup applaudi en sortant de la salle, et le corps de ville me conduisit chez moi, où je montai en voiture pour continuer ma route, pénétré de reconnaissance de cet honneur vraiment unique et que je ne dois qu'à la mémoire d'un père que je chérirai toujours. »

RÉPONSE DE M. DE BUFFON AU GAZETIER DE PARIS,

ADRESSÉE A MM. LES RÉDACTEURS DU JOURNAL PATRIOTIQUE DU DÉPARTEMENT DE LA CÔTE-D'OR.

« Dijon, le 10 mai 1790.

« Permettez-moi, messieurs, de m'adresser à vous et de vous prier d'insérer ma lettre dans votre journal, que caractérise le patriotisme si pur et si éclairé de ses auteurs. J'espère que le public verra avec

* Écoutez-moi : pour l'honneur de la France
Le ciel sans doute a fait naître Buffon.
Génie, esprit et vaste connaissance,
Tout est compris dans cet auguste nom.
Eh bien, son fils, son image chérie,
Et de Necker le plus intime ami,
Toujours sensible au bien de la patrie,
Eh bien, son fils, messieurs, il est ici.

Français, Français, ô vous que l'on renomme,
O vous sur qui le génie a des droits !
Que votre cœur à l'aspect d'un grand homme
Daigne mêler ses accents à ma voix.
Intime ami du soutien de la France,
Et digne fils de l'illustre Buffon,
Combien de droits pour rendre à sa présence
Ce que l'on doit à ce célèbre nom !

plaisir démentir une fausseté atroce ; les ennemis de la Révolution calomnient souvent le peuple, mais je ne souffrirai jamais qu'on se serve de mon nom, peut-être parce qu'il est très-connu, pour accréditer les détestables mensonges qu'il plaît à quelques écrivains périodiques de répandre.

« En arrivant ici, une personne de ma connaissance me montra la gazette de Paris, dont je n'avais pas encore entendu parler, et m'y fit lire l'article suivant :

« *Extrait de la* Gazette de Paris. *Article,* Variétés. *Du 7 mai* 1790.

« Nous apprenons avec la plus tendre reconnaissance que nos lec-
« teurs ont partagé la douleur dont nous étions pénétrés, en retra-
« çant les meurtres commis dans la Bourgogne, province autrefois si
« heureuse. Toi qui t'honorais d'avoir donné le jour à tant de grands
« hommes, combien ton sort est différent! on veut changer jusqu'à
« ton nom. Trois fois tu fus un royaume, et tu ne seras pas même
« reconnaissable pour toi-même. Ah! si les Crébillon, les Rameau,
« les Piron ; si tant de magistrats, la gloire de Dijon, sortaient de la
« tombe ; si le génie, peintre de la nature, aussi grand que son mo-
« dèle, si Buffon revenait parmi nous.... Buffon, ce nom cher à la
« France, devait-il être en butte aux outrages ?... Une femme sen-
« sible, en qui se retrouvent l'âme et l'esprit de Sévigné, nous adresse
« les détails suivants :
« Dans les districts de Montbard, Semur, Percy-sous-Thil, les
« maires des villages avaient prévenu leur ci-devant seigneur huit
« jours d'avance; tous leur ont dit qu'on leur avait mandé et com-
« mandé de ne souffrir dans les assemblées primaires ni nobles ni
« ecclésiastiques.
« La même dame ajoute : « J'oubliais de vous dire qu'à Montbard,
« M. de Buffon, dont le nom illustrera à jamais cette petite ville, n'a
« dû son salut qu'à la fuite, sa jeunesse lui ayant permis de se sauver
« par les fenêtres. »
« Les éloges donnés à mon père ne me touchent point du tout, venant du gazetier de Paris; assez d'autres, sans lui, ont su et sauront l'apprécier, et rendre à la mémoire d'un homme aussi justement célèbre tout ce qui lui est dû.
« Je déclare que ce qui me regarde dans le même article est de toute fausseté. Il y a neuf mois que je suis à Montbard ; mes concitoyens m'ont fait l'honneur de me nommer colonel de la garde nationale, et dans les assemblées primaires, au premier tour de scrutin, j'ai été nommé électeur au département, avec 85 voix de plus que la majorité absolue. Je n'ai jamais reçu de mes concitoyens que des

marques d'amitié et de confiance ; je les aime véritablement ; leur cause est la mienne, et dans l'écrit menteur intitulé : *Gazette de Paris*, ils sont attaqués d'une manière tout à la fois lâche et fausse. Je suis heureux et fier d'avoir leur estime, et je ne puis voir tranquillement qu'on cherche à faire croire au public que je l'ai perdue. L'assemblée primaire de la ville de Montbard et celle des villages formant le canton ont été toutes deux très-tranquilles ; il n'y a eu qu'un moment d'orage, et encore le calme est revenu l'instant d'après. Voici l'événement qui, sans doute, a fait dire que j'avais été forcé de me sauver.

« Les religieux bernardins de l'abbaye de Fontenay, à une lieue de Montbard, avaient fait mettre en prison leur fermier, peu de jours avant l'assemblée primaire, pour n'avoir pas payé les termes de son bail échus. Les meubles de ce fermier devaient être vendus pour acquitter les frais d'un autre procès, à la requête d'un procureur de Dijon. Craignant de trouver de la résistance dans les habitants du village où il demeurait, on attendit le jour des assemblées primaires, où il ne devait point rester d'hommes à ce village, nommé Marmagne, et douze cavaliers de maréchaussée furent rassemblés pour accompagner l'huissier et emmener les meubles du fermier ; tout cela à mon insu et à celui du maire de Montbard, M. Petit, homme sage, prudent et très-zélé pour la chose publique.

« Les femmes de Marmagne, à l'arrivée de la maréchaussée, accoururent à Montbard et racontèrent dans les assemblées ce qui se passait à Marmagne. Un grand nombre d'hommes prirent la résolution d'aller repousser la maréchaussée, empêcher l'enlèvement des meubles du fermier, et ensuite de se transporter à l'abbaye, où je ne sais pas trop ce qui aurait pu arriver, si le projet s'était effectué. Avant de partir, ils descendirent chez moi au nombre d'environ soixante, et me firent part de leur dessein, en me demandant, pour cette opération, un détachement de la garde nationale, et m'annonçant que la plus grande partie des assemblées s'apprêtait à les suivre. Je leur fis facilement sentir, quoiqu'ils fussent animés, que je ne pouvais pas leur donner le détachement qu'ils demandaient, et M. le maire et moi leur proposâmes d'aller nous-mêmes à Marmagne et d'engager l'huissier et la maréchaussée à se retirer. J'obtins d'eux qu'ils resteraient à Montbard jusqu'à mon retour. Je me jetai sur un cheval et j'allai promptement à Marmagne. L'huissier et la maréchaussée consentirent, sur mes représentations, à se retirer. Je revins à Montbard, où j'annonçai le succès de ma course, et tout rentra sur-le-champ dans la plus grande tranquillité et le meilleur ordre. Vous voyez, messieurs, qu'il y a un peu loin de là à avoir été obligé de me sauver par les fenêtres, comme le dit le gazetier de. Paris. L'injure calomnieuse faite au peuple de Montbard et à celui du canton m'a déterminé à vous faire parvenir ces détails.

« J'ai l'honneur d'être, etc.

« BUFFON,
« Major en second du régiment d'Angoumois. »

Note 2, p. 120. — Marie-Madeleine Blesseau, née à Montbard le 22 novembre 1747, morte le 18 avril 1834 à l'âge de quatre-vingt-sept ans, fut pendant trente années la femme de charge de Buffon. Son désintéressement, sa parfaite entente de la tenue d'un nombreux domestique, l'active surveillance qu'elle apporta dans la conduite d'une grande maison, étaient des qualités fort précieuses pour Buffon, qui ne pouvait s'occuper de ces détails et qui ne voulut jamais avoir d'intendant en titre. La noblesse de son cœur, une sensibilité exquise, des sentiments au-dessus de sa condition, son grand attachement à ses devoirs, son dévouement profond pour son maître, auquel elle donna toujours les soins les plus assidus, la firent distinguer par les personnes de l'intimité de Buffon dignes de la comprendre. Mme Necker lui témoigna une affection sincère. Mlle Blesseau sut, au reste, s'en rendre digne en se tenant à sa place, d'où parfois on la voulait faire sortir. Elle ne se montra jamais vaine des témoignages de considération et d'estime, des prévenances même que lui valurent son dévouement bien connu pour son maître et son caractère généreux et désintéressé. M. Humbert-Bazile a laissé d'elle dans son manuscrit le portrait suivant :

« Mlle Blesseau naquit à Montbard. Son père, tisserand assez aisé, y jouissait d'une réputation excellente. Elle était douée d'une physionomie intelligente ; sa taille était élancée et bien prise ; il y avait dans toute sa personne de la grâce et de l'aisance ; des yeux expressifs, un son de voix agréable, la faisaient remarquer tout d'abord. On ne pouvait dire qu'elle fût jolie, mais les agréments répandus sur toute sa personne pouvaient facilement lui tenir lieu des avantages qui lui manquaient. La nature l'avait douée d'un jugement excellent, et son esprit observateur la mit à même d'acquérir en peu de temps ce que sa première éducation n'avait pu lui donner. Après la mort de la comtesse de Buffon, au service de laquelle elle fut attachée, et qui la recommanda, en mourant, à son mari, elle fut placée par Buffon à la tête de sa maison. Elle avait l'entière confiance de ce dernier, et, soit à Montbard, soit au Jardin du Roi, elle seule s'occupait des intérêts domestiques. Tout le service était dirigé par Mlle Blesseau, et chaque matin elle rendait compte de ses dépenses de la veille. Dépositaire d'une autorité absolue sur le nombreux domestique que nécessitait le train de maison de son maître, elle ne trahit jamais ses intérêts. Aussi était-elle généralement détestée des domestiques, qui ne la ménagèrent pas et dont les propos ont été si complaisamment recueillis par Hérault de Séchelles, par le chevalier Aude et d'autres auteurs contemporains qui ont écrit la Vie de Buffon. Mlle Blesseau, après la mort de son bienfaiteur, se retira à Montbard, dans la maison qu'elle tenait de sa générosité. Après avoir été durant quarante années à la tête d'une maison considérable et l'avoir administrée sans contrôle, elle se retira sans autre bien que la pension viagère que lui avait léguée Buffon. »

Note 3, p. 120. — La Rose était le valet de chambre de confiance du comte de Buffon, qui l'avait donné à son fils pour son voyage. J'ai entre les mains un journal exact tenu par La Rose des principaux événements du Jardin du Roi. On y trouve des anecdotes curieuses et quelques observations très-fines; mais le style et l'orthographe en rendent la lecture difficile et la reproduction impossible.

Note 4, p. 120. — Tourton était à la tête d'une maison de banque renommée alors pour l'importance de ses affaires et pour la solidité de son crédit. Il se fit connaître par les mémoires qu'il publia en 1787, lors du long procès auquel donnèrent lieu les affaires de Bourse, dans lesquelles furent tour à tour compromis le comte de Mirabeau et l'abbé d'Espagnac.

Note 5, p. 120. — On voit par cette observation de Buffon qu'il fallait, de son temps, quatre jours au moins pour aller à Strasbourg. Grâce à la merveilleuse invention des chemins de fer, on y va aujourd'hui en dix heures.

Note 6, p. 121. — Paul Petrowitz et Marie Fœdérowna, grand-duc et grande-duchesse de Russie. Paul Petrowitz, depuis empereur, était fils de Catherine II. Né le 1er octobre 1754, il fut marié en 1776 à Marie Fœdérowna, princesse de Wurtemberg, morte le 15 novembre 1828. Couronné empereur et autocrate de toutes les Russies à Moscou, le 7 novembre 1796, il monta sur le trône sous le nom de Paul Ier, régna cinq ans et mourut assassiné le 12 mars 1801. Alexandre, son fils aîné, lui succéda. L'impératrice Catherine passait pour ne pas aimer d'une affection bien tendre un fils dans lequel elle voyait son successeur. Pendant la plus grande partie de son règne, elle le tint éloigné de la cour. En 1782, il vint en France, avec la grande-duchesse, sa femme. Ils voyageaient sous le nom du comte et de la comtesse du Nord. Le 7 mars, ils arrivèrent à Lyon, où le duc et la duchesse de Wurtemberg, qui voyageaient sous le nom de comte et de comtesse de Justin, vinrent bientôt les rejoindre. Ils séjournèrent sept jours dans cette ville et la quittèrent pour se rendre à Dijon. Là, ils se séparèrent du duc et de la duchesse de Wurtemberg, et continuèrent seuls leur route vers Paris.

## CCLXXXIII

Note 1, p. 122. — Sœur de l'abbé Bexon, dont il a déjà été parlé.

## CCLXXXIV

Note 1, p. 123. — Baur, associé du banquier **Tourton**, était le frère de Frédéric-Guillaume Baur, né en 1735, mort le 4 février 1783 lieutenant général au service de la Russie.

Note 2, p. 123. — Étienne-François Turgot, marquis de Soumont, né le 16 juin 1721, mort le 21 octobre 1789, brigadier des armées du roi, membre de l'Académie des sciences, était frère du contrôleur général et fut un des fondateurs de la Société d'agriculture. Il est encore connu par un projet de colonisation à Cayenne. Nommé gouverneur de la Guiane, il enrichit le Cabinet d'Histoire naturelle de plusieurs morceaux précieux. Buffon dit en parlant de lui : « M. le chevalier Turgot, gouverneur de la Guiane, est maintenant bien à portée de cultiver son goût pour l'histoire naturelle, et de nous enrichir non-seulement de ses dons, mais de ses lumières. »

Note 3, p. 123. — Le maréchal de Biron était possédé de l'amour des fleurs ; ce fut la passion de sa vieillesse. Il distinguait surtout la tulipe, nouvellement venue de Hollande, et dont certains sujets atteignirent vers ce temps à des prix fabuleux. Il avait converti les cours de l'Arsenal, qu'il habitait, en plates-bandes dans lesquelles il se plaisait à réunir les espèces les plus rares et les variétés les plus nouvelles de la fleur qu'il aimait. Lors de son voyage en Hollande, le jeune comte de Buffon rapporta à son colonel une collection de tulipes choisies par le chevalier de La Marck qui s'y connaissait. Aucun présent ne pouvait sourire davantage au vieux maréchal, qui fut vivement touché de cette attention délicate ; il sut bien, par la suite, le faire comprendre au jeune comte de Buffon, qui, à partir de ce jour, devint son favori.

Note 4, p. 123. — L'hôtel de Lévi, occupé par l'ambassadeur de Russie, avait été à l'avance préparé pour recevoir le comte et la comtesse du Nord. L'hôtel de l'ambassadeur était sur les boulevards, et à l'arrivée des illustres voyageurs une grande foule qui s'était portée au-devant d'eux cria : « Vivent M. le comte et Mme la comtesse du Nord! » Le prince fit mettre ses chevaux au pas et répondit : « Braves Français, je suis pénétré de l'accueil obligeant que vous me faites, et je n'en perdrai jamais la mémoire. » L'empereur Paul I<sup>er</sup> se souvint de l'espèce d'engagement qu'avait pris le comte du Nord, et il se montra favorable à la politique française dès que le gouvernement de la France prit une forme régulière. Napoléon I<sup>er</sup> n'eut pas d'allié plus fidèle. Ceux qui attentèrent à la vie de Paul I<sup>er</sup>, voulurent le punir sans doute de son attachement à la France, ou plutôt de son admiration pour le génie d'un grand homme. Le 20 mai, le comte du Nord, accompagné du prince de Bariatinski, ambassadeur de Russie, fut présenté à Louis XVI. La comtesse du Nord ne vit pas le Roi, mais elle fut présentée aux princesses par Mme la comtesse de Vergennes, femme du ministre des affaires étrangères.

Note 5, p. 124. — Frédéric-Melchior, baron de Grimm, né le 26 décembre 1723, mort à Gotha le 19 décembre 1807, était alors ministre du duc de Saxe près la cour de France. Il était en même temps le correspondant littéraire de l'impératrice de Russie. Grimm connut peu Buffon; les salons que fréquentait l'ami de Diderot ne furent jamais de ceux où paraissait habituellement Buffon. Grimm appartenait au parti de l'Encyclopédie, et Buffon se tint soigneusement à l'écart de ce parti, non par crainte de diminuer son crédit à la cour, mais par antipathie pour tout ce qui ressemblait à une coterie. Je ne vois dans cette société qu'un seul homme vraiment lié avec Buffon : ce fut Helvétius, auquel il donnait un jour à Montbard, au sujet de son livre de l'Esprit, ce conseil sévère : Qu'il aurait bien dû faire un livre de moins et un bail de plus dans les fermes du Roi. Le jeune comte de Buffon partit pour Saint-Pétersbourg, chargé des commissions et des lettres de Grimm; il profita des lettres, s'acquitta avec exactitude des commissions, et rendit la recommandation de son père inutile, en écrivant à Grimm plusieurs lettres qui lui valurent cette réponse :

« A Paris, le 25 septembre 1782.

« Je réponds bien tard, monsieur le comte, aux différentes lettres dont vous m'avez honoré depuis votre départ; mais c'est mon sort de faire toujours à peu près banqueroute à mes correspondants, à force d'en avoir. Vous êtes le commissionnaire le plus exact qui existe sur la terre ; car, lors même que vous avez remis vos paquets et rempli votre mission, vous daignez vous occuper encore de leur sort. Je suis bien charmé que le séjour de Pétersbourg vous plaise, et je vous prie de ne pas douter du grand et véritable intérêt que je prends à vos succès. L'impératrice m'a fait la grâce de me mander qu'elle vous avait traité comme le fils d'un homme célèbre, c'est-à-dire sans façon, en vous faisant dîner avec elle. Vous avez rempli votre première jeunesse d'une manière si brillante et si intéressante, que, lorsque vous serez à l'âge de M. votre père, les premières scènes de votre vie vous paraîtront un songe, et lorsque la postérité s'entretiendra des merveilles du règne de Catherine II, vous pourrez dire : « Et « moi aussi, j'ai été assis vis-à-vis d'elle ; et je l'ai vue face à face, et « mes oreilles ont entendu le son de sa voix. » Cette destinée n'est pas commune. Ce qui ne l'est pas non plus, c'est mon attachement pour vous et les sentiments distingués avec lesquels j'ai l'honneur d'être,

Votre très-humble et très-obéissant serviteur,

« GRIMM.

« J'ose vous prier de présenter mes respects et hommages aux personnes qui m'ont conservé quelque part dans leur estime. »

(Tirée de la collection de M. Henri Nadault de Buffon.)

Note 6, p. 124. — Je pense que le tableau emporté par le comte de Buffon à Saint-Pétersbourg devait être le portrait de son père peint par Boucher. Avant l'année 1782, je vois figurer ce portrait sur plusieurs inventaires du mobilier de Montbard ; à partir de cette époque il n'y paraît plus. Il était au reste naturel que Buffon envoyât son portrait à l'Impératrice ; elle avait commandé et payé son buste, et il ne voulait pas que son fils se présentât à la cour de Russie sans mettre aux pieds de la czarine un témoignage de la reconnaissance de son père.

Note 7, p. 124. — L'abbé du Rivet, proche parent de Buffon par sa mère, avait été revêtu d'un bénéfice dans le diocèse d'Autun ; l'évêque, tout en lui reconnaissant le titre que lui avait conféré la nomination du Roi, refusait de l'investir et ne lui laissait toucher aucun des revenus de son abbaye. L'affaire fut portée devant le parlement de Dijon, et l'abbé du Rivet gagna son procès.

Note 8, p. 124. — Yves-Alexandre de Marbeuf, né en 1732, fut évêque d'Autun le 22 février 1767 ; il passa à l'archevêché de Lyon en 1788. Il avait remplacé sur le siége d'Autun Nicolas de Rouillé, et eut, à son tour, pour successeur, l'abbé de Talleyrand, alors accusé, fort à tort, d'entretenir une intimité blâmable avec la comtesse de Buffon.

## CCLXXXV

Note 1, p. 125. — A la lettre du jeune comte de Buffon le comte Finck de Finkenstein*, ministre des affaires étrangères et favori du Roi, répondit par la lettre suivante :

« Berlin, le 17 mai 1782.

« Monsieur le comte,

« Le Roi ayant vu, par la lettre que vous lui avez écrite, le désir que vous avez de lui faire votre cour, m'a chargé de vous dire qu'il dépendait de vous de vous rendre pour cet effet demain à Potsdam et de vous adresser au général comte de Gootz, qui a ordre de vous présenter à Sa Majesté. Je m'empresse, monsieur, de vous en informer et de vous assurer en même temps de la considération parfaite avec laquelle j'ai l'honneur d'être, monsieur le comte, votre très-humble et très-obéissant serviteur,

« Comte FINCK DE FINKENSTEIN. »

(Inédite. — De la collection de M. Henri Nadault de Buffon.)

Note 2, p. 125. — Le comte et la comtesse du Nord retournèrent au Jardin du Roi le 8 juin. Daubenton leur en fit les honneurs. Lors de leur première visite, ils étaient accompagnés de M. de Vergennes, et M. d'Angeviller, en sa qualité de survivancier de Buffon, alors absent, les avait reçus au pied du grand escalier.

Note 3, p. 126. — On trouve dans la délibération que prirent les États de la province au sujet de ce don patriotique, les paroles suivantes : « Nous suivons l'exemple de nos prédécesseurs. Nous voulons donner aux yeux du pays et de l'Europe des marques éclatantes d'un zèle qui, dans tous les temps, fut un de nos plus beaux titres.

---

* Charles-Guillaume Finck, comte de Finkenstein, né en 1714, fut ministre des affaires étrangères en 1749, et garda ce portefeuille pendant plus de cinquante ans. Confident et ami de Frédéric, le roi avait pris l'habitude de lui écrire chaque matin; il le consultait sur toute chose, et bien souvent sur les affaires de sa famille. Le comte de Finkenstein mourut le 30 janvier 1800.

La Bourgogne est heureuse de pouvoir faire servir ses dons au soutien de la plus belle, de la plus noble cause qu'aient jamais défendue les armes françaises. » Les Élus de la province, voulant encourager les dons volontaires, souscrivirent en leur nom personnel pour une somme de cent mille livres.

Au début de la guerre, la Bourgogne avait déjà offert au Roi un vaisseau qui portait son nom. Le vaisseau *la Bourgogne*, monté par M. de Charité, prit une part glorieuse aux différents combats qui furent livrés dans les eaux de la Jamaïque, et les États votèrent des remercîments au commandant du vaisseau donné par la Province.

Note 4, p. 126. — La France et l'Espagne avaient tout disposé pour la conquête de la Jamaïque ; le comte de Grasse, chargé de ravitailler les îles françaises et la Martinique, était sorti de Brest avec trente-deux vaisseaux escortant un convoi de cent cinquante voiles. Sa mission remplie, il reprit la mer pour aller chercher l'escadre espagnole à Saint-Domingue, où devait s'opérer la jonction des deux flottes. Sa marche était embarrassée par un convoi qui portait des munitions destinées à l'attaque de la Jamaïque. Le 9 avril, il eut connaissance de la flotte anglaise, forte de trente-six vaisseaux et commandée par l'amiral Rodney, et le 12, le combat devint inévitable ; l'action commença à huit heures du matin ; à six heures du soir, elle durait encore. Les Français perdirent dans ce combat sept vaisseaux de ligne ; le vaisseau-amiral fut si maltraité qu'il coula à fond pendant la route, et ne put, malgré tout le désir qu'en avaient les vainqueurs, être ramené en Angleterre. Le comte de Grasse fut fait prisonnier. A Londres, on l'accueillit honorablement, on le surnomma *le brave Français*, et chacun voulut avoir son portrait. Au mois d'août 1782, il revint en France ; le Roi, lui faisant un compliment équivoque, lui avait dit qu'il le rendait à la liberté dans l'espoir que l'Angleterre le verrait bientôt de nouveau à la tête des armées françaises. A Paris, il fut mal accueilli. La mode était alors de porter au cou de petites croix d'or enrichies de diamants ; les cordons qui les attachaient étaient réunis par un cœur du même métal, on les nommait des *Jeannettes* ; la mode vint de les porter sans cœur, et on les appela des *Jeannettes à la Grasse*. On chanta des couplets dans le genre de ceux-ci :

> Rodney se vante beaucoup ;
> Pour cette fois passe,
> On peut lui pardonner tout
> Quand nous recevons ce coup
> De grâce, de grâce, de grâce,
> De Grasse.

Pourtant ne faut que l'Anglais
Redoublant d'audace,
Prenne en pitié le Français,
Qui ne demande jamais
De grâce, de grâce, de grâce,
De Grasse.

Au vrai, tout n'est pas au pis
Dans cette disgrâce :
Pleure ton vaisseau, Paris,
Mais notre amiral est pris....
Rends grâce, rends grâce, rends grâce,
Rends Grasse.

Pour que d'un si piteux cas
La honte s'efface,
Que dans de nouveaux combats
L'ennemi ne trouve pas
De grâce, de grâce, de grâce,
De Grasse.

Le comte de Grasse, traduit devant un conseil de guerre réuni à Brest, fut acquitté.

## CCLXXXVI

Note 1, p. 128. — Les manuscrits de Buffon se ressentent de la sévérité de son goût, et les nombreuses ratures que l'on y remarque, montrent combien il était difficile pour tout ce qui sortait de sa plume. M. Flourens, dans son étude sur les manuscrits que possède le Muséum, a fait ressortir le tact toujours sûr avec lequel Buffon savait se corriger lui-même, et le soin minutieux qu'il apportait dans le choix des mots et dans l'arrangement des phrases. Ces précieux manuscrits furent vendus à Semur, lors du décès de Mme de Montbeillard, à un marchand de Paris, qui les vendit à son tour au Muséum.

## CCLXXXVII

Note 1, p. 128. — Houdon envoyait à Buffon plusieurs exemplaires en plâtre du buste qu'il avait exécutés pour l'Impératrice de Russie. Il en a été tiré un très-petit nombre, et ils sont fort rares aujourd'hui.

Note 2, p. 129. — Buffon, qui adopta pour ces sortes d'oiseaux le nom de *pétrels*, en explique ainsi l'étymologie :

« Pourvus de longues ailes, munis de pieds palmés, les pétrels ajou-

tent à la légèreté du vol, à la facilité de nager, la singulière faculté
de courir et de marcher sur l'eau, en effleurant les ondes par le mouvement d'un transport rapide, dans lequel le corps est horizontale-
ment soutenu et balancé par les ailes, et où les pieds frappent alter-
nativement et précipitamment la surface de l'eau; c'est de cette
marche sur l'eau que vient le nom *pétrel;* il est formé de *peter, pierre,*
ou de *pétrille, pierrot* ou *petit-pierre,* que les matelots anglais ont
imposé à ces oiseaux, en les voyant courir sur l'eau comme l'apôtre
saint Pierre y marchait. »

Note 3, p. 129. — Buffon travaillait alors aux volumes des Suppléments à l'histoire des quadrupèdes, qui renferment plusieurs articles
de l'abbé Bexon. Je serais assez porté à croire qu'il mit peu du sien
dans ces deux volumes, qui ne contiennent que des extraits des voyageurs et quelques détails nouveaux sur des animaux peu connus ou
décrits d'une façon incomplète. Ces sortes de travaux étaient de ceux
auxquels il ne s'assujettissait qu'à regret, et dont la fatigante monoto-
nie lassait vite son esprit. « J'ai fait part à Panckoucke de l'ennui que
me donne ce malheureux volume des quadrupèdes qu'il faut refondre
en entier. Quatre mois de mon séjour ici me suffiront à peine pour
cette sotte besogne, et, après cette perte de temps, l'ouvrage ne
vaudra encore rien ; car ce ne seront encore que des compilations,
des copies de choses déjà données, et qui auraient été toutes neuves
si je les eusse publiées il y a quatre ans (lettre CCXL, p. 76). » Il sentait déjà la fatigue de ce travail qui était à peine commencé. D'ailleurs,
à la même époque, il s'occupait avec ardeur de ses *chers minéraux*
(lettre CCLI, p. 88), auxquels il donnait tout son temps, ne s'en laissant détourner qu'à regret et de loin en loin par les Suppléments à
l'histoire des quadrupèdes et par les derniers volumes de l'*Histoire
des oiseaux,* qui allaient paraître.

Note 4, p. 129. — Ce portrait de Buffon fait partie d'une collection qui parut en 1782 ; elle renferme les portraits des « hommes illustres vivants. » Celui de Buffon est un des meilleurs ; il fut dessiné
par Bounieu, d'après le buste de Houdon, et gravé par Hubert.


## CCLXXXVIII

Note 1, p. 129. — De nombreuses vues de Montbard ont été gravées, soit du vivant de Buffon, soit depuis sa mort. L'aspect pittoresque d'une ville couronnée et embellie par les magnifiques jardins

qu'il a créés, ont souvent inspiré le crayon des artistes. Quelques gravures anciennes devenues fort rares, parmi lesquelles il en est qui sont dues au burin d'Israël Sylvestre, ont sauvé de l'oubli la vue de l'ancien château de Montbard, tel qu'il était avant la métamorphose que Buffon lui a fait subir. Le dessin exécuté par M. Siguy n'a rien de remarquable, même sous le rapport de la fidélité; Picquenot, graveur distingué, s'est chargé de le graver.

Note 2, p. 130. — C'était alors la coutume de dédier les estampes et gravures aux hommes qui occupaient un haut rang dans la politique ou dans l'administration, et dont on reconnaissait ainsi la bienveillance d'une manière délicate ou dont on sollicitait la protection. La *dédicace* dont Buffon remercie M. Siguy est ainsi formulée :

VUE DE MONTBARD, EN BOURGOGNE.

Dédiée à Monsieur le Comte de Buffon,
Intendant du Jardin du Roi. De l'Académie françoise et de celle des Sciences, etc.

A Paris, chez l'auteur,     Par son très-humble et très-
rue Montmartre,     obéissant serviteur,
Vis-à-vis la rue de la Jussienne.     Louis Siguy, architecte.

Avec armes et supports (deux sauvages armés de leur massue).

Précédemment déjà, en 1773, Le Bas, « graveur pensionnaire du roi, conseiller en son Académie royale de peinture, sculpture et gravure, » avait dédié à Buffon quatre gravures représentant les chasses de Rubens. Les deux premières sont des eaux-fortes exécutées par Martini; les deux autres ont été gravées par Le Tellier sous la direction de Le Bas; les armes de Buffon accompagnent la dédicace.

## CCLXXXIX

Note 1, p. 131. — « 21 juin 1782. — M. le comte et Mme la comtesse du Nord emportent avec eux les regrets et l'admiration des Parisiens. Le premier a inspiré le plus vif intérêt à tous ceux qui ont eu le bonheur de l'approcher et de l'entendre. Affable, prévenant, sa politesse est noble et naturelle; il possède toutes les qualités qui annoncent le caractère le plus heureux, et il ne pouvait manquer de réussir dans un pays où la première de toutes est d'être aimable. Il parle peu, mais toujours très à propos, sans affectation, sans gêne, sans paraître chercher ce qu'il dit de flatteur. » (*Mémoires de Bachaumont.*)
Le grand-duc et la grande-duchesse quittèrent Paris le 20 juin,

après avoir visité les principaux monuments, ainsi que tous les établissements dignes de quelque intérêt. Pour leur faciliter les moyens de se rendre partout et à toute heure, le lieutenant de police avait attaché à leur personne un exempt qui prenait leurs ordres, et était entièrement à leur service. Ils virent le Palais de Justice, où on jugea devant eux une cause solennelle, Notre-Dame, que la comtesse du Nord trouva aussi belle dans son genre que Saint-Pierre de Rome dans le sien; la Sorbonne, déjà visitée par Pierre le Grand. Le docteur qui faisait voir l'église au comte du Nord lui rappela les paroles du czar Pierre qui, s'arrêtant devant le tombeau du cardinal de Richelieu, s'était écrié : « O grand homme! que ne vis-tu encore! je te donnerais la moitié de mon royaume pour m'apprendre à gouverner l'autre! — Oh! monsieur, reprit avec vivacité le prince, en l'arrêtant, cela n'aurait pas duré longtemps, il la lui aurait bientôt reprise. »

A Chantilly, où les fêtes données aux illustres voyageurs furent célébrées avec la magnificence habituelle à la maison de Condé, le comte du Nord disait, en visitant le château, qu'il troquerait volontiers son royaume contre un pareil palais : « Votre Altesse y perdrait, reprit le duc de Bourbon, et surtout ses sujets. — J'y gagnerais beaucoup au contraire, répondit le prince, car je serais Bourbon, et, qui plus est, Condé. » La magnificence déployée dans cette réception fit dire que le Roi avait reçu le comte du Nord en ami, le duc d'Orléans en bourgeois, le prince de Condé en souverain.

A Lyon, il répondit au prévôt des marchands, qui voulut le détourner du projet qu'il avait formé de visiter les hospices de la ville : « Plus les grands sont éloignés des misères humaines, plus ils doivent s'en approcher, afin d'être disposés davantage à les soulager. » Le Roi, en prenant congé, à Choisy, du comte et de la comtesse du Nord, remit au comte l'histoire du czar Pierre premier, en tapisseries des Gobelins, avec deux vases de Sèvres du plus grand prix, et la reine offrit de son côté à la comtesse du Nord une toilette en porcelaine de la manufacture de Sèvres, dont Grimm nous a laissé la description. « Cette toilette, dit-il, est toute en porcelaine, montée en or, fond bleu lapis, ornée de peintures dessinées d'après l'antique, et les pièces qui en étaient susceptibles, garnies d'une bordure d'émail imitant la perle et les pierres fines. Le miroir, surmonté des armes de Russie et d'une draperie infiniment riche, est soutenu par les trois Grâces ; deux petits Amours se jouent à leurs pieds, et l'un montrant la glace a l'air de dire : « Elle est plus belle encore. »

Note 2, p. 131. — La paix était impatiemment attendue : les retards qu'éprouvait sa signature, attribués au cabinet de Saint-James, donnèrent lieu à la pièce suivante :

> Sans doute, fiers Anglais, le pas est difficile ;
> Il faut pourtant sortir de cet état douteux.
> Votre gloire rougit d'un traité trop servile ;
> Mais que de maux vont suivre un refus hasardeux !
>     Honte ou ruine : optez des deux !
> Louis doit-il encor reprendre son tonnerre,
> Ou le Français chanter dans sa gaîté légère
>     Cent vaudevilles déjà nés ?
> Vous serez bien battus, si vous voulez la guerre ;
> Si vous faites la paix, vous serez bien bernés.

Le 25 novembre 1783, la paix fut publiée à Paris avec les solennités d'usage :

« M. le chevalier de La Haye, disent les Mémoires du temps, roi d'armes de France, accompagné d'un détachement de six hérauts d'armes, précédés de la musique de la chambre et des écuries de Sa Majesté, du maître des cérémonies, a été prendre, de la part du Roi, le prévôt des marchands, le corps de la ville et du Châtelet : après y avoir reçu l'ordonnance de la paix et en avoir fait faire la lecture, ces différentes compagnies et députations se rendirent dans les places publiques, où le roi d'armes de France, après avoir commandé trois chamades des cloches d'armes de Sa Majesté, a par trois fois prononcé : « De par le roi, » et a dit : « Premier héraut d'armes de « France, au titre de Bourgogne, faites les fonctions de votre charge, » et lui a remis, en même temps, l'ordonnance de la paix, que le premier héraut d'armes a publiée. Après quoi le roi d'armes a fait sonner trois fanfares, et a prononcé par trois fois : *Vive le roi !* ce qui a eu lieu dans quatorze places publiques. Ensuite on s'est rendu à la ville, où le roi d'armes de France et les hérauts ont soupé avec le prévôt des marchands. »

Gueneau de Montbeillard ne pouvait laisser passer une circonstance aussi solennelle sans la célébrer par un couplet.

> O paix ! fille des dieux, ô bienheureuse paix !
> Nom céleste, enchanteur et doux, si plein d'attraits,
> Que nous mettons au rang des plus heureuses fêtes,
> Viens enivrer nos cœurs, viens exalter nos têtes,
>     Jusqu'au jour du traité conclu
>     Entre le vice et la vertu.

Note 3, p. 131. — Gibraltar ne fut pas pris, mais la paix mit fin au siége. Dans cette campagne, on vit paraître pour la première fois

les batteries flottantes, inventées par le chevalier d'Arçon. De retour
d'Espagne, le comte d'Artois disait à la reine que la batterie qui avait
fait le plus de mal durant le siége était sa batterie de cuisine; à Paris,
où l'on s'occupait beaucoup de la nouvelle découverte des frères
Montgolfier, on dit à propos de ce siége :

> Les Anglais, nation trop fière,
> S'arrogent l'empire des mers;
> Les Français, nation légère,
> S'emparent de celui des airs.

Note 4, p. 131. — Depuis longtemps le comte d'Artois était désigné
pour prendre part à cette expédition; le duc de Bourbon l'avait précédé au camp de Saint-Roch. Le comte du Nord vint voir le prince
peu de jours avant son départ, et le trouva occupé à choisir des épées
d'une mode nouvelle. Le prince en prit une du meilleur goût et du
travail le plus fin et l'offrit au grand-duc. « Je refuse, dit le comte
du Nord ; mais, en revanche, je retiens celle avec laquelle vous prendrez Gibraltar. »

Le comte d'Artois quitta Paris le 5 juillet 1782, se dirigeant sur
Madrid. Il voyageait à petites journées, fêté, sur son passage, dans
toutes les villes où il s'arrêtait. On remarqua qu'à Orléans, il avait
couché chez M. de Cypierre, intendant de la province, qu'il était
allé à Chanteloup et avait honoré de sa visite M. de Voyer, qui
habitait alors son château des Ormes. La ville de Bordeaux donna
au prince des fêtes brillantes. A son arrivée à Madrid, il trouva aussi,
malgré la gravité des événements, l'Espagne en fête. On fut un peu
choqué à la cour du laisser aller du prince français, qui, de son côté,
s'égaya beaucoup des mœurs et de l'étiquette espagnoles. On lit dans
les journaux du temps, au sujet du siége de Gibraltar par les troupes
combinées de la France et de l'Espagne : « Ce fameux siége occupe
toute l'Europe aujourd'hui; ce sera certainement l'événement de la
guerre le plus intéressant. Il est bien essentiel qu'il se finisse, par les
dépenses énormes qu'il entraîne, la quantité d'hommes et de forces
navales qu'il occupe depuis trois ans. »

Note 5, p. 131. — Le marquis de Saint-Auban, lieutenant général
et inspecteur général de l'artillerie, est plus connu par la triste affaire
de MM. de Bellegarde et de Monthieu, officiers généraux condamnés
à mort par un conseil de guerre pour malversations, que par la part
fort peu active qu'il prit au siége de Gibraltar. Lorsqu'il mourut, le
5 septembre 1783, il comptait quarante-six ans de services, avait fait

dix-sept campagnes, et s'était trouvé à trente-huit siéges ou batailles. Après sa mort, sa famille offrit au Roi son cabinet de modèles d'artillerie. Cette collection précieuse fut longtemps déposée à Versailles dans la galerie où eut lieu, dans la suite, l'exposition des produits de la manufacture de Sèvres.

Note 6, p. 131. — La petite boîte qui fut remise à Houdon de la part de l'impératrice renfermait son portrait, qu'elle envoyait au célèbre sculpteur comme une marque particulière de sa satisfaction pour la belle exécution du buste de Buffon, qu'elle venait de recevoir.

## CCXC

Note 1, p. 133. — Le comte et la comtesse du Nord, qui avaient prolongé leur voyage par suite de différents séjours en Allemagne, ne trouvèrent plus le comte de Buffon à Pétersbourg, lorsqu'ils y arrivèrent. Malgré le désir que lui en avait témoigné son père, il avait dû quitter la Russie et n'avait pu attendre le retour des illustres voyageurs.

Note 2, p. 134. — Le comte du Nord n'était pas beau, mais il en prenait gaiement son parti. A Lyon, il entendit souvent, parmi la foule empressée à le voir, des voix indiscrètes dire : « Ah ! mon Dieu ! qu'il est laid ! — Assurément, disait-il en souriant à ceux qui l'accompagnaient, si j'avais été jusqu'ici à l'ignorer, ce peuple me l'aurait bien appris. »

« C'est du ton le plus naturel et le plus aimable, dit Grimm, qu'il l'a conté lui-même fort gaiement au premier souper qu'il fit avec le Roi, en observant que la nation française n'avait assurément pas moins de franchise que de politesse et d'urbanité. M. le comte du Nord n'a pas, il est vrai, la taille et la figure que les poëtes et les romanciers n'auraient pas cru pouvoir se dispenser de lui donner ; mais il a sans doute beaucoup mieux que des traits, un regard intéressant et spirituel, une physionomie remplie de finesse et de vivacité, un souris malin qui la rend souvent plus piquante encore, mais sans laisser jamais oublier le caractère de douceur et de dignité répandu sur toute sa personne. On a tant dit, tant répété, en vers et en prose, que Minerve accompagnait ce prince sous les traits des Grâces, qu'on n'ose presque plus employer la même expression : il n'en est aucune cependant qui rende mieux tous les sentiments qu'inspire Mme la comtesse

du Nord ; on croirait que cette expression ne fut jamais faite que pour
elle, et, quelque usée que soit l'image, la vérité de l'application semble
l'avoir rajeunie. » (*Gazette littéraire.*)

« Les bruits qu'on avait répandus, défavorables au comte du Nord
à l'occasion de sa figure, ont très-bien opéré ; on l'a trouvé beaucoup
moins mal qu'on ne l'avait annoncé. D'ailleurs, un caractère de bonté
sur la figure d'un souverain est le plus beau à voir. Quant à la comtesse,
elle a plu généralement ; non-seulement elle a les traits beaux, mais
sa taille haute empêche qu'elle ne paraisse trop grosse ; elle a beaucoup de maintien, de noblesse dans le port et d'aménité dans la physionomie. » (*Mémoires de Bachaumont*).

Note 3, p. 134. — Le comte d'Hector commanda longtemps le port
de Brest, en qualité d'intendant. Pendant les orages de la Révolution il alla chercher un refuge en Angleterre, où il fut mis à la tête
d'un corps d'émigrés.

Note 4, p. 134 — Le comte de Langeron était lieutenant général
des armées du Roi, depuis le 2 mai 1744. Son fils, né le 13 janvier 1763,
mort le 4 juillet 1831, se trouvait alors à Brest avec son père et fut
présenté par lui au grand-duc Paul et à la grande-duchesse Marie ; il
servait dans le régiment de Bourbonnais, en qualité de sous-lieutenant.
En 1793, son père étant mort, il passa en Russie, où l'empereur
Paul Ier se souvint du jeune lieutenant qui, dans des temps meilleurs,
lui avait été présenté à Brest. Il devint successivement lieutenant
général , gouverneur de province et grand dignitaire de l'Empire ;
en 1814, ce fut le premier général russe qui parut sous les murs de
Paris.

Note 5, p. 135. — On a vu tout récemment se réaliser cette pensée,
et un procédé aussi simple qu'ingénieux a permis d'arrêter les sables
envahissants du golfe de Gascogne, et de métamorphoser ces plaines
mouvantes en de vastes forêts de sapins.

Note 6, p. 135. — Est-il besoin de dire que l'anecdote rapportée par
certains biographes sur l'arrivée du fils de Buffon à Berlin est sans
vérité? Suivant eux, le Roi, en présentant le jeune officier aux dames
de sa cour, aurait dit : « Mesdames, je vous présente le fils du sublime
Buffon, mais je ne vous le donne pas pour son meilleur ouvrage. »
Une semblable grossièreté ne pouvait se trouver dans la bouche du
grand Frédéric ; elle se concilierait difficilement, au reste, avec son
admiration pour l'homme illustre dont il recevait le fils. (*Biographie*

*Feller. — Biographie des Contemporains.*) L'accueil distingué fait par le roi de Prusse au jeune comte de Buffon est constaté par une lettre que lui écrivit, à la date du 26 juillet 1780, Rigoley de Juvigny, l'éditeur des œuvres complètes de Piron, qui, introduit au Jardin du Roi par Rigoley d'Ogny, son parent, était alors fort avant dans l'intimité de Buffon :

« J'étais instruit déjà, mon très-cher ami, de l'accueil flatteur que vous avez reçu du roi de Prusse et de la manière dont vous vous êtes conduit dans cette circonstance. Vous avez senti, au peu de mots que vous adressa ce grand prince, bon juge en fait de mérite, l'estime qu'il faisait de votre illustre père. Vous allez trouver, auprès de la plus grande princesse de l'univers, un accueil plus favorable encore, lorsque vous mettrez à ses pieds le buste de l'homme immortel auquel vous devez le jour. Que je voudrais être témoin de votre réception à la cour de Russie ! Que je recueillerais avec soin tout ce qui sortirait de la bouche de l'Impératrice ! C'est un grand bonheur pour vous, mon cher ami, de commencer ainsi votre carrière. Je ne suis point en peine de la sagesse et de la prudence avec laquelle vous vous montrerez digne de M. votre père et de la faveur que vous a faite l'impératrice, de vous appeler auprès d'elle pour recevoir de vos mains ce buste sur lequel Catherine laissera tomber quelques rayons de sa gloire immortelle. Je connais votre cœur, mon cher ami ; il n'oubliera jamais les bontés de cette grande princesse, et vous vous plairez à en perpétuer le doux souvenir chez vos enfants et petits-enfants. J'espère que votre santé se soutiendra, et qu'à votre retour vous nous entretiendrez des merveilles que vous aurez vues, et surtout de l'immortelle Catherine. »

Voici une preuve de plus de la haute estime qu'inspirait au roi de Prusse l'incomparable talent de Buffon.

A son retour d'Allemagne, le comte de Buffon remit à son père un manuscrit que lui avait confié le grand Frédéric, et qui a pour titre : *Les matinées de Frédéric II. A son neveu Frédéric-Guillaume, son successeur à la couronne.* Ce manuscrit, que Buffon fit voir à ses amis et dont les Mémoires de Bachaumont font mention, ne fut jamais publié. M. Humbert-Bazile, son secrétaire, fut chargé par lui d'en faire plusieurs copies, dont une lui est restée. Mme Beaudesson, sa fille, a bien voulu m'en donner communication. En publiant aujourd'hui le manuscrit du roi de Prusse, je dois dire cependant qu'en 1844, M. Humbert-Bazile ayant remis ses papiers à M. Isidore-Geoffroy Saint-Hilaire, ce savant fit paraître en feuilleton quelques extraits de cette page des mémoires du grand Frédéric. Cette publication, incomplète du reste, n'enlèvera rien à l'intérêt avec lequel sera lu ce fragment vraiment curieux. Il trouve d'ailleurs naturellement sa place ici.

Un passage des mémoires inédits laissés par M. Humbert-Bazile en détermine l'authenticité :

« Plus tard, est-il dit à la page 328, tome I, du manuscrit, M. de Buffon fils me valut un désagrément sérieux auquel je n'avais cependant point lieu de m'attendre. M. le comte était allé passer la journée à Saint-Ouen ; durant son absence, son fils vient me prendre pour aller rendre visite au célèbre peintre Julien de Parme, qui habitait alors la rue de l'Estrapade. A mon retour, le portier de l'hôtel me prévient que pendant mon absence M. le comte est rentré et qu'il a témoigné un vif mécontentement en apprenant que j'étais sorti. Je cours à son appartement ; M. de Buffon me reçoit froidement et me témoigne son mécontentement. «M. Necker, me dit-il, est venu avec moi à Paris, pour voir « les présents de l'impératrice et prendre lecture de ses lettres et en « même temps *du manuscrit du roi de Prusse* que je vous ai donné à « copier ; qu'en avez-vous fait ? » Je répondis avec respect : « J'ai soi-« gneusement renfermé les lettres de l'impératrice et le manuscrit du « roi de Prusse dans le meuble où je range ceux de vos ouvrages que « vous voulez revoir ; en voici la clef. Je ne pensais pas que M. le « comte fût de retour à l'hôtel avant moi ; au reste, je ne sors que « rarement, et je mets le plus d'exactitude possible à exécuter vos « ordres ; mais cette fois M. votre fils m'a pressé de l'accompagner, « et, dans la crainte de le désobliger, je suis sorti avec lui. — C'est « bien, me dit-il, tout en se promenant dans son cabinet, c'est fini, « mais ne recommencez plus. »

Voici ce précieux fragment, dont l'authenticité, à défaut de toute autre preuve, ne pourrait être contestée. Il suffit de le lire pour qu'on soit convaincu qu'il émane de la plume qui a composé *l'Anti-Machiavel*. Il est superflu d'ajouter que nous laissons à l'écrivain couronné toute la responsabilité de ses opinions et que nous sommes loin d'approuver ses principes de gouvernement. Si le succès a paru justifier cette politique froidement égoïste, la morale lui donne le seul nom qui lui convienne. La postérité, plus juste que les contemporains, sans refuser au roi de Prusse les qualités qui font les grands rois, place bien plus haut dans son estime les princes qui savent subordonner les calculs de la politique au respect de tous les droits.

# LES MATINÉES DE FRÉDÉRIC II *,

## ROI DE PRUSSE.

## A SON NEVEU FRÉDÉRIC-GUILLAUME,

### SON SUCCESSEUR A LA COURONNE.

### PREMIÈRE MATINÉE.

### *Origine de notre Maison.*

Dans le temps des désordres et de la confusion, on vit s'élever au milieu des nations barbares un commencement de souveraineté nouvelle. Les gouverneurs des différents pays secouèrent le joug, et bientôt devenus assez puissants pour se faire craindre par leurs maîtres, ils obtinrent des priviléges, ou pour mieux dire, par la forme d'un genou en terre, ils emportèrent le fond.

Dans le nombre de ces audacieux, il y en a eu plusieurs qui ont jeté le fondement des plus grandes monarchies; et peut-être même, à bien compter, tous les empereurs, les rois et princes souverains leur doivent leurs États.

Pour Nous, à coup sûr, nous nous sommes vus dans ce cas. Vous rougissez, mon neveu! Allez, je vous le pardonne; mais ne vous avisez plus de faire l'enfant, et sachez pour toujours qu'en fait de royaumes l'on prend quand on peut; et l'on n'a jamais tort que quand on est obligé de rendre.

Le premier de nos ancêtres qui a acquis quelque droit de souveraineté sur les pays qu'il gouvernait, fut Tavillon comte de Hohenzollern; le treizième de ses descendants fut Burgrave de Nuremberg; le vingt-cinquième fut électeur de Brandebourg; et le trente-septième fut roi de Prusse.

Notre Maison a eu, ainsi que toutes les autres, ses architectes, ses Cicérons, ses Nestors, ses Nérons, ses imbéciles et ses fainéants, ses femmes savantes, ses marâtres, et à coup sûr ses femmes galantes.

Elle s'est aussi souvent agrandie par ces droits qu'on ne connaît que chez les princes heureux, ou qui sont les plus forts; car on ne

---

* Nous reproduisons fidèlement ce manuscrit; nous en avons ôté les fautes d'orthographe; mais nous avons respecté les fautes de langue, qui y sont assez nombreuses.

voit dans l'ordre de nos successions que ceux de convenance, d'expectative et de protection ; depuis Tavillon jusqu'au grand électeur, nous n'avons fait que végéter.

Nous avions dans l'Empire cinquante princes qui ne nous cédaient en rien ; et à proprement parler, nous n'étions qu'une branche du grand empire d'Allemagne.

Guillaume le Grand, par ses actions éclatantes, nous tira de l'oubli, et enfin en 1701, cela n'est pas bien vieux, la vanité mit sur la tête de mon grand-père une couronne. C'est à cette époque que nous pouvons rapporter notre véritable grandeur, puis qu'elle nous met dans le cas de discuter en roi, et de traiter en égal avec toutes les puissances du monde.

Si nous comptions les vertus de nos ancêtres, nous verrions aisément que ce n'est point à ces avantages que Notre Maison doit son agrandissement. Nous avons eu la plus grande partie de nos princes qui se sont mal conduits.

Mais c'est le hasard et les circonstances qui nous ont bien servis. Je vous ferai même observer que notre premier diadème s'est posé sur une tête des plus vaines et des plus légères, sur un corps bossu et tortu.

Je vois bien, mon cher neveu, que je vous laisse dans l'embarras sur notre origine. On prétend que le comte de Hohenzollern était d'une grande maison ; mais, dans le vrai, personne ne s'est pourvu avec moins de titres.

### De la position de mon royaume.

Je ne suis pas heureux de ce côté-là, et pour vous en convaincre, jetez les yeux sur la carte, et vous verrez que la plus grande partie de mes États sont divisés de façon à ne pouvoir se donner des secours mutuels. Je n'ai pas de grandes rivières qui traversent mes provinces, quelques-unes les côtoient, mais peu les entrecoupent.

### Du sol de mes États.

Un grand tiers de mes États est en friche, et un autre tiers est en bois, rivières et marais. Le tiers qui est cultivé ne rapporte ni vin, ni oliviers, ni mûriers ; tous les fruits et tous les légumes n'y viennent qu'à force de soins, mais fort peu en véritable point de perfection. J'ai seulement quelques cantons où le seigle et le froment ont quelque réputation.

### Mœurs des habitants.

Je ne saurais rien fixer sur ce point, parce que mon royaume n'est que de pièces rapportées ; tout ce que je puis vous en dire d'assez certain, c'est qu'en général tous mes sujets sont braves et durs, peu friands, mais ivrognes, tyrans dans leurs terres, et esclaves à mon service ; amants insipides et maris bourrus, d'un grand sang-froid que je tiens, au reste, pour bêtise. Savants dans le droit, peu philosophes, moins orateurs, et encore moins poëtes. Affectant une grande simplicité dans la parure, mais se croyant assez bien mis avec une petite bourse, un grand chapeau, des manchettes d'une aune, des bottes jusqu'à la ceinture, une petite canne, un habit fort court et une veste fort longue.

Pour les femmes, elles sont toujours ou grosses ou nourrices; elles sont d'une grande douceur et assez fidèles à leurs maris. Quant aux filles, elles jouissent des préjugés à la mode. J'en suis si peu fâché que j'ai cherché à excuser leurs faiblesses dans mes mémoires. Il faut bien mettre ces pauvres créatures à leur aise, de peur qu'elles ne prennent une tactique qui les ferait manœuvrer en sûreté, ce qui causerait un très-grand préjudice à l'État; et même, pour mieux les encourager, j'ai soin de donner dans mes régiments la préférence au fruit de leurs amours; et s'il doit le jour à un officier, je le fais porte-enseigne, et souvent officier avant son tour.

### DEUXIÈME MATINÉE.

#### De la Religion.

La Religion est absolument nécessaire au gouvernement d'un État. C'est une maxime qu'il serait fort impolitique de discuter, et un roi est un maladroit, quand il permet que ses sujets en abusent. Mais aussi un roi n'est pas sage d'en avoir.

Écoutez ceci, mon neveu : Il n'y a rien qui tyrannise tant l'esprit et le cœur que la religion, parce qu'elle ne s'accorde ni avec nos passions, ni avec les grandes vues politiques qu'un monarque doit avoir.

Si l'on craint Dieu, ou pour mieux dire l'enfer, on devient capucin. Est-il question de profiter d'un moment favorable pour s'emparer d'une province voisine? Une armée de diables se présente à nos yeux pour la défendre; nous sommes assez faibles pour croire que c'est une injustice, et nous proportionnons nous-mêmes à notre faute le châtiment de notre crime.

Voulons-nous faire un traité avec quelque puissance? Si nous nous souvenons seulement que nous sommes chrétiens, tout est perdu, nous serons toujours dupes.

Pour la guerre, c'est un métier où le plus petit scrupule gâte tout. En effet, quel est l'honnête homme qui voudrait la faire, si l'on n'avait pas le droit de faire des règles qui permettent le pillage, le feu et le carnage?

Je ne dis pourtant pas qu'il faille afficher l'impiété; mais il faut penser suivant le rang que l'on occupe.

Tous les papes qui ont eu le sens commun, ont eu des systèmes de religion propres à leur agrandissement, et ce serait le comble de la folie, si un prince s'attachait à de petites misères qui ne sont faites que pour le peuple.

D'ailleurs le meilleur moyen d'écarter le fanatisme de ses États est d'être de la plus belle indifférence sur la religion.

Croyez-moi, mon cher neveu, la sainte Mère a ses petits caprices comme une autre. Attachez-vous donc à être philosophe sur ce point, vous verrez qu'il n'y aura, dans votre royaume, aucune dispute de conséquence sur cet objet; car les partis ne se forment que sur la faiblesse des princes et de leurs ministres.

Une réflexion importante que j'ai à vous faire, c'est que vos ancêtres ont opéré de la manière la plus sensée en cette partie; ils ont fait une réforme qui leur a donné un air d'apôtres en remplissant bien leur bourse. C'est sans contredit le changement le plus raisonnable qui soit jamais arrivé dans cette espèce de matière. Mais puisqu'il n'y a presque plus rien à gagner, et qu'il serait dangereux dans ce moment de marcher sur leurs traces, il faut s'en tenir à la tolérance.

Retenez bien ce principe, mon cher neveu, et dites toujours comme moi : *L'on prie Dieu dans mon royaume comme on veut; et l'on y fait son salut comme on peut....* car pour peu que vous paraissiez négliger cette maxime, tout est perdu dans vos États.

Voici pourquoi mon royaume est composé de plusieurs sectes. Dans certaines provinces les réformés sont en possession de toutes les charges; dans d'autres les luthériens jouissent des mêmes avantages. Il y en a où les catholiques dominent au point que le Roi ne peut y envoyer qu'un ou deux commissaires protestants. Quant aux juifs, ce sont de pauvres diables qui n'ont pas, dans le fond, autant de torts qu'on le dit. Ils payent bien, et, après tout, ne dupent que les sots.

Comme nos aïeux se firent chrétiens dans le nouveau siècle pour plaire aux empereurs, luthériens dans le quinzième pour prendre les biens de l'Église, et réformés dans le seizième pour plaire aux Hollandais, nous pouvons bien nous rendre différents pour maintenir la tranquillité dans nos États.

Mon père avait un projet excellent, mais qui ne lui réussit pas. Il avait engagé le président Laon à lui faire un petit traité de religion pour tâcher de réunir les trois sectes. Le président parlait mal du pape, traitait saint Joseph de bonhomme, prenait le chien de saint Roch par les oreilles et tirait le cochon de saint Antoine par la queue; il ne croyait point à la chaste Suzanne, regardait saint Bernard et saint Dominique comme des courtisans. Il reniait saint François de Salles. Les onze mille Vierges n'avaient pas plus de crédit sur son esprit que tous les saints et martyrs de la famille de Loyola. Quant aux mystères, il convenait qu'il ne fallait pas vouloir les expliquer, mais qu'il fallait mettre du bon sens partout, et ne pas s'en tenir aux mots.

A l'égard des luthériens, il en faisait son point d'appui ; il voulait que les catholiques devinssent un peu infidèles à la cour de Rome. Mais il demandait que les luthériens cessassent d'être aussi subtils dans la dispute ; et il prétendait que quelques distinctions ôtées, il serait sûr qu'on se trouverait très-près les uns des autres.

On croyait qu'il aurait plus de peine à rapprocher les calvinistes, parce qu'ils avaient plus de titres que les luthériens. Il proposait cependant un bon expédient sur la grande difficulté, qui était de n'avoir que Dieu pour confident quand on communiait.

Il regardait le culte des images comme une amorce pour le peuple, et il croyait qu'il fallait à un paysan un saint quelconque.

Pour les moines, il les expulsait comme des ennemis à qui il faut une forte contribution. Quant aux prêtres, il leur donnait des gouvernantes pour femmes. Ceci a fait beaucoup de bruit, parce que les bonnes dames prétendaient qu'elles étaient lésées et que c'était un sacrilége, parce qu'on touchait aux mystères.

Si cette brochure avait été goûtée, on aurait fait tous ses efforts pour exécuter le projet qu'on avait formé ; pour moi, je ne l'ai point abandonné; j'espère même vous donner assez de facilités pour pouvoir en venir à bout.

Voici ce que je fais pour cela : je tâche de faire répandre dans tout ce qu'on écrit dans mon royaume un mépris pour tout ce qui a été réformateur, et je ne perds pas la plus petite occasion pour développer les vues ambitieuses de la cour de Rome, des prêtres et des ministres. Peu à peu j'accoutumerai tous mes sujets à penser comme moi, et je les détacherai de tous les préjugés; mais comme il leur faut un culte, je ferai paraître, si je vis assez, quelque homme éloquent qui en prêchera un.

D'abord j'aurai l'air de vouloir le persécuter; mais peu à peu je me déclarerai son défenseur et j'embrasserai avec chaleur son système.

Ce système, si vous voulez que je vous le dise, est déjà fait; Voltaire en a composé le préambule; il prouve la nécessité de se désister de tout ce qu'on a dit jusqu'à présent sur la religion, parce qu'on n'est d'accord sur aucun point. Il fait le portrait de chaque chef de secte avec une liberté qui ressemble à la pure vérité; il a déterré des âmes dévotes, des papes, des évêques, des prêtres et des ministres qui répandent une gaieté singulière sur son ouvrage, qui est écrit avec un style si serré et si rapide qu'on n'a pas le temps de réfléchir, et comme un orateur rempli de l'art le plus subtil, il a l'air de la meilleure foi du monde en avançant les principes les plus douteux.

D'Alembert et Maupertuis en ont formé le canevas; ils l'ont calculé avec tant de précision qu'on serait tenté de croire qu'ils ont tâché de se le démontrer à eux-mêmes avant de l'aller démontrer aux autres.

Rousseau, depuis quatre ans, travaille à prévenir toutes les objections. Je me fais d'avance une fête de mortifier tous ces monseigneurs et tous ces ministres empesés qui oseront nous contredire. Il y a déjà une suite de cinquante conséquences pour chaque objet de dispute, et au moins de trente réflexions sur chacun des articles de l'Écriture sainte; il est même présentement occupé à prouver que tout ce qu'on débite aujourd'hui n'est qu'une fable, qu'il n'y a jamais eu de paradis terrestre, et que c'est dégrader Dieu que de croire qu'il a fait son semblable un franc nigaud, et sa créature la plus parfaite une franche libertine; car, enfin, ajoute-t-il, il n'y a que la longueur de la queue du serpent qui ait pu séduire Ève; et, dans ce cas, cela prouverait un désordre affreux dans l'imagination.

Le marquis d'Argens et mesdames de Formey ont préparé la composition du concile; je dois y présider, mais sans prétendre que le Saint-Esprit me donne un grain de lumière de plus qu'aux autres. Il n'y aura qu'un ministre de chaque religion, et quatre députés de chaque province, dont deux de la noblesse et deux du tiers état. Tout le reste des prêtres, moines et ministres, en seront exclus comme gens intéressés à la chose, et pour que le Saint-Esprit paraisse mieux présider à cette assemblée, on conviendra de décider tout bonnement suivant le sens commun.

### TROISIÈME MATINÉE.

#### De la Justice.

Nous devons à nos sujets la justice, comme ils nous doivent le respect, c'est une chose convenue; mais il faut bien prendre garde de nous laisser subjuguer par elle.

Représentons-nous, mon cher neveu, conduisant le malheureux Charles sur l'échafaud. Je suis né trop ambitieux pour vouloir qu'il y ait dans mes États quelques ordres qui me gênent; c'est ce sentiment qui m'a obligé uniquement de faire un nouveau code. Je sais bien que j'ai mis la bonne déesse en l'air; mais je craignais ses yeux, parce que je connais le poids qu'elle a parmi le peuple, et je savais que les princes adroits, en satisfaisant leur ambition, pouvaient souvent se faire adorer.

La plus grande partie de mes sujets a cru que j'avais été touché des malheurs qu'entraîne après elle la chicane. Hélas! je vous l'avoue, et j'en rougis presque, loin de l'avoir en vue, je regrette les petits avantages qu'elle me procurait; car les droits établis sur la procédure et sur le papier marqué ont diminué mon revenu d'à peu près *cinq cent mille florins.*

Ne vous laissez pas éblouir, mon cher neveu, par le mot *Justice;* c'est un mot qui a différents rapports, et qui peut être expliqué de différentes manières. Voici le sens que je lui donne.

La Justice est l'image de Dieu; qui peut donc atteindre à une si haute perfection? N'est-on pas déraisonnable quand on s'occupe du projet vain de la posséder entièrement? Voyez tous les pays du monde, et examinez bien si on la rend dans deux royaumes de la même manière ou de la même façon. Consultez après cela les principes qui conduisent les hommes, et voyez s'ils s'accordent. Qu'y a-t-il donc après cela d'extraordinaire qu'un chacun veuille être juste à sa manière?

Quand j'ai voulu jeter les yeux sur tous les tribunaux de mon royaume, j'ai trouvé une armée immense, des légions composées d'honnêtes gens, mais trop soupçonnés de ne le pas être. Chaque tribunal avait son supérieur, moi-même j'avais le mien, et je ne m'en fâchais pas, parce que c'était un usage.

En examinant les progrès que la justice faisait dans mon État, je fus effrayé de voir que dans un siècle, la dixième partie de mes sujets serait enrôlée sous ses drapeaux, et en calculant qu'il fallait faire vivre ces légions, je tremblai lorsque je vis que la dixième partie des revenus de mon royaume passerait entre leurs mains.

Mais ce qui me donnait le plus d'inquiétude, c'était cette marche sûre et constante qu'ont les gens de loi, cet esprit de liberté inséparable de leurs principes, et cette façon adroite de conserver leurs avantages sous les apparences de l'équité la plus sévère.

Je repassai dans ma mémoire tous les actes pleins de vigueur, mais souvent bien bizarres, du parlement d'Angleterre et de celui de Paris. Si j'admirais, j'étais quelquefois honteux pour la majesté du trône.

C'est au milieu de ces réflexions que je me décidai à saper les fondements de cette grande puissance, et ce n'est qu'en la simplifiant le plus que j'ai pu, que je l'ai réduite au point où je le demandais.

Vous serez peut-être surpris, mon cher neveu, que des gens qui n'ont aucune arme et qui ne parlent jamais qu'avec respect de la personne sacrée du Roi, soient les seuls en état de lui faire la loi. C'est précisément par ces mêmes raisons qu'il ne leur est pas difficile d'arrêter notre puissance. On ne saurait les soupçonner d'user de violence, parce qu'ils n'ont point d'armes, ni les accuser de nous manquer de respect, puisqu'ils nous parlent toujours avec la plus grande décence; et nos sujets sont bien vite entraînés par cette ferme éloquence qui ne semble se produire que pour leur bonheur et notre gloire.

J'ai beaucoup réfléchi sur les avantages que procure à un royaume un corps qui représente la nation, et qui est dépositaire de ses lois; je crois même qu'un Roi est plus sûr de sa couronne, lorsqu'il la lui donne, ou qu'il la lui conserve; mais qu'il faut être homme de bien, rempli de bons principes, pour permettre qu'on pèse tous les jours nos actions! Quand on a de l'ambition, il faut y renoncer. Je n'aurais rien fait si j'avais été gêné. Peut-être aurais-je passé pour un roi juste; mais on me refuserait le titre de héros.

### QUATRIÈME MATINÉE.
#### De la Politique.

Comme, parmi les hommes, on est convenu que duper son semblable était une action lâche et criminelle, on a été obligé de chercher un terme qui adoucît la chose, et c'est le mot *politique* qu'on a choisi : vraisemblablement, ce mot n'a été choisi qu'en faveur des souverains, parce que honnêtement on ne peut pas nous traiter de coquins ou de fripons. Quoi qu'il en soit, voici ce que je pense de la politique.

J'entends par le mot *politique*, qu'il faut toujours chercher à duper les autres; c'est le moyen, non pas d'avoir de l'avantage, mais de se trouver au pair; car soyez bien persuadé que tout les États du monde courent la même carrière.

Ce principe posé, ne rougissez pas de faire des alliances d'intérêt, dont vous seul aurez tout l'avantage. Ne faites pas la faute grossière de ne pas les abandonner, quand vous croirez qu'il y va de vos intérêts; et surtout soutenez vivement cette maxime : Que dépouiller ses voisins, c'est leur ôter les moyens de vous nuire.

La politique, à proprement parler, construit et conserve les royaumes; aussi, mon cher neveu, il faut bien l'entendre et la comprendre, la concevoir dans les grands intérêts. Pour cet effet, nous allons la diviser en politique d'État, et en politique particulière.

La première ne regarde que les grands intérêts du royaume; la seconde, les intérêts du prince.

### CINQUIÈME MATINÉE.
#### De la politique particulière.

Un prince ne doit jamais se montrer que du bon côté; c'est à quoi, mon cher neveu, il faut vous appliquer sérieusement. Quand j'étais prince royal, j'étais fort peu militaire; j'aimais mes commodités, la bonne chère et le vin, et j'étais à deux mains pour l'amour. Quand je fus roi, je parus soldat, philosophe et poëte; je couchai sur la paille, je mangeai du pain de munition à la tête de mon camp, je bus fort peu de vin devant mes sujets, et je parus mépriser les femmes. Voici comme je me conduisis dans toutes mes actions.

## SIXIÈME MATINÉE.

### *De mes voyages.*

Je marche toujours sans garde, et je vais nuit et jour sans appareil militaire ; ma suite n'est point nombreuse, mais bien choisie ; ma voiture est toute simple, elle est en revanche bien suspendue, j'y dors comme dans mon lit.

Je parais faire peu d'attention à la façon dont je vis ; un laquais, un cuisinier et un pâtissier, sont tout l'équipage de ma bouche. J'ordonne moi-même mon dîner, et ce n'est pas ce que je fais de plus mal, parce que je connais le pays et que je demande en gibier, poisson ou viande de boucherie, ce qu'il produit de meilleur.

Quand j'arrive dans un endroit, j'ai l'air fatigué, et je me montre au peuple avec un surtout et une perruque mal peignée. Ce sont des riens qui font souvent des impressions singulières.

Je donne audience à tout le monde, excepté aux prêtres, moines et ministres. Comme ces messieurs sont accoutumés à parler de loin, je les écoute de ma fenêtre, un page les reçoit et leur fait mon compliment à la porte.

Dans tout ce que je dis, j'ai toujours l'air de ne penser qu'au bonheur de mes sujets. Je fais des questions aux nobles, aux bourgeois, aux artisans, et j'entre avec eux dans les plus petits détails.

Vous avez entendu, ainsi que moi, mon cher neveu, les propos flatteurs de ces bonnes gens : rappelez-vous celui qui disait qu'il fallait que je fusse bien bon pour me donner autant de peine et de mal après avoir fait une guerre si pénible et si longue ; et souvenez-vous encore de celui qui me plaignait de tout son cœur en voyant mon mauvais surtout, et les petits plats qu'on servait sur ma table. Le pauvre homme ne savait pas que j'avais un bon habit dessous, et croyait qu'on ne pouvait pas vivre, si l'on n'avait pas un jambon et un quartier de veau à son dîner.

## SEPTIÈME MATINÉE.

### *De la revue de mes troupes.*

Avant de passer en revue un régiment, j'ai l'attention de lire les noms de tous les officiers et de tous les sergents, et j'en retiens trois ou quatre avec le nom de la compagnie où ils se trouvent.

Je me fais informer exactement des petits abus qui se commettent par mes capitaines, et je permets à tous les soldats de se plaindre.

L'heure de la revue arrive, je pars de chez moi, bientôt la populace m'entoure, et je ne permets pas qu'on l'écarte ; je cause avec celui qui se trouve le plus près de moi et qui me répond le mieux.

Arrivé au régiment, je le fais manœuvrer, je passe doucement dan les rangs et je parle à tous les capitaines; lorsque je suis vis-à-vis de ceux dont j'ai retenu les noms, je les nomme, ainsi que les lieutenants et les sergents ; cela me donne un air singulier de mémoire et de réflexion.

Vous avez vu, mon cher neveu, la façon dont j'humiliai ce major qui donnait des chemises trop courtes à sa compagnie; je fis si bien qu'un des soldats eut la hardiesse d'ôter sa chemise de sa culotte.

Si un régiment manœuvre mal, j'ai ma façon de le punir; j'ordonne qu'il fasse l'exercice quinze jours de plus, et je ne fais manger aucun officier avec moi. S'il manœuvre bien, je fais manger avec moi tous les capitaines, et même quelques lieutenants.

En passant ainsi la revue, je connais à fond mes troupes, et quand je trouve quelque officier qui me répond avec netteté et fermeté, je le mets dans mon catalogue, afin de m'en souvenir dans l'occasion.

Jusqu'à présent tout le monde croit que l'amour que j'ai pour mes sujets m'engage à visiter mes États aussi souvent qu'il m'est possible; je laisse tout le monde dans cette idée; mais dans le vrai, ce motif y entre pour peu. Le fait est que je suis obligé de le faire, et voici pourquoi.

Mon royaume est despotique; par conséquent, celui qui le gouverne en a seul la charge. Si je ne parcourais pas mes États, mes gouverneurs se mettraient à ma place et peu à peu se dépouilleraient des principes de l'obéissance, pour n'adopter que ceux de l'indépendance.

D'ailleurs, mes ordres ne pouvant être que fiers et absolus, ceux qui me représentent prendraient le même ton de la tyrannie, au lieu qu'en visitant de temps en temps mon royaume, je suis à portée de connaître tous les abus que l'on fait du pouvoir que j'ai confié, et de faire rentrer dans le devoir ceux qui auraient envie de s'en écarter. Ajoutez à ces raisons celle de faire croire à mes sujets que je viens dans leur pays pour recevoir leurs plaintes et calmer leurs maux.

## HUITIÈME MATINÉE.

### Des belles-lettres.

J'ai fait tout ce que j'ai pu pour me faire une réputation dans les belles-lettres. J'ai été plus heureux que le cardinal de Richelieu, car, Dieu merci, je passe pour auteur. Mais, entre nous, c'est une étrange race que celle des beaux esprits, c'est un peuple insupportable par sa vanité. Il y a tel poëte qui refuserait mon royaume, s'il était obligé de me sacrifier deux de ses plus beaux vers.

Comme c'est un métier qui nous éloigne des occupations dignes du trône, je ne compose que quand je n'ai rien de mieux à faire; et pour me donner un peu plus d'aisance, j'ai à ma cour quelques bons esprits qui prennent soin de rédiger mes idées.

Vous avez vu avec quelle distinction j'ai traité, dans son voyage en Prusse, d'Alembert; je l'ai toujours fait manger avec moi, et je ne faisais que le louer. Vous avez paru surpris des attentions que j'avais pour cet auteur; vous ne savez donc pas que ce philosophe est écouté à Paris comme un oracle; qu'il ne parle jamais que de mes talents, de mes vertus, et qu'il soutient partout que j'ai le caractère d'un héros et d'un grand roi.

D'ailleurs, c'est une douceur pour moi que de m'entendre louer avec esprit et distinction; et, à vous dire vrai, il s'en faut beaucoup que je sois insensible aux louanges. Je sais bien que toutes mes actions ne doivent point s'y rapporter; mais d'Alembert est si doux quand il est avec moi, qu'il n'ouvre jamais la bouche que pour me dire les choses les plus obligeantes.

Voltaire n'était pas de ce caractère; aussi l'ai-je chassé. Je m'en suis fait un mérite auprès de l'Académie; mais, dans le fond, je le craignais, parce que je n'étais pas sûr de pouvoir lui faire toujours le même bien, et que je sentais parfaitement que des secours retranchés m'auraient attiré mille coups de pattes.

D'ailleurs, tout bien considéré, et après avoir pris l'avis de mon Académie, il fut décidé que deux beaux esprits ne pouvaient jamais respirer le même air.

J'oubliais de vous dire qu'au milieu de mes plus grands malheurs, j'ai eu soin de faire payer à mes beaux esprits leur pension. Les philosophes font de la guerre la folie la plus affreuse, dès qu'elle touche à leur bourse.

### NEUVIÈME MATINÉE.

#### De la conduite dans le petit détail.

Voulez-vous apprendre à contenter tout le monde à peu de frais? en voici le secret: qu'il soit permis à tous vos sujets de vous écrire directement et de vous parler; et lorsque vous ferez réponse, ou écouterez, voici le style dont il faut que vous fassiez usage: « Si ce que vous me marquez est vrai, je vous rendrai justice; mais comptez aussi sur le zèle que j'ai toujours eu à punir la calomnie et le mensonge. Je suis votre roi, *signé* Frédéric. »

Si l'on vient pour se plaindre, écoutez avec attention, ou d'un air qui en suppose; que votre réponse soit surtout ferme et laconique. Deux lettres dans ce goût, et deux réponses faites ainsi, vous éviteront l'ennui des plaintes, et vous donneront dans vos États, et encore plus dans les cours étrangères, un air de simplicité et de détail qui fait la fortune des rois.

Je sais, mon cher neveu, que pour deux pareilles lettres, que les

Français m'ont prises en 1757, j'ai passé chez eux pour le roi le plus uni, le plus populaire et le plus équitable.

## DIXIÈME MATINÉE.

### *De l'habillement.*

Si mon grand-père avait vécu vingt ans de plus, nous étions perdus, parce que les jours de sa naissance auraient mangé le royaume. Je ne porte jamais que mon habit d'uniforme; le militaire croit que c'est pour le cas que je fais de son état, je le laisse dans cette idée; mais dans le fait, c'est pour prêcher l'exemple. Mon père a très-bien imaginé l'habit bleu pour le gala. Quand on n'est pas riche, et qu'on veut se bien mettre, il faut éviter le demi-galon.

## ONZIÈME MATINÉE.

### *Des plaisirs.*

L'amour est un dieu qui ne pardonne à personne; quand on résiste aux traits qu'il lance de bonne guerre, il se retourne; ainsi, croyez-moi, n'ayez pas la vanité de lui faire tête, il vous attrapera toujours. Quoique je n'aie point à me plaindre des tours qu'il m'ait joués, je vous conseille cependant de ne pas suivre mon exemple, cela pourrait, par la suite, tirer à de grandes conséquences; car, peu à peu, tous vos gouverneurs et tous vos officiers vivraient plutôt pour leurs plaisirs que pour votre gloire, et bientôt votre armée ferait comme le régiment de votre oncle Henry.

J'aurais aimé la chasse; mais le compte du grand veneur de votre aïeul m'en a corrigé. Mon père m'a dit cent fois qu'il n'y avait que deux rois en Europe assez riches pour forcer le cerf, parce qu'il est indécent de chasser en gentilhomme quand on a une couronne sur la tête.

La nature m'a donné des penchants assez doux. J'aime la bonne chère, le vin, le café et les liqueurs; cependant mes sujets croient que je suis le prince du monde le plus sobre. Quand je mange en public, mon cuisinier allemand fait le dîner, je bois de la bière et deux ou trois verres de vin. Quand je suis dans mon petit appartement, mon cuisinier français fait tout ce qu'il peut pour me contenter, et j'avoue que je suis un peu difficile. Je suis près de mon lit, ce qui me console sur tout ce que je bois.

Les philosophes ont beau dire : les sens méritent bien qu'on leur donne deux heures par jour ; et, dans le fait, que ferait notre existence sans eux? Je jouis des plaisirs, mais je n'ai jamais pu m'accoutumer à perdre; le jeu est le miroir de l'âme, ce qui ne fait pas tout à fait mon compte, parce que je ne suis pas curieux qu'on lise dans la mienne.

Ainsi, mon cher neveu, examinez-vous bien, et si vous n'avez pas un penchant décidé pour le jeu, vous pouvez jouer.

J'aime beaucoup le spectacle, surtout la musique; mais je trouve qu'un opéra est bien cher, et le plaisir que je goûte à entendre une belle voix, un bon violon, serait bien plus vif s'il ne m'en coûtait pas tant d'argent. Comme personne ne se fait illusion sur cette dépense, j'ai fait tous mes efforts pour persuader qu'elle était nécessaire ; mais les vieux généraux n'ont jamais pu concevoir qu'un charlatan ou un musicien doivent avoir les mêmes appointements qu'eux.

Je fais connaître ici, mon cher neveu, l'homme à mes dépens; croyez qu'il est toujours livré à sa passion; que l'amour-propre fait sa gloire; et que toutes ses vertus ne sont appuyées que sur son intérêt et sur son ambition. Voulez-vous passer pour sage, sachez vous contrefaire avec art.

### DOUZIÈME MATINÉE.

#### De la politique d'État.

La politique d'État se réduit à trois principes : Le premier, à se conserver, et, suivant les circonstances, à s'agrandir; — le deuxième, à ne s'allier que pour ses avantages; — et le troisième, à se faire craindre et respecter dans les temps même les plus fâcheux.

*Premier principe.* — En montant sur le trône, je visitai les coffres de mon père; sa grande économie me mit dans le cas de concevoir de grands projets. Quelque temps après, je fis la revue de mes troupes; je les trouvai superbes. Après cette revue, je retournai à mes coffres et j'en tirai de quoi doubler mon militaire.

Comme je venais de doubler ma puissance, il n'était pas naturel que je me bornasse à conserver ce que j'avais; ainsi, je fus bientôt décidé à profiter de la première occasion qui se présenterait; en attendant, j'exerçai bien mes troupes, et je fis tous mes efforts pour que toute l'Europe eût les yeux sur mes mouvements. Je les renouvelai chaque année, afin de paraître plus savant, et, enfin, je parvins à mon but.

J'étonnai la terre; toutes les puissances, tout le monde se crut perdu si on ne savait pas remuer les bras, la tête et les jambes à la prussienne. Tous mes soldats et mes officiers parurent valoir deux fois plus, quand ils virent qu'on les imitait partout. Lorsque mes troupes eurent acquis ainsi un réel avantage sur toutes les autres, je ne fus plus occupé qu'à examiner les prétentions que j'avais à former sur diverses provinces.

Quatre points principaux s'offrirent à mes yeux, la Silésie, la Prusse polonaise, la Gueldre hollandaise, et la Poméranie suédoise. Je me fixai à la Silésie, parce que cet objet méritait plus que tout autre mon attention, et que les circonstances m'étaient plus favorables. Je laissai au temps le soin d'exécuter mes projets sur les autres parties.

Je ne vous démontrerai point la validité de mes prétentions sur cette province; je les ai fait établir par mes orateurs, la Reine les a fait combattre par les siens, et nous avons fini le procès à coups de sabre et de fusil.

Mais, pour revenir aux circonstances, voici comme elles se présentèrent : la France voulait ôter l'empire à la maison d'Autriche, je ne demandais pas mieux. La France voulait faire l'électeur de Bavière empereur, j'en étais charmé, parce qu'on ne pouvait le faire qu'aux dépens de la Reine. La France enfin conçut le noble projet d'aller aux portes de Vienne ; c'est où je les attendais pour m'emparer de la Silésie.

Ayez donc, mon cher neveu, de l'argent; donnez un air de supériorité à vos troupes, attendez les circonstances, et vous serez assuré, non pas de conserver vos États, mais de les agrandir.

Il y a de mauvais politiques qui prétendent qu'un État qui est arrivé à un certain point, ne doit plus penser à s'agrandir, parce que le système de l'équilibre a presque fixé à chaque puissance son coin. Je conviens que l'ambition de Louis XIV a failli coûter fort cher à la France, et je sais toute l'inquiétude que la mienne m'a donnée ; mais je sais aussi que, dans les plus grands malheurs, la France donna une couronne et conserva les provinces conquises ; et vous venez de voir qu'au milieu de cette tempête furieuse qui me menaçait, je n'ai rien perdu : ainsi tout dépend de la circonstance et du courage de celui qui prend.

Vous ne sauriez croire en outre, mon cher neveu, combien il est important à un roi et à un État de s'écarter souvent des routes ordinaires. Ce n'est que par le merveilleux qu'on en impose et qu'on se fait un nom. L'équilibre est un mot qui a subjugué le monde entier, parce qu'on croyait qu'il offrait une possession constante ; mais dans le vrai, ce n'est qu'un mot.

L'Europe est une famille, où il y a trop de mauvais frères et de mauvais parents. Je dis plus, mon cher neveu; c'est en méprisant ce système que l'on voit en grand.

Voyez les Anglais, ils ont enchaîné la mer ; ce fier élément n'ose plus porter de vaisseaux qu'avec leur permission.

Il résulte donc de tout ceci qu'il faut toujours tenter, et être bien persuadé que tout nous convient; mais il faut seulement prendre garde de ne pas afficher avec vanité ses prétentions, et surtout nourrissez deux ou trois éloquents à votre cour, et laissez-leur le soin de vous justifier.

*Deuxième principe.* — S'allier pour son avantage. C'est une maxime d'État. Il n'y a pas de puissance qui soit autorisée à la négliger; de là suit cette conséquence qu'il faut la rompre lorsqu'elle est préjudiciable.

Dans ma première guerre avec la Reine, j'abandonnai les Français à Prague, parce que j'y gagnais au marché la Silésie. Quand je les aurais conduits jusqu'à Paris, ils ne m'en auraient jamais donné autant. Quelques années après, je m'unis avec eux, parce que j'avais envie de tenter la conquête de la Bohême et que je voulais me ménager le succès. J'ai négligé cette nation pour m'approcher de celle qui m'offrait le plus de chance de réussite.

Quand la Prusse, mon cher neveu, aura fait fortune, elle pourra se donner un air de constance et de bonne foi, qui ne convient tout au plus qu'aux plus grands États et aux petits souverains.

Je vous ai dit, mon cher neveu, que prononcer le mot *politique*, dit presque *coquinerie*, et cela est vrai. Cependant vous trouverez sur cela des gens de bonne foi qui se sont fait de certains systèmes de probité. Ainsi vous pouvez tout hasarder avec vos ambassadeurs. J'en ai trouvé qui m'ont servi sur les toits, et qui, pour découvrir un mystère, auraient fouillé dans la poche d'un roi.

Attachez-vous surtout ceux qui ont le talent de s'exprimer en termes susceptibles d'un sens double et renversé. Vous ne ferez pas même mal d'avoir des serruriers et des médecins politiques; ils pourront vous être quelquefois d'une grande utilité. Je connais par expérience tous les avantages qu'on peut en tirer.

*Troisième principe.* — Se faire craindre et respecter par ses voisins, c'est le comble de la grande politique. L'on peut parvenir à son but par deux moyens : le premier est d'avoir une force réelle; le second est de savoir bien employer celle qu'on a. Nous ne sommes point dans le premier cas; voilà pourquoi je n'ai rien négligé pour être dans le second.

Il y a des puissances qui s'imaginent qu'une ambassade doit se faire toujours avec éclat. M. de Richelieu, à Vienne, ne servit cependant qu'à donner des travers aux Français, parce que les Autrichiens crurent toute la nation aussi musquée que celui qui la représentait.

Moi, je soutiens que c'est plus dans les façons nobles dont un ambassadeur fait parler son maître, que dans l'étalage de quelques équipages qu'on trouve la véritable considération. C'est pour cela que je ne veux plus avoir d'ambassadeurs, mais bien des envoyés. D'ailleurs, le premier poste est trop difficile à remplir, parce qu'il faut un homme de très-grande condition, très-riche, et qui entende parfaitement la politique ; au lieu que pour celui d'envoyé, le dernier avantage suffit.

En adoptant ce système, vous épargnerez chaque année des sommes considérables, et vous n'en ferez pas moins vos affaires.

Il y a cependant des occasions, mon cher neveu, où il faut représenter avec magnificence, comme lorsqu'il est question de rompre avec une cour, de faire une alliance, ou de s'unir par le sang. Mais les ambassades doivent toujours être regardées comme extraordinaires.

Pour en imposer à vos voisins, jetez dans vos actes le plus d'éclat que vous pourrez, et surtout que personne n'écrive dans votre royaume que pour louer ce que vous ferez.

Ne demandez jamais faiblement, mais paraissez plutôt exiger. Si l'on vous manque, réservez votre vengeance jusqu'au moment où vous pourrez avoir une satisfaction complète, et surtout ne craignez pas que votre gloire en souffre ; tant pis pour vos sujets sur qui cela tombera.

Mais voici le vrai point : il faut que tous vos voisins soient entièrement persuadés que vous ne doutez de rien, et que rien ne peut vous étonner. Tâchez surtout de passer dans leur esprit pour une tête dangereuse, qui ne connaît d'autre principe que celui qui conduit à la gloire. Faites aussi en sorte qu'ils soient bien convaincus que vous aimeriez mieux perdre deux royaumes que de ne pas jouer un rôle dans la postérité.

Comme ces sentiments demandent des âmes peu communes, ils frappent, ils étourdissent la plupart des hommes, et c'est une idée qui constitue, dans le monde, le grand monarque. Quand un étranger vient à votre cour, comblez-le d'honnêtetés, et surtout tâchez de l'avoir auprès de vous ; c'est le moyen sûr de bien cacher les vices de votre gouvernement. Si c'est un militaire, faites manœuvrer devant lui le régiment des Gardes, et que ce soit vous qui le commandiez. Si c'est un bel esprit qui ait composé un ouvrage, qu'il l'aperçoive sur votre table. Si c'est un commerçant, écoutez-le avec bonté, caressez-le, et tâchez de le fixer chez vous.

## CCXCI

Note 1, p. 136. — Le 27 mai, le comte et la comtesse du Nord assistèrent à une séance de l'Académie française. « M. de La Harpe lut une pièce de vers adressée à M. le comte du Nord, où il le compare assez gauchement au czar, avec lequel il n'a rien de commun que ses voyages. M. l'abbé Arnaud lut ensuite un portrait de Jules-César, où le comte du Nord se reconnut encore moins. Enfin, M. de La Harpe reprit la parole et débita son épître à M. le comte de Schowaloff sur la poésie descriptive, pièce déjà connue, mais changée et améliorée, qu'on trouva un peu pédantesque pour la circonstance. Les deux voyageurs prirent plus de plaisir à contempler les divers portraits des Académiciens. L'Académie profita de l'à-propos pour leur demander le leur, ce qu'ils ont bien voulu promettre. Il sera joint à ceux de la reine Christine, du roi de Suède et du roi de Danemark, possédés par cette compagnie.... » (Grimm, *Correspondance littéraire.*)

Après la séance, d'Alembert présenta au grand-duc et à la grande-duchesse les académiciens présents. Quand arriva le tour de Males-herbes, depuis plusieurs années retiré des affaires, le comte du Nord lui tendit la main en disant : « C'est apparemment ici que monsieur s'est retiré. »

La Harpe, en rendant compte de cette séance, s'exprime ainsi : « Ils parlent notre langue avec facilité et avec grâce ; vous pourrez en juger par cette phrase de la comtesse du Nord, que je rapporte sans y changer un seul mot. Le jour qu'elle nous a fait l'honneur de venir à une séance de l'Académie, elle a demandé si M. de Buffon était à Paris, et sur ce qu'on lui dit qu'il était dans ses terres : « J'irai donc, « a-t-elle dit, faire la cour à son Cabinet, ne pouvant pas la faire à lui-« même. » Une femme d'esprit de la cour de France ne s'exprimerait pas plus ingénieusement. » (*Correspondance littéraire.*) La Harpe, en sa qualité de correspondant littéraire du prince, crut de son devoir, du-rant son séjour à Paris, de se présenter presque chaque matin à sa porte. « M. de La Harpe, disait le comte du Nord, est déjà venu me voir cinq fois, et je l'ai reçu trois ; j'espère qu'il ne sera pas mécon-tent. »

Un jour, comme on lui proposait de le faire assister à une lecture du *Mariage de Figaro* : « Je n'ose cependant pas accepter, dit-il fort gaiement, sans avoir entendu celle que doit me faire M. de La Harpe ; il ne faut pas risquer de se brouiller avec les grandes puissances. » Di-derot, qui n'avait pu le voir, alla l'attendre à la messe. « Vous ici ! lui dit le grand-duc en sortant. — Oui, monsieur le comte, répondit le philosophe, on a bien vu quelquefois Épicure au pied des autels. »

Note 2, p. 136. — Necker avait acheté du prince de Soubise le château de Saint-Ouen, qu'il aimait à habiter pour se reposer des agitations de la vie publique. Mme de Staël, sa fille, s'y retira dans le

temps de sa disgrâce. Buffon, pendant le court séjour qu'il faisait chaque
année au Jardin du Roi, y allait dîner une ou deux fois par semaine.
Au mois de juillet 1782, Necker, qui venait de quitter le contrôle général, y vivait dans une retraite absolue, entre sa femme et sa fille. Le
comte et la comtesse du Nord, sans avoir prévenu de leur visite, vinrent
surprendre un jour le ministre disgracié. La veille ils avaient visité
l'hospice de la Charité, fondé par Mme Necker sur la paroisse Saint-
Sulpice. Le grand-duc et la grande-duchesse furent remplis des attentions les plus délicates pour leurs hôtes, à ce point que Mlle Necker,
attendrie par le spectacle des bontés dont elle voyait combler son père
et sa mère par ces nobles visiteurs, se mit à fondre en larmes. « Ma
fille, dit alors Mme Necker, ose seule exprimer toute la sensibilité que
nous inspirent les bontés de M. le comte et de Mme la comtesse. —
Les bontés, madame! reprit le comte du Nord; ah! ce n'est pas le
mot; dites, je vous prie, ma vénération pour M. Necker. »

## CCXCII

Note 1, p. 137. — Le comte de Barruel, capitaine de dragons, avait
signé de son nom une critique du poëme des *Jardins* de l'abbé Delille,
publiée au mois d'août 1782, sous ce titre : *Lettre de M. le président
de.... à M. le comte de....* Le véritable auteur de cette critique était Rivarol.

« De toutes les critiques du poëme des *Jardins*, la plus amère, la plus
injuste peut-être, mais aussi la plus piquante, dit Grimm dans sa *Correspondance littéraire*, est une *Lettre de M. le président de.... à M. le
comte de....* Elle est d'un jeune homme qui s'est fait appeler longtemps
M. de Parcieux, et qui, n'ayant pu prouver le droit qu'il avait de porter ce nom, s'en est vengé fort noblement, en prenant celui du chevalier de Rivarol, lequel, dit-on, në lui appartient pas mieux, mais dont
il faut espérer qu'il voudra bien se contenter, tant qu'on ne l'obligera
pas à en chercher un autre. »
On fit sur le comte de Barruel l'épigramme suivante : 

> Débonnaire en champ clos, brave sur l'Hélicon,
> Quand Virgile est abbé, Mævius est dragon.

Quelques années après cette première critique du poëme des *Jardins*, une pièce de M. Landrin ayant pour titre : *Ésope à la foire*, jouée
sur le théâtre des Variétés amusantes, et dans laquelle le poëme est
loué outre mesure, inspira de nouveau la verve de l'auteur de la *Lettre
d'un président à un comte.* Cette seconde critique piqua vivement l'abbé

Delille, qui dit en pleine Académie qu'il n'avait tenu qu'à lui d'avoir une lettre de cachet contre l'auteur. Rivarol, auquel le propos fut rapporté, écrivit à l'abbé, pour le remercier de sa clémence, et lui envoya en même temps une nouvelle satire. Elle fut imprimée sous ce titre : *Dialogue du chou et du navet.* La censure y fit de nombreux retranchements, et le *Courrier de l'Europe* ( n° XII, vol. 12) est la seule feuille qui l'ait reproduite sans y rien changer.

Note 2, p. 137. — L'abbé Delille, sur lequel on trouvera ci-après quelques détails. (Voy. la note 8 de la lettre ccxcⅢ, p. 448.)

## CCXCIII

Note 1, p. 138. — « M. de Buffon, dit Mme Necker, pense mieux et plus facilement dans la grande élévation de sa tour à Montbard, où l'air est plus pur ; c'est une observation qu'il a faite souvent. » (*Mélanges,* t. III, p. 100.)

Note 2, p. 138. — Le cabinet d'étude de Buffon était placé au sommet de la dernière terrasse de ses jardins. Il était construit sur une ancienne tour, dernier vestige de l'enceinte fortifiée du château. C'était un cabinet bien simple, en effet, et dont la grande simplicité fait un étrange contraste avec les belles pages qui y furent écrites. L'inventaire dressé à Montbard, par les soins de Mlle Blesseau, lors de la mort de son maître, et dont nous avons précédemment donné un extrait, nous a conservé le détail de l'ameublement intérieur de cette modeste retraite dans laquelle Buffon composa tous ses écrits. et qui fut saluée par le prince Henri de Prusse du nom de berceau de l'*Histoire naturelle.*

### PAVILLON DU CHATEAU.

« Une cheminée de pierre sur laquelle il y a une glace avec son parquet et sa bordure de bois peinte en bleu.

« Un feu composé de deux chenets, d'une pelle à feu et d'une paire de pincettes de fer.

« Deux croissants aux deux côtés de la cheminée pour soutenir les pelles et les pincettes.

« Un écran dont le pied est à moitié cassé.

« Un gros fauteuil de tapisserie à fleurs, dont les bras de bois sont recouverts de velours d'Utrecht.

« Un tapis bleu et blanc en forme de natte, pour poser les pieds.

« Six chaises de maroquin noir.

« Une table tapissée en vert et couverte de toile cirée.

« Un buffet à deux battants, avec son dessus de marbre.

« Deux pans de paravent de papier en six feuilles, montés sur un bois peint.

« Une table de marbre tenant à la boiserie du cabinet, avec son pied doré et sculpté.

« Un lit de repos de brocatelle, à fleurs rouges ; deux matelas ; l'un doublé et couvert de toile rouge, et l'autre de brocatelle ; traversin de plume aussi couvert de brocatelle.

« Trois grands rideaux de toile de coton, blancs, encadrés de toile d'Orange, rayée et à fleurs.

« Entre les croisées, deux glaces dont la bordure est dorée, composées chacune de trente-six petites glaces carrées, surmontées par un cintre ou demi-rond aussi de glace.

« Deux chaises de paille.

« Les portraits du grand-père et de la grand'mère de M. le comte de Buffon.

« Une table de nuit avec son pot de faïence.

*Cadres.*

« Sur la boiserie au fond du cabinet qui regarde la cheminée, il y a :

« 1º Tout au-dessus, trois gravures dans des cadres dorés et sous verres, représentant des figures d'animaux, et deux autres gravures aussi sous verres, mais dont les cadres sont peints en rouge, représentant divers personnages.

« 2º Au-dessous, cinq dessins de couleuvres, deux dessins de grenouilles, deux dessins de fraisiers et d'autres plantes, en tout neuf dessins coloriés sur vélin, dans des cadres dorés et sous verres.

« 3º Deux dessins sur papier, plus petits que les précédents, représentant l'un une espèce de rat et l'autre une production végétale, aussi dans des cadres dorés et sous verres.

« 4º Deux autres dessins représentant différents personnages, aussi dans des cadres dorés et sous verres.

« 5º Deux autres très-petits dessins, l'un de la girafe et l'autre du gnou, aussi dans des cadres dorés et sous verres.

« 6º Deux petits tableaux coloriés qui sont des paysages, dans des cadres dorés et sous verres.

« 7º Six dessins sous verres dans des cadres peints en noir, qui représentent des animaux, des oiseaux et des poissons.

« 8º Enfin deux grandes gravures dans des cadres dorés et sous verres, représentant des colonnes de basalte, appelées *chaussées des Géants* par les Anglais.

« Sur les deux autres pans de mur qui font face aux croisées et qui sont de chaque côté de la cheminée, il y a :

« 1º Quarante-six grands dessins coloriés, sous verres et dans des cadres dorés, qui représentent des coquilles marines, des végétaux, des reptiles, des papillons, une marmotte, un orang-outang, et un jeune cougard ou chat sauvage. Ces dessins sont la plupart sur vélin.

« 2º Quatre-vingt-sept gravures et un dessin d'oiseaux en taille-douce dans des cadres dorés et sous verres.

« 3º Trois dessins de papillons aussi en cadres dorés et sous verres.

« 4º Le dessin du sanglier du Cap avec huit autres dessins d'animaux, de poissons et de tortues, aussi en cadres dorés et sous verres.

« 5º Cinq autres petits cadres dorés avec leurs verres, de différentes grandeurs, contenant des dessins coloriés de plusieurs animaux.

« 6º Une petite gravure avec son cadre doré et sous verre, au bas de laquelle on lit : *Naturam quoque amplectitur omnem.*

« 7º Un buste en plâtre aplati par derrière, dans une bordure ovale, dorée et sous verre.

« 8º Un autre buste plus petit dans une bordure ronde, dorée et sous verre.

« 9º Une tête aplatie d'un côté, faite en biscuit de porcelaine, dans un cadre noir ovale.

« 10º Cent petits cadres de différentes grandeurs, dont les bordures sont peintes en noir, contenant des dessins faits à la plume, d'insectes, de poissons, d'oiseaux et de quadrupèdes, sous verres.

« Total des dessins, gravures, tableaux, portraits et bustes, cent soixante-seize, en comptant les portraits des aïeuls de M. de Buffon. »

Dans son cabinet d'étude, Buffon n'avait, on le voit, ni livres, ni papiers. Près de sa maison, hors de l'enceinte du parc, se trouvait une autre retraite dans laquelle il travailla quelquefois, surtout dans le temps où son histoire des minéraux l'obligeait à des expériences chimiques qu'il ne pouvait faire ailleurs. Là était sa bibliothèque; et le détail de son ameublement trahit encore la simplicité des habitudes d'un homme dont on a souvent critiqué le luxe et la vaniteuse ostentation, d'un écrivain qu'on nous a représenté comme servilement attaché aux choses du dehors et accoutumé à ne se mettre au travail que poudré à frimas, en grand habit et les mains perdues dans des flots de dentelle.

### BIBLIOTHÈQUE.

« Cheminée de pierre peinte en marbre, à droite en entrant, sur laquelle il y a un trumeau de glace composé de deux pièces dont la bordure est dorée.

« Au-dessus du trumeau, deux gravures en taille-douce, sous verres, et dans des cadres de bois peints en rouge.

« Au-dessus de ces deux gravures, sont les portraits sur toile de M. et Mme Leclerc, dont les cadres sont sculptés et dorés.

« Deux chenets de fer, à double branche, une pelle à feu, des pincettes et deux croissants de fer avec un soufflet.

« Plusieurs morceaux de planches à côté de la cheminée.

« Deux écrans de carton propres à tenir à la main.

« Un grand écran de toile peinte monté sur son bois.

« Cheminée à gauche en entrant, sur laquelle il y a un trumeau de glace d'une seule pièce, dont la bordure est dorée.

« Au-dessus du trumeau, deux tableaux à bordures dorées, représentant des fruits, et plus haut un troisième et vieux tableau dont la bordure est aussi dorée.

« Deux chenets à doubles branches, des pincettes et une pelle à feu de fer.

« Une paire de mouchettes de fer sur la cheminée.

« Un garde-feu de fer-blanc, d'une seule pièce, en forme de demi-cercle, ayant en dehors deux manches de bois.

« Une table de bois commun, à pieds de biche.

« Un grand bureau, en forme de table, avec trois tiroirs à côté l'un de l'autre, fermant à clef; le plateau bordé de cuivre, façonné en corniche, et couvert de maroquin noir encadré dans l'épaisseur du bois, les pieds garnis de cuivre et bien façonnés.

« Un autre bureau avec huit tiroirs, y compris une petite armoire qui est dans le milieu ; le tableau, le devant et les deux côtés, couverts d'écaille posée sur bois, et garnis de cuivre ciselé et à dessins, incrusté dans l'épaisseur de l'écaille même. Les pieds, au nombre de huit, réunis quatre à quatre par leur base, au moyen d'une menuiserie en forme de demi-cercle, qui se croisent par leurs extrémités, aussi garnis de cuivre et d'écaille.

« Un secrétaire en forme d'armoire, fait de bois de noyer, fermant à clef, et ayant intérieurement dans le dessus plusieurs tiroirs, et dans le bas une petite armoire.

« Trois fauteuils de tapisserie bleue et jaune, à fleurs, dont le bois est de menuiserie.

« Quatre fauteuils couverts de damas bleu.

« Deux fauteuils couverts de maroquin couleur d'olive.

« Un fauteuil dont le dossier et les côtés forment un cintre, et dont le coussin et le dossier sont couverts de maroquin rouge.

« Cinq chaises de bois couvertes de paille.

« Deux globes anglais de carton, de deux pieds de diamètre, l'un terrestre et l'autre céleste, montés sur leurs bois, dont le pourtour, qui sert d'horizon, indique les signes du zodiaque ; avec leurs boussoles qui ne valent rien, leurs grands méridiens de cuivre et leurs cercles horaires d'étain.

« Le modèle en carton des différents bâtiments des forges et fourneaux de Buffon ; la représentation des roues et du courant des eaux, le tout sur un grand plateau de bois et recouvert d'une pièce de gaze d'Italie.

« Huit largeurs de rideaux de toile de coton en quatre pans, dessins bleus de la Fontaine, beaucoup plus longs qu'il ne faut, et pendant à leurs tringles devant les deux croisées à gauche en entrant.

« Six largeurs en quatre rideaux, même toile et dessin, pendant à leurs tringles devant les deux croisées à droite en entrant.

« Un grand pan de bibliothèque du côté de la cour, dont la longueur n'est interrompue que par la porte d'entrée ; composé dans le bas d'une rangée de petites armoires fermant à clef, et dans le haut de plusieurs rayons soutenus de distance en distance par des montants et des liteaux, le tout peint en ocre jaune.

« Neuf autres pans de bibliothèque plus petits que le précédent, tant à côté des cheminées que dans les retours d'équerre et les intervalles des croisées ; ces pans de bibliothèque n'ont point d'armoires à leur partie inférieure ; ils sont tous de même hauteur.

« Pans de tapisserie de toile verte et rancoux derrière les rayons de bibliothèque, au-dessus desquels il y a des planches gravées d'animaux collées sur le mur pour servir de tapisserie. »

Note 3, p. 138. — Buffon occupait toute une aile de sa maison. L'aile opposée formait les appartements de son fils. Le corps principal de logis renfermait les appartements de réception, et les chambres destinées aux nombreux visiteurs qui chaque année s'arrêtaient quelques jours à Montbard. A la mort de Buffon, sa chambre à coucher était meublée ainsi qu'il suit :

AILE DU CÔTÉ DU NORD-EST.

*Chambre de feu M. le Comte.*

« Une cheminée de marbre brèche, de différentes couleurs, sur la-

446 NOTES

quelle il y a une glace ou trumeau composé de deux pièces, dont la bordure est dorée et sculptée.

« Deux bras de cuivre doré à doubles branches après la cheminée.

« Deux cordons de sonnette auprès de la cheminée.

« Un feu composé de deux chenets à doubles branches, d'une pelle à feu, de pinces et de pincettes, le tout orné de cuivre doré.

« Un soufflet à double vent, dont les côtés sont de maroquin et la douille de cuivre.

« Un balai pour le service du feu.

« Un garde-feu de fer-blanc composé de plusieurs feuilles qui se plient l'une sur l'autre.

« Cinq petits écrans de carton pour tenir à la main.

« Deux écrans de taffetas vert, qui se meuvent dans des coulisses pratiquées dans la monture de bois.

« Une pendule à côté de la cheminée, soutenue perpendiculairement auprès du mur, avec sa boîte de cuivre doré.

« Un secrétaire en marqueterie de bois des Indes, fermant à clef, de même que ses petites armoires de dessous, avec ses tiroirs intérieurs, son encrier, son éponge, sa boîte à poussière et sa garniture de cuivre.

« Une glace d'une seule pièce surmontée d'un couronnement qui, ainsi que la bordure, est sculpté et doré.

« Une autre glace composée de deux pièces, dont la bordure est aussi dorée et sculptée.

« Au-dessous de cette glace, une grande table de marbre gris-noir, montée sur des consoles ou pieds tors qui sont sculptés et dorés.

« Une petite table de bois à pieds de biche, plaquée, ainsi que le pourtour, de bois des Indes, avec un tiroir dans lequel il y a une case pour recevoir un encrier et des plumes.

« Une écritoire de marbre blanc travaillée de manière que l'on peut y mettre de l'encre, de la poussière et des plumes, avec une charge de même substance, qui peut servir de couvercle à l'écritoire.

« Une autre petite table de bois à double étage et à pieds de biche.

« Six fauteuils de satin des Indes, à fond blanc, dont les bois sont sculptés et dorés.

« Six housses de toile à carreaux qui recouvrent ces fauteuils.

« Un fauteuil couvert de maroquin rouge de même que son coussin.

« Six cabriolets de tapisserie en soie à fond blanc, dont les bois sont sculptés.

« Six pans de rideaux à carreaux verts et blancs, aux trois quarts neufs, devant les croisées.

« Quatre pans de tapisserie de satin brodé des Indes, dont les baguettes sont dorées.

« Un lit à quatre colonnes de satin brodé des Indes, bois de lit orné de dorures ; avec ses roulettes et ses sangles, rideaux verts, étoffe de cordonnet ; sommier de crin couvert de toile à carreaux ; deux matelas de laine couverts de futaine blanche ; lit de plumes et traversin couverts de coutil de Bruxelles ; une couverture neuve de mousseline piquée ; une couverture de laine usée d'un tiers ; une courte-pointe brodée de satin des Indes, pareille au lit et à la tapisserie.

« Deux dessus de porte.

« Deux cordons de sonnette auprès du lit. »

Note 4, p. 138. — Mlle Geoffroy était la gouvernante de Mlle Necker, depuis Mme de Staël.

Note 5, p. 139. — Coppet, que la retraite de Necker et l'exil de Mme de Staël ont rendu doublement célèbre. Ces nouveaux hôtes ont fait oublier Bayle, qui y faisait son séjour habituel.

Note 6, p. 139. — Le gouvernement de Genève venait de changer de forme. Après de longues dissensions intestines et des luttes ardentes, de démocratique il était devenu aristocratique. En 1801, Genève, qui jusqu'alors avait été une république alliée des Cantons, devint un canton suisse.

Note 7, p. 139. — Charles-François, marquis de Saint-Lambert, né en 1717, mort le 28 janvier 1803, fit paraître en 1769 son poëme des *Saisons*. La critique ne ménagea ni l'auteur ni l'ouvrage. Voltaire seul lui donna des éloges outrés, ce qui fit dire à Gilbert :

> Saint-Lambert, noble auteur, dont la muse pédante
> Fait des vers trop vantés par Voltaire qu'il vante.

Clément, dont la verve mordante s'était exercée aux dépens de l'auteur des *Saisons*, fut enfermé au For-l'Évêque ; il envoya de sa prison à Saint-Lambert l'épigramme suivante :

> Pour avoir dit que tes vers sans génie
> M'assoupissaient par leur monotonie,
> Froid Saint-Lambert, je me vois séquestré.
> Si tu voulais me punir à ton gré,

> Point ne fallait me laisser ton poëme :
> Lui seul me rend mes chagrins moins amers ;
> Car de nos maux le remède suprême,
> C'est le sommeil..., je le dois à tes vers.

Note 8, p. 139. — Jacques Delille, né le 22 juin 1738, mort le 1er mai 1813, fut élu à l'Académie française en 1772, le même jour que Suard. Le Roi ayant trouvé le nouvel élu trop jeune, son élection fut cassée et il ne vint siéger dans cette compagnie que deux années plus tard, en 1774, à la place de La Condamine. Son poëme des *Jardins* parut en 1782. Malgré les nombreuses critiques qui l'accueillirent, le succès du livre ne fut pas douteux ; il fut traduit dans toutes les langues et eut de nombreuses éditions, rapidement épuisées ; mais on ne le lit plus guère aujourd'hui. Un de ses amis, en lui envoyant la critique de Rivarol, lui disait à ce propos : « Il faut avouer que vos ennemis sont bien peu diligents ; ils en sont seulement à leur septième critique, et vous en êtes à votre onzième édition. » La façon dont fut composé le poëme des *Jardins* est assez curieuse pour mériter d'être conservée. L'abbé Delille passait chaque année les meilleurs mois de l'été à la Malmaison, qui avait alors pour propriétaire une jeune veuve du nom de Mme Le Couteulx de Moley. L'abbé composait dans ses promenades matinales les vers qu'il offrait à Mme Le Couteulx à l'heure du déjeuner ; souvent même, voulant la surprendre, il les traçait d'une main rapide sur les patrons de sa broderie. Un jour, la mauvaise saison venue, il trouva dans son portefeuille un grand nombre de ces pièces fugitives, qui, traitant toutes du même sujet, avaient entre elles un certain enchaînement. Il conçut la pensée de les réunir en un corps d'ouvrage, et composa ainsi son poëme des *Jardins*. « Dans le poëme des *Jardins*, dit Rivarol, qui ne ménagea à son auteur ni la critique ni les mots amers, M. Delille, toujours occupé de faire un sort à chacun de ses vers, n'a pas songé à la fortune de l'ouvrage entier. »

Note 9, p. 139. — Jean-Antoine Roucher, né en 1745, mort sur l'échafaud révolutionnaire, le 7 octobre 1793, fit paraître son poëme des *Mois* en 1779. « M. Roucher, disent les Mémoires de Bachaumont, ayant fait présent à M. Bussy de son poëme des *Mois*, dont toutes les sociétés voulaient entendre la lecture avant qu'il fût imprimé, et que personne ne lit depuis qu'il l'est, M. Bussy lui a répondu par le quatrain suivant :

> De vos vers, triste destinée !
> Les reprenant cent et cent fois,
> Enfin, j'ai lu vos douze mois,
> Et je suis vieilli d'une année. »

Rivarol a dit du poëme des *Mois* : « C'est en poésie le plus beau naufrage du siècle. »

Note 10, p. 139. — Chabanon, né en 1730, mort le 10 juillet 1792, fut élu membre de l'Académie française le 10 janvier 1780. Il y remplaçait Foncemagne, membre comme lui de l'Académie des belles-lettres. Bon écrivain, Chabanon était en outre un artiste distingué ; après Saint-Georges, c'était le meilleur violon de Paris, ce qui fit dire, lorsque l'on connut sa candidature au fauteuil académique :

> A Foncemagne on veut, dit-on,
> Pour le fauteuil soporifique
> Faire succéder Chabanon :
> Mais son mérite académique?
> Aucun : il est grand violon;
> Dans le sein de la compagnie
> Manquant d'accord et d'unisson,
> Il rétablira l'harmonie.

## CCXCIV

Note 1, p. 140. — Charles-Henri de Feydeau, marquis de Brou, intendant de la province depuis l'année 1780, fut remplacé en 1783 par Antoine-Léon-Anne Amelot de Chaillou, fils du ministre de Paris.

Note 2, p. 140. — A cette époque, Buffon s'occupait d'expériences entreprises dans ses forges, par ordre du gouvernement. Son but était de faire connaître quelles étaient alors les provinces de France qui fournissaient les fers les plus propres à être convertis en acier par la voie de la cémentation. On fit venir, à cet effet, des fers tant nationaux qu'étrangers. Le comté de Foix, le Roussillon, le Dauphiné, l'Alsace, la Franche-Comté, les trois Évêchés, la Champagne, le Berri, la Suède, la Russie et l'Espagne fournirent tour à tour des échantillons de leurs produits. M. de Grignon, métallurgiste distingué, que Buffon avait déjà associé à ses diverses expériences sur les fers, fut appelé à en constater les résultats. Il rédigea un savant mémoire dans lequel il conclut que l'on peut faire de très-bon acier fin avec les fers de France, en soignant la fabrication ; il signalait en même temps les provinces qui lui paraissent susceptibles de fournir le meilleur acier, et les rangeait dans l'ordre suivant : l'Alsace, la Champagne, le Dauphiné, le Limousin, le Roussillon, le comté de Foix, la Franche-Comté, la Lorraine, le Berri et la Bourgogne. On trouve un compte rendu de ces impor-

tantes expériences dans le *Journal de Physique* du mois de septembre 1782;
le *Journal de Paris*, à la date du 5 novembre de la même année, en
parle en ces termes :

« On doit la plus grande reconnaissance aux savants qui dirigent
leurs talents et leurs travaux vers des objets d'utilité publique. Nous
nous croyons donc obligés de rendre ici hommage au zèle et aux
vues de M. Grignon, chevalier de l'Ordre du Roi et correspondant de
l'Académie des sciences de Paris. Pénétré de la nécessité d'élever en
France des manufactures d'acier fin, pour enlever aux étrangers une
branche de commerce d'importation qui est si onéreuse à la nation,
voyant que Néronville était la seule manufacture en grand d'acier fin
par cémentation, et qu'encore elle n'employait que des fers de Suède,
assuré enfin d'après plusieurs essais qu'il était possible de convertir
nos fers français en bon acier fin, il a présenté à l'administration plusieurs mémoires relatifs à cet objet. Le gouvernement, attentif à procurer aux arts et manufactures nationales des motifs d'émulation et
les moyens de faire fleurir le commerce, autorisa, en novembre 1779,
M. Grignon à faire les expériences nécessaires pour constater la propriété relative que les meilleures espèces de fers français ont pour être
convertis en acier fin par la voie de la cémentation.

« M. le comte de Buffon a bien voulu partager le sacrifice que le
gouvernement faisait à l'utilité publique; il a offert ses forges et un
fourneau, qu'il avait fait construire à grands frais pour reprendre la
suite de ses expériences sur l'acier. Ces offres si généreuses ayant été
acceptées par l'administration, M. Grignon fit venir à Buffon, des différentes provinces du royaume, les fers des meilleures qualités qui
lui étaient connus. Nous n'entrerons point dans le détail de ses opérations, qui sont rapportées d'une manière très-intéressante dans le
*Journal des observations sur la physique, sur l'histoire naturelle et les
arts*, où M. Grignon a fait insérer son Mémoire. Nous nous contente-
rons de dire que le résultat des expériences faites par ordre du gouvernement est qu'il est très-possible de faire d'excellents aciers fins,
par cémentation, avec les fers des différentes provinces du royaume ;
qu'il suffit de choisir, parmi ceux qui ont le plus de propriété à devenir acier, les fers les mieux fabriqués, et de les traiter suivant leur
caractère particulier. Il serait à désirer, ajoute M. Grignon, qu'il s'é-
levât plusieurs manufactures en ce genre dans le royaume, particulièrement dans le Roussillon, l'Alsace, la Franche-Comté, le Limousin et la
Champagne, afin de fournir aux arts les aciers dont ils font une très-
grosse consommation, laquelle forme une branche immense de commerce d'importation qui enrichit nos voisins. »

## CCXCV

Note 1, p. 141. — Le marquis de Verac, ministre plénipotentiaire près du roi de Danemark en 1775, était alors ministre à Saint-Pétersbourg. On verra (page 454) avec quelle bienveillance affectueuse il reçut le fils de Buffon, qui, durant tout le temps de son séjour à Pétersbourg, habita son hôtel.

Note 2, p. 141. — Les anciens naturalistes prétendent que, durant l'hiver, les hirondelles se plongent dans les lacs, d'où elles ne sortent qu'au printemps. Malgré les hirondelles gelées envoyées de Russie, Buffon, dans l'histoire de l'hirondelle, combattit cette fable, qui alors trouvait encore quelque crédit, et dont la science a depuis fait justice.

Note 3, p. 142. — Le marquis de La Valette commandait en Bourgogne sous les ordres du marquis de La Tour-du-Pin de Gouvernet; il avait le titre de lieutenant général de l'Auxerrois, de l'Auxois et de l'Autunois.

## CCXCVI

Note 1, p. 143. — Dans un des derniers séjours que le comte de Schowaloff fit à Paris, il vint visiter Rousseau. Pour pénétrer chez le philosophe, il fallait un prétexte plausible, et le comte apporta avec lui de la musique à copier. La visite se passa au mieux; mais en prenant congé de l'homme célèbre qu'il était venu voir, M. de Schowaloff eut l'imprudence de se nommer : « Je suis, dit-il, chambellan de Sa Majesté l'Impératrice. — Tant pis pour vous, répondit Rousseau d'un ton brusque; dans ce cas, voici votre musique et votre argent; mais comme vous m'avez fait perdre deux heures, je retiens douze livres. » Ayant ainsi parlé, il poussa hors de sa chambre le chambellan de l'Impératrice et ferma sa porte. Dans le supplément aux *Époques de la nature*, Buffon parle en ces termes du comte de Schowaloff : « Comme j'avais déjà livré à l'impression toutes les feuilles précédentes de ce volume, j'ai reçu de la part de M. le comte de Schowaloff, ce grand homme d'État que toute l'Europe estime et respecte, j'ai reçu, dis-je, en date du 27 octobre 1777, un excellent mémoire composé par M. Domacheneff, président de la Société impériale de Pétersbourg, et auquel l'Impératrice a confié à juste titre le département de tout ce qui a rapport aux sciences et aux arts. »

Note 2, p. 143. — Léonard Euler, un des plus illustres géomètres du dix-huitième siècle, né à Bâle le 15 avril 1707, mort le 7 septembre 1783, fut un des écrivains les plus féconds de son temps. Outre ses nombreux ouvrages, il composa plus de la moitié des mémoires sur les mathématiques contenus dans les 46 vol. in-4° que l'Académie de Pétersbourg publia de 1727 à 1783. Turgot fit imprimer à Paris un traité élémentaire d'Euler sur la construction et la manœuvre des vaisseaux, et envoya à l'auteur, de la part du Roi, un riche présent. Témoin des cruautés dont la Russie fut le théâtre pendant la toute-puissance de Biren, duc de Courlande, il en conçut une telle frayeur, qu'à Berlin, en présence de la reine mère, il répondit à cette princesse, qui s'étonnait de son silence obstiné : « C'est que je viens, madame, d'un pays où, lorsque l'on parle, on est pendu. » Jean-Albert Euler, son fils aîné, marcha sur ses traces et cultiva avec succès la géométrie, sans que la grande renommée de son père nuisît à celle que ses travaux et ses découvertes surent lui mériter. Il naquit à Saint-Pétersbourg le 27 novembre 1734, et mourut le 6 septembre 1800. En 1777, il écrivit à Buffon, au nom de l'Académie de Saint-Pétersbourg, la lettre suivante :

« A Saint-Pétersbourg, le 10 janvier 1777.

« Monsieur,

« L'Académie impériale des sciences vient de vous recevoir au nombre de ses associés externes : elle convient que ce témoignage public de son estime distinguée vous était déjà dû depuis longtemps, et c'est aussi par cette raison qu'elle a saisi avec empressement une occasion de vous le donner, monsieur, d'une manière d'autant plus éclatante. La célébration de son premier jubilé demi-séculaire et la haute faveur qu'un monarque philosophe lui vient d'accorder en acceptant le titre d'honoraire qu'elle lui avait fait offrir, ont été des conjonctures que l'Académie a cru ne devoir point négliger pour s'associer encore des personnes dont les travaux et les talents supérieurs ont déjà été reconnus par tant d'autres académies. C'est sous ce point de vue que je vous prie, monsieur, de regarder cette agrégation, qui est aussi avantageuse pour notre Académie qu'elle est flatteuse pour vous.

« JEAN-ALBERT EULER,

« Secrétaire des conférences de l'Académie impériale des sciences
et directeur des études du noble corps des Cadets de terre. »

(Inédite. — De la collection de M. Henri Nadault de Buffon.)

Note 3, p. 143. — Pierre-Simon Pallas, docteur en médecine à l'université de Leyde, né à Berlin le 22 septembre 1741, mort le

8 septembre 1811. Naturaliste et voyageur, il enrichit la science d'un grand nombre de découvertes en botanique et en histoire naturelle. Il publia en 1767, à Amsterdam, un premier ouvrage sous le titre de *Miscellanea zoologica*, et peu de temps après il en donna une seconde édition corrigée et imprimée à Berlin dans la même année, sous le titre de *Spicilegia zoologica*. Ces deux ouvrages, qui commencèrent sa réputation, sont souvent cités avec éloge par Buffon. En parlant de lui dans les Notes justificatives des faits rapportés dans les *Époques de la nature*, il dit : « M. Pallas est sans contredit l'un de nos plus savants naturalistes ; et c'est avec la plus grande satisfaction que je le vois ici entièrement de mon avis sur l'ancienne étendue de la mer Caspienne, et sur la probabilité bien fondée qu'elle communiquait autrefois avec la mer Noire. » Plus tard, dans ses *Suppléments aux animaux quadrupèdes*, il cite presque à chaque page les travaux et les découvertes ce Pallas. A propos d'une race de chauves-souris, mise par Buffon dans un seul genre, et séparée par Pallas en deux espèces : « Je ne puis, dit-il, que le remercier de m'avoir indiqué cette méprise. »

On a souvent reproché à Buffon sa tenace persistance dans ses systèmes, et cependant, chaque fois qu'une erreur est relevée dans ses ouvrages, on le voit la reconnaître avec simplicité et bonne foi. Les systèmes et les opinions auxquels tient Buffon, et qu'il n'abandonne pas à la première critique, sont ceux dont les découvertes des voyageurs ou les expériences de savants ne sont pas venues lui montrer la fausseté. Tout homme qui professe une idée ou avance un système doit savoir défendre et soutenir son opinion. Celui qui poserait un système pour le retirer ensuite, pourrait être, à juste titre, soupçonné d'avoir trop peu médité son sujet et d'avoir légèrement, et avant le temps, publié ses idées. Buffon ne tient qu'aux opinions pour lesquelles rien n'est venu ébranler sa conviction. J'aime, chez lui, l'empressement avec lequel il abandonne celles dont on lui montre, soit la faiblesse, soit la fausseté. Il fut longtemps en désaccord avec Vosmaër ; il eut souvent à se plaindre de ses procédés. Il le cite cependant souvent, en rendant à son savoir la plus entière justice. Reconnaissant avec lui qu'il s'est trompé dans la description d'un animal étranger (l'aï) : « Je ne sais point du tout mauvais gré à M. Vosmaër, dit-il, d'avoir remarqué cette erreur, qui n'est venue que d'une inattention. J'aime autant une personne qui me relève d'une erreur qu'une autre qui m'apprend une vérité, parce qu'en effet une erreur corrigée est une vérité. »

Note 4, p. 143. — Mayer (Jean-Christ-André), né en 1747, mort en

1801, professa l'anatomie à la faculté de Berlin. Ses ouvrages, dans lesquels se rencontrent des observations consciencieuses, lui ouvrirent de bonne heure les portes de l'Académie de Saint-Pétersbourg; il fit pareillement partie de l'Académie de Berlin.

Note 5, p. 143. — Le duc de La Rochefoucauld, « un de nos plus illustres et plus savants académiciens, dit Buffon en parlant de lui, qui non-seulement s'intéresse au progrès des sciences, mais les cultive avec grand soin, » fut en effet un savant distingué. Son nom est plusieurs fois cité dans l'Histoire naturelle.

Note 6, p. 143. — Antoine-Bernard Caillard, né à Aignay en Bourgogne, le 28 septembre 1737, mort le 6 mai 1807, aima et cultiva la littérature. Il possédait une bibliothèque composée d'ouvrages fort rares, et a laissé des écrits estimés. Entré de bonne heure dans la diplomatie, il se trouvait attaché à l'ambassade de Pétersbourg, en qualité de secrétaire, l'année où le jeune comte de Buffon y arriva.

Note 7, p. 144. — Le marquis de Vérac, qui ne connaissait pas le jeune Buffon avant son voyage à Pétersbourg, le reçut cependant comme son fils et l'entoura, durant tout le temps de son séjour, d'attentions et de soins dont Buffon fut profondément touché. De plus, il voua au jeune comte une affection tendre et dévouée, dont on pourra juger par la lettre suivante :

« C'est bien moi, mon cher comte, qui ai mille excuses à vous faire d'avoir différé près d'un mois à vous répondre. Je compte pourtant trop sur votre amitié pour craindre que vous me soupçonniez d'indifférence; et c'est un péché dont mon cœur ne sera jamais capable vis-à-vis de vous. Je vous avais écrit à Berlin une petite épître qui, à ce que je vois, aura tant couru le monde après vous, qu'elle aura fini par s'égarer, et j'étais réellement bien en peine de vous, quand votre lettre de Montbard est venue me tirer d'inquiétude et m'apprendre votre heureuse arrivée. Le bonheur dont ce moment vous aura fait jouir pouvait seul, mon cher ami, vous dédommager et de la fatigue de la route et de tous les accidents que vous avez éprouvés; mais le mal passé ne paraît qu'un songe quand on se retrouve auprès d'un père qu'on aime, et que l'on jouit du bonheur si doux de pouvoir ajouter au sien. Il est bien aimable à vous d'avoir trouvé le temps de penser à moi et de m'écrire dans ces premiers moments; mais au moins vous étiez bien sûr que personne n'apprendrait avec plus de plaisir, avec un intérêt plus tendre que moi, tous les détails que m'a faits votre amitié. J'espère, mon cher comte, que, malgré la différence de nos âges, ce sentiment n'en existera pas moins tout le temps de notre vie. Vous m'avez permis, à Pétersbourg, de vous regarder comme mon fils, et je sens qu'il me serait difficile de perdre une si douce habitude ; elle n'est pas du nombre de celles dont je serais bien aise de pouvoir me corriger. J'ai su par ma fille votre arrivée à Paris ; mais comme voilà un siècle que je n'ai de nouvelles ni de mon gendre ni du duc d'Havré, j'ignore s'ils ont eu le plaisir de vous voir ; mais je suis sûr d'avance que mon beau-frère aura été aussi aise de faire connaissance avec vous que M. de La Coste d'être à portée de la renouveler. Recevez tous mes remercîments des soins que vous avez eus de ma montre ; elle est arrivée à très-bon port à sa destination. Donnez-moi, en re- vanche, des commissions pour mon retour ; je m'en acquitterai avec grand plaisir, et ne désespère pas de pouvoir, au mois de septembre, en être le porteur. Ma santé a été si misérable, j'ai tant souffert de mon rhumatisme depuis six mois, que passer ici un quatrième hiver me paraît la chose impossible. Mes enfants, mes affaires, le besoin de revoir ma patrie et tous les objets qui m'y attachent, tout se réunit pour me faire souhaiter bien vivement ma liberté, et je me flatte que ces raisons paraîtront assez bonnes pour qu'elle me soit accordée. Vous avez su par M. Caillard la perte que nous avons faite du pauvre comte Panin ; elle fait ici un vide affreux pour la société, c'est un point de réunion qui ne sera jamais remplacé, chacun le dit ici et l'éprouve. Mais moi je le sens plus que personne, car j'étais véritablement atta- ché à ce respectable vieillard ; il avait de l'amitié pour moi, et sa perte m'est aussi nouvelle, aussi sensible que le premier jour. Ce triste évé- nement, qui arriva deux jours après que j'eus reçu votre lettre, a été cause, mon cher comte, que ce n'est qu'il y a peu de jours que j'ai pu prier M. le prince Repnin et M. le prince Kourakin de rappeler à Son Altesse Impériale la promesse qu'elle m'avait faite de parler en votre faveur au maréchal de Biron. Le grand-duc a répondu qu'il avait attendu que vous fussiez à Paris pour écrire sur ce sujet à M. le prince Baratinsky, mais qu'incessamment il lui écrirait. Il a ajouté à cette marque de bonté les choses les plus flatteuses pour M. votre père et pour vous. Ainsi, mon cher comte, j'espère qu'avant peu le prince Baratinsky pourra faire auprès du maréchal la démarche qui vous in- téresse. Tous vos amis et connaissances de Pétersbourg se portent bien. Nous y sommes encore en possession de l'hiver que vous nous avez laissé. La Néva n'a débâclé qu'il y a huit jours. Il fait le temps du mois de novembre de nos climats, et je ne vois pas de raisons pour que nous ayons jamais l'été. Adieu, mon cher comte, pensez quelquefois au vieux ministre de Pétersbourg, aimez-le un peu, vous le devez en conscience, car, sans compliment, il vous a voué pour la vie la plus tendre et la plus constante amitié. »

(Inédite. — De la collection de M. Henri Nadault de Buffon.)

Note 8, p. 144. — La lettre de Gueneau de Montbeillard nous a été conservée ; la voici :

« Semur, 13 août 1782.

« Nous lisons vos lettres, mon cher monsieur, avec le plus tendre intérêt. Le grand homme a la bonté de nous les communiquer, et c'est une marque d'amitié qui nous est bien chère. Nous voyons avec enchantement que votre voyage n'est qu'un tissu d'agréments, d'accueils distingués, et de tout ce qui peut flatter une âme sensible et élevée; nous voyons avec un plaisir encore plus intime que vous méritez tout cela, mon cher monsieur, par vos sentiments nobles et justes, par votre excellente conduite, par le désir constant que vous montrez de donner de la satisfaction au meilleur des pères. Continuez, et l'on pourra dire avec vérité que vous aurez été mûr avant le temps, et conséquemment que vous serez heureux plus longtemps aussi. Nous voyons, mon cher monsieur, que vous vous disposez à voyager cet hiver en traîneau jusqu'à Moscou. Ne craignez-vous pas que cette saison et ce climat ne soient bien rudes pour une poitrine accoutumée à une température plus douce? Vous prendrez sans doute les précautions nécessaires, l'amitié vous invite à en prendre même de superflues. A propos de Moscou, dites-nous donc ce que les personnes sensées et bien instruites des faits pensent d'un phénomène annoncé dans nos papiers publics, et qui regarde un certain Féodor Bazilly, du district de Schuiska, dépendant de la chancellerie du gouvernement de Moscou. Or on nous dit, mon cher monsieur, que ce Féodor Bazilly a épousé deux femmes, dont la première lui a donné 69 enfants en 27 couches (savoir, quatre de quatre enfants, sept de trois et seize de deux), et la seconde 18 enfants en huit couches (savoir, deux de trois enfants et six de deux); en tout 87 enfants, dont il n'est mort, dit-on, que quatre seulement. Ce fait est si éloigné du cours ordinaire de la nature, qu'il serait à propos de le bien vérifier, afin de l'établir ou de le détruire, selon qu'il se trouvera vrai ou faux. J'imagine, mon cher monsieur, que cela vous sera plus facile qu'à un autre, soit à Moscou, soit à Pétersbourg. Au reste, pour peu que vous y voyiez de fatigue ou d'embarras, prenez que je ne vous ai rien dit : ma première condition est de ne point vous fatiguer.

« Je suis, etc.

« Ma femme n'a qu'un cœur avec moi, surtout lorsqu'il s'agit de

vous, monsieur. Mon fils, qui est à son régiment à Charleville, pense
aussi comme nous, j'en suis sûr. Avez-vous eu la bonté de faire
rendre une certaine lettre au gouverneur des pages de Sa Majesté
Impériale? »

(Inédite. — De la collection de M. Henri Nadault de Buffon.)

Note 9, p. 144. — Bernard-Germain-Étienne de la Ville-sur-Illon,
comte de Lacépède, né le 26 décembre 1756, mort le 6 octobre 1825,
fit paraître dans le journal de physique de l'année 1778 un mémoire
sur l'électricité. Ce fut son premier essai scientifique. Apprenant que
Buffon préparait un traité sur l'aimant, il lui adressa un nouveau mémoire sur cette matière. Buffon remercia son jeune correspondant,
qui lui demanda comme une faveur vivement désirée la permission
de venir travailler près de lui. Buffon l'attacha bientôt au Jardin du
Roi avec un titre plus solide, et, en 1786, à la mort de Daubenton le
jeune, Lacépède fut nommé garde sous-démonstrateur du Cabinet. Il
continua cependant de travailler près de Buffon, s'occupant de tous
les détails, réunissant les mémoires, faisant des extraits dans les
livres des voyageurs, rassemblant, en un mot, les matériaux, et commençant parfois la description des individus. Buffon, qui préparait
alors l'histoire des cétacés et qui s'occupait en même temps de
compléter celle des quadrupèdes et des oiseaux, chargea Lacépède
de rassembler des matériaux et de recueillir des documents sur l'histoire des quadrupèdes ovipares et des serpents. Il lui remit, dans
ce but, toutes ses notes ainsi que les communications qui lui étaient
chaque jour adressées par les voyageurs et les savants étrangers. Lacépède publia, en 1788, pour son compte et en son nom,
l'*Histoire naturelle des quadrupèdes ovipares et des serpents*. Buffon témoigna un très-vif mécontentement en voyant paraître ce volume et dit, après se l'être fait lire, que c'était un mauvais livre et
qu'il ne pouvait concevoir comment l'auteur l'avait fait imprimer. Il
ajouta que, s'il n'eût été autant l'ami de l'auteur, il aurait dénoncé
son livre. « Je lui ai entendu dire à des gens de marque, Mlle Blesseau écrit à M. de Faujas (Voy. p. 643) qu'il était très-fâché de ce
que M. de Lacépède ne lui en eût point parlé, et cela avant que de
retomber malade. » Buffon mourut en 1788, et, un an après sa mort,
en 1789, Lacépède publia le dernier volume des *Suppléments à l'Histoire naturelle*, servant de suite à l'*Histoire des animaux quadrupèdes*.
« Le public, dit-il dans l'avertissement mis en tête de l'ouvrage,
ayant désiré vivement de jouir des derniers travaux de feu M. le comte
de Buffon, qu'une longue et douloureuse maladie a enlevé l'année

dernière aux sciences et aux lettres, M. le comte de Buffon son fils, ainsi que M. le chevalier de Buffon son frère et son exécuteur testamentaire, ont bien voulu me remettre les ouvrages manuscrits qu'ils ont trouvés parmi les papiers de ce grand naturaliste, et confier le soin de diriger l'impression de ces ouvrages à celui qu'il avait chargé lui-même de les continuer. » Cette dernière allégation n'est pas exacte. Buffon, sentant ses forces diminuer, avait, en présence de son œuvre inachevée, fait choix, en effet, d'un homme capable de la continuer. Cet homme ne fut pas Lacépède, mais Faujas de Saint-Fond.

On trouvera plus loin, dans une lettre relative à la survivance du Jardin du Roi, la volonté de Buffon formellement exprimée. « Je prie, y est-il dit, Mgr le baron de Breteuil de vouloir bien charger, à ma recommandation et à ma demande, M. Faujas de Saint-Fond de la continuation de mes ouvrages pour l'histoire naturelle du Cabinet du Roi, si ma santé ne me permet pas de les suivre. » Lacépède n'ignorait pas le choix que Buffon avait fait de Faujas pour continuer son œuvre; le jeune comte de Buffon et le chevalier son oncle n'en étaient pas instruits. A la mort de Buffon, Faujas était absent de Paris. Panckoucke pressait pour donner au public le dernier volume des *Suppléments*, depuis longtemps annoncé. Lacépède se présenta. «M. de Buffon, disait-il, lui avait parlé, avant sa mort, de cette publication, et lui avait même remis la plus grande partie des matériaux qui devaient entrer dans la composition de ce volume. » Il circonvint la famille et obtint d'elle la remise des papiers. Faujas apprit en même temps la mort de Buffon et les nouveaux arrangements pris pour la continuation de l'Histoire naturelle. Il se montra vivement blessé de ce procédé, et dans sa correspondance on retrouve de nombreuses traces de ce mécontentement. Dans cette affaire, où sa conduite ne fut ni franche ni loyale, on peut tout au moins reprocher à Lacépède un malheureux manque de mémoire. On doit encore relever de lui une erreur singulière. On s'étonne, en effet, de trouver dans la notice sur Buffon placée en tête de l'édition complète de ses œuvres, donnée par Lacépède en 1817, que le célèbre naturaliste est né à Dijon. Lacépède, qui habita plusieurs années Montbard, devait bien savoir cependant que Buffon y était né. Il lui eût, au reste, été facile d'éviter l'erreur dans laquelle il est tombé, en recherchant sur les registres de Montbard la date d'une naissance dont le lieu faisait doute dans son esprit. J'ai entre les mains une plaque de cuivre, gravée sans doute pour le tombeau de Buffon, et sur laquelle cette erreur est consignée.

On doit cependant rendre au comte de Lacépède cette justice que, soit en public dans ses écrits, soit en particulier, il montra toujours une vénération profonde pour le nom de Buffon. Dans les hautes dignités qui honorèrent sa carrière politique, il n'oublia jamais la veuve du fils de son premier protecteur et la dirigea souvent de ses conseils dans les situations difficiles qu'elle eut à traverser. Lorsqu'il apprit que sa fortune était compromise, il l'engagea à chercher dans un second mariage une aisance qu'elle était menacée de perdre. La comtesse de Buffon répondit que le nom qu'elle portait était de ceux que l'on ne quitte point. La lettre que Lacépède lui écrivit à ce sujet mérite d'être conservée. Elle est ainsi conçue :

« Madame la comtesse,

« J'espère que vous voudrez bien vous rappeler assez l'affection que vous m'avez accordée dès votre plus tendre enfance et le dévouement dont je me suis empressé de vous offrir l'hommage dans tant de circonstances, pour n'être pas surprise de recevoir une lettre de moi. Mais vous serez vraisemblablement étonnée de la date et de l'objet de cette lettre. J'ai l'honneur de vous écrire, madame la comtesse, du pays de France où l'on a le plus beau climat et la température la plus douce, où l'on est environné d'orangers, de grenadiers, de myrtes, et où je travaille, vers le milieu du mois de décembre, dans un salon sans feu et la porte ouverte. Les médecins ont ordonné à ma belle-fille d'y passer la partie la plus rigoureuse de l'hiver, et le Roi a bien voulu me permettre, avec une grande bonté, de l'y conduire ainsi que mon fils, quoique la session de la Chambre des Pairs ne fût pas terminée. Voilà une date expliquée, je crois, avec assez de facilité, madame la comtesse ; je ne sais si je trouverai la même facilité dans la négociation dont j'ai été chargé auprès de vous, et qui est l'objet de la lettre que j'ai l'honneur de vous adresser. Nous avons à la Chambre des Pairs des jeunes gens qui ne peuvent pas encore voter et des vieillards de quatre-vingts ans qui, bientôt, ne le pourront plus. Un de mes collègues, qui n'est ni des uns ni des autres, a eu l'honneur de vous voir, vraisemblablement à Paris ou à Montbard. Il a, d'ailleurs, beaucoup entendu parler de vous ; et, d'après la manière dont il m'en a parlé lui-même dans sa correspondance, j'ai vu que ses yeux étaient très-bons et sa mémoire très-fidèle. Il aurait un grand désir (puisqu'il faut enfin que j'abrège mes préparations pour ne pas trop allonger ma lettre) d'obtenir un bonheur que beaucoup d'autres personnes ambitionneraient comme lui, celui de pouvoir mettre à vos pieds son cœur, son rang, sa fortune, etc. Mais avant de chercher à mériter la permission de vous en faire hommage, il a cru devoir m'en gager à user près de vous d'une espèce de droit dont il a supposé que la belle-fille de Buffon et la nièce de Daubenton aurait pu m'honorer, et il a voulu que, sans le faire connaître, je prisse la liberté de vous demander à vous-même vos intentions générales. Je vais donc oser vous adresser, comme fils adoptif de Buffon et de Daubenton, deux questions en apparence extraordinaires et que vous aurez cependant la bonté de trouver un peu naturelles, si vous m'accordez toujours un peu de l'amitié que *la charmante Betzy* avait pour moi. Consentirez-vous à vous remarier? et si un second mariage entre dans vos arrangements ultérieurs, votre choix serait-il déjà fait? On a souhaité que j'ajoutasse la seconde question, parce qu'une réponse, même tout à fait négative à la première, ne ferait pas perdre tout espoir à celui qui vous a vue et entendue. Quelque détermination que vous croyiez devoir prendre, madame la comtesse, puis-je me flatter de l'avantage de recevoir une réponse de vous? Je n'en communiquerai que la portion que vous m'indiquerez; le reste ne sera connu que de moi et sera brûlé. Je suis sûr que, du moins, vous ne verrez dans ma négociation que l'envie de rendre un grand service à un de mes collègues et celle de vous donner une preuve de tout ce que vous savez si bien faire éprouver et que vous m'avez inspiré plus qu'à personne. Je ne puis vous offrir ni les hommages de mon fils ni les compliments de ma belle-fille, parce que j'ai cru qu'ils devaient ignorer que j'avais l'honneur de vous écrire.

« Veuillez, etc.

« B.-G.-E.-L. comte DE LACÉPÈDE. »

(Inédite. — De la collection de M. Henri Nadault de Buffon.)

Note 10, p. 145. — La statue commandée par le Roi, et confiée par le comte d'Angeviller au ciseau de Pajou, avait été terminée en 1777 et placée au pied du grand escalier du Cabinet d'Histoire naturelle, durant une absence de Buffon. Personne ne l'avait averti, et, lorsqu'il revint de Montbard et qu'il vit cet hommage éclatant rendu à son génie, sa surprise égala sa reconnaissance. « On vient, disent les Mémoires de Bachaumont, à la date du 1er juillet 1778, de découvrir la statue de M. le comte de Buffon, qui a été placée au pied de l'escalier du Cabinet d'Histoire naturelle de Sa Majesté. Elle est fort mal située en cet emplacement, et n'est pas dans le point d'optique qu'il faudrait à ce monument colossal. M. de Buffon est debout, dans l'attitude d'un homme qui compose. Le génie enflamme sa figure pleine de noblesse; il tient d'une main un poinçon et de l'autre un rouleau, suivant la coutume antique : on lit au bas ces quatre mauvais vers, sous le titre d'inauguration :

> Le monarque commande, et le marbre respire
> Sous les traits de Buffon ;
> La Nature applaudit, et dans tout son empire
> Fait révérer son nom. »

« Ces vers, dit un journal du temps, sont de M. Grignon, chevalier de l'Ordre du Roi et correspondant de l'Académie royale des sciences. Il n'a fait que suivre les mouvements de son cœur, pour tracer l'éloge de l'homme illustre avec lequel il est lié de la plus vive amitié. » (*Journal des affiches, annonces et avis divers, du 22 octobre* 1777.)

Grignon composa cette autre pièce sur le même sujet :

> Louis le Bien-Aimé travaillait pour sa gloire,
> Lorsqu'il fit élever ce pompeux monument
> A l'honneur de Buffon, savant dont la mémoire
> Bravera les efforts de l'Envie et du Temps.

Lors d'une visite que fit Lebrun avec Mme Necker au Jardin du Roi, on le pressa de remplacer l'inscription mise au pied de la statue par une autre plus digne du sujet ; il composa aussitôt les deux vers suivants :

> Buffon vit dans ce marbre ! à ces traits pleins de feu
> Vois-je de la nature ou le peintre ou le dieu ?

La statue de Buffon donna lieu à d'autres pièces de circonstance que nous ne voulons point rapporter ici. Une cependant, composée par Sédaine, qui était aussi venu voir la statue du Jardin du Roi, et conservée par Grimm dans sa Correspondance, mérite d'être exceptée :

> « En la forêt de Montbard, de la part des animaux
> du globe terrestre.

« Homme Pajou ! nous te sommes bien obligés. Nous ne savions comment remercier l'homme Buffon de nous avoir peints ; et toi avec ton instinct, ton ciseau et de la pierre, tu as rendu nos sentiments et sa figure ; tu as donné une idée de son intelligence aussi parfaitement qu'il a rendu la nôtre, avec sa réflexion et la plume d'un de nos camarades.

« Sais-tu qu'il ne faut pas être un sot pour exprimer la reconnaissance des bêtes ? Elle est pure, la nôtre ; elle n'est pas comme la vôtre, toujours gâtée par l'amour-propre. Quand nous recevons un bienfait, nous ne croyons pas l'avoir mérité. Nous ne disons pas cela pour toi; tu dois être comme l'homme Buffon, bon et honnête. Vous auriez dû tous deux être des nôtres; tu aurais été un lion et lui un aigle. Adieu. »

Les inscriptions essayées jusqu'alors disparurent pour faire place à cet hémistiche latin :

« Naturam amplectitur omnem. »

Un écolier, mauvais plaisant, écrivit, dit-on, au crayon, sur le socle de la statue :

Qui trop embrasse mal étreint.

L'inscription fut enlevée et remplacée par celle qui se voit aujour-d'hui :

« Naturæ majestati par ingenium. »

Buffon, qui savait bien qu'à Saint-Pétersbourg une inscription serait gravée au-dessous de son buste, envoya cette dernière à son fils, non pour s'enorgueillir de ce qu'elle contenait de flatteur, mais afin de prévenir ces témoignages exagérés d'admiration ou d'estime dont l'envie a fait si souvent une arme dangereuse.

Note 11, p. 146. — Claire-Joseph Leyris de La Tude, connue au théâtre sous le nom de Mlle Clairon, née en 1723, morte le 18 janvier 1803, quitta le théâtre le 16 avril 1763. Conduite au For-l'Évêque pour s'être refusée à jouer avec l'acteur Dubois, elle dit à l'exempt chargé de l'accompagner, que sa disgrâce ne pouvait compromettre son honneur, et que le roi de France lui-même n'y pouvait rien. « Vous avez raison, mademoiselle, répondit l'officier de police; où il n'y a rien, le roi perd ses droits. » Elle se fixa à la cour du margrave d'Anspach, fut chargée de l'éducation des enfants du margrave de Bayreuth, et ne revint à Paris qu'en 1775.

Note 12, p. 146. — Grégoire-Alexandrowitch, prince Potemskin, né en 1736, mort le 15 octobre 1791, jouit d'une grande faveur à la cour de Catherine II, et prit, durant sa longue carrière, la part la plus active aux affaires de l'Empire.

Note 13, p. 146. — Nicolas-Wasiliewitsch, prince Repnin, né en 1734, mort le 12 mai 1801, se distingua tour à tour comme général et comme diplomate. Il jouit d'un grand crédit sous Catherine II; Paul Ier l'exila à Moscou, à la suite d'une négociation malheureuse, dont le but était d'associer la Prusse aux vues de la Russie contre les prétentions de l'Autriche.

Note 14, p. 148. — Le comte de La Torré, qui, l'année précédente, avait reçu le jeune comte de Buffon, lors de son premier voyage à Vienne, remplaça en 1783, à Saint-Pétersbourg, le marquis de Vérac, rappelé sur sa demande. Je possède une lettre écrite par le comte de La Torré en 1781 ; l'empressement que met Buffon à remercier des marques d'intérêt que reçoit son fils, montre une fois de plus combien étaient vives les préoccupations de sa tendresse paternelle.

« Vienne, le 23 décembre 1781.

« Monsieur le comte,

« J ai eu l'honneur de recevoir votre très-estimable lettre, dans laquelle vous voulez bien agréer le peu de marques de bienveillance que j'ai pu donner à M. votre fils, pendant son séjour à Vienne, et avoir la bonté de m'annoncer que peut-être j'aurai le plaisir de le revoir à Saint-Pétersbourg. Dans ce cas, vous pouvez être bien assuré, monsieur le comte, que je me ferai un devoir de le servir en tout ce que je pourrai, tant par son mérite personnel que par les égards qui vous sont dus à tant de titres. Je ne saurais m'empêcher de vous faire les plus sincères compliments à l'occasion de la marque signalée que l'impératrice de Russie vient de vous donner de son estime, et que tout le monde regardera comme un nouveau témoignage de la sagesse de cette auguste souveraine et de votre mérite distingué….

« Le comte DE LA TORRÉ. »

## CCXCVII

Note 1, p. 149. — Buffon venait enfin, après dix années de persévérance et de soins, de terminer avec les moines de l'abbaye de Saint-Victor, les plus récalcitrants après les Génovéfains, l'affaire délicate qui allait lui permettre de donner au Jardin du Roi un développement devenu nécessaire, et de couronner son œuvre par la réalisation d'un projet longtemps caressé. Buffon avait mis dans ses intérêts le R. P. Delaulne, prieur de l'abbaye ; mais toute la communauté lui était contraire. L'intendant du Jardin du Roi parvint cependant à la faire consentir à un échange. Une maison appartenant à l'abbaye se trouvait sur le terrain échangé ; quelques moines l'occupaient. Buffon, pressé de jouir de sa nouvelle acquisition, écrivit de Montbard pour donner ordre de déblayer aussitôt le terrain, afin de l'approprier à sa destination nouvelle. A son arrivée à Paris, toutes les constructions avaient disparu, une seule maison restait debout. Buffon s'en plaignit à l'architecte du Jardin. Il apprit alors que, malgré de nombreux avertissements, les moines qui l'occupaient n'ayant point voulu partir, on avait été obligé de la respecter. Buffon, sans reprocher à la communauté son peu d'exactitude à remplir ses engagements, donna un nouveau délai. Les moines ne se hâtèrent pas de sortir. Ils paraissaient même avoir perdu le souvenir de leur nouvel engagement, lorsque, dès le grand matin, le jour où expira le dernier délai, ils entendirent au-dessus de leurs têtes un bruit inaccoutumé. Des ouvriers en grand nombre, envoyés par Buffon, étaient occupés à découvrir les toitures; la pluie tombait à torrents, et le soir le dernier moine avait disparu. On trouvera, dans la correspondance de Buffon avec Thouin, des détails sur les grands travaux entrepris à cette époque au Jardin du Roi. Les Mémoires de Bachaumont, à la date du 23 juillet 1782, en rendent ainsi compte : « M. le comte de Buffon, intendant du Jardin et du Cabinet du Roi, s'occupe sans relâche de l'agrandissement et de l'embellissement de cette résidence. Il a obtenu des fonds pour acheter les divers terrains jusqu'au bord de la rivière, ce qui, en étendant singulièrement le Jardin, va le rendre superbe et d'un accès beaucoup plus facile. On parle aussi de transporter au même lieu la ménagerie de Versailles, et il est certain que cette partie d'histoire naturelle vivante sera beaucoup mieux, jointe ainsi aux autres, et d'ailleurs plus soignée entre les mains d'un philosophe naturaliste, que sous la direction d'un suisse grossier et sans aucune connaissance. »

« 12 septembre 1782. — Depuis que les travaux au Jardin du Roi pour son agrandissement et embellissement sont commencés, il devient un point de promenade des curieux. On admire l'immensité de fer qui s'y consomme, ce qui occupe merveilleusement les forges de M. le comte de Buffon. ( Voy. à ce sujet la note 3 de la lettre CCLX, p. 354. ) Sa statue, posée depuis quelques années en ce lieu, attire aussi les regards. A la mauvaise inscription française dont on a parlé, on a substitué celle-ci en latin, plus noble et plus digne du personnage :

« Majestati naturæ par ingenium. »

Les travaux d'embellissement entrepris au Jardin du Roi par Buffon donnèrent lieu aux vers qui suivent :

C'est grâces à Buffon que le Jardin royal,
Reculé tout à coup jusqu'aux bords de la Seine,
Va loger désormais avec un soin égal
Et la plante exotique et la plante indigène,

Tu peux bien présider à ces vastes travaux,
Toi par qui la nature écrivit son histoire,
Étendre le Jardin par des terrains nouveaux;
Mais je te défierais d'ajouter à ta gloire!

Note 2, p. 151. — Le jeune comte de Buffon avait répondu un peu à la légère à l'Impératrice, qui le questionnait sur les ouvrages auxquels son père travaillait alors, que, son *Histoire des minéraux* achevée, il avait le dessein de ne plus rien écrire. « Ce n'est pas possible, avait aussitôt repris l'Impératrice; celui qui a ainsi parlé des coquilles et de l'homme civilisé, n'a pas dit encore tout ce qu'il en sait. »

Note 3, p. 151. — L'occasion se présenta, en effet, et Buffon ne la laissa pas échapper. En deux passages différents, dans l'*Histoire des minéraux*, il parle avec admiration du génie de Catherine II, et lui offre le témoignage public de sa profonde reconnaissance pour les marques de distinction qu'il en a reçues. A propos de la colonne de Pompée, il dit : « De nos jours on a remué des masses encore plus fortes, car le bloc de granit qui sert de piédestal à la statue du grand Pierre I$^{er}$, élevée par l'ordre d'une Impératrice encore plus grande, contient trente-sept mille pieds cubes. » Et en note : « Catherine II, actuellement régnante, et dont l'Europe et l'Asie admirent et respectent également le grand caractère et le puissant génie. » Plus loin, en parlant du *feldspath*, autrefois connu sous le nom de *pierre de Labrador*, et dont on venait de trouver une grande quantité aux environs de Saint-Pétersbourg : « L'auguste impératrice des Russies, dit-il, a daigné elle-même me le faire savoir, et c'est avec empressement que je saisis cette légère occasion de présenter à cette grande souveraine l'hommage universel que les sciences doivent à son génie, qui les éclaire autant que sa faveur les protége, et l'hommage particulier que je mets à ses pieds pour les hautes bontés dont elle m'honore. »

L'impératrice de Russie, Catherine II, fit, il est vrai, de grandes choses, et éleva son pays à un très-haut point de prospérité. Mais la vigueur de son gouvernement et la protection éclatante qu'elle accordait aux savants de toutes les nations, ne sauraient faire oublier le crime qui lui mit la couronne sur la tête. Au milieu de ce concert d'éloges qui remplissent tout le dix-huitième siècle, et dont Grimm, Voltaire surtout, d'Alembert et La Harpe se font les échos complaisants, quelques voix protestaient contre ces flatteries excessives. « Rien de plus choquant, écrit la duchesse de Choiseul à Mme du Deffand, le 14 juin 1767, que l'enthousiasme de Voltaire pour l'impératrice de Russie, rien de plus révoltant et de moins léger que sa petite plaisanterie : « Je sais bien qu'on lui reproche quel-

« ques bagatelles au sujet de son mari; mais ce sont des affaires de
« famille dont je ne me mêle pas !... » Quoi ! Voltaire trouve qu'il y
a le mot pour rire dans un assassinat ! Et quel assassinat? celui d'un
souverain par sa sujette, celui d'un mari par sa femme ! Walpole n'est
pas moins sévère. « Voltaire, écrit-il à Mme du Deffand la même année, me fait horreur avec sa Catherine. Le beau sujet de badinage que
l'assassinat d'un mari et l'usurpation d'un trône ! »(Les deux passages
qui précèdent sont extraits de la correspondance inédite de Mme du
Deffand, tout récemment publiée.)

Note 4, p. 152. — Georges-Louis-Nicolas, vicomte de Saint-Belin,
neveu et filleul de Buffon, entra au service le 1er janvier 1780. Capitaine de dragons en 1787, il devint en 1788 aide-major général de l'infanterie, et servit en cette qualité au camp de Saint-Omer. Il mourut
en 1825.

Note 5, p. 152. — Le lecteur n'est peut-être pas non plus indifférent
pour La Rose, qui inspira à Buffon une si grande confiance. Quoique
nous en ayons dit un mot précédemment (Voy. la note 3 de la lettre CCLXXXII, p. 407), quelques autres détails ne paraîtront sans doute
pas superflus. La Rose était un valet de chambre modèle. Buffon, qui
l'avait bien jugé, l'avait demandé au chevalier de Saint-Belin, son
beau-frère, pour le donner à son fils. La Rose accompagna le comte
de Buffon en Russie, et chaque semaine il envoyait un bulletin de
l'état de la santé du jeune voyageur que des vœux si tendres accompagnaient. Voici, au reste, le portrait de La Rose, tel que je le trouve
dans une lettre écrite de Paris, et qui annonce au chevalier de Saint-
Belin sa prochaine arrivée à Montbard : « J'ai vu un sujet qui, je pense,
pourra vous convenir; il m'est adressé par M. le vicomte de Rochambeau, et recommandé par M. le marquis de Mailly. Il paraît plutôt
disposé à vous servir en qualité de valet de chambre; cependant il se
contentera de l'emploi que vous lui donnerez; il coiffe fort bien
et a servi dans les troupes, voyagé en Angleterre, en Portugal, etc.
Il a été en Amérique avec M. le comte de Lauberdière, aide-maréchal
général des armées; il monte supérieurement à cheval et est bien pris
dans sa taille, qui est de cinq pieds deux pouces; je désire que vous
en soyez content. Il se disposera à partir pour Montbard vendredi ou
samedi de la semaine prochaine; son âge est de vingt-huit ans. »

## CCXCVIII

Note 1, p. 152.—Le jeune comte de Buffon arriva à Paris dans le mois de janvier 1783. Pendant plusieurs jours la maison de son père ne désemplit pas de visiteurs d'un haut rang, qui vinrent le complimenter sur l'accueil bienveillant et distingué que lui avait fait l'impératrice Catherine. Le mois suivant, ayant obtenu un congé, il accompagna son père à Montbard, et resta une partie de l'hiver près de lui.

## CCXCIX

Note 1, p. 154. — Il s'agit ici de la charge de grand chantre de la Sainte-Chapelle, dont l'abbé Bexon venait d'être revêtu à la place de l'abbé du Sailly décédé. C'était un poste fort recherché, et qui, malgré le poëme de Boileau, était en grande considération. Le grand chantre de la Sainte-Chapelle portait la crosse et la mitre, et jouissait d'un certain nombre de priviléges importants. L'abbé Bexon dut cette dignité à l'amitié de Buffon, qui la sollicita pour lui à son insu et lui annonça cette heureuse nouvelle d'une façon délicate, dont M. Humbert-Bazile nous a conservé le détail. Son manuscrit contient à cet égard quelques notes intéressantes que nous rapportons ici.

« Lorsque l'abbé Bexon vint offrir ses services à M. de Buffon, il lui fit l'aveu qu'il était l'unique soutien d'une mère infirme et d'une jeune sœur qui n'avaient d'autres ressources que son travail. J'ai souvent vu Mlle Bexon, qui venait fréquemment dîner à l'hôtel avec son frère. Un soir, à un dîner auquel j'assistais, l'abbé, en levant sa serviette, trouva un brevet qui lui conférait la charge de grand chantre de la Sainte-Chapelle de Paris. La rétribution de cette dignité était de huit mille livres tournois. M. de Buffon, qui avait appris qu'elle était vacante par suite du décès du chanoine titulaire, avait sollicité et obtenu la nomination de l'abbé Bexon à son insu. On ne peut rendre la douce jouissance de M. le comte, qui avait fait en même temps deux heureux, et les sentiments de surprise et de reconnaissance de l'abbé Bexon, touché jusqu'aux larmes d'un bienfait aussi généreux que délicat. Ce tableau fut réellement aussi noble qu'attendrissant.

« Un soir, quelques jours après sa nomination à cette nouvelle dignité, l'abbé Bexon, qui dînait au Jardin du Roi, quitta la table au milieu du repas, en s'excusant sur ce qu'il ne pouvait rester davantage. « Qu'avez-vous donc, lui demanda M. de Buffon? Êtes-vous indisposé? — « Non, monsieur le comte, répondit le grand chantre, mais je suis « convoqué pour une grande solennité qui a lieu chaque année dans

« la Sainte-Chapelle et dont je ne connais pas encore l'objet ; à mon
« retour, je vous en dirai les détails. »

« Le surlendemain, l'abbé Bexon et sa sœur dînaient à l'hôtel ; il
n'y avait à table que M. le comte, son fils et moi. « Eh bien, mon-
« sieur Bexon, dit M. de Buffon, quelle était donc cette cérémonie qui
« vous a si subitement éloigné de nous l'autre soir ? est-ce elle qui vous
« préoccupe encore aujourd'hui ? C'était donc quelque chose de bien
« extraordinaire ? — Très-extraordinaire, en effet, répondit l'abbé en
« levant les mains au ciel! Il est inconcevable, monsieur le comte,
« qu'au dix-huitième siècle, dans un temps de lumières, à Paris, se
« perpétuent certains usages destinés à donner, dans le peuple, plus
« de crédit à une religion à laquelle devraient répugner de semblables
« moyens. Lorsque j'arrivai à la Sainte-Chapelle, les portes étaient
« fermées, les chanoines occupaient les stalles du chœur ; l'autel et les
« saints étaient voilés. Une troupe d'hommes en haillons parcourait la
« Sainte-Chapelle en hurlant et en faisant d'étranges contorsions ; ils
« frappaient le sol de leurs pieds et se heurtaient la tête aux murs.
« » Ce tapage, entendu au dehors, ne manque jamais d'occasionner un
« grand rassemblement que la police n'a point ordre de dissiper ; puis,
« soudain le calme succède au bruit, les portes s'ouvrent et les gens
« du dehors se précipitent dans l'intérieur de l'édifice. A ce moment,
« tous les *diaboliques* sont agenouillés sur une longue file ; un cha-
« noine leur adresse une allocution et les invite à se féliciter du mira-
« cle qui vient de chasser le mauvais esprit dont ils étaient possédés.
« Les chanoines se lèvent, d'abondantes aumônes sont distribuées au
« peuple, et la comédie est jouée. En quittant le chœur, quelques cha-
« noines, que je ne connaissais pas, s'approchèrent de moi et m'avouè-
« rent, à voix basse, qu'ils étaient honteux d'avoir joué un rôle dans
« une semblable comédie. »

On trouve dans les Mémoires de Bachaumont (15 avril 1770) un
compte rendu à peu près semblable de cette étrange cérémonie.

Note 2, p. 154. — La princesse Christine de Saxe était alors abbesse
de Remiremont. C'était un des chapitres nobles les plus sévères pour
l'admission des preuves, et auquel peu de maisons souveraines avaient
droit de prétendre. L'abbesse étant morte en 1786, le chapitre voulut
élire Madame Élisabeth de France, dont les goûts pour la vie religieuse
avaient été vainement combattus, et qui avait annoncé la formelle intention de se retirer du monde. La sœur du Roi refusa, et Mlle de Condé,
sur sa proposition et avec l'agrément de Louis XVI, fut élue à sa place.

Note 3, p. 154. — L'abbé Bexon était né à Remiremont, dans la partie la plus pittoresque des Vosges. François de Neufchâteau, son compatriote et son ami, célèbre ainsi, dans son poëme des *Vosges*, la mémoire du collaborateur de Buffon :

> Pourrais-je t'oublier, homme aimable et profond,
> Ami de mon enfance, élève de Buffon,
> Qui fus digne, sous lui, de peindre la nature,
> Qui voulus avec moi chanter l'agriculture,
> Aux arts, à tes amis, à ta mère enlevé,
> Et de ta gloire, hélas! avant le temps privé?
> C'était toi, cher Bexon...! ô destin déplorable!...
> Pour les Vosges, surtout, ô perte irréparable!
> Il eût peint son pays. Il l'aurait fait aimer....

### CCC

Note 1, p. 155. — La comptabilité du Jardin du Roi était tenue par Buffon lui-même. Il apportait dans la gestion des intérêts du Cabinet l'ordre et le soin qu'il mettait dans l'administration de sa fortune particulière.

Lorsque les grands travaux entrepris au Jardin du Roi eurent augmenté d'une manière considérable les dépenses de cet établissement, Buffon continua cependant à s'occuper seul d'une gestion devenue fort compliquée.

Je possède un certain nombre de cartons, où se trouvent classés, dans l'ordre où Buffon les a rangés lui-même, les diverses pièces et mémoires de cette comptabilité.

Chaque article forme un dossier séparé. Pour donner une idée exacte de l'ordre que Buffon apportait à toutes choses et montrer comment il réglait les affaires du Cabinet d'Histoire naturelle, je transcrirai ici une des pièces de sa comptabilité, prise au hasard.

Il s'agit de l'achat d'un singe et de divers objets de curiosité.

Sur la couverture qui renferme les pièces relatives à ces acquisitions Buffon a écrit de sa main :

Dépense particulière pour le Cabinet.
Années 1747 et 1749,
2700 liv.

Sous ce titre se trouvent rangées les pièces suivantes :
1º Une note de la main de Buffon :

« Il a été expédié en 1747 une ordonnance de 1200 livres en mon nom, pour l'achat du singe d'Angole.

« La pièce justificative de cet emploi de 1200 livres est la quittance ci-jointe du sieur Nonfoux, propriétaire du singe. »

Suit la quittance :

« J'ai reçu de M. de Buffon, intendant du Jardin du Roi, la somme de douze cents livres pour le prix d'un animal étranger appelé singe d'Angole, que j'ai livré pour le Cabinet du Jardin du Roi.

« DE NONFOUX.

« A Paris, ce trente et un mai mil sept cent quarante-sept. »

2° Une note également de la main de Buffon et concernant un autre objet ; elle est ainsi conçue :

« Il a été expédié en 1749 une ordonnance en mon nom, de 1500 li-« vres, pour achever de payer des curiosités naturelles achetées pour « le Cabinet. Les pièces justificatives de l'emploi de cette somme de « quinze cents livres sont les deux quittances ci-jointes du sieur de « Romigny, huissier-priseur. »

Suivent les quittances ; la première est conçue en ces termes :

« Je soussigné, Médéric de Romigny, huissier ordinaire des conseils du Roi, reconnais avoir reçu de M. de Buffon, intendant du Cabinet du Roi, au Jardin royal des Plantes, la somme de sept cent cinquante livres à compte de celle de quinze cents livres pour vente et fourniture de curiosités, pour le Cabinet du Roi, jusqu'au premier janvier dernier ; de laquelle somme de sept cent cinquante livres je quitte et décharge d'autant mondit sieur de Buffon, sans préjudice du restant dû.

« ROMIGNY.

« A Paris, ce quatre juillet mil sept cent quarante-neuf. »

Sur un carton qui renferme un grand nombre de pièces rangées dans l'ordre que je viens d'indiquer, Buffon a placé un billet écrit de sa main. Il est ainsi conçu :

« Cette boîte contient les mémoires et quittances des ouvriers qui ont travaillé pour le Jardin du Roi depuis 1749 jusqu'en 1757, et qui n'ont pas été produits pendant le ministère de M. d'Argenson ; tous ces mémoires et quittances peuvent être regardés comme inutiles, à moins qu'on ne recherche mes héritiers sur la dépense dont ils sont les pièces justificatives.

« DE BUFFON.

« Au Jardin du Roi, ce premier juin 1762. »

Si Buffon avait pour habitude de détruire ses manuscrits lorsqu'ils lui étaient devenus inutiles, il conservait au contraire, avec une grande exactitude, les différents papiers qui concernaient soit ses affaires domestiques, soit celles du Jardin du Roi.

Il disait que l'on ne doit conserver aucun papier inutile; autrement, ajoutait-il encore, on s'ensevelirait sous leur nombre.

Pour les affaires d'intérêt il pensait différemment. En effet, je possède un très-grand nombre de papiers de famille, contrats d'échange, contrats de rentes, titres de propriété, qu'il a pris soin de classer lui-même; quelques-uns, et notamment les titres fort nombreux des seigneuries de Montbard et de Buffon, sont en entier copiés de sa main.

## CCCI

Note 1, p. 156. — Buffon achetait peu pour le Cabinet du Roi, et cependant il enrichissait chaque jour les galeries. De nombreuses collections formées par les particuliers, alors que le goût de l'histoire naturelle s'était répandu dans toutes les classes, lui furent offertes; et ce fut plutôt pour rendre hommage à son génie qu'en vue d'augmenter les richesses de l'établissement confié à ses soins.

On serait étonné du peu d'importance des sommes que coûtèrent au gouvernement les belles collections du Cabinet d'Histoire naturelle. Buffon avait engagé le ministre, dans le département duquel se trouvait le Jardin, à délivrer des brevets de *Correspondant du Cabinet du Roi*. (Voy. la note 1 de la lettre XXII, t. I, p. 235.) C'était une institution toute nouvelle et dont Buffon eut l'idée, qui mettait au service des progrès de la science un des plus puissants mobiles, la vanité. On ne saurait croire combien cette idée fut féconde, et quels services cette institution a rendus à l'histoire naturelle. Le brevet de Correspondant du Jardin du Roi devint bientôt un titre à la mode parmi les hommes qui s'occupaient de sciences naturelles, et fut recherché des voyageurs et des savants. Le Cabinet dut à ses correspondants un grand nombre de morceaux rares et précieux. Buffon, fort en crédit près des ministres, obtint en outre, à plusieurs reprises, des sommes importantes destinées à subvenir aux frais de voyages lointains entrepris dans un but scientifique, et dont les découvertes vinrent encore enrichir le Cabinet. La plus grande partie des collections du Muséum d'Histoire naturelle, on ne saurait trop le répéter à la gloire de Buffon, se compose de dons particuliers qui lui étaient faits par les souverains étrangers, les naturalistes et les voyageurs de toutes les nations. Les envois qui, à diverses époques, lui fu-

rent expédiés de Russie, comme un hommage de l'impératrice Catherine, forment à eux seuls une série de collections importantes, et ont
une valeur considérable. La véritable cause du rapide accroissement
des collections du Jardin du Roi, ce fut la gloire de Buffon; son nom
fit plus pour la prospérité de cet établissement que la faveur des ministres et les générosités de l'État.

## CCCII

Note 1, p. 157. — Charles-Henri de Feydeau, marquis de Brou, fut
nommé intendant de la province de Bourgogne en 1780, à la place de
M. Dupleix, appelé à une charge de conseiller d'État. Il géra les intérêts de la province jusqu'en 1783, époque à laquelle il fut remplacé par
Antoine-Léon Amelot de Chaillou, dont le père, ancien ministre du
Roi, avait été lui-même intendant de Bourgogne de 1764 à 1774. Le
marquis de Brou quittait l'intendance du Berry, où il avait su mériter
tous les suffrages et s'attirer toutes les sympathies. En Bourgogne il
en fut de même, et, lorsqu'il quitta l'administration de la province, il
fut universellement regretté. Les députés des États de Gex et de Bugey
voulurent tenir sur les fonts de baptême l'enfant dont Mme de Brou venait d'accoucher. Son successeur, homme léger, ancien maître des requêtes, qui avait fait parler de lui à Paris par diverses aventures, fit encore
mieux sentir la perte éprouvée par la province, le jour où le marquis
de Brou la quitta pour l'intendance importante de la Basse-Normandie.
L'Académie de Dijon le comptait au nombre de ses membres depuis le
20 juillet 1780. M. le comte de Vesvrotte a bien voulu rechercher, parmi
les manuscrits du président de Ruffey, la pièce dont parle Buffon;
elle n'a pu être retrouvée.

## CCCIV

Note 1, p. 158. — Ce fut après son retour de Russie, et pendant
le séjour qu'il fit à Montbard, près de son père, que le jeune comte
de Buffon fut reçu, en sa qualité de gouverneur de cette ville, par le
maire, M. Daubenton, neveu du naturaliste. Les archives de la ville
renferment les procès-verbaux de cette réception et les discours qui
y furent prononcés par le maire. Ils témoignent de l'affection que les
habitants de Montbard portaient à une famille qui avait illustré leur
cité, et qui chaque jour leur donnait de nouvelles preuves de sa bienfaisance et de sa libéralité.

EXTRAIT DES REGISTRES DES DÉLIBÉRATIONS DE LA CHAMBRE DE CONSEIL ET DE POLICE DE L'HÔTEL DE VILLE DE MONTBARD.

« Du vingt-trois février mil sept cent quatre-vingt-trois.

« M. Daubenton, maire, a représenté à la chambre qu'il avait appris que M. le comte de Buffon fils, nommé par Sa Majesté, depuis mil sept cent soixante-huit, au gouvernement de cette ville, était de retour d'un voyage qu'il vient de faire chez Sa Majesté l'impératrice de toutes les Russies, et que, ce seigneur se proposant de se faire recevoir, il convenait d'aller le complimenter sur son heureux retour, ainsi que M. son père, lui présenter les vins d'honneur et lui demander le jour qu'il désirait se faire reconnaître en sa qualité de gouverneur.

« Sur quoi la chambre, ouï le procureur du Roi syndic en ses conclusions, a délibéré qu'elle s'assemblerait en corps cejourd'hui sur les quatre heures, à l'hôtel de ville, pour aller complimenter ledit seigneur comte de Buffon fils, que ledit sieur maire portera la parole et qu'il lui sera présenté douze bouteilles de vin de Bourgogne et que l'on fera tirer le canon. Signé sur le registre : DAUBENTON, maire ; GUÉRARD l'aîné et CHARBUY, échevins, GUÉRARD-DEVIVIER, procureur du Roi syndic, et PION, secrétaire.

« Dudit jour.

« La chambre étant de retour de sa visite chez M. le comte de Buffon, pour donner des marques de son attachement à ce seigneur, a délibéré que le compliment qui lui a été fait par M. Daubenton, maire, sera transcrit à la suite de la présente délibération, ainsi que celui adressé à son père. Et sur l'avis que M. le comte de Buffon lui a donné que son intention était de se faire reconnaître en sa qualité de gouverneur de cette ville mardi prochain quatre mars, il a été délibéré que ladite chambre s'assemblerait ledit jour sur les onze heures du matin, et qu'il sera fait une députation de deux membres de la chambre audit seigneur, pour le prier de se rendre audit hôtel de ville et l'y accompagner. »

*Suit la teneur du compliment fait à MM. de Buffon.*

« Monsieur le gouverneur,

« Interprètes des sentiments des habitants de cette ville, nous venons vous offrir l'hommage de leur respect et leurs félicitations sur votre heureux retour.

« Après avoir partagé les alarmes du plus tendre des pères, nous venons partager sa joie et la vôtre.

« Vous avez entendu retentir son nom à jamais illustre dans tous les climats que vous avez parcourus, dans toutes les cours que vous avez visitées. Partout vous avez joui de sa gloire ; venez, monsieur, jouir de sa tendresse et lui procurer des jouissances plus délicieuses que celles de la gloire dont il est rassasié. Il ne le sera jamais du sentiment dont il est rempli pour vous, monsieur, ni de celui que dans ce moment vos regards lui expriment d'une manière si intéressante.

### A M. le comte de Buffon père.

« Et vous, illustre philosophe, le Pline de nos jours, vous dont la philosophie est bien loin de regarder le sentiment comme une faiblesse, permettez-nous de venir avec le plus vif empressement unir la joie publique à votre joie paternelle. Jouissez longtemps du bonheur d'avoir un fils digne de vous ; jouissez longtemps de la noble et douce satisfaction de suivre tous les développements de son âme belle et grande et d'un ordre vraiment supérieur, à en juger par les auteurs de ses jours ; jouissez longtemps, monsieur le comte, de l'admiration de tous les habitants de cette ville qui s'enorgueillit d'être votre patrie, de la France qui s'honore de ce que vous êtes Français, du globe entier que vos étonnantes découvertes ont tiré une seconde fois du chaos et dont vous avez su vous faire à vous-même un monument éternel, le seul digne de votre grand génie, le seul qui puisse à jamais durer autant que votre gloire. »

« Du quatre mars mil sept cent quatre-vingt-trois.

« La chambre, assemblée en exécution de sa délibération du 23 février dernier, a députe MM. Guérard l'aîné et Charbuy, échevins, afin de se rendre à l'hôtel de M. le comte de Buffon, Intendant du Jardin du Roi, pour prier M. le comte de Buffon, son fils, de vouloir bien se rendre avec lesdits sieurs députés en cet hôtel.

« Et à l'instant M. Georges-Louis-Marie Leclerc fils, comte de Buffon, officier dans le régiment des gardes françaises, s'étant rendu en cet hôtel, accompagné de M. Pierre-Alexandre Leclerc, chevalier de Buffon, lieutenant-colonel d'infanterie, major du régiment de Lorraine, chevalier de l'ordre royal et militaire de Saint-Louis, son oncle paternel ; de M. Antoine-Ignace chevalier de Saint-Belin, chevalier de l'ordre royal et militaire de Saint-Louis, ancien capitaine au régiment de Navarre, son oncle maternel ; de M. Georges-Louis-Nicolas vicomte de Saint-Belin, officier au régiment de dragons de Bourbon, son cousin germain, et de M. Benjamin-Edme Nadault, conseiller au parlement de Bourgogne, son oncle, ledit sieur comte de Buffon a représenté une quittance de finance de l'office de gouverneur de ladite ville, en date

du vingt-six novembre 1766, signée *Bertin*, enregistrée au contrôle général des finances, le dix-huit août suivant ; les lettres de provisions
dudit office à lui accordées par Sa Majesté, données à Versailles le
vingt-un janvier mil sept cent soixante-huit, signé *Louis*, et sur le
replis *Phelyppeaux*, dûment enregistrées et scellées ; les lettres de dispenses de prêter serment du même jour, le tout dûment en forme,
desquelles lettres, et après lecture d'icelles, ledit seigneur comparant a
requis l'enregistrement.

« Sur quoi la chambre, ouÿ le procureur du roi syndic en ses conclusions, a donné acte de la représentation que fait M. le comte de
Buffon fils desdites lettres patentes qui le nomment gouverneur de
cette ville, lesquelles seront ci-après registrées, pour être exécutées
suivant leur forme et teneur, le faisant jouir des honneurs et priviléges attachés à ladite place. En conséquence, la chambre a reconnu et
reconnaît ledit seigneur comte de Buffon fils pour gouverneur de ladite
ville de Montbard, l'en a complimenté, a fait tirer le canon et a ordonné
à tous les habitants de cette ville et autres justiciables de le reconnaître pour gouverneur et que le compliment fait audit seigneur comte
de Buffon sera ci-après registré.

« Signé sur le registre : DE BUFFON, officier au régiment des gardes
françaises ; le chevalier DE SAINT-BELIN ; le chevalier DE BUFFON ;
NADAULT ; le vicomte DE SAINT-BELIN ; DAUBENTON, maire ; GUÉRARD
l'aîné et CHARBUY, échevins ; GUÉRARD-DEVIVIER, procureur du Roi
syndic, et PION, secrétaire. »

« Compliment fait à M. le comte de Buffon fils, et dont l'enregistrement a été ordonné par la délibération ci-dessus.

« Monsieur le gouverneur,

« La ville de Montbard, déjà illustrée par votre nom, a reçu une nouvelle illustration lorsqu'une mère de la plus haute naissance, qui ne
fut, hélas ! qu'un moment l'objet de notre admiration, et qui sera
l'objet éternel de nos regrets, vous donna le jour dans ses murs.

« Vos belles qualités, monsieur, attestées par vos succès brillants
dans les cours de l'Europe, annoncent, dès votre aurore, que vous
saurez soutenir un si beau nom et représenter dignement une telle
mère, un tel père ; elles nous annoncent que vous n'êtes entré dans la
carrière militaire que pour y rencontrer un oncle respectable, pour
concourir avec cet excellent guide à décorer le nom de Buffon de tous
les genres de gloire, de toutes les espèces de palmes et de lauriers ;
enfin, que tous les titres honorables que vous réunissez à jamais,
et en particulier celui de gouverneur de cette ville, seront pour vous

autant d'occasions d'exercer deux grandes vertus, la justice et la bienfaisance ; de mériter tous les respects et de vous attacher tous les cœurs.

« Signé: PION. »

Note 2, p. 159. — Buffon aimait qu'on admirât avec lui les passages dont il était content. L'addition dont il parle est l'espèce d'introduction qui commence le chapitre du *Soufre (Histoire des minéraux).* « La nature, y est-il dit, indépendamment de ses hautes puissances auxquelles nous ne pouvons atteindre, et qui se déploient par des effets universels, a de plus les facultés de nos arts, qu'elle manifeste par des effets particuliers ; comme nous, elle sait fondre et sublimer les métaux, cristalliser les sels, tirer le vitriol et le soufre des pyrites, etc. Son mouvement plus que perpétuel, aidé de l'éternité du temps, produit, entraîne, amène toutes les révolutions, toutes les combinaisons possibles. Pour obéir aux lois établies par le souverain Être, elle n'a besoin ni d'instruments, ni d'adminicules, ni d'une main dirigée par l'intelligence humaine ; tout s'opère, parce qu'à force de temps tout se rencontre, et que, dans la libre étendue des espaces et dans la succession continue du mouvement, toute matière est remuée, toute forme donnée, toute figure imprimée ; ainsi tout se rapproche ou s'éloigne, tout s'unit ou se fuit, tout se combine ou s'oppose, tout se produit ou se détruit par des forces relatives ou contraires, qui seules sont constantes, et se balançant sans se nuire, animent l'univers et en font un théâtre de scènes toujours nouvelles et d'objets sans cesse renaissants. »

Note 3, p. 159. — Les volumes de l'Histoire naturelle qui renferment l'*Histoire des minéraux* parurent de 1783 à 1788.

Mme Necker écrivait à Buffon au sujet de cette partie de ses ouvrages: « J'attends aussi avec impatience votre ouvrage sur les minéraux, non que j'aie le moindre doute sur son succès, car j'ai appris à considérer les travaux de votre génie comme ceux de la nature ; je n'en juge plus que par analogie. De cette hauteur de pensée où vous êtes parvenu, vous ne pouvez rien dire qui ne nous étonne. Jamais, jusqu'à présent, je n'avais regardé la matière morte avec intérêt ; et il me semble que vous allez m'ouvrir, dans ce palais de l'univers, des trésors qui m'étaient encore inconnus. Pour les esprits communs, la nature animée est la seule qui existe, car ils ne voient que les rapports prochains ; mais pour le grand homme, tout pense parce que tout produit sa pensée, et qu'il la fait jaillir de tous les objets. J'entrerai donc avec transport dans les routes bien éclairées de votre grand et beau système, et j'admirerai tous les monuments d'éloquence que vous érigez dans des terres inconnues, beaux titres de possession que personne n'osera jamais vous disputer.... Puissiez-vous respirer en liberté dans votre tour enchantée ! Puisse mon image se mêler quelquefois aux grandes idées qui vous occupent, comme ces ombres légères qui venaient suspendre la marche du grand Hercule, lorsqu'il descendait aux enfers pour accomplir un de ses travaux immortels, et lorsqu'il voulait contraindre les prodiges de ce centre du monde à se montrer aux hommes et à recevoir la lumière du jour ! » (*Mélanges*.)

Note 4, p. 159. — Le *Traité de l'Aimant* est le dernier ouvrage de Buffon ; il parut en 1788, fort peu de temps avant sa mort, et ne fut pas imprimé à l'Imprimerie royale, comme l'Histoire naturelle. Aussi dut-il être soumis à la censure, les seuls livres sortis de l'Imprimerie du Roi en étant exempts. L'approbation du censeur est à la date du 28 mars, et Buffon mourut le 16 avril suivant. Cet ouvrage, qui termine l'*Histoire des minéraux*, peut donc être regardé comme la dernière page de son œuvre et la dernière création de son esprit. Lorsqu'on se représentera que la vieillesse de Buffon fut traversée par d'atroces souffrances, qu'en outre il avait quatre-vingts ans et portait le poids d'une longue vie entièrement consacrée à de fatigantes études, on s'étonnera de trouver encore autant de force de raisonnement et de puissance d'imagination dans cette suprême production d'une intelligence que n'ont pu épuiser ni la maladie, ni le grand âge, ni les longs travaux. « M. de Buffon, dit Mme Necker, acquérait tous les jours, parce qu'il ajoutait tous les jours des idées aux siennes ; M. de Voltaire n'était plus qu'un faible écrivain sur la fin de sa vie, car n'ayant écrit qu'avec son imagination, les idées qu'il avait alors n'étaient plus qu'une ombre de celles qu'il avait eues dans sa jeunesse. » (*Mélanges*, t. III, p. 35.)

## CCCVI

Note 1, p. 160.—Louis-Auguste Le Tonnelier de Breteuil venait de succéder à Amelot de Chaillou dans la charge de ministre de la Maison du Roi, qu'il occupa jusqu'au mois de juillet 1788, c'est-à-dire pendant les dernières années de la vie de Buffon. C'était du ministre de la maison du Roi que relevait l'administration du Jardin des Plantes. On verra dans les lettres qui vont suivre (Voy. notamment la lettre cccLxvii, p. 227) que Buffon eut toujours à se louer du baron de Breteuil, et quelle confiance il lui accordait.

Note 2, p. 160. — Buffon lui-même, malgré ses habitudes monar-
chiques et ses goûts de gentilhomme, ne peut se soustraire à l'influence des idées de son temps. C'est *au nom de la nation* qu'il remercie M. de Breteuil des agrandissements dont le Jardin du Roi vient de
profiter. Il ne faut pas oublier que Turgot, Malesherbes et Necker
avaient, pendant leur ministère, encouragé l'esprit de réforme et
préparé l'avénement *de la nation.*

Note 3, p. 161. — La faveur sollicitée par Buffon fut accordée, et
l'abbé Delaulne, en récompense de ses démarches intelligentes et de
son dévouement aux intérêts du Jardin du Roi, qui du reste se con-
ciliaient parfaitement avec ceux de l'abbaye Saint-Victor, reçut le titre
purement honorifique d'abbé régulier *in partibus* de Bremkrem.

Note 4, p. 161. — L'abbé Delaulne, qui avait secondé Buffon
de tout son pouvoir dans ses projets pour l'agrandissement du Jardin du Roi (Voy. la note 5 de la lettre CCLIX, p. 355), eut à
lutter contre sa communauté entière. On ne saurait imaginer aujour-
d'hui ce qu'il fallut de soins, de négociations et de prévenances,
pour faire décider en principe que les terrains appartenant à l'abbaye pouvaient être échangés, que des biens de mainmorte pouvaient
être déplacés. Dans les longues négociations relatives à ce grand projet de Buffon, et dont sa correspondance avec Thouin conserve la
trace, on peut voir combien il comptait sur l'appui de l'abbé Delaulne, dont l'opinion était consultée chaque fois qu'une démarche
nouvelle était faite ou qu'un obstacle imprévu venait à se présenter.

## CCCVIII

Note 1, p. 162. — Ce projet renferme la première idée de la rue qui
fut ouverte dans la suite sur les terrains achetés par Buffon, et qui porte
aujourd'hui son nom. « Depuis que Monsieur, frère du Roi, dit l'auteur du projet, s'est déterminé à habiter son palais du Luxembourg,
au grand contentement des habitants de la capitale, et que le Théâtre-
Français en a été rapproché, grand nombre de bourgeois, ne se trouvant plus en état de supporter l'augmentation survenue des loyers des
maisons circonvoisines, cherchent à se rapprocher du faubourg Saint-
Marcel, même près du Jardin du Roi, où les loyers sont moins chers....
Cette nouvelle rue, ainsi alignée, aboutissant du Levant près de l'hôtel
de M. le comte de Buffon, pourrait être nommée en conséquence la rue

de Buffon, nom respectable et à jamais mémorable par les rares qualités et les ouvrages immortels de celui qui le porte. »

## CCCIX

Note 1, p. 163. — Les eaux de Contrexeville, dont on connaît parfaitement aujourd'hui les effets salutaires sur les affections de la vessie.

Note 2, p. 163.— Le chevalier baronnet sir Joseph Banks, président de la Société royale de Londres, naquit le 13 décembre 1743 et mourut le 19 mai 1820. En 1763, il fit un premier voyage à Terre-Neuve. En 1768, il accompagna le capitaine Cook dans son voyage autour du monde et revint, en 1771, en Angleterre, où il rapporta des richesses sans nombre. Lors du second voyage de Cook, il voulut de nouveau s'embarquer avec lui; mais ce dernier lui montra un tel mauvais vouloir, qu'il dut renoncer à son projet. Banks entreprit alors à ses frais un voyage scientifique dans le nord de l'Europe. Quelques années plus tard, il envoya un vaisseau à la recherche de La Pérouse, et fit de grands sacrifices d'argent pour parvenir à connaître le sort du navigateur français.

## CCCX

Note 1, p. 165. — François-Valentin Mulot, né en 1749, mort en 1804, était docteur en théologie et bibliothécaire de Saint-Victor. En 1792 il devint membre de l'Assemblée législative. Pendant la Terreur, il se retira à Mayence, où il fit un cours de littérature. On doit à l'abbé Mulot quelques bons ouvrages et quelques consciencieuses recherches sur nos vieux auteurs. Pourquoi s'est-il oublié jusqu'à écrire l'*Almanach des sans-culottes*, ignoble pamphlet publié à Paris en 1794?

Note 2, p. 165. — Le marquis de Nicolaï, propriétaire du château de Bercy, qui est encore aujourd'hui entre les mains de sa famille.

Note 3, p. 165.—Jean-Charles-Pierre Lenoir, né en 1732, mort en 1807, fut intendant de Limoges en 1765. En 1774, il devint lieutenant général de police et exerça cette charge jusqu'en 1783. M. de Crosne, intendant de Rouen, fut son successeur. En 1775, M. Lenoir avait été nommé conseiller d'État; il fut, en cette qualité, rapporteur du procès intenté au procureur général La Chalotais. Il fut, en outre, président de la commission des finances et bibliothécaire du Roi. Gueneau de Mont-

beillard, qui connut par Buffon le lieutenant de police, dit dans une
de ses lettres (11 janvier 1773) : « Je suis très-content des jeunes gens
et des Lenoir; c'est là où l'on trouve le tableau intéressant d'une
famille bien unie. »

Note 4, p. 166. — On creusa, par ordre de Buffon, un bassin carré
destiné à recevoir des plantes aquatiques. La Seine, dont le niveau
était plus élevé, devait suffire à son alimentation. Depuis longtemps on
sentait la nécessité d'une création de ce genre, et en 1739 le président
de Brosses écrivait de Padoue : « Il y a dans le grand jardin des pièces
d'eau pour les plantes aquatiques, ce qui manque à celui de Paris.
Quant aux serres, c'est fort peu de chose, surtout pour ceux qui ont
vu celles de Paris. » Le bassin destiné par Buffon aux plantes aquatiques
ne rendit pas les services qu'on en avait attendus, et il ne tarda pas à
être supprimé. On voit encore dans les parterres du Muséum la place
qu'il occupait; elle est désignée aujourd'hui sous le nom de *carrés
creux* et ne forme plus qu'un bassin de verdure. Les plantes aquatiques
ont été reléguées à l'extrémité des écoles de botanique ; elles terminent la riche collection des plantes entretenues au Muséum.

Note 5, p. 166. — Il s'agit de la principale entrée du Jardin, qui
ouvre sur le quai d'Austerlitz et qui subsiste encore aujourd'hui telle
que Buffon l'a fait construire. On sait quel agréable coup d'œil présente de ce point de vue l'aspect du Muséum. Ces deux grandes
allées de tilleuls, plantées par Buffon en 1740, encadrent de leurs
ombrages les bâtiments de l'ancienne Intendance. Dans l'espace demeuré libre entre ces deux avenues se groupent les diverses collections des plantes et des arbustes tant nationaux qu'étrangers, qui
forment entre elles d'agréables massifs de verdure, sans masquer l'harmonieuse perspective des bâtiments.


## CCCXI

Note 1, p. 167. — Voici les vers que Gueneau de Montbeillard adressa
à Buffon au sujet du tremblement de terre dont ce dernier rend compte
à l'abbé Bexon :

### LE PUBLIC ET LE GLOBE.
(Dialogue.)

#### LE PUBLIC.
Globe que Buffon fit connaître,
A qui Buffon sembla donner un nouvel être,
Tandis que du gravier sourdement tourmenté,

Paisible en son fauteuil que la gloire environne,
Au flambeau de la vérité,
Ce second créateur t'achève et te façonne,
Tu manques sous ses pas, et ta témérité
Ébranle sans égards ce fauteuil respecté !

LE GLOBE.

Ami, c'est malgré moi que je suis agité;
Tel un coursier fougueux frémit, tremble et frissonne,
Sous l'écuyer qui l'a dompté !

Note 2, p. 167. — On commençait à parler du magnétisme, et cette science, à laquelle le docteur Mesmer devait, quelques années plus tard, donner une si prodigieuse célébrité, était alors à peine connue. Buffon, rapportant dans son *Traité sur l'Aimant* les premières expériences qui venaient d'être faites, en parle fort brièvement et en ces termes : « Les deux forces électriques et magnétiques ont été employées séparément, avec succès, pour la guérison ou le soulagement de plusieurs maux douloureux. Quelques physiciens, particulièrement M. Mauduit, de la Société royale de médecine, ont guéri des maladies par le moyen de l'électricité, et M. l'abbé Le Noble, qui s'occupe avec succès, depuis longtemps, des effets du magnétisme sur le corps humain et qui est parvenu à construire des aimants artificiels beaucoup plus forts que tous ceux qui étaient déjà connus, a employé très-heureusement l'application de ces mêmes aimants pour le soulagement de plusieurs maux. » Mme Necker rapporte que l'abbé Le Noble remit à Buffon un aimant artificiel du poids de seize livres, qui pouvait en porter deux cent cinquante.

Note 3, p. 168. — Jean-Baptiste-Joseph Gentil, colonel d'infanterie, chevalier de Saint-Louis, né le 25 juin 1726, mort le 15 février 1799, servit dans l'Inde contre les Anglais. A son retour en France, il fit don à la Bibliothèque et au Cabinet du Roi d'une riche collection tant en médailles qu'en objets d'histoire naturelle : on lui avait offert, en Angleterre, 120 000 roupies (300 000 francs) de sa collection. Il repartit bientôt pour l'Inde avec le titre de résident français près de la cour d'Aoude, et revint en France en 1778. Il avait rapporté de son second voyage de nouvelles richesses, qu'il offrit, comme la première fois, et avec le même désintéressement, au Cabinet d'Histoire naturelle. Son fils, qui partagea les goûts de son père pour les sciences, a publié en 1814 l'histoire de sa vie sous ce titre : *Précis sur J.-B.-J. Gentil, ancien colonel d'infanterie,* etc.

## CCCXII

Note 1, p. 168. — Caumartin était prévôt des marchands depuis la retraite de Bignon. Lepelletier de Morfontaine fut son successeur.

Note 2, p. 168. — Moreau était ingénieur en chef chargé du service de la ville de Paris.

## CCCXIII

Note 1, p. 169. — Voy. sur ce personnage la note 7 de la lettre ccxxxiii, p. 331.

Note 2, p. 169. — On lit dans la Correspondance de Grimm (t. XI, p. 449), au sujet de ce voyage de Fontainebleau : « La cour est à Fontainebleau depuis le 9 de ce mois (septembre 1783). Le nombre des nouveautés que l'on se propose de donner pendant ce voyage, le rendront un des plus brillants qu'on ait vus depuis longtemps. Nous nous bornerons à avoir l'honneur de vous rendre compte du succès de ces divers ouvrages sur le théâtre de la cour, et nous n'en ferons l'analyse que lorsque le public les aura jugés sur le théâtre de la capitale. Paris se plaît souvent à réformer les jugements de la cour en matière de goût; on l'a dit, il y a longtemps : « Fontainebleau est le « Châtelet, et le parterre de Paris est le Parlement, qui casse souvent « ses sentences. » L'embarras et le peu d'ensemble qui règnent en général dans une première représentation, les acteurs surchargés de rôles dans ces voyages, peu sûrs de leur mémoire et intimidés par l'assemblée imposante devant laquelle ils jouent, tout invite à ne jamais juger ces nouveautés d'après les représentations de la cour. » Être joué devant la cour était un honneur fort recherché alors. Avant le voyage, le premier gentilhomme de la Chambre dressait la liste des ouvrages qui seraient représentés pendant le séjour du Roi à Fontainebleau, et on ne saurait croire combien d'intrigues et de moyens de crédit étaient mis en mouvement par les auteurs de pièces nouvelles, jaloux d'obtenir la faveur d'une représentation à la cour. Deux choses surtout rendaient cette faveur désirable. Presque toujours le Roi accordait aux auteurs des ouvrages représentés à Fontainebleau des gratifications importantes; ensuite, privilége bien autrement précieux, un ouvrage représenté à la cour n'était plus assujetti à l'ordre du répertoire ordinaire et pouvait être joué immédiatement à Paris. Autrefois, par respect pour le Roi, on écoutait dans le plus profond silence, sans jamais applaudir. Marie-Antoinette supprima cette étiquette, et il fut permis aux spectateurs de témoigner leur approbation.

## CCCXV

Note 1, p. 170. — L'abbé Bexon ne survécut que peu de temps à son père qu'il chérissait; il mourut l'année suivante, à peine âgé de trente-six ans. Les Mémoires de Bachaumont, à la date du 3 avril 1784, font de lui ce court éloge : « M. l'abbé Bexon, grand chantre de la Sainte-Chapelle, mort le 5 février dernier, était un philosophe économiste, auteur de plusieurs ouvrages en ce genre, tels que : le *Système de la Fertilisation*, le *Catéchisme de l'Agriculture*, l'*Histoire de Lorraine*, etc. Il est plus particulièrement connu comme associé aux travaux de M. Buffon, pour la partie de l'Histoire naturelle concernant les oiseaux, et il en a si parfaitement imité le style, que bien des gens s'y trompent et le croient une continuation du même écrivain. »

Note 2, p. 171. — Le jeune comte de Buffon n'était cependant pas fort à plaindre. Je trouve sur le livre de dépenses de Buffon, déjà cité, et portant pour titre : *Livre manuel contenant les charges annuelles de ma maison, tant pour les gages de mes domestiques que pour les redevances, rentes, impôts, etc.*, année 1787, à la page 38, l'énonciation suivante : « Je donne à mon fils 4500 livres par quartier, ce qui fait 18 000 livres par an, et, de plus, je lui donne 11 000 livres en un seul payement au commencement de chaque année, et Mme la marquise de Castera lui donne 2000 livres par chacun an et par quartier, ce qui fait en tout 31 000 livres. » A quoi il faut ajouter les émoluments attachés à sa place de capitaine de remplacement dans le régiment de Chartres et aux charges de lieutenant des chasses de la capitainerie de Fontainebleau et de gouverneur de Montbard, évalués ensemble à 8000 livres; en tout 39 000 livres de rentes, et le logement, ainsi que sa nourriture et celle de ses gens dans la maison de son père. » Il commençait la vie sous de riants auspices; pour lui comme pour tant d'autres, elle ne tint pas ses promesses. Sa fin tragique et prématurée, les épreuves de toute nature qui fondirent sur lui, après la mort de son père, vinrent lui apprendre que c'est le plus souvent lorsqu'il s'est évanoui, que l'homme sent le prix d'un bonheur dont il n'a pas su jouir!

## CCCXVI

Note 1, p. 172. — Buffon, inquiet de la santé de son fils, avait fait demander par M. de Tolozan au maréchal de Biron un congé que ce dernier accorda en ces termes :

« Paris, le 22 août 1783.

« Je n'avais pas besoin, monsieur, du certificat des médecins que vous m'envoyez pour me disposer à accorder à M. de Buffon le congé que vous me demandez pour lui. Il me suffit de ce que vous m'en dites et de l'intérêt que vous y prenez. Je sais qu'il a été très-malade, et je consens d'autant plus volontiers qu'il aille passer trois mois auprès de M. son père, que c'est un bon sujet et que je désire le rétablissement de sa santé. Je profite avec bien du plaisir de cette occasion pour vous assurer des sentiments avec lesquels j'ai l'honneur d'être, monsieur, votre très-humble et très-obéissant serviteur.

« Le maréchal duc DE BIRON. »

Note 2, p. 172. — La tête vive et le cœur excellent, tels étaient les traits dominants de la nature du fils de Buffon. Il avait pour son père une affection respectueuse et une vénération profonde. D'un autre côté, rien n'est touchant comme la tendresse de Buffon pour son fils. Pendant son voyage en Russie, il fut quelque temps sans recevoir de ses nouvelles. « J'avoue, dit-il à l'abbé Bexon, que l'inquiétude sur le retour de mon fils m'avait ôté le sommeil et la force de penser.» Il avait reporté sur lui la vive tendresse que lui avait inspirée sa jeune femme, morte si prématurément. « Mon père va assez bien et est assez content de sa santé, écrit en 1787 le jeune comte de Buffon à M. de Faujas de Saint-Fond; il me traite avec une bonté et une amitié qui me font mille fois plus de plaisir que tout le reste, et je suis parfaitement heureux. »

## CCCXVII

Note 3, p. 172. — La maladie cruelle dont souffrait Buffon, lui rendait fort pénibles les cahots de la voiture. En 1779, on avait vu le duc d'Orléans mettre à sa disposition une litière, afin qu'il fît sans fatigue le voyage de Paris à Montbard. En 1783, Mme Necker, qui, l'année précédente, avait passé un mois à Montbard, envoya à Buffon une voiture, à l'arrangement intérieur de laquelle elle avait elle-même présidé. Grâce à ces tendres soins d'une prévoyante amitié, Buffon put revenir à Paris sans endurer de trop cruelles souffrances; il sortait cependant d'une crise qui l'avait bien douloureusement éprouvé.

Note 2, p. 172. — Les jardins que Buffon avait créés à Montbard en 1735 ( Voy. la note 3 de la lettre XIII, t. I, p. 217), et dont les grandes dépenses se continuèrent durant plusieurs années, étaient en 1785 dans toute leur beauté. Les arbres des avenues, plantés dans un sol favorable, avaient rapidement pris un grand développement; leur ombre entretenait sur les pelouses une continuelle fraîcheur. Des fleurs en grand nombre étaient distribuées avec art dans les massifs et sur les gazons. Buffon aimait les fleurs, et son jardinier avait reçu l'ordre de les prodiguer dans la décoration de ses jardins. Des massifs de grands arbres, au milieu desquels on voyait une statue, couvraient de leur feuillage des gerbes de fleurs étagées avec art sur des gradins habilement dissimulés, et partout la sombre verdure des arbres se mêlait au riant aspect des fleurs. C'était une grande dépense pour Buffon et une lourde charge pour le budget de sa maison. « C'est ici, disait-il, que je viens dépenser les économies que je fais à Paris, et, pour cela, ajoutait-il en souriant, je n'en suis pas plus mal en cour. »

Dans les jardins de Montbard, deux choses attirent surtout l'attention. Au sommet de la première avenue, se dessine une colonne élancée; les grands arbres la couvrent de leur ombre, et de loin, elle semble destinée à perpétuer quelque funeste souvenir. Elle s'élève au pied de la grande tour, et sur une plaque de marbre on lit l'inscription suivante :

EXCELSÆ TURRI, HUMILIS COLUMNA,<br>
PARENTI SUO FILIUS BUFFON.

1785.

Le fils de Buffon l'avait fait élever durant la convalescence de son père, à la suite d'une crise douloureuse occasionnée par la chute d'un gravier. A sa première sortie, le jour où la promenade fut permise, il y conduisit celui qu'il voulait surprendre. Buffon pleura, et serrant son fils dans ses bras, il lui dit : « Mon fils, cela vous fera honneur ! »

Plus loin, sur la dernière terrasse, au sommet de la montagne, tournée du côté où se lève le soleil, est une solitaire retraite. Là, Buffon a écrit ses plus belles pages, tracé ses plus sublimes tableaux. Parmi les visiteurs illustres qui, soit du vivant de Buffon, soit depuis sa mort, sont venus à Montbard, on a conservé deux noms : celui du prince Henri et celui de Jean-Jacques. Le prince Henr de Prusse, passant devant le cabinet de travail de Buffon, se découvrit avec

respect et salua cette modeste retraite du nom de *Berceau de l'Histoire naturelle;* Rousseau se jeta à genoux et en baisa le seuil. En
1813, une femme, une reine visita les jardins de Buffon.

« En passant à Montbard, dit Mlle Cochelet dans ses Mémoires,
nous allâmes visiter la maison où travaillait le célèbre Buffon. La vue
qui s'étend sur le pays est si monotone, si triste, que la reine dit en
la regardant : « Le génie est une étincelle divine qui n'a sans doute
« besoin que de la vue du ciel pour se développer; mais pour le com-
« mun des hommes, il faut, pour l'inspirer, la vue d'une terre belle
« de ses grandeurs, de ses magnificences et même de ses horreurs. Ce
« lieu me semble fait pour tuer toutes les imaginations. »

Pour moi, rien n'est calme et beau comme cette retraite perdue dans
la sombre verdure des lierres, à moitié cachée par un gigantesque sapin
qui étend au-devant d'elle, comme pour la protéger contre les outrages
du temps, ses bras toujours verts. Sous les branches des grands arbres, qui forment, en se réunissant, des voûtes de verdure, se découvre
un horizon borné, mais d'un aspect frais et riant. Ce ne sont point de
ces immenses perspectives qui plongent la pensée dans la rêverie; ce
sont des coteaux sur lesquels de grands bois jettent leur ombre, des
prairies que fertilise une rivière ombragée par de vieux saules, et
qu'animent de nombreux troupeaux ; dans le lointain, la vue plonge
dans une étroite vallée où se découvrent, abritées par le mouvant ri-
deau des peupliers, des maisons rustiques blanchies à la chaux et un
agreste clocher. Durant les longues heures que j'ai souvent passées
dans cette retraite, oubliant le temps, j'ai toujours pensé qu'en présence de ces calmes tableaux, la pensée devait se trouver à l'aise et
produire sans efforts. »

Outre les noms du prince Henri de Prusse, de J. J. Rousseau et de
la reine Hortense, on conserve à Montbard le souvenir d'un grand
nombre d'illustres visiteurs, entre autres du roi de Suède, qui, soit du
vivant de Buffon, soit depuis sa mort, sont venus tour à tour rendre
un éclatant hommage à sa grande renommée. En 1814, l'empereur
Alexandre, le roi de Prusse Frédéric-Guillaume, le grand-duc Constan-
tin, et les généraux des armées étrangères firent à Montbard différents séjours.

Leur passage est constaté par les pièces suivantes :

S. A. LE PRINCE DE SCHWARZENBERG, GÉNÉRALISSIME DES ARMÉES
ALLIÉES, A MADAME LA COMTESSE DE BUFFON.

« Sa Majesté l'Empereur, mon souverain, m'ayant ordonné de pourvoir à la sûreté des lieux consacrés aux sciences, et de ceux qui rappellent le souvenir des hommes qui ont fait honneur au siècle dans

lequel ils ont vécu, j'ai l'honneur de vous envoyer une sauvegarde pour le château de Montbard. La résidence de l'historien de la nature doit être sacrée aux yeux de tous les amis des sciences; c'est un domaine qui appartient à l'humanité.

« Le prince de Schwarzenberg. »

« En quittant aujourd'hui le château de Montbard, je recommande à tous mes successeurs de l'armée autrichienne et alliée la demeure du grand naturaliste et écrivain Buffon, dont la célébrité est si universelle et si justement méritée. Elle fut le berceau d'une grande gloire utile à l'humanité, et doit être respectée dans tout le monde policé. Je recommande également de préserver de tout mal, par des sauvegardes, les propriétés et les forges de Buffon qui appartiennent aux héritiers de ce grand homme, et sont aujourd'hui habitées par la comtesse de Buffon, sa belle-fille.

« Le lieutenant général, comte Ignace Hardegg. »

« Je donne à Mme la comtesse de Buffon, pour son château de Montbard, cette sauvegarde en vertu de laquelle il est ordonné très-sévèrement à toutes les troupes sous mes ordres, de toutes les armes, et quel que soit le grade du commandant, de ne faire aucun dommage, ni de permettre qu'il s'en commette par d'autres; mais de protéger Mme la comtesse de toutes les manières, de la préserver de tout mal. Ceux qui contreviendront à cet ordre seront jugés d'après les lois de la guerre.

« Le général, comte Platoff. »

D'autres visiteurs, nombreux aujourd'hui encore, ont laissé à Montbard un souvenir de leur passage. Parmi un grand nombre de vers inscrits au crayon sur les murs du cabinet de travail de Buffon, pendant longtemps on put lire les suivants :

Buffon, que ton ombre pardonne
A ma témérité,
D'ajouter une fleur à la double couronne
Que sur ton front mit l'immortalité.

De chanter un talent dont s'honore la France,
Si ma muse n'a le pouvoir,
Elle peut être au moins l'écho de la science
En disant qu'Aristote avait moins de savoir,
Pline, surtout, moins d'éloquence.

Ces arbres, ces jardins, cette tour, ce beffroi,
Rappellent à l'esprit ton génie admirable!
Ici j'aurai du moins laissé mon grain de sable,
Sinon des vers digne de toi.

MUSSET.

Le maître de ces lieux bénissait l'éternel,
En voyant dans chaque être un chef-d'œuvre du ciel.

Bonafous, de l'Institut.

Le 10 mars 1816.

Amant heureux de la nature,
Buffon connut tous ses secrets;
Je plaindrais la race future
S'il eût été, par aventure,
Au nombre des amants discrets!

Armand Gouffé.

## CCCXVIII

Note 1, p. 173. — Henri-François-de-Paule Lefèvre d'Ormesson, né en 1751, mort en 1807, fut appelé, le 29 avril 1783, au ministère des finances, où il remplaça Joly de Fleury. Le titre de contrôleur général des finances, supprimé depuis la retraite de Necker, fut rétabli en sa faveur.

Note 2, p. 173. — Buffon quitta Montbard le 23 novembre et arriva à Paris après trois jours de marche, fatigué par un voyage qui lui devenait chaque année plus pénible. Il était porteur d'une lettre de sa sœur pour Mme Necker. Rien de ce qui se rattache à Buffon ne peut être indifférent à ceux qui aiment à l'étudier; à ce titre la lettre de Mme Nadault mérite d'être conservée. D'ailleurs, la plume de Mme Nadault fut souvent à la disposition de son frère, qui se déchargeait sur elle du soin de sa correspondance. Mme Necker a dit d'elle : « Le style de ses lettres est une nouvelle preuve de son origine. » De cette correspondance, à laquelle les personnes qui la connurent attachèrent quelque mérite littéraire, il n'est resté que la lettre qui suit :

« Montbard, le 12 novembre 1775.

« Madame,

« Après m'avoir honorée de mille marques de bonté pendant votre petit séjour ici, j'ose me flatter que vous ne dédaignerez pas l'hommage de ma reconnaissance et de mon respect. Je devrais attendre le départ de mon frère, votre illustre ami, il vous porterait ma lettre; son entremise y ferait passer le mérite que je voudrais avoir à vos yeux. Car lui seul, madame, peut s'élever jusqu'à vous et louer comme il convient votre âme céleste, les vertus qui en émanent et l'esprit supérieurement cultivé qui fait le charme de ceux qui sont assez heureux pour vous entendre et vous lire. J'ai eu ce double avantage, madame. Depuis longtemps j'admirais ces lettres uniques en sentiment et en élévation de style; je vous ai vue et me suis étonnée davantage en trouvant en vous une bonté, une indulgence, une prévenance même; et vous, madame, qui avez tant de lumières naturelles et acquises, ne pouvez manquer de bien connaître votre grande supériorité en tout genre. Jouissez, madame, du tribut que M. de Buffon met à vos pieds tous les jours. Votre amitié pour lui prouve assez le cas que vous faites de ses sentiments; il n'y a peut-être dans l'univers que lui digne d'une telle amie. Puisse-t-elle (et cela doit être), en faisant le bonheur de sa vie, prolonger ses jours au delà de l'espérance humaine! Il part, madame, et, dans cette circonstance, nous bénissons vos tendres soins, qui lui procurent la certitude d'un heureux voyage; votre cœur veillera à sa sûreté, je suis certaine que les vœux d'une femme comme vous doivent avoir une vertu puissante et bienfaisante sur un être aussi extraordinaire que lui. Permettez-moi cet instant d'orgueil. Quand je m'élève à son rare mérite et que je retombe sur ma petitesse, je n'ose plus lui appartenir : alors je peux le louer avec tout l'univers et surtout avec vous, madame, qui l'aimez tant et si bien.

« Me permettez-vous de penser à vous, de m'en entretenir avec Mme Daubenton et mon frère le chevalier? Ce trio, qui ne se séparera pas de tout l'hiver, trouvera dans cette douce occupation un dédommagement aux privations que nous éprouverons dans l'absence de M. de Buffon. Vous êtes assez bonne pour ne pas dédaigner l'hommage franc que nous vous rendrons. Nous ne vous séparerons pas de M. Necker et de mademoiselle. Vous ne deviez pas avoir un époux ordinaire, madame, il est digne de vous. Après cet éloge, il n'en est plus d'autre. Et cette charmante demoiselle! Je suis mère, et il faut qu'elle soit bien aimable pour que je puisse penser à elle sans jalousie. Comment se peut-il, madame, que si jeune elle n'ait déjà plus rien à acquérir? c'est une vérité cependant qui est encore un nouveau sujet d'admiration. Ce dernier mot, toujours présent à mon esprit en pensant à vous, terminera ma lettre en y unissant le respect infini avec lequel j'ai l'honneur d'être, madame, votre très-humble et très-obéissante servante. « LECLERC NADAULT.

« M. de Buffon m'a dit ce soir avoir reçu une charmante lettre de Mlle Necker; il veut absolument qu'elle garde le baiser pour le recevoir elle-même sur le front; je n'en sais pas davantage, madame. Je suis chargée aussi d'avoir l'honneur de vous annoncer son arrivée à Paris pour les premiers jours de la semaine prochaine. »

(Inédite.)

Une affaire importante hâtait le retour de Buffon à Paris. Un mariage avantageux lui avait été proposé pour son fils, et il désirait prendre sans retard, sur les lieux, les renseignements qui lui permettraient de rendre une réponse définitive. Le mariage projeté eut lieu, et le contrat en fut passé, le 4 janvier de l'année 1784, devant Mᵉ Boursier *Junior* et son collègue, notaires au Châtelet de Paris. Le protocole en est ainsi conçu :

« Par-devant les conseillers du Roi, notaires au Châtelet de Paris, soussignés, furent présents :

« M. Georges-Louis Leclerc, chevalier, comte et seigneur de Buffon, la Mairie, Rougemont, les Berges et autres lieux, de l'Académie française et de celle des Sciences à Paris, Intendant du Jardin et du Cabinet du Roi, demeurant ordinairement en son hôtel à Montbard, en Bourgogne, lieu de son domicile habituel, et actuellement à Paris pour les fonctions de sa place, en son logement comme Intendant dudit Jardin, rue du Jardin-du-Roi, paroisse Saint-Médard, stipulant mondit seigneur comte de Buffon pour M. Georges-Louis-Marie Leclerc, chevalier, comte de Buffon, son fils mineur et de défunte dame Marie-Françoise de Saint-Belin, son épouse, officier au régiment des gardes françaises, gouverneur de la ville de Montbard, lieutenant des chasses de la capitainerie de Fontainebleau au siége du Châtelet-en-Brie, demeurant ordinairement en ladite ville de Montbard, de présent à Paris logé avec ledit seigneur comte de Buffon, son père, susdite rue et paroisse. Ledit seigneur comte de Buffon fils à ce présent pour lui en son nom et de son consentement.

« Et encore mondit seigneur comte de Buffon père stipulant en son nom, à cause de la constitution dotale qui sera par lui faite ci-après audit seigneur son fils, d'une part.

« Dame Élisabeth-Amaranthe Jognes de Martinville, veuve en premières noces de M. Guillaume-François Bouvier, chevalier, seigneur marquis de Cepoy, officier au régiment des gardes françaises, gouverneur, grand bailli et capitaine des chasses des ville, château, bailliage et capitainerie de Montargis, et chevalier de l'ordre royal et militaire de Saint-Louis, et veuve en secondes noces de M. Jean-Baptiste de Castera, chevalier, maréchal des camps et armées du Roi et chevalier de l'ordre royal et militaire de Saint-Louis, demeurant à Paris, rue d'Artois, paroisse Saint-Eustache, stipulant madite dame de Castera pour demoiselle Marguerite-Françoise Bouvier de Cepoy, sa fille mineure et dudit feu marquis de Cepoy, son premier mari, demeurant avec ladite dame sa mère, susdite rue et paroisse; ladite demoiselle à ce présente pour elle en son nom et de son consentement.

« Et encore madite dame de Castera stipulant en son nom personnel, à cause des avantages qu'elle fera ci-après à ladite demoiselle sa fille.

« Et M. Émilien Bourdon, prêtre, vicaire général du diocèse de Mâcon, prieur commendataire du prieuré royal d'Hérival, demeurant à Paris, rue Basse-du-Rempart, paroisse de la Madeleine de la Ville-l'Évêque, stipulant à cause de la représentation qui sera par lui faite des sommes dont il est dépositaire de confiance, ainsi qu'il sera ci-après énoncé, d'autre part.

« Lesquels, dans la vue du mariage proposé entre ledit seigneur comte de Buffon fils et ladite demoiselle de Cepoy, dont la célébration sera faite incessamment en face d'église, ont fait et arrêté les clauses, traité, conventions et conditions dudit mariage, ainsi qu'il suit :

« De l'agrément et en présence de :

« M. le maréchal duc de Biron ;

« M. le marquis du Sauzai, maréchal des camps et armées du Roi, grand'croix de l'ordre royal et militaire de Saint-Louis, gouverneur de Landrecy et major du régiment des gardes françaises ;

« Et encore en présence :

« De M. le comte de Milly, cousin du futur ;

« M. le comte de Bissy, cousin du futur ;

« M. le vicomte de Larivière, cousin du futur ;

« Mme de Clugny, veuve de M. le contrôleur général des finances, cousine germaine du futur ;

« Mme la comtesse de Loréac, cousine maternelle du futur ;

« M. Boullongne de Preninville, oncle de la future, à cause de Mme son épouse ;

« M. Lafreté, oncle de la future ;

« Mme la comtesse de Roze, grand'tante de la future ;

« Mme Peilloy, tante de la future ;

« Mlle Flore de Martinville, tante de la future ;

« Mme Leroy, née baronne de Messey, cousine du futur ;

« Mme Dillon de Martinville, tante de la future ;

« Mme de Boullongne, cousine de la future ;

« M. Lafreté fils, cousin germain de la future ;

« M. Saulot de Bospin, cousin de la future ;

« M. le baron de Grimm, ministre plénipotentiaire du duc de Saxe-Gotha ;

« M. Lenoir, lieutenant général de police ;

« M. Necker, ancien directeur général des finances, et Mme Necker, son épouse ;

« M. Dupleix de Baquencourt, conseiller d'État ;

« M. Tolozan, maître des requêtes et intendant du commerce ;

« M. Amelot, intendant de Dijon ;

« M. le président de Mazy ;

« M. le comte de Montmorin, gouverneur de Fontainebleau ;

« M. Rigoley de Juvigny, chevalier, conseiller honoraire au parlement de Metz ;

« M. le marquis d'Amezaga ;

« M. le marquis de Montalembert ;

« M. le comte de Maillebois ;

« M. le baron de Pondens ;

« M. le chevalier de Chastelux ;

« M. le chevaliér de Bonnard ;

« M. de Varenne, chevalier des ordres du Roi, receveur général des finances de Bretagne ;

« M. Varenne de Fenille et Mme son épouse ;

« M. Leroy, de l'Académie des sciences ;

« M. Daubenton, de l'Académie des sciences ;

« M. l'abbé Bexon, grand chantre de la Sainte-Chapelle ;

« M. Peyrac, ancien contrôleur général de la marine ;

« M. Anisson Duperrou, écuyer, directeur de l'Imprimerie royale ;

« M. d'Outremont, avocat au Parlement ;

« M. l'abbé Junot ;

« M. Dijeon, directeur des fermes du Roi ;

« M. Mesnard de Chouzy ;

« Tous amis desdits seigneur et demoiselle futurs époux. »

Suivent les clauses du futur mariage, parmi lesquelles on remarque les suivantes :

« Art. 3. En faveur dudit mariage, ladite dame de Castera assure et constitue en dot à la demoiselle future épouse, sa fille, la somme de deux cent mille livres..., et ce pour remplir ladite demoiselle, d'abord et jusqu'à due concurrence, de tous les droits à elle échus tant dans la succession dudit seigneur marquis de Cepoy, son père, que dans celle de dame Anne de Beauharnais, son aïeule paternelle, veuve de M. Guillaume Bouvier de La Motte, chevalier, seigneur marquis de Cepoy....

« Art. 5. Comme aussi et en considération dudit mariage, ledit sieur abbé Bourdon a déclaré qu'étant lié d'une étroite amitié avec ledit feu sieur de Castera, ledit sieur de Castera lui a plusieurs fois confié l'intention où il était de faire à ladite demoiselle future épouse un avantage qui pût lui procurer un bon établissement, et que, par suite de cette confiance, il lui a remis au mois de mai 1780 la somme de cent soixante-huit mille livres, qu'il chargea ledit sieur abbé Bourdon de convertir en billets des fermes ou autres effets actifs pour

faire produire des intérêts à cette somme...; que lesdits effets et les
intérêts qui en sont provenus, à compter du 1er juin 1780, montent
en capital à la somme de deux cent mille cent cinquante-quatre livres;
pour se décharger duquel dépôt, ledit sieur abbé Bourdon a présentement et à la vue des notaires soussignés remis audit seigneur comte
de Buffon père, qui le reconnaît....

« Art. 6. De même, en faveur dudit futur mariage, ledit seigneur
comte de Buffon père constitue en dot audit seigneur futur époux son
fils vingt mille livres de rente.... »

Aux avantages de la naissance et de la fortune, Mlle de Cepoy en
unissait un plus brillant encore. Elle avait seize ans à peine, et elle
était déjà d'une remarquable beauté. Le comte de Buffon avait vingt
ans. Une lettre écrite par lui quelques jours après son mariage à Gueneau de Montbeillard, le plus constant ami de sa famille, trahit la joie
intime dont cette union de son choix, qui devait si tristement finir,
avait alors rempli son cœur jeune et aimant; elle montre, en outre,
qu'à vingt ans il savait déjà écrire avec grâce dans le meilleur style,
et rendre sa pensée avec facilité.

« Eh! quel mérite y a-t-il donc à penser à vous? Qui pourrait vous
oublier dès qu'on vous a connu? Vous avez laissé ici des traces si
profondes qu'elles ne s'effaceront jamais. Il faut entendre le bon abbé
Guyot parler de M. de Montbeillard; il en parle si bien, qu'en vérité
j'ai quelquefois envie d'en être jaloux. Et le grand docteur, et le petit,
et mes amis..., etc., etc.

« Je suis content et heureux, je vous écris pour vous le dire. Si
vous étiez plus près de nous, je vous le raconterais. Je suis fâché que
vous n'ayez pas vu ma jeune amie, vous l'aimeriez. Quoiqu'elle n'ait
que quinze ans et demi, sa raison en a davantage, et ses talents con-
tribuent beaucoup à la rendre très-aimable.

« Mais en me recueillant sur mon bonheur, je ne puis pas ne point
songer au vôtre. Homme excellent, sage et plus sage que tous ceux
qui s'en vantent, eh quoi! seriez-vous toujours malade? N'avez-vous
pas auprès de vous ces petits insectes, vos gros livres, ces malheureux à qui vous faites du bien, vos amis, votre cabinet, et surtout
cette femme si rare que vous savez apprécier et aimer et qui ressemble si peu à toutes celles qu'on voit?... Enfin, est-ce que vous ne
chantez plus votre chanson? Je vous avertis que nous la chantons
beaucoup, nous; que les trois couplets que vous y avez joints pour les
jeunes époux sont charmants, et qu'à force de les chanter tous je
crois que notre cœur saura la chanson entière. J'ai été fidèle à la parole donnée, mais j'ai bien envie d'y manquer pour *Monsieur*, qui a

demandé à M. Férès tous les couplets faits à l'occasion de mon mariage. Ne pas lui donner ceux-là, c'est lui tout refuser; et comment
refuser à l'héritier présomptif de la couronne?

« M. le prince de Beauvau m'a fait demander par l'abbé de La Chau
votre beau discours préliminaire. Je le lui ai envoyé.

« J'aurais voulu assister à la jolie fête que vous avez donnée au grand
homme; j'aurais embrassé le saint et le panégyriste, et vivement applaudi l'hymne chanté par des voix douces et des minois frais.... Je sais
que vous avez donné une autre fête fort agréable à de belles dames de
Paris, qui en ont été très-contentes.

« J'ai vu la dryade de Boulogne toujours affligée que vous l'ayez fâchée, et contristée du tort très-involontaire qu'a eu envers vous un
rédacteur maladroit, qui est cependant votre sincère admirateur, et qui
ne se doute pas qu'il ait pu avoir tort.... A propos de tort, vous savez
mieux qu'un autre combien il faut être indulgent pour ceux qui nous
aiment cordialement; vous l'avez été si souvent pour la personne dont
vous me parlez, qu'il ne vous coûtera rien de l'être encore. On ne
réforme ni le cœur ni le caractère. Le caractère est trop vif, mais le
cœur est excellent. Avec de pareils êtres il faut aimer, souffrir, pardonner.

« Bonjour; pourquoi ne me dites-vous rien du cher fils? Parlez-moi
de lui et de moi à lui, je vous en prie. Mille respects tendres au premier
des *Moutons* * possibles, après celui qui a sauvé le monde. Le bon abbé
et toute notre cour vous salue. Vous renverrez au petit docteur vos
observations, et en échange il nous renverra matière à observations. »

(Cette lettre a été publiée par M. Bernard d'Héry dans la *Vie de Buffon*,
donnée à la suite de ses *OEuvres complètes*. Paris, an XI).

## CCCXIX

Note 1, p. 174. — « Nous avons recueilli et rassemblé pour le Cabinet du Roi, dit Buffon dans l'*Histoire des minéraux*, une grande
quantité de ces productions de volcans; nous avons profité des recherches et des observations de plusieurs physiciens, qui, dans ces
derniers temps, ont soigneusement examiné les volcans actuellement
agissants et les volcans éteints. »

Plus loin il parle encore de cette acquisition en ces termes :

« M. de Saint-Fond a observé que le fer est très-abondant dans
toutes les laves, et que souvent il s'y présente dans l'état de rouille,

* On sait que la douceur du caractère de Mme de Montbeillard lui avait
fait donner, dans sa société intime, le nom de *Mouton*.

d'ocre ou de chaux. Il m'a remis, pour le Cabinet du Roi, une très-belle collection en ce genre, dans laquelle on peut voir tous les passages du basalte noir le plus dur à l'état argileux. Les différents morceaux de cette collection présentent toutes les nuances de la décomposition; l'on y reconnaît, de la manière la plus évidente, non-seulement toutes les modifications du fer, qui, en se décomposant, produit les teintes les plus variées, mais l'on y voit jusqu'à des prismes bien conformés, entièrement convertis en substance argileuse, de manière à pouvoir être coupés avec un couteau aussi facilement que la terre à foulon, tandis que le schorl noir, renfermé dans les prismes, n'a éprouvé aucune altération. » (*Histoire des minéraux.* — *Des matières volcaniques.*)

Note 2, p. 174. — On voit que Buffon, dans l'intimité, se servait des expressions les plus familières et ne dédaignait pas le langage bourgeois; cette invitation à dîner nous a paru digne d'être conservée, surtout à cause de sa franche bonhomie.

## CCCXX

Note 1, p. 174. — François Bousquet, médecin à Mirande, devint membre de la Convention, vota la mort de Louis XVI et fut, sous l'Empire, inspecteur des eaux minérales des Pyrénées.

Note 2, p. 175. — Louis-Auguste Le Tonnelier, baron de Breteuil, né en 1733, mort le 2 novembre 1807, entra au Conseil lors de la retraite d'Amelot. Il fut ministre de la Maison du Roi jusqu'en 1787, époque à laquelle il quitta volontairement les affaires. M. de Ville-deuil fut son successeur. (Voy. ci-dessus la note 1 de la lettre cccvi, p. 477).

Note 3, p. 175. — Gustave III, roi de Suède, né le 24 janvier 1746, mort assassiné le 29 mai 1792, fit deux voyages en France. Le 13 février 1771, alors qu'il n'était encore que prince royal, il arriva à Paris avec le prince Charles, son frère. Adolphe-Frédéric, son père, étant mort le 2 mars 1771, il fut proclamé roi à Stockholm, et quitta précipitamment la France pour prendre les rênes de l'État. Au mois de juin 1784, à la suite de la révolution qu'il avait opérée, avec le concours du cabinet de Versailles, dans les institutions de la Suède, Gustave III, qui voyageait sous le nom de comte de Haga, vint pour la seconde fois à Paris. Il surprit tout le monde, même la cour, où il n'était pas at-

tendu. On trouve dans les Mémoires du temps des détails piquants sur
son entrevue avec le Roi :

« Lundi, 7 de ce mois, lorsque le comte de Haga est arrivé, le Roi
ne comptait point sur lui, et Sa Majesté était allée à la chasse à Rambouillet, où elle devait donner à souper à vingt-cinq seigneurs. La
Reine lui dépêcha un courrier; il n'avait point ses voitures, il se fit
ramener par un palefrenier, et prévint Monsieur, qui était du voyage,
de n'avertir de son départ qu'au moment du souper, dont il ferait
les honneurs à sa place, au moyen de quoi sa garde-robe resta à
Rambouillet. Le Roi, rentré dans son appartement, n'avait pas de
clefs, n'avait point de valets de chambre; il fallut un serrurier, et
l'on appela les premiers venus pour habiller Sa Majesté. Ceux-ci,
peu au fait, s'en tirèrent comme ils purent et d'une façon fort ridicule; en sorte que, quand le Roi vint chez la Reine pour trouver le
comte de Haga, chacun eut peine à s'empêcher de rire; la Reine lui
demanda s'il donnait bal ce soir-là et s'il avait déjà commencé la
mascarade, ou s'il voulait montrer au comte de Haga une idée de
l'élégance française. Il avait un soulier à talon rouge, un autre à
talon noir; une boucle d'or, une autre d'argent, et ainsi du reste. Il
fallut cependant qu'il demeurât de la sorte, dans la crainte d'être
pire. » (*Mémoires de Bachaumont.*)

A la cour, le comte de Haga eut peu de succès : les hommes le
trouvèrent trop sérieux, et les femmes peu galant. On raconte à ce
sujet une anecdote qui, si elle est vraie, donne raison au jugement
porté sur lui par les femmes de la cour. Un soir qu'il se trouvait à
Versailles dans les petits appartements de la Reine, Sa Majesté chanta
un duo avec Mme de La Roche-Lambert; on demanda au roi de Suède
s'il avait pris plaisir à entendre Sa Majesté; il répondit « qu'il avait
trouvé la voix de Mme de La Roche-Lambert fort agréable, et que
Sa Majesté chantait fort bien *pour une reine.* » S'il réussit peu à la
cour, en revanche le comte de Haga eut un immense succès à Paris.
Son goût pour les lettres et pour les arts, ses franches manières avec
les gens de lettres, qui trouvaient près de lui un accueil aimable et
facile, lui valurent de grands éloges. Le 15 juin, à l'Académie française, il assista à la réception du marquis de Montesquiou, dont les
titres au fauteuil académique avaient été ainsi résumés dans une
mordante, mais trop véridique épigramme :

> Montesquiou-Fezensac est de l'Académie ;
> Quel ouvrage a-t-il fait? sa généalogie.

Après la séance, le Roi fut conduit dans la salle particulière des
académiciens; il s'écria, en voyant leurs portraits qui garnissaient les

murs, que cette tapisserie valait mieux que la plus élégante tenture des Gobelins. Le roi de Suède ne vit pas le Jardin du Roi, mais le jeune comte de Buffon lui fut présenté; il lui parla de son admiration pour les ouvrages de son illustre père, et promit, en apprenant que Buffon travaillait à une histoire des minéraux, d'envoyer à Montbard une collection complète des richesses minéralogiques de la Suède.

## CCCXXI

Note 1, p. 176.'— De La Chapelle, premier commis de la Maison du Roi, fut lié avec Buffon de la plus étroite amitié; il ne cessa jamais de lui donner des preuves d'un dévouement sans bornes, et seconda de tout son pouvoir et de tout son crédit ses vastes plans pour le développement et la prospérité du Jardin du Roi. Il continua au fils de Buffon les sentiments qu'il avait voués au père, et, tant qu'il eut du crédit, il l'employa au service d'une cause dont il avait entrepris la défense. Le chevalier de Buffon, rendant compte à son neveu des démarches faites par lui dans l'intérêt de ses affaires, lui écrit à la date du 21 août 1788 : « M. de La Chapelle s'est chargé de les faire valoir près du ministre, qui doit bientôt faire un travail à cet égard avec M. le contrôleur général. Écrivez tout de suite à M. de La Chapelle; vous ne pouvez trop lui manquer de confiance et le remercier de tous les services qu'il vous a rendus et qu'il m'a promis, avec beaucoup de sincérité et d'affection, de vous rendre encore. »

## CCCXXII

Note 1, p. 177. — Il s'agit des négociations relatives à l'acquisition que devait faire le Roi des terrains autres que ceux provenant de l'abbaye de Saint-Victor, et précédemment achetés par Buffon en vue de l'agrandissement du Jardin.

Note 2, p. 178. — Depuis que les travaux d'agrandissement entrepris par ordre de Buffon au Jardin du Roi avaient commencé, il recevait chaque jour des offres de services pour exécuter des plans et des projets rédigés sur une vaste échelle pour l'embellissement du jardin. Buffon rejeta les projets de M. Dufourny de Villiers, comme il avait repoussé ceux de M. de Beaubois, et les sentiments qu'il exprime à ce sujet, le guidèrent toujours dans l'exécution des plans qu'il avait conçus pour augmenter l'utilité et l'agrément de l'établissement confié à ses soins.

II 32

Note 3, p. 178. — A une époque toute récente, trois nouvelles statues ont été élevées à Buffon : une en pierre, placée sur la façade de l'hôtel de ville de Paris et exécutée en 1849, par Deligrand ; une belle statue en bronze, due au ciseau de Dumont, membre de l'Institut, achevée en 1854, et érigée à Montbard à l'aide d'une souscription nationale ; une en pierre, par Oudiné, placée en 1855 sur les galeries extérieures du nouveau Louvre.

En 1795, Boissy d'Anglas disait à la tribune nationale : « Vous venez de venger les savants et les artistes de l'injustice de la fortune ; il vous reste un devoir à remplir : il faut transmettre leur gloire à la postérité par des monuments durables. Voltaire et Rousseau sont au Panthéon, cela ne suffit pas ; il est d'autres grands hommes dont les talents ont illustré la nation française ; elle leur doit d'éclatants témoignages de reconnaissance. Pourquoi, dans nos places publiques, l'étranger ne s'arrête-t-il pas en contemplant la statue de Fénelon ? pourquoi celles de Corneille, de Racine, de Voltaire et de Buffon ne paraissent-elles pas à nos yeux ?.... » Ce vœu fut entendu, et les principales villes de France se sont successivement enrichies de statues élevées en l'honneur de leurs grands hommes. Si, du temps de Buffon, ériger officiellement une statue à un homme de son vivant était un honneur sans précédent dans l'histoire, honorer la mémoire d'un homme célèbre par une statue élevée après sa mort a toujours été une distinction éclatante.

Note 4, p. 178. — Frédéric-Henri-Louis, prince de Prusse, troisième fils de Frédéric-Guillaume et frère du grand Frédéric, naquit le 18 janvier 1726 et mourut le 3 août 1802. Le prince Henri se distingua comme grand capitaine et comme habile négociateur. En 1784, il vint à Paris sous le nom de comte d'Oels pour détourner le cabinet de Versailles de seconder les vues de Joseph II sur la Hollande. L'Académie française ayant, le jour où le prince Henri y vint, manifesté le désir d'avoir son portrait, il l'envoya à cette compagnie, et le chevalier de Boufflers composa l'inscription suivante :

Dans cette image auguste et chère,
Tout héros verra son rival,
Tout sage verra son égal,
Et tout homme verra son frère.

## CCCXXIII

Note 1, p. 179. — Élisabeth-Amarante Jogues de Martinville, veuve de Jean-Baptiste de Castera, maréchal de camp, belle-mère du jeune comte de Buffon. (Voy. ci-dessus, p. 490.)

Note 2, p. 180. — Fils de Louis XV et de Mlle de Romans, devenue depuis Mme de Cavanac.

## CCCXXIV

Note 1, p. 180. — Le prince Henri de Prusse.

Note 2, p. 181. — Ce témoignage est pleinement confirmé par le bailli de Suffren, très-bon juge des qualités militaires, et dont le caractère indépendant n'est pas suspect de flatterie. On lit dans une lettre de l'illustre marin, écrite le 7 octobre 1784, le passage suivant : « J'ai aujourd'hui à dîner chez moi le prince Henri, frère du roi de Prusse. Quand il ne serait pas frère d'un grand roi, le plus grand général de l'Europe, il serait encore à rechercher par son amabilité. »

## CCCXXV

Note 1, p. 182. — La visite du frère du roi de Prusse à Montbard fut un nouveau témoignage de la haute renommée à laquelle était alors parvenu le nom de Buffon. Le prince Henri, le prince philosophe, comme on le nommait alors, montra plus que de l'estime pour le savant auquel il venait rendre hommage. Il manifesta les sentiments de la plus entière déférence et du plus profond respect pour le noble vieillard qu'il avait voulu connaître, et laissa les plus touchants souvenirs de son court séjour à Montbard. Il demanda, dès son arrivée, à visiter le cabinet de travail dans lequel Buffon avait composé ses immortels écrits. On sait qu'en y entrant, il se découvrit avec respect, comme on le ferait dans un sanctuaire. Buffon était à Montbard seul avec sa sœur; le soir au salon, avant le départ, Mme Nadault, sur la demande du prince, lut à haute voix le manuscrit auquel son frère travaillait alors : c'était l'histoire du cygne. Un an après cette visite, le jour anniversaire de sa naissance, Buffon reçut un riche cabaret en porcelaine de Saxe d'un travail exquis, et dont tous les sujets étaient tirés de l'histoire du cygne. Une lettre du prince royal accompagnait cet envoi. Buffon, par son testament, légua ce précieux souvenir à Mme Necker. J'ignore si sa famille le possède encore aujourd'hui. En 1789, le prince Henri vint de nouveau visiter la France.

Buffon était mort l'année précédente. Le prince, voulant rendre à sa mémoire un dernier hommage, honora de sa présence la séance de l'Académie française dans laquelle Vicq-d'Azir prononça, devant un nombreux auditoire, l'éloge du savant dont la France pleurait la perte.

## CCCXXVI

Note 1, p. 183. — Dans les premiers jours de l'année 1785, Mme Necker, dont la santé était profondément altérée et dont la poitrine délicate donnait de sérieuses inquiétudes, partit avec son mari et sa fille pour Montpellier. Elle ne fut de retour à Paris que dans le mois de décembre de la même année. Sa santé ne s'était pas fortifiée; mais son état de souffrance et de langueur avait entièrement disparu.

Note 2, p. 183. — Étienne-Jean-Benoît Thevenin de Tanlay, conseiller au parlement de Paris le 16 mars 1731, fut élevé à la dignité de premier président de la cour des Monnaies en 1780 ; il succédait, dans cette haute magistrature, à René Choppin d'Arnouville. Le père de M. de Tanlay avait acheté le beau château de ce nom de Philippe de La Vrillière.

Le château de Tanlay, dont l'architecture monumentale rappelle Chambord, n'est pas très-éloigné de Montbard ; il est situé à peu de distance de Tonnerre et peut être compté, avec le château d'Ancy-le-Franc, résidence des Clermont-Tonnerre, parmi les plus importantes constructions de la Bourgogne.

## CCCXXVII

Note 1, p. 185. — Étienne-Jean-Pierre Housset, docteur en médecine de la faculté de Montpellier, premier médecin des hôpitaux d'Auxerre et de la généralité de Bourgogne pour les épidémies, membre de la Société des sciences et belles-lettres d'Auxerre, de celle de Montpellier, de l'Académie de Dijon, membre de la Société royale de médecine de Paris, a laissé des travaux estimés sur la physique expérimentale. Le docteur Housset fut un des premiers à s'occuper de cette science, à laquelle ses recherches ont fait faire de notables progrès. Il entretint avec Haller une correspondance qui dura plus de vingt années, et qui témoigne de l'intérêt que cet homme célèbre prit à ses recherches et de l'estime qu'il accorda toujours à ses travaux.

Note 2, p. 185. — Cette lettre, publiée par le docteur Housset, à la suite des *Mémoires physiologiques et d'Histoire naturelle* (t. II, p. 241), est ainsi conçue :

« Auxerre, le 19 octobre 1784.

« Monsieur,

« L'hommage que l'on rend aux grands talents et la vénération profonde que j'ai toujours eue pour les personnes qui jouaient le premier rôle dans la république des lettres, me font prendre la liberté de mettre sous vos auspices mes *Observations historiques sur quelques écarts ou jeux de la nature, pour servir à l'histoire naturelle*. A qui pourrai-je mieux consacrer cet ouvrage qu'à celui qui en a si bien suivi la marche, qui en a développé tous les secrets et l'a forcée de se déceler dans les moments où elle semblait le plus se voiler et se refuser aux recherches des plus curieux observateurs?

« Pardonnez-moi, monsieur, si je suis empressé à faire honorer un de mes enfants, que je ne chéris que par le rapport qu'il a avec les vôtres, qui font les délices du monde littéraire.

« Je suis avec respect, monsieur,

« Votre très-humble et très-obéissant serviteur,

« Housset. »

## CCCXXVIII

Note 1, p. 186. — Buffon devait tenir avec Mme de Montbeillard, sur les fonts de baptême, l'enfant dont Mme de Chazelles venait d'accoucher. On a précédemment vu que l'heureuse réussite de ce mariage était entièrement due à ses bons soins. (Voy. la note 1 de la lettre CCLXV, p. 372.)

Note 2, p. 186. — Buffon acheta en 1784, du vicomte de La Rivière, la seigneurie de Quincy pour son fils, qui possédait déjà une terre près de Fontainebleau. Quincy fut abandonné par le comte de Buffon fils à sa première femme, en remploi de sa dot, lors de la séparation amiable qui intervint entre eux. Mme de Buffon vendit cette terre à M. Petit, procureur du Roi au bailliage d'Auxois, et ancien élu aux États généraux de la province, qui lui-même la céda à M. Humbert, dont la famille la possède encore aujourd'hui. Le 9 décembre 1790, les habitants de Quincy adressèrent au comte de Buffon une notification ainsi conçue :

« Le maire et les officiers municipaux de Quincy-sur-Armançon, canton de Montbard, district de Semur, département de la Côte-d'Or, et à eux joint le procureur de la commune dudit lieu, conformément à la délibération de l'assemblée administrative du département de la Côted'Or du 17 novembre dernier au matin, concernant les armoiries et les fourches patibulaires, d'après les décrets de l'auguste Assemblée nationale du 19 juin aussi dernier, articles 2 et 3 ; Notifions à M. *Leclerc*, propriétaire d'un domaine à Quincy : 1° que tous actes quelconques où ledit sieur *Leclerc* prendra le nom de Buffon , seront invalides comme n'étant pas son nom de famille, et lui enjoignons de se conformer, à ce sujet, au décret ci-dessus dit. — 2° Que ledit sieur *Leclerc*, sous huitaine, fera ôter les cordons noirs et armoriés qu'il a fait mettre tant au dedans qu'au dehors de l'église de Quincy. — 3° Qu'il fera ciseler les armes de M. de La Rivière qui sont sur le cintre de la chapelle. — 4° Enfin nous susdits et soussignés, déclarons fermement audit sieur *Leclerc* que si, sous huitaine, il ne se conforme pas au contenu de la présente notification, nous le dénoncerons au pouvoir judiciaire comme rebelle aux décrets et invoquerons la loi, afin qu'il soit puni comme réfractaire.... »

Les habitants de Rougemont, dont le comte de Buffon était seigneur, lui adressèrent dans le même temps une notification semblable. Le comte de Buffon envoya ces deux pièces au président de l'Assemblée nationale en les accompagnant de la lettre suivante :

« Monsieur le Président,

« Je m'adresse à vous avec la plus grande confiance pour obtenir de l'Assemblée nationale une justice éclatante des procédés que les municipalités de Quincy et de Rougemont, deux villages dont j'étais cidevant seigneur, ont eus envers moi. Je vous envoie les copies des deux écrits dont je me plains, et que les municipalités sont venues déposer chez le greffier de la municipalité de Montbard, chef-lieu du canton et ville dont je suis maire. J'aurai l'honneur de vous observer qu'à l'instant où j'eus connaissance de la promulgation du département de la Côte-d'Or au sujet des armoiries et des fourches patibulaires, j'envoyai sur-le-champ des ouvriers pour effacer tous les écussons des armes de mon père qui étaient autour des églises, où on les avait placées à sa mort, et c'est après avoir agi ainsi que les deux municipalités dont je me plains ont fait les deux écrits ci-joints. J'ai, quelques jours après, fait effacer les litres noirs* qui régnaient autour

* Les litres étaient des rubans noirs ornés d'armoiries dont on peignait les églises après la mort du seigneur du pays.

des églises, et même d'anciennes armes que ni mon père ni moi n'a-
vions fait placer. Je sollicite maintenant de la justice et de la sagesse
de l'Assemblée nationale de blâmer et improuver la conduite impru-
dente des municipalités de Quincy et de Rougemont, qui ont excédé
leurs pouvoirs, d'abord en s'avisant de déclarer invalides des actes
qui ne sont pas faits et qui, quand ils le seraient, ne pourraient être
déclarés non valides que par des tribunaux et non des municipalités;
ensuite pour être venues faire injonction au chef de la municipalité de
Montbard dans l'étendue de son territoire, où les municipalités étrangères n'ont rien à dire ni à voir. Si ces municipalités s'étaient adressées à mes fermiers, qui demeurent dans ces arrondissements, je
n'aurais rien à dire; mais il est contre toute règle qu'elles viennent à
étendre leurs pouvoirs hors de leur arrondissement. Je joins ici la
lettre que j'ai eu l'honneur d'adresser à monsieur le Président de
l'Assemblée nationale en juin 1790 (Voy. ci-dessus, p. 400, cette lettre
fort remarquable), et j'ajoute que jamais je n'aurais dû m'attendre à me
voir disputer en France un nom qui a tant honoré ce royaume, et surtout la partie de ce royaume où des gens malintentionnés et peu
instruits se permettent de m'enjoindre de le quitter. Je vous supplie,
monsieur le Président, de mettre ma lettre et les pièces qui y sont
jointes sous les yeux de l'Assemblée nationale, et je suis persuadé
qu'indignée de la manière dont les municipalités se sont conduites
vis-à-vis d'un citoyen honoré de l'estime publique, et qui a donné
beaucoup de preuves de son patriotisme, qui n'est sûrement pas équivoque, elle ordonnera le blâme et l'improbation de la conduite de ces
municipalités. Quelle que soit sa décision, j'attends la faveur d'une
réponse.

« J'ai l'honneur d'être avec respect, monsieur le Président,

« Votre très-humble et très-obéissant serviteur,

« BUFFON. »

(Inédite. — Conservée aux archives de l'Empire.)


## CCCXXXIX

Note 1, p. 187. — Le 14 janvier 1785, le docteur Housset avait écrit
à Buffon :

« Je m'empresse, monsieur, de m'informer de l'état de votre santé,
et de vous prier de recevoir l'assurance de mon attachement et des
vœux que je forme journellement pour votre conservation, qui devient
de plus en plus précieuse au monde savant, dont vous êtes l'ornement

et la gloire; mes sentiments ne peuvent point paraître équivoques; je ne suis que l'organe de la voix publique; le Pline français sera toujours l'objet de mon admiration et de mes hommages.

« On me marque, monsieur, que l'ouvrage que j'ai eu l'honneur de mettre sous vos auspices, et que vous avez bien voulu agréer, ne pourra paraître que dans trois mois. Je m'estimerai pour lors trop heureux si vous voulez bien l'honorer d'un de vos regards; cette marque de votre attention me ferait contracter une dette éternelle de reconnaissance, mais n'ajouterait rien aux sentiments que je vous ai voués.

« Ma santé se ressent de l'inclémence de la saison; mon infirmité réveille toujours ma sensibilité à chaque révolution du temps, et ne me permet pas de faire pour la république des lettres autant que je le désirerais; la dissipation convient peu à mon état, et je me trouve en quelque façon soulagé, lorsqu'après avoir fait mes visites auprès des malades, je rentre dans mon cabinet et reprends mes travaux académiques. »

(Cette lettre a été publiée par le docteur Housset aux pages 311 et 312 du tome II de ses *Mémoires physiologiques*.)

## CCCXXX

Note 1, p. 187. — Il s'agit de la fête de Gueneau de Montbeillard, qui se célébrait chaque année dans sa famille avec un certain éclat, et à laquelle Buffon ne manquait jamais d'assister lorsqu'il se trouvait à Montbard.

Note 2, p. 188. — Lauberdière était alors, on l'a vu plus haut (Note 1 de la lettre ccxxvii, p. 323), directeur des forges de Buffon. Il venait de faire perdre à leur propriétaire, dans une faillite malhonnête, plus de 100 000 livres. Buffon était en procès avec lui pour obtenir une reddition de comptes et ensuite une exécution sur ses biens.

## CCCXXXI

Note 1, p. 188. — La perte considérable que fit supporter à Buffon le fermier de ses forges, lui fut d'autant plus sensible qu'elle était imprévue. Buffon avait dans Lauberdière une entière confiance, et ce dernier paraissait satisfait du marché qu'il avait conclu, lorsque sa fuite à l'étranger vint révéler un déficit important, et amena une catastrophe inattendue. Trois ans avant ce désastre, Buffon renouvelait le bail de ses forges et donnait à son fermier un témoignage de sa satisfaction. L'acte qui fut alors passé entre les parties ne me paraît pas dépourvu d'intérêt; il a trait à une des créations de Buffon et concerne une des branches importantes de son revenu. L'original, que je transcris littéralement, est écrit en entier de sa main :

« Nous soussignés, Georges-Louis Leclerc, comte de Buffon d'une part ;

« Et Jacques Alexandre Chesneau de Lauberdière et, de mon autorité dame Anne Nicolle Le Roux mon épouse, d'autre part, sommes convenus de ce qui suit, savoir :

« Que nous, lesdits sieur et dame de Lauberdière, ayant pris à titre de bail par acte passé devant Guérard, notaire à Montbard, le 1er août 1777, de nous comte de Buffon, les forges de Buffon pour neuf années qui ont commencé le 1er mai 1775, et ensuite, par second bail passé devant Favier, notaire à Paris, le 23 septembre de ladite année de 1777, pour neuf autres années, à commencer au 1er mai 1787 et finir le 1er mai 1796 ;

« Lesdits sieurs et dame de Lauberdière, désirant de continuer de tenir à bail lesdites forges pour un plus grand nombre d'années ; nous comte de Buffon, voulant leur témoigner la satisfaction que j'ai de leur bonne gestion, avons consenti à continuer lesdits baux pour sept années de plus, dont la première commencera le 1er mai 1796, et finira au 1er mai 1803, aux mêmes clauses et conditions portées et énoncées dans les baux précédents, c'est-à-dire pour la somme de vingt-six mille cinq cent livres* par chaque année, payable par moitié de six mois en six mois, au moyen de la jouissance des mêmes terres et prés qui y sont énoncés et d'une coupe annuelle de cent cinquante arpents de bois, suivant l'état détaillé.... Fait double à Montbard, le 24 décembre 1782. »

Note 2, p. 188. — Mme de Lauberdière, dont le mari avait eu envers Buffon de si grands torts, et qui fut elle-même victime de la mauvaise administration d'un homme léger et imprévoyant, paraît en effet avoir été, dans cette circonstance malheureuse, digne du plus grand intérêt. Buffon mourut sans avoir pris de parti au sujet du règlement des affaires de ses forges ; la surveillance à laquelle l'obligea leur exploitation, dont il demeurait de nouveau seul chargé, les graves préoccupations que lui causaient alors les travaux du Jardin du Roi, ne lui permirent pas de terminer cette triste affaire. Trois mois après sa

---

* Différentes redevances importantes non stipulées au contrat faisaient monter le bail à 35 000 livres.

mort, à la date du 5 juillet 1788, M. Boursier, notaire, chargé par le comte de Buffon fils de surveiller les intérêts compliqués d'une fortune considérable, mais dès ce temps embarrassée, écrivait à ce dernier : « La position de Mme de Lauberdière est très-malheureuse, étant dans la plus grande misère et à la charge d'une famille peu fortunée. Le désordre des affaires de son mari, dont elle est la victime, la laisse sans aucune ressource. Son désistement du bail ne tient à rien et vous sera donné. Le tort irréparable que vous a fait son mari ne doit point détourner d'elle les marques de bonté que vous êtes décidé à lui donner, et qu'elle n'ose réclamer par elle-même dans ce moment. M. Le Roux, beau-frère de cette dame, homme très-délicat, qui traite dans ce moment cette affaire avec M. votre oncle, l'a prié de vous exposer ses besoins et ses malheurs. Je n'ai rien fixé avec M. votre oncle au sujet de l'indemnité annoncée, me réservant de vous en écrire ; mais, d'après la conversation que j'ai eue à cet égard avec M. votre oncle, il m'a donné à entendre qu'il désirait que je vous engageasse à la porter à 24 000 livres. Cette bonne œuvre vous assurera votre tranquillité et la reconnaissance la plus touchante de la part de Mme de Lauberdière et de sa famille. »

Le dernier fermier des forges de Buffon fut un sieur Quesnel, dont la gestion paraît n'avoir pas été plus heureuse que celle de Lauberdière. « Il avait cependant la réputation d'un galant homme avec une fortune bien réelle, écrit M. Boursier au comte de Buffon le 11 mai 1790 ; je me rappelle même qu'il n'y a pas six mois, vous vouliez lui vendre vos forges moyennant une rente viagère. Je ne peux concevoir comment, en aussi peu de temps, il aurait pu déranger ses affaires à l'entreprise de vos forges. »

## CCCXXXII

Note 1, p. 189. — Il est encore ici question d'un des nombreux procès que Buffon eut à soutenir, tant au sujet de sa fortune particulière qu'au sujet des affaires du Jardin du Roi. Il s'agissait cette fois d'un procès relatif aux forges de Buffon et auquel donna naissance entre Buffon et le marquis de La Guiche, héritier du président de Rochefort, un titre que je possède et qui est ainsi conçu :

« Je, soussigné, déclare que, par déférence pour M. le président de Rochefort, je ne prendrai aucune mine de fer dans la partie du terrain du finage d'Étivey, qui est à droite du grand chemin en allant à Paris, dans lequel terrain il fait tirer de la mine pour l'usage du fourneau de sa terre d'Aisy, et que, si j'ai besoin des mines de fer d'Étivey pour le fourneau que je compte établir dans ma terre de Buffon, je no les prendrai que dans la partie du terrain qui est à gauche du même grand chemin, lequel nous servira de limite commune à cet égard, ce qui a été accepté par M. le président de Rochefort et signé double entre nous.

« Fait à Rochefort, le 25 octobre 1767.

« Le comte DE BUFFON. »

Les forges d'Aizy, dont M. de La Guiche était propriétaire, et dont M. Rigoley, auquel sont adressées plusieurs lettres de Buffon insérées dans ce recueil, était le fermier, tiraient leur minerai de la commune d'Étivey, où venait aussi s'alimenter le fermier des forges de Buffon. Pendant toute la durée de son bail, M. Rigoley, on a pu le voir par les lettres que lui adressait Buffon, entretint avec ce dernier les meilleurs rapports. En 1784, M. Rigoley quitta la forge d'Aizy et M. Humbert, son successeur, contesta à M. de Lauberdière, fermier des forges de Buffon, le droit d'extraire son minerai sur le territoire de la commune d'Étivey. Le marquis de La Guiche, prenant parti pour son fermier, assigna M. de Lauberdière devant le juge de la marque des fers à Dijon. Buffon, de son côté, adressa une requête au Conseil pour demander l'évocation de l'affaire. Le procès se jugea au Châtelet. Les prétentions du marquis de La Guiche furent repoussées. Il en appela au Parlement de la sentence des premiers juges ; mais les grandes affaires dont · cette compagnie était alors occupée, son exil à Troyes, retardèrent indéfiniment la solution de cette affaire. La mort de Buffon arriva avant que le procès ne fût jugé. Il se termina par une transaction intervenue entre le marquis de La Guiche et le chevalier de Buffon, agissant au nom de son neveu, dont il gérait les intérêts.

Entre les mains de la veuve du comte de Buffon, les forges fondées par son beau-père devinrent une source intarissable de procès, et les pertes considérables que lui firent éprouver des gérants infidèles ne contribuèrent pas peu à amener la ruine totale d'une fortune à laquelle la Révolution avait porté la première atteinte. En 1840, elle était obligée de se dessaisir des immeubles, très-importants encore, qu'elle avait pu conserver jusqu'à ce jour. M. Humbert-Bazile, qui tenait note des événements importants arrivés dans une famille dont il avait entrepris d'écrire l'histoire, s'exprime ainsi dans son manuscrit, à la date du mois de décembre 1840 :

« Mme de Buffon vient de vendre à des spéculateurs de Paris, moyennant la somme de 1 500 000 francs, le reste des biens que son mari lui a légués. Elle conserve son château de Montbard et ses dépendances, et environ 15 000 francs de revenus, toutes dettes acquittées. »

Note 2, p. 190. — La Hollande s'arrogeait alors le droit de fermer l'ouverture de l'Escaut. En 1784, l'empereur d'Autriche Joseph II demanda la liberté du fleuve. La Hollande refusa. La conséquence de ce refus fut une rupture entre l'Autriche et la Hollande, et l'annonce d'une guerre prochaine. Durant le temps où elle préoccupait les esprits, la question de l'ouverture de l'Escaut donna lieu à un grand nombre de brochures dans le sens des deux opinions opposées. L'avocat Linguet publia des *Considérations sur l'ouverture de l'Escaut*, dont l'empereur fut tellement satisfait qu'il accorda à leur auteur une pension considérable, et fit répandre l'ouvrage par son ambassadeur. La querelle de l'Autriche intéressait la France, qui, sacrifiant les liens de famille aux intérêts de la politique, avait, dès le début, déclaré qu'elle appuierait les prétentions de la Hollande. La reine Marie-Antoinette se montra vivement affectée de ce désaccord entre le cabinet de Versailles et le cabinet de Vienne; elle-même négocia près de son frère, et obtint de lui qu'il cédât. Elle obtint plus encore; car Louis XVI fut choisi comme médiateur entre l'Autriche et la Hollande, qui s'en remirent toutes deux à son arbitrage. Par le traité signé à Fontainebleau le 10 novembre 1785, Louis XVI obtint pour son beau-père, l'empereur d'Autriche, le fort Lillo et quelques portions de territoire, mais l'Escaut resta fermé. On vit avec plaisir se dissiper les craintes d'une guerre dispendieuse, et dont les charges auraient augmenté les difficultés déjà trop réelles du moment et le déficit considérable du trésor. La reine montra une grande joie de l'heureux succès de cette négociation, et les fêtes de Versailles, un moment suspendues, reprirent leur cours. On lit à ce sujet, dans les Mémoires du temps : « 8 janvier 1785. — Les bals de la Reine ont recommencé cet hiver, pour la première fois, le mercredi 27 décembre. Sa Majesté ne s'y rend qu'à dix heures et ne danse point, à cause de sa grossesse. Le retour d'un genre de plaisir uniquement destiné pour les femmes de la cour, et auquel Sa Majesté ne participe que des yeux, fait présumer avantageusement de la paix, puisque les premiers bruits de rupture avec son auguste frère l'avaient déterminée à rester dans la retraite et dans la douleur. » L'Escaut demeura fermé jusqu'à la prise de la citadelle d'Anvers, en 1832. Aujourd'hui la navigation de l'Escaut est libre, moyennant un droit fort minime que les Hollandais perçoivent à l'embouchure du fleuve.

Note 3, p. 190. — La Reine accoucha, à la fin du mois suivant, d'un prince qui reçut le nom de duc de Normandie, malheureux enfant né sur les marches d'un trône et destiné à succomber, quelques années plus tard, dans les murs d'une prison, aux mauvais traitements d'un infâme geôlier. « Le soir même de l'accouchement, et moins de deux heures après, disent les journaux du temps, le duc de Normandie fut baptisé par le grand aumônier, en présence du curé de la paroisse de Notre-Dame. Il fut tenu sur les fonts par *Monsieur* et par Madame Élisabeth de France, au nom de la reine de Naples, le Roi étant présent et le duc de Chartres seulement. Par une circonstance assez bizarre, les autres princes et princesses n'ont pu se rendre assez tôt pour s'y trouver. Après la cérémonie, le prince ayant été reconduit dans son appartement, M. de Calonne, grand trésorier des ordres du Roi, lui porta le cordon et la croix du Saint-Esprit, conformément aux ordres de Sa Majesté. Le Roi, ainsi que la cour, après le baptême, assista au *Te Deum*, chanté dans la chapelle du château par la musique de Sa Majesté. La Reine sortie du travail, le comte de Saint-Aulaire, lieutenant des gardes du corps du Roi, de la compagnie de Villeroy, de service auprès de la Reine, alla à Paris, par ordre du monarque, annoncer cette heureuse nouvelle au corps de ville, qui s'était déjà rassemblé d'après les ordres que Sa Majesté lui en avait envoyés peu de temps auparavant. Le comte de Vergennes, ministre des affaires étrangères, rentré chez lui, dépêcha des courriers extraordinaires aux ambassadeurs et aux ministres de France dans les cours étrangères, pour leur faire part de cette nouvelle. Tous ces courriers partirent dès le soir, et moins de trois heures après l'accouchement de la Reine. Les autres ministres ont également fait part de cette nouvelle dans leurs départements. Le lendemain, les princes du sang ont complimenté le Roi à ce sujet. »

Le 24 mai suivant, la Reine vint à Paris, en grande pompe, faire ses dévotions à Notre-Dame. « Le Roi lui avait accordé que les deux régiments des gardes françaises et gardes suisses bordassent la haie, depuis la porte de la conférence, où elle a pris ses carrosses, jusqu'à Notre-Dame et Sainte-Geneviève. Elle a d'abord remercié Dieu de la naissance du duc de Normandie, et, par une dévotion particulière à la patronne de Paris, s'est réunie aux prières publiques pour demander à Dieu la fin de la sécheresse. Elle est revenue dîner au château des Tuileries. Le canon des Invalides, de la Grève et de la Bastille a tiré, et le petit bâtiment *le Dauphin* a fait feu des deux bords. L'après-midi, Sa Majesté est allée à l'Opéra voir *Panurge*, avec Madame Élisabeth ; ensuite souper au Temple chez M. le comte d'Artois.... Il n'y a point eu de : « Vive le roi! Vive la reine! » durant tout le cours de la marche de Sa Majesté, ce qui l'a sensiblement affligée. Elle a été très-applaudie, au contraire, à l'Opéra, et a répondu à ces acclamations par des révérences plus multipliées et plus gracieuses encore que de coutume. » (*Mémoires de Bachaumont.*)

Le premier enfant de Louis XVI fut une fille. Une dame de la cour, la comtesse de Bussy, femme d'un grand esprit et, à l'exemple de la comtesse de Boufflers, de la maréchale de Mirepoix et de la marquise de Maupeou, un peu poëte, avait, lors de la première grossesse de la Reine, annoncé la naissance d'un dauphin. Sa prophétie ne se réalisa pas, et, le jour où la Reine lui en fit des reproches, elle répondit par l'impromptu que voici :

> Oui, pour fée étourdie à vos traits je me livre;
> Mais si ma prophétie a manqué son effet,
> Il faut vous l'avouer, c'est qu'en ouvrant mon livre
> J'avais, pour le premier, pris le second feuillet.

Dans ce temps où les productions faciles de l'esprit recevaient toujours bon accueil, chacun se mêlait un peu de poésie. A en croire le marquis de Fulvy, lui aussi poëte, et poëte du meilleur ton et du meilleur goût, un paysan de sa terre, située en Bourgogne, non loin de Montbard, aurait fait, à l'occasion des couches de la Reine, le couplet suivant :

> De Louis et d'Antoinette
> C' qui nous vient est toujours bon ;
> Not' cœur a ce qu'il souhaite,
> Que ce soit fille ou garçon ;
> Frèr' com' sœur, et sœur com' frèr',
> C'est un enfant à chérir :
> Tous du côté d' père et d' mère,
> Pour être aimés, ont d' quoi tenir.

Note 4, p. 190. — Cette lettre est la dernière de ce recueil qui soit adressée à Gueneau de Montbeillard. Au commencement de l'année 1785, il souffrait déjà du mal dont il mourut quelques mois plus tard. Buffon a dit en parlant de l'amitié : « C'est de tous les attachements le plus digne de l'homme et le seul qui ne le dégrade point ; l'amitié n'émane que de la raison , l'impression des sens n'y fait rien; c'est l'âme de son ami qu'on aime, et pour aimer une âme il faut en avoir une, il faut en avoir fait usage, l'avoir connue, l'avoir comparée et trouvée de niveau à ce que l'on peut connaître de celle d'un autre. » En traçant ces lignes, Buffon songeait à la douceur des liens qui l'unirent à Gueneau de Montbeillard ; la constance de ce solide attachement ne se démentit jamais.

Buffon apportait dans l'amitié toutes les vertus sérieuses de son grand caractère; il était ami sûr, tendre, compatissant et dévoué. Le meilleur et le plus incontestable témoignage de ce sentiment, qui dément la sécheresse prétendue de son cœur, est dans la constance et la profondeur des affections qui se groupèrent autour de lui. Le prési-

dent de Ruffey, le président de Brosses, l'abbé Leblanc, Jacques Varenne, Gueneau de Montbeillard, l'abbé Bexon, Faujas de Saint-Fond,
furent tour à tour attachés à Buffon par les liens de l'amitié la plus
vraie et la plus sincère. Gueneau de Montbeillard mourut, et Buffon
sentit, au vide que cette mort fit dans son cœur, la place importante
que cet ami dévoué y avait occupée.

Dans les derniers mois qui précédèrent sa mort, Gueneau de Montbeillard tomba soudain dans une mélancolie dont rien ne put le distraire; son caractère avait perdu toute sa verve, son esprit toute sa
gaieté. Il eut confiance dans le magnétisme et en réclama les secours.
Eut-il raison? eut-il tort? Ses amis ont cru à une imprudence et ont
blâmé sa persistance à refuser tout autre remède. « Mon état vous
afflige, dit-il à l'un d'eux quelques jours avant sa mort; je sens que
les remèdes dont je fais usage ne me procurent point de soulagement;
mais il est un instant qu'aucune puissance humaine ne peut reculer;
je m'aperçois que j'y touche, et il faut céder à sa destinée. Buffon
est venu me voir hier; il n'est pas bien lui-même. Nous nous sommes
embrassés; nous avons pleuré dans les bras l'un de l'autre, et nos
larmes se sont confondues sur nos joues. » Il mourut le 28 novembre
1785. « On apprend de Semur en Auxois, disent les Mémoires de
Bachaumont, à la date du 27 décembre de la même année, que
M. Gueneau de Montbeillard y est mort le 28 novembre dernier, âgé
d'environ soixante-cinq ans. Il avait d'abord entrepris une *Collection
académique*, qu'il fut obligé d'abandonner faute de coopérateurs. Ce
qui le rend recommandable surtout, c'est d'avoir travaillé à la description des oiseaux de l'Histoire naturelle de M. de Buffon, et d'avoir
si bien imité les tournures et le style de ce grand homme, que les
connaisseurs ne s'aperçurent du changement que par un avertissement de M. de Buffon, empressé à rendre justice à son élève. »

## CCCXXXIII

Note 1, p. 191. — Un journal du temps donne en ces termes la
description du portrait gravé de Necker, dont j'ai retrouvé deux
épreuves dans les papiers de Buffon : « Il est dans l'attitude d'un
penseur, et sa physionomie n'est pas exempte de la morgue et de la
dureté que lui reprochent ses détracteurs. A sa droite est une écritoire et un livre manuscrit relatif à ses opérations; à sa gauche son
chiffre; une guirlande de fleurs est à ses pieds et une corne d'abon-
dance, emblème du succès de ses travaux. »

Note 2, page 191. — L'ouvrage dont il est ici question est le livre de Necker, ayant pour titre : *De l'administration des finances de la France.* « M. Necker, rapportent les Mémoires de Bachaumont, à la date du 27 décembre 1784, a employé utilement ses loisirs. Ne perdant point de vue son objet, il a composé dans sa retraite un livre : *De l'administration des finances de la France*, en trois volumes. Il a chargé M. le maréchal de Castries de le présenter au Roi. M. Necker est actuellement à Montpellier, où il est allé conduire sa femme, dont la santé est en mauvais état, et qu'un médecin de cette faculté s'est chargé de rétablir. M. Necker a été accueilli dans cette ville de la manière la plus flatteuse; il voulait y louer un hôtel, et personne n'a voulu de son argent; chacun s'est empressé de lui offrir sa maison. On croit cependant qu'il est passé aujourd'hui à Avignon, et qu'il est bien aise d'apprendre là quelle sensation son ouvrage aura produite. On veut, comme il y est dit des vérités fortes, qu'il craigne les persécutions de ses ennemis. Tel est le langage de ses partisans. Quant à son livre, il ne se vend point encore, il est très-rare, et peu de gens savent à quoi s'en tenir. » Le livre de Necker est resté un ouvrage classique en matière de finances; lorsqu'il fut mis en vente, 80 000 exemplaires furent enlevés en peu de jours. Necker composa cet ouvrage pour repousser les attaques violentes sans cesse dirigées contre son administration, et pour répondre au contrôleur général de Calonne, dont il devait bientôt prendre la place.

## CCCXXXIV

Note 1, p. 192. — Georges-Louis Daubenton venait de mourir, âgé seulement de quarante-six ans. L'inquiétude que lui donnait le mauvais état de ses affaires avait hâté sa fin. L'exploitation malheureuse de ses pépinières avait englouti sa fortune, et sa veuve restait sans ressources, avec une fille dont l'éducation n'était pas achevée. Buffon, après avoir facilité l'arrangement des affaires de Daubenton, fit obtenir une recette à sa veuve, et assura ainsi son avenir et celui de son enfant.

Note 2, p. 192. — Il ne peut être ici question que de Louis-Jean-Marie Daubenton. Gueneau de Montbeillard, oncle maternel de Mme Daubenton, subissait déjà les atteintes du mal dont il devait mourir quelques mois plus tard ; il était dès lors incapable de se charger des soins difficiles d'une curatelle.

Note 3, p. 192. — Mme Daubenton, qui n'avait pas voulu quitter Gueneau de Montbeillard, auquel elle donnait ses soins, écrivait à M. Adam, notaire à Montbard, qui avait consenti à devenir le curateur de sa fille :

« Le triste état de mon oncle avec lequel je suis seule ici, monsieur, ne me permet pas de le quitter dans ce moment-ci ; je vous prie donc de vouloir bien faire pour moi comme si j'étais présente à l'assemblée, et je ratifierai tout ce que vous aurez fait ; votre qualité de curateur vous donne celle de protecteur et de père de mon enfant, et je suis si persuadée de vos bonnes intentions pour elle, que je m'en rapporte à vous.... Je dois vous remercier, non-seulement des grandes peines que vous donne cette détestable affaire, mais encore des petits soins que vous avez la bonté de donner aux objets de plaisir de votre pupille. Mme Nadault m'a écrit que vous avez la bonté de vous charger de faire soigner ses oiseaux et son petit chien. C'est étendre la complaisance bien loin ; je vous remercie, monsieur, et vous assure des sentiments d'estime et de reconnaissance avec lesquels j'ai l'honneur d'être votre très-humble et très-obéissante servante.

« BOUCHERON-DAUBENTON. »

M. Adam, qui, à la prière de Buffon, avait accepté la mission difficile de liquidateur d'une fortune gravement compromise dans des spéculations hasardeuses, se montra digne de la confiance de la famille qui l'avait choisi. J'ai sous les yeux la correspondance qu'il entretint alors avec le Jardin du Roi, rendant au docteur Daubenton, *qui avait absolument refusé d'accepter la curatelle*, un compte exact de la manière dont il administrait les intérêts qui lui étaient confiés. Parmi ces lettres j'en choisirai une ; elle fera voir en même temps et le zèle avec lequel M. Adam s'occupa des affaires de sa jeune pupille, et la situation malheureuse dans laquelle se trouvait Mme Daubenton, depuis la mort de son mari.

« Montbard, le 5 mars 1788.

« Monsieur le docteur,

« J'ai fait tout ce qui a dépendu de moi pour défendre les intérêts de Mlle Daubenton, ou, pour mieux dire, pour ménager ceux des créanciers de M. son père; aujourd'hui un autre soin m'occupe essentiellement, c'est le retrait du domaine de Mlle Amyot, à quoi pense Mme Daubenton, et nous n'avons plus qu'un mois pour l'exercer : pour y parvenir, elle a chargé un de MM. ses frères de vendre son domaine de Beaune, et c'est le 9 de ce mois que s'en doit faire la vente; je serai instruit du produit, et de ce qu'il faudra encore que madame y ajoute;

et pourvu encore qu'elle puisse trouver à faire l'emprunt de ce qui lui manquera. Ma grande inquiétude était de savoir comment elle vivrait pendant la durée de l'usufruit de Mlle Amyot, que l'on peut porter à dix ans au moins; mais d'après les lettres de MM. ses frères, de Mme de Montbeillard et de M. son frère, et les offres de ces bons parents, de payer chacun pour Mme Daubenton les intérêts de mille écus, je suis plus tranquille sur sa situation future. Mme Gueneau espère pouvoir prêter mille écus. Je ne suis donc plus inquiet que de savoir si elle pourra se procurer toute la somme dont elle aura besoin pour l'exercice du retrait. Si donc Mme Daubenton peut se passer des revenus des fonds qu'elle va placer dans ce domaine, pendant la vie de Mlle Amyot, je crois qu'elle fait une bonne affaire pour Mlle sa fille. C'est ce que je lui ai répété dans toutes les lettres que j'ai eu l'honneur de lui écrire : « Avez-vous de quoi vivre pendant ce temps? » Pourrait-on mettre assez de zèle pour un enfant aussi intéressant que celui dont les intérêts m'ont été confiés? Mais ce que j'en fais ne mérite aucune reconnaissance, je n'ai fait que ce que tout autre eût fait à ma place, et sûrement mieux que moi. C'était le devoir de ma charge; puissé-je l'avoir bien rempli ! »

Les lettres de M. Daubenton à M. Adam parlent peu de sa reconnaissance; il semble médiocrement touché des soins intelligents et dévoués qu'un étranger donne avec désintéressement aux affaires de sa nièce; mais en revanche il entretient longuement M. Adam de ses affaires, surtout de sa bergerie et de ses moutons.

J'en citerai une à laquelle ressemblent toutes les autres :

« Paris, le 12 octobre 1785.

« Je vous suis bien obligé, monsieur, de l'avis que vous avez bien voulu me donner au sujet de la vente qui se fera le 17 de ce mois. Je vous prie de dire à M. Guérard que je serais bien aise d'avoir, pour promener mes agneaux, quatre journeaux qui sont sur la montagne de Courcelotte, et qui tiennent à quatre autres journeaux que j'ai sur la même montagne, au-dessus de l'enclos de feu mon neveu. Je sens bien que la curatelle dont vous êtes chargé, vous coûte de la peine et du temps ; j'en suis bien reconnaissant. J'ai l'honneur d'être avec un sincère attachement, monsieur, votre très-humble et très-obéissant serviteur.

« DAUBENTON. »

Le 28 novembre 1785, Gueneau de Montbeillard mourut, et Mme Daubenton, qui n'avait pas quitté son oncle et qui partageait avec Mme de Montbeillard les tristes soins qu'exigeait sa maladie, lui ferma les yeux. Son oncle mort, elle se trouva de nouveau sans asile ; mais le docteur Daubenton l'appela près de lui, et elle quitta Semur pour aller se fixer au Jardin du Roi.

M. Adam continua de s'occuper de ses affaires, soit à Montbard, soit à Semur, où il exerça par la suite ses fonctions de notaire.

Betzy Daubenton, à qui sa mère avait fait partager sa reconnaissance, écrivait en 1788 à son curateur, une lettre qui m'a paru digne d'être conservée. On n'oubliera pas qu'elle est écrite par une enfant de treize ans.

« A Paris, le 31 décembre 1788.

« Maman me lit toutes vos lettres, monsieur, et je vois avec bien de la reconnaissance l'intérêt que vous voulez bien prendre à nous ; cet intérêt, qui m'inspire un véritable attachement, me prouve ce que maman me dit bien souvent, qu'on n'a pas tout perdu tant qu'il nous reste des amis. Vous vous donnez bien de la peine pour moi, et je ne puis rien faire pour vous. Je vous dois peut-être plus que vous ne pensez, car sans vos bons soins qui tranquillisent maman, je ne sais si elle aurait résisté à tous ses troubles. Nous avions espéré vous voir cet hiver ; cela m'aurait fait bien plaisir, mais j'espère m'en dédommager cet été. Nous irons passer une partie du temps avec ma tante Amyot, et l'autre avec ma tante Gueneau, qui nous y invite avec bien de l'amitié.

« Après avoir passé toute l'année dans la dissipation qui m'amusait, mais qui me fatiguait, je suis presque étonnée de me voir plus heureuse dans notre jolie solitude, et j'entends bien du bruit sans en faire ; je cours à la fenêtre pour voir passer les traîneaux qui m'amusent beaucoup. J'aimerais bien aller dedans, mais je me console en pensant que les beaux messieurs qni sont si aises de courir là dedans, ont plus froid que moi. Voilà comme je me console de tous nos chagrins. Hier j'ai brûlé mon bonnet, et je me suis trouvée bien heureuse de ce que ce n'était pas mes cheveux, et de ce qu'il m'est resté de quoi faire une paire de manchettes.

« J'aurais eu bien du plaisir, monsieur, à vous aller souhaiter la bonne année ; mais il faut que je m'en console encore, en pensant que ce n'est qu'un plaisir remis et que ma lettre, en attendant, vous portera mes vœux et les assurances du respect et de l'attachement avec lesquels j'ai l'honneur d'être, monsieur, votre très-humble et très-obéissante servante.

« BETZY DAUBENTON. »

« Maman vous fait bien des amitiés ; elle ne vous écrira pas cette fois-ci, parce que j'ai voulu avoir ce plaisir toute seule. Si vous voyez mon ancienne amie Sophie Nadault, dites-lui, je vous prie, de ma part, que je l'aime toujours bien, et que, quoique j'aie bien des amies ici, je ne l'oublie pas, et que je pense souvent à elle.

« Comment se porte mon petit ami votre chien ? se souvient-il de moi ? *M. Azolin*, je l'ai bien mené promener ! Il fallait lui laisser sa robe par ce grand froid, pauvre petit !

« C'est bien le moins que je fasse vos commissions au Jardin du Roi ; on s'y porte bien ; je suis sûre d'y faire toujours plaisir quand j'y parle de vous ; on vous rend toutes vos amitiés. »

Grâce aux soins de M. Adam, les dettes de Daubenton furent liquidées, et Mme Daubenton put entrevoir pour sa fille un avenir moins incertain.

En 1789, Betzy Daubenton hérita d'une petite fortune que lui laissait Mlle Amyot, sa parente. Le 8 juillet 1810, Marguerite Daubenton, sa tante, veuve du collaborateur de Buffon, disposait d'une partie de son bien en sa faveur :

« Je donne et lègue à Mme de Buffon ma vaisselle plate en argent.... A l'égard du surplus de mes biens, je le donne et lègue savoir : Pour un cinquième à Mme de Buffon, déjà nommée ; pour un pareil cinquième à Mlles Pion, également déjà nommées ; pour un autre cinquième à M. Adam, notaire à Semur ; et enfin pour les deux cinquièmes restants, aux descendants de M. Daubenton, chirurgien à Montbard. »

Note 4, p. 192. — Dans une généalogie de la famille Daubenton, dressée par les soins de Georges-Louis Daubenton, se trouve l'article suivant, consacré à M. Daubenton, chirurgien :

« Jacques Daubenton, fils de Pierre et de Françoise Guérard, est maître en chirurgie à Montbard, et a épousé Edmée Grand, fille de Charles Grand, bourgeois de Montbard ; ils ont deux enfants qui sont :

1° Cyr Daubenton, né le 13 septembre 1755 ;
2° Élisabeth Daubenton, née le 21 octobre 1754. »

Note 5, p. 192. — Louis-Joseph de Bourbon, né à Paris, le 9 août 1736, mort le 13 mai 1818, fut le chef de l'armée de Condé.

Note 6, p. 192. — Le marquis d'Amezaga, gentilhomme espagnol, major d'un régiment français et promu le 10 février 1759 au grade de maréchal de camp, avait épousé en secondes noces la mère de M. Amelot, d'abord intendant en Bourgogne et ensuite ministre de

Paris. Au mois de mars 1783, Mme d'Amezaga mourut, et le prince de Condé, bien que M. d'Amezaga ne lui fût attaché par aucune charge, lui écrivit qu'il comptait que, libre désormais, il pourrait se rapprocher de lui en venant habiter dans son palais, et qu'en conséquence il lui faisait meubler un appartement. L'attachement du prince pour ce seigneur étranger était extrême. M. d'Amezaga, du reste, était homme d'esprit et fin observateur; Buffon, qui cite souvent son témoignage dans l'Histoire naturelle, surtout en matière de chasse, dit de lui *qu'il joignait à beaucoup de connaissances une grande expérience de la chasse.* Chantilly possédait, parmi un grand nombre de raretés, un cabinet d'histoire naturelle d'une grande richesse. Par l'entremise du marquis d'Amezaga, Buffon était exactement tenu au courant de ses acquisitions nouvelles; il obtint souvent, par le crédit du marquis sur l'esprit du prince, soit des échanges, soit des dons utiles au Cabinet du Roi.

Note 7, p. 192. — Charles-Alexandre de Calonne, né le 20 janvier 1734, mort le 29 octobre 1802, fut nommé contrôleur général des finances à la place de M. d'Ormesson, le 3 novembre 1783. Les États généraux, convoqués par lui en 1787, attaquèrent son système et causèrent sa disgrâce. Il quitta le ministère pour l'exil en 1789, et eut la douleur de voir Necker, dont il avait violemment critiqué les opérations financières, lui succéder.

## CCCXXXV

Note 1, p. 193. — Durant l'année 1785, Buffon, chez qui la maladie dont il était depuis longtemps atteint faisait chaque jour des progrès rapides, eut à endurer de cruelles souffrances. Au mois d'octobre, il rendit avec de pénibles efforts quelques graviers. De ces crises, qui devenaient plus fréquentes et plus douloureuses, il était le seul à ne point s'inquiéter. Le 24 mars, Mlle Blesseau adressait à Mme Necker une lettre détaillée sur l'état de son maître. Cette lettre, qui nous a été conservée, montre à quel point le mal s'était aggravé. Elle montre en même temps avec quel touchant intérêt Mme Necker s'inquiétait de la santé de son illustre ami.

« Au Jardin du Roi, le 24 mars 1785.

        « Madame,

    « Il me faudrait une petite portion de votre très-grand esprit pour pouvoir vous répondre d'une manière convenable. M. de Buffon a lu plusieurs fois la lettre que vous m'avez fait l'honneur de m'écrire, et disait toujours qu'il l'admirait davantage. J'ai pleuré moi-même de votre extrême bonté pour moi, et je vais vous faire, madame, le détail de sa situation et de sa santé, qui se soutient toujours bonne; il a même repris de l'embonpoint; il continue toujours son savon tous les matins; il boit une tasse de boisson bien chaude par-dessus pour faire fondre le savon, qui est, les deux tiers d'eau de riz et le tiers de lait, et cela le soir avant que de se coucher, et le matin en se levant pour faire fondre le savon qu'il prend le matin, car il resterait trop long-temps sur son estomac. M. de Buffon a passé l'hiver aussi bien qu'il était possible de le désirer; il n'a eu nulle incommodité, pas même du rhume; il ne rend plus de gravier, mais il y a toujours dans le fond de l'urine la poudre des graviers; cela prouve que le savon les dissout; je crois être persuadée que, s'il l'interrompait, les maudits graviers se reformeraient comme auparavant. Je vous prie, madame, d'être tranquille sur la santé de M. de Buffon, qui est bien meilleure que quand vous l'avez quitté; il en reçoit même des compliments de ses amis. Cependant il ne sort point de son cabinet; il ne peut pas aller en voiture qu'il n'en soit incommodé; il fait trop froid pour se promener au jardin. Il est donc forcé de rester et d'employer la plus grande partie de son temps avec ses procureurs et ses avocats, et, heureusement pour le temps qu'il avait perdu, il vient d'en avoir un peu de satisfaction; car M. de Buffon a gagné un procès au Châtelet et deux au Parlement; mais cela n'est pas encore fini. Les deux der-niers laissent des queues pour après Pâques; il croit cependant re-tourner à sa campagne dans le mois de mai, où il espère, madame, avoir l'honneur et le plaisir de vous recevoir. Il vous remercie beau-coup au sujet du remède dont vous avez la bonté d'envoyer le détail; mais se trouvant bien de son régime et de son savon, il n'y changera rien. Il me parle tous les jours de vous, madame, il en parle à tous ses bons amis; il a eu une vraie joie lorsqu'il a vu dans votre lettre que votre santé allait mieux. Il a dit que jamais votre âme ne s'était mieux portée qu'en dictant cette lettre, et que cela lui donnait toute espérance pour le rétablissement du corps; sans cesse on parle du livre de M. Necker, jusque dans nos antichambres. Les uns l'admi-rent, les autres le bénissent, et j'entends souvent M. de Buffon dire que c'est un ouvrage excellent. Tout le monde lui demande aussi des nouvelles de votre santé, madame, car vous êtes chérie du monde entier. Je suis la plus humble de vos servantes, et je vous chéris plus que je ne pourrais aimer ma mère. Vous avez la bonté de me deman-der des nouvelles de ma santé; elle est toujours languissante, et je ne puis manger sans être incommodée. Cependant je vais toujours, et je tâche que M. de Buffon ne manque pas de service. J'ai fait lire à Mme de Buffon l'article de votre lettre où vous marquez de l'intérêt pour elle; elle m'a chargée de ses respects et de ses remercîments pour vous. C'est une fort aimable jeune femme, et dont M. de Buffon, son papa, est de plus en plus content. Nous avons encore trois degrés de froid aujourd'hui. Il vous conseille, madame, de ne pas quitter encore le séjour de Montpellier.

« J'ai l'honneur d'être avec le plus profond respect, madame, votre très-humble et très-obéissante servante.

« BLESSEAU. »

Note 2, p. 193. — Jean-Benjamin-François-Edme Nadault, abbé commendataire de plusieurs abbayes, né à Buffon le 12 juillet 1771, mort en Vendée le 4 novembre 1793, à l'âge de vingt-deux ans.


## CCCXXXVI

Note 1, p. 194. — Dupleix de Bacquencourt était un ami de Buffon, dont il est souvent parlé dans ses lettres. Il avait été intendant de Bourgogne, et depuis 1780 il était conseiller d'État.

Note 2, p. 194. — Buffon avait dans sa terre le droit de *haute, basse et moyenne justice*; de plus, les seigneuries de Buffon et de Montbard ayant été érigées en comté, la justice était rendue en son nom dans toutes les terres comprises dans les lettres d'érection. Les titres nobiliaires n'étaient pas alors une simple distinction sociale; ils conféraient des droits à celui qui en était revêtu. Or, Buffon, qui aimait en tout l'ordre et la régularité, n'avait pas tort de se plaindre de l'existence de *francs fiefs*, qui enlevaient leurs possesseurs à sa juridiction, et qui devenaient une entrave pour l'administration de sa seigneurie.

Est-il besoin de rappeler, après les nombreux exemples que nous en a déjà fournis sa correspondance, que Buffon ne se montra jamais vain de ses titres, et qu'il n'exigea jamais avec rigueur le prix de ses redevances féodales? Le constant attachement que lui témoignèrent jusqu'à sa mort les habitants de Montbard et les paysans de ses terres, suffirait seul pour le justifier de cette accusation souvent répétée.

## CCCXXXVIII

Note 1, p. 196. — Jean-André Mongez, né en 1751, a laissé sur la physique des mémoires remplis de vues nouvelles et de considérations du plus haut intérêt. En 1785, il s'embarqua avec La Pérouse en qualité de physicien et d'aumônier. Il partagea le sort de l'expédition, et ne revint pas d'un voyage que son amour pour la science lui avait fait entreprendre.

Note 2, p. 196. — Jean-François Galaup de La Pérouse, né en 1741, partit le 1er août 1785 pour son voyage de découverte autour du monde. Il commandait deux frégates, *la Boussole* et *l'Astrolabe*. Les dernières nouvelles de l'expédition signalaient sa présence à Botany-Bay. Bientôt on cessa d'en recevoir, et, malgré de nombreuses recherches, on ne put découvrir, jusqu'en 1827, dans quels parages La Pérouse et ses malheureux compagnons avaient trouvé la mort. A cette époque, le capitaine anglais Dillon reconnut les débris des vaisseaux de La Pérouse dans une des îles Vanikoro. En 1828, Dumont-d'Urville acquit la certitude que La Pérouse avait péri en effet sur les récifs de Vanikoro. On lit dans les Mémoires de Bachaumont au sujet du voyage de La Pérouse :

« 4 mai 1785. — On ne sait point au juste quelle route tiendra M. de La Pérouse dans le voyage autour du monde qu'il entreprend. Il aura une escadre de plusieurs bâtiments. Il déclare que le Roi s'y intéresse beaucoup, que c'est Sa Majesté qui en a conçu le plan et doit diriger sa marche en grande partie.

« 18 août. — M. de La Pérouse a appareillé de Brest le premier de ce mois pour son voyage autour du monde. Bien des gens révoquent en doute sa capacité, et prétendent que M. de l'Angle, capitaine du second bâtiment, serait plus propre pour l'expédition. »

Note 3, p. 197. — Dans une lettre à la date du 17 juin 1785, Buffon dit à ce propos à Thouin : « Je suis très-satisfait de ce que vous avez bien voulu prendre la peine d'instruire nos voyageurs pour l'avantage du Jardin du Roi. Sauriez-vous des nouvelles de M. Dombey, dont je n'ai plus entendu parler, non plus que des caisses qu'il avait annoncées? Mandez-moi aussi quand vous comptez commencer votre cours de botanique, et soyez toujours bien persuadé de mon estime et de mon véritable attachement. »

## CCCXL

Note 1, p. 199. — Pierre Camper, né à Leyde, le 11 mai 1722, mort le 7 avril 1789, fit plusieurs voyages soit en France, soit en Angleterre, et fut, en 1785, nommé par l'Académie des sciences à l'une des huit places d'associés étrangers. Bien que ses découvertes soient importantes et nombreuses, il a peu écrit. Elles sont, pour la plupart, consignées dans les Mémoires des diverses Académies dont il fut membre. En 1778, il écrivit de Klein-Lankum à Buffon une lettre insérée dans les *Suppléments à l'Histoire naturelle*. « A l'égard de l'organe de la voix de ces sapajous hurleurs, dit Buffon, M. Camper, très-savant anatomiste, qui s'est occupé de la comparaison des organes vocaux dans plusieurs animaux, et particulièrement dans les singes, m'écrit au sujet de l'*alouatte* dans les termes suivants.... » Son fils, suivit la même carrière que son père, et sut aussi s'y rendre utile; il publia plusieurs de ses ouvrages, et a laissé également sur l'histoire naturelle quelques observations importantes.

Note 2, p. 199. — Guillaume-Antoine Duluc, né à Genève en 1729, mort le 26 janvier 1812, frère de Jean-André Duluc, physicien célèbre, se distingua par son goût pour l'étude de l'histoire naturelle. Il forma un cabinet qu'il passa sa vie à augmenter et à enrichir. En 1756 et en 1757, il visita le Vésuve, l'Etna, l'île de Vulcano, et rapporta de ce voyage une belle collection de produits volcaniques, dont il donna, par la suite, le catalogue raisonné. Son frère et lui sont souvent cités dans l'Histoire naturelle.

Note 3, p. 199. — Faujas de Saint-Fond, encouragé par Buffon dans ses premiers travaux, se livrait à cette époque à diverses expériences sur les mines, qui donnèrent lieu à des Mémoires intéressants. Les roches, les eaux minérales et plusieurs autres objets d'histoire naturelle, furent tour à tour le sujet de ses recherches. Les diverses sommes que Faujas de Saint-Fond obtint à différentes reprises des ministres, furent insuffisantes pour le rembourser des avances importantes qu'il était obligé de faire; aussi, en 1797, le conseil des Cinq-Cents, sur la proposition de Dubois (des Vosges), vota en sa faveur une somme de 25 000 francs, comme une juste indemnité des avances qu'il n'avait cessé de faire pour se livrer à des expériences scientifiques.

## CCCXLI

Note 1, p. 199. — Ce fut, en effet, seulement au mois d'août 1785, que furent terminées les nombreuses formalités exigées par l'acquisition des terrains nécessaires pour l'agrandissement du Jardin du Roi. L'opération de Buffon était double : d'un côté il acquérait des moines de Saint-Victor des biens de mainmorte; de l'autre il rétrocédait au Roi, au prix auquel il les avait achetés, des terrains que le Jardin devait désormais comprendre dans son vaste périmètre. Pour que le Roi achetât et pour que l'abbaye vendît, bien des formalités étaient nécessaires, soit devant le Conseil, soit devant la Chambre des comptes, soit devant le Parlement. Les lettres patentes autorisant l'agrandissement du Jardin du Roi par le moyen d'un échange avec la communauté de Saint-Victor sont du mois d'avril 1782; le contrat intervenu entre Buffon et le fondé de pouvoir de l'abbaye est à la date du 30 août de la même année. Les pièces relatives à cet échange, qui était d'une si grande importance pour la réalisation des plans de Buffon, nous ont paru présenter un intérêt historique, ce qui nous a déterminé à les reproduire ici textuellement :

### I

« LOUIS, par la grâce de Dieu, roi de France et de Navarre, à tous présents et à venir salut.

« L'attention particulière que les rois nos augustes prédécesseurs ont apportée à la formation d'un Cabinet d'Histoire naturelle et d'un Jardin des Plantes, le degré de célébrité auquel ces deux établissements sont parvenus sous le règne du feu Roi notre très-honoré seigneur et aïeul, par la protection spéciale qu'il leur a accordée, et par les soins et les connaissances profondes du sieur comte de Buffon, auquel il en avait confié l'intendance dès l'année mil sept cent trente-neuf; enfin l'importance dont ils sont pour le progrès des sciences et des arts, nous ont déterminé à ne rien négliger pour les amener à l'état de perfection dont ils peuvent être susceptibles. Nous avons spécialement fixé notre attention sur notre Jardin royal des Plantes, qui, par l'instruction qu'il présente et les secours qu'il fournit aux pauvres, et par l'activité constamment apportée à y rassembler les plantes rares, tant indigènes qu'étrangères, qui peuvent concourir au progrès de la médecine et des autres sciences et arts, est devenu un dépôt universel, non moins utile à l'humanité entière que précieux à la capitale de notre royaume. Nous avons reconnu que l'agrandissement de ce Jardin est un des moyens les plus certains de multiplier encore ces avantages réunis. Dans cette vue nous avons d'abord renouvelé les défenses faites, dès l'époque de l'année mil six cent soixante et onze, de faire aucunes constructions, ni même d'élever aucunes piles de bois sur tous les terrains qui environnent ce Jardin. Ensuite nous avons porté nos regards sur l'accroissement inespéré, et cependant réalisé depuis sept à huit ans, du nombre des plantes étrangères porté à plus du double ; sur l'augmentation procurée à la culture des plantes vulnéraires consacrées aux besoins des pauvres, sur la formation effectuée de deux nouvelles écoles des plantes employées dans la médecine et dans les arts; sur l'établissement formé d'une pépinière de jeunes arbres et d'un bosquet de grands arbres, afin d'assurer la multiplication des arbres étrangers, et de leur procurer toute la croissance qui leur est nécessaire pour porter graines et se naturaliser dans nos climats, tous avantages spécialement dus aux soins et à la vigilance du sieur comte de Buffon. Ainsi pénétré de la nécessité indispensable de ne pas différer à pourvoir à l'agrandissement du lieu dans lequel toutes ces ressources précieuses se trouvent rassemblées, envisageant d'ailleurs dans son agrandissement un nouvel objet de décoration et d'agrément pour notre capitale, nous avons, dès l'année mil sept cent soixante-dix-huit, autorisé le comte de Buffon à traiter avec tous les propriétaires des terrains qui avoisinent notre Jardin royal des Plantes ; mais de tous ces terrains circonvoisins, le plus important, le seul même qui pût remplir ces vues d'utilité publique, s'étant trouvé appartenir à la manse canoniale de l'abbaye de Saint-Victor, le comte de Buffon n'a pu se dissimuler que l'unique moyen d'en opérer l'incorporation à ce Jardin, était la voie d'un échange avec les chanoines réguliers de cette abbaye; pour y parvenir, il s'est déterminé, après avoir obtenu notre agrément, à acquérir en son nom, et de ses propres deniers, une partie considérable des marais voisins, appartenant au sieur Dubois, et qui, paraissant par leur situation pouvoir être à la convenance de l'abbaye, offraient naturellement un juste objet de contre-échange. Après s'être assuré de la propriété de ces marais, le comte de Buffon en a fait l'offre aux chanoines réguliers de l'abbaye de Saint-Victor, et nous avons vu avec la plus grande satisfaction que les mêmes vues de bien public et d'utilité générale qui le conduisaient dans ses opérations, ont également animé ces chanoines réguliers, et qu'ils se sont empressés d'accéder à la proposition de l'échange. Dès le cinq mai mil sept cent quatre-vingt-un, le chambrier de l'abbaye a été autorisé, par une délibération capitulaire, à passer avec le comte de Buffon un acte en forme de compromis, qui, en liant respectivement les parties, préparerait et assurerait l'exécution de ce projet. Et en effet, le vingt-six du même mois, il a été passé un acte sous signatures privées, entre le comte de Buffon et le chambrier de l'abbaye de Saint-Victor. Par cet acte, d'un côté le comte de Buffon s'est soumis à céder à la manse canoniale de l'abbaye la quantité de douze mille quatre toises de terrain, faisant partie de celui qu'il avait acquis du sieur Dubois, et dont la situation et les confins sont décrits dans ce même acte; d'un autre côté, les chanoines réguliers se sont engagés à céder en échange au comte de Buffon semblable quantité de douze mille quatre toises de terrain contigu à notre Jardin royal des Plantes, qui se trouvent pareillement circonscrits et confrontés dans cet acte; on a réciproquement compris dans ces cessions respectives toutes les maisons, chaumières et serres de jardiniers qui se trouvaient sur chacun des terrains. On a prévu et déterminé les indemnités dont les parties seraient mutuellement tenues; et, quoique le terrain appartenant à la manse canoniale parût être d'une valeur supérieure à celle du terrain qui lui était offert, néanmoins, en considération de sa destination à un objet d'utilité publique, il fut accordé que l'échange serait fait de but à but, espace pour espace, arpent pour arpent, toise pour toise, sans soulte ni mieux value d'aucune part; sous la condition toutefois que le comte de Buffon fournirait un passage charretier pour la desserte de la portion de terrain qui serait par lui cédée entre la rivière des Gobelins et le Jardin des Plantes, soit en construisant un pont de pierres sur cette rivière, soit en pratiquant un chemin communicatif de ce terrain au boulevard. Cet acte provisionnel ayant été mis sous les yeux du sieur de Malvin de Montazet, archevêque de Lyon, abbé commendataire de l'abbaye de Saint-Victor, ce prélat a consenti à ce qu'il eût son effet en ce qui pourrait le concerner : mais comme un traité de cette nature ne peut être définitivement consommé qu'en vertu de notre autorité, le comte de Buffon nous a très-humblement supplié de lui permettre d'en passer le contrat avec les chanoines réguliers de l'abbaye de Saint-Victor, sous les clauses, charges et conditions qu'il nous plairait d'y ajouter, et nous nous y sommes déterminé d'autant plus volontiers que cette opération n'a d'autres fins que l'exécution du plan que nous nous sommes proposé, tant pour l'accroissement de notre Jardin royal des Plantes, que pour l'embellissement de notre bonne ville de Paris.

« A ces causes, etc. »

## II

*Extrait des Registres capitulaires de l'Abbaye royale de Saint-Victor de Paris.*

« Le lundi vingt-six août mil sept cent quatre-vingt-deux, le Chapitre extraordinairement assemblé au son de la cloche, en la manière accoutumée ; le révérend père Prieur a dit à la compagnie que M. Delaulne avait reçu un paquet à son adresse, contenant les lettres patentes qui autorisent l'échange projeté entre M. le comte de Buffon et notre abbaye, ainsi que le projet d'acte dudit échange. Lecture faite desdites lettres patentes et dudit projet, la compagnie a fait plusieurs remarques et a prié M. l'abbé Delaulne, auquel elle les a remises par écrit, de les présenter au fondé de procuration de M. de Buffon, pour obtenir la réformation de plusieurs clauses contenues dans ledit projet d'acte ; et au surplus la compagnie a autorisé M. Delaulne, abbé régulier de Bremkbrem, a signer ledit acte d'échange et tous actes à ce nécessaires, lui conservant ses pouvoirs d'ancien chambrier pour cette seule affaire et pour cette fois seulement, et la compagnie autorise le P. Vermon, secrétaire du chapitre, à délivrer copie du présent acte.

« Signé, F. Duchesne, grand prieur. »

## III

« Par-devant les conseillers du Roi, notaires au Châtelet de Paris, soussignés.

« Furent présents, MM. les chanoines réguliers de l'abbaye royale de Saint-Victor, à Paris, comparants par M. Claude-Louis-François Delaulne, prieur de Saint-Victor de Braï, et ancien chambrier et procureur général de ladite abbaye royale de Saint-Victor, y demeurant, rue Saint-Victor, spécialement autorisé à l'effet des présentes, par l'acte capitulaire de ladite abbaye en date du vingt-six août, présent mois, dont une copie certifiée conforme à son original, par M. Vermon, notaire et secrétaire du chapitre, par lui délivrée ce jourd'hui, tirée des registres capitulaires de ladite abbaye royale, et qui sera incessamment contrôlée, représentée par ledit sieur abbé Delaulne, et à sa réquisition demeurée jointe à la minute des présentes, après avoir été de lui certifiée véritable, signée et paraphée en présence des notaires soussignés. D'une part.

« Et M. Jean-François de Tolozan, chevalier, conseiller du Roi en ses conseils, maître des requêtes ordinaires de son hôtel, intendant du commerce, demeurant à Paris, rue du Grand-Chantier, place Saint-Jean-en-Grève, au nom et comme fondé de la procuration spéciale à l'effet des présentes de messire Georges-Louis Leclerc, chevalier, comte de Buffon, de l'Académie française, de celle royale des Sciences, trésorier perpétuel de cette dernière Académie, Intendant du Jardin et du Cabinet du Roi, passée devant Guérard et son confrère, notaires royaux à Montbard, le dix-huit août présent mois, l'original de laquelle dûment contrôlée audit lieu et légalisée par M. le lieutenant particulier des bailliage, chancellerie et siége présidial de Semur en Auxois, certifié véritable par mondit sieur de Tolozan, et à sa réquisition demeuré annexé à la minute des présentes, après avoir été de lui signé et paraphé en présence des notaires soussignés. D'autre part.

« Lesquels ont dit que Sa Majesté ayant désiré donner à l'établissement de son Jardin royal des Plantes, à Paris, une nouvelle étendue proportionnée à la nature de son emplacement et au degré de célébrité que les soins et les connaissances profondes de mondit sieur comte de Buffon lui ont acquis, il s'est trouvé au bout du terrain dont il était composé, d'autres terrains et emplacements dont MM. les chanoines réguliers de Saint-Victor sont en majeure partie propriétaires, et dont, pour répondre aux vues de bien public et d'utilité générale qui animaient mondit sieur comte Buffon, ils ont consenti, sur la proposition qui leur en a été faite, de lui transférer la propriété en échange d'autres terrains situés sur le voisinage et dont ledit sieur comte de Buffon avait fait précédemment l'acquisition dans le dessein de parvenir à la même opération.

« Que pour effectuer ces projets, il a d'abord été nécessaire de se pourvoir au conseil de Sa Majesté, auquel il a été obtenu au mois d'avril dernier des lettres patentes qui y ont été données à Versailles, registrées au Parlement le vingt-huit juin suivant, et par lesquelles lesdits sieurs chanoines réguliers de l'abbaye de Saint-Victor ont été autorisés à céder et à abandonner à titre d'échange à mondit sieur comte de Buffon, et pour l'agrandissement dudit Jardin royal des Plantes, le terrain y mentionné et qui sera ci-après désigné, appartenant à la manse canoniale de ladite abbaye, le tout aux charges, clauses et conditions insérées, et qui sont dérivées notamment du compromis sous signatures privées y mentionné, qui avait été précédemment passé et fait double à Paris, le vingt-six mai mil sept cent quatre-vingt-un, entre ledit sieur comte de Buffon, d'une part, et M. Delaulne, prêtre chanoine régulier chambrier, procureur et receveur général de ladite abbaye, spécialement autorisé à cet effet par

acte capitulaire du vingt-cinq des mêmes mois et an; l'un desquels
doubles est demeuré sous le contre-scel desdites lettres patentes;
par lesquelles ledit sieur comte de Buffon a été pareillement autorisé
à céder et abandonner au même titre d'échange, auxdits sieurs chanoines réguliers de l'abbaye de Saint-Victor, pareille quantité de terrain à prendre en celui par lui acquis du sieur Dubois, et dont il sera
ci-après plus amplement parlé.

« En vertu desquelles autorisations et pour effectuer lesquels
échange et contre-échange, il a été fait, arrêté et convenu entre les
parties ce qui suit, etc. »

Note 2, p. 200. — Ce portrait de Buffon, dont je possède l'original,
souvent reproduit depuis, et dont le type a été conservé par la gravure, est de profil. C'est une grisaille faite par le plus fameux peintre
en ce genre, Paul-Joseph Sauvage.

Note 3, p. 200. — M. Amable Boursier, successeur de M. Aubert
dont il a été précédemment parlé (note 2 de la lettre CCLV, p. 360),
était le notaire de Buffon et un des prédécesseurs de M. Pascal, auquel nous devons la connaissance de quelques pièces du plus haut
intérêt, conservées dans les minutes de son étude.

M. Boursier exerça avec honneur et intelligence les fonctions de sa
charge, du 5 décembre 1783 au 5 janvier 1810, jour de sa mort.
Ainsi que nous l'avons fait observer déjà, il fut d'un grand secours à
Buffon dans les dernières opérations d'achats et d'échanges de terrains nécessaires aux embellissements du Jardin du Roi. Après
la mort de Buffon, M. Boursier, qui avait eu la confiance du père,
se trouva tout naturellement chargé des intérêts du fils. Il montra, dans les négociations difficiles auxquelles l'obligea une liquidation compliquée et entravée par les événements politiques du
temps, autant de prudence que d'habileté. Sa correspondance avec
le comte de Buffon, qui était alors avec son régiment en garnison à
Grenoble, contient quelques détails intéressants sur les complications
dans lesquelles l'avaient jeté les grandes dépenses de son père pour
le Jardin du Roi. On y trouve, en outre, le récit des premiers désordres de la Révolution. Bien que l'histoire nous ait transmis dans ses
moindres détails le souvenir de ces graves événements, le récit
qui en est fait par un témoin oculaire, dans le temps où ils viennent de s'accomplir, ne nous a pas semblé dépourvu d'un certain
intérêt.

Quelques jours à peine après la mort de son père, le comte de Buffon, qui avait ramené son corps à Montbard, dut rejoindre son régi-

ment. M. Boursier resta seul chargé de veiller à ses intérêts. Il vint à Montbard pour se faire rendre un compte exact de la situation de la fortune dont l'administration lui avait été confiée, et, de retour à Paris, il entama avec le comte de Buffon une correspondance, d'où ont été tirés les extraits et les lettres qui suivent :

« 21 mai 1788.

« Je suis arrivé hier de Montbard. Je ne renouvellerai pas vos chagrins en faisant le récit des regrets de tous les habitants et le tableau des larmes que j'ai vu répandre pendant le petit séjour que j'y ai fait ; il n'y en a pas de plus déchirantes que celles de la pauvre demoiselle Blesseau. Elle se plaît dans sa douleur et cherche sans cesse les moyens de s'en entretenir. J'ai vu avec admiration et attendrissement les vastes et beaux jardins qui en font le principal ornement ; on y rencontre partout les traits du sublime génie qui les a embellis.... Vous pouvez compter sur mon zèle et mon attachement, pour vous tirer de l'embarras où nous sommes en ce moment ; mais vous voyez qu'il ne faut compter que sur ce que l'on tient ; secondez par une sage et prudente économie les vues que j'ai pour le payement des dettes exigibles, et ma plus grande satisfaction sera de vous voir entièrement libéré.

« M. le chevalier de Buffon est parti. J'attends son retour pour terminer le compte du sieur Panckoucke. »

« 5 septembre 1788.

« La confiance et l'espérance renaissent depuis le retour de M. Necker, qui paraît ne pas approuver toutes les opérations du premier ministre et surtout la dernière, qui est celle du 16 août.

« La vente des meubles s'est faite au Jardin du Roi, et, quoiqu'elle ait été faite dans un temps peu favorable et que j'aie fait retirer pour vous différents objets qui auraient été laissés à trop bon marché, elle s'est montée à 10 000 livres environ, sauf les frais de la vente, qui a duré plus d'une semaine. Les effets que j'ai retirés consistent :

« Dans les chaises et fauteuils jaunes de la salle à manger et les tapis.

« Deux glaces dans le salon, le lustre et les girandoles avec la pendule et les rideaux.

« Les deux glaces du cabinet et le *grand bureau*.

« Un secrétaire, la glace de la chambre à coucher, les dentelles et le linge. Muguet s'est chargé de garder chez lui les gros meubles qui ne pouvaient pas tenir chez vous. Les gens de M. de La Billarderie ont fait beaucoup de vilenies à la vente, voulant avoir tout à bas prix, mais cela ne leur a pas trop réussi; il lui en est resté à peu près pour 24 000 livres, dont vous serez obligé de lui faire crédit.

« J'ai vu le sieur Retz, qui persiste à vous demander 1578 livres pour ce qui lui reste dû pour ses visites, veilles et soins auprès de M. votre père, qu'il calcule à raison de 6 livres par visite et de 24 par nuit, comme M. votre père était dans l'usage de les lui payer. Je crois, monsieur le comte, qu'il faut vous débarrasser de cet homme, qui est répandu dans des maisons où vous êtes connu, telle que celle de M. le baron de Staël et autres.

« Notre Parlement est rentré ce matin aux acclamations du peuple. »

« Paris, 18 juillet 1789, huit heures du matin.

« Il s'est passé dans notre ville, depuis cinq jours, des choses inconcevables. Je vais tâcher de vous faire le récit le plus fidèle des faits qui sont à ma connaissance.

« Le Roi, depuis quelque temps, avait ordonné un rassemblement de troupes aux environs de Paris, dont M. le maréchal de Broglie était nommé généralissime; et déjà des régiments de cavalerie étrangère, au nombre de 4000, étaient campés dans le Champ de Mars, proche l'École militaire, lorsque les députés de l'Assemblée nationale supplièrent Sa Majesté de faire retirer ses troupes, qui leur donnaient ainsi qu'au peuple les plus vives inquiétudes; à quoi le Roi fit réponse que son intention n'avait jamais été de gêner la liberté des opinions de l'Assemblée nationale, que ses vues, au contraire, étaient d'assurer la tranquillité des députés et de prévenir toute espèce de troubles.

« Samedi dernier, la retraite de M. Necker fut annoncée. Cette nouvelle a mis tout le monde dans la plus grande consternation. Les têtes s'échauffèrent dans la journée du dimanche et témoignèrent hautement leur mécontentement. Sur les six heures du soir, plusieurs personnes furent frappées par le royal-allemand, dont le prince de Lambesc est colonel; alors la fureur s'empara de toutes les têtes. Le peuple se décida à prendre les armes, et, dès le lendemain lundi, à six heures du matin, tous les ouvriers et jeunes gens de la ville de bonne volonté s'armèrent et incorporèrent avec eux la presque totalité du régiment des gardes françaises pour se garder, dans l'intérieur de la ville, et repousser l'arrivée des troupes, dans le cas où elles approcheraient. Toutes les maisons et boutiques se fermèrent alors, et on établit dans la soirée des patrouilles bourgeoises en grand nombre. Les habitants se rendirent tous dans les églises de leurs quartiers, et cherchaient des armes de tous les côtés.

« Dès le mardi matin, les habitants se sont rendus à l'hôtel des Invalides, dans le plus grand ordre, pour obtenir du gouverneur tous les fusils qui y sont en garde : il en fut délivré plus de cent mille. Deux de mes jeunes gens furent choisis pour commander des divisions de vingt-cinq à trente hommes. Le peuple, ainsi armé, se transporta avec fureur devant la Bastille, les gardes françaises toujours incorporées avec les citoyens conduisant différentes pièces de canon et des munitions qu'ils avaient prises aux Invalides et à l'hôtel de ville. Le siége de la Bastille fut commencé avec le carnage le plus horrible à onze heures du matin, et, chose incroyable, le gouverneur et l'état-major avec les soldats qui y étaient renfermés, après avoir fait une vive résistance, furent obligés de se rendre à la discrétion du peuple. M. de Launay, gouverneur de la Bastille, fut le premier conduit à l'hôtel de ville, où étaient assemblés les prévôt des marchands et échevins avec un grand nombre de citoyens, comme le lieu de refuge et le point de ralliement des troupes. A peine lui laissa-t-on le temps de monter à l'hôtel de ville. Il fut massacré sur les marches de l'hôtel de ville, et la tête coupée par le peuple. A trois heures, le major de la Bastille * ne tarda pas d'éprouver le même sort. Les malheureux invalides qui se sont trouvés à la Bastille et qui avaient tiré les canons, furent de même conduits à l'hôtel de ville, la tête nue et les habits retournés. J'ai vu l'instant où ces malheureux, au nombre de soixante ou quatre-vingts, allaient être immolés à la vengeance du peuple. M. de Flesselles, prévôt des marchands, accusé de trahison et de complot contre le peuple, a été massacré, et la tête coupée en place de Grève. Le récit de ces horreurs vous fait frissonner. Jugez de notre position et de la mienne en ce moment, ayant vu passer tous ces malheureux sous mes fenêtres.

« Plusieurs députations furent envoyées à Versailles pour rendre compte de ce qui s'était passé. Enfin, le Roi, touché de tant de malheurs, a envoyé mercredi plusieurs membres de l'Assemblée nationale à Paris pour promettre en son nom qu'il ferait retirer ses troupes dans la soirée. M. le marquis de Lafayette fut proclamé commandant général de la milice bourgeoise, qui s'est formée dans cette ville.

« Le jeudi s'est passé dans de vives alarmes, le peuple n'étant pas encore rassuré sur ses craintes.

« Le Roi s'est décidé à venir lui-même sans gardes à l'hôtel de ville le vendredi ; jamais il ne put se voir un plus superbe cortége ; tout le peuple de Paris et plus de cent cinquante mille hommes, tous armés de fusils et assez bien disciplinés, se rendirent sur le passage

* M. de Losme.

du Roi et s'emparèrent de sa voiture, dans laquelle il était avec le duc de Villeroy, le comte d'Estaing, le duc d'Aumont, et l'accompagnèrent, depuis la place Louis XV, dans toutes les rues où il passa entre deux haies à triple rang, postées dans les rues.

« Le Roi, ayant arboré la cocarde de la milice parisienne, a annoncé le rappel de M. Necker, le renvoi de M. de Barentin et de M. de Ville-deuil....

« On dit ce matin que la famille des Polignac est exilée ; on ajoute aussi M. le comte d'Artois. »

« 1er septembre 1789.

« Vous savez que l'Assemblée nationale vient de consentir à un emprunt public de quatre-vingts millions, dont une moitié en argent et l'autre moitié en effets royaux, dont les remboursements sont suspendus.

« Votre chirurgien me sollicite beaucoup pour avoir de l'argent. Il m'a fait part de ses besoins ; je ferai en sorte de lui payer moitié de ce qui lui est dû, si vous m'autorisez à le faire.

« J'ai lu avec le plus tendre intérêt le récit de votre réception à Bordeaux (voy. ci-dessus, p. 402) ; je vous félicite sur votre nouvelle qualité, elle doit vous être chère. »

« Paris, 5 octobre 1789, cinq heures du soir.

« Au moment où je vous écris, nous sommes dans les plus vives alarmes. Toute notre milice parisienne, au nombre de trente mille bien armés et équipés, est sur pied depuis six heures du matin pour calmer et apaiser une foule considérable de femmes et d'hommes bien déterminés des faubourgs de notre ville, qui se sont emparés ce matin de l'hôtel de ville, où ils ont mis tout au pillage; ils demandent à grands cris du pain et murmurent contre M. Bailly. Jusqu'à présent, il n'est arrivé aucun malheur, et M. le marquis de Lafayette, en homme prudent et sage, cherche tous les moyens de faire rentrer tout dans l'ordre sans effusion du sang. Les plus animés, toujours les femmes en tête, veulent se rendre à Versailles pour avoir raison d'une insulte prétendue, faite à la cocarde nationale, par suite d'un repas militaire où le Roi et la Reine, dit-on, ont paru un instant ; ce repas était donné par MM. les gardes du corps aux officiers du régiment de Flandres, qui depuis quelques jours sont à Versailles ; pendant ce repas, on dit que tous les assistants quittèrent la cocarde nationale pour en prendre une noire.

« M. le marquis de Lafayette a beaucoup de peine à contenir cette multitude, qui s'accroît et s'échauffe de plus en plus. Le tocsin et les cloches sonnent de toutes parts, les boutiques et les portes sont fermées depuis dix heures.

« A l'instant, cinq heures et demie du soir, quinze mille hommes et femmes mêlés avec la milice nationale, M. le marquis de Lafayette à leur tête, viennent de partir en ordre de bataille pour Versailles, avec des pièces de canon et des munitions. Je continuerai mon récit à leur retour ou aussitôt que j'aurai des nouvelles. Nous sommes dans la plus grande inquiétude.

« Du 6, onze heures du matin. — Notre milice et le peuple sont parvenus jusqu'à Versailles et se sont emparés sans peine des postes des gardes du corps. Quelques-uns, dit-on, ont voulu faire résistance, et on dit qu'il y en a eu quatre qui ont été massacrés. Le régiment de Flandres a mis les armes bas et tout s'est assez bien passé. Le Roi a bien accueilli les femmes; vous aurez plus de détails par les nouvelles publiques; je ne veux pas manquer la poste. Je vous réitère tous mes sentiments. Nous sommes un peu plus tranquilles ce matin. »

« Paris, le 24 décembre 1789.

« Il n'est nullement question du retour de M. d'Angeviller; il n'y a pas apparence qu'il revienne de si tôt.

« M. Thouin m'a assuré que la location de votre terrain au Roi, était portée dans l'état de la dépense annuelle du Jardin du Roi, présenté par M. de La Billarderie.

« Vous concevez aisément que le temps n'est pas favorable pour la vente de nos terrains; il faut prendre patience.

« Le décret de l'Assemblée de samedi dernier, relativement aux finances, nous fait paraître une lueur d'espérance. Dieu veuille que nous ne soyons pas désabusés! Je crois que M. Necker et M. Dufresne vont être un peu plus à l'aise pour la distribution des fonds, non pas en numéraire, car il manque partout, mais en billets de la caisse d'escompte, qui va faire un service plus considérable; il n'est plus question de création de billets-monnaie; ce projet a été rejeté.

« Je vous engage donc beaucoup dans ce moment à écrire à M. Necker, pour lui exposer de nouveau que vous devez des sommes pour lesquelles vous payez, depuis la mort de M. votre père, de très-gros intérêts, que ces sommes sont exigibles, que vous êtes pressé pour les acquitter, et que vous n'avez d'autres ressources que ce qui vous est dû par le Roi, et le prier de vous donner des à-compte par mois.

« Je viens de voir aujourd'hui dans les affiches, à l'annonce des enterrements, celui de M. de Delmas. Sa femme m'a dit vous avoir écrit pour vous demander délai de quelques mois pour solder ce que son mari vous doit. »

« Janvier 1790.

« Je n'ai pas encore eu de nouvelles de la lettre que vous avez écrite
à Mme Necker et que j'ai remise moi-même au contrôle général sans
pouvoir lui parler. Je vous ai fait écrire deux fois sur la liste des
personnes qui s'intéressaient à M. Necker pendant sa maladie, qui a
été assez grave; on dit qu'il est actuellement hors de danger ; mais
je ne suis pas sans inquiétude sur sa santé, qui doit être furieuse-
ment altérée. »

« Le 27 mars 1790.

« J'ai vu Mme Necker. Elle a paru sensiblement affectée du tableau
que je lui ai fait de votre position relativement aux sommes que vous
devez encore et à celles que vous avez acquittées depuis la mort de
M. votre père; elle m'a témoigné le plus grand désir de vous obliger, mais elle ne m'a donné aucun moyen. L'état actuel des finances et
le régime de l'Assemblée nationale contrarient ses bonnes intentions ;
personne n'est plus embarrassé que M. Necker dans les circonstances
présentes ; ses forces au moral et au physique sont bien épuisées. Il
faut absolument se résigner à attendre le dénoûment des grandes
opérations qui doivent fixer le sort de vingt-quatre millions d'âmes. Je
souhaite que la paix, l'union et la confiance se réunissent pour nous
faire sortir tranquillement de la crise où nous sommes ; sans cela tout
est à craindre, et nous pourrions être privés pour longtemps du bonheur
qu'on nous promet. Puissent mes vœux être accomplis! »

« 11 mai 1790.

« Toutes espèces de créances sur le Roi doivent passer à la révision
d'un bureau de liquidation établi par l'Assemblée nationale; j'ai fait
les démarches nécessaires et je veillerai à la suite de cette affaire.
« Voici votre article tel qu'il est porté dans le livre des pensions :
« Leclerc de Buffon (Maison du Roi) 1779.
« En considération des services du comte de Buffon son père, et
« pour le dédommager du logement que lui et sa famille occupaient au
« Jardin Royal : — quatre mille livres.... »
« Le Roi n'a pas encore été au Jardin du Roi; il va au bois de Bou-
logne à cheval, et je ne doute pas qu'il n'aille bientôt à la chasse. »

« 6 juillet 1790.

« Votre lettre à l'Assemblée nationale (voy. ci-dessus, p. 400) est
on ne peut mieux faite. Il m'était venu à l'idée de faire offrir à l'As-

semblée le buste de M. votre père, pour être placé à côté de celui de Franklin son digne et illustre ami. Mais je n'ai rien voulu faire sans votre avis.

« .... Je reçois à l'instant une lettre du Comité du district des Petits-Augustins, qui, sachant que votre appartement est vacant, fait demander la permission d'y loger momentanément plusieurs députés de province à la Fédération du 14 de ce mois. Comme je pense qu'il y aurait fort mauvaise grâce à se refuser dans ce moment à cette demande, je me propose d'aller de votre part au Comité pour lui annoncer que vous y consentez, et le prier de n'y mettre que des personnes honnêtes. »

« 25 juillet 1790.

« J'ai travaillé avec M. Verniquet à la rédaction des faits contenus dans le mémoire en réponse au libelle du sieur Verdier. Vous connaissez depuis longtemps sa mauvaise tête ; ce malheureux s'est permis de déchirer indignement des personnes qui ne sont plus en place. Voilà le fruit de la Révolution ; plus on dit de mal de l'ancien régime, plus on se flatte d'intéresser en sa faveur. Nous sommes fondés à croire que les assertions du sieur Verdier étant fausses et dénuées de sens commun, il ne tirera aucun parti de ses mensonges ni de ses sottises. Nous ferons avec M. Verniquet et M. de La Chapelle, en temps convenable, les démarches nécessaires pour appuyer de recommandations votre mémoire auprès des commissaires de l'Assemblée nationale chargés de l'examen de cette affaire. Dans des moments de trouble et d'anarchie comme ceux où nous sommes, on ne doit pas être beaucoup surpris de voir des gens malintentionnés revenir contre des choses jugées. »

« 18 septembre 1790.

« M. Faujas veut se mêler d'arranger l'affaire du sieur Verdier ; il a eu plusieurs entretiens à ce sujet avec M. Verniquet, qui a ses raisons pour s'en méfier, étant beaucoup plus zélé pour M. Verdier que pour vous.... Les enfants de M. Faujas ayant été en pension chez le sieur Verdier, je présume qu'il peut y avoir quelques relations d'intérêts qui déterminent M. Faujas à défendre avec tant de chaleur le sieur Verdier. »

## CCCXLII

Note 1, p. 201. — En 1780, il se forma à Paris, sous les auspices de Necker, une compagnie pour la vente du charbon épuré. Une raison d'utilité publique, bien plutôt que des considérations d'intérêt privé, avait présidé à l'organisation de cette société nouvelle. Le bois était devenu un moyen de chauffage hors de la portée du peuple, qui n'avait rien pour le remplacer. Un instant on crut même qu'il allait entièrement manquer. La frayeur fut grande, et les Mémoires du temps renferment de curieux détails sur les mesures qui furent prises à cette époque pour assurer à la ville de Paris l'arrivée du bois nécessaire à sa consommation.

« 2 février 1780. — Le gouvernement, attentif et éclairé sur les besoins de l'État, a accueilli et encouragé la préparation du charbon de terre, comme un moyen d'arrêter la dégradation sensible des forêts du royaume occasionnée par les coupes forcées qu'exige l'excessive consommation de bois dans les feux domestiques et des arts. Le sieur Ling a imaginé un nouveau combustible qui est un charbon épuré, pouvant suppléer à tous les autres avec de très-grands avantages....

« 6 février. — M. Necker favorise beaucoup le charbon épuré qu'on a annoncé, parce qu'il sent l'utilité dont il peut être. En conséquence il y aura peu de droits sur cette matière.... »

Les hivers de 1783 et 1784 furent d'une rigueur inaccoutumée, et Paris se trouva sérieusement menacé de manquer de bois. La ville prit des mesures sévères : on réduisit la consommation de chaque particulier à une quantité déterminée, et on établit des postes de gardes françaises dans les chantiers. Cette panique, qui dura plusieurs mois, fit faire sur Jérôme Bignon, prévôt des marchands sortant, et sur Pelletier de Morfontaine, entrant en charge, une pièce satirique où ce dernier est fort maltraité.

Messieurs les prévôts des marchands,
Chacun bénit vos soins touchants :
Près d'un bon feu le bon Jérôme
Nous fait étouffer au printemps.
Caumartin, non moins habile homme,
L'hiver nous laisse grelottants.
Le successeur de celui-ci
N'aura pas un pareil souci ;
Car pour cette place éminente
Briguant depuis longtemps le choix,
Il a pris femme intelligente,
Qui l'a déjà fourni de bois.

A Rouen la disette fut telle, que l'on dut couper les arbres des promenades pour subvenir à la consommation de la ville. Le Conseil s'occupa de cette question et rendit plusieurs arrêts. On fit des coupes blanches dans les bois de Vincennes et de Boulogne, et on parla de renvoyer de Paris tous les évêques, les abbés et les seigneurs qui se trouvaient absents de leurs évêchés, de leurs couvents ou de leurs terres. On n'en vint pas cependant à cette mesure extrême, et le Conseil se borna à donner une prime au chauffage par le charbon de terre, et à promettre une forte récompense au premier convoi de bois qui arriverait à Paris.

Buffon, qui avait entrevu les immenses services que devait rendre dans la suite à l'industrie et aux particuliers l'usage du charbon de terre, crut à la prospérité de la compagnie fondée en 1780 à Paris pour l'exploitation des mines de charbon. La compagnie nouvelle avait d'ailleurs l'appui du ministre des finances, et s'annonçait comme devant remplir un but d'utilité publique. Entraîné par M. de La Chapelle, premier commis de la maison du Roi, il s'engagea pour des sommes importantes. Tout l'argent que Buffon mit dans cette entreprise fut perdu. Sur le livre manuel de ses dépenses se trouvent indiquées les sommes pour lesquelles il fut engagé, ainsi que les arrangements intervenus à différentes époques entre lui et la Compagnie. « Il m'est dû, y est-il dit, par MM. L'Eschevin et autres associés de la Compagnie de l'épurement du charbon de terre, une somme de 12 000 livres que je leur ai prêtée et qui doit m'être remboursée dans quatre ans, c'est-à-dire au 19 décembre 1785. Le 2 mars 1783, j'ai consenti que ces 12 000 livres qui me sont dues par MM. L'Eschevin et de La Chapelle ne me seraient payées qu'au 19 décembre 1787, c'est-à-dire quatre ans plus tard que l'échéance de leur billet de promesse. De plus, ayant cédé par acte du 10 avril 1784 les dix sols que j'avais dans la société d'apurement et pour lesquels j'avais fourni une somme de 27 275 livres, ladite Compagnie s'est obligée par le même acte, sous seings privés, avec promesse d'en passer acte par-devant notaires, de me rembourser lesdites 27 275 livres, après que la Compagnie sera remplie de ses avances de douze cent mille livres. »

En 1783, le fermier de ses forges fit perdre à Buffon cent mille livres environ (voy. ci-dessus la note 1 de la lettre cccxxxi, p. 504). Ces deux affaires malheureuses, jointes aux sacrifices personnels qu'il faisait à cette époque pour le Jardin du Roi, lui causèrent une grande gêne et de vives préoccupations. Il ne cessa pas un seul jour cependant d'apporter dans ses relations intimes cette douceur et cette urbanité de caractère si difficiles à conserver lorsqu'une pensée cachée occupe l'esprit, et dans ses travaux cet amour de l'ordre et cette régularité constante dont il ne se départit jamais.

Note 2, p. 202. — Le jour où Buffon appela Faujas de Saint-Fond à Paris, il le fit nommer commissaire du roi pour les mines, aux appointements de 4000 livres. Cet emploi permit à Faujas de Saint-Fond de continuer ses observations sur une plus vaste échelle et de recueillir un plus grand nombre de faits. En 1786, Buffon obtint du ministre la création d'une charge nouvelle, et Faujas de Saint-Fond fut nommé adjoint au Cabinet du Roi et attaché spécialement au service de la correspondance, avec des appointements de 6000 livres. En rendant service à Faujas qu'il aimait, Buffon rendait en même temps service au Cabinet. Les correspondances avaient en effet pris un grand développement et atteint à un haut degré d'utilité; les rapports avec les Sociétés et les Académies, les instructions données aux voyageurs, les actives relations entretenues avec les savants étrangers, avaient rendu nécessaire la création de ce nouvel emploi.

## CCCXLIII

Note 1, p. 203. — Au moment où les travaux du Jardin avaient atteint leur plus grand développement et où ils se poursuivaient avec une grande activité, un contre-temps inattendu vint en retarder l'achèvement. Comme on creusait un terrain situé non loin de la nouvelle maison achetée par Buffon et devenue l'hôtel de l'intendance, il se fit un grand éboulement, et on reconnut que tous les bâtiments du Jardin du Roi, construits sur les catacombes, étaient sérieusement menacés. L'entretien de ces anciennes carrières était à la charge de la ville; la ville n'avait pas d'argent, et Buffon, voyant la réalisation de ses plans menacée d'un retard dont rien ne pouvait faire prévoir le terme, avança les sommes nécessaires pour les travaux de consolidation confiés à M. Verniquet, l'architecte du Jardin. Pour se faire rembourser de ces dépenses qui ne devaient point rester à sa charge, Buffon, malgré sa liaison avec le lieutenant général de police, éprouva de nombreuses difficultés. Elles eurent surtout pour cause le mauvais vouloir de l'architecte de la ville, M. Guillaumot, par qui les mémoires devaient être ordonnancés. M. Guillaumot avait éprouvé un très-vif mécontentement en voyant M. Verniquet, un confrère, par conséquent un rival, exécuter des travaux dont lui, par ses fonctions spéciales, devait être chargé. (Voy. ci-dessus, p. 239, la lettre dans laquelle Buffon explique pourquoi il a cessé d'employer l'architecte Guillaumot.)

Note 2, p. 203. — Louis Thiroux de Crosne, né le 14 juillet 1736, mort sur l'échafaud révolutionnaire le 29 avril 1793, fut avocat général au Châtelet, puis maître des requêtes; en cette qualité il eut à rapporter l'affaire des Calas et conclut à la révision du procès, qui fut en effet ordonnée. Intendant de Rouen, de l'année 1767 à l'année 1785,

il signala à M. Necker le dévouement du pilote Boussard. Le contrôleur général écrivit au pilote une lettre demeurée fameuse. Sedaine
célébra la noble initiative du ministre par l'impromptu suivant :

> Cette lettre au pilote est-elle de Necker ? Oui;
> C'est un point qu'on ne peut débattre.
> Qui gouverne comme Sully,
> Doit écrire comme Henri Quatre.

Choisi par Louis XVI pour succéder à Lenoir dans la direction de
la police, de Crosne demanda à faire, sous ce dernier, l'apprentis-
sage des fonctions difficiles qu'il était appelé à remplir, avant d'en
prendre le titre. Le 11 août 1785, il fut installé dans sa nouvelle
charge. On lit à cette date dans les Mémoires de Bachaumont :
« M. Lenoir quitte décidément la police aujourd'hui. M. de Crosne
s'est fait recevoir au Parlement ce matin, et, suivant l'usage, M. le
doyen de la grand'chambre a été l'installer au Châtelet. »

### CCCXLIV

Note 1, p. 204. — Buffon était peu docile aux prescriptions des
médecins, qui, ayant de bonne heure reconnu en lui le germe de la
maladie dont il devait mourir, faisaient de vains efforts pour l'engager
à suivre un régime favorable. Il se rendait assez volontiers aux conseils de ceux de ses amis qui lui signalaient quelque remède nouveau,
inconnu de la médecine, mais refusait de se soumettre à un régime suivi.

Il ne se faisait point cependant illusion sur son état, et en
voyant les crises devenir plus douloureuses et plus fréquentes, il com-
prenait bien que le mal empirait ; mais toute sa vie il eut peu de confiance dans la médecine, et refusa toujours de s'astreindre à un traitement régulier qui aurait retardé ses travaux, ou apporté quelque
changement dans l'ordre depuis longtemps établi dans sa maison et
qui présidait aux diverses occupations de sa journée. Un article publié peu de jours après sa mort par la *Gazette de Santé* (1788,
n° 20) renferme quelques détails sur cette maladie qui le soumit à
de si rudes épreuves, et lui causa dans les dernières années de sa longue carrière des souffrances presque continuelles.

#### NOTICE SUR LA MALADIE ET LA MORT DE M. LE COMTE
#### DE BUFFON.

« Un hommage public rendu à un des plus beaux génies qu'ait produits la France devient pour nous un devoir d'autant plus sacré, qu'il

offre un exemple frappant des dangers que peuvent entraîner l'excès
des travaux sédentaires du cabinet et le défaut d'exercice\*; personne
peut-être n'a payé plus cher que M. de Buffon ce triste tribut de la
célébrité. Les dernières années de sa vie, il a éprouvé, par accès fréquents et irréguliers, les douleurs cuisantes qui sont la suite de la
présence du calcul dans la vessie et d'une inflammation chronique de
ce viscère.... On a trouvé dans la vessie cinquante-six calculs, les uns
de la grosseur d'un pois et les autres de celle de petites fèves; quelques-uns étaient enkystés, mais le plus grand nombre se trouvait dans
l'espèce de dépression ou sinus de la vessie dont j'ai déjà parlé;
réunis ensemble ils ont pesé deux onces et demies. Les parois de la
vessie, par le progrès lent de l'inflammation, avaient acquis un tel degré
de densité, qu'elles avaient près d'un travers de doigt d'épaisseur; on y a
découvert, à l'ouverture du corps, quelques points gangréneux. La vessie
n'était pas la seule partie des voies urinaires qui a été affecté : on a trouvé
aussi quelques calculs dans le rein gauche. On peut expliquer ce fait par
la position du corps que conservait ordinairement M. de Buffon en écrivant ; car il restait assis à côté d'une table qui était à sa gauche, et
il était obligé par conséquent de se contourner pour écrire, ce qui tenait dans un état de gêne la partie des voies urinaires du côté gauche,
et a pu y développer une disposition naturelle à la génération des calculs.

« La nature avait doué M. de Buffon de tous les avantages que donnent la constitution la plus saine et la plus robuste : il était d'une
haute stature. Ses membres étaient musculeux et pleins de ressort, et
la fraîcheur de son teint, qui s'est conservée jusqu'à sa dernière année, c'est-à-dire la quatre-vingt-unième de son âge, formait dans les
derniers temps un contraste admirable avec la blancheur de sa cheve-
lure.... »

Dans un article nécrologique, qui a été inséré au *Mercure* le

---

\* On sait que les voies urinaires ont surtout à souffrir des excès d'une vie
sédentaire. J. J. Rousseau a été longtemps sujet à des douleurs spasmodi-
ques de la vessie, qui paraissent s'être dissipées dans un âge avancé, par
les avantages d'une vie plus active, et de son goût pour les excursions bo-
taniques. Voltaire a beaucoup souffert de la vessie, que l'on a trouvée, après
sa mort, dans un état de désorganisation. D'Alembert a passé plusieurs
années de sa vie dans les alternatives des douleurs les plus vives, et, après
sa mort, on a trouvé un calcul très-volumineux dans sa vessie. Un homme
de lettres se plaignait à moi de douleurs qu'il éprouvait dans la région de la
vessie et de l'état de ses urines, qui étaient souvent troubles et mêlées de
graviers. Je lui conseillai de ne rester assis que le moins qu'il lui serait
possible, et de faire construire un bureau élevé à la hauteur de sa poitrine,
en sorte qu'il pût lire et écrire debout : ces précautions, observées avec
soin, ont produit l'effet désiré, et les douleurs des reins et de la vessie ont
disparu.

26 avril 1788 (p. 176), se trouve encore, au sujet de la maladie dont Buffon était depuis longtemps atteint, le passage suivant :

« A l'ouverture du cadavre, on a trouvé 57 pierres dans la vessie, dont plusieurs grosses comme une petite fève , 30 de cristallisées en triangle, et pesant ensemble deux onces et six gros. Toutes les autres parties étaient parfaitement saines ; le cerveau s'est trouvé d'une capacité un peu plus grande que celle des cerveaux ordinaires. Les gens de l'art qui ont opéré l'ouverture s'accordent à croire que M. de Buffon eût été facilement taillé, et sans danger : mais, par l'effet de ses premiers doutes sur l'existence de sa véritable incommodité, ensuite par défiance du succès d'une opération, il persista à s'en remettre aux soins de la nature. »

## CCCXLV

Note 1, p. 205. — Pour les travaux entrepris au Jardin du Roi, la comptabilité de Buffon était fort simple. Il avançait les sommes nécessaires, puis obtenait à grand'peine du trésor des remboursements partiels. A sa mort, l'État se trouvait lui devoir, tant pour les travaux du Jardin que pour son entretien, plus de deux cent mille livres. On ne l'entendit jamais se plaindre ; et cependant les retards apportés dans le remboursement de ses avances le mirent souvent lui-même dans une situation difficile. Il souscrivait des emprunts importants, et, malgré cela, il n'était pas toujours en mesure de faire honneur à ses engagements. Aussi il arriva parfois au Jardin du Roi que l'argent manqua tout à coup. Les travaux continuaient cependant, et Buffon trouvait toujours moyen de faire face à ces terribles contre-temps. Sa correspondance avec Thouin témoigne de la générosité avec laquelle il employa sa propre fortune à l'agrandissement et à l'embellissement du Jardin du Roi ; elle témoigne aussi des difficultés sans nombre qu'il eut à vaincre pour poursuivre son but et réaliser ses projets. De toutes la plus redoutable, la plus fréquente aussi, était le manque d'argent. Une lettre écrite de Montbard à Thouin, le 19 décembre 1782, commence ainsi :

« J'ai reçu, mon cher monsieur Thouin, votre lettre du 15 de ce mois, avec le mémoire de la dépense de la quinzaine échue le même jour ; je vois par votre exposé qu'il n'est guère possible de la réduire autant que je l'aurais désiré, et qu'il aurait fallu supprimer en effet tous les ouvriers, si j'eusse voulu me trouver à mon aise et me libérer promptement des emprunts que j'ai été obligé de faire ; mais j'aime mieux en retarder le payement et continuer nos travaux.... »

Plus tard encore, dans une lettre à la date du 9 novembre 1785, se trouve cet autre passage : « Cependant à tout événement, comme j'ai fort à cœur que ce terrain de la régie soit enclos et disposé comme vous le désirez, si nous ne pouvons rien tirer du trésor royal, ni des fonds des carrières, je suis déterminé à emprunter huit ou dix mille francs ; mais ce sera le plus tard que nous pourrons, parce que vous sentez qu'il faut payer les intérêts et que je ne peux demander aucun remboursement de mes avances qu'après l'expiration de cette année. »

La mort de Buffon, arrivée au milieu des grands travaux du Jardin du Roi, ne lui permit pas de hâter la rentrée des avances considérables faites par lui pour le compte de l'État. Le livre de ses dépenses, tenu avec l'exactitude qu'il mettait à toutes choses, témoigne de l'importance de ces déboursés faits dans un intérêt public et qui devaient si gravement compromettre la fortune de son fils. On y trouve à la page 82, pour l'année 1787, l'article suivant : « Il m'est dû par le Roi une somme de soixante et quinze mille sept cent soixante et dix livres sept sols, que j'ai avancée pour la culture du Jardin et l'entretien du Cabinet du Roi, pendant l'année 1787, et dont j'ai remis l'état ainsi que les pièces à M. le baron de Breteuil, qui m'a fait expédier une ordonnance de cette somme.

« Il m'est dû par le Roi une somme de quarante et un mille quatre cent trente livres, que j'ai avancée pour l'entretien du Jardin et du Cabinet du Roi, pendant l'année 1786, et dont j'ai remis l'état, ainsi que les pièces justificatives, à M. de La Chapelle, le 12 mai 1787. »

On lit encore à la page 83 : « Il m'est dû par le Roi une somme de quatre-vingt-douze mille trois cent quatre-vingts livres, que j'ai avancée pour les nouvelles constructions et acquisitions pendant les six premiers mois de l'année 1787, dont j'ai envoyé l'état de dépense, ainsi que les pièces justificatives, à M. de La Chapelle, pour obtenir une ordonnance de remboursement. » A la page 84 : « Il m'est dû par le Roi une somme de quatre-vingt-quinze mille six cent quatre-vingt-trois livres neuf sols deux deniers, que j'ai avancée pour les travaux de maçonnerie et fourniture des matériaux. »

## CCCXLVI

Note 1, p. 206. — Voy. ci-dessus la note 1 de la lettre CCCXLIII, p. 537.

Note 2, p. 207. — Dans la dernière semaine du mois de novembre, Buffon se mit en route pour Paris. Pendant la crise qu'il venait d'essuyer, son fils, qui était accouru à Montbard, n'avait cessé de l'entourer des soins les plus affectueux et des attentions les plus touchantes: Ce fut durant cette maladie qu'il fit élever à son père la colonne qui se voit encore aujourd'hui dans les jardins de Montbard. (Voy. la note 2 de la lettre cccxvii, p. 485.) Lorsque la crise fut passée, le jeune comte quitta son père pour rejoindre son régiment. A son arrivée à Paris, il trouva une lettre de Mme Necker, qui témoigne de l'exactitude avec laquelle on l'avait tenue au courant des différentes phases de la maladie, et en même temps de la grande part qu'elle prit aux craintes que donna ce grave accident.

« Mme Necker est pénétrée de la plus vive reconnaissance pour toutes les marques d'attention qu'elle a reçues de M. de Buffon, et pour les lettres pleines d'esprit, de grâce et de sensibilité, qu'il lui a écrites ; elle envoie savoir de ses nouvelles, et de celles du grand homme qu'il vient de quitter ; elle le prie instamment de lui faire l'honneur de venir dîner à Saint-Ouen dans la semaine ; le jour qui conviendra le mieux à M. de Buffon sera celui de Mme Necker ; il sera toujours sûr de la trouver chez elle. Mme Necker désire avec passion d'entretenir M. de Buffon sur la santé de M. son père ; en attendant, elle le prie de permettre qu'elle lui communique le mariage de Mlle Necker avec M. l'ambassadeur de Suède. Elle prend la liberté d'en faire part aussi à Mme de Castera et à Mme de Buffon. Mme Necker vient d'en écrire à Montbard, ne voulant pas manquer de donner cette marque de respect à M. le comte de Buffon ; mais elle a adressé sa lettre à Mme Daubenton, afin d'éviter tout ce qui pourrait donner de l'embarras au malade sublime dont elle s'occupe sans cesse.

« A Saint-Ouen, ce samedi. »

(Inédite. — De la collection de M. Henri Nadault de Buffon.)

Note 3, p. 207. — Trois mois auparavant, à la date du 20 juillet 1785, parlant de sa santé à Thouin, il lui dit : « Ma santé va de mieux en mieux ; cependant, depuis mon dernier accident, je n'ai pas encore osé monter en voiture ; mais j'essayerai dans quelques jours, et j'espère qu'avec du ménagement je serai en état de retourner à Paris, comme je le projette, sur la fin d'octobre. »

Note 4, p. 207. — Joseph Dombey, né à Mâcon en 1742, mort en 1793, dans les prisons du Mont-Serrat, était parti depuis l'année 1777 pour un voyage scientifique dans l'Amérique espagnole, et notamment au Pérou. Il avait été désigné par Turgot pour remplir cette importante mission, sur la recommandation de Jussieu et de Condorcet, et avait reçu un brevet de médecin-botaniste, correspondant du Cabinet du

Roi. A diverses reprises, Dombey avait envoyé en France des collections, dont quelques-unes seulement arrivèrent à leur destination. En 1785, après avoir couru des dangers sans nombre, et subi, durant son séjour de neuf années dans les possessions espagnoles de l'Amérique, des fortunes bien diverses, il débarqua à Cadix. Le gouvernement d'Espagne voulut retenir à son profit la moitié de ses collections, et il ne lui fut permis de retourner en France que sur la promesse formelle qu'il ne publierait rien avant le retour des botanistes espagnols qui l'avaient accompagné dans son voyage. « M. Dombey, médecin-botaniste du Roi, dont il a été question dans le temps, disent les Mémoires de Bachaumont, à la date du 11 décembre 1785, est arrivé le 9 octobre du Pérou et du Chili, où il était allé il y a près de dix ans ; il a rapporté une quantité d'objets précieux d'histoire naturelle dans les trois règnes, dont il a rendu compte à l'Académie royale des sciences, en qualité de son correspondant, et il va les déposer au Cabinet du Roi. » (Voy. ci-après quelques autres détails sur Dombey, note 4 de la lettre cccxlix, p. 546.)

Note 5, p. 107. — Buffon écrit à Thouin, le 17 août 1785 : « Certainement la perfection du Jardin vous sera due plus qu'à moi. »

## CCCXLVII

Note 1, p. 207. — Mme Nadault, qui, dans les dernières années de la vie de Buffon, ne le quittait plus, se consacra entièrement aux soins que demandait sa santé rapidement minée par un mal dont on pouvait constater chaque jour les funestes progrès.

Note 2, p. 208. — Jean-Antoine Rigoley de Juvigny, mort le 21 février 1788, fut l'éditeur de la *Bibliothèque française*, de la *Croix du Maine* et de *Duverdier* (1772, 6 vol. in-4°). En 1787, un an avant sa mort, il fit paraître la seconde édition, la seule avouée par l'auteur, d'un livre ayant pour titre : *De la décadence des lettres et des mœurs depuis les Grecs et les Romains jusqu'à nos jours*. Il était conseiller honoraire au parlement de Metz et membre de l'Académie de Dijon. Il n'aimait point Voltaire et le disait tout haut. Pour un homme qui ambitionnait une place dans l'empire des lettres, il fallait, en vérité, un certain courage. Dans ses écrits, chaque fois qu'il en a l'occasion, il attaque la réputation du philosophe de Ferney, et, un jour, il plaida pour un nommé Fravenol, violon de l'Opéra, contre lequel Voltaire avait obtenu un décret pour distribution de libelles dirigés contre lui.

A cette haine si vive, Voltaire répondit par une froide indifférence. Dans sa volumineuse correspondance, le nom de Rigoley de Juvigny ne se trouve qu'une seule fois cité. Il en parle ainsi à La Harpe, à la date du 19 avril 1776 : « Je vous avoue que je n'ai jamais entendu parler de M. Rigoley de Juvigny. Je vous serai très-obligé de m'apprendre s'il est parent de M. Rigoley d'Ogny, intendant des postes; c'est sans doute un grand génie et digne du siècle. » Cette haine déclarée de Rigoley de Juvigny pour Voltaire eut le triste privilége de lui rendre hostiles tous les écrivains contemporains, admirateurs ou complaisants du philosophe. Grimm et La Harpe se montrèrent peu généreux à son égard. La Harpe soutenait qu'il était connu seulement par ses ridicules et par sa prétention d'être l'ennemi de Voltaire et de la musique italienne. « Il se croit sérieusement homme de lettres, dit-il, d'abord parce qu'il est né en Bourgogne, patrie de Rameau et de Crébillon, ensuite parce qu'il est le familier de Buffon, mais comme on appelle Voltaire le familier des princes. » Il est surtout maltraité dans le *Petit Almanach de nos grands Hommes*, par Rivarol. « Juvigny (M. Rigoley de), écrivain inconnu, à force d'éloquence, de poésie, de philosophie et d'érudition, tant l'envie a été aux aguets avec ce grand homme! Nous espérons faire rougir notre siècle d'avoir laissé dans l'obscurité celui qui l'a éclairé. On se demande souvent pourquoi la réputation de Voltaire baisse tous les jours d'une manière effrayante; ce problème est l'objet de toutes les conversations de Paris, et nous en étions nous-mêmes tourmentés à un point incroyable, lorsque M. Rigoley de Juvigny a daigné nous tirer de peine en nous confiant que c'était à lui seul qu'il fallait s'en prendre. Nous étions flattés d'être les seuls confidents du secret; mais il nous revient de toutes parts que M. de Juvigny s'en était déjà ouvert à d'autres. Puisque la chose est publique, nous observerons à M. Rigoley de Juvigny qu'il eût mieux fait d'attendre, pour se découvrir, que la belle édition de Voltaire de Baskerville eût été livrée et distribuée; il faut toujours éviter l'odieux en tout. » On lit dans les Mémoires de Bachaumont : « 3 février 1773. — C'est M. Rigoley de Juvigny qui est chargé de l'édition des œuvres de Piron. C'est un intrigant subalterne, qui n'est homme de lettres que par air. » Pour lui faire oublier d'aussi amères critiques, une main amie inscrivit au bas de son portrait :

> De nos vieux écrivains il ranima la cendre;
> Il rappela leurs noms à la postérité;
> Par es doctes travaux, il a droit de prétendre
> Comme eux à l'immortalité.

## CCCXLVIII

Note 1, p. 209. — Le baron d'Ogny jouissait alors d'une grande faveur. On voulut en trouver la cause dans sa complaisance à livrer au pouvoir le secret des lettres. Il est certain qu'il existait alors à l'intendance des postes un bureau connu sous le nom de *Secret de la poste*, et où étaient ouvertes les lettres dans lesquelles on espérait trouver quelque secret utile à l'État. Louis XV aimait, on le sait, à se faire donner lecture des lettres les moins intéressantes, et le Roi en profita quelquefois pour faire le bien ; ce fut souvent aussi la cause cachée de disgrâces soudaines et inattendues. Pour hâter la chute de Turgot, le comte de Maurepas, auquel le baron d'Ogny était tout dévoué, eut, dit-on, recours au *Secret de la poste* ; on mit sous les yeux du Roi des lettres faussement attribuées au contrôleur général et bien faites pour le perdre dans son esprit. Durant le procès du cardinal de Rohan, le *Secret de la poste fut doublé*, et Rigoley de Juvigny, cousin germain de l'intendant, fut mis à la tête d'un service qui demandait une discrétion assurée et un dévouement absolu.

Note 2, p. 209. — Rigoley avait quitté la forge d'Aisy l'année précédente. Il était venu se fixer à Montbard en sollicitant sa nomination à l'emploi de directeur du bureau de la poste, dont son père avait été longtemps pourvu.

Rigoley, dont la demande fut vivement appuyée par Buffon près du baron d'Ogny, obtint l'emploi qu'il désirait, et on verra, par les lettres qui vont suivre, que sa nomination ne se fit pas attendre.

## CCCXLIX

Note 1, p. 210. — Joseph-Alexandre Bergon, né en 1741, mort le 16 octobre 1824, comte de l'Empire et conseiller d'État, fut avocat au parlement de Paris. Secrétaire des intendances d'Auch et de Pau en 1778, il occupa en 1785 un emploi important au contrôle général, et vint se fixer à Paris, qu'il quitta peu de temps avant la Révolution, pour aller prendre possession de l'intendance de Bigorre, à laquelle il venait d'être nommé. En 1806, il devint directeur général des forêts.

Note 2, p. 210. — Descendant du célèbre voyageur de ce nom, François Le Gouy de La Boullaye, et alors second commis au contrôle général des finances.

Note 3, p. 211. — Edme-Louis Daubenton, cousin de Jean-Marie, garde et sous-démonstrateur du Cabinet du Roi, membre de l'Académie de Nancy, avait eu de son mariage avec Adélaïde Boutevillain de La Ferté une fille unique, mariée à Vicq-d'Azyr. (Voy. sur Daubenton le jeune, que Buffon traita toujours de la manière la plus honorable, la note 1 de la lettre LXXXVI, t. I, p. 344, et la note 1 de la lettre CCVIII, t. II, p. 292.)

Note 4, p. 211. — On trouve dans les Mémoires de Bachaumont, à la date du 16 janvier 1786, les détails suivants sur la collection rapportée par Dombey, dont nous avons déjà dit quelques mots précédemment (note 4 de la lettre CCCXLVI, p. 542) : « M. Dombey, médecin naturaliste, envoyé au Pérou par le gouvernement, sous le ministère de M. Turgot, dont on a annoncé le retour, avant de transporter au Cabinet du Roi les objets qui lui sont destinés, les laisse voir chez lui aux savants, aux amateurs, aux curieux de toute espèce : son herbier, composé de deux à trois mille plantes, en renferme plus des deux tiers absolument ignorées. Ses mines de métaux précieux sont d'une richesse rare; il a un sable vert, inconnu jusqu'à présent, qui contient des parties cuivreuses, et qui, jeté dans le feu, y produit une flamme très-agréablement colorée, laquelle dure assez longtemps. Les insectes sont de la plus belle conservation; il a placé artistement ses oiseaux sur un très-joli arbre artificiel; leurs diverses attitudes, leurs riches couleurs, l'espèce de vie apparente dont ils jouissent, forment un tableau très-agréable. M. Dombey assure que c'est un Indien qui a préparé les oiseaux et construit l'arbre. On admire dans cette exposition du médecin voyageur beaucoup d'autres choses, trop longues à détailler. »

La collection de Joseph Dombey ne fut point remise à Buffon. Lhéritier, qui en était devenu dépositaire, l'envoya secrètement à Londres, afin de n'en être pas dépossédé. Buffon ressentit un vif chagrin de ce procédé, qui privait le Cabinet du Roi d'une riche collection d'espèces nouvelles; il n'en témoigna cependant aucun mécontentement à Dombey, bien qu'il y eût un peu de sa faute, et, le jour où il connut les embarras d'une fortune qui avait été consacrée entièrement à des recherches scientifiques et à des œuvres charitables, il obtint pour lui, à son insu, une gratification de 60 000 livres et une pension de 6000.

## CCCL

Note 1, p. 212. — Buffon écrivait à Guyton de Morveau, au sujet du désaccord survenu dans l'Académie : « Tout est cabale, même dans les sciences, et il y a des coteries de creuset et d'autres coteries de beaux esprits. »

## CCCLI

Note 1, p. 212. — M. et Mme Gueneau de Montbeillard.

Note 2, p. 212. — Voy. la note 3 de la lettre CCCXXXIV, p. 513, où se trouve, à la date du 5 mars 1788, une lettre de M. Adam notaire au docteur Daubenton, dans laquelle cet acte de générosité de la famille Monbeillard envers Mme Daubenton est rapporté.

Note 3, p. 212. — Gueneau de Montbeillard était mort depuis le 28 novembre de l'année précédente et avait laissé de nombreux matériaux sur l'histoire des insectes, dont il s'occupait avec activité dans les dernières années de sa vie. Mme de Montbeillard, attachée à la gloire de son mari, ne voulut pas que le fruit de tant de travaux fût perdu. Elle envoya, malgré le conseil de Buffon, ses manuscrits à Mauduit, avec lequel Gueneau de Montbeillard avait eu de fréquents rapports, dans le temps où il travaillait à l'histoire des oiseaux. Deux lettres du docteur Mauduit constatent le désir qu'eut Mme de Montbeillard de voir un homme, qui s'était occupé des mêmes études que son mari, se faire l'éditeur de ses œuvres posthumes. Elles sont ainsi conçues :

« M. Mauduit a l'honneur de présenter ses respects et ses remercîments à Mme de Montbeillard ; il est convaincu de l'importance des objets qu'elle lui a fait parvenir. C'est par cette raison même et parce qu'il en veut faire l'examen attentif que mérite ce dépôt précieux, qu'il ne peut qu'au bout de quelque temps connaître l'usage qu'il en pourra faire. Madame est priée d'être persuadée que M. Mauduit profitera de tout ce que sa manière de travailler lui permettra d'employer, qu'il citera tout ce qu'il aura tiré de M. de Montbeillard et que la totalité des manuscrits sera remise à Madame dans son entier. »

« Paris, le 1er décembre 1786.

« Madame,

« J'ai examiné avec beaucoup d'attention le dépôt que vous avez bien voulu me confier. J'ai trouvé des matériaux dont M. de Montbeillard aurait sûrement fait un usage excellent ; mais dans l'état où il a laissé son travail, il consiste en des extraits sans la liaison que

M. de Montbeillard aurait employée pour les mettre en œuvre, sans les réflexions et les indications qu'il en aurait tirées, qui auraient formé un ouvrage qui lui aurait appartenu et qui aurait instruit et intéressé les savants et le public. Je ne peux donc, madame, que vous faire mes remercîments et vous prier de m'indiquer la voie par laquelle vous souhaitez que je vous fasse passer les papiers que j'ai reçus de votre part. J'ai l'honneur d'être avec respect, madame, votre très-humble et très-obéissant serviteur.

« MAUDUIT. »

(Inédites. — Conservées dans la bibliothèque de la ville de Semur.)

Buffon n'avait sans doute pas eu tort de conseiller à Mme de Montbeillard de ne pas envoyer les manuscrits de son mari à un homme qui n'en fit aucun usage et qui répond à une communication bienveillante d'un ton plein de sécheresse. Mais hâtons-nous d'ajouter que les travaux de Montbeillard sur les insectes ne furent pas perdus; ils ont été en grande partie insérés dans l'*Encyclopédie méthodique*.

Note 4, p. 213. — Louis-Jean-Marie Daubenton, garde et conservateur du Cabinet du Roi.

Note 5, p. 213. — On a précédemment vu ( p. 515) que le docteur Daubenton avait été touché de la situation malheureuse de sa nièce, et que de lui-même, à la mort de Gueneau de Montbeillard, il lui écrivit pour lui offrir au Jardin du Roi une retraite que Mme Daubenton accepta.

## CCCLII

Note 1, p. 213. — M. Mesnard, contrôleur général des postes, était fils d'un homme qui remplit dans la même administration un emploi fort modeste et qui, très-obscur pendant sa vie, jouit d'une certaine renommée après sa mort. Par acte de dernière volonté, il avait consacré la meilleure partie de sa fortune à l'érection de son tombeau. Ce monument fut élevé dans l'église Saint-Eustache; le public ne vit pas sans mécontentement qu'un homme qui n'avait rendu à l'État aucun service signalé eût une pareille sépulture, honneur réservé d'ordinaire aux personnages qui ont été, durant leur vie, revêtus d'éminentes dignités.

Note 2, p. 213. — Le buste fait par Houdon en 1782.

## CCLIII

Note 1, p. 214. — Le 14 février 1786, le docteur Housset envoyait son livre à Buffon avec une lettre conçue en ces termes :

« Je suis désolé, monsieur, de ce que mon libraire ne m'a pas expédié plus tôt les exemplaires de mon petit ouvrage, qui n'a été imprimé qu'à la fin de l'année dernière; empressé de vous l'envoyer, je n'aurais point laissé passer le premier jour de l'année sans joindre à ma considération et à mes hommages, que vous avez bien voulu recevoir, les vœux que je ne cesse d'adresser au ciel pour la conservation des jours de notre Pline, si précieux à la république des lettres, et à moi en particulier. Je désirerais que mon opuscule répondît à la dignité de vos écrits; mais, dans cette circonstance, je vous prie de me considérer comme une fauvette qui se récrée à la faveur de quelques rayons du soleil qui a daigné l'échauffer, et à qui elle rend grâces de son bienfait journalier. »

Note 2, p. 214. — L'approbation donnée par Buffon à cet ouvrage, et surtout l'invitation faite par le philosophe de le venir trouver à Montbard, touchèrent vivement le docteur Housset, qui lui en témoigna sa reconnaissance en ces termes : « Je suis fort reconnaissant, monsieur, du jugement favorable que vous avez porté sur mon petit ouvrage; l'accueil gracieux que vous lui faites est un acte de complaisance dont il tire son plus grand mérite. Je désirerais trouver des occasions fréquentes de surprendre la nature dans ses jeux et de lui tirer ses secrets ; ce serait vous témoigner plus dignement combien j'honore votre talent d'observateur et d'historien des prodiges de cette mère admirable, qui fait connaître à chaque pas la touche du Créateur, et qui porte l'homme sensible et vertueux à le reconnaître et à l'adorer. Nous ne sommes occupés journellement qu'à redresser le mieux qu'il est possible la nature altérée par mille causes cachées. Elle travaille avec nous; nous ne sommes pas toujours assez heureux pour être à l'unisson de son industrie ; voilà notre désagrément. Pour vous, monsieur, vous la considérez dans son beau, vous en êtes le serviteur idolâtre; tout excite et anime votre zèle. Je suis fort sensible à votre agréable invitation ; je m'y rendrai certainement si mon infirmité , la saison et mes occupations me le permettent.

« J'ai eu l'honneur de vous offrir, monsieur, deux exemplaires de mon ouvrage; je pense que vous en ferez part à M. Daubenton, votre cher ami et collègue dans l'Histoire naturelle, si digne de vos soins et qui a si bien profité de vos travaux. Je n'oserais pas vous prier de faire cette démarche pour moi, si vous ne m'aviez fait pressentir qu'un seul exemplaire vous suffisait, et si je ne pensais vous être agréable en l'offrant à une personne aussi digne de l'estime publique que l'est M. Daubenton. Je vous prie, monsieur, de me conserver la vôtre. »

(Cette lettre, ainsi que la précédente, a été publiée par le docteur Housset, dans ses *Mémoires physiologiques*, t. II, p. 313, 314 et 315.)

## CCCLVI

Note 1, p. 216. — Antoine-Louis Chaumont de La Millière, né le 24 octobre 1746, mort le 17 octobre 1803, fut intendant des ponts et chaussées depuis l'année 1781 jusqu'au 10 août 1792. Il fut en outre intendant des finances et conseiller d'État. Le pavage et l'entretien des rues de Paris rentraient dans le service des ponts et chaussées.

Note 2, p. 216. — La rue de Buffon.

Note 3, p. 217. — Ce n'était pas la première fois que l'archiduc Maximilien venait en France. En 1775, il y avait déjà fait un court séjour. La reine Marie-Antoinette, qui savait son frère gauche et embarrassé de sa personne, avait, un mois avant son arrivée à la cour de France, envoyé à Vienne des maîtres à danser pour le préparer à figurer avec honneur aux différents ballets qui se devaient donner à Versailles durant son séjour. Ces gracieuses attentions de la reine furent inutiles. Le Prince ne dansa pas, et il n'y eut pas de fête à Versailles. Une question d'étiquette en fut la cause. L'Archiduc ne voulut point consentir à faire la révérence aux princes du sang, qui de leur côté déclarèrent qu'ils ne visiteraient pas l'Archiduc. Dans ce premier voyage, le frère de la reine vint faire une visite au Jardin du Roi. Buffon lui fit hommage de ses ouvrages. « Je refuse, lui dit le prince avec gaucherie, non que je veuille vous faire de la peine, mais parce que je craindrais de vous en priver. »

« Monsieur le comte, je viens chercher un exemplaire de vos œuvres que l'Archiduc mon frère a oublié sur votre table, » disait à deux années de là l'empereur Joseph II, entrant au Jardin du Roi. On ne pouvait plus gracieusement réparer un manque d'à-propos. L'Empereur témoigna une grande estime pour Buffon ; parfois il arrivait au Jardin du Roi sans s'être fait annoncer, disant avec bonhomie : « Monsieur de Buffon, je viens causer sans façon avec vous. » Un autre jour, il lui disait en se promenant avec lui dans les allées du Jardin : « Nous

sommes ici sur les terres de votre empire. » Le jour où il vint prendre
congé de Buffon, ce dernier voulut le reconduire jusqu'à sa voiture.
« Demeurez, dit l'Empereur en le retenant, autrement je ne pourrais
plus me vanter d'avoir vu M. de Buffon. » L'Empereur quitta la cour de
France avec la réputation d'un homme d'esprit. Lorsque l'Archiduc
partit de Versailles, les courtisans le désignaient entre eux par le nom
de l'*Archibête*.

Note 4, p. 217. — Le chevalier Aude, qui était de la société intime de Buffon, se trouvait à Montbard vers la fin de l'année 1786 ; il
fut le témoin ému des souffrances que Buffon supportait avec une résignation héroïque et qui n'altérèrent jamais l'égalité de son humeur
ni la fraîcheur de son rare esprit. Le chevalier Aude est l'auteur d'une
*Vie de Buffon*, de quelques poésies estimées et d'un drame intitulé :
*Saint-Preux et Julie d'Étange*, joué avec quelque succès sur le théâtre
de la cour, mais accueilli froidement à Paris. Nous avons retrouvé
dans les notes manuscrites de M. Humbert-Bazile une lettre adressée
au mois d'octobre 1786 par le chevalier Aude à Mme Necker ; elle renferme des détails pleins d'intérêts sur la crise terrible dont Buffon,
malgré son grand âge, parvint cependant à triompher. Nous la publions comme une réfutation éloquente d'un passage analogue du
pamphlet d'Hérault de Sechelles ; nous donnons également la réponse
inédite de Mme Necker à cette intéressante communication. Une seconde lettre de Mme Necker, extraite de ses Mélanges, nous a paru
devoir compléter utilement les deux documents qui précèdent. Voici
ces trois pièces :

LE CHEVALIER AUDE A MADAME NECKER.

Montbard, le 6 octobre 1786.

« Madame,

« Je suis à peine revenu de l'embarras que j'éprouvai chez vous le
jour que j'eus l'honneur de vous présenter l'hommage de mon respect. Ce souvenir me poursuit sans cesse ; il intimide encore ma pensée, même à l'instant que M. de Buffon veut bien me rendre l'interprète des sentiments d'admiration et de tendresse qu'il vous a
éternellement consacrés. Ce glorieux office n'est point nouveau pour
moi ; il semble que le sort m'ait destiné à n'approcher que les plus
dignes appréciateurs de vos vertus. M. le vice-roi de Sicile me communiqua son âme pour en être l'organe ; M. le comte de Buffon m'inspire aujourd'hui une portion de la sienne pour vous parler dignement
de lui.

« Je commence, madame, par ce qui vous intéresse le plus, et je
rends grâce au ciel de pouvoir vous donner une assez heureuse nouvelle de sa santé. Mme Daubenton vous en a parlé dans un moment
moins favorable; on ne vous a point caché l'état d'affaissement et de
souffrances où les suites de son voyage l'avaient réduit. Je me félicite
de n'avoir eu mon tour que le dernier, puisqu'il m'est réservé de
dissiper un peu vos inquiétudes.

« Ce grand homme n'est point exempt de tribulations, mais il a du
moins plus fréquemment des heures de sommeil et de calme. Je lis
sur son auguste front la vie et la sécurité, précieuses assurances de
l'excellente constitution de son corps et de la parfaite égalité de son
âme. Il a fait hier une promenade en voiture, dont il n'eût pas été
capable il y a quinze jours. Son estomac est toujours bon : il est forcé
quelquefois de réprimer son appétit, non par la peur d'une indigestion,
mais dans la crainte d'augmenter la masse de ces humeurs glaireuses,
qui font le tourment de ses nuits. Voilà son mal le plus obstiné et
celui qui me semble aussi le plus facile à détruire, puisqu'il provient
et dépend de la quantité et de la qualité des aliments qui produisent
plus ou moins de glaires. Cependant les médecins n'en viennent pas
à bout. Pourquoi leur science n'est-elle que conjecturale? ou plutôt,
pourquoi n'existe-t-il pas un Buffon en médecine? Il serait le confident
du dieu d'Épidaure et le sauveur du confident de la nature. Je viens
de vous dire que ses moments de repos sont devenus plus fréquents;
il faut ajouter que vous adoucissez bien souvent ses moments de
souffrance; je dis trop peu, madame : il les oublie en parlant de vous;
votre souvenir les suspend ou les charme. Il n'a plus qu'une pensée,
qu'un sentiment, quand c'est votre nom qu'il prononce ou votre
image qu'il a sous les yeux. Nous distinguons parfaitement ses jours
de tranquillité : c'est quand nous jouissons plus longtemps, les après-
dînées, du charme inaltérable de sa conversation. Sensible et bon
comme la vertu, indulgent et simple comme le génie, il fait penser et
parler tous ceux qui ont le bonheur de l'approcher, et la timidité la
plus insurmontable est, en peu de jours, à son aise auprès de lui.

« Nous lisons souvent quelques morceaux de ses immortels ouvrages. Quel intérêt la présence de ce grand homme ajoute à ces
nobles plaisirs! Nous venons de relire la première et la seconde *Vue
de la Nature*, discours où la majesté et la profondeur des idées a
tellement nécessité la richesse et la pompe des expressions, qu'on
peut douter quelquefois si c'est un chef-d'œuvre de l'art ou un miracle
de la nature, et si c'est son historien ou son plus brillant phénomène.
Cet homme divin jouit de nos plaisirs et nous jouissons de sa gloire;
il ne déguise point la prédilection qu'il a pour ses ouvrages. Paternité

sublime et franche! Ah! qu'il est doux, qu'il est beau d'aimer ses enfants, quand ils ont fait l'amour du monde!

« Je vous ai dit, madame, les peines et les plaisirs de M. le comte de Buffon ; il me reste encore à vous parler d'une inquiétude de son âme : je sais ce qu'il vous écrivit à la retraite de M. Necker ; on peut l'appliquer à sa situation, qui ne lui permet plus le travail : *c'est un héros que le repos fatigue.* Au milieu de sa gloire il croit n'avoir pas assez fait pour les connaissances humaines, pour la science universelle dont il a éclairé toutes les routes avec des faisceaux de lumière que l'œil de l'homme n'avait jamais entrevus avant lui. Son génie n'a point de vieillesse ; pourquoi faut-il qu'il n'ait que ces rapports avec la nature et qu'il ne soit pas éternel et impassible comme elle?

« A la fin d'une lettre dont M. de Buffon est le sujet, oserai-je vous parler de moi, madame, et vous présenter les vers que l'illustre moitié de vous-même m'inspira à quinze cents lieues de la France? M. de Buffon m'enhardit à vous en faire l'hommage. Vous eûtes la bonté de les honorer de votre indulgence le jour que j'en fis la lecture à M. Necker. C'est sous les auspices du grand homme que je vois, que j'ose vous les offrir aujourd'hui. Permettez-moi d'ajouter à ce faible hommage celui des sentiments d'admiration et de respect avec lesquels j'ai l'honneur d'être, etc. »

### MADAME NECKER AU CHEVALIER AUDE.

« Paris, le 4 novembre 1786.

« Que ma mauvaise santé me justifie près de vous, monsieur, si je réponds trop tard à une lettre toute remplie d'attentions et de traits d'esprit : mais j'ai toujours langui ; je recevais, d'ailleurs, des nouvelles de M. de Buffon, et je n'aurais pu vous parler que de ses maux, dont vous avez déjà le trop douloureux spectacle. L'image de ce grand homme dans la souffrance se met au-devant de toutes mes pensées, et, quand je prends la plume, elle fixe seule mes regards, comme un spectre qui remplit tout l'espace et qui couvre jusqu'à mon papier. Mes larmes ont redoublé depuis quelques jours. On m'avait annoncé le retour de M. de Buffon pour la fin du mois, je m'étais hâtée de lui répondre, mais je n'ai plus reçu de ses nouvelles ; et, après avoir vainement envoyé au Jardin du Roi, on vient enfin de me dire qu'un nouvel accident n'a pas permis à M. de Buffon de se mettre en route.

« A la distance où je suis, comment me soulager des inquiétudes qui m'accablent? J'ai recours à vous, monsieur, je prends la liberté aussi de solliciter la bonté de Mme Daubenton, en lui adressant cette lettre, supposé que vous soyez absent. Je ne vous parle ni de votre poëme, que vous m'avez fait vainement espérer, ni des divers objets qui occupent Paris ; tous les intérêts se sont concentrés pour moi dans le cercle de mes affections ; le souvenir du passé, les peines présentes, tout m'y retient continuellement. Je me rappelle ces temps heureux où M. de Buffon me présentait sans cesse son âme paisible en parfaite harmonie avec son corps, comme son génie avec sa vertu, et je le compare à ce combat douloureux qu'il éprouve aujourd'hui, combat dont il sort plus sublime encore aux yeux des spectateurs étrangers, mais dans un état qui déchire le cœur sensible de ses amis.

« Je suis moi-même assez languissante pour regarder les heures écoulées comme un avantage remporté sur la nature. Mais si tout ce que j'aime était heureux autour de moi, je sens que la balance du bonheur l'emporterait encore, et j'aurais ainsi la preuve incontestable qu'il est possible de vivre plus dans les autres que dans soi-même, et je le crois pour les idées comme pour les sentiments. La société de M. de Buffon vous aura convaincu de cette vérité ; vous aurez bientôt senti son influence, vous aurez reçu toutes les formes que ce grand homme aura voulu vous donner ; car, quelque original qu'on puisse être, l'on peut ressembler à l'or, qui résiste aux liqueurs les plus actives, et qui cède enfin à la seule eau régale. A votre tour, vous aurez soulagé ce grand homme de beaucoup de recherches qui le fatiguaient, et les agréments de votre esprit auront souvent charmé ses douleurs. Le lierre qui s'attache à un chêne vénérable en fait son point d'appui, s'élève par le secours qu'il lui prête ; et cependant ses feuilles vertes embellissent et rafraîchissent le tronc antique qu'il environne. Votre bonté ne saurait trop hâter une réponse qui peut me délivrer des angoisses auxquelles je suis en proie.

« Je suis, avec des sentiments très-distingués, monsieur, votre très-humble et très-obéissante servante.

« C. DE N. NECKER. »

AUTRE LETTRE DE MADAME NECKER AU CHEVALIER AUDE.

« Je suis charmée de votre lettre, monsieur ; je vois que le goût de la littérature n'a pas affaibli en vous la passion des sciences, ni les amusements de l'esprit, ni les transports qu'on doit au génie, bien différent de la plupart de nos jeunes gens, qui ne connaissent que ce qu'ils touchent, et pour qui M. de Buffon est un phénomène céleste dont ils laissent l'observation aux astronomes ; toute votre lettre montre au contraire que vous êtes pénétré de la lumière de ce bel astre; vous le voyez à son couchant, mais son disque est plus grand qu'il ne fut jamais à son midi. Que j'aime ces lectures dont vous me parlez! quel beau spectacle que M. de Buffon à côté de ses ouvrages! C'est le seul moyen possible de les embellir et de les agrandir encore; vous êtes alors comme ces voyageurs qui sont plus frappés de la majesté des fleuves qui baignent ma patrie, après avoir admiré l'imposante hauteur des montagnes d'où ils tirent leur source.

« Quel bonheur pour vous, monsieur, d'être appelé par les circonstances à vivre auprès de M. de Buffon! Dans la plupart des grands hommes, les petits défauts intérieurs altèrent les grandes vertus; chez M. de Buffon, toutes les qualités aimables sont la suite de ses vertus; il est sensible parce qu'il est bon, doux parce qu'il est sage, exact par amour de l'ordre; il n'est donc pas surprenant qu'il soit chéri de tous les âges, car il touche par quelque point à tout ce qui est bon. Je n'ai pu m'empêcher, monsieur, de faire lire votre jolie lettre à M. le marquis de Chastelux, qui l'a fort goûtée, m'en a montré une de M. de Buffon sur son voyage d'Amérique, où nous avons reconnu la griffe du lion; je parle de cette belle griffe qui porte le sceptre, non de celle qui déchire, dont on n'use pas à Montbard. »

## CCCLVII

Note 1, p. 217. — Faujas de Saint-Fond se montra toute sa vie dévoué aux intérêts de Buffon et au bien-être de sa famille. Buffon l'avait encouragé dans ses premiers travaux, et, en l'appelant au Jardin du Roi, lui avait ouvert la carrière; il lui avait facilité les moyens de se livrer à ses expériences et à ses recherches. Faujas de Saint-Fond ne l'oublia jamais, et nous allons le voir, dans les dernières années de la vie de son illustre ami, s'associer à toutes ses pensées et prendre part à toutes ses inquiétudes. Buffon, de son côté, voulant reconnaître une amitié qui ne lui fit jamais défaut, ordonna, au moment de mourir, que son cœur fût remis à M. de Faujas. Sur le désir du fils de Buffon, M. de Faujas se dessaisit en sa faveur du cœur de son père, et reçut en échange le cervelet du grand naturaliste, que sa famille possède encore aujourd'hui.

Note 2, p. 218. — Buffon entretient encore Faujas de Saint-Fond de ses espérances dans une lettre postérieure du 17 janvier 1787 (p. 221).

## CCCLVIII

Note 1, p. 219. — Caillet, professeur de poésie au collége des Godrans, était membre de l'Académie de Dijon depuis le 15 février 1781.

Note 2, p. 219. — Le docteur Maret, secrétaire perpétuel de l'Académie de Dijon, mort depuis le 11 juin de l'année précédente, n'avait pas encore été remplacé. Deux concurrents se partageaient les suffrages, Guyton de Morveau et Caillet. Cette double candidature divisait l'Académie lorsque, la place de chancelier étant venue à vaquer, Guyton de Morveau en fut pourvu. De plus on nomma deux secrétaires : Caillet fut secrétaire perpétuel pour la partie des belles-lettres, et Jacotot, qui occupait la chaire de philosophie au collége des Godrans, devint secrétaire perpétuel pour la partie des sciences. Cet accommodement fit rentrer dans l'Académie l'union et la concorde qui en étaient bannies depuis plus d'un an.

Note 3, p. 219. — Précédemment déjà, au mois de janvier 1776, les États de Bourgogne avaient accordé à l'Académie une somme de 1800 livres pour être employée à l'établissement d'un cours public de chimie et à l'entretien d'un laboratoire. Guyton de Morveau en devint professeur, et l'ouverture de ce cours gratuit eut lieu le 28 avril 1776.

## CCCLIX

Note 1, p. 220. — Mme de Matignon était fille du baron de Breteuil, veuve du dernier descendant mâle des maréchaux de Matignon, mort à Naples en 1773.

Note 2, p. 220. — Auguste-Savinien Leblond, petit-neveu du mathématicien de ce nom, fut employé au cabinet des Estampes de la Bibliothèque du Roi. Il cultiva avec succès les mathématiques et l'histoire naturelle, et mourut le 22 février 1811.

Note 3, p. 220. — Joseph Dombey avait confié à Lhéritier sa riche collection d'histoire naturelle rapportée du Pérou. Esclave de sa parole, il n'avait rien voulu publier avant le retour des naturalistes espagnols qui l'avaient accompagné dans son voyage, et attendait cette époque pour remettre sa collection au Jardin du Roi. Le ministre

d'Espagne, informé que Lhéritier préparait la publication de la partie
botanique de la collection de Dombey, se plaignit au ministre, qui,
pour donner satisfaction à l'Espagne, ordonna à Buffon de se faire
remettre sans délai les collections qui étaient destinées au Cabinet du
Roi et d'empêcher ainsi Lhéritier de mettre son projet à exécution.
Lhéritier connut par hasard les ordres du ministre, et avant que
Buffon eût eu le temps de les exécuter, il renferma, pendant la nuit,
les collections de Dombey dans des caisses, qui prirent, au jour, la
route de l'Angleterre. Arrivé à Londres, Lhéritier se mit aussitôt à
l'œuvre; il fit venir Redouté pour dessiner les planches de son grand
ouvrage, s'entoura de dessinateurs et de graveurs, et travailla durant
quinze mois à mettre en ordre les matériaux de la *Flore du Pérou*,
dont ni lui ni Dombey ne devaient voir la publication. Charles-Louis
Lhéritier, né en 1746, mourut en 1800. Un meurtrier, demeuré inconnu, le tua à coups de sabre à quelques pas de sa maison.

Note 4, p. 220. — La machine dont le *sieur Régnier* fut l'inventeur,
était un système plus ingénieux que commode, destiné à fournir de
l'eau aux divers réservoirs du Jardin du Roi.

### CCCLX

Note 1, p. 221. — Voy. la note 2 de la lettre cccxlii, p. 536.

### CCCLXI

Note 1, p. 221. — *La religion considérée comme l'unique base du
bonheur et de la véritable philosophie*, ouvrage fait pour servir à l'éducation des enfants de S. A. R. Mgr le duc d'Orléans, et dans lequel
on expose et l'on réfute les principes des prétendus philosophes
modernes, par Mme la marquise de Sillery, ci-devant Mme la comtesse de Genlis. 1 gros vol. in-8°, Paris, 1787, avec cette épigraphe
tirée des sermons de Massillon : « Il y a dans les maximes de l'Évan-
gile une noblesse et une élévation où les cœurs vils et rampants ne
sauraient atteindre. »

Grimm parle ainsi de cet ouvrage: « C'est un bon livre de théologie
et même de controverse; l'objet qu'on s'y propose est de la défendre
contre ses plus dangereux ennemis, les philosophes modernes. » Ailleurs encore il dit, en parlant de son auteur : « Le bon roi David
avait commencé par jouer de la harpe, il finit par être un héros et,

qui plus est, un prophète. Mme la marquise de Sillery a débuté dans le monde comme le prophète-roi. Eh bien! serait-ce une raison pour ne pas lui pardonner aujourd'hui d'aspirer au titre glorieux de *mère de l'Église?* » Et, en parlant des portraits tracés par elle de certains philosophes : « On sent, dit-il, qu'une plume mondaine et très-mondaine a pu seule tracer de tels portraits. »

Note 2, p. 221. — Longtemps après que cette lettre eut été écrite, Mme de Genlis ayant dit dans un de ses nombreux ouvrages : « J'ai soixante ans et je suis homme de lettres, » un journaliste, Hoffmann, dans un article inséré au *Journal des Débats*, prétendit que Mme de Genlis était bien réellement un homme. « En 1782, dit-il, Mme de Genlis fut nommée non pas gouvernante, mais gouverneur d'un prince. Le père, qui lui donna ce titre mâle, s'y connaissait bien et aurait bien dû se laisser gouverner lui-même par cet aimable pédagogue; l'homme de lettres que nous connaissons sous le nom de Mme de Genlis ne lui aurait pas conseillé sans doute de se faire mettre si tôt dans la biographie. Si l'on veut enfin une troisième preuve encore plus irrécusable, l'illustre Buffon écrivait à la prétendue Mme de Genlis, le 21 mars 1787 : « Prédicateur aussi persuasif qu'éloquent, « lorsque vous présentez la religion et toutes les vertus avec le style « de Fénelon et la majesté des livres inspirés par Dieu même, vous « êtes un ange de lumière. » Un sexe avoué par *l'homme de lettres*, confirmé par un prince et vérifié par un naturaliste, ne peut être contesté. »

Note 3, p. 222. — Le livre de Mme de Genlis était une attaque directe et violente contre les encyclopédistes, contre le parti de Voltaire, et, ce dont on est en droit de lui faire un reproche, une attaque personnelle contre certains écrivains dont elle ne ménage ni le caractère ni les écrits. Elle dit dans ses Mémoires, en parlant de sa répulsion pour la philosophie moderne et à propos de la rencontre qu'elle fit, dans les salons du financier Grimod de La Reynière, de Bellardon de Sauvigny : « Je le pris en amitié, parce qu'il parlait très-bien et très-vivement contre les principes de M. de Voltaire et des autres philosophes, qu'un instinct heureux me faisait haïr depuis mon enfance. »

« L'ouvrage de Mme la marquise de Sillery, dit un contemporain, n'est pas seulement une capucinade, comme on l'avait imaginé, mais un écrit polémique, où le théologien femelle expose et réfute les principes des prétendus philosophes modernes, non sans en avancer lui-même quelquefois de susceptibles de censure; mais avec son sexe, les docteurs ne regardent pas de si près. Quoi qu'il en soit, sous ce titre c'est aux plus illustres écrivains de ce siècle, les uns morts depuis peu et les autres encore vivants, que l'auteur déclare la guerre. On assure que M. le marquis de Condorcet, un de ceux qu'elle attaque le plus, aussi petit, aussi pusillanime, aussi irascible que son maître d'Alembert, est très-sensible aux déclamations de la marquise et ne peut s'en consoler. »

La lettre que Buffon écrivit à Mme de Genlis, pour la remercier de l'envoi de son nouvel ouvrage, reçut une publicité à laquelle elle n'était pas destinée. Elle fit grand bruit. Mme de Genlis, qui en avait sinon ordonné, du moins connu l'impression, avertie par la sensation qu'elle avait produite et par les interprétations auxquelles elle avait donné lieu, protesta contre cette indiscrétion. On lit à ce sujet, dans les *Nouvelles à la main* : « 24 avril 1787. — On parle beaucoup d'une lettre du comte de Buffon à Mme la marquise de Sillery, sans doute à l'occasion du nouvel ouvrage qu'elle vient de publier. Il paraît que cette lettre, imprimée à l'imprimerie polytype, a couru et a fâché Mme de Sillery, qui s'en est plainte et a adressé de vifs reproches au sieur Hoffmann, directeur de cette imprimerie. On ne peut éclaircir l'anecdote qu'après avoir lu la lettre qui cause tant de tracasseries et de rumeurs. » Mme de Genlis regretta bien davantage encore la publicité donnée à la lettre que lui avait adressée Buffon, lorsqu'elle vit paraître un pamphlet dirigé contre elle et dans lequel Buffon n'est pas ménagé. Rivarol l'écrivit et Champcenetz le signa. « La mode des satires et des libelles, dit La Harpe dans sa *Correspondance littéraire*, se soutient toujours, parce que tout le monde veut avoir de l'esprit et que c'est la façon la plus aisée de s'en passer en le remplaçant par la méchanceté. M. de Champcenetz, qui a déjà été enfermé deux ou trois fois pour sa mauvaise conduite et ses pamphlets satiriques, n'a pas été dégoûté de ce noble métier par les punitions qu'il lui a attirées. Il a répandu un petit écrit qui contient une parodie du *Songe d'Athalie* avec des notes. Cette parodie, insipide et grossière, est en partie contre Mme de Sillery et contre M. de Buffon. Les honnêtes gens ont été indignés de voir outrager un vieillard octogénaire, un homme qui fait l'honneur de la nation à laquelle il appartient, et qui, dans ce moment, lutte contre la mort : c'est le comble de l'infamie et de l'atrocité. » Voici le passage de ce pamphlet dirigé contre Buffon :

> C'était dans le repos du travail de la nuit,
> L'image de B.u.f.f.o.n devant moi s'est montrée,
> Comme au Jardin du Roi pompeusement parée ;
> Même il usait encor de ce style apprêté,

Dont il eut soin de peindre et d'orner son ouvrage,
Pour éviter des ans l'inévitable outrage.
« Tremble, *ma noble fille*, et trop digne de moi,
Le parti de Voltaire a prévalu sur toi;
Je te plains de tomber dans ses mains redoutables,
Ma fille!... » En achevant ces mots épouvantables,
L'histoire naturelle a paru se baisser :
Et moi je lui tendais les mains pour la presser;
Mais je n'ai plus trouvé qu'un horrible mélange
De quadrupèdes morts et traînés dans la fange,
De reptiles, d'oiseaux et d'insectes affreux,
Que B.e.x.o.n et G.u.e.n.e.a.u se disputaient entre eux.

Cette misérable parodie, indigne de la plume parfois si mordante
de son auteur, inspira à Rulhières, qui les faisait bonnes, mais qui
avait le travers de n'en jamais convenir, une épigramme très-supé-
rieure au pamphlet qui l'avait provoquée :

Être haï, mais sans se faire craindre;
Être puni, mais sans se faire plaindre,
Est un fort sot calcul : Champcenetz s'est mépris;
En recherchant la haine, il trouve le mépris.
En jeux de mots grossiers parodier Racine,
Faire un pamphlet fort plat d'une scène divine,
Débiter pour dix sous un insipide écrit,
C'est décrier la médisance,
C'est exercer sans art un métier sans profit.
Il a bien assez d'impudence,
Mais il n'a pas assez d'esprit.
Il prend, pour mieux s'en faire accroire,
Des lettres de cachet pour des titres de gloire;
Il croit qu'être honni, c'est être renommé;
Mais si l'on ne sait plaire, on a tort de médire;
C'est peu d'être méchant, il faut savoir écrire,
Et c'est pour de bons vers qu'il faut être enfermé.

## CCCLXII

Note 1, p. 222. — La lettre de Buffon à Mme de Genlis produisit
une grande sensation dans le monde des philosophes, qu'elle semblait
indirectement attaquer. Une discussion très-vive s'engagea pour
savoir si on devait répondre. On montrait d'autant plus d'empressement à saisir l'occasion qui en était offerte, que Buffon l'avait rarement
donnée. Une discussion d'un autre genre vint faire oublier la première : ce fut une discussion grammaticale. Le verbe *échapper* peut-il
être employé dans un sens actif, comme dans ce passage de la lettre

de Buffon : « Vous n'avez pas *échappé un seul des traits qui les carac-térisent* (les philosophes)? » Deux camps se formèrent : l'un pour défendre les propriétés actives du *verbe* dont on instruisait le procès, l'autre pour attaquer cette nouveauté dans la langue. Des paris importants s'engagèrent. Lambert, qui avait soutenu le pari et qui l'avait perdu, écrivit à Buffon la lettre suivante le 5 mai 1787 :

« Monsieur, dans une de vos lettres à la marquise de Sillery, vous dites, en parlant des philosophes modernes qu'elle a dépeints : « Vous « n'avez pas échappé un seul des traits qui les caractérisent. » Plusieurs gens de lettres prétendent que le mot *échappé* n'est pas correct, parce que, suivant l'Académie, ce verbe est neutre, et qu'il ne régit l'accusatif que lorsqu'il signifie *éviter*. J'ai soutenu et parié le contraire, non-seulement sur votre autorité, mais encore parce que j'imagine qu'*échapper* peut se prendre quelquefois pour *manquer, oublier*, qui sont également des verbes actifs. Cependant, étant convenu de nous en rapporter à la décision de M. de Wailly, grammairien, j'ai perdu et payé. C'est chose finie, mais cela ne me fait pas changer d'opinion, et j'ose interrompre un temps précieux sans doute, pour vous prier de me dire si je dois persister, ne pouvant soupçonner, comme on voudrait me le faire croire, que ce soit une faute de copiste ou d'impression. Je me glorifierais bien sûrement du tort que l'on m'a donné, s'il pouvait m'être commun avec le premier écrivain de notre siècle.... »

( M. Flourens a cité cette lettre ainsi que la réponse de Buffon, qui est connue déjà depuis longtemps.)

Buffon répondit qu'il n'avait jamais étudié la grammaire, ce qui ne l'empêchait pas de penser qu'un verbe neutre peut quelquefois devenir actif. La discussion n'eut pas d'autre suite.

Le Dictionnaire de l'Académie (6ᵉ édition) est de l'avis de Buffon et admet qu'*échapper* est quelquefois verbe actif; c'est, du reste, une forme de langage qu'aimait le grand naturaliste; il l'avait déjà employée précédemment : « Les traits de cette amitié particulière dont vous m'honorez me sont si glorieux, *que je n'en échappe aucun.* » (Lettre CCIX, t. II, p. 42.)

Note 2, p. 222. — Buffon disait souvent que ce n'était pas dans la grammaire qu'il avait appris à écrire, mais uniquement en se laissant impressionner par le beau et en prenant pour guide, dans la traduction de sa pensée, ce sentiment intime qui ne trompe point, lorsque l'esprit est droit et l'intelligence élevée. Il recommandait surtout à ceux qui veulent se former l'esprit, de ne lire jamais que des livres bien écrits. « M. de Buffon, dit Mme Necker, ne pouvait rendre raison d'aucune des règles de la langue française, et cependant c'est un de nos premiers écrivains; ce n'est pas cette métaphysique du langage inventée par les hommes dont il est instruit; mais il n'a pas mis un mot dans ses ouvrages dont il ne puisse rendre compte. La première règle qu'il observe, c'est la plus grande clarté sous toute sorte de rapports; ensuite il a étudié l'art de nuancer ses idées et de parvenir, sans efforts, d'une idée commune à une idée sublime; d'une idée générale à une idée particulière, et *vice versa*. Cet art, qui consiste surtout dans les gradations de la pensée, n'est pas cependant indépendant du mécanisme de la langue : l'un et l'autre défaut de ce genre font cahoter le lecteur. »

Buffon possède au plus haut point le génie de l'expression. Le terme qu'il emploie est toujours le terme propre, nul autre ne peut être mis avec avantage à sa place. C'est, au reste, une épreuve qui a été tentée. D'Alembert, qui aimait à trouver Buffon en faute, prit un jour au hasard un passage de l'Histoire naturelle et chercha, en changeant les mots, à rendre la pensée de l'écrivain avec la même puissance, la même précision et la même force; il ne put y parvenir et dut reconnaître que le mot propre avait été employé et que nul autre ne convenait mieux. « Les expressions appliquées d'une manière nouvelle, dit Mme Necker, que nous aimons à citer lorsqu'il s'agit de Buffon, semblent féconder la pensée en multipliant les moyens de la rendre, et bientôt elles appartiennent à tout le monde. » De ces expressions neuves et hardies, de ces rapprochements heureux, on trouve de nombreux exemples dans l'Histoire naturelle. Lorsque Buffon parle de l'activité de l'oiseau qui prépare son nid, il dit que c'est un *travail chéri ;* le nid lui-même, il le nomme un *domicile d'amour*. Il représente la fauvette vive, légère, agile et *sans cesse remuée ;* le bœuf adonné à un travail pour lequel il faut *plus de masse que de vitesse*. Il dit de l'âne qu'il a parfois *l'air moqueur et dérisoire*. Lorsqu'il parle des rôdeurs de nuit que font fuir les aboiements du chien, il dit : des *hommes de proie*. Il nomme Platon *un peintre d'idées ;* si la tristesse est la *douleur de l'âme*, les passions en sont l'*abus*. Dans ses *Époques de la nature*, il point les premiers hommes « tremblants sur la terre qui tremblait sous leurs pieds, *nus d'esprit et de corps*. »

Cette richesse d'expressions et cette variété d'images, qualités précieuses du style, Buffon les doit à deux causes principales : la première était sa profonde connaissance de son sujet, car il n'écrivait qu'après avoir longtemps médité, et alors seulement qu'il n'y avait plus aucune obscurité dans son esprit; la seconde, sa patience à retoucher sans cesse : sûr du fond, il polissait la forme avec un soin minutieux et sans se lasser jamais. Il dit dans l'histoire des gazelles : « C'est pour la troisième fois que j'écris aujourd'hui leur histoire. » Je trouve dans Mme Necker, sur la méthode suivie par Buffon, les passages suivants : « Quand M. de Buffon écrit, il tâche, le plus qu'il est possible, de généraliser ses idées; il se demande, après un premier travail : « Tout « homme d'esprit trouverait-il et avouerait-il les pages que je viens de « tracer? » Car certainement les premières idées qui se présentent sur un sujet se sont offertes ou s'offriraient sans peine à une intelligence commune, mais elles ne sont pas suffisantes pour un homme de génie qui veut se distinguer : aussi M. de Buffon déchire presque toujours ce qu'il a écrit d'un premier jet, afin de voir son sujet encore plus en grand, et il reprend la plume à la suite de cette nouvelle méditation. » Et plus loin : « L'art d'écrire est très-difficile. Quand on a une idée, disait M. de Buffon, il faut la considérer très-longtemps, jusqu'à ce qu'elle rayonne, c'est-à-dire qu'elle se présente clairement à nous et environnée d'images, d'accessoires, de conséquences, etc.; on écrit ensuite. Mais si votre style vous paraît aussi négligé que celui de la conversation, il faut écrire une seconde fois, une troisième, etc., jusqu'à ce que votre pensée soit exprimée avec toutes les couleurs dont elle est susceptible. » (*Mélanges.*)

## CCCLXIII

Note 1, p. 223. — En 1786, le comte de Buffon avait quitté le régiment des gardes françaises et avait été nommé capitaine de remplacement dans le régiment de Chartres.

J'avais d'abord hésité à donner au public cette lettre de Buffon, à la fois si digne et si ferme. Il y a dans toute famille des événements dont la date rappelle de tristes souvenirs; on voudrait les effacer de son histoire, et une pensée de réserve et de convenance défend de les livrer à la publicité. Cependant le rôle qu'a joué dans les premiers orages de la Révolution la bru de Buffon, la publicité donnée à quelques-uns de ses actes, une lettre dernièrement publiée * et qui est venue rappeler son nom, un passage des Mémoires du comte d'Allonville dans lequel, en défendant la comtesse de Buffon, il attaque directement la mémoire de celui qui la rejeta de sa famille, l'avis enfin de quelques amis qui ont blâmé ma réserve, m'ont engagé à donner sur la comtesse de Buffon et sur les événements qui la séparèrent de son mari quelques documents inédits.

* *Histoire de Marie-Antoinette*, par MM. de Goncourt. Paris, in-8°, 1859.

Le comte d'Allonville s'exprime ainsi au chapitre xxvɪ du tome I
de ses Mémoires : « Quelques figures de femmes doivent nécessairement faire partie du groupe offert par la maison d'Orléans, entre
autres celles de Mmes de Montesson, de Buffon et de Genlis.... Quant
à Mme de Buffon, bien moins présente aux souvenirs du public actuel, et à qui celui plus ancien ne rendit pas assez justice, il eût fallu
connaître l'intérieur de sa maison pour avoir le droit de la juger.
Mariée jeune et douée des charmes ravissants de la figure, de l'esprit et du caractère, on l'unit à un être brutal et bête, fils du plus pur
de nos écrivains, mais du plus impur de tous les hommes. Il est pénible sans doute d'avoir à dépouiller le génie de ce lustre de vertus
qui ajoute tant à son éclat; pour s'y résoudre, il faut que l'intérêt si
puissant et si cher d'une tendre et pour ainsi dire fraternelle amitié
en fasse un devoir; je dirai donc que le comte de Buffon, devenu
amoureux fou de sa belle-fille, essaya de la corrompre, brouilla
l'époux et l'épouse, fit un insupportable enfer de la vie d'une jeune
femme née et élevée pour devenir un modèle de conduite et d'honneur. Alors se présente à ce cœur ardent et brisé, pur encore et mé-
connu, tout ce qui pouvait en triompher; c'est un prince qui sait
embellir ses hommages d'une délicatesse et d'un respect qui jamais
ne se démentirent. J'ai dit le vrai, je n'irai pas plus loin; mais je
pense que, pour condamner sévèrement une telle femme, il eût fallu
avoir été placé dans la cruelle situation où les rigueurs de la fortune la jetèrent. »

J'ai tenu à placer ici cette accusation aussi absurde qu'odieuse,
mais qui cependant, chez certains esprits prévenus ou mal informés,
a su trouver quelque crédit. Elle sera vraiment à sa place, à côté de
la lettre de Buffon, qui montre dans toute sa dignité la belle figure
du chef de famille outragé et ne sachant pas transiger avec l'honneur.

On a précédemment vu sous quels heureux auspices avait commencé une union qui devait bientôt si tristement finir. (Voy. la note 2
de la lettre cccxvɪɪɪ, p. 490.)

Une lettre écrite à Gueneau de Montbeillard par le jeune comte de
Buffon, quelques jours après son mariage (Voy. ci-dessus, p. 493), a
fait voir quel amour jeune et profond il avait apporté à celle que son
père lui avait choisie. L'été suivant (1784), il vint à Montbard avec
sa jeune femme et la marquise de Castera, sa belle-mère. Buffon aima
tout d'abord sa bru ; il en parle avec éloge à Mme Necker, il l'entoure
de caresses et de soins.

Peu de jours après son retour à Paris, le comte de Buffon, qui venait d'entrer dans le régiment de Chartres, quitta, non sans regrets,
sa jeune compagne; son excessive froideur avait blessé son cœur

sans guérir son amour. Le régiment de Chartres, par suite d'un concours de circonstances qui ne s'était point vu jusqu'alors, tint toujours garnison dans les places de la frontière, et le comte de Buffon,
auquel des congés étaient accordés avec une extrême réserve, ne vit
plus sa femme qu'à des intervalles fort éloignés. Il tint d'abord garnison au Quesnoy. J'ai sous les yeux les lettres que lui écrivit sa
jeune femme durant cette longue absence qui devait finir par une séparation définitive; elles sont fort courtes, toutes remplies de détails
relatifs à l'arrangement d'une vie intérieure dont le comte de Buffon
blâme la grande dépense. Quelques fragments de cette correspondance, dont je donnerai des extraits, me paraissent la meilleure manière de faire connaître la femme qui l'écrivit.

En 1786, la comtesse de Buffon vint à Montbard; elle était souffrante
et passa près de son beau-père les mois de mai, de juin et de juillet.
Avant son départ de Paris, elle avait reçu la visite de son mari, qui
était venu passer près d'elle quelques jours de congé. Il y eut entre
eux une explication, dont je trouve la trace dans une lettre écrite au
comte de Buffon, son gendre, par Mme de Castera, à la date du 20
juin 1786. « Ma fille, qui m'écrit tous les courriers, dit-elle, me mande
recevoir de vos nouvelles et vous écrire avec soin ; c'est beaucoup :
vous vous êtes séparés d'une manière si fâcheuse, qu'elle pouvait
faire croire que la correspondance ne serait pas très-exactement suivie.
Son beau-père la traite avec bonté et amitié, et elle me paraît satisfaite de son séjour à Montbard. »

Quelques lettres écrites dans ce temps par la comtesse de Buffon à
son mari, montreront quelles étaient alors les relations qui existaient
entre eux.

« C'est avec plaisir, lui écrit-elle à la date du 16 mai, que je rem-
plirai la promesse que je vous ai faite de beaucoup d'exactitude à
vous donner de mes nouvelles et de celles de mon beau-père. Je suis
ici depuis trois jours. Je ne puis vous cacher que je l'ai trouvé excessivement changé et assez souffrant; cependant aujourd'hui il éprouve
du mieux, et par conséquent j'éprouve du plaisir. Je ne sais si, au
moment où je vous écris, vous êtes un habitant de cette fameuse ville
du Quesnoy: c'est toujours là que je vous adresserai mon épître, à
laquelle j'espère que vous voudrez bien répondre; je ne puis égayer
notre correspondance par des nouvelles ni politiques ni de la capitale,
car je les ignore toutes comme vous. J'espère que vous serez, comme
moi, arrivé à bon port; je désire fort que vous vous amusiez et trouviez les plaisirs dont votre imagination s'était réjouie d'avance; je
mène ici la vie la plus calme; dans ma première lettre je vous en

donnerai les détails. Ne me laissez rien ignorer de ce qui peut vous intéresser; vous croirez, j'espère, que rien de ce qui vous regarde ne peut m'être indifférent. Adieu, recevez les assurances de mon tendre et sincère attachement; je ne puis m'empêcher d'y joindre une embrassade, rendez-la-moi par le prochain courrier; aimez-moi toujours un peu : voilà comme il faut payer de retour quelqu'un qui nous aime beaucoup. »

Cette lettre, écrite par une femme de dix-huit ans à son mari qui en a vingt-deux à peine, pourra paraître froide; on sent cependant l'attention d'une femme qui a quelque chose à se faire pardonner. De toutes les lettres écrites par la comtesse de Buffon à son mari, c'est la seule dans laquelle elle consacre quelques lignes à des paroles de tendresse dont un jeune cœur n'est pas d'ordinaire si avare.

La correspondance continue sur un ton plus froid.

« Au château de Montbard, le 3 juin.

« Je reçois dans l'instant, mon cher ami, la lettre *sérieuse* que vous avez bien voulu m'écrire. Je m'acquitterai avec exactitude de toutes les commissions que vous m'avez données. Comme des nouvelles de M. votre père vous intéressent, je vous en donnerai de plus satisfaisantes, car il est mieux; il me charge de vous parler de lui. Quant à ma santé, elle est assez bonne; je suis tout à fait quitte de mon rhume. Vous avez dû trouver, en arrivant au Quesnoy, une lettre de moi; je forme les vœux les plus sincères pour que vous vous y amusiez, mais non pas assez pour m'oublier; j'espère que, lorsque vous m'écrirez, vous voudrez bien me donner quelques détails sur la vie que vous menez. Je ne puis vous mander aucunes nouvelles; Montbard n'en fournit pas de particulières, et j'imagine que celles de la capitale vous parviennent plus promptement qu'à moi. Adieu, .recevez les assurances de mon tendre et inviolable attachement. Je me promets d'avoir avec vous, mon ami, une correspondance suivie; écrire est le seul moyen de rapprocher les distances. Adieu, je vous embrasse.

« CEPOY DE BUFFON. »

« Au château de Montbard, le 11 juin.

« C'est avec un grand plaisir que j'ai reçu de vos nouvelles, mon ami; je suis fort aise que le Quesnoy ne vous ennuie pas trop et que vous y soyez avec des personnes qui vous plaisent. Papa a reçu aussi une lettre de vous; il me charge de vous dire un million de choses; il se porte assez bien dans ce moment-ci; d'ailleurs ses souffrances sont momentanées. Je vous envoie une lettre qu'il a décachetée, croyant qu'elle était pour lui; il se trouve que c'est une lettre d'Angleterre et qu'elle est pour votre palefrenier; vous la lui remettrez. Je voudrais bien savoir si vous désirez avoir avec vous un lévrier que vous avez donné au P. Ignace pour vous le faire élever. J'ai payé en votre nom plusieurs mois de nourriture pour lui et quelques-uns de ses camarades, qui sont morts entre les mains du révérend capucin. Je crois que vous feriez bien de laisser votre lévrier encore six mois à Quincy; mais si vous le désirez beaucoup, ordonnez.... Il faudra simplement que vous me donniez les moyens de vous le faire parvenir à votre régiment; j'imagine que, dans la semaine, il y a souvent des chevaux et des gens de M. le prince de Lambesc qui vont de Paris en Flandre; voyez, cherchez et trouvez des expédients sûrs; alors je le ferai conduire à Paris, sinon je le laisserai à Quincy, où il est en fort bonnes mains.

« Adieu, mon ami, je me porte à merveille; j'espère que vous m'en direz toujours autant quand vous m'écrirez; donnez-moi quelques détails sur vos occupations et vos plaisirs; l'un et l'autre excitent mon intérêt. Adieu, je vous embrasse.

« Excusez mon affreux griffonnage, j'ai peur que vous ne puissiez pas me lire. »

« Au château de Montbard, le 23 juin.

« Papa me charge de vous donner de ses nouvelles, et de vous dire qu'il a été assez content de votre lettre. Il trouve seulement que vous avez bien tardé à lui faire part de votre projet de seize mois au régiment, et que vous auriez dû le consulter avant d'avoir communiqué vos intentions à presque tout un public. Il me charge aussi de vous faire savoir que, s'il ne vous écrit pas, c'est parce qu'il s'imagine bien que vous n'ignorez pas combien cela le fatigue, et que vous lui accorderez toute indulgence. Il se porte à merveille et vous embrasse. J'oubliais de vous dire que, lorsqu'il sera de retour à Paris, il verra M. le duc d'Orléans, et qu'alors il vous manderait ses volontés; d'ici là, il vous engage à rester au Quesnoy et à bien continuer de satisfaire tous ces messieurs et à doubler votre goût pour le travail et l'application, c'est un moyen sûr de lui plaire; aussi l'ai-je bien assuré qu'il aurait toute satisfaction, parce que je connaissais le désir que vous avez de lui être agréable. Mais, encore une fois, il a été content du style de votre lettre. Je ne veux pas vous ennuyer par des conversations trop longues et trop fréquentes. Je vous ai écrit pour savoir si le lévrier que vous avez donné à élever au garde de Quincy,

serait une bête aimable pour la chasse du Quesnoy. Je n'ai point eu
de réponse; tâchez d'en faire une pour que je puisse donner des
ordres pour qu'on le mène à Paris, et je crois qu'il pourra vous parvenir aisément, en chargeant quelques-uns des palefreniers de M. de
Lambesc de vous le conduire. En voilà assez sur ce sujet. Maintenant
sachez que je me porte très-bien, que je prends avec exactitude les
drogues de Suiffert, et que j'espère bien arriver à la parfaite guérison
de mes coliques. Bonjour, mon ami; portez-vous bien, ménagez votre
poitrine, sautez un peu pour éviter le coup de sang, mangez bien
pour ne pas tomber en faiblesse, et buvez de tout votre cœur, ou
pour vous faire plaisir, ou pour noyer vos chagrins. Adieu, ne m'oubliez pas tout à fait. »

« Vendredi, 14 juillet.

« J'ai reçu vos ordres suprêmes, mon cher ami, et je vous jure d'exécuter ponctuellement votre volonté à l'égard de votre lévrier de
Quincy. J'ai aussi fait tous les compliments dont vous m'aviez chargé,
et certainement le P. Ignace, l'un des membres les plus considérables
du pays, n'a point été oublié. Vous ne me dites rien sur la vie que vous
menez dans cette superbe ville; je vois au moins que vous cherchez à
vous distraire, car vous courez beaucoup de côté et d'autre. Je vous félicite d'avoir été faire l'aimable à Saint-Chamand, auprès de la duchesse
et de la vicomtesse; le lieu, dit-on, est horrible et la solitude affreuse,
voilà le récit que m'en a fait M. de Laval. Au reste, si vous avez été à
Lille, vous aurez été satisfait; car cette ville est assez belle et il y a
assez bonne compagnie. Mon frère aura été charmé de vous voir; je
vous remercie pour lui des amitiés dont vous l'avez comblé. Je suis
plus contente de la santé de mon beau-père; je le suis médiocrement
de la mienne; j'espère qu'avec du ménagement je me porterai mieux.
Je compte sous huit ou dix jours retourner à Paris auprès de maman.
J'espère que vous m'écrirez plus souvent; j'aurai toujours plaisir et
intérêt à vous lire : puissiez-vous éprouver la même chose! Adieu,
mon cher ami; je vous embrasse et vous prie de ne pas m'oublier
tout à fait.

« Faites mention de moi à M. de Valence; je le connais assez pour
croire qu'il ne sera point surpris d'un petit compliment. »

Quelques jours après avoir écrit cette lettre, la comtesse de Buffon
quittait son beau-père et revenait à Paris. Avant son départ, Buffon
lui avait offert à Montbard une fête dont elle ne parle pas à son
mari, mais dont elle envoie les détails à sa mère. « J'ai eu hier, écrit
cette dernière à la date du 7 juillet, des nouvelles de ma fille.... Elle

me paraît satisfaite de son séjour à Montbard; votre père lui a donné
une fête charmante, il la comble d'amitiés et de bontés; elle sera à
Paris les premiers jours d'août, je m'y rendrai pour la recevoir. »

M. Humbert-Bazile fait en ces termes le récit de la fête donnée en
l'honneur de Mme de Buffon :

« Cette fête, dit-il à la page 387 de son manuscrit, fut célébrée
dans les grands jardins; le peuple de Montbard y fut convié. Les arbres, les boulingrins, les nombreuses terrasses, ce modeste cabinet
où Buffon écrivit ses immortels ouvrages, étaient éclairés par mille
verres de couleur et de pots enflammés ; la montagne était en feu;
des salles de danse, des distributions de vin et de comestibles, des
jeux de mâts de cocagne et d'équilibre donnaient au parc l'aspect le
plus pittoresque et le plus animé. Dans les salles des tours et sous
des tentes dressées sous les grands arbres, des musiciens exécutaient
des mélodies de choix. Mme de Buffon parut tard; elle était mise
avec richesse et coiffée à la Titus. La fête était pour elle; elle parut
à peine s'en apercevoir, passa dédaigneuse et ennuyée dans les
groupes de paysans accourus pour lui faire fête, et rentra au château.
Elle donnait le bras à Mme de Damas de Cormaillon, qui, du même âge
qu'elle, était en tout digne de lui être comparée. La grâce et les heureux à-propos de la seconde firent bien vivement ressortir, ce soir-là,
la maussade froideur de la première. »

Durant son séjour à Montbard, Mme de Buffon fut comblée, par son
beau-père, de prévenances et d'attentions délicates; elle y parut peu
sensible. Cet excellent père, absorbé par ses pensées profondes, ne se
doutait de rien alors; il était sans défiance, et cependant on voyait
bien, à certains jours, que le doute lui venait à l'esprit et qu'il avait
des soupçons qu'il craignait d'éclaircir. Plusieurs visites que le duc
d'Orléans fit à Montbard y donnèrent lieu. Il arrivait avec le duc de
Fitz-James, dont il conduisait la chaise, déguisé en postillon.

A Paris, la correspondance continue entre M. de Buffon et sa femme.
Le comte de Buffon quitte le Quesnoy pour tenir garnison à Philippeville, et de là se rend à Givet, où on parle d'assembler une armée
d'observation; il ne revient pas à Paris. Les lettres de Mme de Buffon
parlent beaucoup de mémoires à solder et de dépenses que le mari
blâme; les paroles d'affection y sont rares, et on n'y trouve pas une
seule fois des marques d'une impatience bien naturelle cependant.
Cette séparation prolongée ne coûte pas à son cœur. Un jour, elle lui
demande une livrée neuve pour « Saint-Louis qui gèle sur son siége,
parce qu'il n'a ni bottes ni manchon. » — « Quant aux bals et plaisirs que vous croyez avoir contribué à mon peu d'exactitude, lui
dit-elle dans une autre lettre, je suis bien fâchée de vous dire qu'ils

n'y entrent pour rien. Dimanche prochain sera mon premier bal; c'est chez la princesse Galitzin. » — « Je dirai, lui écrit-elle un autre jour, vos intentions à M. de La Ferté pour la loge aux Italiens; par cet arrangement je me trouve attendre mon plaisir, en fait de spectacle, de la générosité d'autrui. » C'est la conversation d'une femme absorbée par le monde, esclave de toutes ses vanités, et on sent bien que dans ces courts billets écrits à des intervalles éloignés, et comme pour se débarrasser d'un fardeau, l'esprit et le cœur sont absents.

Le comte de Buffon, qui obtient sans peine des congés pour voyager à l'étranger, part pour l'Angleterre, et elle lui écrit à Londres :

« Je ne puis qu'approuver l'emploi de vos quinze jours, comme je ne puis m'empêcher d'envier le sort et le bonheur des hommes, qui se transportent selon leur volonté. Vous avez certainement choisi, mon cher ami, ce que je choisirais moi-même; je suis sûre que vous vous serez fort amusé, et j'attends avec impatience les détails de votre voyage. J'imagine que, si l'argent avait pu sourire à toutes les tentations que vous avez dû éprouver, vous rapporteriez quelques jolis bijoux, quelques délicieuses chaînes et montres, quelques charmantes bêtes du pays. Faut-il donc que dans la vie on ne rencontre que des choses désirables, et que l'on soit toujours obligé de balancer et de choisir entre les plaisirs et la raison? et souvent, comme nous l'avons dit ensemble, il faut se voir gagner tristement cinquante ans pour avoir argent et plaisirs, tandis qu'on jouirait si bien de ces deux avantages à votre âge et au mien! Vous savez très-bien tous les renvois faits du ministre, du garde des sceaux, et du premier président; on parle aussi beaucoup d'exiler M. d'Angeviller et de lui ôter sa place. Quant aux notables, les assemblées des bureaux sont retardées de huit jours; cela ne va pas trop vite. Bonjour, mon cher ami, je n'ai pas d'autres nouvelles à vous mander. La santé de votre père est bonne; la mienne n'est pas très-mauvaise; je suis cependant excessivement enrhumée. Maman est à la campagne depuis dix jours; elle reviendra incessamment.

« Je vous prie, lorsque vous m'écrirez, de me parler beaucoup de l'Angleterre, qui fait l'objet de ma curiosité et de mon désir; mais celui-là, comme tant d'autres, est loin d'être satisfait! Bonjour, recevez, mon cher ami, l'assurance de mon attachement. Je vous embrasse.

« Cepoy de Buffon. »

Lorsque le comte de Buffon, qui a quitté Londres, se plaint de l'indifférence et de la froideur de sa femme, lorsqu'il lui demande un peu

de tendresse et de réel intérêt, elle lui répond : « Malgré la froideur
dont vous m'accusez, je ne puis vous cacher qu'une lettre de vous
me fasse plaisir. Je ne sais comment vous vous portez; j'imagine
que c'est à merveille. Au surplus, j'ai entendu parler de vos succès
et j'y ai pris part; vous ne m'êtes point aussi indifférent que vous
voulez bien le dire, et je suis ravie que vous vous amusiez au
Quesnoy. »

Ailleurs elle lui écrit à la date du 4 août : « Je vais partir pour
Dampierre, où je resterai dix ou douze jours; j'y parlerai quelquefois
de vous; sûrement que le *gros duc* me glissera quelque politesse pour
vous. »

A Dampierre, la comtesse de Buffon est accompagnée de sa mère,
qui, dans une lettre qu'elle écrit à son gendre à la date du 6 août, lui
retrace ainsi l'emploi habituel de la journée de sa fille : « On mène
ici la vie active que vous connaissez : la chasse, des déjeuners à l'île,
au jardin anglais, prennent une grande partie de la matinée; l'après-
midi, le jeu. Le quinze est en grande vogue; j'y représente quelquefois, et en général je n'y suis pas maltraitée. Ma fille joue au billard;
ses succès ne sont pas grands, mais elle fait de l'exercice et perd peu
d'argent. La société y est assez considérable dans ce moment; M. le
duc d'Orléans est ici depuis deux jours. »

A la suite du voyage de Dampierre, le 11 septembre, la comtesse
de Buffon écrit à son tour : « Vous m'avez demandé des détails sur
Dampierre et sur la vie que l'on y menait; tout y était plus tranquille, et le voyage a été infiniment moins brillant que ceux des
années précédentes; M. et Mme de Luynes m'ont parlé de vous, ainsi
que M. le duc d'Orléans, qui y a passé quelques jours; je l'ai revu
depuis que j'habite Paris, et il m'a fait votre éloge. »

« Il y a quelques jours, lui dit-elle dans une autre lettre, que M. le
duc d'Orléans est venu faire une visite à maman pour lui parler des
affaires de mon frère. En sortant de chez elle, il est monté chez moi,
car je gardais ma chambre parce que j'étais plus souffrante; il n'a fait
que me parler de vous et de la satisfaction qu'il avait de votre conduite. Il m'a demandé la permission de revenir me voir, ce que je
n'ai pas hésité de lui accorder, bien sûre que vous l'approuveriez; je
ne l'ai pas revu depuis. »

« Je me suis informée selon votre désir, lui écrit-elle à la date du
21 mars 1787, de savoir s'il y aurait un camp et si la Reine irait.
Le bruit ici est le même que chez vous, et l'on dit que le camp aura
lieu certainement et qu'il paraît probable que la Reine ira. Comment
vous portez-vous, mon ami? j'espère que c'est à merveille. Il fait ici
le plus beau mois de mars possible; je crois que Longchamp sera très-

brillant. J'ignore encore la manière dont j'irai. On dit que Londres sera superbe au mois de mai, et beaucoup de femmes et d'hommes de Paris doivent y aller passer deux mois. Il faut que je vous parle aussi de la santé de M. votre père. Il me semble qu'il va mieux, et, quoiqu'il souffre, sa figure n'en est pas moins superbe. Les notables vont toujours leur train, c'est-à-dire qu'ils ne se pressent pas. L'abbé d'Espagnac, comme agioteur malhonnête, vient d'être renfermé par ordre du Roi. M. de Simiane s'est tué à Aix; on dit que c'est pour finir un malheur qu'il ne pouvait supporter, *celui de n'être point aimé de sa femme;* cependant il y avait dix ans qu'il ne s'en portait pas plus mal, et cela est bien fou ou bien bête! Bonjour, mon ami, plus de nouvelles ici. Recevez l'assurance de mon attachement; donnez-moi bientôt de vos nouvelles.

« CEPOY DE BUFFON. »

La liaison de Mme de Buffon avec le duc d'Orléans n'était plus un mystère; on en parlait à la cour, on en parlait à la ville, et le comte de Buffon ne pouvait plus longtemps l'ignorer. Si la haute considération qui entourait son père, la retraite dans laquelle il vivait alors, absorbé par les travaux d'embellissement entrepris par son ordre au Jardin du Roi, avaient empêché qu'il ne fût averti, son fils, avec lequel on n'avait pas les mêmes ménagements à garder, et qui vivait au milieu d'officiers tous grandement apparentés et exactement informés des nouvelles de la cour, reçut de diverses sources des avertissements inquiétants.

Il vint à Paris, vit sa femme et repartit pour son régiment, doutant encore, mais le cœur profondément ulcéré. Deux lettres de Mme de Castera montrent qu'à dater de ce jour, tout fut bien réellement fini entre le comte et la comtesse de Buffon.

« Je suis fâchée, mon ami, lui écrit-elle, que vous ayez mandé à votre père que je savais les raisons de votre brusque départ. Vous en avez dit devant votre femme et moi que je n'ai nullement approuvées. Je crois même qu'à la veille d'un départ, vous auriez dû les taire; elles ont produit un mauvais effet. Mais, quelque chose que je vous aie dite, je n'ai jamais pu gagner sur vous d'être plus doux et moins indiscret. Vous avez eu tort de me mettre en jeu; vous savez que je ne veux nullement me mêler de vos discussions intérieures. J'ai fait et dit vis-à-vis de vous deux ce que j'ai cru devoir, et sans aucun succès. Si M. votre père me parle (ce que j'éviterai le plus possible), je le prierai de faire ce qu'il croira sage et je ne dirai rien de plus; je vous demande, mon cher ami, de ne plus me compromettre. »

Dans une autre lettre, elle lui dit encore : « Il est bien cruel pour moi d'avoir travaillé depuis deux ans à réunir deux êtres qui s'y sont constamment refusés; si vous n'aviez jamais eu de torts, je pourrais ne pas trouver extraordinaire votre résolution de ne pas pardonner à autrui; mais en vérité, mon ami, vous avez ici les premiers, et vous ne devez pas l'oublier. Quoi qu'il en soit, je ne puis approuver la manière dont vous écrivez; songez que l'être que vous maltraitez autant est ma fille; que si elle a des torts, vous en avez aussi, et que vous êtes sur ce point au moins à deux de jeu.... »

Un jour enfin, le dernier doute disparut. Une lettre de Mme de Castera, écrite à la date du 13 juin, huit jours seulement avant celle que Buffon adressa à son fils et qui figure dans ce recueil, montre que le scandale fut grand et que l'outrage était devenu public. « Mme de Buffon, écrit-elle, comptait, mon fils, se retirer au couvent; elle s'en occupait et c'était mon désir. Mais cette démarche a fait sensation dans le public, et sa famille et ses amis ont exigé d'elle d'y renoncer. En conséquence, elle reste dans la maison tant qu'elle ne sera pas louée; et alors ma fille habitera avec moi le pied-à-terre que je me choisirai : voilà ce qu'il y a de plus raisonnable à faire, ce que j'ai décidé de concert avec mes parents, et dont j'ai cru devoir vous avertir.... »

Une note tirée du manuscrit de M. Humbert-Bazile complétera cet exposé des causes qui amenèrent, après trois ans d'une union malheureuse, une rupture qui vint attrister les dernières heures de la vie de Buffon. « Depuis longtemps, dit-il, M. de Buffon se plaignait à son père de la froideur de sa femme à son égard; mais ce dernier avait pour sa bru une si grande estime, qu'il traitait de chimériques les craintes et les soupçons de son fils. Il était si loin de se douter de la vérité, que, lors de son dernier voyage à Montbard, il accepta, pour faire la route avec moins de fatigue, une litière que lui avait envoyée le duc d'Orléans. Cependant, comme dans toutes ses lettres son fils se plaignait du silence de sa femme, demandant la permission de quitter son régiment et de venir s'assurer par lui-même de la réalité de bruits sourds qui étaient parvenus jusqu'à lui, ou convaincre leurs auteurs de mensonge et de fausseté, M. de Buffon fit venir sa bru, lui parla en père, lui demandant de calmer, par une conduite plus sage, les inquiétudes de son fils, la priant, au nom du bonheur de son mari et au nom de son propre repos, d'avoir plus de réserve et plus de tenue. M. de Buffon ne fut pas content de cette entrevue; des doutes lui vinrent à l'esprit, sa confiance fut ébranlée, il fit prendre des renseignements, et apprit alors tout ce qui, depuis plusieurs mois, défrayait la conversation des salons de Paris. M. de Buffon eut alors un second entretien avec sa belle-fille. Il lui parla avec sévérité, avec bonté cependant, prononça les mots de repentir et d'oubli ; mais la tenue de Mme de Buffon fut telle qu'il la reconduisit à la porte de son cabinet, en lui disant qu'elle n'était plus sa fille ; et à dater de ce jour il ne la vit plus. »

Il ne peut donc y avoir aucun doute sur les causes qui amenèrent la séparation du jeune comte de Buffon et de sa femme. On sait que, quelques années plus tard, lorsqu'eut été rendue la loi du divorce, l'un et l'autre en profitèrent pour recouvrer définitivement leur liberté. Le comte de Buffon épousa Betzy Daubenton. Quant à celle qui avait d'abord porté un nom justement honoré, elle n'y avait plus aucun droit et reprit celui de sa famille. C'est sous le nom de Mme de *Cepoy* qu'elle continua d'être admise dans la société particulière du duc d'Orléans. Ce prince, qui ne se piquait guère de constance en amour, se montra néanmoins fort attaché à la femme qu'il avait détournée de son devoir ; il paraît qu'elle avait fait sur son cœur une impression profonde et qu'elle lui avait voué une affection aussi sincère que désintéressée. Cette liaison, que la morale condamne hautement, fut du moins durable et ne ressembla en rien à une spéculation. Voici un document très-curieux dont nous devons la connaissance à M. Boutron, qui en possède l'original ; c'est une lettre du duc d'Orléans, écrite en entier de sa main et adressée à la *citoyenne* Cepoy, le 1er septembre 1793, un mois seulement avant qu'il montât sur l'échafaud. Le duc d'Orléans était alors détenu au fort Saint-Jean, à Marseille, et était loin de penser que la République, dont il avait trop servilement flatté les passions sanguinaires, allait aussi faire tomber sa tête. La lettre du duc d'Orléans est inédite et peut être aujourd'hui publiée sans aucun inconvénient ; c'est une page de plus ajoutée à l'histoire de cette étrange et funeste époque :

A LA CITOYENNE CEPOY, RUE BLEUE, A PARIS.

« Au fort Saint-Jean, le 1er septembre 1793,
l'an II de la République.

« Vos lettres me parviennent, chère et tendre amie, très-exactement ; en voilà trois qui m'arrivent trois jours consécutifs. La dernière est du 14. Que vous êtes aimable ! que je vous aime et vous estime ! Vous ne pouvez pas vous faire une idée du calme que répand dans mon âme de vous lire et de savoir où vous êtes et comment vous vous portez. Je ne comprends pas que vous n'ayez pas trouvé de lettres de moi à votre arrivée à Paris. Pourquoi vous refuserait-on le bonheur de me lire et de m'entendre vous dire que rien au monde n'est comparable à la tendresse que j'ai pour vous? Vous le savez bien ; mais il me serait bien doux de penser que je puis vous le répéter tous les jours. Je ne reçois que très-rarement des lettres relatives à mes affaires ; je n'en ai aucune depuis quatre mois, que deux du citoyen Lemaire, et la dernière m'a percé l'âme, car elle m'a appris que l'on avait suspendu le payement des pensions et des gages des gens qui m'étaient attachés. Je ne puis vous dire combien j'en suis affecté. Je mets ce malheur au nombre des plus grands que j'aie éprouvés. Je n'ai jamais reçu de lettres d'autres que de Lemaire. Il m'apprend aussi la mise en vente du Raincy et de Monceaux ; mais tout cela me touche peu en comparaison. Quelque lieu que j'habite, quelque fortune que j'aie, pourvu que ce soit avec vous, chère et bien-aimée Fanny, et que je n'aie pas la douleur de penser que les gens qui m'étaient attachés et que j'aime, sont dans la misère et dans le besoin, je vivrai heureux. Comme je n'ai jamais fait d'autres vœux et que je ne demande rien autre chose au ciel, il me l'accordera. Je serai réuni à ma Fanny avec mes deux enfants ; et, si je n'en meurs pas de joie, je passerai le reste de mes jours heureux et tranquille, uniquement occupé de mon bonheur. Adieu, bien respectable amie, adieu ; je serai bien heureux quand j'apprendrai que mes lettres vous parviennent. Adieu, chère amie, que je vous aime!

« LOUIS-PHILIPPE-JOSEPH. »

Note 2, p. 223. — M. Boursier, notaire de Buffon, sur lequel nous nous sommes déjà fort longuement étendu (Voy. la note 3 de la lettre CCCXLI, p. 527), devint, à compter de ce jour, l'intermédiaire officiel entre les deux familles. Des intérêts communs continuant d'exister entre Mme de Buffon et son mari, M. Boursier fut chargé des relations nécessaires auxquelles cette communauté d'intérêts donnait naissance. On trouve dans sa correspondance la trace des négociations difficiles auxquelles l'obligea parfois la mission délicate qu'il avait acceptée ; on y lit, en outre, avec plaisir les conseils remplis de sagesse et de raison qu'il donnait au comte de Buffon égaré par de faux rapports et auquel son amour-propre blessé suggérait des démarches que, dans toute autre circonstance, et alors qu'il eût été de sang-froid, son cœur loyal eût désapprouvées. Elles témoignent, en outre, d'un fait trop honorable pour Mme de Buffon pour être passé sous silence. En l'entendant exposer ses besoins à M. Boursier avec un accent de vérité qui pénètre et qui touche, en la voyant réclamer avec instance et comme un revenu nécessaire la pension que lui faisait son mari pour lui tenir lieu des intérêts de sa dot, on reconnaîtra que, si son cœur égaré l'entraîna dans de funestes écarts, la dignité et la délicatesse de son caractère ne subirent aucune atteinte.

M. Boursier écrit au comte de Buffon :

« 2 août 1788. — J'ai reçu chez moi Mme de Buffon, à qui j'ai payé son quartier. Sa conduite est toujours la même; cependant elle m'a assuré qu'elle n'avait point été à Londres. Je désirerais bien pour votre tranquillité qu'il fût possible de prendre un parti sur le sort qui paraît malheureusement lui être destiné pour le reste de ses jours. Cette affaire est délicate, et nous devons remettre à la traiter à votre prochain voyage à Paris. Je veillerai, autant que mon devoir et mon respect pour la mémoire de M. votre père me le prescrivent, au salut de sa gloire et de ce qui vous intéresse. »

« 25 juillet 1790. — Mme de Buffon est actuellement à Paris, dans la maison de Mme sa mère, rue Bleue. Il s'est présenté chez moi quelqu'un de sa part, ces jours derniers, pour recevoir ses quartiers arriérés; j'ai répondu que je ne pouvais rien payer sans votre avis. Je vous prie de me marquer ce que je dois faire à ce sujet. »

La réponse se faisant attendre et M. Boursier ne payant plus à Mme de Buffon les quartiers de sa pension, cette dernière lui écrivit, le 3 août 1790, la lettre suivante :

« Il ne m'a pas encore été possible de vous demander des rendez-vous pour causer sur un objet de la plus grande importance, puisqu'il s'agit de réclamer de M. de Buffon le payement nécessaire à mon existence. Je vais, si vous voulez bien me lire avec attention, entrer dans quelques détails avec vous. Je ne veux rien que la chose juste, honnête et due; je me suis absentée dans un temps de troubles, où très-peu de monde resta à Paris. Chacun choisit le pays qui lui offre le plus d'intérêt. Je ne connaissais pas l'Angleterre, j'y fus. Du moment que ma raison sait se plier aux circonstances et que je ne demandais rien de plus pour vivre, quel est l'inconvénient que je mange mon très-mince revenu ici ou ailleurs? Plus d'une personne dans ma position en firent autant; on ne le trouve nullement déplacé : se disconvenir les uns et les autres, n'est point un sujet de se tourmenter et de gêner sa liberté réciproquement. M. de Buffon a jugé à propos de ne pas me payer; vous savez les sommes qu'il me doit, vous savez certainement comme moi, monsieur, que, malgré la séparation qui existait entre M. de Buffon et moi du vivant de mon beau-père, ce dernier avait toujours voulu que les intérêts de ma dot me fussent payés avec exactitude; il a même, je le sais, placé mes fonds de manière à ce que le produit et la somme ne courussent jamais de risques ni de retards. Je n'ai jamais demandé que ce qui m'appartenait à M. de Buffon, et dans ce moment je le réclame plus que jamais. J'ai contracté des engagements pour la somme qui m'est due ; je suis trop honnête pour chercher à gêner la fortune de M. de Buffon, je n'ai nul désir de le chicaner sur ses placements d'argent ; mais je le crois trop juste et trop loin d'agir contre la stricte honnêteté pour douter un seul instant qu'il va me payer avec exactitude les quartiers courants et ceux arriérés. Plus ma fortune est médiocre, plus j'ai besoin de la toucher sans délai. Je dois et je veux payer. D'ailleurs, que M. de Buffon se donne la peine de calculer les dépenses nécessaires pour une femme sans luxe, mais vivant dans la médiocrité, il y trouvera :

« Un domestique, une femme de chambre, une gouvernante à la pension depuis mon mariage, un cocher, une voiture et deux chevaux, les intérêts d'un argent qu'il m'a fallu dépenser dans une maison où l'on ne trouve que les quatre murailles, mon entretien, ma nourriture, enfin bien d'autres dépenses nullement agréables, mais qui n'en sont pas moins des dépenses.

« Je vous prie, monsieur, d'examiner d'après votre conscience si je fais preuve d'ordre en joignant le bout de l'année, et si M. de Buffon est dans le cas de retrancher mon revenu pour augmenter le sien, qui est au moins quatre fois plus considérable que le mien. Voulez-vous bien, monsieur, avoir la complaisance de lui faire passer, non ma lettre, mais mes raisons ? elles sont faites pour être valables auprès de lui que je crois juste, et éloigné de faire des bassesses.

« Quoique vous preniez beaucoup d'intérêt à ce qui regarde M. de Buffon, je réclame dans ce moment votre impartialité et votre honnêteté. J'attendrai de vous une réponse.

« CEPOY DE BUFFON. »

La lettre de Mme de Buffon fut envoyée par M. Boursier à Bayonne, où le comte de Buffon était alors avec son régiment.

M. Boursier y ajouta ces mots :

« Paris, le 5 août 1790.

« Je viens de recevoir une lettre de Mme de Buffon, dont je vous envoie la copie. Vous verrez que Mme de Buffon réclame avec instance les sommes que vous lui devez et que je lui avais toujours payées exactement. La résolution que vous semblez avoir prise, et à laquelle je me suis conformé, sera-t-elle invariable, et dois-je toujours persister dans le refus de payer ? Cette discussion entre vous et Mme de Buffon n'a eu jusqu'à ce moment d'autre confident que moi ; mais comme cette affaire aura nécessairement des suites et que Mme de Buffon ne s'en tiendra pas à mon refus, je dois, pour votre tranquillité, vous engager à bien faire vos réflexions pour prévenir, s'il est possible, l'éclat dans une affaire qui, de quelque manière qu'elle tourne, ne peut que vous causer du désagrément.

« Votre conduite envers Mme de Buffon, depuis le moment de votre séparation, a eu l'approbation générale. Vous avez fait preuve d'indifférence et de désintéressement; conservez toujours les mêmes sentiments; c'est, à mon avis, le seul moyen d'avoir la paix et la tranquillité. Mandez-moi, je vous prie, quelle sera la réponse à faire à Mme de Buffon. »

Je trouve dans la correspondance de M. Boursier une dernière lettre concernant Mme de Buffon. Elle est trop sage, trop sensée et en même temps trop honorable pour Mme de Buffon, pour que je ne la joigne pas aux lettres précédentes.

« Paris, le 25 août 1790.

« J'ai lu avec attention votre dernière lettre, et j'ai tardé à y répondre pour y réfléchir davantage. Vous paraissez fort animé contre Mme de Buffon. Un des sujets particuliers sont, dites-vous, des lettres d'avis reçues d'Angleterre. Je vois ces choses sous un aspect bien différent et me crois forcé de vous le dire. Comment pouvez-vous ajouter foi à des propos que l'animosité peut faire tenir? Vous devez vous tenir en garde contre de pareilles invectives, qui ne partent ni de vos amis ni de gens de l'honnêteté desquels vous puissiez répondre. Malheureusement, dans ce moment, personne n'est exempt de la malignité des opinions. Quant à moi, persistant toujours dans ma manière de voir, voici ce que j'aperçois dans la conduite de Mme de Buffon, que je connais un peu par moi, et davantage par des informations que j'ai prises.

« On voit Mme de Buffon très-peu dans le monde; elle ne fréquente ni les endroits publics ni les sociétés blâmées; elle ne reçoit personne chez elle. Ayant voulu m'assurer par moi-même de sa vie privée, j'ai prétexté une occasion pour la voir. Bien loin de trouver chez elle du superflu, on y voit plutôt de la médiocrité; le détail qu'elle m'a fait dans sa lettre, dont je vous ai envoyé copie, est très-véritable, et sa façon d'être et de penser ne témoigne rien qui puisse faire présumer ce que vous pensez relativement à son aisance. Sa mise est fort simple. Je l'ai trouvée réclamant son argent et n'en ayant point, m'offrant même de m'envoyer les personnes à qui elle doit, tels que ses gens et ses fournisseurs journaliers, pour les payer, ce qui prouve bien qu'elle est fort éloignée de profiter des secours qu'on peut lui offrir. Je ne prétends pas vous persuader que j'approuve absolument Mme de Buffon; je sais qu'elle a des torts, mais je sais aussi apprécier ses sentiments, qui ont toujours eu de l'élévation. Elle ne parle de vous que d'une manière sage. Vous convenez que, si elle se fût comportée avec plus de décence, vous n'auriez rien changé. Je suis intimement convaincu que, si elle avait faibli du côté de la délicatesse, elle n'aurait actuellement rien à désirer du côté de la fortune. Ainsi donc, monsieur, j'ai balancé à lui faire voir votre lettre, espérant que, n'ayant pas tout à fait blâmé mon avis, vous finiriez par vous y rendre. Je me flatte toujours, par le vif intérêt que je prends à vous, que vous suivrez mes conseils. Je suis plus calme que vous, quoique aussi sensible; et, en général, pour se décider, il faut être de sang-froid. D'ailleurs, j'en appelle à votre délicatesse et à votre cœur, que je sais bon. Ayez assez de confiance en moi pour me laisser agir, et je lui ferai bien valoir vos procédés. J'ai approuvé, monsieur, entièrement votre conduite jusqu'ici; si vous persistez dans votre résolution, j'aurai le regret d'avoir voulu vous rendre service et de n'y avoir pas réussi, ce qui me causera un véritable chagrin. Mes sentiments à cet égard vous sont assez connus, et mon zèle sera toujours le même. »

Note 3, p. 224. — Le jour où le scandale est devenu public, le jour où Buffon sait que la honte est entrée dans sa maison, il ne parle à son fils de celle qui porte encore son nom que comme si elle n'existait déjà plus : *Feu votre femme.* Elle était morte pour lui, parce qu'elle était devenue la maîtresse d'un prince !

Cet exemple d'une conduite dictée par l'orgueil le plus légitime est assez peu commun dans l'histoire des cours pour mériter d'être conservé.

### CCCLXIV

Note 1, p. 224. — Malesherbes, qui était entré au conseil en 1775, en même temps que Turgot, s'était retiré après un ministère de neuf mois, partageant volontairement la disgrâce du contrôleur général, son protecteur et son ami. En 1787, après l'assemblée des notables, il reparut aux affaires; on avait besoin de son nom, entouré alors d'une grande popularité; il fit partie du ministère jusqu'à la convocation des États généraux; il n'eut pas de portefeuille, mais seulement entrée au Conseil. (Voy. la note 12 de la lettre xxxv, t. I, p. 272.)

Note 2, p. 224. — Philippe-Henri, marquis de Ségur, né le 20 janvier 1742, mort le 8 octobre 1801, fut, en 1781, créé maréchal de France et appelé au ministère de la guerre. A la lettre par laquelle Buffon lui recommandait son fils, il répondit de la manière suivante :

« Versailles, le 22 juillet 1787.

« J'ai mis sous les yeux du Roi, monsieur, la lettre que vous m'avez fait l'honneur de m'écrire au sujet de M. votre fils, ci-devant capitaine de remplacement dans le régiment d'infanterie de Chartres. L'intention de Sa Majesté n'étant point qu'il quitte son service, elle a bien voulu le nommer à une place de capitaine de remplacement dans le régiment de cavalerie de Septimanie. J'ai l'honneur de vous en informer, et je profite avec plaisir de cette occasion de vous assurer de l'estime et de la considération avec lesquelles je suis très-parfaitement, monsieur, votre très-humble et très-obéissant serviteur.

« Le maréchal DE SÉGUR. »

Le jeune comte de Buffon écrivit de son côté à Malesherbes pour le remercier de l'intérêt qu'il avait bien voulu prendre à sa demande, et le ministre de Louis XVI lui répondit par la lettre qui suit :

« Versailles, le 5 août 1787.

« Il est flatteur, monsieur, de se trouver au rang de ceux qui se sont intéressés au sort de M. votre père et au vôtre. Cependant je suis obligé de lui certifier que mes bons offices ne lui étaient pas nécessaires. Ce serait faire tort au ministre que cette affaire concernait, de croire que vous ayez eu besoin auprès de lui de ma recommandation. Quel est celui qui ne s'honorerait pas d'être l'ami de M. de Buffon? et qui ne se serait pas fait gloire de vous tirer de la triste situation où la noblesse de votre façon de penser vous avait réduit? Le Roi lui-même n'avait pas besoin d'être excité par ses ministres, et c'est de la part de M. votre père une trop grande modestie de croire qu'il doive quelque chose au zèle de ses amis.

« J'ai l'honneur d'être avec un sincère attachement, monsieur, votre très-humble et très-obéissant serviteur.

« MALESHERBES. »

Note 3, p. 224. — On faisait alors des armements considérables sur la frontière. Le cabinet de Versailles paraissait décidé à soutenir le parti français en Hollande et à faire marcher une armée au secours des patriotes révoltés. Ce projet n'eut pas de suite; le duc de Brunswick entra en Hollande. Le parti national fut vaincu, et le stathouder replacé à la tête de ses États.

Note 4, p. 224. — Voici la réponse de Malesherbes à la lettre de Buffon :

« Versailles, le 27 juillet 1787.

« Je m'empresse, monsieur, de vous faire passer la réponse que

M. le maréchal de Ségur m'a adressée pour me prévenir du replacement de M. votre fils. C'est avec bien du plaisir que j'ai appris la justice qui lui est rendue dans cette circonstance, et je ne doute pas que M. le maréchal ne vous en ait également fait part sur-le-champ.

« J'ai l'honneur d'être avec un très-inviolable attachement, monsieur, votre très-humble et très-obéissant serviteur.

« MALESHERBES. »

A la lettre de Malesherbes se trouve jointe la lettre du ministre de la guerre.

« Versailles, le 22 juillet 1787.

« J'ai reçu, monsieur, la lettre que vous m'avez fait l'honneur de m'écrire en faveur de M. de Buffon, ci-devant capitaine de remplacement dans le régiment d'infanterie de Chartres. J'ai mis sous les yeux du Roi la lettre de M. le comte de Buffon père. Sa Majesté a bien voulu avoir égard à la position de M. son fils, et pour le mettre à portée de continuer ses services, elle l'a nommé à une place de capitaine de remplacement dans le régiment de cavalerie de Septimanie. J'ai l'honneur de vous en informer, et d'être avec le plus sincère et parfait attachement, monsieur, votre très-humble et très-obéissant serviteur.

« Le maréchal DE SÉGUR. »

(Inédite ainsi que la précédente. — De la collection de M. Henri Nadault de Buffon.)

Note 5, p. 224. — François, comte de Mercy-Argenteau, représentant de Joseph II près de la cour de France, contribua, par son influence sur la Reine, à retarder les négociations de la cour avec Mirabeau, et plus tard avec le parti conservateur de l'Assemblée. Il persuada à la malheureuse reine de France que son seul appui était son frère, et que de lui seul pouvait lui venir un utile secours. Joseph II mourut, et Léopold, sans abandonner la politique de son frère et sans manquer à ses promesses, montra dans ses résolutions une incertitude qui perdit ceux qu'il voulait sauver.

Le comte de Mercy mourut à Londres le 25 août 1794.

## CCCLXV

Note 1, p. 225. — Le 22 juillet, le jeune comte de Buffon avait été nommé à une place de capitaine de remplacement dans le régiment de cavalerie de Septimanie, et M. de Faujas, sous la direction duquel Buffon plaça son fils, le jour où il lui ordonna de quitter le service, ne fut pas étranger par ses sollicitations et ses démarches à cette nomination.

Deux lettres du jeune comte de Buffon font voir quelle place M. de Faujas occupait alors dans la société intime du Jardin du Roi, et servent en même temps à mieux faire connaître et apprécier celui qui les a écrites.

« Salins, le 2 juillet.

« Vous et moi, mon cher Faujas, nous ignorions que, quatre jours après ma démission donnée, il y aurait une armée assemblée pour entrer dans les Pays-Bas. L'ordre en est arrivé hier à M. le comte d'Estherazy, qui est parti ce matin à cinq heures pour aller avec le duc de Laval marquer le camp à Philippeville pour douze régiments d'infanterie et quatre de cavalerie. Vous sentez bien que, si j'avais su entrer en campagne, car le régiment de Chartres est employé, je n'aurais jamais donné ma démission. En effet, il y va de mon honneur si je ne fais pas cette guerre, et certainement, si je ne la fais pas, les trois quarts du militaire français penseront mal de moi! J'écris à mon père, et j'ai tâché que ma lettre fût froide, mais je suis au désespoir. Je ne vois pas d'autre moyen de se tirer de là que d'être attaché à l'état-major de l'armée comme aide-major général. Le vicomte de Valence et beaucoup d'autres ont été cela avant d'être colonels, lors du rassemblement des troupes qui a été fait pour la descente projetée en Angleterre. De grâce, pressez mon père, Mme de Genlis et le baron de Breteuil, et nous l'obtiendrons. Je mourrais de chagrin si l'on me croyait un poltron, et cela m'en a tout l'air. Par vos amis et ceux de mon père, agissez, et écrivez-moi. Adieu, je vous embrasse.

« BUFFON.

« Le rassemblement sera exécuté au plus tard dans quinze jours, à Philippeville.

« C'est le ministre et le général en chef qui nomment les officiers de l'état-major. Le général en chef est M. de Rochambeau. S'il y avait impossibilité, je pourrais être son aide de camp.

« Je pourrais encore être aide maréchal général des logis, si le reste ne réussissait pas. »

« Montbard, le 27 juillet 1787.

« J'ai reçu ce matin votre lettre, mon cher bon ami, car tout ce que vous avez fait pour moi me persuade bien que vous l'êtes, et je vous prie de recevoir tous mes remercîments, d'être bien persuadé de ma reconnaissance et de l'attachement que j'ai pour vous et que je conserverai toute ma vie. Jointe à votre lettre est arrivée celle de M. Lucas, qui m'annonce tout ce que le Roi a bien voulu faire pour moi en me nommant capitaine de remplacement au régiment de Septimanie sans me faire passer par les réformes. Je dois cela à M. de Breteuil, à papa, et en grande partie à vous. Mon père est arrivé aujourd'hui vendredi à deux heures et un quart, assez bien portant et pas très-fatigué; il a assez bien soutenu la route, et je vous mande ces nouvelles avec infiniment de plaisir, bien convaincu qu'elle vous en feront beaucoup. Il me charge de vous dire mille choses et de joindre tous ses remercîments aux miens.

« Maintenant je brûle de joindre mon nouveau régiment; mais je n'ai encore que la lettre du ministre qui annonce mon replacement, et je ne puis joindre sans avoir mon brevet : car sans brevet on ne reçoit jamais un officier dans les troupes du Roi. Je vous demande donc en grâce, et cela de la part de mon père, de vouloir bien le faire expédier promptement des bureaux de la guerre, par M. de Saint-Pol, pour lequel je joins ici une lettre, moyennant laquelle il pourra vous le faire remettre. Lorsque vous l'aurez, vous voudrez bien sur-le-champ y faire mettre par le secrétaire de M. le marquis de Béthune, colonel-général de la cavalerie, l'*attache* nécessaire absolument pour être reçu. Il en coûte un louis pour cela, que vous voudrez bien avoir la bonté de payer; et tout cela fait, vous voudrez bien m'envoyer ici le brevet, avec lequel je joindrai aussitôt. Pardon de tous ces embarras. Je vous demande aussi de vouloir bien vous informer de M. de Saint-Pol s'il y a une finance, et alors mon père la ferait faire aussitôt votre réponse reçue, que je vous demande promptement. Je crois le régiment à Joinville, et je vous prie de me le mander ou de me dire où il est maintenant. Cela va encore vous donner beaucoup de trouble et de peine; mais j'espère que vous les prendrez avec plaisir, par l'amitié que vous avez pour moi. Il n'est pas besoin de vous prier de mettre de l'activité dans les deux dernières démarches qui restent à faire : celle que vous avez naturellement et la chaleur que vous avez mise à tout ceci m'en assurent; mais plus tôt je le recevrai, plus tôt je serai heureux. Mon père vous prie aussi de vous informer exactement et de lui mander avec détail de quelle nature est la grâce qu'on lui a accordée, afin qu'il sache positivement de quelle manière il doit faire ses remercîments à M. de Ségur.

« Adieu, mon cher Faujas, je vous embrasse et vous aime de tout mon cœur.

« BUFFON.

« Ma lettre à M. de Saint-Pol est à cachet volant; vous la lirez et la cachetterez. »

Quatre mois à peine après sa rentrée au service en qualité de capitaine dans le régiment de Septimanie, le jeune comte de Buffon avait mérité par son application et sa bonne conduite d'être présenté par ses chefs comme leur paraissant digne d'un prochain avancement. Pour aider à leur bonne volonté et la rendre efficace, on devait faire des démarches à la cour. Le jeune officier, sur le conseil de son père, appela près de lui Faujas de Saint-Fond. Il lui adressa à Montélimar une lettre ainsi conçue :

« Paris, ce jeudi matin.

« Mon cher Faujas, il y a deux mois que mon père est à Paris, et si souffrant, qu'il ne peut voir personne, de manière qu'il ne fait aucune démarche pour mon avancement. Je suis arrivé hier et je m'en vais en faire, moi, comme vous le croyez bien. La promotion, dit-on, doit paraître dans peu ; mon père m'a dit de vous écrire et de vous prier de sa part d'arriver sur-le-champ pour m'aider dans toutes mes démarches. Adieu, je vous embrasse.

« BUFFON.

« Réponse rue des Saints-Pères, faubourg Saint-Germain, Paris. »

Depuis le 27 octobre 1787, le comte de Brienne, neveu de l'archevêque de Toulouse, avait remplacé le maréchal de Ségur au ministère de la guerre. Le nouveau ministre prit, à l'exemple de son prédécesseur, un grand intérêt à l'avenir du fils de Buffon, et répondit à ce dernier qui le lui avait recommandé :

« Versailles, le 10 décembre 1787.

« Croyez, je vous prie, monsieur, que, si le Roi se détermine à établir des places de major en second dans ses troupes, je ne négligerai pas cette occasion de mettre sous les yeux de Sa Majesté le nom, les services et la position de M. votre fils, avec l'attention que je porterai toujours à tout ce qui pourra vous toucher.
« J'ai l'honneur d'être très-parfaitement, monsieur, votre très-humble et très-obéissant serviteur.

« Le comte DE BRIENNE. »

Un des premiers actes du nouveau ministre avait été l'organisation d'un conseil de guerre qui devait s'occuper des nombreuses réformes proposées dans le département de la guerre et nommer seul aux différents grades de l'armée. Le comte de Guibert, que sa tragédie du

*Connétable de Bourbon* avait fait entrer à l'Académie française, fit partie du nouveau conseil, en qualité de rapporteur. Il écrivit, à la même
époque, à Buffon, qui lui avait recommandé son fils :

« Paris, le 11 décembre 1787.

« Monsieur et très-illustre confrère,

« Je me suis fait à la fois un devoir et un plaisir de recommander
M. votre fils à M. le comte de Brienne ; je lui ai mis sous les yeux les
droits que lui donnent sa position, la noblesse de sa conduite, et l'attachement qu'il montre pour son métier. Je lui ai surtout parlé de
vous ; car quels droits peuvent égaler ceux qu'il tire de votre nom et
de votre gloire? M. le comte de Brienne m'a paru très-disposé à vous
donner en lui des marques de sa haute considération pour vous.

« Rapportez-vous-en à mon zèle et à mes sentiments du soin de l'entretenir et de l'animer encore dans cette favorable disposition. Il m'est
si doux de trouver cette occasion de vous rendre en particulier le culte
que je vous ai toujours rendu en public.

« J'ai l'honneur d'être avec autant d'attachement que de respect,
monsieur et cher confrère,

« Votre très-humble et très-obéissant serviteur,

« GUIBERT. »

Le jeune comte de Buffon fut nommé, le 4 avril 1788, major en
second du régiment d'Angoumois. Cette heureuse nouvelle apporta
quelque soulagement aux souffrances de son père, dont la mort était
prochaine. Cette dernière joie lui vint de Mme Necker, qui fut la première à annoncer au jeune Buffon l'heureux succès de ses démarches :

« Vous êtes major en second, monsieur ; je le sais depuis deux jours,
mais c'est encore un secret, et je n'ai pas même aujourd'hui la permission de vous le dire. Aussi n'en parlez absolument qu'à votre sublime père. On me l'apprendra en forme quand vous devrez le savoir
et remercier. Au reste, ce que je vous dis est sûr. Mme de Grammont
et M. de Guibert ont mis le plus grand zèle dans votre cause, et M. de
Brienne s'y est prêté malgré tous les obstacles. J'ai déjà témoigné ma
reconnaissance ; mais nous conviendrons ensemble des visites que
vous aurez à faire, quand la chose sera connue. C'est une nouvelle
obligation que vous avez à votre sublime père ; votre respect filial vous
a bien servi dans l'opinion. J'avais fait copier votre billet, celui qui
accompagnait cette ravissante lettre sur l'ouvrage de M. Necker, et

tout le monde a lu ce billet avec attendrissement. Si j'étais capable de quelque mouvement de joie, cet événement me l'aurait donné. Adieu, monsieur, redoublez de soins, s'il est possible, auprès de ce lit de douleur, et que vos vertus vous rendent digne du nom que vous portez.

« Mille compliments et amitiés. »

(Ces différentes lettres, qui font partie de la collection de M. Henri Nadault de Buffon, sont inédites, à l'exception de la dernière, qui a été publiée par M. Flourens.)

La nomination du fils de Buffon comme major en second du régiment d'Angoumois, est du 4 avril 1788. Le 20 avril, il ramenait à Montbard le corps de son père, mort à Paris le 16 du même mois. Quelques jours après avoir accompli ce pieux devoir, obéissant aux ordres précis du ministre, il quittait Montbard pour rejoindre à Bayonne son nouveau régiment; le comte de Buffon avait alors vingt-trois ans; il était orphelin.

En 1788, le régiment d'Angoumois avait pour colonel un homme de cœur et d'esprit. Le marquis Georges de Nicolaï témoigna au jeune officier, dès son arrivée dans le régiment dont il avait le commandement, une sympathie qui ne tarda pas à se changer en un profond et paternel attachement. J'ai sous les yeux les lettres qu'il lui écrivit vers cette époque; elles sont toutes remplies des marques du plus vif intérêt, et renferment à chaque page des témoignages de la plus affectueuse sollicitude.

On me permettra de citer quelques fragments de cette correspondance, qui honore le fils de Buffon et qui contredit l'opinion plus que sévère que certaines personnes se sont faites de cet infortuné jeune homme.

Un an après l'arrivée du comte de Buffon au régiment d'Angoumois, le marquis de Nicolaï, qui était alors à Paris, écrivait à son jeune protégé cette première lettre, bientôt suivie de plusieurs autres :

« 1er juin 1789. — Le parti que vous avez pris de vivre avec les capitaines est très-convenable; soyez-y comme vous êtes partout, bien; conservant une simplicité douce, rien de trop familier, rien de trop supérieur; un certain milieu qui attire la considération et la confiance, et qui pourtant ne compromet pas. Cette étude, car c'en est une, vous sera utile en vous fortifiant dans la connaissance des nuances et dans celle des hommes; c'est leurs caractères qui les meuvent, c'est par leur caractère surtout qu'il faut les conduire.... »

« 13 juillet 1789. — Votre conduite est excellente pour le régiment et charmante pour moi.... Je m'applaudis de vous voir à Bayonne, éloigné de tout ce qui se passe ici ; je vous en épargne les détails, il faudrait écrire des volumes, et encore on laisserait échapper quelques circonstances. Le Palais-Royal a été le théâtre des scènes les plus exagérées ; vous avez su la conduite de beaucoup de soldats. Ce que vous avez vu au faubourg Saint-Antoine, n'était qu'un échantillon des mouvements dont Paris a depuis été tourmenté. Vous me rendez justice en croyant que tout cela m'agite horriblement. J'ai toujours aimé les partis modérés, et, dans ce moment, on ne connaît, on ne veut que les extrêmes. Tout cela ressemble à ces rêves qui fatiguent, qui tourmentent ; on ne sait si ce qu'on entend a été dit réellement, on doute de ce qu'on tient dans sa main, sous ses yeux ; la liberté avec laquelle on écrit et on imprime met au jour les productions les plus surprenantes, on les crie dans les rues, le peuple lit tout avec transport. Quelle sera la fin de tout ce qui se passe, je l'ignore !.... »

« 24 août 1789. — J'ai reçu avec grand plaisir, mon cher comte, le détail que vous m'avez envoyé de tout ce qui vous est arrivé de flatteur à Bordeaux *. Je suis à la campagne en Normandie, chez ma sœur ; son imposant château de Tillères m'est bien précieux, j'y reçois beaucoup de marques d'amitié, j'y jouis du bon air, j'y goûte enfin ce repos après lequel je soupire. Les incertitudes de l'ambition, les talents qui me manquent, tout semble m'indiquer le but qui me convient : la retraite est pour moi l'asile qui me séparera des agitations qui brisent mon cœur ; mais quel que soit mon destin, je vous aimerai toujours ; toujours je distinguerai chez vous votre loyauté, votre candeur, votre profonde sensibilité ; cette dernière qualité vous rendra cher aux honnêtes gens ; puisse-t-elle vous rendre souvent heureux ! Jouissez du bonheur quand il se présentera, ne l'analysez pas, c'est une fumée qui se décompose et se dissipe au même instant.... Je suis bien aise que vous soyez heureux et tranquille à Montbard. L'invisible main de votre illustre père veille sur vous, elle vous conservera un héritage qu'il a ennobli par sa présence, et que ses mânes consacrent à jamais. Vos bonnes qualités rendront ce nom aussi cher qu'il est déjà fameux.... »

« Yvorts par la Ferté-Milon, le 1er octobre 1789. — Je suis dans mes bois tout seul et très-content ; je le serais davantage si je vous y recevais ; vous n'auriez aucun plaisir, mais vous m'en feriez beaucoup, et j'ai ouï dire que l'on en prenait en en donnant.... Je m'abandonne avec confiance aux décrets de l'Assemblée nationale.... Je trouve que quand on a donné sa confiance à douze cents personnes, il faut attendre tranquillement les résultats. »

* Voy. ci-dessus, p. 402.

« 14 octobre 1789. — Puisse la présence de la famille royale ramener à Paris le calme qui en est absent depuis si longtemps! Celui
que je goûte à Yvorts est des plus profonds; cependant j'ignore le
terme que je mettrai à ma solitude ni où j'irai; quelquefois il me
prend envie d'emporter mon morceau de pain dans ma poche pour
l'aller manger sous la protection de la municipalité de Montbard. »

« 11 novembre 1789. — Je lis, je me promène, je plante, je travaille
au jardin, je cours, la bêche en main, avec de gros sabots, sans que
cela m'étonne ou me gêne; le temps se passe, et je bénis sa rapidité.
Mes gens travaillent et n'ont point l'air de s'ennuyer. Pierre copie des
pages entières de M. de Buffon; et quand je lui ai demandé pourquoi
il ne se bornait pas à en faire des extraits, il m'a répondu que j'y per-
drais trop. Cette naïveté m'a fait grand plaisir, tant il est vrai que le
beau est généralement senti et goûté. »

« 7 janvier 1790. — Je suis très-content de votre discours *, je vous
le dis tout crûment et sans façon; je crois que vous êtes nécessaire à
Montbard. Vous y avez sauvé la vie à un monsieur qui ne s'était pas
trop bien conduit, mais il y a loin de là à l'endroit où on voulait le
mener; grâces vous en soient rendues, c'est une bonne action, et,
dès qu'il s'en présente, votre cœur vous y porte; le mien en a joui,
voilà les triomphes que j'aime, voilà comme mon charmant fils adoptif
se conduira toujours... »

« 9 mai 1790. — Les détails de Viteaux ** font frémir, mon cher
comte. Quel temps, que d'horreurs! auront-elles une fin? Dieu merci,
vous êtes heureux et considéré à Montbard; votre conduite y a été
excellente, elle vous précédera à Dijon, et j'espère qu'elle vous y fera
bien recevoir ***. Tout ce que vous me mandez m'a fort intéressé, fort
touché. J'approuve, je loue, je bénis votre présence d'esprit. J'aurais
voulu être témoin de vos succès et du calme que vous avez procuré.
Paris est tranquille, mais l'esprit ne l'est pas; on cause, on s'attriste,
on s'exalte; enfin, on y est malheureux. »

« 26 mai 1790. — Je suis fort aise, puisque vous avez été à Dijon,
que vous y ayez reçu des témoignages de confiance, qui sont toujours
flatteurs, et qui, dans ce moment-ci, sont d'autant plus utiles qu'ils
prouvent les dispositions favorables du public, auquel il n'est point
indifférent de plaire. Vous vous êtes très-bien conduit, et je ne doute
pas que vous ne continuiez de même. Vous avez bien fait d'éviter la

---

* Prononcé devant l'assemblée électorale de la Côte-d'Or.
** M. de Buffon, en qualité de colonel de la garde nationale de Montbard, fit rétablir l'ordre dans cette ville.
*** M. de Buffon y était appelé comme membre du conseil d'administration du département.

présidence * ; c'est un poste d'une difficulté extrême. Le commandement de la troupe ** est tout à fait dans votre goût et convient parfaitement à votre activité, et vous avez prouvé que vous pouviez
rendre, dans cette partie, de véritables services, tant par votre zèle
que par votre intelligence. Je vous en félicite de tout mon cœur et je
vous remercie aussi des imprimés que vous m'avez envoyés, quoique
depuis longtemps je ne lise plus les journaux, les papiers ; j'ai lu ceux
que vous m'avez fait passer. Thimon *** tiendra place un jour parmi
les noëls bourguignons que M. de la Monnaye avait retirés de l'oubli
et que le pauvre Juvigny avait mis si patriotiquement au jour. Je
trouve votre lettre au *Journal de Paris* **** un peu vive et par-ci par-
là quelques expressions un peu fortes. Je sais que cette feuille passe
pour être très-partiale ; mais, enfin, si elle s'est trompée, gravement
il est vrai, sur un fait qui vous regarde, est-ce une raison de recevoir
avec tant de rigueur les éloges donnés à M. votre père ? J'aurais préféré plus de calme et plus de ménagements ; quand on a aussi complétement raison, il faut que le style soit sage et imposant. Dites-
moi, n'est-ce pas Garat qui fait cette feuille ? »

A la fin de l'année 1790, le marquis de Nicolaï quitta la campagne
pour revenir à Paris, où l'appelaient en même temps d'impérieux devoirs de famille et son dévouement au Roi. Il se détourna de sa route
et vint passer quelques semaines à Montbard. A la suite de ce court
séjour près du fils de Buffon, il lui écrivit de Paris cette dernière lettre :

« 17 septembre 1790. — .... Je suis trop vieux pour m'être cru
le fils de la maison ; personne au monde ne peut s'en croire le père ;
je ne sais où me placer ; je ne sais comment vous dire la place que
j'y occupe et qui me convient à tant d'égards.... vous le devinez....
oui, vous le devinez, c'était celle de l'ami de toute la maison, mais
de l'ami le plus vrai, le plus attaché ! Voilà donc ce que j'ai quitté
pour venir à Paris. Mon arrivée y a produit presque autant de
bruit que le départ de M. Necker ; jamais ministre n'est parti plus
incognito. Le silence général que l'on garde sur son compte, l'indifférence des Français (de Paris s'entend) sur cet objet, est une des choses
qui m'a beaucoup étonné dans ma vie. Ni satires, ni éloges ; rien,
pas un mot ; une chaise qui tombe dans les Tuileries fait plus de

---

* La présidence de l'assemblée des administrateurs du département de la
Côte-d'Or.
** M. de Buffon fut nommé général de l'armée confédérée réunie à Dijon,
et composée des trois départements formant l'ancienne province de Bour-
gogne.
*** Cantate en l'honneur du comte de Buffon.
**** Voy. ci-dessus, p. 403.

bruit que le départ d'un homme adoré il y a quinze mois , et dont la disgrâce, à cette époque, avait causé des événements si considérables, qu'ils ont bouleversé de fond en comble les fondements de notre antique empire. Ah ! les hommes, les hommes! que leur faveur est passagère ! La gloire de ce monde passe et fuit comme la fumée d'un flambeau qui s'éteint. »

## CCCLXVI

Note 1, p. 226. — Buffon avança son retour pour hâter, par sa présence, l'achèvement du nouvel amphithéâtre qu'il avait fait construire sur les terrains récemment acquis pour l'agrandissement du Jardin. Il insiste très-vivement pour que cet amphithéâtre soit. achevé ; il avait déjà fait à Thouin la même recommandation quelques jours auparavant (Voy. la lettre du 12 septembre, p. 240). Il est si impatient de le voir terminé, qu'il se rendra à Paris dans le mois d'octobre, afin de presser lui-même les travaux; rien ne lui coûte; il ne craint pas d'engager sa fortune personnelle. (Voy. à ce sujet quelques détails curieux dans une lettre du 23 septembre 1787, p. 242.) Ainsi, malgré son état de souffrance extrême, il ne néglige jamais la mission dont il est chargé, et il veut que les cours du Jardin du Roi ne soient pas un seul instant interrompus.

Buffon arriva à Paris dans les premiers jours de l'année 1788. A cette époque, la voiture était devenue pour lui une épreuve cruelle ; il n'en pouvait supporter les cahots, voyageait à petites journées, et, redoutant surtout les secousses sur le pavé, de Fontainebleau à Paris, il marchait au pas. Dans ce dernier voyage il voulut aller vite et précipita sa marche; mais cette précipitation lui devint funeste, et les secousses qu'il eut à endurer occasionnèrent le déplacement d'un gravier dans la vessie et hâtèrent sa fin. « Hélas ! dit Mlle Blesseau, dans une très-intéressante notice sur son maître rapportée dans les Appendices, c'est ce beau jardin qui a causé sa mort ! En voulant faire un voyage trop précipité pour faire exécuter ses ordres et terminer les travaux, il provoqua l'accident dont il mourut. »

Note 2, p. 226. — M. Gojard, qui occupait depuis de longues années un emploi important au ministère des finances, et qui avait des connaissances spéciales sur l'administration compliquée et difficile du Trésor royal, fit partie, en 1787, d'un nouveau comité institué au ministère des finances , et dont la mission consistait à fixer la situation du Trésor et à veiller à la distribution des fonds. Les autres membres de cette commission, dont le contrôleur général Lambert provoqua lui-même la création, furent MM. Magon, de La Balue et Le Normand.

Note 3, p. 226. — Le 10 juin 1787, Buffon acheta de la compagnie des fiacres de Paris l'ancien hôtel de Magny, au prix de 60 000 livres. Quelques terrains nécessaires pour l'agrandissement du Jardin faisaient en même temps partie de cette acquisition. Sur ces terrains fut bâti le nouvel amphithéâtre ; dans l'hôtel furent préparés des logements pour les professeurs du Cabinet. Les richesses du Muséum d'Histoire naturelle allaient toujours en augmentant. Daubenton et Lacépède occupaient encore le second étage du Cabinet. Buffon fit transporter leur logement dans l'hôtel de Magny, et put ainsi consacrer les appartements des deux professeurs à des collections nouvelles. De plus, en ajoutant l'ancien hôtel de l'intendance à un bâtiment nouveau, il put ranger dans leur ordre définitif les riches collections du Cabinet, depuis longtemps à l'étroit. Lorsque Buffon acheta l'hôtel de Magny, cet hôtel était loué à un sieur Verdier, membre de l'Université, qui y avait établi une maison d'éducation. Des indemnités lui étaient légalement dues pour le dommage que devait lui causer le déplacement de son industrie ; elles furent équitablement arbitrées, et aussitôt versées entre ses mains. Verdier ne fut pas satisfait et prétendit davantage. Après les indemnités payées, Buffon était aussitôt entré en possession de l'hôtel ; Verdier l'assigna devant le Conseil, l'accusant d'abus de pouvoir, et lui reprochant d'avoir violé les anciens priviléges de l'Université dont il faisait partie. Il produisit de nombreux mémoires à l'appui de ses prétentions, mais il fut débouté de sa demande. Lorsque l'Assemblée nationale reconnut le droit de pétition, Verdier rédigea une nouvelle demande présentée sous forme de dénonciation. Elle a pour titre :

« Au Roi et aux représentants de la Nation. Dénonciation contre M. le baron de Breteuil, ex-ministre et contre le sieur de La Chapelle, son premier commis au bureau de la maison du Roi ;

« Contre M. Leclerc, comte de Buffon, ancien Intendant du Jardin royal des Plantes de Paris ; et contre le sieur Verniquet, architecte du même jardin ;

« Contre M. Leclerc, comte de Buffon fils, seul héritier de M. son père.

« Sur l'exspoliation des voisins du Jardin royal des Plantes de Paris, et sur les déprédations des deniers du Roi lors de l'agrandissement de ce Jardin. »

M. Verniquet fit imprimer sous forme d'*Observations* un mémoire adressé à l'Assemblée nationale, et dans lequel se trouvent exposées, d'après les documents officiels, les opérations de Buffon au Jardin du

Roi. En adressant ce mémoire au comité chargé de l'examen de la plainte injuste du sieur Verdier, le comte de Buffon l'accompagna de la lettre suivante : '

« A Montbard, le 20 juillet 1790.

. « Messieurs,

« On vient de m'envoyer un imprimé signé Verdier, Delaulne et veuve Piquenard, dans lequel ces particuliers attaquent la mémoire de mon père, son administration comme Intendant du Jardin du Roi et moi-même. J'apprends en même temps qu'ils vous sollicitent vivement pour faire le rapport de cette affaire à l'Assemblée nationale. J'ai donc fait imprimer un mémoire où les faits, simplement exposés, avec la plus grande vérité, démentent absolument les assertions hardies et fausses de ceux qui ont signé le libelle dont il s'agit, et ce mémoire est maintenant entre vos mains. Il est faux que je demande au comité de liquidation 600 000 livres, comme on l'avance; je demande seulement 121 591 livres, qui me sont dues du compte rendu à la mort de mon père, qui montait à environ 315 000 livres au lieu de 800 000 livres, comme l'avance le sieur Verdier. Depuis le 15 avril 1788, je n'ai touché aucun intérêt de ces 315 000 livres, et j'en ai payé de considérables pour les sommes que mon père a empruntées afin d'être en état de subvenir aux avances qu'il lui était ordonné de faire pour les travaux du Jardin du Roi. Je puis justifier de ce que j'avance. Mon père aurait pu, en cédant au Roi ses terrains, en demander à Sa Majesté le même prix que lui avaient payé différents particuliers auxquels il en avait vendu; ce prix s'est élevé jusqu'à 33 livres la toise. Mon père, préférant l'agrandissement du Jardin du Roi à son propre intérêt, a cédé ces terrains au modique prix de 10 livres la toise, et on lui reproche d'avoir gagné à ce marché! Il a acheté l'hôtel de Magny 60 000 livres; il l'a cédé au Roi au même prix, quoique certainement il valût davantage, et n'a point gagné les deux tiers à cette revente, comme le dit le sieur Verdier. Ensuite, qu'ont de commun les pertes considérables que le sieur Verdier prétend avoir éprouvées par des carrières ouvertes dans son jardin avec la réunion de l'hôtel de Magny au Jardin du Roi, et l'indemnité qu'il pouvait demander parce qu'il n'achevait pas le temps de son bail? Voilà, messieurs, des faits que j'ai voulu remettre de nouveau sous vos yeux; le mémoire que j'ai fait imprimer en parle aussi, mais avec moins de détail. Tous les autres faits y sont rapportés ainsi que ceux-ci avec exactitude et vérité, et je vous supplie d'y donner quelque attention. Je suis très-aise que cette affaire soit mise à un très-grand jour; elle servira à faire connaître la manière dont mon père a fait sa place, la fausseté et la noirceur de ses ennemis. Je n'aoute qu'un mot pour vous représenter que mon père n'a jamais voulu avoir de Cabinet d'Histoire naturelle, et que ni à Paris, ni à Montbard, il ne m'a pas laissé un seul morceau d'histoire naturelle. Cependant depuis très-longtemps on lui adressait, de tous les pays et de toutes les parties du monde, des choses précieuses qui lui étaient envoyées pour lui personnellement, et non pour le Cabinet. Il aurait donc pu faire une collection, qui certainement aurait été d'une grande valeur, et cela en gardant seulement ce qui lui était donné ; sa délicatesse s'y est opposée, et il a toujours mis au Cabinet du Roi ce qui lui appartenait réellement. Il faut que la calomnie soit bien atroce pour oser attaquer la mémoire d'un homme qui s'est conduit ainsi.

« J'ai l'honneur d'être, avec respect, messieurs, votre très-humble et très-obéissant serviteur.

« BUFFON. »

(Inédite. — De la collection de M. Henri Nadault de Buffon.)

Mme Necker, à laquelle le jeune comte de Buffon avait communiqué et le mémoire rédigé par M. Verniquet et sa lettre au comité chargé de la liquidation de la dette de l'État, approuva sa démarche. Une lettre qu'elle lui écrivit à ce propos est profondément empreinte des sentiments que devait lui inspirer la situation de Necker, dont la popularité avait disparu, et qui devait bientôt quitter la France, proscrit par l'opinion dont il fut si longtemps l'idole.

« J'ai reçu, monsieur, avec attendrissement et reconnaissance, les nouvelles preuves de votre respect filial pour votre excellent et sublime père ; la lettre que vous avez écrite au président de l'Assemblée honore également vos talents et votre caractère moral, et j'ai un plaisir infini à vous dire que la suite de votre conduite, tant dans cette occasion que dans les troubles de Dijon et de Montbard, a donné une nouvelle base à votre réputation, dont j'aperçois continuellement l'influence. C'est une grande satisfaction pour moi, que je ne puis m'empêcher cependant de mêler à quelques réflexions remplies d'amertume. Je me dis : « Si ce grand homme était encore avec nous, quel serait son « bonheur en apprenant que son fils marche sur ses traces, et que « tous les goûts honnêtes et raisonnables entrent dans son âme ! »

« Mlle Blesseau me mande aussi que votre conduite intérieure se rapporte parfaitement à celle que vous avez au dehors. J'ai à peine ouï parler du libelle qui vous a fait tant de peine. Ce genre d'infamie est devenu aujourd'hui aussi commun, aussi lucratif et aussi peu réprimé que les vols sur les grands chemins. Tous les jours l'on attaque M. Necker de cette manière, l'on appelle les assassins contre lui, dans le temps même où il se sacrifie tout entier pour le bien public. D'ailleurs, monsieur, qui sait mieux que moi le désintéressement de M. votre père, et tout ce qu'il vous coûte? Qui sait mieux que moi tout ce que mon affection pour vous a eu à souffrir par l'impossibilité où m'ont mise les décrets de l'Assemblée nationale d'obtenir le prompt remboursement du prêt le plus noble et le plus patriotique qui ait jamais été fait, et par un homme dont le nom avait assez illustré la nation pour qu'il crût déjà avoir fait beaucoup pour elle?

« J'ai prié M. Desbiez de s'adresser directement à M. Necker; je n'ose lui rien demander dans ce moment, dans la crainte de le compromettre, et d'ailleurs c'est si difficile, et les réformes si continuelles et si nécessaires, qu'il n'est plus permis aux femmes de faire des sollicitations dans les objets de ce genre.

« J'ai l'honneur d'être, avec les sentiments d'un véritable et tendre attachement, monsieur, votre très-humble et très-obéissante servante.

« C. DE NAZ NECKER. »

(Inédite. — De la collection de M. Henri Nadault de Buffon.)

Le comte de Buffon mourut sans avoir pu être remboursé des avances faites par son père au Jardin du Roi. Homme d'honneur avant tout, il voulut faire face à tous les engagements de son père, pris dans le seul intérêt du Jardin, et vendit, pour les remplir, des immeubles importants, dans un temps de ruine et de discrédit. Verdier, qui était parvenu à empêcher le remboursement des sommes si légitimement dues au comte de Buffon, ne put cependant obtenir que ses prétentions fussent reconnues. En 1797 il continua ses poursuites contre la veuve du fils de Buffon et parvint, sinon à gagner son procès, du moins à empêcher l'exécution des engagements pris par l'État. Le jour où, délivrée de cette persistante et déloyale opposition, la comtesse de Buffon fit de nouveau valoir sa créance, on lui objecta les décrets nouvellement rendus qui libéraient l'État vis-à-vis de ceux de ses anciens créanciers dont la dette n'avait pas été précédemment reconnue. Sous l'Empire, la comtesse de Buffon s'adressa à l'Empereur, mais ce fut sans succès. La fortune de Buffon ne put se relever de cet échec inattendu. Aujourd'hui il n'en reste plus que le souvenir; mais ceux de sa famille que cette ruine a directement atteints peuvent au moins se rendre cette justice, que le généreux désintéressement de leur auteur a seul causé la perte d'une fortune lentement amassée par de glorieux travaux.

Note 4, p. 226. — Lucas occupait au Jardin du Roi un appartement qui faisait suite à celui qu'habitait Daubenton et sa famille. Il était d'une taille remarquablement prise et avait les traits d'une grande régularité. La distinction de sa tournure et la beauté de son visage le firent regarder, fort à tort, comme le fils naturel de Buffon. (Voy. sur ce François Lucas la note 1 de la lettre cxxix, t. I, p. 425.) Jean-André-Henri Lucas, son fils, fut également attaché au Jardin des Plantes. Il avait une passion décidée pour les armes, dont il réunit une précieuse collection ; il fut un des meilleurs tireurs de son temps et mourut le 6 février 1825, victime de son goût pour le maniement des armes à feu.

## CCCLXVIII

Note 1, p. 227. — On a trouvé dans les notes qui précèdent quelques détails au sujet de la survivance de Buffon. On a vu comment une intrigue de cour le priva du droit de nommer son successeur et lui enleva la légitime espérance de voir son fils lui succéder dans sa charge et continuer son œuvre. En 1771, à la suite des négociations entamées pour apaiser son juste mécontentement, Buffon parut se soumettre. Une pension sur la tête de son fils, sa terre érigée en comté, les petites entrées de la cour, furent, dit-on, le prix de sa soumission ; l'érection d'une statue de son vivant au Jardin du Roi, eut aussi pour cause les torts dont on se sentait coupable envers un homme que l'on avait honte d'affliger, et à qui on voulait faire perdre le souvenir d'un procédé injuste en le comblant de dignités et d'honneurs.

Buffon n'avait cependant pas renoncé sans regret à l'espoir de voir son fils lui succéder un jour. En 1788, lorsqu'il tomba malade, sentant bien cette fois que sa fin était proche et se préoccupant de l'avenir de son enfant, il négocia de nouveau pour conserver la libre disposition de sa survivance. M. de Faujas fut envoyé au baron de Breteuil, alors ministre de Paris, avec des instructions. Quelques documents que je possède, la plupart inédits et relatifs aux négociations entamées à cette époque, ne me paraissent pas sans intérêt.

Le jeune comte de Buffon, accouru pour donner ses soins à son père, écrivait le 1er avril au baron de Breteuil :

« Le 1er avril 1788.

« Monseigneur ,

« M. l'archevêque de Sens * n'est point à Paris, et il m'est impossible, dans des moments où mon père est aussi malade, de le quitter et d'aller à Versailles. J'ai donc l'honneur de vous envoyer les deux papiers relatifs à la survivance du Jardin du Roi ; vous en ferez,

* Le cardinal de Brienne, alors principal ministre.

monseigneur , ainsi que de la lettre que vous a écrite mon père , l'u-
sage que vous croirez convenable. Je suis bien sûr que l'amitié que
vous avez toujours eue pour mon père et la supériorité de vos lumières
vous feront prendre le parti que je dois suivre. J'ai l'honneur d'être
avec le plus profond respect , monseigneur , votre très-humble et très-
obéissant serviteur.

                                                  « BUFFON. »

(Cette lettre a été publiée par M. Flourens.)

La plus importante des deux pièces transmises le 1er avril par le
jeune comte de Buffon au baron de Breteuil , fut une protestation
faite par son père à la date du même jour , devant quatre notaires ,
par laquelle il déclare que l'intention du Roi a été de se réserver la
faculté de disposer de la charge d'intendant du Jardin du Roi après la
mort du titulaire , et non pas de son vivant. Il supplie le Roi d'en
disposer en faveur de son fils, qu'il juge digne d'en remplir utilement
les fonctions. Cette pièce est ainsi conçue :

« Aujourd'hui premier avril mil sept cent quatre-vingt-huit , sur les
six heures du soir , à la réquisition de M. Georges-Louis Leclerc ,
chevalier , comte et seigneur de Buffon , de l'Académie française et de
celle des Sciences à Paris, intendant du Jardin et du Cabinet du Roi,
demeurant à Paris, à l'hôtel de l'Intendance dudit Jardin, rue du Jardin-du-Roi, paroisse Saint-Médard , les conseillers du Roi, notaires au
Châtelet de Paris soussignés , se sont transportés audit hôtel de l'Intendance du Jardin du Roi , où étant , est comparu par-devant lesdits
notaires mondit sieur comte de Buffon , trouvé par lesdits notaires
dans sa chambre à coucher , au premier étage dudit hôtel , ayant vue
sur le Jardin , dans son lit , malade de corps, sain d'esprit, mémoire
et jugement, ainsi qu'il est apparu auxdits notaires par ses discours et
entretiens.

« Lequel a dicté aux notaires soussignés ce qui suit :

« Je déclare aussi juridiquement qu'il m'est possible , que le *bon*
« *du Roi* , de ma survivance, ayant été donné le six janvier mil sept
« cent soixante et onze, je n'avais pas encore été malade jusqu'à ce
« jour , et que je ne suis vraiment tombé malade que le onze février
« suivant, que, depuis ce temps, je n'ai pas laissé de faire la plus forte
« moitié de mes ouvrages, et il est évident que Sa Majesté Louis Quinze
« ayant mis au bas de la demande du comte d'Angeviller *Bon pour*
« *après la mort du sieur de Buffon* , n'avait point intention que cette
« survivance fût donnée avant sa mort, d'autant que ledit sieur d'An-
« geviller promet la remettre au fils dudit sieur Buffon au cas qu'il en
« soit digne.

« Eh bien, aujourd'hui son père l'en trouve digne, et il espère des
« bontés de Sa Majesté qu'après cinquante ans de services, elle ne
« permettra pas que cette survivance tombe en d'autres mains que
« les siennes.

« Je déclare en outre n'avoir jamais fait de demande de survivan-
« cier ni donné de démission de ma place d'intendant du Jardin du
« Roi et du Cabinet d'Histoire naturelle, et qu'il est impossible que
« l'on puisse en représenter.

« Je supplie Sa Majesté d'avoir égard au vœu que je fais dans ce
« moment et de permettre que mon fils administre, d'après les conseils
« et les instructions que je lui ai donnés, la place d'intendant du
« Jardin du Roi, sous les auspices et les ordres de M. le baron de
« Breteuil : c'est à ce ministre et à son amour pour les sciences, que
« l'on doit en grande partie le haut degré de perfection auquel est ar-
« rivé l'établissement dont je suis chargé depuis tant d'années, et qui
« attire dans la capitale une foule d'étrangers de toutes les nations.

« Je prie monseigneur le baron de Breteuil de vouloir bien char-
« ger, à ma recommandation et à ma demande, M. Faujas de Saint-
« Fonds de la continuation de mes ouvrages pour l'Histoire naturelle
« du Cabinet du Roi, si ma santé ne me permet pas de les suivre. »

« Ce fut ainsi fait, nommé et dicté par mondit sieur comte de Buffon auxdits notaires et ensuite à lui relu par l'un desdits notaires,
son confrère présent, à Paris en la chambre ci-devant désignée, les
jour et an que dessus, et a ledit seigneur comte de Buffon signé la
minute demeurée à M. Boursier, l'un des notaires soussignés. »

Le même jour, 1er avril, en même temps qu'il adressait au ministre
de Paris les pièces nécessaires pour sauvegarder les intérêts de son
fils et faire reconnaître ses droits, Buffon, pensant bien que le comte
d'Angeviller, à qui sa survivance avait été donnée, ferait des démarches dans un sens contraire, négocia avec le courtisan comme il avait
négocié avec le ministre. Il offrit une somme d'argent que le comte
refusa. La lettre qui suit apprit en même temps au Jardin du Roi l'intention dans laquelle était le comte d'Angeviller de profiter des lettres
de survivance données en sa faveur, et la substitution qui avait été
faite du marquis de La Billarderie, son frère, à sa place.


« Le 1er avril 1788, à minuit.


« J'ai écrit hier à mon frère, monsieur, comme je vous l'avais pro
mis. N'ayant pas reçu sa réponse, j'ai pris le parti d'aller ce matin à
Versailles. Je n'ai pu le voir que tard, et j'arrive ce soir à onze heures.

Je ne me suis pas trompé en vous prévenant de sa délicatesse sur ce qui est affaire d'argent : il m'a dit qu'il ne s'était pas cru susceptible d'une pareille offre, et qu'il ne se pardonnerait jamais s'il avait été capable de balancer un instant à la refuser. Je m'y attendais d'autant plus, que ma manière de penser est toute semblable. Il m'a ajouté qu'il a déjà fait des démarches assez fortes pour obtenir que je lui fusse substitué, et qu'il ne pouvait rien changer à ses dispositions. Quant à moi, monsieur, ma tendre amitié pour M. votre père, et celle que j'ai pour vous depuis votre enfance, vous assurent des soins que je me donnerai pour vous obtenir ma survivance, si nous avons le malheur de perdre M. votre père, et je compte assez sur votre amitié pour me flatter que, dans ce cas, vous me souhaiterez d'aussi longs jours que j'en désire à mon respectable ami. C'est au moins une justice que vous rendrez aux sentiments avec lesquels je suis pour toute ma vie, monsieur, votre très-humble et très-obéissant serviteur.

« La Billarderie. »

(Cette lettre a été publiée par M. Flourens.)

### LETTRE DU COMTE DE BUFFON FILS AU BARON DE BRETEUIL.

« 7 avril 1788.

« Monseigneur,

« J'ose vous prier de vouloir bien ne faire aucun usage de l'acte que je vous ai remis de la part de mon père, concernant la survivance de l'intendance du Jardin du Roi. Je n'ai fait en cela qu'exécuter sa volonté positive, et je n'ai nulle part à l'acte qu'il a fait. La démission qui existe dans vos bureaux, monseigneur, me persuade que mon père a eu à ce sujet une absence de mémoire qu'il n'est pas étonnant d'avoir après une maladie aussi longue. Enfin je vous demande, monseigneur, de vouloir bien regarder cet acte comme non avenu, et d'ordonner qu'il me soit renvoyé. J'ai écrit à M. l'archevêque de Sens pour lui faire la même demande, et j'espère qu'il voudra bien avoir égard à ma lettre.

« J'ai l'honneur d'être, monseigneur, avec le plus profond respect, votre très-humble et très-obéissant serviteur.

« Buffon fils. »

(Cette lettre a été publiée par M. Flourens.)

LETTRE DU **MÊME** AU CARDINAL DE BRIENNE.

« Au Jardin du Roi, le 7 avril 1788.

« Monseigneur,

« Lorsque je vous ai remis à Versailles l'acte qu'a dicté mon père et les pièces relatives à la survivance du Jardin du Roi, j'eus l'honneur de vous assurer que je ne faisais en ce moment que remplir les ordres positifs de mon père, et que pour moi, je m'en remettais, monseigneur, à vos bontés et à tout ce qu'il vous plairait de décider à ce sujet. Maintenant, monseigneur, j'ose vous supplier de ne faire aucun usage ni de l'acte, ni des autres papiers que j'ai eu l'honneur de vous laisser, et de vouloir bien ordonner qu'ils me soient renvoyés. Il existe une démission de mon père de laquelle je n'avais jamais entendu parler. Je la respecte, monseigneur, et je ne veux plus faire aucune démarche relative à cette affaire. J'espère que vous daignerez m'accorder cette marque de bonté, et j'ose vous assurer, monseigneur, que je serai toute ma vie pénétré de ce que vous avez bien voulu faire pour moi en me recommandant à M. le comte de Brienne, et de la nouvelle marque de bonté que je vous supplie de m'accorder.

« J'ai l'honneur d'être avec le plus profond respect, monseigneur, votre très-humble et très-obéissant serviteur.

« BUFFON fils. »

En 1771, Buffon s'était donc démis de sa charge au profit du comte d'Angeviller; ces deux lettres permettent de le croire. Une lettre de Thouin et une lettre de Trécourt, alors secrétaire de Buffon, et qui aurait écrit l'acte par lequel ce dernier donnait sa démission, afin que le Roi pût disposer de sa charge après sa mort, complètent d'une façon utile les documents relatifs à cette obscure affaire. Elles sont adressées à Mlle Blesseau.

LETTRE DE **M.** THOUIN.

« Au Jardin du Roi, le 28 mai 1788.

« Je suis très-sensible, mademoiselle, à votre souvenir, et je vous en remercie bien sincèrement. Il y a plus d'un mois que j'avais le projet de vous écrire, et avec la meilleure volonté je n'en avais pas le courage; la plaie que mon cœur a éprouvée à la mort de M. de Buffon est bien loin d'être fermée. J'aurais bien voulu pouvoir m'éloigner comme vous d'un lieu où tout me rappelle les circonstances déchirantes de sa mort ; mais ma présence était nécessaire ici sous plusieurs points de vue, et l'illustre ami que nous avons perdu, s'il pouvait reparaître, me saurait peut-être quelque gré de ce que je souffre pour lui et par mon cœur, et par les injustices dont on l'accable, ainsi que moi. Mais lorsqu'on n'a absolument aucun tort, il faut se consoler dans le témoignage de sa conscience, et le temps et la vérité ramènent ensuite la justice. C'est moins pour me plaindre, mademoiselle, que pour vous instruire historiquement de faits qui ne sauraient vous être étrangers, que je vous dirai :

« D'abord, qu'à son retour de Montbard, M. de Buffon me parut si attaché à la mémoire de son père, que je redoublai d'attachement pour lui. Il me dit, avant que je lui eusse dit un mot moi-même, qu'il ne dirait ni ne signerait jamais rien qui pût troubler la cendre de son père et le respect qu'il lui devait.

« Son oncle arriva quelque temps après ; je lui rendis sur-le-champ deux visites. Il ne vint point chez moi, mais donna toute sa confiance à M. Daubenton. L'on procéda à la vérification des papiers ; ni l'oncle ni le fils ne me consultèrent sur rien. M. Daubenton assista à tout, fut conseil de tout, vérifia tout. Le fils venait pour cet objet presque chaque jour au Jardin du Roi ; il ne me demanda plus ; l'oncle ne me rendit aucune visite.

« Le matin du départ de M. de Buffon pour son régiment, je me rendis exprès chez lui, car il partait sans me voir. Il me fit des amitiés, mais avec un peu de gêne ; il me tira à part et me dit ces propres mots : « A propos, mon cher ami, mon oncle et moi avons cru devoir « signer devant deux notaires un acte par lequel nous déclarons sim- « plement à M. d'Angeviller qu'il existe une démission de mon père, « et que c'est par défaut de mémoire occasionné par sa maladie et par « ses souffrances qu'il a déclaré le contraire ; mais vous n'êtes compro- « mis en rien dans tout cela. » Je ne lui répondis autre chose, si ce n'est que je ne craignais jamais que personne au monde pût me compromettre. »

### LETTRE DE M. TRÉCOURT.

« Le 26 septembre 1788.

« Mademoiselle,

« Plus je réfléchis à ce que vous et M. de Faujas m'avez dit au sujet du Jardin du Roi, plus je me figure que vous avez voulu vous rire de moi. Quoi ! la démission de M. de Buffon pour la place d'intendant du Jardin est annoncée dans une *Gazette de France* du mois de mai 1771, il ne fait point de réclamation contre cette annonce ; la même chose est répétée dans les provisions de son successeur, M. de Buffon garde encore le silence, et vous voulez cependant qu'il n'ait point eu de part à tout cela et qu'il l'ait ignoré ! Vous avez même l'air de penser que M. de Buffon n'a point donné sa démission et que celle du mois de décembre 1771, que vous dites être écrite de ma main et signée de lui, est une pièce supposée parce qu'il n'en a pas approuvé l'écriture. Il faut l'avouer, mademoiselle, un pareil raisonnement ferait pitié s'il n'était pas dicté par l'envie. Si la pièce dont il s'agit est écrite de ma main et qu'elle ne soit pas revêtue de la véritable signature de M. de Buffon, moi et le successeur à la place d'intendant du Jardin serons les plus criminels des hommes, puis qu'il sera dès lors évident que j'aurai fabriqué la démission, et que M. d'Angeviller aura consenti à une pareille turpitude. Si vous pensiez sérieusement que cela peut être, ne balancez pas du tout à me le dire, je vous prie : en attendant, je vous déclare que je n'entrerai point à la maison avant d'avoir été lavé de tout soupçon de votre part, etc.

« TRÉCOURT. »

(Inédite ainsi que la précédente.)

Buffon mourut le 16 avril 1788, et le marquis de La Billarderie se fit reconnaître dans sa nouvelle dignité.

Le fils de Buffon n'avait pas perdu tout espoir cependant d'occuper un jour une place dans laquelle son père avait rendu de si éminents services.

Je trouve dans une lettre écrite par le chevalier de Buffon à son neveu, à la date du 19 juillet 1788, un passage qui montre qu'à cette époque il espérait encore :

« L'histoire de l'acte de votre père contre M. d'Angeviller*, a bien gâté vos affaires. J'en ai beaucoup causé avec M. de La Chapelle.... A l'égard de la survivance, nos premières démarches doivent être vis-à-vis de M. de La Billarderie. J'ai depuis longtemps le projet de lui pousser une botte à cet égard, mais je n'ai pas encore trouvé l'occasion propice ; je la chercherai si bien qu'enfin elle se présentera. Je vous manderai sa réponse. Cette manière d'agir a encore l'approbation de M. de La Chapelle ; il m'a annoncé d'ailleurs que M. de Breteuil n'avait pas le projet de l'accorder à d'autres, et que nous serions avertis. J'ai averti moi-même M. de La Chapelle qu'un certain M. de Gouffier avait le projet de demander l'adjonction ; je ne crois pas que le ministre la lui accorde, mais nous verrons. M. de La Chapelle pense qu'il faut laisser un peu refroidir sur l'acte, qui a fait un très-mauvais

* La protestation notariée rapportée plus haut.

effet, avant que de faire des démarches ouvertes, et je suis encore de son avis; l'essentiel est de veiller à ce que l'on ne l'accorde point à d'autres.

« Je ne crois pas, mon cher ami, que dans le moment où vous avez des prétentions sur la survivance du Jardin du Roi, et tant que vous les aurez, vous deviez vendre la bibliothèque de votre père; pensez bien à cela et vous verrez peut-être que j'ai quelque raison de vous donner ce conseil. »

Le marquis de La Billarderie fit au Jardin du Roi un court séjour. Il se retira en 1791, n'approuvant pas les décrets rendus sur les affaires ecclésiastiques du royaume.

En 1790, le comte de Buffon, qui s'était vu enlever la part la plus honorable du patrimoine de son père, et dont la fortune était gravement atteinte par les avances faites pour l'agrandissement du Jardin du Roi, écrivit au contrôleur général la lettre qui suit. Elle pourra servir de conclusion à toutes celles qui précèdent, et montrera que les plus éminents services ne peuvent garantir de l'ingratitude ni défendre de l'oubli.

                                        « Le 11 septembre 1790.
          « Monsieur,

« J'ai l'honneur de vous représenter que, lorsque le Roi donna à mon père un survivancier à la place d'intendant du Jardin royal des Plantes, Sa Majesté daigna m'accorder une pension de 4000 livres, somme égale à celle que mon père retirait d'une rente viagère pour un capital qu'il avait placé sur le Roi sur la tête de ma mère, qui n'en jouit que très-peu de temps, puisqu'elle est morte environ six mois après l'époque du placement. A la mort de mon père, je n'ai fait aucune démarche et n'ai demandé aucune autre récompense pour cinquante et une années de ses longs et assidus services au Jardin du Roi. Cette pension de 4000 livres a été réduite à 2800 livres par M. l'archevêque de Sens. J'ose vous supplier, monsieur, de vouloir bien me faire continuer cette pension. C'est le seul témoignage et la seule marque de contentement que j'aie jamais reçus pour tout ce qu'a fait mon père. J'espère que le Roi daignera me la continuer, si c'est la liste civile qui en est chargée, et j'ai trop de confiance en la justice des représentants de la nation, si c'est le trésor national qui acquitte ces pensions, pour craindre qu'elle me soit ôtée. J'ajoute que, depuis la mort de mon père, je n'ai touché aucun intérêt des avances immenses qu'il a faites sur sa fortune pour l'établissement qui lui était confié, et dont j'attends encore le remboursement. Cette considération me paraît une raison de plus pour obtenir la continuation de ce bienfait, qui sûrement a été mérité. »

(Cette lettre est inédite.)

## CCCLXIX

Note 1, p. 228. — *De l'importance des opinions religieuses*, par M. Necker, 1 vol. de 500 pages, Paris, 1788, avec cette épitaphe : *Pristinis orbati muneribus, hæc studia renovare cœpimus, ut et animus molestiis hac potissimum re levaretur, et prodessemus civibus nostris qua re cumque possemus.* CICÉRON.

« Dans ses premiers ouvrages, le vertueux émule des Colbert et des Sully, dit Grimm, au sujet du livre de M. Necker, avait eu l'art d'animer les discussions les plus arides en les attachant tantôt au développement de quelque grande vérité morale, tantôt aux observations les plus fines et les plus profondes sur la marche du cœur et de l'imagination, tantôt aux plus purs sentiments de la gloire, du patriotisme, de la bienfaisance et de l'humanité. Dans celui-ci, son génie a su rendre intéressantes les vérités les plus abstraites en les associant aux intérêts habituels de la vie civile et à tous les grands ressorts du gouvernement et de l'administration ; après avoir donné, pour ainsi dire, une âme aux objets qui en paraissaient naturellement les plus dénués, il a trouvé le secret de revêtir de forme et de couleur les idées même qui en seront toujours le moins susceptibles. »

Note 2, p. 229. — Sur les derniers moments de Buffon, voy. aux Appendices, I, p. 611.

## CCCLXX

Note 1, p. 230. — Ce billet, écrit en entier de la main de Buffon, ne porte pas de suscription ; nous avons supposé qu'il était adressé à Louis Phelyppeaux, comte de Saint-Florentin, qui, en effet, devint ministre de la maison du Roi en 1749 et qui portait un vif intérêt aux progrès des collections du Jardin des Plantes. (Voy. sur ce personnage la note 3 de la lettre LXXVIII et la note 3 de la lettre CXX, t. I, p. 327 et 400.)

## CCCLXXI

Note 1, p. 231. — Il doit exister un assez grand nombre de lettres, écrites par Buffon à Cramer, qui avait noué des rapports intimes avec le grand naturaliste pendant le séjour de ce dernier à Genève en 1730. Nous sommes heureux d'avoir pu découvrir une de ces lettres ; nous la publions à la fin de notre recueil parce qu'elle ne nous a été communiquée que tardivement. On a précédemment vu (note 1 de la lettre vii, t. I, p. 202) quelle estime Buffon avait pour Cramer, et dans quels termes il parle (*Traité d'arithmétique morale*) du célèbre géomètre et de ses travaux. Lors du voyage que Buffon fit à Genève, il fut accueilli dans la famille des Cramer comme un homme auquel était réservé un brillant avenir scientifique. Il se plut dans cette famille, doublement unie par les liens de la plus vive affection et par la conformité des goûts. Il prolongea son séjour à Genève pour jouir de l'entretien des Cramer qui étaient justement honorés et se perfectionner près de l'un d'eux, qui était le plus célèbre, dans une science dont les principes étaient devenus l'objet de ses premières études.

Note 2, p. 231. — Buffon désigne ici :

1° Amédée Lullin, né à Genève en 1695, professeur d'histoire ecclésiastique en 1737, mort en 1756. On a de lui un recueil de sermons publié en 1770, plusieurs années après sa mort ;

2° Michel Lullin, né à Genève en 1696, mort en 1781, auteur d'un ouvrage ayant pour titre : *Expériences sur la culture des terres;* il fut, à plusieurs reprises, premier syndic de la République et se distingua dans ces hautes fonctions par son intelligence et sa fermeté.

Note 3, p. 231. — Les frères Cramer étaient libraires à Genève et avaient, grâce aux lois libérales sous l'empire desquelles ils vivaient, de grandes facilités pour se procurer les livres étrangers dont l'entrée en France était difficile. Leur maison, fort importante et fort ancienne, était surtout connue pour ses relations avec la Hollande, où s'imprimaient alors un grand nombre d'ouvrages qui avaient craint d'affronter la censure ou dont l'impression avait été interdite. Ce fut dans cette même année (1750) que Gabriel Cramer écrivit son principal ouvrage : l'*Introduction à la théorie des lignes courbes.*

On trouve dans l'*Almanach Royal* les attributions de *la Chambre Royale et syndicale de la librairie et imprimerie* ainsi définies :

« C'est dans cette chambre que les syndic et adjoints font, en présence des inspecteurs de la librairie, la visite des livres qui viennent des pays étrangers ou des provinces du royaume en cette ville…. L'on y doit apporter aussi les priviléges et permissions qui s'obtiennent en la grande chancellerie pour l'impression des livres, à l'effet d'être registrés, suivant ce qui est prescrit par lesdits priviléges, qui ordonnent que cet enregistrement sera fait dans les trois mois du jour de leur obtention, à peine de nullité.

« Les permissions de M. le lieutenant général de police doivent être pareillement registrées en cette chambre, avant la publication des ouvrages imprimés en vertu de ces permissions.

« Les syndic et adjoints sont encore préposés pour la visite des bibliothèques et cabinets de livres, dont la vente ne peut être faite en gros ou en détail qu'après cette visite, conformément aux règlements.

« Les libraires et imprimeurs sont membres et suppôts de l'Université de Paris, et ont la qualité de *libraires jurés;* en conséquence, ils jouissent des priviléges, exemptions et immunités attribués à l'Université et à ses suppôts, qui leur ont été confirmés par leurs règlements.

« Les officiers qui composent cette chambre sont les syndic et adjoints en charge, avec les anciens syndics et adjoints. »

Note 4, p. 231. — L'auteur de l'Histoire naturelle se sert de cette expression *notre ouvrage,* parce qu'en effet l'Histoire naturelle avait paru en 1749 sous son nom et sous celui de Daubenton.

Note 5, p. 231. — L'Histoire naturelle était imprimée à l'Imprimerie royale ; de plus elle était annoncée comme devant renfermer la description d'un établissement public ; à ce double titre, le ministre avait le droit d'en faire distribuer un certain nombre d'exemplaires en son nom. (Voy. la lettre XXVI, t. I, p. 41.)

Note 6, p. 231. — Jean Jallabert, né à Genève en 1711, mort en 1763, a laissé divers ouvrages sur la philosophie, sur les mathématiques et sur l'électricité.

Note 7, p. 232. — On trouve, dans une autre lettre écrite au président de Ruffey quelques jours après celle-ci (14 février 1750), des détails presque identiques sur le succès prodigieux des premiers volumes de l'Histoire naturelle. (Voy. à ce sujet la note 5 de la lettre XXVI et la note 1 de la lettre XXVII, t. I, p. 241 et 244.)

Note 8, p. 232. — Buffon ne parle jamais des critiques dont son ouvrage a été l'objet qu'avec le plus profond dédain. « Je me soucierai encore moins des critiques de mon mariage que de celles de mon livre, » écrit-il à Gueneau de Montbeillard le 18 septembre 1752; mais, lorsqu'il dit à Cramer qu'il n'y a *pas un mot de critique écrite* à propos de l'Histoire naturelle, il est dans l'erreur. (Voy. à ce sujet la note 2 de la lettre xxxix, t. I, p. 279.)

Note 9, p. 232. — Voy. sur l'abbé Sallier la note 7 de la lettre xxx et la note 6 de la lettre LXIV, t. I, p. 259 et 313.

## CCCLXXII

Note 1, p. 232. — Depuis trois ans à peine Fontaine des Bertins habitait la Bourgogne, et sa terre de Cusseaux lui avait déjà valu deux procès. Il faut dire que le célèbre géomètre était habile à les faire naître et peu habile à les conduire. On a précédemment vu en quels termes Buffon parle de Fontaine à son ami le président de Ruffey, qui vient de le faire recevoir membre de l'Académie de Dijon. (Voy. la lettre cxi, t. I, p. 126.) Dans son *Traité d'arithmétique morale*, il le cite comme l'*un de nos plus habiles géomètres*. (Voy. la note 1 de la lettre cxi, t. I, p. 377.)

Note 2, p. 232. — Voy. sur Le Mulier la note 1 de la lettre cxxxviii, t. I, p. 442.

## CCCLXXIII

Note 1, p. 233. — Il a déjà été question de la maison Lelièvre dans une lettre à Thouin du 28 février 1781, p. 94.

Note 2, p. 233. — Il résulte en effet des détails contenus dans une lettre écrite quelques jours après celle-ci, le 20 juillet (voy. ci-dessus, p. 102), que l'enchère de 14 000 livres était fictive.

## CCCLXXIV

Note 1, p. 234. — Buffon avait engagé Thouin le 20 juillet précédent (voy. ci-dessus la lettre ccLxvi, p. 102) à faire cette visite à M. Dufresne.

Note 2, p. 234. — On verra bientôt (lettre du 23 septembre 1787, p. 241) que Buffon obtint en effet du trésor royal le payement d'un à-compte sur les sommes importantes qu'il avait déjà avancées et dont il fait l'énumération dans une autre lettre du 12 septembre 1787 (p. 240), adressée également à Thouin.

Note 3, p. 235. — Buffon lui disait précédemment (lettre CCLXXI, p. 108) : « Il n'est pas possible que j'aille habiter actuellement cette maison *qui est tout en l'air.* »

## CCCLXXVI

Note 1, p. 236. — Voy. sur Trécourt la note 1 de la lettre CXXXV, t. I, p. 433.

Note 2, p. 236. — Buffon eut, en effet, lieu d'être satisfait. Trécourt exécuta avec exactitude et intelligence le travail qui lui avait été confié. J'ai retrouvé, parmi ses papiers, une lettre de l'abbé Bexon, dans laquelle il lui adresse des éloges sur la manière dont il a compris et exécuté ses instructions. Cette lettre, qui décèle au plus haut point un esprit exact et consciencieux, témoigne en même temps du soin avec lequel l'abbé Bexon s'acquittait des minutieux détails dont il était chargé. Elle est ainsi conçue :

« 4 janvier 1782. — Je fais mes sincères compliments et souhaits de bonne année à M. Trécourt, en lui renvoyant, de la part de M. le comte de Buffon, le cahier A de la Concordance. Il est en général très-bien, et M. Trécourt a conçu à merveille l'ordre complétement alphabétique, d'abord pour la première, puis la seconde, puis la troisième lettre, et ainsi jusqu'à la dernière de chaque mot, qu'il est essentiel d'y observer. Il ne reste qu'à y mettre la plus scrupuleuse attention ainsi que la plus grande exactitude à coter sur chaque mot le volume et la page, parce qu'une faute échappée là-dessus serait irréparable. Au reste, dans ce genre de travail, le second cahier est plus facile que le premier et le troisième encore plus, et le premier doit servir comme d'étude aux suivants. Par exemple je prierai M. Trécourt de remarquer à la page 10 qu'*Amazones* au pluriel ne doit venir qu'après tous les *Amazone* au singulier, à cause de l'S ; à la page 11, qu'*Ampelis tertia* doit être après *Ampelis purpurea;* page 13, *Apos indica* après *Apos et cypselus;* de même, à la page 18, 'Αστράλος en grec était devant *Asterias;* je l'ai mis à sa place ; il en est de même de quelques autres petits articles : les mots *Arcuata, Arquata* et *Au-Vogel* étaient passés. Il faut prendre tout le soin possible pour qu'il n'en échappe aucun. Et afin qu'on puisse, dans un nouveau travail, interpeler tous les mots que doit fournir le neuvième volume, mon avis est de ne mettre dans chaque page du même format ci-joint, qui est très-bon, de n'y mettre, dis-je, qu'une seule colonne, laissant l'autre en blanc pour l'insertion des mots du dernier volume, qui ne peut se faire que son impression ne soit finie, et que je me chargerai moi-même d'y placer. Voilà ce que j'avais à dire à M. Trécourt au sujet de ce travail, et je finis par répéter qu'on ne pouvait le mieux confier qu'à son intelligence et à son exactitude, et c'est avec le plus grand plaisir que je lui renouvelle les assurances de toute mon amitié.

« BEXON. »

Note 3, p. 237.— Buffon avait débuté, ainsi qu'on l'a déjà remarqué précédemment (note 4 de la lettre CLXIX, t. I, p. 498), par des expériences sur la force des bois et le meilleur aménagement des forêts. Lorsqu'il fut devenu propriétaire d'une grande étendue de bois, il continua ses expériences en leur donnant un grand développement, sans même se demander si ses intérêts pouvaient en souffrir. En 1781, il s'occupait encore de ces études pratiques. Il faisait alors défricher de vastes étendues de terrains, sur lesquels il créait des pépinières, et introduisait dans la culture des forêts des essences nouvelles. La nature de ces travaux désignait nécessairement Buffon comme membre de la Société d'agriculture, fondée en 1761 dans le but d'encourager, en la propageant, la science agricole. Il en fit partie en effet lors de sa fondation; et, en 1788, Bressonnet, secrétaire perpétuel, prononça son éloge devant cette compagnie.

## CCCLXXVIII

Note 1, p. 238. — Il a déjà été question de ces cadeaux dans une lettre du 9 août 1789. (Voy. p. 199.)

Note 2, p. 239. — Buffon a déjà formulé les mêmes plaintes dans une lettre du 5 août 1781. (Voy. p. 235.)

## CCCLXXIX

Note 1, p. 240. — Voy. la note 1 de la lettre CCCLXVI, p. 590.

Note 2, p. 241. — Voy. la lettre CCCLXXX, même page.

# APPENDICES

# APPENDICES.

### I

Pendant la douloureuse maladie qui précéda la mort de Buffon, Mme Necker quitta bien peu son illustre ami. Sa fin si courageuse et si chrétienne, la dignité imposante de ses derniers instants, firent sur le cœur et sur l'esprit de Mme Necker une impression profonde. On trouve dans ses *Mélanges* ces lignes qui commencent par un souvenir et finissent par une prière : « M. de Buffon, dans les derniers jours de sa vie, disait encore des choses fort tendres qui semblaient sortir du fond de son tombeau. Le spectacle de ses douleurs sera présent à jamais à mon cœur et à ma pensée; il m'a montré jusqu'au néant des grands talents. L'homme n'est rien, Dieu est tout; et c'est dans son sein qu'il faut chercher un asile contre sa propre pensée. » Plus haut, sur une feuille arrachée sans doute de son journal, est écrit ce vers :

Buffon n'est plus ; nous sommes tous égaux.

et au-dessous de sa main, ce seul mot : *Beau vers.*

Chaque matin elle arrivait au Jardin du Roi et venait s'asseoir au chevet du vieillard mourant ; elle y restait jusqu'au soir, prolongeant souvent la veillée fort avant dans la nuit, et ne consentait à quitter la chambre où Buffon allait rendre le dernier soupir que lorsque le malade commençait à prendre quelque repos. « Que de bonté ! disait-il parfois en lui prenant les mains; vous venez me voir mourir ! Quel spectacle pour une âme sensible ! » Sentant sa fin approcher, il voulut visiter une dernière fois le jardin où il avait passé quarante-neuf années de sa vie, pour la gloire duquel rien ne lui avait coûté, ni fatigues ni argent. Une après-midi du mois d'avril, à l'heure où un soleil plus chaud

dorait les pousses nouvelles, on put voir un vieillard, soutenu par
deux laquais, enveloppé dans de chaudes fourrures, se promener un
instant dans l'allée d'arbres qui traverse le jardin: ce fut sa dernière
sortie. Depuis longtemps Buffon était travaillé par la pierre, qui lui
faisait endurer de cruelles souffrances. A plusieurs reprises on lui
avait demandé de faire venir le frère Côme, célèbre par son habileté
dans l'opération de la taille; mais le frère Côme était mort sans que
Buffon eût voulu se laisser opérer. Plusieurs fois Portal, qui lui donnait
ses soins avec Petit, proposa de le sonder : « Docteur, disait alors
Buffon, répondez-vous de me guérir? » Et comme l'homme de la science
gardait le silence : « J'ai quatre-vingt-un ans, reprenait-il en ho-
chant la tête; ah! laissez-moi mourir! » Sur la fin de sa maladie,
quelques jours avant sa mort, il refusait tous les remèdes et tous les
aliments qui lui étaient présentés. « Je suis un malade peu commode
disait-il à ses gens; mais à quoi bon tous vos soins? ils sont inutiles,
je me sens mourir! » Jusqu'à sa dernière heure, sauf quelques dé-
faillances, suites nécessaires de la puissance du mal, il conserva
toute sa raison; peu de jours avant sa mort, il remettait à Thouin
18 000 livres pour solder des mémoires que lui-même avait arrêtés.

Je possède un manuscrit ayant pour titre : *Derniers moments et
agonie de M. le comte de Buffon, décédé au Jardin du Roi dans la nuit
du 15 au 16 avril 1788, à l'âge de quatre-vingt-un ans*. Je le dois à
M. de Faujas de Saint-Fond; il est écrit en entier de la main de
Mme Necker.

« Vendredi au soir, 11 avril 1788. Le R. P. Ignace, desservant de la
paroisse de Buffon, est arrivé en poste de Montbard.

« Samedi 12. A huit heures du matin il est entré dans la chambre
de M. de Buffon qui, bien que dans un état de faiblesse et d'accablement extrêmes, l'a reconnu aussitôt et lui a dit : « Ignace, mon cher
« Ignace votre arrivée me fait un bien grand plaisir! » Il l'entretint de
la façon la plus affectueuse, et dit ensuite à Mlle Blesseau sa gouvernante : « Veuillez bien faire dire à M. le curé de Saint-Médard que
« je suis reconnaissant de la peine qu'il a bien voulu prendre en ve-
« nant chez moi; que le P. Ignace, mon directeur, est arrivé, et que j'ai
« toute ma confiance en lui. Qu'on aille de suite lui dire cela! »

« Le R. P. Ignace se rendit à dix heures chez Monseigneur l'archevêque de Paris pour lui demander l'approbation; elle fut donnée par
écrit par M. de Dampierre, grand vicaire de l'Église de Paris, en l'absence de Monseigneur l'archevêque, qui était à la campagne. De l'archevêché le R. P. Ignace se rendit chez M. le curé de Saint-Médard
pour lui faire part des motifs qui l'avaient appelé auprès de M. de

Buffon, dont il était le directeur. Il l'assura que chaque année M. de Buffon avait fait ses pâques publiquement à Montbard, et que c'était sa coutume, ce jour-là, de distribuer des aumônes aux pauvres. M. le curé de Saint-Médard dit au R. P. Ignace que les intérêts de la conscience de M. de Buffon étaient en bonnes mains, et que non-seulement il adhérait à tout, mais même qu'il consentait, si M. de Buffon était dans le cas d'être administré, que le R. P. Ignace fît lui-même cette cérémonie. Ainsi tout s'est passé à merveille de ce côté. Le soir, vers les quatre heures, M. de Buffon eut un entretien avec le R. P. Ignace ; les personnes qui environnaient le malade s'étant retirées, le R. P. Ignace resta trois quarts d'heure environ près de M. de Buffon et le confessa.

« Dimanche, 13 avril. Même état d'accablement.

« Lundi, 14 avril. Même situation.

« Mardi, 15 avril. A sept heures du soir, les urines ayant mal coulé dans la journée, et la sueur de la veille l'ayant encore affaibli, il a été pris tout à coup par des nausées et des espèces d'envies de vomir et par des douleurs dans la vessie, qui ne lui laissaient aucun repos ; il tremblait et suait en même temps de tous ses membres. Dans moins d'une heure et demie il a mouillé trois chemises. Ses forces semblaient renaître avec le mal ; il aidait très-bien lui-même à passer la chemise qu'on lui changeait. Il demandait presque à chaque moment à boire, tantôt de l'eau, un bouillon et quelques gouttes de vin d'Alicante, disant sans cesse : « J'étouffe ! » On le soulevait sur son lit, et, au milieu de ces terribles angoisses de la mort, je l'ai entendu dire : « A-t-on fait quelque chose pour mon fils ? » Vers les neuf heures et demie du soir, cet état perpétuel de souffrance et d'angoisse se soutenant, il portait à chaque instant les mains vers la partie souffrante, c'est-à-dire du côté de la vessie, et dans un moment d'impatience, je l'ai entendu prononcer ces mots : « Sors donc, vilaine « pierre !... Sors donc ! » Le P. Ignace, son confesseur, ayant alors touché le pouls (car les médecins étaient absents), s'est aperçu que le malade était dans un état voisin de la mort et lui a proposé de l'administrer ; le malade a répondu : « J'y consens, mais donnez-moi encore une heure ou deux. » Mais le P. Ignace, voyant que la chose pressait, est allé en toute diligence chez le curé de Saint-Médard pour demander un porte-Dieu, le viatique et l'extrême-onction. Dans cet intervalle j'étais à côté du malade, que je ne perdis pas un moment de vue ; il croyait son confesseur présent et j'ai retenu ses paroles : « Cher « Ignace, il y a plus de quarante ans que vous me connaissez ; vous sa- « vez quelle a toujours été ma conduite ; j'ai fait du bien quand je l'ai « pu et je n'ai rien à me reprocher. Je déclare que je meurs dans la reli-

« gion où je suis né, et atteste publiquement que je crois en Jésus-Christ
« descendu du ciel sur la terre pour le salut des hommes : je demande
« qu'il daigne veiller sur moi et me protéger, et je déclare publiquement
« que j'y crois. » Deux minutes après, le R. P. Ignace est entré avec
l'extrême-onction, et, en attendant que le porte-Dieu arrivât, il lui a
administré les saintes huiles avec les prières ordinaires. M. de Buffon
était accablé de douleur et de suffocation, et se sentait à la veille de
mourir. Je ne me suis point aperçu que la tête fût perdue, excepté dans
le moment où l'on a découvert ses pieds pour les oindre. Il a dit alors :
« Cela regarde M. Retz, » qui est son médecin. Il a adressé la parole
au P. Ignace et lui a dit d'une manière très-empressée : « Qu'on me
« donne vite le bon Dieu ! Vite donc ! Vite ! » et il sortait la langue
pour le recevoir. Mais le porte-Dieu n'arrivait pas ; le malade redou-
blait sa demande en y mettant même une certaine impatience ; enfin
le P. Ignace l'a communié et M. de Buffon répétait pendant la cérémonie : « Donne donc ! Mais donne donc ! » Ce terrible spasme de la
mort s'est ensuite calmé en partie ; mais il lui est resté une suffocation excessive ; sa respiration était fréquente et gênée. Son corps glacé
était réchauffé à l'aide de linges chauds. Il a trouvé encore la force de
se soulever à l'aide de ses deux bras et il a bu trois cuillerées à bouche de vin d'Alicante. Puis le pouls a diminué graduellement, sa bouche est demeurée ouverte, les extrémités se refroidissaient, il a serré
plusieurs fois la main de Mlle Blesseau ; la respiration devint presque
insensible, et, à minuit quarante minutes, il a rendu le dernier soupir. »

Dans une autre relation de la mort de Buffon, laissée par un de ses
secrétaires, je trouve les particularités suivantes : « Il attendait le
saint viatique avec impatience. « Que le prêtre tarde d'arriver ! di-
« sait-il ; par grâce, allez au-devant.... Ils me laisseront mourir sans
« les sacrements ! » En recevant l'extrême-onction, il tendit de lui-
même les pieds en disant très-intelligiblement : « Tenez, mettez là ! »
Il fut administré avec beaucoup d'appareil et renouvela sa profession
de foi, qu'il fit à haute voix devant le grand nombre d'assistants que
la cloche avait attirés. Il a fait approcher son fils, qui, les larmes aux
yeux, a recueilli ces paroles touchantes : « Ne quittez jamais le che-
« min de la vertu et de l'honneur, c'est le seul moyen d'être heureux. »
Il a pressé la main de ses amis, a remercié ses gens de leur attachement à sa personne et de leur zèle constant à le servir, puis il a
fermé les yeux et a attendu, avec la fermeté du sage, sa dernière
heure. »

Ce fut là une mort vraiment chrétienne, digne fin d'une vie

glorieusement occupée. Ce fut, en plein dix-huitième siècle, et dans le temps où une philosophie malsaine prenait la place de la religion, un grand exemple donné par le plus profond philosophe de l'époque ; ce fut un grand acte de fermeté et de conviction.

Buffon avait manifesté le désir d'être transporté à Montbard, dans le caveau de sa chapelle, près de sa femme et de son père. Son corps fut embaumé et son cœur fut remis à Faujas de Saint-Fond, suivant l'ordre qu'il en avait donné.

Le 18 avril, le corps fut présenté à Saint-Médard, paroisse du Jardin du Roi. « Sa pompe funèbre, dit un journal du temps, a eu un éclat rarement accordé à la puissance, à l'opulence, à la dignité. Un concours nombreux de personnes distinguées, d'académiciens, de gens de lettres, s'était réuni dans cet hommage solennel rendu à la mémoire d'un homme de génie, et accompagnait le convoi. Telle était l'influence de ce nom célèbre, que vingt mille spectateurs, dans les rues, aux fenêtres, et presque sur les toits, attendaient ce triste cortége, avec cette curiosité que le peuple réserve aux princes !... » ( *Mercure* du 26 avril.

« Vous vous souvenez, messieurs, disait à quelques mois de là Vicq-d'Azir, de la pompe de ses funérailles ; vous y avez assisté avec les députés des autres Académies, avec tous les amis des lettres et des arts, avec ce cortége innombrable de personnes de tous les rangs, de tous les états, qui suivaient en deuil, au milieu d'une foule immense et consternée. Un murmure de louanges et de regrets rompait quelquefois le silence de l'assemblée. Le temple vers lequel on marchait ne put contenir cette nombreuse famille d'un grand homme. Les portiques, les avenues demeurèrent remplis ; et tandis que l'on chantait l'hymne funèbre, ces discours, ces regrets, ces épanchements de tous les cœurs ne furent point interrompus.... »

Le 20 avril, le corps, rapporté à Montbard, fut descendu en grande pompe dans la chapelle seigneuriale, où il repose encore aujourd'hui.


# II

## ACTE DE DÉCÈS DE BUFFON.

L'an mil sept cent quatre-vingt-huit, le dix-huit avril, a été présenté en cette église le corps de messire Georges-Louis Leclerc, chevalier, comte de Buffon, seigneur de Montbard, marquis de Rougemont, vicomte de Quincy, seigneur de la Mairie, les Harens, les Berges et autres lieux, Intendant du Jardin et des Cabinets d'Histoire naturelle du Roi, l'un des quarante de l'Académie française, trésorier perpétuel de l'Académie royale des sciences, membre des Académies de Berlin, de Londres et de Saint-Pétersbourg, de l'Institut de Bologne, de Florence et d'Édimbourg, de Philadelphie, de Dijon, etc., etc. Veuf de *                               décédé d'avant-hier en l'hôtel de l'Intendance du Jardin du Roi, âgé de quatre-vingt-un ans ; lequel corps a été présenté à nous curé soussigné, pour après le service solennel célébré dans cette église, être transféré à Montbard, diocèse de Langres ; ladite présentation faite en présence de messire Georges-Louis-Marie, comte de Buffon, gouverneur de Montbard, capitaine au régiment de Septimanie (cavalerie), son fils, de M. Georges-Louis-Nicolas, vicomte de Saint-Belin, officier au régiment de Bourbon (dragons), de messire Louis-Alexandre de La Rochefoucauld, pair de France, de l'Académie royale des sciences, de M. Claude Thiard **, de l'Académie française, etc., de messire Étienne-François Turgot, marquis de Soumont, etc., etc., de messire Marie-Jean-Antoine-Nicolas de Caritat, marquis de Condorcet, secrétaire perpétuel de l'Académie royale des sciences, membre de l'Académie française, de messire Mathieu Tillet, chevalier de l'ordre du Roi, trésorier perpétuel de l'Académie royale des sciences, et autres soussignés.

BUFFON, SAINT-BELIN, le duc DE LA ROCHEFOUCAULD, BISSY. Le marquis DE CONDORCET, TURGOT, TILLET. DE FENOYL,                    JEAURAT.

DUBOIS, curé de Saint-Médard.

[Archives de l'hôtel de ville de Paris, paroisse Saint-Médard, folio 40 au verso.)

# III

### PROCÈS-VERBAL D'INHUMATION.

Deux jours après avoir été présenté à l'église Saint-Médard, le corps de Buffon arrivait à Montbard pour y être déposé dans la chapelle seigneuriale, à la place qu'il avait pris soin de désigner lui-même.

Les registres de la paroisse Sainte-Urse de Montbard contiennent le procès-verbal de son inhumation ; il est ainsi conçu :

« Messire Georges-Louis Leclerc, chevalier, comte et seigneur de

---

* Sur l'original, le nom de la femme de Buffon, Marie-Françoise de Saint-Belin, a été laissé en blanc.

** C'est Claude de Thiard, plus connu sous le nom de comte de Bissy (voy. la *Biographie universelle*) ; il signe Bissy.

Buffon, Quincy-le-Vicomte, Rougemont, et autres lieux, de l'Académie française, de celle royale des Sciences et autres, Intendant du Jardin du Roi et du Cabinet d'Histoire naturelle, à Paris, décédé audit Jardin du Roi, 15 du présent mois d'avril 1788, après avoir été présenté à son église paroissiale de Saint-Médard, le surlendemain 18, a été inhumé par moi, curé soussigné, le 20 du même mois, dans le caveau de sa chapelle de l'église paroissiale de Sainte-Urse, à Montbard. A ses obsèques ont assisté messire Georges-Louis-Marie Leclerc, chevalier, comte et seigneur de Buffon, Quincy-le-Vicomte, Rougemont, et autres lieux, capitaine au régiment de Septimanie, son fils; messire Antoine-Ignace de Saint-Belin, chevalier, ancien capitaine au régiment de Navarre, chevalier de l'ordre royal et militaire de Saint-Louis, seigneur d'Étaye, beau-frère dudit sieur comte de Buffon; messire Georges-Louis-Nicolas de Saint-Belin, chevalier, officier au régiment de dragons de Bourbon, neveu dudit seigneur comte de Buffon; messire Benjamin-Edme Nadault, conseiller au parlement de Bourgogne, beau-frère dudit seigneur comte de Buffon; messire Bernard du Corail, officier au régiment de Lorraine (infanterie): les officiers de la justice de Buffon, Quincy-le-Vicomte, et autres lieux; M. François-Pierre-Marie Gueneau de Mussy, écuyer, maire et lieutenant général de police de la ville de Montbard, et chevalier de la châtellenie de ladite ville, ainsi que les échevins, magistrats, officiers du grenier à sel, chevaliers de l'arquebuse, notables, ecclésiastiques de ladite ville et du voisinage, soussignés avec nous gouverneur de la ville de Montbard. »

Pendant la Révolution, la sépulture de Buffon fut violée; on prit, pour en faire des balles, le plomb qui garnissait son cercueil.

A la nouvelle de ce qui s'était passé à Montbard, la Convention nationale fit écrire à la municipalité la lettre suivante :

« LIBERTÉ, ÉGALITÉ, FRATERNITÉ.

« COMITÉ D'INSTRUCTION PUBLIQUE.

« A PARIS, CE 4 VENTOSE, AN DEUXIÈME DE LA RÉPUBLIQUE UNE ET INDIVISIBLE.

« Citoyens,

« Le comité a été instruit que la commune de Montbard s'est emparée du cercueil de plomb dans lequel étaient renfermés les restes de Buffon. Cet acte, auquel elle s'est crue autorisée pour l'exécution littérale de la loi, pourrait être interprété défavorablement par les malveillants, qui cherchent chaque jour de nouveaux prétextes pour calomnier notre sublime Révolution; l'enlèvement de ce plomb, destiné à foudroyer des hordes de barbares, pourrait être présenté comme une violation des cendres d'un homme que l'Europe compte parmi ses plus célèbres naturalistes. C'est à la commune à prévenir la calomnie; le comité vous invite, en conséquence, à placer sur la tombe de Buffon, avec quelque solennité, une simple pierre qui prouvera le respect que vous avez pour sa mémoire.

« VILLARS, secrétaire. »

(De la collection de M. H. Nadault de Buffon. — Publiée en 1855 dans la Revue archéologique, article : *Monbtard et Buffon.*)

Les instructions de la Convention ne furent pas suivies, et lorsqu'en 1845, dans des circonstances bien tristes pour la famille, le caveau fut de nouveau ouvert, on trouva le corps de Buffon dans le cercueil provisoire où il avait été alors placé.

# IV

### TESTAMENT DE BUFFON.

Par-devant les Conseillers du Roi, Notaires au Châtelet de Paris, soussignés,

Fut présent :

Messire Georges Louis Leclerc, chevalier, comte et seigneur de Buffon, la Mairie, les Berges, Rougemont, Quincy et autres lieux, de l'Académie française et de celle des sciences, Intendant du Jardin et du Cabinet du Roi à Paris, demeurant ordinairement à Montbard en Bourgogne, lieu de son domicile habituel, et actuellement à Paris pour les fonctions de sa place, en son logement comme Intendant dudit Jardin, rue du Jardin-du-Roi, paroisse Saint-Médard, trouvé par les dits notaires dans un cabinet ayant vue sur le Jardin, au premier étage du bâtiment de l'intendance dudit Jardin, dans son fauteuil, malade de corps, mais sain d'esprit, mémoire et jugement, ainsi qu'il est apparu auxdits notaires par ses discours et entretiens.

Lequel, dans la vue de la mort, après avoir recommandé son âme à Dieu, a fait, dicté et nommé auxdits notaires son testament ainsi qu'il suit :

Je laisse à mon fils le soin de faire convenablement mes obsèques, et de donner aux pauvres les aumônes qu'il jugera à propos.

Je prie ma très-respectable et plus chère amie Mme Necker, d'agréer le legs que je prends la liberté de lui faire du déjeuner de porcelaine qui m'a été donné par le prince Henri de Prusse; on remettra aussi à Mme Necker la boîte sur laquelle elle a eu la bonté de me donner son portrait.

Je donne et lègue à M. le chevalier de Buffon mon frère, lieutenant-colonel du régiment de Lorraine, trois mille livres de rente et pension viagère, exempte de toutes retenues, pour en jouir pendant sa vie à compter du jour de mon décès.

Je donne et lègue à Mme Nadault ma sœur, deux mille livres de rentes et pension viagère, exempte de toutes retenues, et pour en jouir pendant sa vie, à compter du jour de mon décès, et en recevoir les arrérages, seule et sur ses simples quittances, sans avoir besoin de l'autorisation de son mari, de laquelle rente, il y en aura celle de mille livres réversible sur la tête de demoiselle Sophie Nadault ma nièce, à qui j'en fais don et legs pour en jouir après le décès de Mme Nadault sa mère, aussi seule et sur ses simples quittances, pendant sa vie, et sans avoir besoin de l'autorisation de qui que ce soit.

Voulant reconnaître les soins, le zèle et la fidélité de la demoiselle Blesseau, surveillante de ma maison depuis dix-neuf années, je lui donne et lègue quinze cents livres de rente et pension viagère, exempte de toutes retenues, pour en jouir pendant sa vie, à compter du jour de mon décès; je lui donne et lègue en outre cinq années de ses gages, à raison de six cents livres par année, ce qui fait une somme de trois mille livres une fois payée, que j'entends lui être remise et délivrée dans les six mois de mon décès.

Je déclare que tous les meubles qui sont dans la chambre de ladite demoiselle Blesseau et dans son cabinet à Montbard, ainsi que ceux qui sont dans sa chambre et sa garde-robe à Paris lui appartiennent, voulant que tous ceux qui s'y trouveront lors de mon décès lui soient remis comme à elle appartenant, lui en faisant, en cas de contestation, tous dons et legs.

Je confirme la pension d'aumône viagère de huit cents livres par année que j'ai faite au R. P. Ignace Bougot, ancien gardien des Capucins, et actuellement vicaire desservant ma paroisse de Buffon, de laquelle rente et pension viagère il continuera d'être payé comme il l'a été jusqu'à ce jour sur ses simples quittances.

Je veux et entends en outre que le R. P. Ignace Bougot conserve la jouissance pendant sa vie de tous les meubles meublants, effets mobiliers, même de la vaisselle d'argent qui m'appartiennent, et qui se trouveront dans ma maison seigneuriale de Buffon et dépendances d'icelle.

Je donne et lègue à Laborey, mon valet de chambre, s'il est encore à mon service lors de mon décès, cinq années de ses gages à raison de quatre cents livres par année, ce qui fait une somme de deux mille livres une fois payée.

Je donne et lègue à Nicole Guenin, concierge de ma maison de Montbard, deux cents livres de rente et pension viagère, franche et exempte de toutes retenues, pour en jouir pendant sa vie à compter du jour de mon décès.

Je donne et lègue à Pierre Brocard, frotteur et terrassier de ma maison de Montbard, cent cinquante livres de rente et pension viagère, franche et exempte de toutes retenues, pour en jouir pendant sa vie à compter du jour de mon décès.

Je donne et lègue au sieur Lucas, huissier de l'Académie des sciences, une somme de trois mille livres une fois payée, en reconnaissance des services assidus qu'il m'a toujours rendus.

Je donne et lègue à M. le vicomte de Saint-Belin, mon neveu et filleul, un diamant de la valeur de huit mille livres.

Je veux et entends que tous les legs par moi ci-dessus faits, soient délivrés francs et quittes de tous droits d'insinuation et autres, lesquels seront entièrement à la charge de ma succession.

Je fais et institue Georges-Louis-Marie Leclerc de Buffon, mon fils unique, mon héritier et légataire universel dans tous les biens dont je mourrai pourvu et saisi, meubles, immeubles, droits, noms, raisons et actions généralement quelconques, à la charge par lui d'acquitter tous les legs ainsi que les dettes et charges de ma succession.

Je veux et entends que les deux cent mille livres que j'ai reçues à compte sur la dot de Mme de Buffon soient affectées spécialement sur les fonds qui m'appartiennent, et qui forment les cinq huitièmes de la valeur du privilége de l'Histoire naturelle, et de tous les volumes qui en font et feront partie, montant à plus de trois cent mille livres, ce qui est plus que suffisant pour le remboursement de ladite dot, le cas y échéant; en conséquence, j'engage mon fils à faire emploi des fonds qui proviendront dudit privilége, jusqu'à concurrence desdites deux cent mille livres, en acquisition de contrats sur les états de Bourgogne ou autres, à titre de remploi des deniers dotaux de madite dame de Buffon, afin que le surplus de mes biens soient déchargés de toute affectation relativement aux créances de ladite dame, pour ces deux cent mille livres que j'ai reçues de sa dot.

Je nomme et choisis pour exécuter mes dernières intentions M. le chevalier de Buffon, mon frère, et M. le chevalier de Saint-Belin, mon beau-frère; je les prie de vouloir bien me donner cette dernière preuve de leur attachement, et d'aider de leurs conseils mon fils; je l'exhorte à se conduire en tout par les sages avis de ses deux oncles.

Je révoque tous testaments, codicilles et autres dispositions de dernière volonté, que j'ai faits avant le présent testament, auquel seul je m'arrête comme contenant mes dernières intentions.

Ce fut ainsi fait, dicté et nommé par ledit sieur testateur auxdits notaires soussignés, et ensuite à lui par l'un d'eux, son confrère présent, lu et relu; qu'il a dit avoir bien entendu et y persévérer.

A Paris, au Jardin du Roi, dans le cabinet dudit seigneur comte de Buffon, ci-dessus désigné, l'an mil sept cent quatre-vingt-sept, le quatre décembre, sur les quatre heures de relevée; et a mondit seigneur testateur signé la minute des présentes, demeurée à Me Boursier jeune, l'un des notaires soussignés. Signé LEFEBVRE-DELAMOTTE et BOURSIER, notaires.

(Publiée par M. Flourens.)

## V

### LETTRES DE MADAME NECKER AU COMTE DE BUFFON, A MADAME NADAULT ET A MADEMOISELLE BLESSEAU.

Mme Necker, témoin de la tendresse de Buffon pour son fils, amie souvent consultée sur les questions qui intéressaient son éducation ou son avenir, associa dans son cœur le fils à l'affection profonde qu'elle avait vouée au père. Quelques lettres presque toutes inédites, écrites au fils de Buffon, à sa sœur et à Mlle Blesseau, l'une pendant la dernière maladie, les autres après la mort de son illustre ami, montreront mieux que tout ce qu'on pourrait dire, la force des liens qui l'attachèrent à Buffon. On la verra, dans un temps de crise et de lutte pour elle-même, s'occuper avec un soin tout maternel des intérêts et de l'avenir du fils de l'ami qu'elle a perdu. Ce grand attachement de Mme Necker pour Buffon fait autant d'honneur au cœur de celle qui le ressentit qu'à l'homme qui l'inspira, et nous avons tenu à en recueillir et à en conserver les plus touchants témoignages.

#### I. AU COMTE DE BUFFON.

Comment vous rendrais-je, monsieur, toutes les impressions que nous avons reçues hier? L'étonnement, la douleur, la tendresse, mille sentiments réunis sont entrés dans nos cœurs comme par torrents. L'aurions-nous pu croire que ce grand homme, que dis-je? cet homme sans pareil, eût ajouté à notre admiration, et que ce fût au milieu de ses souffrances, après une longue maladie, qu'il se montrât plus sublime encore que lui-même? Car il offre seul une mesure digne de lui; il me semble que je succombe sous le poids de cette merveille qui me paraît une sorte de rêve. Mais, hélas! tous ces mouvements cèdent bientôt la place aux angoisses qui me dévorent. Comment a été cette nuit si redoutée? J'ouvre toujours vos lettres avec effroi; croyez cependant, monsieur, que votre piété filiale est une consolation pour moi, et qu'elle ajoute beaucoup encore à tout l'attachement que vous m'aviez inspiré.

## II. AU MÊME.

Ah! monsieur, vous avez tout perdu, et moi que pourrai-je vous dire? ma douleur est affreuse; j'avais pour ami cet homme unique sur la terre par la puissance de la pensée jointe à la sensibilité, à la bonté, à des vertus aussi sublimes que son génie; vous aviez pour père, et pour le meilleur des pères, celui dont le nom vivra autant que ce monde dont il fut le plus bel ornement; il vivra pour la gloire, mais il ne vivra plus pour nous; oh! mon Dieu, daigne recevoir dans ton sein celui dont les vertus te rendirent un si bel hommage sur la terre; daigne entretenir son enfant unique dans les principes nobles et purs dont il reçut un si bel exemple, qui sont gravés d'avance dans son cœur, et qui seuls peuvent honorer encore en particulier une mémoire illustre, qui sera chère à toutes les nations; je ne sais ce que j'écris, je ne sais ce que je pense; tout m'avertit qu'il n'est plus, et je le cherche encore dans les objets qui lui furent chers, et qui ont été témoins de ses derniers moments. Il me sera doux de vous voir dès que votre affliction vous permettra de sortir, si je puis au moins trouver encore quelque douceur au milieu de l'amertume dont mon âme est inondée. Je ne puis continuer sans excéder mes forces. Vous jugez de notre affliction et de l'intérêt que M. Necker prend à vos peines.

Le séjour de Paris m'étant odieux, je ne tarderai pas à me rendre à Saint-Ouen; mais je serai également à portée d'avoir de vos nouvelles et de communiquer avec vous.

## III. AU MÊME.

Je n'ai pu cesser un instant de me déchirer le cœur depuis la perte horrible que nous avons faite. Vous jugez donc bien, monsieur, que toutes mes pensées errent autour des objets qui furent chers à mon sublime ami. J'envoie savoir de vos nouvelles. M. Necker a été vous chercher hier; pour moi je ne tarderai pas à partir pour la campagne, car il me semble que l'air qui m'environne retentit encore de gémissements. M. de Guibert m'a dit hier que vous seriez remplacé dans l'infanterie comme vous l'avez désiré; je ne puis encore vous dire le régiment. Ah! monsieur, que peuvent être pour vous tous les biens de ce monde, comparés à celui que vous avez perdu? J'espère que vous n'oublierez jamais tous les grands devoirs que votre nom vous

impose, et que vous me pardonnerez d'user encore du droit, hélas!
que je n'ai plus, d'amie de votre sublime père.

### IV. AU MÊME.

Quoique le nom de monsieur votre père soit continuellement dans
toutes les bouches, il s'y trouve toujours joint avec un tel sentiment
d'admiration pour son génie et de reconnaissance pour ses travaux,
qu'il serait impossible, monsieur, sans se faire mépriser, d'oser hasarder la moindre critique ; je crois donc que cette malheureuse affaire*
tombera absolument, et je n'ai rien aperçu jusqu'à présent qui dé-
mente mon opinion à cet égard ; quant à la manière dont l'acte est
conçu, comme il est actuellement irrévocable, il serait superflu d'é-
crire sur ce sujet. Mais, monsieur, ce qui me frappe et ce qui m'intéresse, c'est votre respect filial et l'inquiétude qu'il vous inspire. Cette
remarque, jointe à beaucoup d'autres que j'ai eu occasion de faire,
me laisse espérer la seule consolation dont je fusse susceptible dans
mon malheur, celle d'entendre toujours parler avec estime du fils
chéri de M. de Buffon, et de voir dans toute sa conduite un hommage
perpétuel rendu à la mémoire de son illustre père. J'ai déjà appris
par Mlle Blesseau quelle attention scrupuleuse vous avez apportée à
ne faire aucun changement dans l'intérieur domestique, ni dans les
arrangements extérieurs déterminés par M. de Buffon, et j'ai trouvé
dans ce procédé, avec la preuve de votre respect pour ses volontés,
celle d'un sens exquis au-dessus de votre âge ; nous avons vu trop
souvent que les jeunes gens qui héritent croient mieux penser que
ceux à qui ils doivent tout, et ne craignent point d'outrager leur
cendre et de se montrer ingrats en détruisant tous les établissements
qui étaient chers à leurs parents, et en négligeant toutes les personnes
qu'ils avaient aimées. Je ne puis trop vous répéter combien la route
contraire est honorable pour vous et vous sera avantageuse, et si
votre illustre père voit ce qui se passe ici-bas, vous pouvez vous dire
avec attendrissement qu'il jouit de vos soins, et qu'il s'applaudit de
vous avoir pour successeur. Mlle Blesseau m'a écrit une lettre sur tous
ces objets, qui aurait encore ajouté à l'estime que j'avais pour elle
si cela eût été possible.

J'ai été tellement absorbée par les mouvements de mon cœur désolé,
dans toutes les conversations que j'ai eues avec monsieur votre oncle,
que j'ai absolument oublié de lui parler d'une petite affaire d'intérêt.
Il y a un grand nombre d'années que nous prîmes conjointement,

---

* Il s'agit de la protestation notariée rédigée par Buffon.

monsieur votre père et moi, six billets d'une loterie qui se tire et se rembourse annuellement jusqu'à un terme fixé : j'ai encore, je pense, deux époques à recevoir; vous trouverez vraisemblablement dans vos comptes celles que j'ai acquittées, soit directement, soit sur les reçus de M. Lucas; peut-être même trouverez-vous aussi un billet de M. Necker, si M. de Buffon ne l'a pas déchiré. Autant que ma mémoire peut me le rappeler, vous devez recevoir encore six cents livres au commencement de l'année prochaine, et six autres cents livres la suivante (si vous n'avez point de lot); je m'assurerai davantage de ces faits en voyant mes papiers.

Je ne doutais point que vous n'eussiez été bien reçu dans votre nouveau régiment. Tout ce qui vous arrivera d'agréable me trouvera toujours extrêmement sensible, mais plus encore au bien que j'entendrai dire de vous qu'à des événements indépendants de votre conduite; ce qui viendra de vos sentiments et de votre raison étant plus à vous, et me rappelant davantage aussi celui de qui vous tenez le jour. Permettez que je finisse cette lettre comme je l'ai commencée, en soupirant sur un souvenir si cher et en y réunissant tous les sentiments que vous m'avez inspirés, avec lesquels j'ai l'honneur d'être, monsieur, votre très-humble et très-obéissante servante.

C. DE NAZ NECKER.

V. AU MÊME.

Paris, le 26 août 1788.

La lettre que vous m'avez écrite, monsieur, m'a fait un plaisir extrême; aucun détail ne m'a échappé, et je les conserverai chèrement dans mon cœur; mais le moment où je suis est si extraordinaire, et mes occupations tellement au-dessus de mes forces, qu'il m'est absolument impossible de soutenir les correspondances même qui me sont les plus chères. Les nouvelles intéressantes que vous m'avez données m'ont procuré les plus doux délassements. Je ne vous écris donc, monsieur, que pour vous prévenir de l'arrangement pris avec M. Boursier, à qui l'on a accordé quinze mille livres pour à-compte dans la distribution du 15 au 22 du mois. J'ai l'honneur d'être, avec des sentiments très-distingués, monsieur, votre très-humble et très-obéissante servante.

C. DE NAZ NECKER.

Permettez que je fasse mille amitiés à Mlle Blesseau, n'ayant pas le temps de lui écrire.

(Ces cinq lettres sont tirées de la collection de M. H. Nadault de Buffon. Les deux premières ont été publiées par M. de Flourens. Les trois autres sont inédites.)

## VI. A MADAME NADAULT.

Votre écriture, madame, ce cachet noir et à présent terrible pour moi, mille souvenirs douloureux, qui sont venus m'assaillir à la fois, m'ont fait ouvrir votre lettre avec une sorte de terreur. Cependant il faut tout l'étourdissement où j'ai été plongée pour que je n'aie pas cherché quelque soulagement en vous écrivant la première : l'impression que vous m'avez laissée était celle d'une sœur de M. de Buffon ; je ne dois rien ajouter de plus. La terre vient de le perdre, cet homme qui était entré si avant dans les secrets du Créateur ! Le siècle vient d'être privé de son plus bel ornement ; et si cette mort dépouille ainsi l'univers de sa gloire, que devons-nous penser, vous et moi, madame, qui soutenions avec lui les plus touchantes et les plus flatteuses relations ? Avant de connaître M. de Buffon, je n'avais encore vu qu'une portion de ce monde ; à présent, ce grand homme n'est plus et ma curiosité est éteinte. Et pouvais-je penser qu'il eût déjà atteint le terme de sa vie ? Tout en lui m'avait fait oublier notre néant ; et c'est encore dans ce lit funèbre, où les forces lui manquaient pour souffrir et pour parler, qu'il en retrouvait pour aimer et pour penser. L'empreinte des plus grandes idées était sur sa physionomie, la mort et l'immortalité semblaient s'y rencontrer ensemble, et il ne paraissait occupé, dans les intervalles de ses douleurs, que de la grande circonstance où il se trouvait. Mlle Blesseau vous dira, madame, qu'il m'a parlé dernièrement de vous et de vos sujets de peine, dans les termes les plus affectueux : sa grande âme, qui semblait faite pour exister seule, s'était cependant attachée à tout ce qui avait pu en approcher. Il m'est doux de vous entendre retracer avec tant de charmes toutes ses vertus particulières ; je les avais pénétrées sans en connaître les détails, et j'ai toujours goûté auprès de lui le plaisir inexprimable d'unir la morale au génie, et les dons du ciel à ceux de la terre. Cette grande ombre errera sans cesse autour de moi ; j'ai mis son buste dans un lieu solitaire, j'y recueillerai ses dons et ses précieuses lettres ; et là, si le poids des années et les dérisions de la jeunesse viennent à m'humilier dans mes derniers jours, j'irai m'y rappeler que je fus cependant aimée de M. de Buffon, et les larmes que je verserai sur ce marbre, vivant pour moi, m'assureront trop, hélas ! que ma gloire ne fut point un songe.

J'ai vu rarement M. de Buffon sous les rapports que vous me présentez ; continuellement occupée à lui parler de sa gloire présente, je n'avais pas pensé à l'entretenir de ses plaisirs passés, et quand je le voyais à distance, ce n'était jamais que dans l'avenir. Je vous envoie une copie de la lettre qu'il m'a écrite quelques jours avant de cesser

de vivre. Vous jugerez, madame, que votre sublime frère est entré
tout entier dans le tombeau, et que la vieillesse, la maladie et la
mort même, combattant à la fois contre sa belle âme, n'ont pu l'é-
branler un moment ni la faire reculer en arrière. Mlle Blesseau a
servi M. de Buffon mieux qu'il n'aurait pu l'être s'il eût été sur un
trône dont il était digne ; car la puissance a des bornes et l'affection
n'en admet aucune. Je pouvais bien m'attacher à cette aimable fille
comme à une personne au-dessus de son état, puisqu'elle m'a paru
même au-dessus de l'humanité : elle a tout surmonté, jusqu'à sa douleur quand M. de Buffon pouvait l'apercevoir ; et jamais je n'oublierai l'image touchante qu'elle m'a présentée sans cesse, lorsque dans
le silence, assise jour et nuit à la même place, les yeux fixés sur le
même objet, elle n'avait de mouvement que celui qu'il lui imprimait,
de sensibilité que pour ses souffrances, et de pensée que pour aller
au-devant de tout ce qui pouvait être utile, et prévenir ce qui pouvait déplaire. Ce qu'elle a supporté, souffert et adouci, ménagé, concilié, ne pourra jamais se rendre par la parole ; elle m'a paru un
phénomène moral et sensible : comme si tous les phénomènes devaient
être connus de M. de Buffon ou lui appartenir. Croyez, madame, que
je sens le prix infini de la lettre que vous m'avez fait l'honneur de
m'écrire ; la sœur de M. de Buffon eût été toujours pour moi un être
surnaturel par les souvenirs qu'elle m'aurait rappelés, et le style de
ses lettres est une nouvelle preuve de son origine. Il me sera toujours
bien doux, madame, de cultiver vos bontés, et de vous témoigner
tous les sentiments dont vous m'avez pénétrée. . . . . . . .

. . . . . . . . . . . . . . . . . . . . . . . . . . . .

(Publiée dans les *Mélanges* de Mme Necker, p. 354, édit. de 1798.)

### VII. A MADEMOISELLE BLESSEAU.

Mercredi matin, 16 avril 1788.

Les forces de mon âme ni celles de mon corps ne me permettent
pas, mademoiselle, d'aller mêler mes larmes aux vôtres, et cependant
je me sens portée invinciblement à répandre ma douleur dans votre
sein, et à vous dire encore dans ce terrible moment tout ce que l'estime et la reconnaissance pourraient me suggérer, si j'avais assez de
présence d'esprit pour rendre mes pensées. C'est à vous que je dois,
mademoiselle, d'avoir vu les dernières douleurs de mon ami entou-
rées et adoucies par la plus tendre sensibilité : vos vertus seront à jamais liées dans mon souvenir à ma tendresse pour l'homme sublime
que je viens de perdre. C'est assez vous dire, mademoiselle, que vous
aurez en moi, tant que je vivrai, une amie sincère qui s'intéressera véritablement à votre sort, et je vous prie avec instance de me faire

part de vos projets et de tous les détails relatifs à votre fortune. Si
je pouvais vous être bonne à quelque chose, je croirais rendre hommage à la fois à la mémoire à jamais chérie de M. de Buffon et à la
vertu même que vous me représentez sous toutes ses formes. J'aurais
voulu vous aller voir; mais jamais, je crois, je n'approcherai de ce séjour si délicieux autrefois, et devenu pour moi un objet de terreur. La
plume s'échappe de mes mains. Je me propose d'aller à la campagne
incessamment pour chercher quelques distractions à ma douleur; mais
le suisse de ma maison de Paris me fera parvenir vos lettres au moment même.

(Inédite. — De la collection de M. de Faujas de Saint-Fond.)

# VI

### BIOGRAPHIES INÉDITES DE BUFFON.

On ne lira pas sans intérêt deux notices biographiques sur Buffon,
toutes deux inédites et auxquelles la main qui les traça donne un
grand caractère de vérité. La première est écrite par le chevalier de
Buffon, la seconde par Mlle Blesseau. L'œuvre du chevalier présente
un véritable intérêt littéraire ; l'hommage rendu par Mlle Blesseau
à la mémoire de son maître révèle les vertus privées et la charité ingénieuse d'un homme auquel elle était attachée par la reconnaissance et par de longs services ; cette page intime, tracée par
une main inexpérimentée, renferme des détails d'un touchant intérêt.
Ces deux biographies trouveront ici leur place comme un couronnement naturel de l'œuvre qu'elles terminent. Elles résument la vie
de Buffon que lui-même a pris soin d'écrire dans ses lettres familières,
dont nous avons de bonne heure conçu la pensée de devenir un jour
le modeste éditeur.

#### I. ESSAI SUR LES QUALITÉS MORALES ET LA VIE PRIVÉE
#### DE M. LE COMTE DE BUFFON.

Georges-Louis Leclerc, comte de Buffon, trésorier perpétuel de
l'Académie des sciences, de l'Académie française, de la Société
d'agriculture, des Académies de Dijon, Auxerre et Nancy, de la
Société royale de Londres, des Académies d'Édimbourg, Pétersbourg,
Berlin, de l'Institut de Bologne et des Arcades de Rome, est né à
Montbard en Bourgogne, le 7 septembre 1707. On ne peut citer de
son enfance ni même de son adolescence que des traits communs à tous
les enfants nés avec de l'esprit naturel ; il suffit de dire que ses forces
physiques se développèrent de très-bonne heure, et qu'on aperçut

bientôt en lui les premiers traits de ce grand caractère qu'il a si noblement déployé dans ses ouvrages, comme dans toutes les actions importantes de sa vie. Son éducation ne fut point négligée; cependant il
n'eut ni gouverneur, ni ce grand nombre de maîtres employés dans
l'éducation d'aujourd'hui. Il fit ses études au collége des jésuites de
Dijon sans supériorité marquée ; mais Euclide devint bientôt son livre
de préférence: il l'étudia seul, le comprit et se passionna pour l'étude
de la géométrie et de l'algèbre; il y donnait des nuits entières, et c'est
à cette époque que l'on peut fixer son goût décidé pour les sciences,
et le premier développement de cette intelligence supérieure qui, depuis, imprima sur ses ouvrages le sceau du philosophe.

M. Leclerc de Buffon, son père, conseiller au parlement de Bourgogne, le destinait à la magistrature ; mais son goût pour les études
abstraites, et son caractère qui le portait au désir de ne dépendre que
de lui-même, l'éloigna d'un état dont toutes les fonctions exigent une
assiduité forcée et un genre de travail qui répugnait à son esprit. Le
comte de Buffon, doué par la nature d'un tempérament ardent, d'une
mémoire parfaite et d'une trempe d'esprit très-vigoureuse, partagea
les premières années de sa jeunesse entre les dissipations de son âge
et les études les plus abstraites ; mais dès lors il ne regardait le plaisir
que comme un repos, comme une distraction nécessaire : toujours
maître de lui-même, et bien différent en cela de la plupart des jeunes
gens, c'était son amour pour le travail qui l'arrachait au plaisir.

Ce fut en employant ainsi les premières années d'une jeunesse qui
annonçait une maturité précoce, que se forma, par la ressemblance
des goûts et du caractère, une liaison intime entre le jeune Buffon et le
lord Kingston, jeune Anglais, accompagné par un gouverneur d'un rare
mérite (M. Hinckman); le lord était son ami de plaisir, et l'instituteur
son ami d'étude. Il fit avec eux plusieurs voyages, et entre autres celui
d'Italie. Ce fut dans cette contrée qui rassemble tous les grands phénomènes de la nature et toutes les merveilles des beaux-arts, que les ressorts de son esprit commencèrent à se déployer, et que ses idées
s'étendirent à la vue des vastes et magnifiques tableaux qui s'offraient
à ses yeux. Il revint en France, fut reçu à l'Académie des sciences
en 1733, à l'âge de vingt-six ans, et bientôt il prouva qu'il était digne
de cette faveur, par sa traduction des fluxions de Newton, par celle de
la statique des végétaux de Hales, et par plusieurs mémoires qu'il
donna successivement à l'Académie, jusqu'au moment où il se livra
tout entier à la composition de l'Histoire naturelle.

On ne peut lire ce bel ouvrage sans reconnaître l'homme de génie
et d'un grand caractère. Cependant le comte de Buffon, quoique porté
de préférence pour tout ce qui lui paraissait à la plus grande hauteur

de l'intelligence humaine, était tellement maître de son esprit, qu'il l'élevait ou l'abaissait à volonté au niveau de son sujet; mais il était toujours plus content d'avoir à traiter ceux qui le mettaient à portée de déployer toutes les puissances de son génie.

Occupé sans cesse à mettre l'ordre nécessaire dans les plus grandes idées, il n'était pas moins ami de l'ordre même dans les plus petites choses; il ne s'environnait point de cette quantité de volumes qui sont plutôt l'appareil du savant que celui de la science, et l'on ne vit jamais d'autre papier que son propre manuscrit, sur le bureau où il a écrit l'histoire du globe, depuis l'époque de sa formation jusqu'à celle où il a annoncé les derniers moments de la nature vivante.

Il a composé les morceaux les plus sublimes de son ouvrage à Montbard, en Bourgogne. Il s'enfermait alors, non dans un cabinet d'étude, mais dans un vaste jardin qu'il avait rendu aussi agréable qu'utile, en forçant la nature à produire sur des rochers tout ce qui croît dans les plus fertiles vallons.

La fraîcheur du matin, le chant des oiseaux, le spectacle magnifique du soleil levant, l'aspect d'un beau jour, le pittoresque de la situation répandaient dans son âme cette sérénité sans laquelle on ne peut jouir de toute l'étendue de ses facultés; il se promenait en réfléchissant longtemps et profondément à ce qu'il voulait écrire : il se remplissait, il se nourrissait, pour ainsi dire, des merveilles de la nature, ses idées s'élevaient jusqu'à l'enthousiasme; alors il prenait la plume, écrivait quelques lignes, et retournait promptement à sa promenade et à ses méditations.

Quelques personnes ont prétendu qu'il avait le travail difficile, quoique assurément il ne soit pas possible de voir dans l'ouvrage les efforts pénibles de l'ouvrier; il est vrai qu'il y a tels discours qu'il a corrigés et retouchés, au point de les faire transcrire jusqu'à douze et quinze fois. Cette infatigable sévérité de sa plume avait si profondément gravé dans sa mémoire les plus beaux traits de son livre, qu'il les récitait sans y changer un seul mot, trente ans après les avoir composés. Ce que l'on appelle facilité de travail est une disposition dangereuse dont bien des gens abusent, et que l'on pourrait plutôt appeler facilité d'être content de soi-même. Le comte de Buffon, bien éloigné de ce défaut, était non-seulement difficile, mais rigide lorsqu'il se jugeait, et cette habitude contractée avec lui-même le conduisait naturellement à juger les autres avec une égale rigueur.

Aucun homme n'a mieux connu que le comte de Buffon le prix du temps, aucun homme n'a employé plus constamment ni avec un zèle plus uniforme tous les moments de sa vie. A la campagne, il se levait très-matin, se retirait aussitôt dans ses jardins et y restait enfermé jusqu'à une heure après midi : alors il revenait dans sa maison, recevait sa compagnie et se mettait à table, où volontiers il restait longtemps, non qu'il aimât la table pour les mets dont on la couvre, mais il s'y délassait de ses profondes méditations par des conversations très-gaies, très-simples, quelquefois même triviales, dans lesquelles il se mettait à la portée des esprits les plus bornés, avec la sérénité la plus douce; sa bonhomie était une sorte de phénomène aux yeux de tous ceux qui, croyant d'abord ne voir en lui qu'un philosophe contemplatif, et qui ne connaissant pas sa sociabilité, sa simplicité dans le cours ordinaire de sa vie, étaient fort étonnés de se trouver à son niveau. Au sortir de table il passait encore quelque temps avec sa compagnie; il y faisait lire, quand cela convenait à la société, les écrits qu'il était près de donner à l'impression, et ne dédaignait point les réflexions et même les objections des personnes les moins savantes; il suffisait qu'elles eussent du goût naturel et un certain degré d'intelligence, pour qu'il les écoutât avec une singulière complaisance, et particulièrement sur tout ce qui ne leur paraissait pas être rendu avec la plus grande clarté. Après quoi, il visitait ses constructions, auxquelles il employait toujours un très-grand nombre d'ouvriers, se renfermait ensuite pour se faire rendre compte des détails de sa maison, voir ses gens d'affaires, et s'occuper de ses correspondances; il ne soupait point et se couchait de très-bonne heure, pour obtenir un sommeil qui n'en durait jamais plus que quatre ou cinq.

A Paris son temps était distribué à peu près de même; il se levait toujours très-matin, il travaillait avec ses coopérateurs, il réglait les affaires qui concernaient sa place d'intendant du Jardin et du Cabinet du Roi; il recevait les savants qui l'honoraient de leur confiance, ou les personnes distinguées que sa réputation attirait auprès de lui; sa conversation, toujours proportionnée aux personnes avec lesquelles il s'entretenait, lui captivait leur attention et leur reconnaissance ; il accordait volontiers, après dîner, à la société tout le temps qu'elle paraissait désirer, quelquefois même exiger, par le grand intérêt qu'il savait donner à ses discours. Il finissait sa journée en s'occupant de ses affaires particulières ou causant familièrement avec ses plus intimes amis.

Telle a été la distribution constante de tous les jours de sa vie, soit à la campagne, soit à Paris, à l'exception des trois derniers mois, pendant lesquels ses infirmités l'ont obligé de se refuser aux visites et aux entretiens que la diminution de ses forces ne lui permettait plus de soutenir.

M. de Buffon avait de l'aversion pour les disputes scientifiques ou littéraires. Il les regardait comme un abus de la science, comme une guerre d'amour-propre et d'entêtement, comme un mauvais emploi du temps : il cédait promptement, pour peu qu'il doutât de son opinion ; mais quand il la croyait bien fondée, il prenait le ton décisif, non pour parler en maître, ni avec l'espoir de convaincre, mais pour mettre fin à une controverse dont il n'espérait aucun fruit. L'orgueil blessé n'interprétait pas toujours favorablement le motif qui dictait ses expressions, mais ce ton tranchant, que l'on ne permet pas aux hommes d'un mérite ordinaire, n'était pas messéant à un homme de la trempe de M. de Buffon ; on doit du moins lui pardonner de n'avoir pu quelquefois se refuser au sentiment de sa supériorité.

Il avait un tact sûr pour juger les hommes qu'il avait intérêt de connaître, et ce talent est bien prouvé par le choix qu'il a fait de tous les savants qui ont présidé et qui président aujourd'hui aux différentes écoles du Jardin du Roi ; de MM. Daubenton et comte de Lacépède, gardes et démonstrateurs du cabinet d'Histoire naturelle. M. Daubenton fut le premier coopérateur de l'Histoire naturelle, et M. de Lacépède s'est acquis par ses premiers succès le droit de la continuer. M. Gueneau de Montbeillard a marché avec gloire dans la carrière où M. de Buffon n'a jamais fait un grand pas sans rechercher son suffrage ; il ne lui a manqué, pour prendre place au rang des savants les plus distingués, que l'ambition d'y prétendre.

M. de Buffon n'avait point le vain désir de paraître universel, et ses amis n'ont pu se tromper sur la mesure de ses prétentions ; ils lui ont souvent entendu dire qu'il s'en fallait beaucoup qu'il pût écrire une lettre aussi bien qu'une femme spirituelle. Il a déclaré plus d'une fois qu'il n'avait jamais pu faire de vers, par la difficulté de s'astreindre à la rime, et de s'assujettir à compter des syllabes. Il eût pu sans doute en contracter l'habitude ; mais, occupé sans relâche de la perspective de l'univers, cherchant dans les détails de tous les êtres qui l'habitent à ne saisir que les rapports essentiels, les peignant tout en grand, il s'éloignait trop des choses de pur agrément, pour les considérer autrement que comme un homme qui, placé dans un lieu très-élevé, voit décroître et disparaître les petits objets en raison de leur distance.

En 1763, les portes de l'Académie française lui furent ouvertes par un suffrage unanime, et la couronne académique fut posée sur la tête du philosophe par l'acclamation générale, dès qu'il eut prononcé son discours de réception.

Il était tellement sévère sur le style (et il en avait bien acquis le droit), que peu d'ouvrages lui paraissaient être écrits dans le degré de perfection dont il avait conçu l'idée et donné tant d'exemples ; il regardait M. de Voltaire comme l'un des plus beaux esprits qui eussent jamais paru, louait sa prose et ses vers ; mais cet homme célèbre n'a jamais

pardonné à M. de Buffon de lui avoir refusé la qualité de philosophe et
de poëte, et d'avoir dit qu'il y avait plus de philosophie et de poésie
dans quatre pages de certains ouvrages de J.-J. Rousseau que dans
tous ceux de M. de Voltaire. C'est d'après le jugement que M. de
Buffon avait porté de ce grand écrivain, qu'il avait établi entre le génie
et l'esprit, entre le poëte et le versificateur, cette différence qui n'a
pu flatter que très-peu de personnes.

   M. de Buffon était d'un accès facile, et son cœur s'ouvrait volontiers
à la confiance ; on peut même assurer qu'il portait jusqu'à l'excès cette
qualité de l'âme, qui contrastait singulièrement en lui avec un caractère fier, une volonté ferme et souvent absolue ; il regardait la défiance
comme un sentiment ignoble ; tout ce qui s'offrait à lui sous les dehors
de la vérité le séduisait, et, tandis que le mensonge veillait quelquefois
pour le tromper ou pour lui nuire, son cœur se reposait dans une
douce et tranquille sécurité, vertu dont l'usage est dangereux dans un
siècle où règne l'égoïsme.

   L'estime et la considération générale ont été le seul but de son ambition ; il n'a jamais désiré de plus grande place que celle qu'il occupait au Jardin du Roi : Louis XV, après l'avoir appelé à Fontainebleau
pour le consulter sur l'amélioration de la forêt de cette résidence
royale, lui proposa de le nommer à la surintendance de toutes les
forêts de ses domaines, et l'honneur de travailler seul avec Sa Majesté : l'offre était éblouissante ; M. de Buffon, ayant demandé vingt-
quatre heures pour y penser, refusa une place qui lui aurait attiré
beaucoup d'ennemis, sans un grand avantage pour le bien de la chose,
et qui l'aurait arraché à ses occupations favorites. Le Roi parut d'a-
bord mécontent de ce refus, mais il voulut bien ensuite en approuver
le motif, et gratifier M. de Buffon d'une pension qu'il n'avait point
sollicitée.

   Avec le droit de se prévaloir de ses vastes connaissances et de sa
célébrité, il n'en estimait pas moins l'homme qui n'était pas savant,
lorsqu'il reconnaissait en lui une tête bien organisée, un sens droit,
de la justesse dans les idées et dans le raisonnement. En accordant
volontiers de l'esprit à tous, il distinguait, dans chaque individu, son
degré d'ouverture ou d'élévation, qui peut-être est moins un don de
la nature qu'il ne dépend de la position où l'on se trouve, de l'état
qu'on a embrassé, du concours des circonstances, des rapports avec
les personnes, et des occasions d'exercer les facultés de l'esprit et de
l'âme. Personne enfin n'était sans esprit à ses yeux ; il avait même
l'art de le trouver, quand il lui importait de le découvrir, en ceux qui,
par timidité ou par le peu d'habitude de le mettre en évidence, en
montraient ou s'en croyaient même beaucoup moins qu'ils n'en avaient

réellement. Tel homme à qui la réputation de M. de Buffon en avait imposé, et qui ne l'avait approché qu'avec la timidité inspirée par le sentiment de son infériorité, est sorti d'auprès de lui plus content de soi-même, et par conséquent charmé du philosophe qui l'avait aidé à se voir en possession d'un bien dont il n'avait pas encore connu la valeur ni l'usage.

Les femmes ont prétendu qu'il n'avait pas bien parlé de l'amour; il l'a peint d'un seul coup de pinceau, tel qu'il paraît aux yeux d'un philosophe avare de son temps, et d'un peintre qui, profondément occupé des grands effets de son tableau, ne songe pas à s'en détourner pour quelques touches accessoires. Mais sa mémoire n'a pas besoin de justification auprès de cette belle moitié du genre humain; il épousa en 1752 Mlle de Saint-Belin, qui lui apporta en dot la naissance, la jeunesse, la beauté, l'esprit et toutes les vertus. Pouvait-il rendre à l'amour un hommage plus éclatant, qu'en formant par amour, à l'âge de cinquante ans, ces liens pour lesquels il avait jusque-là peu déguisé son éloignement? Les femmes lui rendirent plus de justice : il fut adoré de la sienne. Il n'en a eu que deux enfants, une fille morte en bas âge, et le jeune comte de Buffon, major en second du régiment d'Angoumois.

La musique faisait sur M. de Buffon l'effet qu'elle produit sur tous les hommes dont les sens sont exquis, et l'âme facile à émouvoir. Une symphonie brillante et majestueuse lui semblait l'image de ses plus sublimes spéculations; une romance, tout air tendre chanté avec expression par une voix touchante, faisait couler ses larmes; il n'avait cependant pas étudié la musique; mais, sans connaître les règles de l'art, on sait entendre son langage quand on est doué de la sensibilité physique et morale, qui est un des plus beaux dons de la nature.

Il aimait la magnificence, non par ostentation, mais par goût, parce qu'il y trouvait quelque chose de grand, et qu'il aimait tout voir en grand. Il était toujours vêtu noblement; sa maison de Montbard est vaste et richement meublée; il eût même porté plus loin la magnificence, s'il ne se fût fait une loi de fixer sa dépense au-dessous de son revenu. Exact dans le gouvernement de ses affaires domestiques, il ne manquait pas de mettre quelque somme en réserve, et l'économie jouait sagement son rôle, au moment où il faisait une dépense qui semblait surpasser ses moyens. Mais avait-il besoin d'un terrain pour agrandir et pour embellir ses jardins? il en payait la convenance avec une libéralité qui tenait de la profusion ; ce qui pourtant n'était en lui que noblesse de caractère jointe au désir vif d'accomplir son projet. C'est ainsi qu'il a attiré le rossignol et là fauvette dans des lieux qui, depuis plusieurs siècles, n'étaient habités que par des oiseaux de nuit ou par des oiseaux de proie; c'est ainsi qu'environnant ce château d'une triple terrasse, il a tracé de faciles et riantes avenues jusqu'à la cime, auparavant presque inaccessible, de l'antique monument où il a composé l'histoire de l'univers.

M. de Buffon réunissait toutes les qualités qui caractérisent le vrai philosophe. Considéré du côté des sciences, nul homme ne fut doué d'une métaphysique plus saine, ni d'une logique plus parfaite. Son intelligence vaste et lumineuse embrassait tous les rapports, éclairait toutes les faces des objets soumis à ses méditations ; nul homme n'a eu plus que lui le plus grand nombre d'idées possible sur le même sujet ; il a aperçu, il a annoncé, il a deviné plusieurs grands faits de la nature, dont l'existence encore inconnue a été prouvée par des découvertes postérieures de plus de vingt ans à ses prédictions : c'est dans l'étendue de ses vues, dans la richesse de son imagination, dans la netteté de ses idées, c'est dans la trempe de son âme, qu'il faut chercher la source de cette noblesse de style, de cette chaleur, de cette clarté d'expressions si justement admirées dans ses ouvrages. Quand il avait à peindre des objets plus rapprochés des regards de l'homme, alors habile à saisir toutes leurs nuances, à les distinguer, à les faire valoir, à les tirer de l'obscurité où la nature avait, pour ainsi dire, pris plaisir à les cacher, son style toujours varié, toujours propre au sujet, embellissait, ennoblissait ses modèles sans altérer la vérité des portraits ; et c'est ainsi que, dans la description des animaux, il est descendu de l'éléphant à la souris, de l'aigle au roitelet.

M. de Buffon, considéré relativement à ses qualités morales et à sa vie privée, était encore un vrai philosophe : il vivait heureux. Il avait pour principe que tout homme doit et peut être l'instrument de son bonheur. Quand on veut, disait-il, être content de son existence, il faut d'abord regarder au-dessous de soi, ne lever ensuite les yeux plus haut qu'avec beaucoup de circonspection, être constant dans l'état qu'on a embrassé, en remplir les obligations avec zèle et une probité sévère, être conséquent dans sa conduite publique ou privée, ne point s'affliger des préférences que d'autres n'obtiennent quelquefois que par des moyens dont l'homme honnête dédaigne de se servir, et surtout ne point ouvrir son cœur au poison de cette basse jalousie qui condamne l'homme au supplice continuel de n'être jamais content de lui-même ni des autres.

Né riche, M. de Buffon avait augmenté sa fortune par son travail et par l'effet naturel du crédit que lui donnait sa réputation ; il a joui pendant sa vie d'une célébrité dont les plus grands hommes n'ont presque jamais été honorés que dans leur tombeau. Sa santé a été parfaite jusqu'à l'âge de soixante-quinze ans, précieux avantage qu'il tenait d'une complexion forte, dont jamais il n'abusa : il réunit ces trois moyens de bonheur, et mettant ses principes en action, il en profita dans toute leur étendue. Jamais homme, en effet, ne fut plus serein que lui dans tous les instants de sa vie, et cette triste affection de l'âme, que l'on appelle humeur, si incommode pour soi-même et si désagréable pour les autres, lui était absolument étrangère.

Cependant la contrariété lui déplaisait extrêmement ; mais il savait apaiser par la promptitude de la réflexion la vivacité de son caractère : un seul instant le rendait calme et doux ; alors il cherchait à ramener à lui les personnes de tous états qui le gênaient dans l'exécution de ses projets, à se les concilier par la persuasion, à tirer tout le parti possible des circonstances ; mais il ignorait absolument l'art odieux de l'intrigue, qui n'agit que par des voies méprisables. C'est par la force et la justesse de ses raisonnements, par des vues utiles et clairement présentées, enfin par cet ascendant que donne toujours l'éloquence animée par la vérité, que M. de Buffon gagnait la confiance de ses contradicteurs et venait à bout de surmonter les obstacles qu'on lui opposait. Lorsqu'il avait amené son plan jusqu'à ce point, et qu'il ne lui manquait plus pour l'achever que l'argent, ce moteur victorieux de toutes les entreprises, il n'hésitait pas d'engager sa fortune, son crédit, toutes ses ressources ; et voilà comme il a enrichi ou plutôt entièrement formé le Cabinet d'Histoire naturelle, qui n'offrait encore qu'une collection peu nombreuse et peu intéressante, en 1739, quand il fut honoré de la place d'intendant du Jardin du Roi : voilà comme il a agrandi, décoré et abondamment doté de toutes les plantes de l'univers ce Jardin, dont le terrain, auparavant resserré dans un trop petit espace, ne pouvait recevoir qu'une faible partie de celles qui sont nécessaires pour l'établissement d'une véritable école de botanique.

Bienfaisant par caractère, et par amour pour toute action qu'il jugeait noble ou essentiellement utile, M. de Buffon donnait beaucoup, non par ces actes dont la publicité diminue le mérite, mais en secret, et toujours avec connaissance des besoins qu'il voulait alléger. Sa famille trouvait en lui un parent généreux ; ses amis, un ami attentif et prévenant ; les pauvres qui n'étaient pas coupables de leur propre infortune, ceux que leurs infirmités mettaient hors d'état de travailler, éprouvaient de sa part des consolations et des secours donnés avec ces précautions qui épargnent l'humiliation à la misère, et qui ne lui imposent pas même la loi de la reconnaissance. Il n'a fait qu'un seul acte où sa bienfaisance et sa générosité dussent éclater aux yeux du public, mais après sa mort seulement, et lorsqu'il n'aurait plus de remercîments à en recevoir. Par son testament il distribue de fortes sommes en rentes viagères, et un capital considérable dont les diverses destinations ont été déterminées par l'estime, par l'amitié, par les sentiments de gratitude que des services assidus excitent dans un cœur bienfaisant.

On a dit, et il faut l'avouer, que M. de Buffon aimait la louange; mais pourquoi serait-il défendu à la philosophie de respirer quelquefois avec plaisir l'encens que la divinité aime à voir brûler sur ses autels?

Il respectait la religion et il en remplissait toutes les pratiques dont il devait l'exemple. Il ne se permit jamais un seul mot qui pût donner une opinion défavorable de la sienne à cet égard. On peut assurer de plus que, dans tous les points qui intéressent la société, ses obligations et ses usages, la morale de M. de Buffon fut très-épurée, qu'il la porta même jusqu'au scrupule, et qu'il s'interdit sévèrement tout ce qui pouvait porter atteinte aux propriétés de toute espèce, qu'il respecta toujours comme sacrées.

En un mot, philosophe dans ses écrits, philosophe dans les moments les plus heureux et les plus brillants de sa vie publique et privée, philosophe dans sa conduite journalière, philosophe dans les attaques littéraires qui lui furent suscitées et qu'il dédaigna de repousser, le comte de Buffon a soutenu avec intrépidité l'épreuve sous laquelle tant d'âmes fortes et courageuses ont succombé. Il fut philosophe dans la douleur; il a supporté avec une constance rare les souffrances aiguës d'une maladie toujours longue et cruelle; il a envisagé de sang-froid et sans murmurer le dépérissement successif et journalier de ses forces physiques, s'en consolant par la conservation de ses facultés morales, qui ne se sont éteintes qu'avec lui. Il avait essayé quelques moyens de soulagement qui lui avaient été conseillés; l'inutilité des remèdes ne parut ni l'étonner ni l'affliger. Le sommeil l'avait abandonné pendant les trois dernières années de sa vie. Le dégoût de tous aliments survint; il voyait sa destruction prochaine, non pas avec cette indifférence stoïque qui répugne à la nature, mais avec courage et résignation, sans s'étonner et sans se plaindre; il dicta ses dernières dispositions avec tranquillité; les mouvements de l'âme ne troublèrent point la liberté de l'esprit; il s'occupa de ses affaires, de celles du Jardin et du Cabinet du Roi, et des détails concernant ses ouvrages, jusqu'au jour qui a précédé celui de sa mort; enfin, dans un marasme absolu, après avoir rempli exemplairement les derniers devoirs de la religion, il expira le 16 avril 1788, à une heure du matin, laissant à sa famille, à ses amis, à l'humanité entière, un précieux souvenir de toutes les qualités, de tous les talents, de toutes les vertus dont le souverain Maître de la nature l'avait doué, pour en pénétrer les secrets, les dévoiler et les publier dans toute leur magnificence.

(Ce curieux document qui nous a été communiqué par M. Guyton de

Rigny, est écrit par un secrétaire. Le chevalier de Buffon y a fait quelques retouches. Le passage suivant est entièrement écrit de la main du chevalier.)

Le chevalier de Buffon confie à MM. de Vicq-d'Azyr et marquis de Condorcet le manuscrit dans lequel il a essayé de peindre le feu comte de Buffon son frère. MM. de Varenne, Leroy, Daubenton, Mgr de La Billarderie et plusieurs autres personnes qui ont vécu dans sa société intime, en ont eu communication, y ont joint leurs observations, et en ont paru contents, parce qu'ils ont trouvé le portrait ressemblant et non flatté.

MM. les académiciens qui ont le projet de faire l'éloge du comte de Buffon, trouveront donc dans cet écrit les principaux traits de son caractère, rendus avec vérité, et il ne reste plus qu'à les faire valoir par ceux de l'éloquence. Le chevalier de Buffon leur abandonne cette tâche, qui est au-dessus de ses forces, et qui d'ailleurs ne peut être en des mains plus dignes de traiter un sujet aussi intéressant. Il prie ces messieurs de remettre le manuscrit, lorsqu'ils en auront fait usage, entre les mains de M. Boursier, notaire, rue de la Verrerie; c'est le seul qu'il se soit permis de confier, attendu que son projet est de le faire imprimer tel qu'il est, à la tête d'un ouvrage qui a de très-grands rapports avec l'Histoire naturelle du comte de Buffon.

Le chevalier DE BUFFON.

Paris, le 26 août 1788.

A la note biographique qui précède, on peut joindre ce fragment d'une lettre adressée par le chevalier de Buffon à M. Bernard d'Héry, dans le temps où il s'occupait de rassembler les matériaux nécessaires pour écrire la Vie de Buffon, qui se trouve à la fin de l'édition de ses Œuvres, donnée par lui en 1802 :

« .... Autant l'âme, l'esprit, le style de Buffon étaient élevés, lorsqu'il était animé par les inspirations de son génie, autant il était simple dans tous les détails de sa vie privée. Buffon dans son cabinet du château de Montbard, et Buffon dans son salon de compagnie, étaient deux hommes différents. On aurait pu croire qu'il avait deux âmes, l'une pour les grandes choses et l'autre pour les petites. Supérieur à la plupart de ceux qui l'environnaient dans son séjour de Montbard, il se pliait sans dégoût au ton des conversations les plus triviales....

« Le physique de l'amour n'était pour lui qu'un besoin de la nature; il en méprisait le moral et tout ce qui tient aux différentes passions qu'il inspire, comme indigne d'occuper un philosophe, un homme raisonnable.... Cependant il se plaisait à la société des femmes, quand elles n'avaient d'autres prétentions que les grâces et l'esprit de leur état.

« Sévère dans tous ses principes sur les mœurs, mais indulgent pour les faiblesses qui ne portaient pas avec elles le caractère de la dépravation, il ne se permettait point d'épigrammes, et n'éloignait de lui les gens qu'il n'aimait pas, que par l'indifférence.

« Je ne lui ai connu qu'un seul défaut essentiel. Trop confiant envers ceux qui le flattaient avec adresse, il a été souvent trompé, et par les collaborateurs de ses ouvrages, et dans ses affaires domestiques. Ce faible pour la flatterie était moins l'effet de son amour-propre que de la franchise de son âme, qui croyait trop à cette vertu dans les autres, et du peu de temps qu'il pouvait employer pour étudier et connaître ceux à qui il avait affaire. L'élévation de son âme le rendait fier dans toutes les circonstances où il croyait qu'on voulait attaquer la noblesse de ses sentiments. On a dit (ses envieux et ses ennemis sans doute) qu'il était vain et dur. Il n'était que ferme et haut par caractère quand on lui disputait le pas, mais seulement avec ceux en qui il reconnaissait quelques droits à cette prétention. »

(*Vie de Buffon*, par Bernard d'Héry; Paris, an VI, p. 97.)

II. VIE DE M. LE COMTE DE BUFFON, PAR MADEMOISELLE BLESSEAU.

Il travaillait dans son pavillon; il coucha dans son château jusqu'à son mariage. Dans sa jeunesse, il travaillait quatorze heures par jour; fatigué de sa journée, se défiant du sommeil, il avait un frotteur à qui il ordonnait de venir l'éveiller tous les matins à une heure indiquée; s'il ne se levait pas, alors ordre de le traîner en bas de son lit. Le frotteur était payé tous les matins pour cette chose-là, et si M. de Buffon résistait et que le frotteur le laissât se rendormir, ce payement qu'il devait avoir était perdu, ce qui le déterminait le lendemain à ne pas manquer de l'éveiller, et de le tirer avec force dans sa chambre. Depuis quarante ans M. de Buffon se levait en été à cinq heures, se faisait accommoder très-promptement et montait à son château à sept heures; à neuf heures un domestique lui apportait son déjeuner, il descendait à une heure trois quarts ou quelquefois à deux heures; alors il dînait. Lorsqu'il avait du monde dont la conversation lui plaisait, il restait une partie de l'après-midi avec sa compagnie; quand il s'en trouvait avec qui il ne pouvait pas converser, qui l'ennuyaient, à trois heures, au plus tard trois heures et demie, M. de Buffon remontait à son château et travaillait jusqu'à huit heures; il ne soupait point; il se couchait tous les jours à dix heures.

Quand on a dit que M. de Buffon prenait plaisir à apprendre des nouvelles de son perruquier, cela est faux ; la personne qui l'a dit n'a vu M. de Buffon que très-peu, cela le prouve : car, s'il avait été à portée de connaître la vérité, il aurait vu que la toilette de M. de Buffon était bientôt faite, car, quoique de la plus grande propreté, ce temps-là l'ennuyait ; toutes les fois qu'il ne se trouvait près de lui personne avec qui il pût parler d'affaires, il appelait son secrétaire qu'il faisait lire ou écrire sous sa dictée. Pendant le temps qu'il s'habillait, il ne perdait aucun instant, et quand il n'y avait personne près de lui et qu'il lui venait quelque idée, tout le temps que sa toilette durait il était occupé à penser ; au moment où il était libre, il se levait et retournait à son secrétaire pour écrire ce qu'il venait de méditer. Il avait une feuille courante dans un tiroir de son secrétaire, où plusieurs fois dans la journée il ajoutait toutes ses idées, puis le lendemain il l'emportait à son pavillon.

Quand il voyageait, il était toujours occupé à penser ; il prenait des notes et le soir, arrivé à l'auberge, il les mettait au net. Fort souvent, étant dans un salon avec ses convives, il sortait pour aller écrire quelque idée qui lui était venue tout d'un coup. Il préférait Montbard à Paris, parce qu'il disait qu'il était impossible d'avoir des idées suivies à Paris, au lieu qu'à Montbard son château lui plaisait infiniment par la grande tranquillité qui y régnait, et dont il était sûr que personne ne viendrait l'interrompre. De plus, le grand plaisir dont il jouissait à sa campagne était d'employer deux à trois cents pauvres manouvriers à travailler dans son château à des ouvrages de pur agrément, et de faire ainsi du bien à de pauvres gens qui, sans lui, seraient restés très-malheureux. Fort souvent, les après-midi, il s'amusait à les voir travailler et prenait plaisir à se faire rendre compte des plus misérables, disant que c'était une manière de faire l'aumône sans nourrir les paresseux, et que c'était une grande satisfaction pour lui de soulager tant de pauvres qui autrement seraient dans la misère. Il faisait beaucoup d'aumônes cachées par lui-même ; il avait grande pitié des pauvres malades et des vieillards ; il recommandait souvent que l'on ne les oubliât pas. Lorsqu'on lui faisait des remercîments de la part des personnes qui avaient reçu ses bienfaits, M. de Buffon répondait : « Je n'ai pas de plus grand plaisir que lorsque je trouve l'occasion de faire le bien. » Il ajoutait en répandant quelques larmes d'attendrissement : « Je sais bon gré à ceux qui ont l'attention de me dire le soulagement que je puis procurer aux malheureux ; je suis en état de les secourir, c'est un bonheur pour moi que de pouvoir le faire. Mon avis est, disait-il, qu'on ne peut pas mieux placer l'argent de ses aumônes que de les employer à faire travailler. »

Combien M. de Buffon n'a-t-il pas dit de fois que, pour que tous les pauvres fussent heureux, il faudrait que tous les seigneurs passassent quatre à cinq mois dans leurs campagnes, occupés à les employer à travailler à bien des choses qui périclitent dans leurs terres ; cela empêcherait qu'ils ne fussent aussi malheureux. En un mot il s'en occupait souvent. Il est impossible d'avoir l'âme plus sensible et plus belle et plus compatissante que M. de Buffon. Avec la plus grande équité, le caractère toujours égal et l'âme sereine, si quelque chose lui faisait de la peine, ou que quelqu'un eût dit ou fait quelque chose qui lui eût déplu, il lui disait ou lui faisait dire aussitôt, et voilà tout ce qu'il en faisait, à moins que le cas ne fût grave ; pour lors M. de Buffon montrait la fierté de son caractère, qui était de la plus grande fermeté et de la plus grande vérité, franchise et équité. Il était affable avec simplicité, il avait l'âme généreuse, donnant d'une manière noble ; pour ne point embarrasser les personnes qu'il honorait de ses bienfaits ; il avait l'air de faire voir que c'était l'obliger infiniment que de vouloir accepter de sa main. A bien des personnes il en marquait sa reconnaissance en leur disant : « Ce serait m'ôter un grand plaisir que de m'enlever celui de vous être utile. Pensez donc, disait-il, que ce n'est rien pour moi et que c'est beaucoup pour vous ; ma fortune me met au-dessus de tout le bien que je fais et je vous sais un gré infini de n'avoir point refusé mon bienfait : c'est une grande jouissance pour moi que de pouvoir faire le bien. » Il n'y a presque pas une famille honnête dans cette ville à laquelle il n'ait rendu des services importants ; l'intérêt des pauvres ne lui a pas été moins cher, il leur en a donné des preuves dans les temps de disette qu'on a éprouvée bien des années, et surtout l'année de 1767. Le 8 décembre, à la suite d'une révolte occasionnée par la cherté des grains, M. de Buffon fit acheter une grande quantité de blé à quatre livres le boisseau, puis il le fit distribuer à tous ceux qui en avaient besoin, au prix de cinquante sous.

Il avait le plus grand ordre pour sa fortune, avec le plus grand désintéressement, car il avançait jusqu'à cent mille francs pour l'embellissement du Jardin du Roi, sans se faire payer aucun intérêt ; il ne recevait que ceux de l'argent qu'il était obligé d'emprunter. Quand quelqu'un en qui il avait confiance lui faisait des représentations à cet égard, M. de Buffon répondait qu'il adoptait pour son second fils le Jardin et Cabinet du Roi ; que c'était son plus grand plaisir que de pouvoir contribuer à l'embellissement du Jardin ; qu'il donnait volontiers une partie de sa fortune pour aider à ce qu'il soit fini plus promptement. Hélas ! c'est ce beau jardin qui a causé sa mort. En voulant faire un voyage trop précipité pour faire exécuter ses ordres et surveiller l'achèvement des travaux, il a hâté sa fin. Il pensait que les ouvrages seraient plus tôt finis lorsqu'il serait présent tous les jours. Il disait, pour expliquer à ses amis la précipitation de son voyage, qu'il ne voulait pas faire attendre le public pour les leçons, et qu'il fallait que l'amphithéâtre fût fini promptement.

En mil sept cent soixante et onze, au mois de février, M. de Buffon eut une maladie qui le conduisit à l'extrémité, mais la force de son excellent tempérament fit qu'il s'en tira heureusement : c'est le temps où on lui donna un survivancier sans qu'il en sût rien ; temps aussi où le Roi érigea en comté sa terre de Buffon et la Mairie pour lui et les siens, et où il obtint les grandes et les petites entrées chez le Roi. La modestie de M. de Buffon était si grande que, depuis ce temps, il n'est allé que trois fois à Versailles : la première pour faire ses remercîments au Roi, les deux dernières pour présenter deux discours comme directeur de l'Académie française. Depuis la réception de M. Bailly, M. de Buffon ne voulut plus rentrer à l'Académie, parce que M. le comte de Tressan, lui ayant promis sa voix, lui manqua de parole et la donna à un autre. M. de Buffon avait d'autant plus droit d'y compter, que le comte de Tressan disait partout qu'il était son ami depuis quarante-cinq ans. M. de Buffon avait beaucoup d'admirateurs, mais peu de véritables amis ; il disait souvent : « Les amis vrais et sincères sont bien rares. » Mais aussi savait-il les choisir. « Une seule parole quelquefois en conversation, disait-il, dévoile l'âme d'une personne que l'on ne connaîtrait pas. »

Lorsque M. de Buffon avait dit qu'il aimait, on pouvait y compter : c'était une amitié sûre et vraie, que rien ne pouvait ébranler. Il le disait lui-même : la véritable amitié, pour être durable, doit être fondée sur l'estime. Quand il trouvait l'occasion d'obliger ses amis, son cœur était doublement satisfait.

La prospérité de la ville de Montbard a également été l'objet de son attention. Les dépenses considérables qu'il a faites pour son embellissement ne sont ignorées de personne, et il n'a point hésité à sacrifier ses propres fonds pour la commodité publique. Lorsqu'il a rebâti sa maison, il l'a rétrécie de dix pieds de largeur sur une longueur de plus de vingt pieds, pour rendre l'entrée d'une rue plus large ; d'autres rues ont pareillement été élargies, nivelées et même pavées à ses dépens. C'est M. de Buffon qui a fait faire le chemin qui conduit à la grande route ; les dépenses qu'il a faites pour les deux chemins qui conduisent à la paroisse ne sont pas moins considérables ; en un mot, il n'y a pas un endroit de cette ville qui ne représente des monuments de sa bienfaisance et de son attachement.

Nous devons la communication de cette pièce à M. de Faujas de Saint-Fond, qui a bien voulu nous communiquer avec une obli-

geance extrême les documents qu'il possède. Une lettre , écrite par
Mlle Blesseau à M. de Faujas, à la date du 12 juin 1788, et qui nous
est parvenue par la même voie, mérite aussi d'être conservée. Elle
contient quelques nouveaux détails sur Buffon et montre la sensibilité
exquise de la femme qui l'a écrite. Mlle Blesseau, cependant, n'avait
reçu aucune éducation et n'avait jamais rempli près de Buffon d'autre
emploi que celui de femme de charge de sa maison.

« Montbard, le 12 juin 1788.

« Monsieur,

« J'ai reçu votre lettre, qui me flatte infiniment; mais je vois avec
une peine réelle, que je ressens jusqu'au fond de mon âme, tous les
désagréments que l'on fait bien injustement subir au véritable ami
de M. de Buffon [*]; vous méritez ce titre, monsieur, et j'ai été témoin
plusieurs fois de la vraie amitié qu'il vous témoignait; je sais qu'il
vous recevait avec le plus grand plaisir; je lui ai ouï dire bien des
fois que votre conversation lui plaisait infiniment. Voilà les propres
mots dont feu M. de Buffon se servait en parlant de vous, monsieur :
« M. de Faujas est un homme qui a le cœur excellent, une grande
« délicatesse et une grande noblesse dans sa manière de penser,
« beaucoup d'esprit joint à de très-grandes connaissances; avec toutes
« ces qualités il peut aller dans telle compagnie qu'il voudra; je fais
« cas de lui et je suis fort aise de le voir. »
« Je vous répète tout cela, monsieur, pour vous dire que je désirerais
de tout mon cœur que l'on vous rendît, comme vous le méritez, une
justice qui vous est légitimement due. J'ai été véritablement peinée
lorsque vous avez eu la bonté de me faire le détail de votre chagrin,
car je n'étais nullement instruite de tout ce que vous me marquez.
J'ai demandé à quelques personnes si l'ennemi qui a fait tant de peine
au plus grand homme, ne vous causait pas du désagrément; mais
point de réponse sur cet article-là, et je n'aurais été instruite de rien,
monsieur, si vous n'aviez pas eu la complaisance de m'en faire part,
et vous ne pouviez pas le dire à quelqu'un à qui cela fasse plus de
peine. Est-il possible qu'à la mémoire de feu M. de Buffon je voie faire
des injustices pareilles, et que l'on ait donné connaissance, en visitant tous ses papiers, de bien des choses que celui qui le remplace
n'avait pas besoin de savoir? Si j'avais pu prévoir cela, tout ce qui
devait être remis à son successeur aurait été séparé; mais les per-

---

[*] On sait que Faujas de Saint-Fond avait été chargé par Buffon de continuer et de compléter l'Histoire naturelle. Lacépède obtint de la famille la
remise de toutes les notes et papiers de Buffon, et supplanta ainsi Faujas.

sonnes qui lui sont les plus proches auraient dû prendre cette mesure
de concert avec vous, monsieur. Le successeur n'a pas dû se plaindre,
il a été servi à souhait par tout le monde, à l'exception de M. Thouin,
que vous me dites, monsieur, être le seul qui vous soit resté fidèle;
c'est un parfait honnête homme qui pense on ne peut pas mieux, et
dont feu M. de Buffon aimait et estimait véritablement le caractère.
M. de Buffon m'a dit, dans les derniers jours de sa vie, qu'il était bien
fâché de n'avoir rien fait pour lui, relativement au sort qu'il désirait
lui assurer, afin qu'il fût indépendant; mais malheureusement il n'en
a pas eu le temps. Quant à l'ouvrage de M. de Lacépède, personne
ne pouvait en parler mal à feu M. le comte de Buffon, ni personne
n'était en état de le mieux juger que lui; c'est après se l'être fait lire
qu'il a dit tout haut que c'était un mauvais livre, et qu'il ne concevait
pas comment son auteur l'avait fait imprimer : de plus, que s'il n'avait
pas eu de l'amitié pour lui, il aurait dénoncé le livre. Je lui ai entendu
dire à des gens de marque qu'il était très-fâché contre lui de ce qu'il ne
lui en avait point parlé, et cela avant que de retomber malade. Feu M. le
comte de Buffon n'était point gouverné par vous, monsieur, et ceux
qui avaient l'honneur de le connaître, peuvent dire que la grande fermeté de son caractère donne bien la preuve du contraire. Jamais personne ne pourra se flatter de l'avoir gouverné, vous le savez aussi
bien que moi, monsieur. Je me ferai un devoir de vous communiquer
les choses les plus intéressantes que j'ai pu remarquer pendant vingt
ans que j'ai eu le bonheur de passer près M. de Buffon. Que mon
sort était heureux et qu'il est devenu malheureux! je ne sais que
devenir dans le monde, malgré la *grande* fortune qu'il a eu la bonté
de me laisser *. Je passerai le reste de ma vie dans la douleur, dans la
douleur la plus profonde. Le P. Ignace, à qui j'ai communiqué votre
lettre, monsieur, me charge de vous remercier de votre souvenir qui
le flatte infiniment, et de vous dire qu'il se fera le plus grand plaisir
de vous procurer ce que vous désirez relativement à la vie de feu
M. le comte de Buffon; il a déjà commencé à recueillir les choses les
plus dignes d'être révélées; il m'a dit qu'il ne voulait pas que je vous
envoie rien. Je lui raconterai ce que je sais, et lui se chargera de vous
envoyer, monsieur, tous les matériaux dont vous avez besoin. Je suis
on ne peut pas plus sensible et très-reconnaissante, monsieur, de votre
offre généreuse. Un grand plaisir pour vous est d'aimer à obliger vos
amis et même ceux qui leur sont attachés, et moi en particulier, par
l'offre que vous me faites du logement que vous avez au Jardin du

* Buffon avait laissé par testament à Mlle Blesseau une pension viagère
de 1500 livres.

Roi; le Jardin du Roi sera toujours pour moi un endroit de terreur, et je ne l'habiterai de ma vie: c'est où mon-malheur a pris naissance! Dans tous vos chagrins, monsieur, vous avez donc heureusement la satisfaction d'être comblé des bontés de M. le baron de Breteuil; en mon particulier, c'en est une grande pour moi de voir que ce digne ministre s'intéresse à vous, et vous rend la justice que vous méritez. Aussi feu M. de Buffon en faisait grand cas, car il l'aimait et l'estimait infiniment, et je suis persuadé que ce ministre, par respect poursa mémoire, fera tout ce qui dépendra de lui pour M. son fils.

« Je suis honteuse, monsieur, de la longueur de ma lettre et de la manière qu'elle est écrite; mais j'espère encore, monsieur, que vous vous voudrez bien me pardonner son style! Je n'ai jamais eu d'éducation, je suis née avec beaucoup de sensibilité, une âme capable d'avoir senti tout le prix des grandes bontés que feu M. le comte de Buffon avait pour moi; j'ose dire qu'il me traitait comme sa véritable amie, et n'avoir jamais abusé un instant de la grande et entière confiance qu'il avait en moi. Que mon malheur est grand d'avoir eu celui de le perdre! quelle affreuse idée, monsieur! Je crois que je ne finirais pas. La grande confiance que j'ai en vous me fait penser que ma lettre ne vous déplaira pas; je la finis avec les yeux inondés de larmes, en vous assurant de mon sincère et respectueux dévouement et de la vive reconnaissance due à vos bontés, que je vous prie de me conserver, monsieur. Votre très-humble et très-obéissante servante.

                                        « BLESSEAU.

P. S. Je suis très-fâchée, monsieur, de la signature que l'on a faite par-devant les deux notaires\*, comme vous m'avez fait l'honneur de me le marquer. Ils n'auraient dû jamais faire une chose pareille; cela m'afflige encore. »

---

\* Mlle Blesseau fait, elle aussi, allusion à cette protestation notariée dont nous avons parlé plusieurs fois et qui est relative à la survivance de la charge d'intendant du Jardin du Roi.

# TABLE DES MATIÈRES

## CONTENUES DANS LES DEUX VOLUMES.

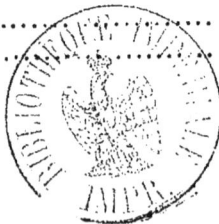

# ERRATA.

## Tome premier.

Page 21, lettre XIII, 26 septembre 1738. *Lisez* : 1736.

Page 157, ligne 9, M. Hobker. *Lisez* : M. Holker.

Page 216, note 1 de la lettre XIII. — Cette note, pour être parfaitement intelligible, doit être lue après celle qui se trouve à la page 224 (note 3 de la lettre XVI) ; si elle la précède, au lieu de la suivre, c'est qu'une erreur de date, reconnue à temps, a nécessité le déplacement d'une lettre dans le texte.

Page 267, note 2 de la lettre XXXV. Boulongne de Préminville, fermier général, puis un instant contrôleur général des finances. *Lisez* : Boulongne de Préninville, fermier général.

Page 343, ligne 34. Préservatif bien autrement puissant que ceux de l'inoculation. *Lisez* : que celui de l'inoculation.

Page 400, ligne 24. Dolimieu, Sonnino. *Lisez* : Dolomieu, Sonnini.

Page 438, note 4 de la lettre CXXXV. *Y substituer la suivante* : Holker était inspecteur des manufactures étrangères à Rouen et avait son fils pour adjoint ou pour survivancier ; c'était un métallurgiste distingué.

## Tome second.

Page 64, lettre CCXXX. *Ajoutez à la fin de cette lettre* : Inédite. — De la collection de Mme la baronne de La Frenaye.

Page 232, lettre CCCLXXII. A M. Fontaine des Bertins. *Lisez* : A M. Fontaine des Bertins [1].

Même page et même lettre. M. Le Mulier [1]. *Lisez* : M. Le Mulier [2].

Page 323, ligne 5 de la note 3. Note 1 de la lettre CCCXXXI. *Lisez* : note 1 de la lettre CCCXXXII, p. 504.

Page 400, ligne 31. Le 13 janvier 1790. *Lisez* : le 23 juin 1790.

Page 406, ligne 3 de la note 2. Pendant trente années. *Lisez* : pendant vingt années.

Page 407, ligne 8. Pendant quarante années. *Lisez* : pendant vingt années.

Page 457, ligne 32. Mlle Blesseau écrit à M. de Faujas. *Lisez* : écrit, Mlle Blesseau à M. de Faujas.

PARIS. — IMPRIMERIE DE CH. LAHURE ET Cⁱᵉ
Rues de Fleurus, 9, et de l'Ouest 21

www.ingramcontent.com/pod-product-compliance
Lightning Source LLC
Chambersburg PA
CBHW060818220326
41599CB00017B/2222